WIE FUNKTIONIERT DAS?

Technik heute

WIE FUNKTIONIERT
DAS

Technik heute

MEYERS LEXIKONVERLAG

Redaktionelle Leitung	Dipl.-Ing. Birgit Strackenbrock
Herstellung	Petra Moll
Autoren	Dr. Hans-Jürgen Altheide, Löhne
	Prof. Dr. Angelika Anders-van Ahlften, Hannover
	Dr. Hans-Dieter Bauer, Wallertheim
	Dipl.-Phys. Daniel Chatterjee, Viernheim
	Dipl.-Ing. Björn Draack, Stuhr
	Dipl.-Inform. Timo Dreiser, Worms
	Dipl.-Phys. Bernhard Eusemann, Ihringen
	Clemens Graefen, Duisburg
	Dipl.-Ing Regina Klepsch, Aspach
	Dipl.-Phys. Marc Lange, Heidelberg
	Dr. Gerd Muster, Köln
	Dr. Joachim Rau, Kaiserslautern
	Stefanie Schneider, Stolberg
	Dipl.-Phys. Christian Taut, Mannheim
	Dipl.-Ing. Wolfram Tessendorf, Wuppertal
Freie Mitarbeit	Georg Fobbe, Duisburg
	Dipl.-Phys. Carsten Heinisch, Kaiserslautern
	Dipl.-Ing. Guido Hense, Hagen
	Dipl.-Ing. Regina Klepsch, Aspach
Gestaltung	Formgeber – Design House Verbund, Nußloch
Satz	Universitätsdruckerei und Verlag H. Schmidt GmbH & Co., Mainz-Hechtsheim
Umschlaggestaltung	Sven Rauska, Wiesbaden
Druck	Appl, Wemding
Bindearbeit	Großbuchbinderei Monheim GmbH

Die Deutsche Bibliothek – CIP-Einheitsaufnahme
MEYER Wie funktioniert das? Technik heute
[red. Leitung: Birgit Strackenbrock. Autoren Hans-Jürgen Altheide ...].–
Mannheim; Leipzig; Wien; Zürich: Meyers Lexikonverlag, 1998
ISBN 3-411-08854-0

Das Wort **MEYER** und die Bezeichnung „Wie funktioniert das?"
sind für den Verlag Bibliographisches Institut & F. A. Brockhaus AG
als Marken geschützt.

Das Werk wurde in neuer Rechtschreibung verfasst.

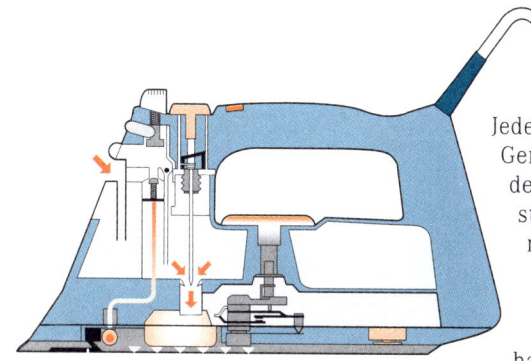

Jeden Tag gehen wir mit einer Vielzahl technischer Geräte um. Den morgendlichen Kaffee brühen wir mit der Kaffeemaschine auf, und nach seinem Genuss stellen wir die schmutzige Tasse in die Geschirrspülmaschine. Mit dem Auto, aber auch mit der Bahn oder dem Fahrrad fahren wir zur Arbeit oder Schule. Computer, Telefon und Fax gehören mittlerweile zum Arbeitsalltag. Auch in der Freizeit hantieren wir ständig mit technischen Geräten wie Fernseher, Videorekorder oder Fotokamera. Doch nicht nur diese „sichtbare" Technik, sondern auch die „verborgene" prägt unseren Alltag. Ohne Kohlekraftwerke oder Windkraftanlagen hätten wir keinen Strom und moderne Recyclingverfahren sorgen dafür, dass Altstoffe wieder verwendbar sind und wir nicht im Müll „ersticken". Eine optimale medizinische Versorgung wäre ohne moderne Apparate wie Ultraschallgeräte oder EKG gar nicht mehr denkbar.

All diese Technik ist für uns selbstverständlich, und doch wissen die wenigsten, wie es eigentlich möglich ist, dass man mit einem Handy von überall her einfach telefonieren kann, oder warum Flugzeuge überhaupt fliegen. Und immer wieder taucht die Frage auf: **„Wie funktioniert das?"** Oftmals wird diese Frage nicht laut gestellt, da technischen Sachverhalten nachgesagt wird, sie seien kompliziert und für den Laien doch nicht zu verstehen. Dieses Buch zeigt, dass dies durchaus nicht so ist, dass Technik oft verblüffend einfach ist, wenn man sie nur anschaulich und verständlich erklärt.

„Wie funktioniert das?–Technik heute" berücksichtigt vor allem Techniken, die den Alltag prägen oder im öffentlichen Interesse stehen. So werden neben der Informations- und Kommunikationstechnik auch die Gentechnik, Lasertechnik, Raumfahrt und Mikrotechnik erläutert. Aber auch die allzeit interessierenden und sich ständig wandelnden Bereiche der Verkehrstechnik (Auto, Flugzeug, Bahn, Schiff), der Energietechnik (konventionelle und regenerative), der Unterhaltungselektronik und Fotografie sowie der Technik im Haus werden dargestellt.

Die einzelnen Techniken werden nach Themen sortiert auf einer Doppelseite (linke Seite Text, rechte Seite Abbildungen) präsentiert, wodurch dem Leser ein guter und leicht zugänglicher Überblick über die moderne Technik verschafft wird.

Texte und Abbildungen stehen einander gegenüber und werden durch „Marker" (schwarze Kreise mit Zahlen) deutlich sichtbar miteinander verbunden.

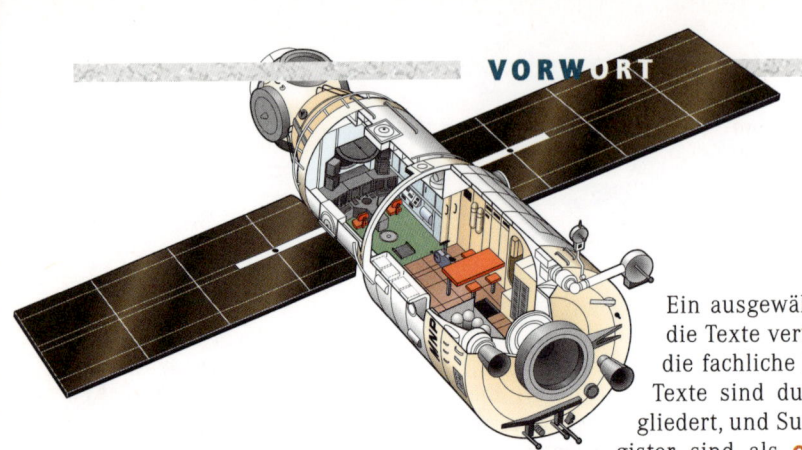

Ein ausgewähltes Team von Fachleuten hat die Texte verfasst und begutachtet, wodurch die fachliche Fundiertheit garantiert ist. Die Texte sind durch Zwischenüberschriften gegliedert, und Suchbegriffe aus dem Sachwortregister sind als **orange** hervorgehobene Unterstichwörter gekennzeichnet. Der Leser kann so schnell die ihn ganz besonders interessierenden Detailinformationen finden. Mithilfe von Verweispfeilen, die zumeist in Klammern nach einem Begriff stehen [„(→)"], werden Hinweise gegeben, wo noch weitere Informationen zum Thema gefunden werden können.

In über 500 farbigen Grafiken, Querschnittszeichnungen und Fotos wird die beschriebene Technik veranschaulicht. So werden mithilfe der Abbildungen beispielweise das Grundprinzip eines Mikroprozessors oder eines Schiffes dargestellt, der Aufbau einer Fotokamera, eines Spaceshuttle oder einer Windenergieanlage abgebildet, das Funktionsprinzip eines Ottomotors, eines Propeller-Turbinen-Strahltriebwerkes oder eines Kernspintomographen erläutert, Herstellungsverfahren in der Mikrotechnik und der Kunststoffverarbeitung beschrieben oder Prozessabläufe in einem Kohlekraftwerk, bei der somatischen Gentherapie oder bei der Mobilfunkübertragung veranschaulicht. Die Fotos helfen dem Leser, sich ein realistisches Bild vom Aussehen und Einsatz verschiedener Apparate und Anlagen zu machen.

Das Buch ist für alle geschrieben, die eine schnelle, verständliche und anschauliche Anwort auf die Frage **„Wie funktioniert das?"** suchen und sich dadurch eine neue Welt jenseits der bloßen Nutzung von Technik erschließen wollen. Es richtet sich vor allem an alle technikinteressierten Nichttechniker, an Jugendliche, Eltern und Lehrer, aber auch an Fachleute, die mal „über den Zaun" des eigenen Fachgebietes schauen wollen. Das Buch ist dabei sowohl informativ, illustrativ als auch unterhaltend. Es ermöglicht jedem, sich besser in der Welt der Technik zurechtzufinden und an öffentlichen Diskussionen teilhaben zu können.

Mannheim, im Herbst 1998   MEYERS LEXIKONREDAKTION

INHALTSVERZEICHNIS

Das Prinzip des Telefons beruht auf der Umwandlung von Sprachschwingungen in elektrische Signale und umgekehrt und wurde erstmals 1852 von dem deutschen Lehrer Johann Philipp Reis (1834-1874) demonstriert. Aber erst 1876 wurde das Telefon von Alexander Graham Bell (1847-1922), der als Erster einen Fernsprecher für den praktischen Telefonverkehr entwickelte, auf der Weltausstellung in Philadelphia der Öffentlichkeit vorgestellt. Heute gehört das Telefon zum Alltag. In der westlichen Welt verfügen bis zu 90% aller Haushalte über einen Telefonanschluss.

Funktionsweise ❶ ❷

Standardtelefone bestehen im wesentlichen aus einem Mikrofon (→), das als Signalgeber dient, und einem als Signalempfänger arbeitenden Hörer. In älteren Telefonen findet man eine Nummernscheibe, bestehend aus einer Wählscheibe, einem Fliehkraftregler, der nach dem Aufzug der Scheibe für einen gleichmäßigen Rücklauf sorgt, und einem Nummernschalterimpulskontakt nsi (Abb.1). Dieser unterbricht beim Rücklauf den Stromkreis der Teilnehmerleitung je nach gewählter Ziffer ein- bis zehnmal für jeweils 40 ms und betätigt dabei ebenso oft das Relais der Vermittlungsstelle.

Der Hörer und das Mikrofon werden während des Wahlvorgangs zur Vermeidung störender Knackgeräusche über den Nummernschalterarbeitskontakt nsa kurzgeschlossen. Bei aufgelegtem Handgerät fließt der ankommende Wechselstrom über: Leitung L_a - Kondensator C - Wecker W - Leitung L_b. Beim Abnehmen des Handgerätes wird der Gabelumschalter G geschlossen und der Kontakt zur Vermittlungsstelle hergestellt. Über eine Induktionsspule wird gleichzeitig der Hörer mit dem Mikrofonstromkreis gekoppelt. Der Mikrofonspeisestrom fließt über: Leitung L_a - Impulskontakt nsi - Gabelumschalter G - Übertragungswicklung Ü - Mikrofon M - Leitung L_b.

Der Tastenwahlblock moderner Telefongeräte (Abb. 2a) bildet die der gedrückten Zifferntaste entsprechenden Unterbrechungen elektronisch nach (Pulswahl). Fernsprecher, die an neue elektronische Wählvermittlungen mit digitaler Technik angeschlossen sind, enthalten eine Tastatur, die die gewählten Ziffern als Frequenzkombination (Tonwahl bzw. Mehrfrequenzwahl, Abb. 2b) aussendet.

Vermittlung ❸

Beim Abnehmen des Handgerätes wird durch eine Gleichstromschleife in der Vermittlungsstelle (Abb. 3) ein Vorwähler oder Anrufsucher in Tätigkeit gesetzt. Dieser schaltet einen Drehwähler an die Leitung des anrufenden Teilnehmers, von dem der Anrufer durch den Wählton die Aufforderung zur Ziffernwahl erhält. Grundbaustein der elektromagnetischen Vermittlungstechnik ist der Edelmetallmotordrehwähler (EMD). Er wird von den Wahlimpulsen, die von der Tastatur des Telefons ausgehen, gesteuert. Mit 175 Schritten in der Sekunde sucht er aus der Vielzahl von Abnehmerleitungen eine freie aus und schaltet sie mit der Eingangsleitung zusammen.

Heute werden die Verbindungen an den Knotenpunkten zunehmend mit elektronischen Schaltern hergestellt. Für die Vermittlung dienen Halbleiterbauelemente, die im Zeitmultiplex genutzt werden, d.h. für mehrere gleichzeitige Verbindungen. Als Übertragungsleitungen werden zunehmend Glasfaserkabel (→ Lichtwellenleiter) eingesetzt. Dies ermöglicht eine rein digitale Vermittlung und Übertragung sowie eine Analog-digital-Wandlung direkt beim Teilnehmer. Die Entwicklung der optischen Nachrichtentechnik ermöglicht hohe Übertragungsgeschwindigkeiten und den Aufbau eines universellen Breitbandkommunikationssystems (z.B. ISDN; → Telekommunikationsnetze).

Die Vermittlungsstellen bilden die Knoten des hierarchisch gegliederte Telefonnetzes. In Deutschland besteht die höchste Netzebene aus Zentralvermittlungsstellen (ZVSt), die durch starke Leitungsbündel maschenförmig miteinander verbunden sind. Von hier gehen auch die Verbindungen ins Ausland. An die Zentralvermittlungsstellen sind Hauptvermittlungen (HVSt) sternförmig angeschlossen, daran die Knotenvermittlungen (KVSt) und die Endvermittlungen (EVSt) zu den Teilnehmern. Die Ortskennnummern setzen sich aus den Nummern der Vermittlungsstellen zusammen: 1. Ziffer = ZVSt, 2. Ziffer = HVSt, 3. Ziffer = KVSt und 4. Ziffer = EVSt.

Neuerungen

In den letzten Jahren wurde das Telefonnetz immer mehr auf Digitaltechnik umgestellt, womit z.B. Datenübertragungsdienste mittels Modem (→) möglich wurden. Leistungsmerkmale wie Anklopfen, Dreierkonferenz oder Anrufweiterschaltung oder auch das Bildtelefon mit farbigen Stand- und Bewegtbildern sind dadurch zur Realität geworden. Parallel zur digitalen Umstellung des Netzes wurde das mobile Telefonieren mittels schnurlosem Telefon (→) in Heim und Büro, der Mobilfunk (→), sowie Pager (→ Funkrufdienste) zum Empfang kurzer Nachrichten auf den Markt gebracht.

❶ Telefon mit mechanischem Nummernwähler (Schaltbild)

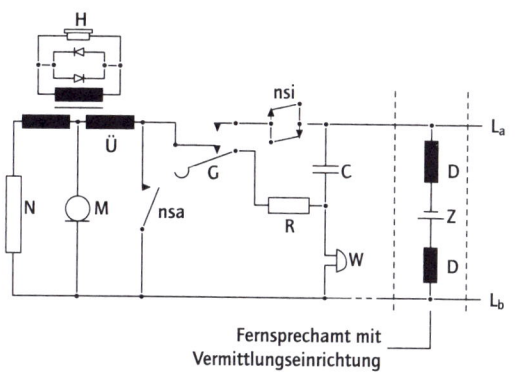

Fernsprechamt mit
Vermittlungseinrichtung

H = Hörer
Ü = Übertrager
N = Widerstand zur Rückhördämpfung
M = Mikrofon
nsa = Nummernschalterarbeitskontakt
(zur Vermeidung störender Knackgeräusche)
nsi = Nummernschalterimpulskontakt
(periodischer Unterbrecher zur
Erzeugung der Wählimpulse)
G = Gabelumschalter in Ruhestellung
(Anrufbereitschaft)
R = Widerstand
C = Kondensator
W = Wecker
L_a, L_b = Leitungen
D = Drosselspule
Z = Zentrale Stromversorgung

❷ Tastentelefon

ⓐ Modernes Design

ⓑ Zuordnung der Zeichenfrequenzen bei Tastwahl

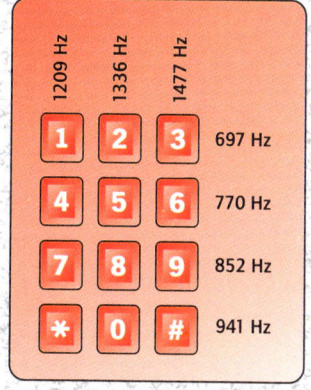

Hier: Zweifrequenztonwahl, bei der durch Drücken
einer Taste der entsprechende Zeilen- und
Spaltenwert der Frequenz kurz hintereinander
ausgelöst wird.

❸ Vermittlungsstelle zwischen anrufendem und angerufenem Teilnehmer

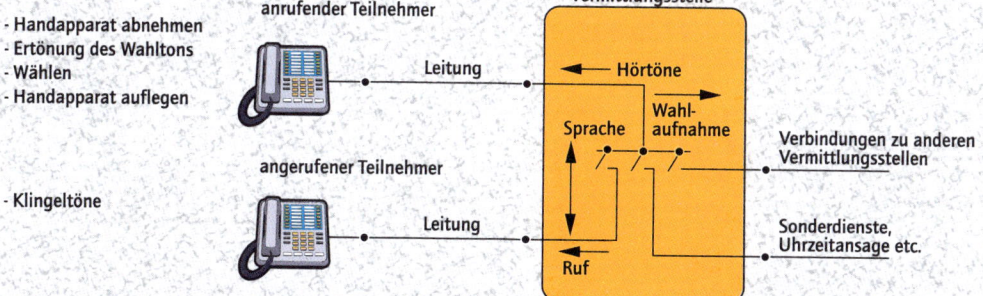

- Handapparat abnehmen
- Ertönung des Wahltons
- Wählen
- Handapparat auflegen

- Klingeltöne

Unter schnurlosem Telefonieren versteht man die von einer Verbindungsleitung unabhängige Kommunikation im Heim oder Büro mit stark begrenzter Reichweite. Das schnurlose Telefon (Abb. 1) besteht aus einer an die Telefonleitung angeschlossenen Basisstation einer Ladestation und einem Mobilteil mit integrierter oder externer Antenne. Das Mobilteil wird von einem Akku gespeist, dessen begrenzte Kapazität ein regelmäßiges Aufladen an der Ladestation erforderlich macht. Die drahtlose Übertragung zwischen Basisstation und Mobilteil erfolgt mithilfe von elektromagnetischen Wellen.

Analoge Übertragungsstandards ❷

Die ersten schnurlosen Telefone wurden in den 1970er-Jahren in den USA eingeführt. Von der dortigen Fernmeldebehörde (FCC) wurden auch die grundlegenden Normen zur drahtlosen Übertragung festgelegt, die heute häufig als CT0-Standard (engl. cordless telephon no. 0) bezeichnet werden. Geräte nach dieser Norm arbeiten analog (Abb. 2a) und benutzen zum Senden und Empfangen jeweils getrennte Funkkanäle im UKW-Frequenzbereich. In Europa wurden sie nie zugelassen, da sie keine hohe Gebührensicherheit bieten und außerdem problemlos von Rundfunkempfängern abgehört werden können. Des Weiteren besteht keine eindeutige Zuordnung zwischen Basisstation und Mobilteil, sodass ein Missbrauch (Telefonieren von fremder Basisstation aus) sehr einfach möglich ist.

1989 wurde von den europäischen Post- und Fernmeldeverwaltungen (CEPT) der CT1+-Standard für schnurlose Telefone eingeführt. Für die analoge Sprachübertragung wurden 80 Kanalpaare vorgesehen, die im Frequenzbereich von 930–932 MHz und 885–887 MHz arbeiten. Durch eine geringe Sendeleistung wurde die Reichweite der Geräte auf 200 m im Freien und 50 m im Haus begrenzt. Das System arbeitet nach dem Frequenzmultiplexverfahren (FDM, engl. frequency division multiple), bei dem mehrere Signale unabhängig voneinander gleichzeitig über den gleichen Verbindungsweg übertragen werden. Damit sich die Signale nicht beeinflussen und sich am Empfangsort trennen lassen, unterscheiden sie die gleichzeitig verwendeten Frequenzbänder in der Frequenzlage. Beim CT1+-Standard wird jedem Mobilteil beim Hersteller eine eigene Kennung einprogrammiert, die eine eindeutige Zuordnung zur Basisstation erlaubt, um so einem Missbrauch (vgl. CT0-Norm) vorzubeugen.

Digitale Übertragung ❷ ❸

Die digitale Vermittlung (Abb. 2 b) ermöglicht hohe Übertragungsraten und eine Analog-digital-Wandlung direkt beim Teilnehmer (Abb. 3). 1991 wurde der digitale CT2-Standard eingeführt. Geräte, die nach diesem Standard gebaut werden, senden und empfangen auf 40 Kanälen im Bereich von 864–868 MHz. Mithilfe des FDMA-Verfahrens (engl. frequency division multiple access, ein Frequenzmultiplexverfahren für n Benutzer) greifen die Basisstation und das Mobilteil auf diese so genannten Duplexkanäle zu. Zum Senden und Empfangen wird dabei nur ein einziger Kanal verwendet, der die komprimierten Sprachsignale zeitlich versetzt im Zeitduplexverfahren (TDD, engl. time division duplex) überträgt. Dadurch wird das Frequenzspektrum effizienter genutzt und die Qualität der Sprachübertragung gesteigert.

1992 wurde ein einheitlicher europäischer Standard für digitale schnurlose Telefone eingeführt, das DECT (engl. digital European cordless telephone). Das System stützt sich bei der Datenübertragung auf das Zeitmultiplexsystem (TDM, engl. time division multiplex), das jeden der zehn Trägerkanäle im Frequenzbereich von 1880–1900 MHz in zwölf Zeitschlitzpaare splittet. Dadurch stehen insgesamt 120 Kanäle zum Senden und Empfangen zur Verfügung. Während eines Gespräches im DECT-Standard wird ständig die Qualität des verwendeten Kanals überprüft und der Kanal gegebenenfalls gewechselt. Das System ist abhörsicher, und es können bis zu zwölf schnurlose Telefone gleichzeitig mit der Basisstation verbunden werden. Dadurch sind Gespräche sowohl zwischen den Mobilteilen als auch vom und zum Amt möglich. Aufgrund dieser Vorteile bietet das DECT-System die Möglichkeit zum Aufbau komplexer Systeme mit vielen Teilnehmern in untereinander verbundenen Funkzellen auf begrenztem Raum. Neben der Übertragung von Sprache ist im DECT-Standard auch die von Daten vorgesehen. Damit wären lokale Netze drahtlos zu realisieren.

Ausstattungsmerkmale der Mobilteile

Die ersten Modelle der schnurlosen Telefone waren relativ schwer und groß. Mittlerweile konnten die Geräte durch technische Weiterentwicklungen sowohl in der Schaltungstechnik als auch im Bereich der Akkus deutlich verkleinert werden und sind dadurch handlicher. Moderne Geräte der gehobenen Preisklasse bieten dem Benutzer viele Ausstattungsmerkmale, die das Telefonieren komfortabler machen, wie z.B. Direktruf, Rufweiterleitung, Kurzwahlspeicher, Musikeinspielungen oder „Paging".

❶ Schnurloses Telefon mit DECT-Standard

❷ Prinzip der analogen und digitalen Sprachübertragung

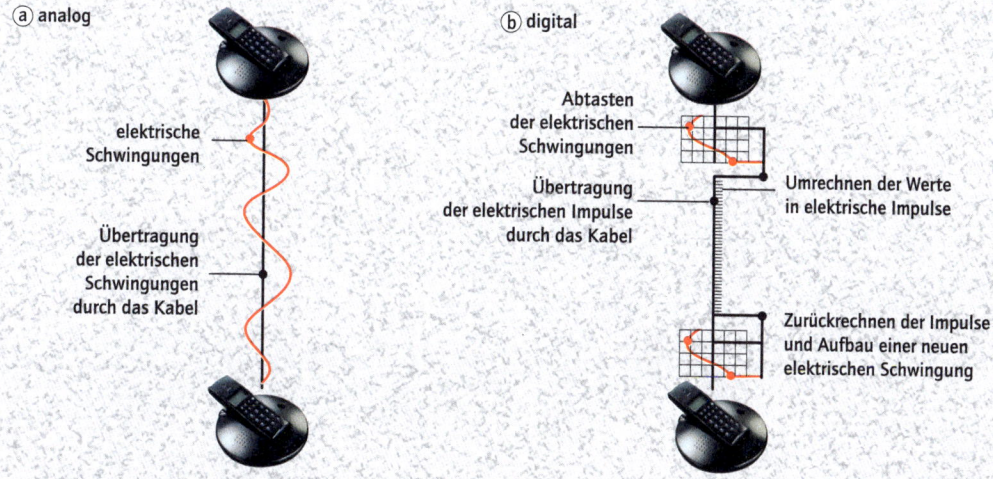

ⓐ analog

elektrische Schwingungen

Übertragung der elektrischen Schwingungen durch das Kabel

ⓑ digital

Abtasten der elektrischen Schwingungen

Übertragung der elektrischen Impulse durch das Kabel

Umrechnen der Werte in elektrische Impulse

Zurückrechnen der Impulse und Aufbau einer neuen elektrischen Schwingung

❸ Blockschaltbild eines digitalen Telefons

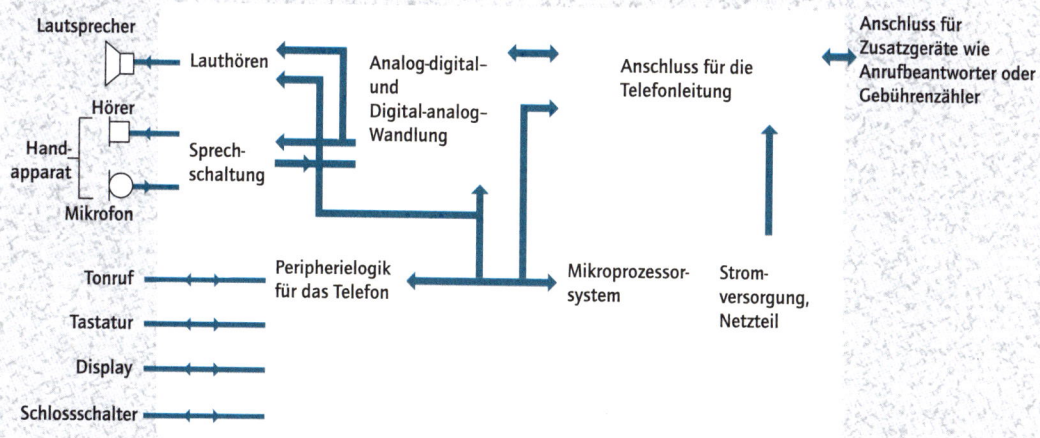

Lautsprecher

Lauthören

Analog-digital- und Digital-analog-Wandlung

Anschluss für die Telefonleitung

Anschluss für Zusatzgeräte wie Anrufbeantworter oder Gebührenzähler

Hörer

Hand-apparat

Sprech-schaltung

Mikrofon

Tonruf

Peripherielogik für das Telefon

Mikroprozessor-system

Strom-versorgung, Netzteil

Tastatur

Display

Schlossschalter

Mobile Funknetze ermöglichen dem Benutzer eine drahtlose Telekommunikation sowohl innerhalb begrenzter Zonen als auch national und international. Anders als beim klassischen Funken sind Sender und Empfänger nicht direkt verbunden, sondern verkehren über ein Netz von stationären Feststationen miteinander.

Aufbau des Funknetzes ❶

Die Voraussetzungen beim Aufbau eines Funknetzes sind vielseitig: Bei einem begrenzten Angebot an Frequenzen sollen viele Benutzer gleichzeitig auf engstem Raum telefonieren können, und zwar ohne Störungen und die Verbindung muss bestehen bleiben, auch wenn sich der Teilnehmer während des Gespräches bewegt (z. B. im Auto). Grundsätzlich muss also zu jedem Zeitpunkt eine Funkverbindung zwischen einem stationären Sender (Funkfeststation) und dem mobilen Telefon („Handy") gewährleistet sein. Aus Gewichtsgründen sind Mobiltelefone mit kleinen Akkus ausgestattet, weshalb sie nur eine begrenzte Reichweite haben. Aufgrund dessen wurden zellulare Mobilfunksysteme aufgebaut (Abb. 1a). Sie unterteilen die geographische Fläche in einzelne Zellen mit je einer Feststation (Basisstation). Da für den Mobilfunk nur ein begrenzter Frequenzbereich zur Verfügung steht, müssen sich gegebenenfalls mehrere Teilnehmer einen Kanal teilen. Um Störungen trotzdem weitgehend auszuschließen, werden die Zellen verschieden groß ausgelegt. Die Zellradien moderner Mobilfunknetze, die für Autotelefone konzipiert sind, betragen in Bereichen mit geringem Verkehrsaufkommen max. 30–35 km, in Bereichen mit hohem Verkehrsaufkommen (Großstädte, Industriezonen) ca. 2 km (Abb. 1b).

Gespräche im C-Netz

Das 1985 eingeführte analoge C-Netz ermöglicht mithilfe des zellularen Funksystems das Telefonieren über weite Strecken; es steht dem Benutzer allerdings nur in Deutschland zur Verfügung. Nach der Anmeldung des Mobiltelefons werden die Teilnehmerdaten in drei Dateien geführt.
- Heimatdatei: In ihr wird der Teilnehmer durch die Anmeldung registriert (Wohn- oder Firmensitz).
- Besucherdatei: Der Teilnehmer wird in der Besucherdatei eines Funknetzbereichs geführt, in dem er sich gerade befindet.
- Aktivdatei: Das eingeschaltete Mobiltelefon wird in der jeweiligen Zelle des Netzsystems registriert.

Beim Einschalten meldet sich das Mobiltelefon bei der nächstgelegenen Basisstation zum „Einbuchen" an und wird in der Besucherdatei registriert. Die Basisstation „fragt" bei der Heimatdatei nach „Echtheit" des Teilnehmers und speichert bei Bestätigung den aktuellen Aufenthaltsort. Das Mobilteil befindet sich nun im Stand-by-Betrieb. Die Feststation kontrolliert jetzt in konstanten Zeitabständen (alle 2,4 s), ob das Handy sich noch im Standby-Betrieb befindet oder z. B. abgeschaltet wurde. Diese Daten werden dann in der Aktivdatei gespeichert.

Ein Anrufer erreicht mit der entsprechenden Vorwahl für das C-Netz die nächstgelegene Funkvermittlung, die die Heimatdatei „benachrichtigt", welche die Verbindung zur momentanen Basisstation des mobilen Teilnehmers herstellt. Während eines Gespräches wird die Verbindung des Mobiltelefons zur Basisstation fortlaufend geprüft. Verlässt der mobile Teilnehmer den Funkbereich, so wird die Verbindung kurzzeitig (max. 300 ms) unterbrochen und auf eine neue Basisstation umgeschaltet (Hand-over). Das C-Netz-Mobiltelefon arbeitet mit einer Magnet- oder Chipkarte, die in das Telefon eingeschoben wird. Der Teilnehmer kann dann, nach Eingabe einer persönlichen Identifikationsnummer (PIN), von jeder beliebigen C-Netz-Mobilstation aus telefonieren.

Digitaltechnik im D- und E-Netz ❷ ❸

Forderungen nach der Verwendbarkeit von Mobilfunkgeräten in allen Ländern sowie einer besseren Sprachqualität und Abhörsicherheit führten zur Einführung des digitalen D-Netzes, das nach der GSM-Norm (engl. global systems for mobile communications) im Frequenzbereich von 900 MHz arbeitet. Die digitalen GSM-Netze (Abb. 2) sind aus Zellen mit Basisstationen aufgebaut, die über ein Subsystem mit der Funkvermittlungsstelle verbunden sind. In Deutschland gibt es zwei Netze: D1 von DeTeMobil und D2 von Mannesmann Mobilfunk; jedes hat seine eigene SIM(Chip)-Karte.

Das E-Plus-Netz arbeitet nach dem DS-1800-Standard, der bei einem Frequenzbereich von 1800 MHz bei gleicher Sendeleistung wie GSM zu einer geringeren Reichweite führt; der maximale Zellenradius liegt bei ca. 8 km. Dadurch kommen die mobilen Telefone mit einer relativ geringen Sendeleistung aus. Damit liegen die Vorteile des E-Plus in der Verwendung von kleinen und leichten Handys (Abb. 3), langen Gesprächs- und Bereitschaftszeiten und einer hohen Netzkapazität für den zukünftigen Massenmarkt.

❶ Zellenaufbau von Mobilfunknetzen

ⓐ Einrichten von Kleinzellennetzen

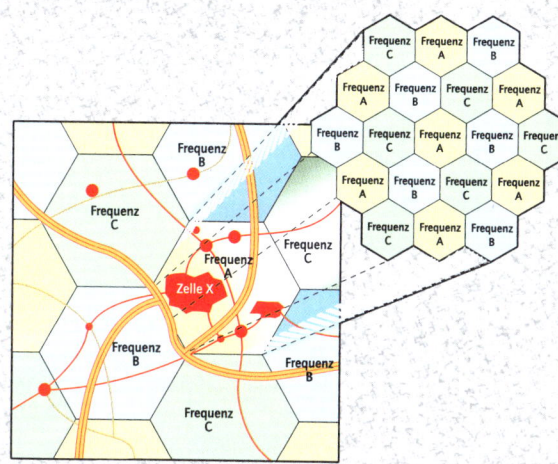

ⓑ Typische Größen von Groß-, Klein- und Mikrozellen

Großzelle

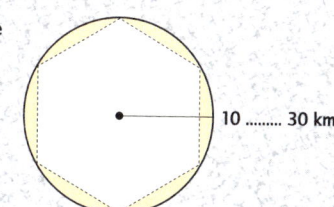

10 .... 30 km

Kleinzelle

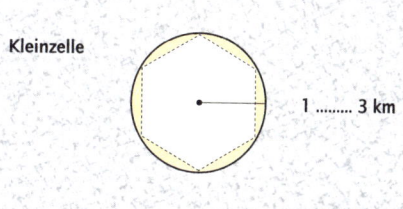

1 .... 3 km

Mikrozelle

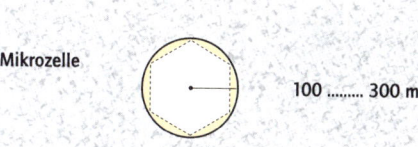

100 .... 300 m

❷ GSM–Versorgungsbereich europaweit

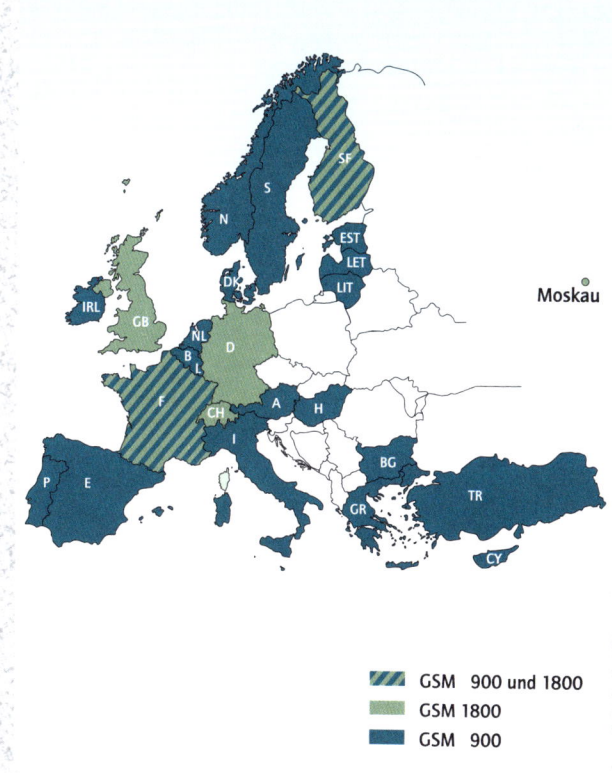

Moskau

GSM 900 und 1800
GSM 1800
GSM 900

❸ Leichtes und kleines Handy für das E-Plus-Netz

Als Funkrufdienst bezeichnet man das Überbringen kurzer Nachrichten durch eine Datenübertragung in eine Richtung ohne Rückmeldung. Die Endgeräte zum Empfang von Signalen oder Nachrichten dieser Rufdienste werden Pager oder Piepser genannt. Von einem ortsfesten Sender werden Signale an einen Funkrufempfänger übermittelt, der sich in Wartestellung befindet. Der Empfang der Nachricht wird akustisch und eventuell auch visuell auf einem Display mitgeteilt; auch „lautloser Ruf" durch auf den Körper übertragene Vibrationen ist möglich.

Das Grundprinzip des Funkrufdienstes beruht darauf, dass bestimmte Adressaten angesprochen werden, indem der Sender einen kurzen Signalton in einer vorgegebenen Frequenz abgibt. Da eine Tonübertragung viel Zeit kostet, haben sich Fünf- bzw. Sechstonfolgen etabliert, bei denen eine fünf- bzw. sechsstellige Dezimalzahl übermittelt wird. Dabei ist jeder Ziffer eine Tonfrequenz zugeordnet.

Eurosignal

Der europäische Funkrufdienst Eurosignal wurde 1970 von der CEPT (Vereinigung der europäischen Telefon- und Postverwaltungen) erarbeitet und 1974 in Deutschland eingeführt. Er erlaubt es, von einem Telefon aus ein bestimmtes Funkrufempfangsgerät (Europiepser) drahtlos anzurufen. Da der Empfänger mit bis zu vier verschiedenen Rufnummern ausgestattet ist, kann er eingehende Nachrichten durch unterschiedliche Signale anzeigen. Die Piepser sind in Deutschland, der Schweiz und Frankreich flächendeckend erreichbar. Da die Länder in mehrere Rufbereiche mit unterschiedlichen Vorwahlnummern unterteilt sind, so muss der Sender den ungefähren Standort des Adressaten kennen. Wechselt ein Funkrufteilnehmer also die Rufzone, so muss er an seinem Gerät den neuen Funkkanal einstellen und seinem Funkpartner die neue Rufnummer mitteilen; eine automatische Weiterleitung von einer Zone in die andere wie beim Mobilfunk (→) ist nicht möglich. Der Funkdienst Eurosignal wurde mittlerweile vom Cityruf abgelöst.

Cityruf ❶ ❷

Im Gegensatz zu Eurosignal kann Cityruf (1989 von der Bundespost gestartet) auch Ziffern und Texte übertragen. Die Pager sind kleiner, leichter und billiger als die Europiepser und benötigen weder im Auto noch in Gebäuden eine externe Antennenhilfe. Der Cityruf ist in drei Rufklassen unterteilt: Rufklasse 0 verfügt über einen Nur-Ton-Empfang, Rufklasse 1 macht den Empfang numerischer Nachrichten bis zu 15 Ziffern möglich, und Rufklasse 2 ermöglicht den Empfang von Texten mit bis zu 80 Zeichen. Um eine Nur-Ton-Funkrufnummer zu erreichen, muss per Telefon die Zugangskennung, gefolgt von der jeweiligen Funkrufnummer des Empfängers, gewählt werden. Mitteilungen für die Rufklassen 1 und 2 können auf verschiedene Weisen gesendet werden. Für gelegentliche Nutzer nimmt der telefonische Auftragsdienst der Telekom Nachrichten entgegen und leitet sie an die Nummer des Empfängers weiter. Weiterhin ist ein Absenden über Bildschirmtext, Computer und Modem möglich (Abb. 1). Für Textnachrichten gibt es Eingabegeräte im Taschenrechnerformat („TipSend"), auf deren Display man den Text lesen und korrigieren kann. Zum Absenden wählt man von einem Telefon aus die Zugangs- und Funkrufnummer des gewünschten Adressaten. Ist die Verbindung hergestellt, so hält man das Gerät an das Mikrofon des Telefons und schickt die Nachricht durch Betätigen der Senden-Taste ab. Wegen der großen Nachfrage ist das Netz für Cityruf mittlerweile in Deutschland, aber auch in anderen Ländern, fast flächendeckend ausgebaut (Abb. 2).

Ermes

Ermes (engl. european radio message system) ist ein europäischer Funkrufdienst, mit dem vom Telefon aus oder von bestimmten Eingabegeräten ein Pager angerufen werden kann. Es arbeitet voll digital und ist wesentlich leistungsfähiger als die anderen Funkrufsysteme (für jedes Land 32 Mio. Codierungen). Das System ist vor allem für den Empfang „transparenter Daten" zur Fernsteuerung oder Fernüberwachung von Produktionsanlagen und -systemen vorgesehen.

Scall ❸

Scall wurde 1994 bundesweit eingeführt und benötigt als Empfangsgerät einen Pager, den man durch Eingabe der Scall-Nummer, der PIN (persönliche Identifikationsnummer) und der Postleitzahl aktiviert. Nachrichten müssen ähnlich wie beim Cityruf als Ziffernfolge verschlüsselt werden (max. 15 Ziffern) und können mithilfe eines tonwahlfähigen Telefons übermittelt werden. Der Empfänger ist in einem Umkreis von ca. 100 km um die angegebene Postleitzahl erreichbar (soweit Funkversorgung vorhanden). Die Miniaturisierung der Pager (Abb. 3) hat in den letzten Jahren enorme Fortschritte gemacht. So liegen die heutigen Abmessungen in einem Bereich, der noch deutlich kleiner als eine Zigarettenschachtel ist.

❶ Übermittlung von kurzen Informationen mithilfe eines Computers

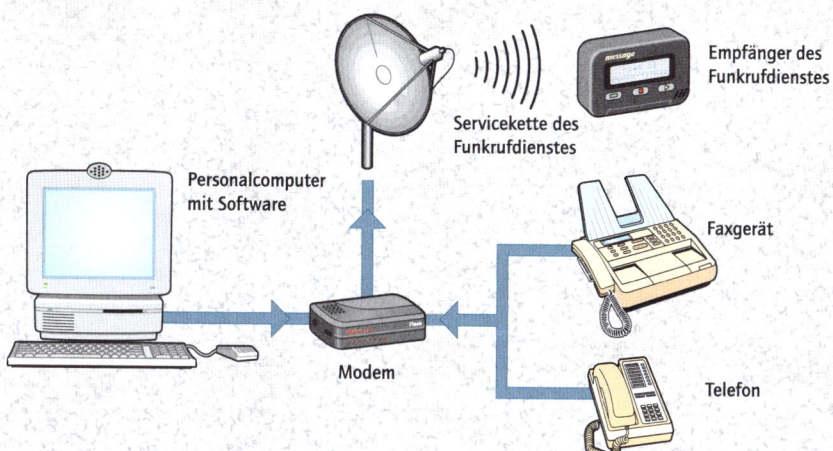

Empfänger des
Funkrufdienstes

Servicekette des
Funkrufdienstes

Personalcomputer
mit Software

Faxgerät

Modem

Telefon

❷ Versorgungskarte für Cityruf (Stand: März 1998)

mit Cityruf versorgte Gebiete　⑦ Rufbereiche und Nummern
noch nicht versorgte Gebiete　── Autobahnen
Versorgungsbeeinträchtigungen im praktischen Betrieb sind möglich

❸ Scall-Pager

Anrufbeantworter nehmen Telefonanrufe automatisch entgegen und speichern sie ab. Sie schalten sich bei einem Anruf selbsttätig ein und spielen einen zuvor abgespeicherten Text ab, nach dem der Anrufer eine Nachricht hinterlassen kann.

Verschiedene Speichermedien ❶

Seit Einführung des Anrufbeantworters wurden immer wieder neue Speichermedien entwickelt. Die in den 1950er-Jahren eingesetzten Magnetophonplatten wurden in den 1970er-Jahren durch Mikrokassetten (Abb. 1) verdrängt; Kompaktkassetten von der Größe 5 × 3 cm und einer Dicke von 0,5 cm, deren Magnetband doppelt bespielt werden kann. Der Klang ist, schon wegen der geringen Bandgeschwindigkeit von 1,2 bzw. 2,4 cm/s, nur mäßig, was den Einsatz auf Anrufbeantworter und Diktiergeräte beschränkt. Sie arbeiten nach dem gleichen Prinzip wie Kompaktkassetten (→ Tapedecks): Zum Abspielen der Kassette wird das Band an Tonköpfen vorbeigeführt. Diese „lesen" die magnetisch abgespeicherten Informationen auf die Oberseite des Bandes und wandeln sie in elektronische Signale um, die in einer Wiedergabeeinheit als Töne ausgegeben werden. Die Bandlänge reicht für bis zu 30 Minuten Aufzeichnungsdauer. Um den Speicherplatz auf der Kassette optimal zu nutzen, schaltet sich der Anrufbeantworter automatisch aus, wenn ein Anrufer das Gespräch für mehr als 2 s unterbricht.

Mittlerweile haben die in den 1990er-Jahren eingeführten digitalen Aufzeichnungs- und Abspielgeräte die analogen Systeme weitgehend verdrängt. Hier wird das Sprachsignal digitalisiert auf Speicherchips aufgezeichnet. Sie können beliebige Informationen speichern und und neue Daten durch das Überschreiben eines Speicherplatzes festhalten. Die Speicherkapazität war anfangs geringer als bei einem guten Magnetband (ca. 15 Minuten). Auf neuen Geräten können jedoch wesentlich mehr Informationen gespeichert werden, sodass deutlich höhere Aufnahmezeiten als beim Anrufbeantworter mit Magnetband möglich sind. Geräte der jüngsten Generation arbeiten mit DSP-Chips (digitale Signalprozessoren). Sie komprimieren die Sprachinformationen schon während der Digitalisierung (→) und gewährleisten so eine noch längere Aufzeichnungsdauer. Dies wird u. a. auch durch den Speichersparbetrieb in Sprechpausen („silence detection") erreicht.

Arten von Anrufbeantworter ❷

Es gibt drei Arten von Geräten, die sich nach Ihrem Aufnahme- bzw. Wiedergabeprinzip unterscheiden:

Reine Kassettengeräte, ausgeführt meist als Doppelkassettengeräte (Abb. 2) mit je einer Kassette für die Ansage und die Speicherung der Anrufe, sie nutzen nur das Magnetband, während bei Analog-digital-Geräten die Ansage auf einem Chip und die Anrufe auf eine Mikrokassette gespeichert werden. Volldigitalisierte Geräte, wie sie heute meist eingesetzt werden, zeichnen sowohl die Ansage als auch die Anrufe digital auf. Da die Bandwickelzeiten entfallen und man ohne nennenswerten Zeitverlust von einem Anruf zum nächsten „springen" kann, ist mit diesen Geräten eine sehr viel schnellere Abfrage der eingegangenen Nachrichten möglich.

Die meisten Anrufbeantworter zeigen in einem Display die Anzahl der eingegangenen Anrufe bzw. Nachrichten an und geben bei der Wiedergabe die dazugehörige Uhrzeit und den Wochentag an. Moderne Geräte verfügen über Funktionen wie Fernabfrage, Rufweiterschaltung, Raumüberwachung oder Zeitsteuerung. So bietet z. B. die Fernabfrage die Möglichkeit, von jedem Telefon aus die auf den Anrufbeantworter gesprochenen Nachrichten abzurufen und weitere Einstellungen am Gerät vorzunehmen. Mit einem Telefon mit Mehrfrequenzwahl (ersatzweise einem kleinen Signalgeber) wird diese Abfrage (auch aus dem Ausland) möglich. Dazu wählt der Teilnehmer seine Telefonnummer und wartet auf die Ansage des Anrufbeantworters. Während dieser wird dann per Tonwahl ein mehrstelliger Nummerncode eingegeben, der die Fernabfrage startet. Auch werden immer mehr Kombigeräte angeboten, die ein Komforttelefon und einen Anrufbeantworter in einem Gerät vereinen. Dem Teilnehmer bieten sich dadurch Vorteile wie verminderter Platzbedarf oder die Notwendigkeit von nur einem Anschluss.

Computer als Anrufbeantworter ❸

Heutzutage ist aber auch das Aufzeichnen von Telefonanrufen mithilfe von Computern möglich. Dazu benötigt man einen Computer mit Soundkarte, Boxen und Mikrofon, ein sprachfähiges Modem sowie spezielle Kommunikationssoftware.

Die Kommunikationssoftware verfügt über drei Funktionen: Aufzeichnen von Ansagen, Ansagenmanagement und Aufzeichnen und Wiedergabe von Anrufen. Für die Ansage dienen so genannte „WAV-Dateien" (Abb. 3). Das sind Dateien, die Sprache oder Musik enthalten. Das Modem dient zur Aufzeichnung der Anrufe. Diese werden dann in einem Journal angezeigt, das neben Datum und Dauer vor allem den Dateinamen angibt, unter dem der Anruf gespeichert wurde.

❶ Mikrokassette

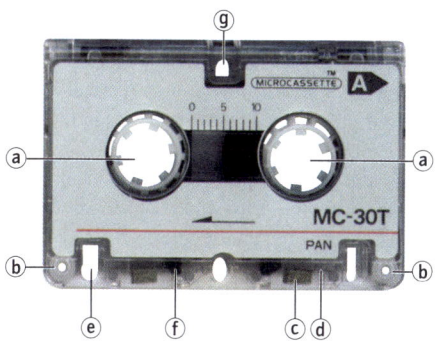

(a) Aussparungen für die Transportachsen
(b) Führungsrollen
(c) federnde Andruckplatte (Filz)
(d) Andruckfeder
(e) Eingriff der Tonwelle
(f) Eingriff der Kassettenführungsstifte
(g) Löschsicherung

❷ Kombigerät mit zwei Kassetten

❸ WAV-Datei

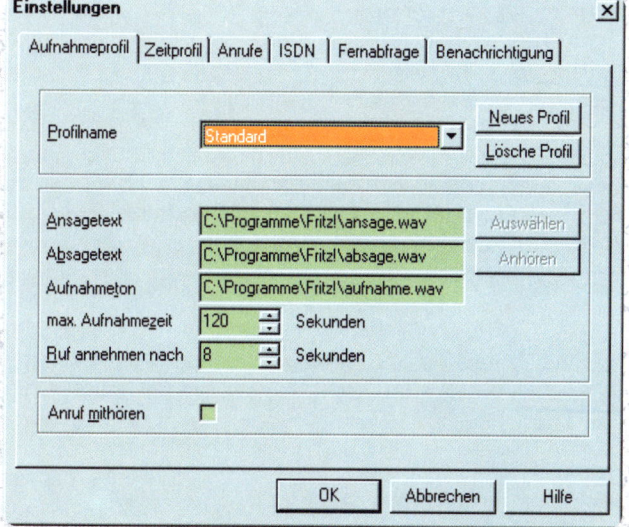

Das Faxen – der Name „Fax" leitet sich von „Faksimile" ab und bedeutet Kopie bzw. Nachbildung – ist ein öffentlicher Telekommunikationsdienst zur direkten Übermittlung von Schriftstücken (Text und/oder Grafik) über Fernmeldeleitungen. Dieser Dienst ist weltweit von jedem Telefonanschluss aus möglich. Seine Vorteile liegen z.B. im schnellen und preiswerten Informationsaustausch und der Unabhängigkeit von Arbeitszeiten und Zeitzonen. Schon 1933 nahmen die ersten Fernschreiber, kurz Telex (Teleprinter exchange) genannt, ihre Dienste auf. 1968 wurden vom internationalen beratenden Fernmeldeausschuss CCITT die ersten Standards für die Faxübertragung definiert.

Zum Faxen benötigt man ein Faxgerät oder einen Personalcomputer mit Faxkarte und Faxmodem. Neben dem Fernsprechnetz kann für die Übermittlung auch das ISDN (→ Telekommunikationsnetze) genutzt werden. Dafür sind spezielle ISDN-taugliche Faxgeräte notwendig.

Sender- und Empfängerfunktion ❶

Vereinfacht ausgedrückt handelt es sich beim Faxverfahren um das Abtasten von zu übertragenden optischen Informationen auf der einen und ihrem Aufzeichnen (Ausdrucken) auf der anderen Seite. Bei Faxgeräten für das analoge Telefonnetz wird die Vorlage fotoelektrisch abgetastet (gescannt), in Rasterpunkte zerlegt und in einem Signalumwandler (Modulator/Demodulator) in elektrische Signale umgewandelt. Mithilfe des Modulators lassen sie sich als Töne über das (weltweite) Telefon- bzw. Datennetz an einen Empfänger senden. Dort findet dann im Prinzip der umgekehrte Vorgang im Demodulator statt, und es entsteht eine gerasterte Kopie der Vorlage im Sendegerät.

In einem digitalen Faxgerät (Sender) wird mithilfe einer optischen Linse und einer Lichtquelle ein Lichtpunkt erzeugt, der die zu übertragende Information auf dem Papier Zeile für Zeile abtastet. Das unterschiedlich hell reflektierte Licht wird dann in Fotodioden (CCDs, engl. charged coupled devices), in ein digitales elektrisches Signal umgewandelt (Abb. 1a). Das vom Sensor kommende Signal wird anschließend verstärkt, moduliert und über die angeschlossene Telefonleitung geschickt. Kompaktere Abtasteinheiten (CIS, engl. contact image sensor) verwenden als Lichtquellen mehrere Leuchtdioden (LEDs) und eine weniger komplizierte Optik (Abb. 1b).

Eine Übertragung ist nur zwischen zwei analogen bzw. digitalen Faxgeräten möglich. Die Übertragungsgeschwindigkeit beträgt in der Regel 9600

bps (Bits/Sekunde) oder 14 400 bps, nur sehr gute Geräte erreichen 28 800 bps; mit ISDN-Anlagen können sogar bis zu 64 000 bps erreicht werden. Die Standardauflösung beträgt 3,85 Linien pro Millimeter. Zum Übertragen von Abbildungen kann man aber auch feinere Auflösungen (Fein: 7,70 Linien pro Millimeter; Super: 15,40 Linien pro Millimeter) wählen, wodurch sich allerdings die Übertragungsgeschwindigkeit reduziert.

Werden Faxgerät und Telefon/Anrufbeantworter an einem Anschluss betrieben, ist eine Faxweiche erforderlich. Aktive Weichen nehmen den Anruf entgegen und erkennen ein Fax am Faxton cng (engl. calling). Passive Weichen können den Faxton erst erkennen, nachdem der Anruf vom Telefon bzw. Anrufbeantworter übernommen wurde.

Wiedergabeverfahren ❷

Im Empfänger wird das von der Originalvorlage abgenommene elektrische Signal erneut umgewandelt und in eine Kopie umgesetzt. Heute werden dazu vor allem das Thermo- und das Tintenstrahlverfahren angewandt.

Beim Thermoverfahren (Abb. 2) wird ein wärmeempfindliches Papier (Thermopapier) an einem Kamm aus Halbleiterwärmeelementen vorbeigeführt. Die Elemente können kurzzeitig erhitzt werden und bewirken durch eine chemische Reaktion die Schwärzung des Papiers an den entsprechenden Stellen. Die Ausdrucke eignen sich jedoch aufgrund des dünnen Papiers und dessen schlechter Qualität (Vergilben) weder zum Weiterfaxen noch zum Archivieren.

Beim Tintenstrahlverfahren wird mittels einer Tintenstrahldüse die Aufzeichnung der Information auf Normalpapier aufgebracht (→ Drucker). Durch spezielle Sprühtechniken konnte man bei diesem Verfahren enorme Fortschritte in Bezug auf Präzision und Geschwindigkeit erzielen.

Arten von Faxgeräten ❸

Faxgeräte werden in Gruppen eingeteilt, wobei man die modernen Geräte für das analoge Telefonnetz zur Gruppe 3 und die digitalen Geräte für das ISDN-Netz zur Gruppe 4 zählt. Faxgeräte bieten heute Funktionen wie Speicher für bis zu 100 Rufnummern, Wahlwiederholung, zeitversetztes Senden oder Abruffunktion. Geräte der neuesten Generation (Abb. 3) verfügen über eine serielle Schnittstelle zum Anschluss an einen PC und können auch als Fotokopierer, Scanner oder Computerdrucker genutzt werden. Auch ist mit ihnen das Versenden von Faxen direkt vom Computer aus möglich.

❶ Digitale Faxgeräte

ⓐ Prinzipieller Aufbau einer Abtasteinheit

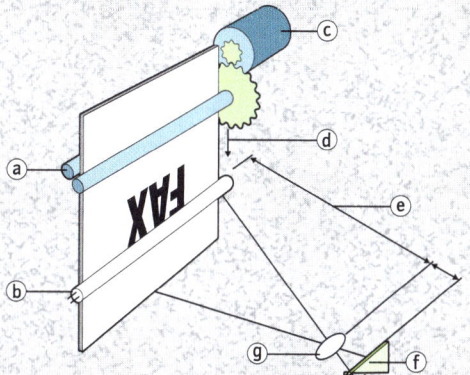

- ⓐ Papierführung
- ⓑ Leuchtstoffröhre
- ⓒ Stepmotor
- ⓓ Zugrichtung
- ⓔ Umlenkspiegel reduzieren die Geräteabmessungen (Reduktionsverhältnis ca. 8:1 bis 10:1)
- ⓕ CCD-Sensorelement (Fotodiodenzeile)
- ⓖ Linse

ⓑ CIS-Abtasteinheit

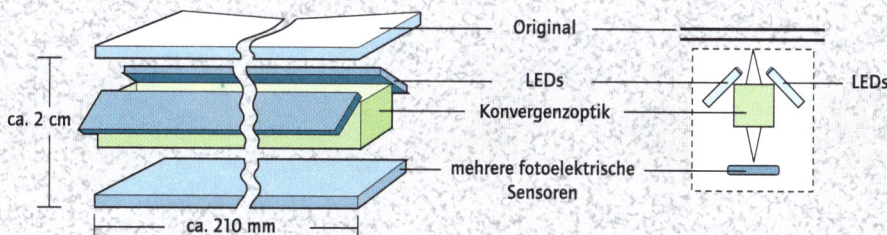

❷ Faxübertragung beim Thermoverfahren

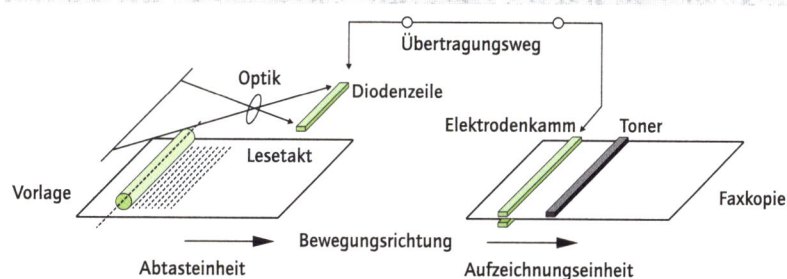

❸ Modernes Telefaxgerät

Unter dem Begriff Telekommunikation versteht man den Austausch von Nachrichten zwischen Menschen oder Menschen und Maschinen unter Inanspruchnahme nachrichtentechnischer Mittel. Dabei handelt es sich im Allgemeinen um die Kommunikationsdienste für Sprache, Text und Daten. Im heutigen multimedialen Zeitalter kommen noch Bilddaten (auch bewegte Bilder) dazu. Die verschiedenen Kommunikationsdienste können mittels Computer genutzt werden. Dazu müssen diese miteinander verbunden sein, damit sie über ihre Kommunikationskanäle Daten austauschen können. Damit sich beim Aufbau eines Netzwerkes alle an eine Architektur halten, wurde von der ISO (Internationale Standardisierungsorganisation) ein siebenschichtiges Modell vorgeschlagen: das OSI-Referenzmodell (engl. open system interconnection; Abb. 1). Der Austausch innerhalb einer Schicht (Rechner A ↔ Rechner B) wird durch ein Protokoll (Sammlung von Regeln, die Datenformate und ihre Übertragung festlegen) beschrieben.

Zwei der wichtigsten Verfahren der Bitübertragungsschicht (physische Schicht) sind ISDN und ATM. Die Aufgaben der Bitübertragungsschicht bilden die Grundlage aller Computernetze. Sie nimmt von der Sicherungsschicht Datenblöcke entgegen, packt sie in einen Rahmen und überträgt den Rahmen zum Empfänger. Der Empfänger packt den Rahmen aus und übergibt den Datenblock an die nächsthöhere Schicht. Das einzige, was Sender und Empfänger auf dieser Ebene voneinander wissen, sind Vereinbarungen über nachrichtentechnische Verfahren der Übertragung. Alles andere, wie z.B. Daten auf dem Bildschirm darstellen, Datenblöcke erstellen, Empfänger adressieren, Verbindung aufbauen etc., geschieht in den anderen Schichten, deren Protokolle die dort eingesetzten Verfahren beschreiben.

Computernetze lassen sich nach ihrem Einzugsbereich klassifizieren: Es gibt zum einen die Weitverkehrsnetze (WAN, engl. wide area networks), die Rechner über Ländergrenzen hinweg verbinden, und zum anderen die lokalen Netze (LAN, engl. local area networks), die Computer innerhalb eines Bürogebäudes verbinden. Die Weitverkehrsnetze sind meist etwas langsamer als die lokalen Netze, was dazu führte, dass nach neuen Vernetzungstechniken gesucht wurde.

ISDN ❷

Ziel von ISDN (engl. integrated rservices digital network, Dienste integrierendes digitales (Telekommunikations-)Netz; auch S-ISDN für Schmalband-ISDN) ist es, alle Kommunikationsdienste zu integrieren und dafür nur ein Netz bereitzustellen. ISDN ist ein digitales Netz, d. h. die Datenübertragung erfolgt digital (→ Digitalisierung). Es besitzt erhebliche Vorteile gegenüber einer analogen Übertragung, bei der die Daten mittels Modem (→) von digital zu analog und zurück umgewandelt werden müssen (Abb. 2). ISDN integriert alle Telekommunikationsformen (Sprach-, Daten-, Text- und Bildübertragung) auf einer Leitung und kann größere Datenmengen mit höherer Geschwindigkeit übertragen. Die Übertragung ist zudem nicht so störanfällig, was eine sichere Datenübertragung ermöglicht. Einsatzgebiete von ISDN sind, neben der schnellen Datenübertragung, insbesondere Internetzugänge (→ Internet) und Telefonwesen. Ein ISDN-Basisanschluss arbeitet mit drei Übertragungskanälen, wovon zwei Kanäle (B-Kanäle) für die Übertragung von Daten und Sprache mit einer Geschwindigkeit von 64 kBit/s genutzt werden. Der dritte Kanal (D-Kanal) dient mit einer Geschwindigkeit von 16 kBit/s zum Steuern der Kommunikationswege und Verbindungsknoten. Die nächste Ausbaustufe ist der Primärmultiplexanschluss mit 30 B-Kanälen. Dieser Anschluss wird in mittelständischen Betrieben für die Netzwerkkopplung eingesetzt.

ATM ❸

ATM (engl. asynchronous transfer mode, asynchroner Transfermodus) ist eine Vernetzungstechnik, die ihren Ursprung in den Weitverkehrsnetzen hat und als ein Transportprotokoll für Breitband-ISDN (B-ISDN) definiert ist. ATM ist wie ISDN ein Datenübertragungsverfahren, das die gleichzeitige Übertragung von Daten, Sprache und Video ermöglicht. Es ist medienunabhängig und lässt sich mit vielen Transferraten betreiben. Die zu übertragenden Daten werden nicht in Pakete aufgeteilt, sondern in kleine Zellen mit fester Länge, die das ATM-Netz in ununterbrochener Folge bereitstellt (Abb. 3). Diese Zellen sind 53 Byte groß und enthalten 48 Byte Daten sowie 5 Byte Adressierungs- und Fehlererkennungsdaten. Weil die Zellen relativ klein sind und beim Empfänger nicht so viel „gepuffert" (aufgestaut) werden muss, ist ein schnelles Übertragen (cell switching), auch von Echtzeitdaten, mit ATM möglich. Betrachtet man die anfallenden Bitströme, stellt man fest, dass die Datenströme sowohl kontinuierlich als auch wechselnd auftreten können. Durch die Zellentechnik realisiert ATM eine dynamische und bedarfsorientierte Bandbreitennutzung.

❶ OSI-Referenzmodell

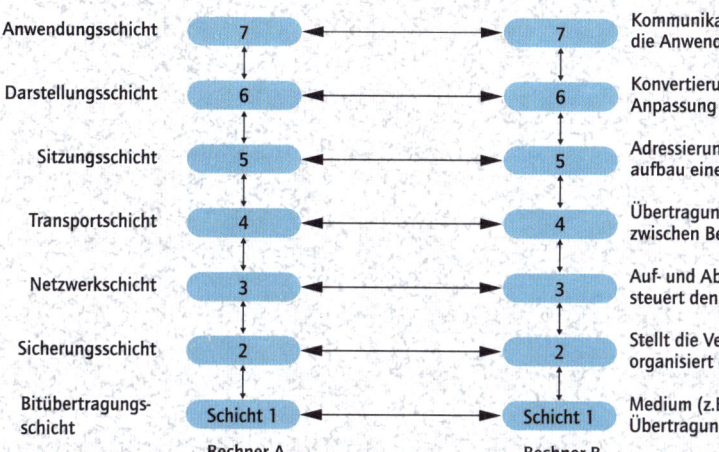

Anwendungsschicht	7	Kommunikationsschnittstelle für die Anwenderprogramme
Darstellungsschicht	6	Konvertierung von Übertragungskodes, Anpassung von Bildschirm- und Druckerformaten
Sitzungsschicht	5	Adressierung und Sicherung von Daten, Wieder-aufbau einer Verbindung nach einem Abbruch
Transportschicht	4	Übertragung von Datenpaketen zwischen Betriebssystemprozessen
Netzwerkschicht	3	Auf- und Abbau von Netzverbindungen, steuert den Datenaustausch
Sicherungsschicht	2	Stellt die Verbindung zwischen Teilnehmern her, organisiert die Datenpakete, Fehlerkorrektur
Bitübertragungs-schicht	Schicht 1	Medium (z.B. Kabel), Modulationsverfahren, Übertragungsart

Rechner A   Rechner B

❷ Analoge und digitale Übertragung

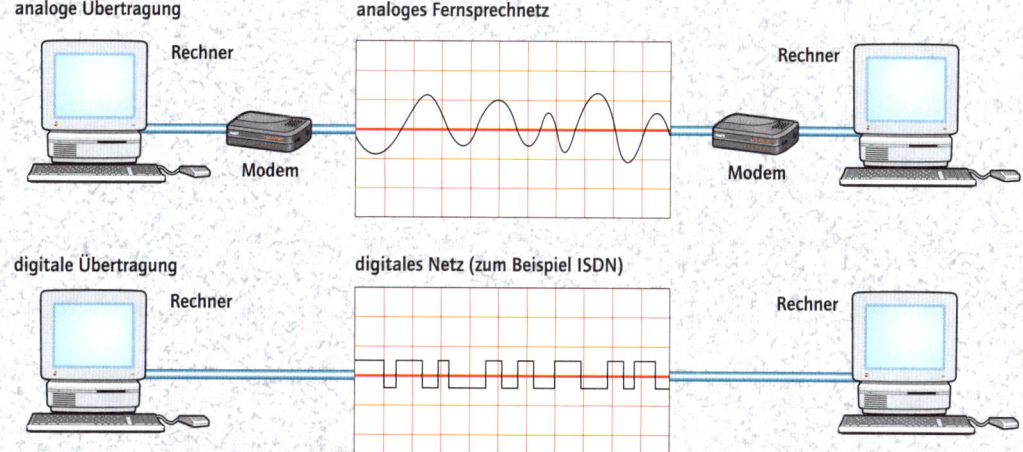

analoge Übertragung   analoges Fernsprechnetz
Rechner   Rechner
Modem   Modem

digitale Übertragung   digitales Netz (zum Beispiel ISDN)
Rechner   Rechner

❸ Verarbeitung von Bitraten bei ATM

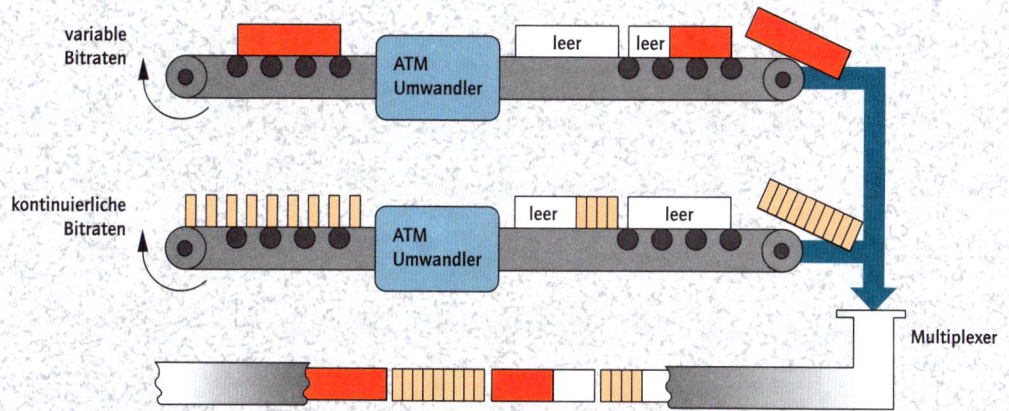

variable Bitraten   ATM Umwandler   leer   leer

kontinuierliche Bitraten   ATM Umwandler   leer   leer

Multiplexer

Die heutigen Computernetzwerke orientieren sich in ihren Funktionen meistens am OSI-Schichtenmodell (→ Telekommunikationsnetzwerke), wobei die unterste Schicht (Bitübertragungsschicht) ausschließlich zur Datenübertragung dient. Obwohl meist Kupferleitungen als Übertragungsmedium für diese Netzwerke dienen, ist es heute durch die Entwicklungen im optischen Bereich möglich, Daten auch mithilfe von Lichtimpulsen zu übertragen. Dabei stellt ein Lichtimpuls die logische „1" dar, und kein Impuls die logische „0". Dadurch, dass sichtbares Licht eine Frequenz von 10^8 MHz hat, kann eine sehr hohe Übertragungsrate erreicht werden. Die Lichtübertragung findet in Lichtwellenleitern statt. Diese runden Fasern aus Quarzglas (Glasfasern, Außendurchmesser bis 125 mm; Abb. 1) sind sehr leicht und dünn und können sehr schlecht angezapft werden, d.h., sie sind wesentlich sicherer als Kupferleitungen. Andererseits sind sie mechanisch sehr empfindlich. Sie müssen daher mit einer Beschichtung als Schutzhülle versehen werden.

Lichtwellenleiter als Übertragungsmedium ❷ ❸

In einem optischen Übertragungssystem ist das Übertragungsmedium eine Faser aus Glas oder Quarz. An den Enden sitzen elektrooptische bzw. optoelektronische Wandler, die analoge oder digitale Signale in Lichtimpulse und wieder zurück umsetzen. Als Sender werden entweder LEDs (engl. light emitting diode, Leuchtdiode) oder Laserdioten eingesetzt, und als Empfänger Photodioten, die die eintreffenden Lichtimpulse wieder in elektrische Impulse umwandeln. Beim Übergang des Lichtstrahls von Quarz in Luft wird der Strahl je nach einfallendem Winkel an der Grenzfläche reflektiert. Diese Brechung wird durch den Eintrittswinkel und die Brechungsindizes der Materialien bestimmt (Abb. 2 a). Beim Lichtwellenleiter poliert man die Eintrittsfläche und sorgt dafür, dass der Eintrittswinkel oberhalb eines bestimmten Winkels liegt. So werden die Lichtstrahlen totalreflektiert und sind in der Faser gefangen (Abb. 2 b). Reduziert man den Durchmesser der Faser auf die Wellenlänge des Lichtstrahls, dann breitet sich das Licht ohne Reflexion entlang einer geraden Linie aus. Diese Fasern nennt man Einmodemfasern. In Verbindung mit Laserdioden als Sender können so Übertragungsraten von 1000 Mbps (1000 × 1024 Bits pro Sekunde) über eine Strecke von 1 km erzielt werden. Leistungsstarke Laser (→) sorgen dafür, dass ohne Repeater (Verstärker) sehr große Strecken überbrückt werden können.

Es ist auch möglich, Lichtwellenleiter in lokalen Netzwerken einzusetzen. Die Technologie ist aber sehr komplex, da es schwierig ist, hinzukommende Glasfasern mit den bereits vorhandenen zu verschmelzen. Um dieses Problem zu umgehen, baut man ein Ringnetz auf, das die Computer von Punkt zu Punkt verbindet. An jedem Computer befindet sich eine Schnittstelle, die die Lichtimpulse bei Bedarf weiterleiten kann und zusätzlich als Verbindung zum Computer dient, damit dieser auch senden und empfangen kann. Die Schnittstelle kann entweder passiv sein oder aus aktiven Repeatern bestehen. Bei passiven Schnittstellen sind zwei Anzapfungen mit der Hauptfaser verschweißt, die mit einer Diode bzw. Photodiode verbunden sind. Fällt eine Schnittstelle aus, funktioniert das Netz zwar weiter, aber der Computer ist dann ohne Verbindung („offline"). Bei aktiven Repeatern (Abb. 3) wird das Signal jedes Mal regeneriert (erneuert), sodass die Verbinung von Computer zu Computer mehrere Kilometer lang sein kann. Fällt eine Schnittstelle aus, ist das Netz unterbrochen. Außer diesem Ring können auch andere Netzstrukturen realisiert werden, wie z.B. einen Stern.

Lichtwellenleiternetzwerke ❹

Lichtwellenleiter, insbesondere Glasfasern, werden immer häufiger für Hochleistungsnetzwerke eingesetzt. Ein weit verbreitetes Netzwerk ist FDDI (engl. fiber distributed data interface), ein lokales Netzwerk, das bis zu 100 Computer über Entfernungen bis 200 km mit 100 Mbps verbindet. Es kann wie ein normales lokales Netzwerk benutzt werden, wird aber häufig als „Backbone" (Stütze) zur Verbindung von herkömmlichen Netzwerken eingesetzt. Zur Verkabelung von FDDI-Netzwerken werden zwei Glasfaserringe eingesetzt, von denen einer mit dem Uhrzeigersinn und einer entgegen den Uhrzeigersinn überträgt (Abb. 4). Sollte ein Ring ausfallen, kann der andere als Sicherung dienen. Beim Ausfall beider Ringe an der gleichen Stelle können diese zu einem großen Ring verbunden werden. Dazu besitzt jede Station Relais, welche zur Verbindung der beiden Ringe oder zur Umgehung der Station verwendet werden. Um die Kosten niedrig zu halten, werden LEDs eingesetzt. Außerdem gibt es Stationen, die jeweils nut mit einem Ring verbunden sind.

Durch die zunehmende Verbreitung der Lichtwellenleiter werden zukünftig immer mehr Netzwerke auf der Basis der Glasfaser aufgebaut werden, auch ohne Aufbau von speziellen Lichtwellenleiternetzwerken.

❶ Glasfasern

❷ Beispiel für die Berechnung eines Lichtstrahls in einer Quarzfaser

ⓐ Drei Beispiele für die Berechnung eines Lichtstrahls in einer Quarzfaser am Luft-Quarzübergang unter verschiedenen Winkeln

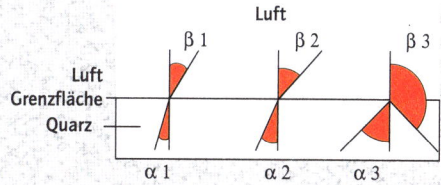

ⓑ Durch totale interne Reflektion eingeschlossenes Licht

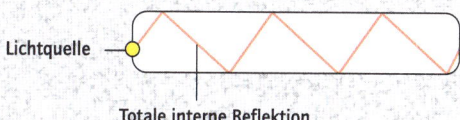

❸ Glasfaserring mit aktiven Repeatern

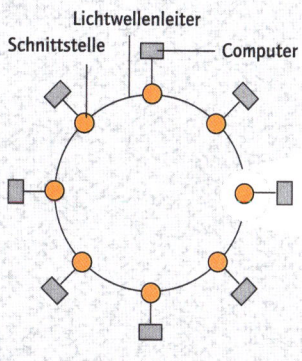

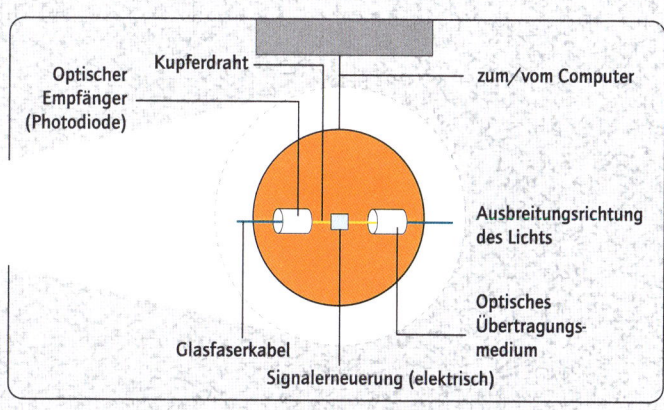

Schnittstellendetail

❹ Lichtwellenleiternetzwerke

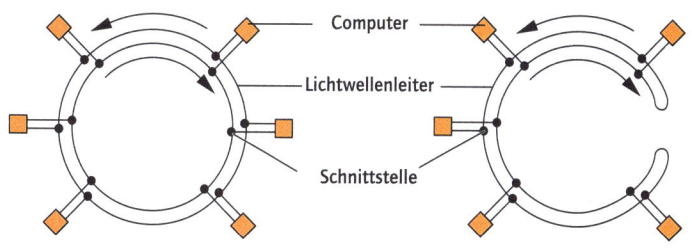

ⓐ FDDI besteht aus zwei entgegengesetzt rotierenden Ringen

ⓑ Bei Ausfall beider Ringe an der selben Stelle können sie zu einem langen Ring verbunden werden

Wenn man heute von einem Computer spricht, meint man im Allgemeinen einen Personalcomputer (PC). Es gibt aber noch andere Computersysteme, wie beispielsweise Mikrocomputer und Großrechner, die sich in ihrer Systemarchitektur und -organisation sowie in ihren Einsatzgebieten unterscheiden. Allen Systemen gemeinsam sind die grundlegenden Komponenten wie Zentraleinheit mit Mikroprozessor (→), externe Speicher (→) und das Ein-/Ausgabewerk. Die Daten der Computersysteme werden zur Verarbeitung von Informationen nach dem EVA-Prinzip (Eingabe, Verarbeitung, Ausgabe der Daten) bearbeitet.

Typische Einsatzgebiete heutiger PCs sind Textverarbeitung, Tabellenkalkulation, Datenbankanwendungen sowie Verarbeitung von Multimediadaten (Bild- und Tondaten). Durch die immer besser werdende Integrationsdichte von Transistoren auf ICs (engl. integrated circuit, integrierter Schaltkreis) werden die PCs immer leistungsfähiger, sodass sie zukünftig immer mehr Aufgaben von Hochleistungscomputern übernehmen können, insbesondere im Bereich der grafischen Datenverarbeitung.

Binärsystem, Zeichendarstellung und digitale Logik ❶ ❷ ❸ ❹

Die Grundlage der Datenverarbeitung sind Informationen. Um diese in einem Computersystem speichern und verarbeiten zu können, wird eine geeignete Form zur Kodierung und Verknüpfung der Informationen benötigt. Am einfachsten und schnellsten ist der Einsatz des binären Zahlensystems (Dualsystem), bei dem zur Beschreibung der Zahlenwerte nur zwei Zeichen („0" und „1") zur Verfügung stehen. In Anlehnung an die Elektronik, in der es die beiden Zustände „ein" und „aus" gibt, eignet sich das Dualsystem sehr gut als Grundlage für die Informationsverarbeitung. Mit einer Stelle können nur die beiden Werte „0" und „1" dargestellt werden, aber durch Hinzunahme weiterer Stellen lassen sich auch größere Werte darstellen (Abb. 1).

Eine Speicherzelle, die eine Stelle dieses Systems aufnehmen kann, hat die Bezeichnung ein Bit (kleinste Informationseinheit). Acht solcher Informationseinheiten zusammengenommen ergeben ein Byte. Für die Eingabe eines Computersystems werden neben den Ziffern 0 bis 9 noch die Buchstaben des Alphabets und verschiedene Sonderzeichen (z. B. Grafikzeichen) benötigt. Zur entsprechenden Verschlüsselung werden heute meist achtstellige Dualzahlen (je 1 Byte) verwendet, sodass damit 256 Zeichen kodiert werden können. Für die Zeichendarstellung auf einem PC wird häufig ein 8-Bit-Kode

eingesetzt, der auch unter dem Namen ASCII-Kode bekannt ist (Abb. 2). Mithilfe des Binärsystems können nun alle Zeichen verschlüsselt werden, sodass jede Information in Form von Daten technisch dargestellt und in einem Computer gespeichert werden kann. Die Anzahl von binären Informationen (Bits), die der Prozessor auf einmal verarbeiten kann, nennt man Wortlänge (8-Bit-, 16-Bit-, 32-Bit-Computer usw.).

Bei der Verarbeitung von Informationen werden aber auch Speicherinhalte nach bestimmten Regeln verknüpft und in neue Speicherzellen abgelegt. Bei diesen logischen Verknüpfungen wird das Bit entweder als „Ja" („1") oder „Nein" („0") interpretiert. Damit lassen sich logische Entscheidungen realisieren. Die digitale Logik liefert dazu verschiedene Grundelemente (UND-, ODER-, NEGATION-Gatter), mit denen binäre Schaltvariablen (Bits) zu digitalen Schaltungen verknüpft werden können (Abb. 3). So liefert das UND-Gatter nur dann am Ausgang ein „Ja", wenn an beiden Eingängen ein „Ja" anliegt. Die elektronischen Schaltungen zur Umsetzung dieser Verknüpfungen nennt man Gatter. Sie werden durch Symbole repräsentiert, die allerdings für die USA und Deutschland unterschiedlich genormt sind. Die Grundfunktionen lassen sich aber auch einfacher mit NAND- oder NOR-Gattern (Nicht-UND, Nicht-ODER) realisieren (Abb. 4). Für ein Computersystem werden diese Schaltungen mit Halbleiterbauelementen (→) nach verschiedenen Technologien (z. B. CMOS-Technologie) in Chips hergestellt.

Hard- und Software

Die Hardware eines Computersystems repräsentiert alle sichtbaren Bestandteile. Dazu gehören Ein-/Ausgabegeräte (Tastatur, Maus, Monitor, Drucker), externe Speicher (Festplatte/Harddisk, Diskettenlaufwerk/Floppydisk, CD-ROM) und Erweiterungskarten (Grafikkarte, ISDN-Adapter und Soundkarte). Mithilfe geeigneter Software (Programme) kann der Anwender mit dem Computer kommunizieren und ihn für die verschiedensten Aufgaben einsetzen. Ein Programm wird intern in einen für den Computer verständlichen Maschinenkode übersetzt und dann vom Prozessor und seinen Teilwerken verarbeitet (→ Mikroprozessor). Diese Umsetzung übernehmen spezielle Programme (Compiler, Linker). Die Betriebssystemsoftware ist ein ganz besonderes Programm, das durch seine Regeln das Arbeiten mit dem Computer und der angeschlossenen Hardware erst möglich macht.

❶ Wertedarstellung in verschiedenen Zahlensystemen

Wert	dezimal	binär	hexadezimal
	0	0	0
	1	1	1
	2	10	2
	3	11	3
	4	100	4
	5	101	5
	6	110	6
	7	111	7
	8	1000	8
	9	1001	9
	10	1010	A
	11	1011	B
	12	1100	C
	13	1101	D
	14	1110	E
	15	1111	F

❷ ASCII-Kode

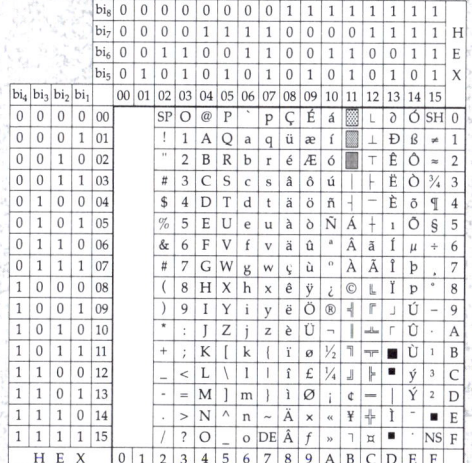

❸ Wertetabellen, logische Funktionen und Schaltsymbole der Grundfunktionen

Wertetabelle	Logische Funktion	Operation	Schaltsymbol (USA, ANSI/IEEE 91-1984)	Schaltsymbol (Deutschland, DIN 40900 Teil 12)
$x_1\,x_2$: y — 00:0, 01:0, 10:0, 11:1	$y = x_1 x_2$	UND	$x_1, x_2 \rightarrow \&\!-y$	$x_1, x_2 \rightarrow [\&] - y$
$x_1\,x_2$: y — 00:0, 01:1, 10:1, 11:1	$y = x_1 x_2$	ODER	$x_1, x_2 \rightarrow \geq y$	$x_1, x_2 \rightarrow [\geq 1] - y$
x_1 : y — 0:0, 1:1	$y = x_1$	Verstärker	$x_1 \rightarrow \rhd - y$	$x_1 \rightarrow [1] - y$
$x_1\,x_2$: y — 00:1, 01:1, 10:1, 11:0	$\bar{y} = x_1 x_2$ oder $y = \overline{x_1 x_2}$	NAND	$x_1, x_2 \rightarrow \&\!\circ - y$	$x_1, x_2 \rightarrow [\&] \circ - y$
$x_1\,x_2$: y — 00:1, 01:0, 10:0, 11:0	$\bar{y} = x_1 + x_2$ oder $y = \overline{x_1 + x_2}$	NOR	$x_1, x_2 \rightarrow \geq\circ - y$	$x_1, x_2 \rightarrow [\geq 1] \circ - y$
x_1 : y — 0:1, 1:0	$\bar{y} = x_1$ oder $y = \overline{x_1}$	NICHT	$x_1 \rightarrow \rhd\circ - y$	$x_1 \rightarrow [1] \circ - y$
$x_1\,x_2$: y — 00:0, 01:1, 10:1, 11:0	$y = \overline{x_1} x_2 + x_1 \overline{x_2}$ oder $y = x_1 \oplus x_2$	XOR	$x_1, x_2 \rightarrow \boxed{=1} - y$	$x_1, x_2 \rightarrow [=1] - y$
$x_1\,x_2$: y — 00:1, 01:0, 10:0, 11:1	$y = \overline{x_1}\,\overline{x_2} + x_1 x_2$ oder $y = \overline{x_1 \oplus x_2}$	XNOR	$x_1, x_2 \rightarrow \boxed{=1}\circ - y$	$x_1, x_2 \rightarrow [=1] - y$

❹ Realisierung der Grundfunktionen UND, ODER, NICHT mit NAND- bzw. NOR-Gattern

Grundfunktion	NAND-Gatter	NOR-Gatter
NICHT — $x_1 \rightarrow [1] - y$	$x_1 \rightarrow [\&] - y$ oder $x_1, 1 \rightarrow [\&] - y$	$x_1 \rightarrow [\geq 1] - y$ oder $x_1, 0 \rightarrow [\geq 1] - y$
UND — $x_1, x_2 \rightarrow [\&] - y$	$x_1, x_2 \rightarrow [\&] - [\&] - y$	$x_1 \rightarrow [\geq 1], x_2 \rightarrow [\geq 1] \rightarrow [\geq 1] - y$
ODER — $x_1, x_2 \rightarrow [\geq 1] - y$	$x_1 \rightarrow [\&], x_2 \rightarrow [\&] \rightarrow [\&] - y$	$x_1, x_2 \rightarrow [\geq 1] - [\geq 1] - y$

Wenn man von einem Mikroprozessor spricht, denkt man fast immer an einen Computer. Heutzutage werden Mikroprozessoren aber in vielen elektronischen Geräten für Rechen- und Steuerungsaufgaben eingesetzt. Ein Mikroprozessor (Abb. 1) enthält auf einem hochintegrierten Halbleiterbaustein einen Prozessor, der für die Abarbeitung der Befehle zuständig ist. Die Hauptaufgaben des Prozessors werden zum einen von einem **Rechenwerk** und zum anderen von einem **Leitwerk** erledigt. Die Kombination des Mikroprozessors mit anderen Werken bildet die Grundlage eines Mikrocomputers. Die Organisation eines Mikrocomputers wird von vier **Hauptwerken** bestimmt (Abb. 2): dem Hauptspeicher für Programme und Daten, dem Leitwerk, welches das Programm interpretiert, dem Rechenwerk, das die arithmetischen Operationen ausführt, und dem Ein-/Ausgabewerk, das für die Kommunikation mit der Außenwelt zuständig ist.

Rechenwerk ❷

Das Rechenwerk (engl. **execution unit**) besteht aus mindestens einer arithmetischen und einer logischen Einheit (**ALU**, engl. **a**rithmetic **l**ogic **u**nit), die für die Abarbeitung der Rechenoperationen zuständig sind. Diese Rechenoperationen sind Maschinenbefehle, die von speziellen Programmen (Compiler, Linker) bei der Programmerstellung durch Softwareentwickler erstellt werden. Der Prozessor versteht nur diese einfachen Befehle. Zu den Operationen, die das Rechenwerk ausführt, gehören neben den arithmetischen Operationen (Additionen, Subtraktionen, Multiplikationen etc.) auch logische Funktionen (Konjunktionen, Disjunktionen, Negationen etc.). Des Weiteren werden auch Verschiebe- und Vergleichsoperationen abgearbeitet. Um die verschiedenen Operanden und Ergebnisse aufnehmen zu können, umfasst das Rechenwerk verschiedene Speicherzellen in Form von speziellen Registern.

Leitwerk ❷

Das Leitwerk (engl. **control unit**) steuert die verschiedenen Komponenten eines Mikrocomputers und ist insbesondere für die Interpretation und die sequenzielle (nacheinander) Abarbeitung der Maschinenbefehle zuständig. Die Aufgabe des Leitwerkes wird im Wesentlichen durch drei Register charakterisiert. Da ist zunächst der **Befehlszähler** (engl. program counter), der die Adresse des nächsten abzuarbeitenden Maschinenbefehls enthält. Das zweite Register ist das **Befehlsregister** (engl. instruction register), das den gerade auszuführenden

Befehl enthält. Als letztes Register ist das **Statusregister** zu nennen, das Rückmeldungen von allen Teilwerken des Mikroprozessors entgegennehmen kann und somit Einfluss auf die Abarbeitung der Maschinenbefehle nimmt. Bei Fehlern (z.B. Division durch null) wird die normale Abarbeitung, d.h. das laufende Programm, unterbrochen und stattdessen in ein Ausnahmebehandlungsprogramm (engl. interrupt routine) gesprungen. Dafür ist das Unterbrechungswerk (engl. interrupt control unit) verantwortlich. In Abhängigkeit von Bedingungswünschen (z.B. ein Fehler) wird ein entsprechendes Signal im Statusregister gesetzt, welches dann mit dem Prozessortakt synchronisiert wird und zur Unterbrechung des Programms führt.

Maschinenbefehlszyklus ❸

Die Verarbeitung eines Maschinenbefehls wird durch den Maschinenbefehlszyklus geregelt (Abb. 3). Dieser beschreibt die folgenden sechs Arbeitsphasen: Befehlsholphase (holt den nächsten Maschinenbefehl ins Befehlsregister des Leitwerkes), Decodierungsphase (interpretiert den Befehl), Operandenholphase (stellt Operanden für den Befehl zur Verfügung), Ausführungsphase (führt die Operation aus), Rückschreibphase (schreibt die Ergebnisse in den Speicher zurück) und die Adressierungsphase (schaltet den Befehlszähler entsprechend der Abarbeitungsreihenfolge auf den nächsten Befehl).

Weitere Hauptwerke

Im **Hauptspeicher** werden das Programm und die dazugehörigen Daten abgelegt. Eine Aufgabe des Leitwerks ist es, die Adressierung des Hauptspeichers zu unterstützen. Die Hauptarbeit wird allerdings von dem Speicheransteuerungswerk (**MMU**, engl. **m**emory **m**anagement **u**nit) erledigt. Der Hauptspeicher ist in viele Teile unterteilt (Segmente). Damit auf Daten und Befehle schneller zugegriffen werden kann, stellt das Speicheransteuerungswerk Tabellen zur Verfügung, die bei der Adressumsetzung der Segmentadressierung helfen. Um die Abarbeitung der Befehle weiter zu beschleunigen, existieren noch Spezialspeicher und Caches (Zwischenspeicher), die logisch zwischen Hauptspeicher und Prozessor liegen. In ihnen werden Befehle zwischengespeichert, die als nächstes abgearbeitet werden sollen.

Die **Ein-/Ausgabewerke** (engl. control units) steuern die Kommunikation zwischen Speichern und Peripheriegeräten (z.B. Tastatur, Maus, Monitor und Drucker).

❶ Mikroprozessor

❷ Der Prozessor und seine Kooperation mit den anderen Hauptwerken

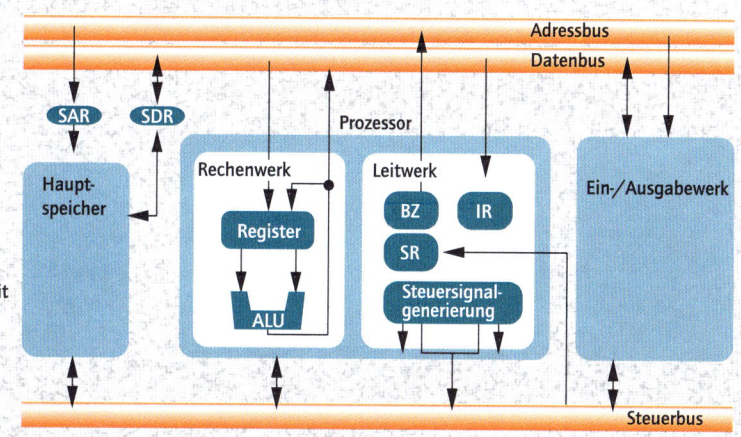

SAR = Speicheradressregister
SDR = Speicherdatenregister
BZ = Befehlszähler
IR = Befehlsregister
SR = Statusregister
ALU = Arithmetisch–logische Einheit

❸ Phasen des Maschinenbefehlszyklus und Ausführung im Prozessor

MLW = Mikroprogrammleitwerk
MBZ = Mikrobefehlszähler
MPS = Mikroprogrammspeicher
MIR = Mikrobefehlsregister
AT = Adressteil
ST = Steuerteil
DT = Direktdatenteil
Dec. = Decoder
HS = Hauptspeicher
RW = Rechenwerk
E/A = Ein-/Ausgang
MSR = Mikrostatusregister

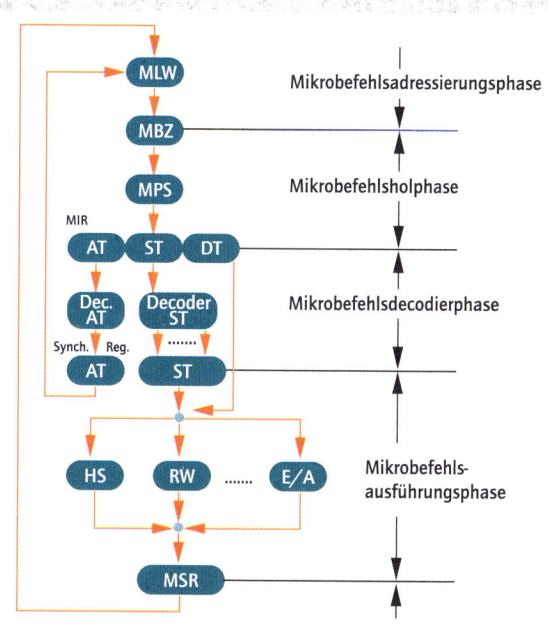

Die Leistungsfähigkeit eines Computers (→) wird maßgeblich von integrierten Schaltungen beeinflusst. Mithilfe der Halbleitertechnologie werden auf diesen Schaltungen logische Verknüpfungen mit nichtlinearen Bauelementen realisiert. Ziel der Halbleitertechnologie ist es, diese Bauelemente so klein wie möglich auf Siliziumchips zu integrieren, um immer leistungsfähigere integrierte Schaltungen produzieren zu können (Abb. 1).

Halbleiter ❷

Bei linearen Bauelementen wird der Zusammenhang zwischen Spannung und Strom durch lineare Gleichungen beschrieben, z.B. das ohmsche Gesetz: Widerstand R = Spannung U/Stromstärke I. Dabei ist die Größe R zeitlich konstant und hängt nicht von anderen physikalischen Größen ab (Abb. 2). Der ohmsche Widerstand nichtlinearer Bauelemente (Halbleiter), deren Leitfähigkeit zwischen der eines Isolators und eines Leiters liegt, ist dagegen temperaturabhängig.

Zwei wichtige Halbleiterbauelemente sind die Halbleiterdiode und der Transistor. Beide Bauelemente bestehen aus mehreren verunreinigten Halbleiterschichten, üblicherweise Silizium und Germanium. Diese Materialien sind chemisch vierwertig, d.h. vier Elektronen sind an chemischen Bindungen beteiligt. Bei tiefen Temperaturen sind die Elektronen in einem Kristallverbund eingebettet, wo sie bei höheren Temperaturen herausgerissen werden. Sie hinterlassen dann einen Überschuss an positiver Ladung („Loch") und bewegen sich frei im Material, bis sie wieder in ein „Loch" fallen. Legt man dann an diesem Material eine Spannung an, so können sich diese freien Elektronen in eine Richtung bewegen, wodurch ein Strom in einem bei tiefen Temperaturen nicht leitenden Material fließt. Verunreinigt man den vierwertigen Stoff durch ein Material, das fünfwertig ist, hat man in dem Kristallverbund einen Überschuss an Elektronen, das heißt einen Überschuss an negativer Ladung (n-Schicht). Analog dazu erhält man bei einer Verunreinigung durch einen dreiwertigen Stoff einen Überschuss an positiver Ladung (p-Schicht). Bei anliegender Spannung findet im ersten Fall eine Leitung durch Elektronen (n-Leitung) statt, und im zweiten Fall wirken die überzähligen Löcher so, als ob sich eine positive Ladung bewegt (p-Leitung).

Halbleiterdiode und Transistor ❸ ❹ ❺

Eine Halbleiterdiode ist aus einer n-Schicht und einer p-Schicht aufgebaut. An der Grenzschicht bewegen sich die Elektronen aus der n-Schicht in die überzähligen Löcher der p-Schicht (Diffusion), wodurch sich an der Grenzschicht eine Spannungsdifferenz aufbaut. Legt man eine Spannungsquelle mit dem negativen Pol an die p-Schicht und dem positiven Pol an die n-Schicht an, so entsteht am p-Material durch die hinzukommenden Elektronen ein großer Ladungsberg. Entsprechend werden dem n-Material keine Elektronen geliefert. Sowohl für Elektronen als auch für Löcher entspricht dies einer Zunahme der Spannungsdifferenz an der Grenzschicht, sodass nahezu keine Diffusion mehr stattfindet (Abb. 3). Die Diode leitet schlecht. Polt man die Spannungsquelle um, so werden aus der p-Schicht Elektronen zusätzlich abgesogen, sodass sich die Elektronen aus der n-Schicht besser in die p-Schicht bewegen können. Die Diode leitet gut.

Der Transistor besteht aus drei hintereinander angeordneten Schichten, abwechselnd aus p- und n-Halbleitermaterial. Daher spricht man auch von pnp- oder npn-Transistoren (Abb. 4). Die beiden äußeren Bereiche der gleichen Halbleiterschichten nennt man Emitter- und Kollektorzone, den mittleren Bereich Basiszone. Die angebrachten Elektroden werden als Emitter, Basis und Kollektor bezeichnet. Da beim Transistor zwei Ladungsarten beteiligt sind (n- und p-Ladung) spricht man auch von biopolaren Transistoren. Ein weiteres Bauelement ist der Unipolar- oder Feldeffekttransistor (FET), bei dem nur eine Ladung beteiligt ist.

Die Grundlage fast aller Vorgänge in digitalen Datenverarbeitungsanlagen bilden Halbleiterbauelemente, die als elektronische Schalter eingesetzt werden. Die wichtigsten Elemente sind die Transistoren (auch FETs). Ist die Polung der Emitter-Basis-Spannung und der Kollektor-Basis-Spannung bei einem pnp-Transistor entgegengesetzt, so sind beide p-n-Übergänge in Durchlassrichtung oder, bei Umkehrung, in Sperrrichtung gepolt, d.h. der Transistor wirkt als Schalter (Abb. 5).

Logische Grundschaltungen

Die logischen Grundschaltungen, meistens realisiert durch NAND- oder NOR-Gatter (→ Computer), werden durch verschiedene Techniken als logische Bausteine („Familien") realisiert. Die wichtigsten Familien sind: TTL (Transistor-Transistor-Logik), ECL (engl. emitter-coupled logic) und CMOS (engl. complementary metal oxide semiconductor). TTL-Schaltungen sind am weitesten verbreitet und können sehr klein hergestellt werden, ECL-Schaltungen haben eine hohe Arbeitsgeschwindigkeit und CMOS-Schaltungen weisen einen geringen Leistungsverbrauch auf.

❶ Vom diskreten Halbleiterbauelement zur integrierten Schaltung

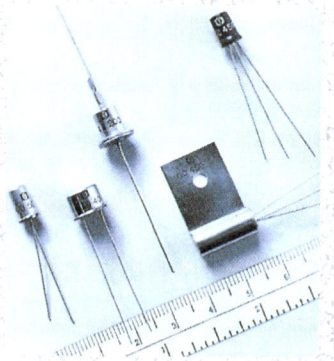

❷ Dioden-Kennlinie mit temperaturabhängigem Widerstand

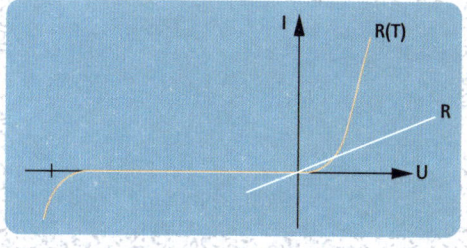

R(T) = temperaturabhängiger Widerstand
R = konstanter Widerstand eines linearen Bauelementes
U = Spannung
I = Stromstärke

❸ Zusammenhang von Spannung und Leitung einer Diode

Schaltung	Leitung	Symbol
n p, − +, −	gut	− +, −
n p, + −, −	schlecht	+ −, −

❹ Aufbau und Schaltsymbole verschiedener Transistoren

ⓐ pnp-Transistor

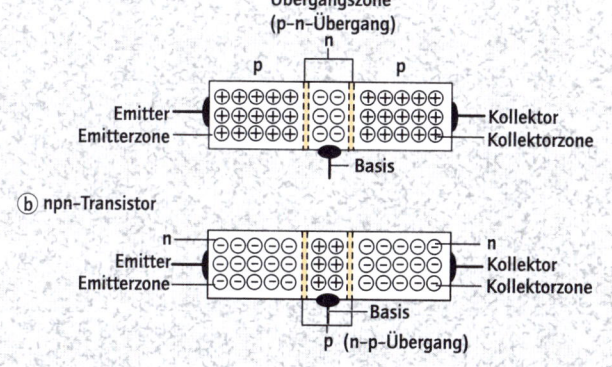

Übergangszone
(p-n-Übergang)
n
p   p
Emitter — Kollektor
Emitterzone — Kollektorzone
Basis

ⓑ npn-Transistor

n   n
Emitter — Kollektor
Emitterzone — Kollektorzone
Basis
p (n-p-Übergang)

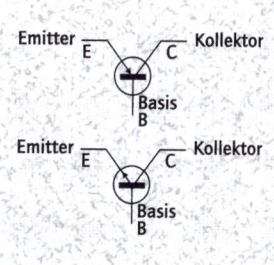

Emitter E — C Kollektor
Basis B

Emitter E — C Kollektor
Basis B

❺ pnp-Transistor als Schalter

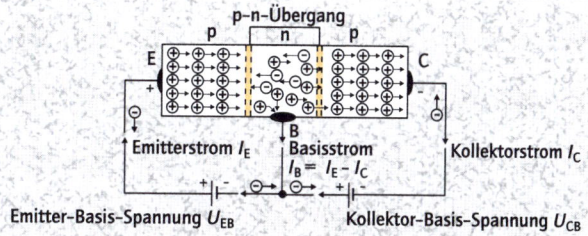

p-n-Übergang
p   n   p
E   C
Emitterstrom I_E Basisstrom $I_B = I_E - I_C$ Kollektorstrom I_C
B
Emitter-Basis-Spannung U_{EB} Kollektor-Basis-Spannung U_{CB}

Um Informationen (z. B. Programme) in einem Computer zu speichern, werden Speicherbausteine mit schnellem Zugriff benötigt. Mithilfe der Halbleitertechnologie werden Speicher hergestellt, die als Hauptspeicher in einem Computer zum Einsatz kommen. Bei den Halbleiterspeichern unterscheidet man zwischen Tabellenspeichern und Funktionsspeichern (Abb. 1). Die Speicherelemente sind durch Flipflops (elektronische Kippschalter) mithilfe von Transistoren (→ Halbleiterbauelemente), Kondensatoren und Widerständen realisiert. Die eingesetzten Technologien (bipolare Speicher und MOS-Speicher) unterscheiden sich in der Zugriffsgeschwindigkeit, im Stromverbrauch und in der Integrationsfähigkeit auf einen Chip. Die bipolaren Speicher (TTL, Transistor-Transistor-Logik, ECL, engl. emitter coupled logic) sind schneller, können aber durch den höheren Stromverbrauch nicht so hoch integriert werden. Die MOS-Speicher (engl. metaloxid semiconductor, Metalloxidhalbleiter) sind etwas langsamer, können allerdings viel höher integriert werden.

Schreib-Lese-Speicher ❷

Schreib-Lese-Speicher mit wahlfreiem Zugriff (RAM, engl. random access memory) werden dazu benutzt, Programme und Daten für die Ausführung im Computer zu halten. Es sind Speicher, bei denen man unter einer Adresse Daten abspeichern und auch wieder auslesen kann. Vom Adresskodierer werden die Adresseingänge so kodiert, dass die richtige Speicherzelle ausgelesen wird, wodurch eine typische Tabellenstruktur zustande kommt. Bei den Schreib-Lese-Speicherbausteinen werden DRAM (dynamic RAM) und SRAM (static RAM) unterschieden. Der Arbeitsspeicher heutiger Computer besteht meistens aus DRAM-Bausteinen, wogegen die schnelleren SRAM-Bausteine nur in Hochleistungscomputern und für Cachespeicher (Zwischenspeicher) eingesetzt werden. Beim dynamischen Schreib-Lese-Speicher (DRAM) ist im Kern eine Speichermatrix enthalten, an deren Knotenpunkten eine 1-Bit-Zelle liegt. Diese Speicherzelle besteht aus einem Transistor und einem Kondensator. Die Zellen werden über eine Zeilen- und eine Spaltenadresse angesprochen (Abb. 2). Durch Ladungsverluste müssen die Zellen immer wieder (ca. alle 8 ms) neu regeneriert werden. Man spricht aufgrund dieses „Refreshens" (Erneuerns) von einem dynamischen Schreib-Lese-Speicher. Die SRAM-Bausteine sind ähnlich aufgebaut, bestehen aber pro 1-Bit-Zelle aus bis zu sechs Transistoren.

Festwertspeicher

Bei Tabellenspeichern, die nur gelesen werden können, spricht man von Festwertspeichern (ROM, engl. read-only memory). Die zu speichernden Inhalte werden vor der Fertigstellung vom Hersteller einprogrammiert und bleiben auch nach der Abschaltung der Betriebsspannung (z. B. Ausschalten des Computers) erhalten. Wie die Schreib-Lese-Speicher haben die Festwertspeicher auch wahlfreien Zugriff zu den einzelnen Speicherelementen, d. h. mittels einer Adresse kann ein Datenwort ausgelesen werden. In Abb. 1 sind die verschiedenen Arten von Festwertspeichern aufgeführt (MROM, PROM, EPROM, EEPROM). Sie unterscheiden sich lediglich in der Art und Weise, wie sie programmiert werden. MROMs werden vom Hersteller nach einer Maske programmiert. PROMs können dagegen mit einem speziellen Programmiergerät vom Benutzer selbst programmiert werden. UV-löschbare Festwertspeicher (EPROM) lassen sich vom Benutzer nicht nur programmieren, sondern auch mit ultraviolettem Licht löschen. Bei den elektrisch löschbaren Festwertspeichern (EEPROM) kann durch Anlegen einer Programmierspannung, einer Adresse und des zu speichernden Datenwortes jede Speicherstelle neu beschrieben werden.

Programmierbare logische Bauelemente ❸

Die letzte Gruppe der Halbleiterspeicher bilden die Funktionsspeicher. Hier werden im Gegensatz zu den Tabellenspeichern (RAMs und ROMs) keine Tabellen, sondern logische Funktionen (→ Computer) gespeichert. Zu den programmierbaren logischen Bauelementen (PLD, engl. programmable logic device) gehören die PALs, PLAs und die LCAs (Abb. 1). PLAs (engl. programmable logic arrays) sind schwer zu programmieren und besitzen daher heute keine große Bedeutung mehr. Die LCAs (engl. logic cell arrays) sind ganz neue Bauelemente, bei denen nicht nur logische Funktionen, sondern auch beliebige Datenpfade zwischen Funktionsblöcken programmierbar sind. Am verbreitetsten und am leichtesten zu programmieren sind die PALs (engl. programmable array logic). Zuerst werden die Konjunktionen (UND-Verknüpfung) der Eingangsvariablen, anschließend deren Disjunktion (ODER-Verknüpfung) gebildet. Die Funktion aus Abb. 3a ist in einem PAL in Abb. 3b programmiert. PALs werden heutzutage nicht mehr von Hand entworfen und programmiert, sondern mithilfe von Computerprogrammen, die auch entsprechende Programmiergeräte ansteuern können. PALs werden in großen Schaltwerken eingesetzt.

❶ Übersicht über Halbleiterspeicher

RAM = Random Access Memory
(Schreib-Lese-Speicher)
ROM = Read-only Memory
(Nur-Lese-Speicher)
M = Maskenprogrammiert
P = Programmierbar
EP = Löschbar und programmierbar
PLD = Programmable Logic Device
(programmierbare Logikschaltung)
PLA = Programmable Logic Array
(programmierbares logisches Feld)
PAL = Programmable Array Logic
(programmierbares Logikfeld)
LCA = Logic Cell Array
(Logikzellen-Matrix)
EEP = Elektrisch löschbar und
programmierbar

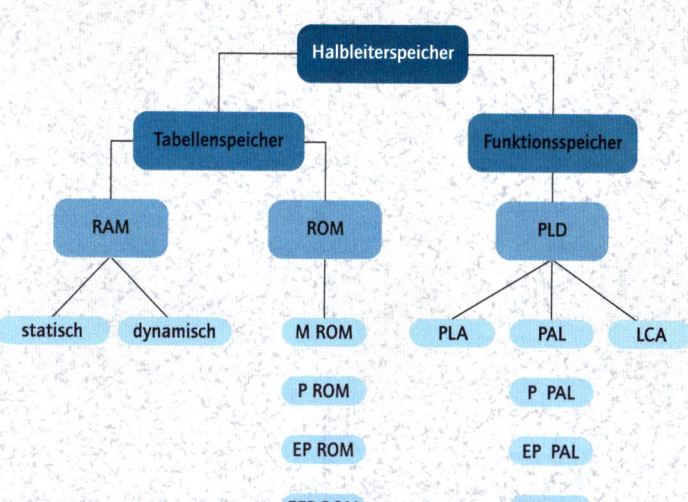

❷ Schematische Darstellung eines DRAM-Bausteins mit 4M x 1 Bits (ohne Refresh-Logik)

ZAR = Zeilenadressregister
SAR = Spaltenadressregister
ZAD = Zeilenadresskodierer
SAD = Spaltenadresskodierer
LSV = Lese-/Schreibverstärker
LSS = Lese-/Schreibsteuerung
RAS = Row Adress Select (Reihenadressauswahl)
CAS = Column Adress Select (Spaltenadressauswahl)
WE = Write Enable (Schreibmöglichkeit)
OE = Output Enable (Ausgabemöglichkeit)
A_i = Adresse
D_{in} = Eingangsdaten
D_{out} = Ausgangsdaten

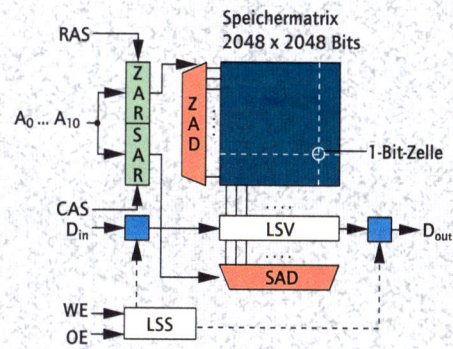

❸ Programmierbare logische Bauelemente

ⓐ Beispiel für eine Wahrheitstafel
und ihre logischen Funktionen

Z	x_2	x_1	x_0	y_1	y_0
0	0	0	0	1	0
1	0	0	1	0	0
2	0	1	0	1	1
3	0	1	1	0	0
4	1	0	0	0	1
5	1	0	1	1	1
6	1	1	0	1	1
7	1	1	1	0	1

$y_0 = x_2 + \bar{x}_0 x_1$

$y_1 = \bar{x}_0 x_1 + x_0 x_2 + x_0 x_1 x_2$

$\bar{x}_1$ gibt die Negation des Wertes x_1 an

ⓑ Funktion aus Abb. 3a mit einem PAL realisiert

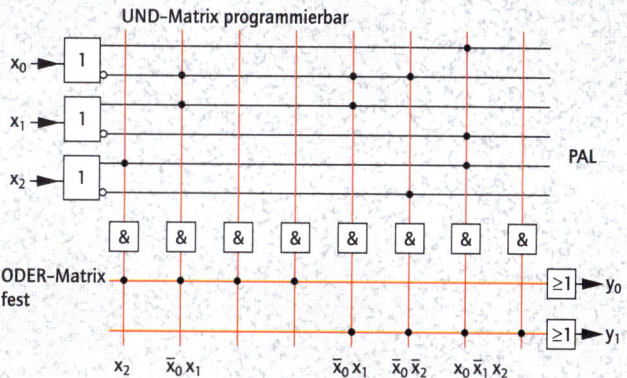

Die externen Speicher eines Computersystems haben die Aufgabe, Daten und Programme dauerhaft zu speichern und während der Programmausführung den Hauptspeicher (RAM) zu erweitern. Nach dem Ausschalten des Computers gehen alle Informationen im RAM verloren. Um später die eingegebenen Daten und entsprechenden Programme wieder zur Verfügung zu haben, müssen die Informationen dauerhaft gespeichert werden.

Externe Speicher lassen sich durch folgende Komponenten charakterisieren: Durch einen Datenträger, der zwei Zustände („0" und „1") speichern und so binär codierte Datenströme aufbewahren kann, und durch einen Schreib-Lese-Kopf, der die Daten lesen und verändert wegschreiben kann. Dies alles wird durch den so genannten Controller gesteuert. Dieser ist im Allgemeinen ein Systemprogramm, das in einem Festwertspeicher (ROM) untergebracht ist und den Schreib-Lese-Kopf gezielt auf bestimmte Speicherbereiche des Datenträgers positionieren kann.

Aufgrund der verschiedenen Technologien, mit denen die Datenträger die Informationen speichern, unterscheidet man zwischen magnetischen, optischen und magnetooptischen Speichern.

Magnetische Platten- und Bandspeicher ❶ ❷ ❸

Magnetische Speicher werden in Bezug auf den Datenzugriff in zwei Arten unterteilt: Speicher mit wahlfreiem Zugriff (z. B. Festplatte, Diskette), bei denen auf jeden Datenbereich des Datenträgers zugegriffen werden kann, ohne andere Bereiche zuerst lesen zu müssen, und Speicher mit sequenziellem Zugriff (z. B. Bandspeicher), bei denen bei einem kontinuierlichen Bewegen des Schreib-Lese-Kopfes die entsprechenden Datenbereiche herausgelesen werden müssen.

Bei magnetischen Plattenspeichern werden als Datenträger dünne Platten mit einer magnetischen Cobalt-Nickel-Schicht eingesetzt. Eine Festplatte kann aus einer Platte oder aus einem Plattenstapel bestehen. Die Informationen werden auf diesen Platten in konzentrischen Spuren längs gerichtet abgelegt. Die Schreib-Lese-Köpfe sind an einem kammartigen Zugriffsarm angebracht und können so zwischen den Platten auf die entsprechenden Spuren positioniert werden (Abb. 1 und 2). Heutige Festplatten arbeiten mit bis zu 10000 U/min und haben eine Kapazität bis zu mehreren GByte. Disketten (engl. floppy disc) bestehen aus nur einer Magnetplatte, die von einer Schutzhülle umgeben ist. Gängige Formate sind die 5,25-Zoll-Diskette mit einer Kapazität von 1,2 MByte und die meist

verwendeten 3,5-Zoll-Disketten (Abb. 3) mit 1,44 bzw. 2,88 MByte. Magnetische Bandspeicher (Streamer) besitzen zur Datenaufzeichnung ein magnetisches Kunststoffband, das auf einem Spulenpaar aufgewickelt ist. Der Schreib-Lese-Kopf hat direkten Kontakt zum Medium. Als Aufzeichnungsformat haben sich in der Praxis das QIC- (engl. quarter inch cartridge) und das DAT- (engl. digital audio tape) Format durchgesetzt. Bandspeicher werden überwiegend zur Datensicherung und -archivierung eingesetzt. Selbst bei einer Beschädigung des Bandes lassen sich die Daten wiederherstellen.

Optische Speicher ❹

Die Daten auf einer CD-ROM werden auf einer einzigen spiralförmigen Spur (von innen nach außen) gespeichert. An der Unterseite einer CD-ROM befinden sich kleine Vertiefungen (Pits), die die binären Daten codiert repräsentieren (Abb. 4). Mithilfe eines Laserstrahls wird die CD-ROM abgetastet und die Informationen werden ausgelesen und anschließend von Fotodioden ausgewertet (→ CD-Player). Neben diesen Nur-Lese-CDs gibt es heute auch zur CD-ROM kompatible CD-Rs (engl. compact disc-recordable). Sie werden als so genannte CD-Rohlinge mit einem speziellen „CD-Brenner" einmal beschrieben und können von normalen Lesegeräten auch gelesen werden. Zusätzlich gibt es noch wieder beschreibbare CDs (CD-RW). Auch hierfür sind spezielle Schreibgeräte notwendig. Auf eine Audio-CD, CD-ROM, CD-R oder CD-RW können maximal 650 MByte Daten gespeichert werden.

Magnetooptische Speicher

Bei den magnetooptischen Speichern (MO-Speicher) erfolgt die Speicherung wie bei den Festplatten magnetisch, nur beim Lesen und Schreiben wird ein optisches Verfahren eingesetzt. Zur dauerhaften Magnetisierung wird beim Schreiben von Daten nur eine geringe magnetische Feldstärke benötigt, da der zu magnetisierende Punkt mit einem Laserstrahl auf ca. 200 °C erhitzt wird (Curie-Effekt). Durch diese Art der Magnetisierung ist eine hohe Packungsdichte möglich. Des Weiteren sind MO-Speicher auch sehr unempfindlich, da zur Ummagnetisierung bei Zimmertemperatur ein sehr großes Magnetfeld notwendig ist. Das Beschreiben eines Datenträgers dauert allerdings länger als das Beschreiben von Festplatten, da der Schreibzyklus aus drei Umdrehungen besteht: Löschen (Entmagnetisieren), Schreiben (Magnetisieren) und „überprüfendes" Lesen. MO-Speicher können auch wiederholt beschrieben werden.

❶ Aufbau einer Festplatte

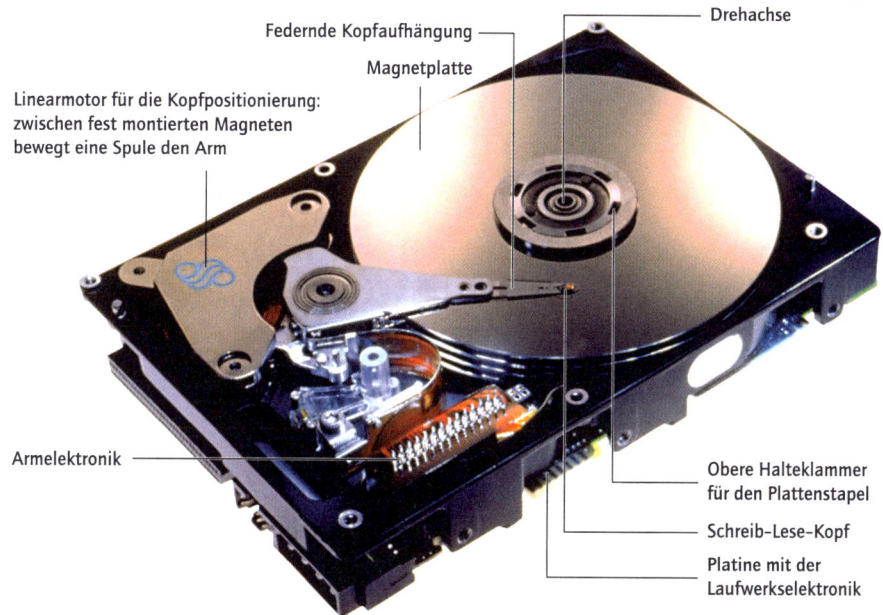

Federnde Kopfaufhängung

Magnetplatte

Drehachse

Linearmotor für die Kopfpositionierung:
zwischen fest montierten Magneten
bewegt eine Spule den Arm

Armelektronik

Obere Halteklammer
für den Plattenstapel

Schreib-Lese-Kopf

Platine mit der
Laufwerkselektronik

❷ Festplatte: Plattenstapel und Zugriffsarm mit Schreib-Lese-Köpfen

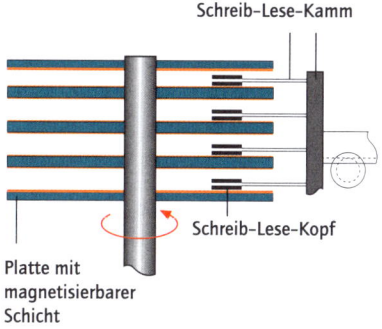

Schreib-Lese-Kamm

Schreib-Lese-Kopf

Platte mit
magnetisierbarer
Schicht

❸ 3,5-Zoll-Diskette

ⓐ Aufnahme für Antriebsmechanik
ⓑ Schreibschutz an
ⓒ Schreibschutz aus
ⓓ Kerben für korrekten Sitz der Diskette
ⓔ Öffnung für Schreib-Lese-Kopf
und Datenträger
ⓕ Schutzklappe

❹ Oberfläche einer CD-Rom

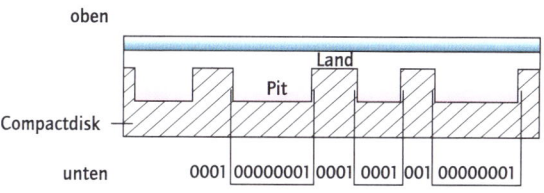

oben

Land

Pit

Compactdisk

unten

0001 00000001 0001 0001 001 00000001

Pits und Lands sorgen für eine Reflektion oder Absorption des stark
fokussierten Laserstrahls

Um Daten aus dem Computer aus Papier zu bringen, wird ein Drucker als Ausgabegerät benötigt. Dieser wird über die parallele Schnittstelle eines Computers angesprochen. Die verschiedenen Drucker können entsprechend den ihnen zugrunde liegenden Technologien, wie in Abb. 1 dargestellt, untergliedert werden.

Anschlagdrucker ❷

Anschlagdrucker werden in Matrix- und Vollzeichendruckverfahren unterteilt. Vollzeichendrucker wie Kettendrucker und Typenraddrucker haben heute nur noch eine untergeordnete Bedeutung. Matrixdrucker hingegen werden immer noch häufig eingesetzt, einsbesondere für Formulardrucke mit Durchschlägen. Bei Matrixdruckern (meist Nadeldrucker) werden die zu druckenden Zeichen aus einer Punktmatrix zusammegesetzt, bei Vollzeichendruckern werden diese über einen Stempelvorgang übertragen. Beim Nadeldruckverfahren wird der Druckkopf, der bis zu 48 Nadeln enthält, horizontal an einer Zeile entlang bewegt. Bei der Ansteuerung einer Nadel wird diese gegen eine Farbband gepresst, wodurch kleine Pigmente auf das Papier gelangen (Abb. 2 a). Moderne Nadeldrucker erzielen heute eine Auflösung von 360 dpi (engl. dot per inch) und eine Druckgeschwindigkeit von über 500 Zeichen pro Sekunde.

Anschlagfreie Drucker ❷ ❸

Bei Thermodruckern werden entweder Farbteilchen von einem Farbband auf das Papier übertragen oder es wird durch Erwärmung ein Spezialpapier gefärbt. Dazu werden als Druckelemente kleine Heizplättchen (ohmsche Widerstände) benutzt. Zwei Druckverfahren kommen hier zum Einsatz. Beim Thermostransferdruck wird durch Erwärmung Farbe zum Schmelzen gebracht, die dann durch Druck auf das Papier übertragen wird. Häufiger eingesetzt wird heute der direkte thermoreaktive Druck, bei dem das einschichtige Farbband aus zwei Substanzen besteht, einem Farbbildner und einem Farbentwickler. Durch die Erwärmung auf 100 °C wird eine chemische Reaktion ausgelöst, die ein großes Farbspektrum entstehen lässt. Die Thermodrucker arbeiten sehr geräuscharm, sind aber langsam. Sie produzieren etwa 4 Seiten pro Minute bei einer Auflösung bis zu 600 dpi.

Tintenstrahldrucker gehören heute zu den am häufigsten eingesetzten Druckertypen (Abb. 3). Insbesondere im privaten Bereich haben sie sich durchgesetzt, da sie im Vergleich zu Laserdruckern preiswerter sind und vergleichbare Qualität im Ausdruck haben. Beim Druck wird Tinte durch Düsen auf Papier übertragen. Dies geschieht entweder durch Tröpchen oder durch einen kontinuierlichen Strahl. Letzteres hat sich bei den neueren Druckertypen nicht durchgesetzt. Für die Erzeugung der Tröpchen gibt es zwei Verfahren: Das Dampfblasenverfahren (bubble-jet) und das piezoelektrische Verfahren. Beim bubble-jet-Verfahren wird die Tinte durch eine kleine Dampfblase aus der Düse auf das Papier gedrückt. Beim piezoelektrischen Verfahren ist der Düsenkanal von einer Piezokeramik umgeben, die durch Schwingung Druckwellen erzeugt, durch die einzelne Tröpfchen ausgestoßen werden (Abb. 2 b). Durch Überlagerung von drei bis vier Tintenstrahlen lassen sich leicht Farbbilder erzeugen. Moderne Tintenstrahldrucker haben eine Auflösung von bis zu 720 dpi und eine Druckgeschwindigkeit von ca. 10 Seiten pro Minute. Beim Farbdruck ist die Geschwindigkeit mit ca. 4 Seiten pro Minute deutlich geringer.

Laserdrucker nennt man auch Seitendrucker, da bedingt durch das Druckverfahren erst eine ganze Seite im Druckerspeicher aufbereitet werden muss, bevor diese ausgedruckt wird. Dieses Verfahren nennt man auch Trockentransferelektrofotografie oder Xerografie. Dabei wird auf einer homogen geladenen Fotoleitertrommel die zu druckende Vorlage optisch abgebildet (Abb. 2 c). Mithilfe eines Laserstrahls wird die Trommel dort entladen, wo später etwas auf dem Ausdruck zu sehen ist. So entsteht auf der Trommel ein Abbild des auszudruckenden Musters. Im nächsten Schritt werden pulverförmige Farbpartikel (Toner) auf die geladenen Stellen der Fotoleitertrommel übertragen. Im letzten Schritt wird nun das Pulvermuster auf das Papier übertragen und durch Wärme, Druck und eine chemische Reaktion fixiert. Danach wird die Ladung auf der Trommel wieder gelöscht. Laserdrucker haben eine hohe Druckgeschwindigkeit (bis 20 Seiten pro Minute) und eine Auflösung bis 1200 dpi.

Plotter

Plotter werden hauptsächlich in technich-wissenschaftlichen Bereichen eingesetzt, wo große Konstruktionszeichnungen auf Papierformaten bis über DIN A0 ausgedruckt werden. Es gibt zwei Arten von Plottern: Beim Flachbettplotter wird das Papier auf einen Zeichenbereich gespannt und der Druckkopf mit Stiften (verschiedene Strichstärken und Farben) zweidimensional (x- und y-Richtung) über das Papier bewegt. Beim Rollenplotter wird das Papier mittels einer Walze am sich nur horizontal bewegenen Kopf vorbeigezogen.

❶ Hierarchiediagramm der Druckverfahren

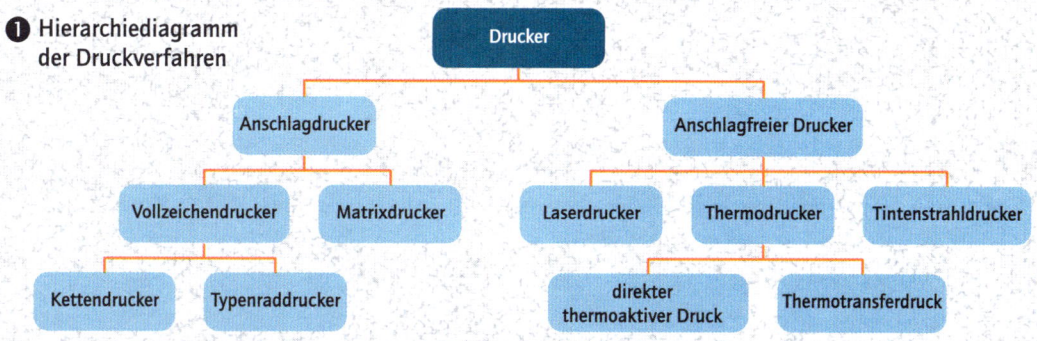

❷ Arbeitsprinzipien verschiedener Druckverfahren

ⓐ Nadeldrucker

ⓑ Tintenstrahldrucker (piezoelektrisches Verfahren)

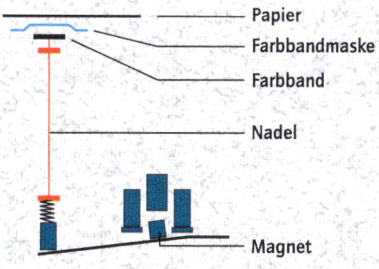

- Papier
- Farbbandmaske
- Farbband
- Nadel
- Magnet

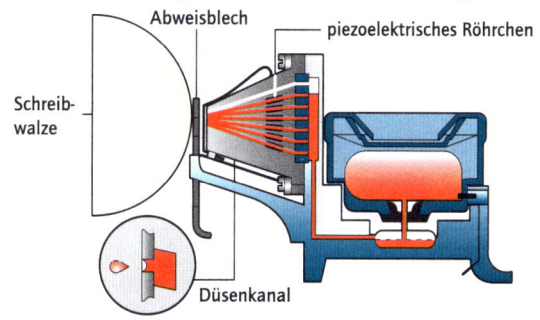

Abweisblech — piezoelektrisches Röhrchen

Schreib-walze

Düsenkanal

ⓒ Laserdrucker

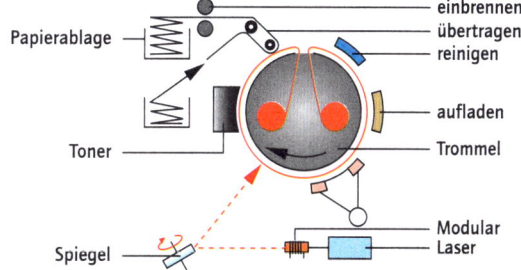

Papierablage

Toner

Spiegel

einbrennen
übertragen
reinigen

aufladen

Trommel

Modular
Laser

❸ Tintenstrahldrucker für Farbausdrucke

Beim Einsatz von Computern ergibt sich oft die Notwendigkeit, mehrere Rechner miteinander zu verbinden und Daten auszutauschen. Während relativ eng benachbarte Rechner, z. B. in einem Unternehmen, über ein separates Kabel oder örtliches Kabelnetz (LAN, engl. local area network) miteinander verbunden werden können, bietet sich zur Verbindung von räumlich weit auseinander liegenden Rechnern das Telefonnetz an. Dieses ist jedoch ursprünglich für die Übertragung von analogen Sprachsignalen ausgelegt. Digitale Computersignale („1" oder „0") erfordern daher eine Umsetzung in hörbare Töne, wenn sie innerhalb eines analog arbeitenden Telefonnetzes übertragen werden sollen. Diese Aufgabe übernehmen Modulatoren bzw. Demodulatoren, kurz Modems genannt.

Modulieren und Demodulieren ❶

Modulieren bedeutet, dass eine Signalinformation auf einen Träger aufgesetzt wird. Beim Rundfunk dienen z. B. hochfrequente Radiowellen als Träger und werden mit Sprache oder Musik überlagert (moduliert). Während im Rundfunk entweder die Amplitudenmodulation („Mittelwelle") oder die Frequenzmodulation („Ultrakurzwelle") angewendet wird, arbeiten moderne Hochgeschwindigkeitsmodems fast ausschließlich mit dem Verfahren der Phasenmodulation („Phasensprungverfahren"), da es hohe Übertragungsgeschwindigkeiten ermöglicht (Abb. 1). Auf der Empfangsseite muss die Signalinformation wieder vom Trägersignal getrennt werden. Diese Aufgabe erfüllt der Demodulator. Bei einem Modem sind Sende- und Empfangsteil (Modulator und Demodulator) in einem Gerät zusammengefasst.

Anschluss von Modems ❷ ❸

Für eine Datenübertragung zwischen zwei weit entfernten Computern wird jeder Rechner mit einem Modem ausgerüstet (Abb. 2). Dabei kann ein Modem entweder als Einschubkarte in einem Rechner integriert oder als externes Gerät (Abb. 3) ausgeführt sein. Während interne Modems direkt über den PC-(Daten)Bus angesprochen werden, erfolgt die Kommunikation zwischen dem PC und einem externen Modem über eine serielle Schnittstelle. Das Modem wiederum ist mit dem Telefonnetz verbunden.

Datenübertragung

Bevor zwei Rechner über das Telefonnetz miteinander kommunizieren können, muss zunächst die Telefonverbindung hergestellt werden. Dazu wählt entweder einer der beiden Rechner direkt den Telefonanschluss des anderen Rechners an, oder es wird zunächst die Nummer eines Onlinedienstes angewählt, der den weiteren Verbindungsaufbau übernimmt. Die meisten Modems arbeiten heute mit dem Tonwahlverfahren, bei dem jeder erzeugte Ton eine bestimmte Ziffer der Telefonnummer darstellt; ältere Geräte verwenden noch das langsamere Impulswahlverfahren. Ein im Rechner eingebauter Lautsprecher ermöglicht das Mithören des Wählvorgangs. Sobald die Verbindung zwischen den Rechnern hergestellt ist, können über das Telefonnetz Daten in beide Richtungen ausgetauscht werden. Dabei ist es wichtig, dass die Geschwindigkeit und die Form („Protokoll"), mit der die Daten übertragen werden, von beiden Seiten akzeptiert werden. Die Geschwindigkeit wird durch die Übertragungsrate bestimmt und in Bits/Sekunde (bps oder baud) angegeben und kann bei heutigen Modems bis 56 000 bps betragen. Das Protokoll (z. B. V.32, V. 34, V. 42 usw.) legt u. a. das Verfahren fest, mit der Daten komprimiert werden. Bei langen Folgen von gleichen Zeichen (z. B. Leerzeichenketten) müssen nicht alle Zeichen einzeln übertragen werden, sondern es genügt eine kurze Zusammenfassung. Dadurch kann die Datenübertragung wesentlich beschleunigt werden. Durch ein einheitliches Protokoll ist gewährleistet, dass auf beiden Seiten das gleiche Verfahren der Komprimierung bzw. Dekomprimierung verwendet wird. Das Protokoll legt außerdem fest, wie im Falle eines Übertragungsfehlers verfahren wird, der durch Kontrollzeichen erkannt und durch wiederholtes Senden korrigiert werden kann.

Anwendungen

Eine Kombination aus Rechner und Modem kann in Verbindung mit entsprechender Software Aufgaben übernehmen, für die sonst eigene Geräte erforderlich sind. So können z. B. Telefaxe versendet oder empfangen werden. Wenn der Rechner mit einer Soundkarte ausgerüstet ist, kann er auch als Anrufbeantworter eingesetzt werden. Der wichtigste Einsatzbereich für Rechner mit Anschluss zum Telefonnetz ist die Nutzung von Onlinediensten und vom Internet (→). Da derzeit die Telefonnetze von der bisherigen analogen auf digitale Signalverarbeitung umgestellt werden, sind Modems in Zukunft überflüssig. Schon heute können von einem digitalen Telefonanschluss (z. B. ISDN; → Telekommunikationsnetze) Computerdaten gesendet und empfangen werden, ohne dass die Computersignale in Tonsignale umgewandelt werden müssen.

❶ Modulationsarten

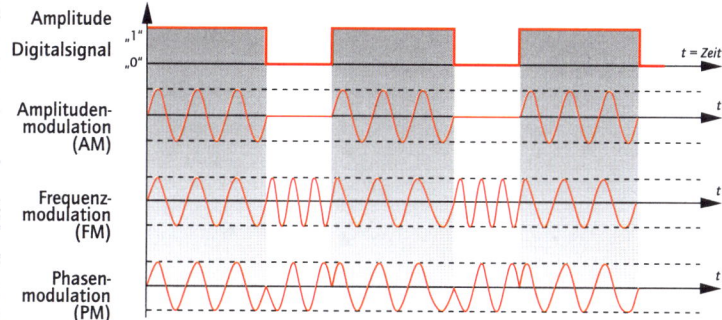

Amplitude
Digitalsignal „1" „0" — t = Zeit

Amplituden-
modulation
(AM) — t

Frequenz-
modulation
(FM) — t

Phasen-
modulation
(PM) — t

❷ Übertragungsweg von Computerdaten über das Telefonnetz

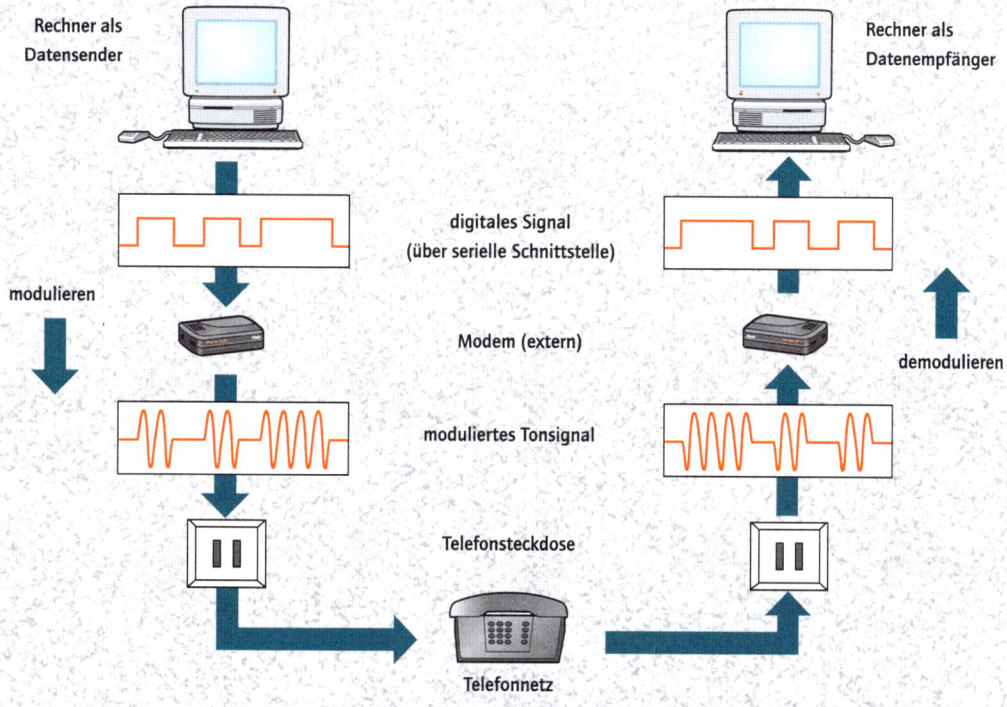

Rechner als
Datensender

Rechner als
Datenempfänger

digitales Signal
(über serielle Schnittstelle)

modulieren

Modem (extern)

demodulieren

moduliertes Tonsignal

Telefonsteckdose

Telefonnetz

❸ Externes Fax–Modem

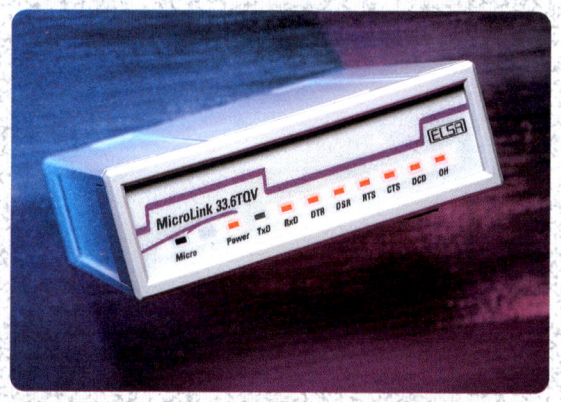

MicroLink 33.6TQV

Micro Power TxD RxD DTR DSR RTS CTS DCD OH

Das Internet ist ein weltumspannendes Computer-netzwerk, welches zur Übertragung von Daten und Informationen benutzt wird. Entwickelt wurde es vom US-Verteidigungsministerium. Heute wird es von Universitäten, öffentlichen Einrichtungen sowie privaten Personen und Unternehmen ge-nutzt.

Das Internet zeichnet sich durch eine Zusam-mensetzung vieler unabhängiger lokaler Netzwer-ke aus, die unterschiedliche Computer und Übertra-gungsmedien (z.B. Telefonleitung, Glasfaserkabel, Satellit) benutzen. Es gibt keine globale Verwal-tung. Das Internet benutzt jedoch einen gemeinsa-men Übertragungsstandard (Protokoll). Mit diesem Protokoll ist es möglich, die verschiedenen Anwen-dungen (Programme) des Internets bereitzustellen. Die bekanntesten Anwendungen sind elektroni-sche Post, Newsgruppen, Datentransfer, Fernzu-gang und das World Wide Web (WWW). Entschei-dend ist auch, dass die Übertragung unabhängig vom einzelnen Benutzer erfolgt.

Wie funktioniert das Internet? ❶ ❷

Eine gute Analogie zur Datenübertragung im Inter-net stellt die herkömmliche Briefpost dar: Ein Brief wird über verschiedene Verteilerpostämter an den gewünschten Ort geschickt und dort vom Briefträ-ger in die angegebene Straße befördert. Auch im In-ternet hat jeder Rechner eine eindeutige Adresse, die aus vier Zahlen besteht (z.B. 192.113.37.4). Der Anfang der Adresse gibt das lokale Netzwerk (vgl. Stadt), das Ende den Rechner (vgl. Straße mit Haus-nummer) an. Meist werden diese Adressen durch so genannte Domainnamen ersetzt, die Text enthal-ten und besser lesbar sind (z. B. ix.urz.uni-heidel-berg.de). Sollen nun Daten von einem Rechner an einen anderen übertragen werden, so werden sie in ein Datenpaket (vgl. Briefumschlag) gesteckt, auf dem Absender- und Empfängeradresse stehen. Die verschiedenen lokalen Netzwerke des Internets werden durch spezielle Rechner, die Router, verbun-den. Sie stellen die „Verteilerpostämter" dar und be-stimmen den Weg des Datenpaketes (Abb. 1). Damit das Netz nicht überlastet wird, sind nur Pakete mit bis zu ca. 1500 Zeichen erlaubt. Dieser Übertra-gungsstandard heißt Internetprotokoll (IP). Um auch größere Datenmengen zu verschicken, ist ein zweites Protokoll (meistens TCP, engl. transmission control protocol) notwendig. Es sorgt dafür, dass größere Datenmengen in kleine Pakete zerlegt und mittels IP verschickt werden (Abb. 2). Weiterhin nummeriert und kontrolliert es die Pakete, damit sie am Ziel wieder richtig zusammengesetzt wer-

den können. Dabei kann es passieren, dass eine Nachricht, welche von Europa nach Australien ge-sendet wird, ihr Ziel über verschiedene Wege er-reicht, d. h., ein Teil der IP-Pakete läuft über Ame-rika, ein anderer über Asien.

Elektronische Post und Newsgruppen

Die elektronische Post (E-Mail) ist eine Anwendung, bei der Nachrichten von einer Person zu einer ande-ren mittels der beschriebenen Protokolle transfe-riert werden. Um E-Mails senden und empfangen zu können, benötigt man eine E-Mail-Adresse. Diese setzt sich aus einem Domainnamen des Rechners und einem persönlichen Teil, meist dem Namen, ver-bunden durch das Zeichen @ (engl. at) zusammen, z. B. christian.taut@ix.urz.uni-heidelberg.de.

Newsgruppen sind elektronische schwarze Bret-ter zu verschiedenen Themen, z.B. Hobby, Politik oder Sport. Der Benutzer kann die Beiträge anderer Anwender lesen oder selbst einen Beitrag absenden. Die Themen sind über ihren Gruppennamen hierar-chisch gegliedert. So stellt z. B. sci.mech.fluids eine Gruppe dar, die sich mit Strömungen (fluids) im Bereich der Mechanik (mech) wissenschaftlich (sci) beschäftigt. Die Übertragung dieser Beiträge funk-tioniert ähnlich wie die der E-Mails.

Dateitransfer und Fernzugang

Der Dateitransfer mit dem speziellen Internetüber-tragungsprotokoll FTP (engl. file transfer protocol) ermöglicht eine Übertragung von Dateien (z. B. Pro-gramme) von einem Rechner auf einen anderen. Über einen Fernzugang (Telnet, engl. teletype net-work) kann man sich direkt in einen anderen Rech-ner „einloggen", d. h., vom eigenen Rechner aus kann man einen zweiten bedienen (z. B. ein Pro-gramm auf ihm starten). Beide Anwendungen ba-sieren auf TCP/IP und benötigen den Domain-namen des Rechners und ggf. ein Passwort.

World Wide Web ❸

Das World Wide Web (WWW) ist ein Medium, in dem auf jedem Rechner im Internet Informationen in Form von Text, Bild, Ton und Film hinterlegt wer-den können. Die erste Seite eines WWW-Doku-ments ist i. d. R. die Homepage (Leitseite), mit der sich der Anbieter vorstellt (Abb. 3). Die Information besitzt eine spezielle vom Domainnamen abge-leitete Adresse (z. B. http://www.meyer.bifab.de) und kann mittels TCP/IP von jedem Rechner aus betrachtet werden. Ein wichtiges Merkmal sind die „anklickbaren" Links, die die einzelnen Informatio-nen vernetzen.

❶ Transport von Daten im Internet

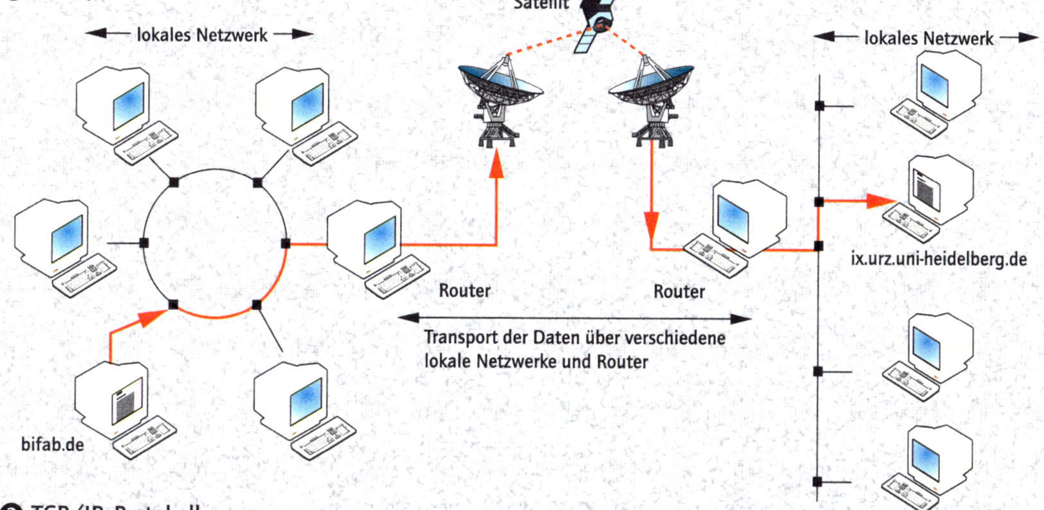

lokales Netzwerk
Satellit
lokales Netzwerk
ix.urz.uni-heidelberg.de
Router
Router
Transport der Daten über verschiedene
lokale Netzwerke und Router
bifab.de

❷ TCP/IP-Protokoll

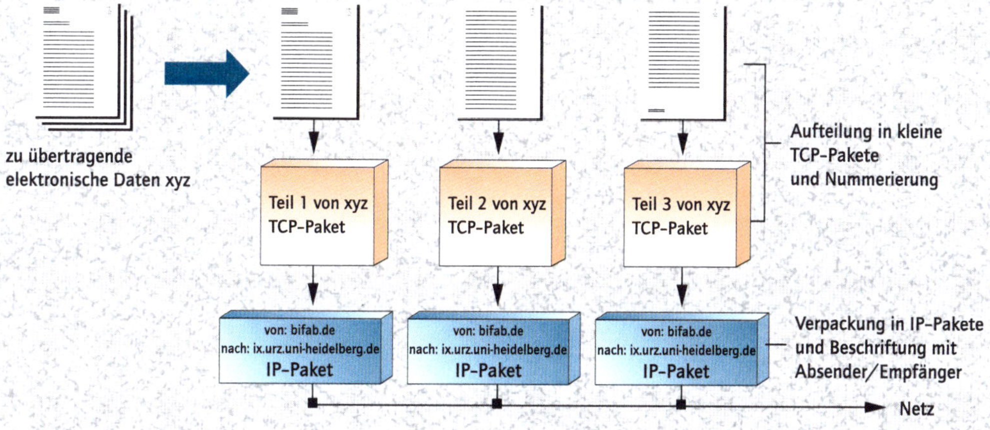

zu übertragende
elektronische Daten xyz
Teil 1 von xyz
TCP-Paket
Teil 2 von xyz
TCP-Paket
Teil 3 von xyz
TCP-Paket
Aufteilung in kleine
TCP-Pakete
und Nummerierung
von: bifab.de
nach: ix.urz.uni-heidelberg.de
IP-Paket
von: bifab.de
nach: ix.urz.uni-heidelberg.de
IP-Paket
von: bifab.de
nach: ix.urz.uni-heidelberg.de
IP-Paket
Verpackung in IP-Pakete
und Beschriftung mit
Absender/Empfänger
Netz

❸ Typisches WWW-Programm mit einer Homepage und der Menüleiste

Menüleiste
WWW-Adresse
Link
Datei Bearbeiten Ansicht Gehe Communicator Hilfe
Zurück
Vor
Neu laden
Anfang
Suchen
Weiter
Drucken
Sicherheit
Stop
Lesezeichen
Netsite: http://www.meyer.bifab.de/
Willkommen im MEYER WIRE
Informationen rund um die Lexikonmarke.
MEYER
wire!
Schalten Sie sich ein...
Bitte beachten Sie, dass unsere Seiten von Netscape ab Version 3.0
oder dem Internet Explorer 3.0 optimal dargestellt werden.
© Bibliographisches Institut & F. A. Brockhaus AG, Mannheim 1998
Dokument: Übermittelt

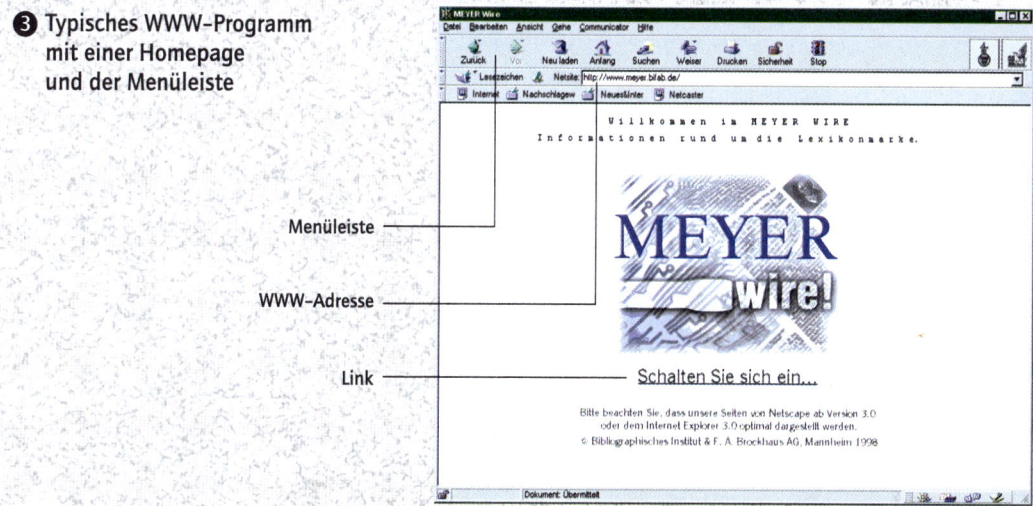

In der Digitaltechnik werden Informationen, z.B. Texte, Zeichen, Bilder oder Sprache, in ein System abstrakter Zahlensymbole übersetzt. Die dabei eingesetzten digitalen elektronischen Schaltungen können exakt zwei ausgeprägte physikalische Zustände einnehmen (Strom oder kein Strom, Spannung oder keine Spannung), die durch die Ziffern „1" bzw. „0" („Ein" bzw. „Aus") symbolisiert werden können. Diese Codierung bildet die Grundlage für das Binärsystem (→ Computer). Mit dem Binärsystem sind Maschinen in der Lage, die codierten Informationen zu verstehen und zu verarbeiten.

Die Umwandlung ursprünglich analoger Daten in ein binäres Zahlensystem nennt man Digitalisierung. Gegenüber der analogen Übertragung bietet die digitale Datenübertragung viele Vorteile: Sie ist präziser, schneller und deutlich weniger störanfällig und zudem zeichnet sie sich durch eine höhere Übertragungskapazität aus.

Umwandlung in digitale Daten ❶ ❷

Die Umwandlung eines analogen in ein digitales Signal nimmt ein Analog-digital-Wandler (A/D-Wandler), ein elektronisches Bauteil, vor. Der A/D-Wandler bestimmt zu geeigneten Zeitpunkten den Wert des Analogsignals und codiert diesen dann als Binärwert. Das Signal wird in kontinuierlichen Zeitabständen abgetastet („sampling") und zusätzlich quantisiert (Abb. 1). Die Zahl der Abtastpunkte muss dem Kurvenverlauf des analogen Signals angepasst sein. Die Abtastrate sollte mindestens doppelt so hoch sein wie die höchste Frequenz im Signal. Bei der Quantisierung wird der in einem Abtastpunkt gemessene reelle Wert auf eine begrenzte Menge möglicher Werte durch Rundung reduziert. Die Qualität und das Datenvolumen der digitalisierten Daten wird durch die Wahl der Abtastrate und der Quantisierung bestimmt. Je kleiner das Abtastintervall, desto genauer ist die Nachbildung des zeitlichen Verlaufs des Analogsignals.

Auch Bilder können digitalisiert und dann im Rechner bearbeitet oder übertragen werden. Dazu teilt man ein Bild in einzelne Bildelemente (Pixel) auf und ordnet jedem derartigen Pixel einen Wert zu, der die mittlere Helligkeit, die Farbe und/oder eine andere Eigenschaft dieses Bildausschnittes angibt. Dieser Wert ist dann die Zahl, die an das Pixel gebunden wird. Viele Geräte, z.B. eine CCD-Matrixkamera, machen diese Mitteilungen für die Intensitäten automatisch, wenn sie ein Bild als Matrix von Bildpunkten aufzeichnen (Abb. 2). Zur Digitalisierung wird das Bild als zweidimensionales Feld abgespeichert, dessen Feldelemente die er-

mittelten Pixelwerte sind. Je nach Anzahl der Pixel geht ein Teil der im ursprünglichen Bild vorhandenen Information verloren. Um ein Bild zu übertragen, dessen Auflösung derjenigen unseres Auges nahe kommt, müsste es mit einer Auflösung von 0,1 mm dargestellt werden. Bei einer DIN-A4-Seite würde das bedeuten, das sie in ca. 6,2 Mio. Pixel aufgeteilt werden müsste.

Übertragung großer Datenmengen mittels Datenkompression ❸

Die Verarbeitung und Übertragung größerer Datenmengen, wie sie z.B. bei der Digitalisierung von Bildern oder Musik auftreten, machen eine Datenkompression notwendig. Dabei werden Daten so verdichtet, dass sie weniger Speicherplatz und damit weniger Übertragungszeit benötigen. Es gibt grundsätzlich zwei verschiedene Verfahren: Bei der verlustfreien Methode sind die Daten vor und nach der Kompression identisch, was z.B. für Texte und codierte Programme sehr wichtig ist. So werden beim Huffman-Verfahren den häufig vorkommenden Symbolen kürzere Codes als den seltener vorkommenden zugeordnet (Prinzip des Morsealphabetes). Bei verlustbehafteten Verfahren geht ein Teil der Daten verloren, sodass die Zieldaten weniger Detailinformationen enthalten als die Ausgangsdaten. Z.B. werden zur Datenkompression von Musik Frequenzbereiche, auf die das menschliche Gehör weniger reagiert, unterdrückt.

Drei wichtige Kompressionsverfahren sind Standards verschiedener Expertengruppen, die Vorschläge zur Komprimierung und Codierung bewegter und unbewegter Bilder und Audiosignale erarbeitet haben: JPEG (Joint Photographic Experts Group), M-JPEG (Motion JPEG) und MPEG (Motion Picture Experts Group). Beim JPEG-Standard werden redundante, d.h. mehrfach vorhandene Daten entfernt und ähnliche Informationen zusammengefasst (verlustbehaftete Kompression). Da mehrere aufeinander folgende Bilder auch zur Darstellung von Bewegtbildern dienen, findet das Verfahren auch in der Kompression von Digitalvideos Anwendung (M-JPEG; Abb. 3). Der MPEG-Standard ist ebenfalls ein verlustbehaftetes Kompressionsverfahren für Video- und Audiosignale, das für größere Datenmengen konzipiert wurde. Für den Einsatz im Fernsehbereich wurde der MPEG-2-Standard entwickelt, mit dem z.B. Datenübertragungsraten für digitales HDTV (→ Digitalfernsehen) definiert sind. Alle Standards garantieren, dass Systeme unterschiedlicher Hersteller miteinander kommunizieren und Daten austauschen können.

❶ Digitalisierung eines analogen Sprachsignals durch Abtastung (•) und Quantisierung (□)

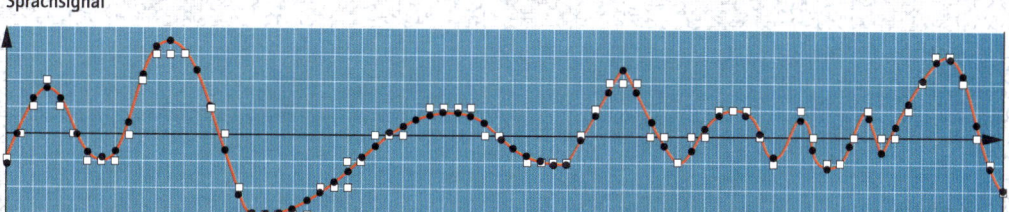

Sprachsignal

t

❷ Digitalisierung von Bildern

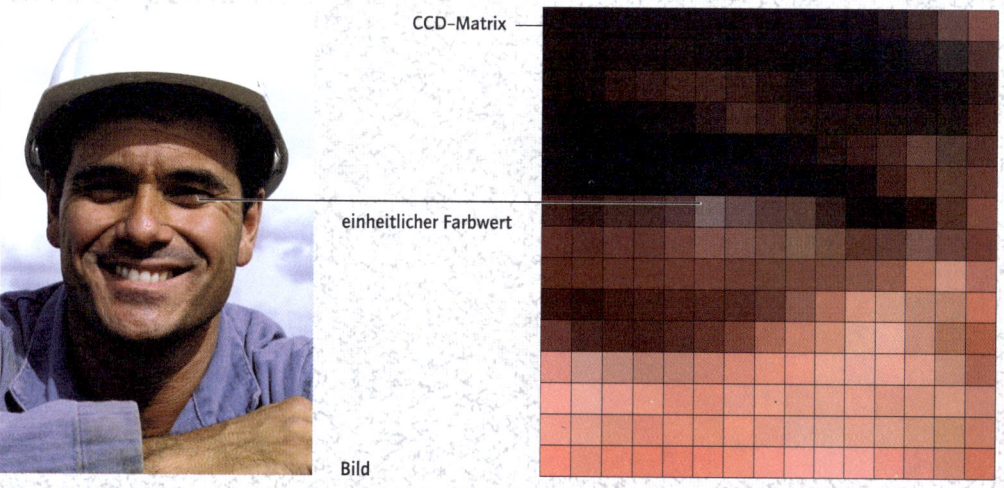

CCD-Matrix

einheitlicher Farbwert

Bild

Das Bild wird in einzelne Bildelemente aufgeteilt, wobei jedem Element ein Wert zugeordnet wird, der z. B. die mittlere Helligkeit oder die Farbe dieses Bildausschnitts angibt.

❸ Ein Bild mit zunehmender Komprimierung (M-JPEG-Standard)

Trotz der in den letzten Jahren enorm gestiegenen Leistungsfähigkeit allgemein verfügbarer Computer gibt es nach wie vor eine Reihe von Anwendungen, deren Anforderungen an Rechenleistung und Speicherplatz um ein Vielfaches über der von diesen Standardcomputern zur Verfügung gestellten Leistung liegen. Zu diesen so genannten „Grand Challenges" zählen insbesondere technisch-wissenschaftliche Simulationen, wie z. B. Klimavorhersage, Optimierung turbulenter (chaotischer, stark verwirbelter) Verbrennungsvorgänge, die Analyse des menschlichen Genoms (im Chromosomensatz vorhandener Erbanlagen) oder Berechnung bestimmter Größen in der Hochenergiephysik.

Architektur der Supercomputer ❶

Bei der Konstruktion von Höchstleistungsrechnern für die genannten Anwendungen spielen zwei Prinzipien eine wesentliche Rolle: Parallelisierung und Vektorisierung.

Bei Parallelrechnern arbeiten mehrere Prozessoren gleichzeitig an einem Problem. Man unterscheidet hierbei Parallelrechner mit verteiltem Speicher, bei denen jeder Prozessor auf einen eigenen lokalen Speicher zugreift und Daten zwischen den Prozessoren über ein Verbindungsnetzwerk ausgetauscht werden, und Parallelrechner mit gemeinsamem Speicher (SMP). Letztere haben einen globalen Speicher, auf den alle Prozessoren zugreifen können. Dies führt zu einer wesentlich einfacheren Programmierung dieser Rechner, hat aber auch zur Folge, dass die Zahl der Prozessoren nicht sehr hoch sein kann. Zurzeit (1998) werden Systeme dieser Architektur mit bis zu 128 Prozessoren angeboten, wogegen Parallelrechner mit verteiltem Speicher mit mehreren Tausend Prozessoren eingesetzt werden. Für diese ist daher auch die Bezeichnung massiv parallele Rechnersysteme (MPP) üblich.

Das Prinzip der Vektorisierung wurde erstmalig 1976 konsequent in der so genannten „Cray 1", die von Seymour Cray entwickelt wurde umgesetzt. Die Prozessoren dieser Rechnerart besitzen spezielle Ausführungseinheiten („Pipelines") für die Verarbeitung mathematischer Operationen mit Vektoren. Hierbei wird die Operation in möglichst gleich lange Teiloperationen zerlegt und dann wie in einem Montagefließband hintereinander in den Stufen der Pipeline verarbeitet. Damit können die Teiloperationen für verschiedene Vektorelemente in unterschiedlichen Stufen der Pipeline gleichzeitig durchgeführt werden. Der zeitliche Gewinn einer Pipelineverarbeitung langer Vektoren gegenüber der rein sequenziellen (elementweise nacheinander) Abarbeitung ist damit gleich der Stufenzahl der Pipeline. Der große Erfolg dieser Rechnerarchitektur basiert auf der Struktur vieler technisch-wissenschaftlicher Anwendungen, bei denen Vektoroperationen einen großen Teil der Rechenzeit ausmachen, und der Möglichkeit, die Anpassung von Programmen an diese Rechner durch vektorisierende Compiler (Programme zur Übersetzung einer Programmiersprache in einen Maschinencode) automatisch vornehmen zu lassen.

Die Kombination beider Architekturprinzipien (Parallelisierung und Vektorisierung) führt zu parallelen Vektorrechnern (PVP), bei denen mehrere Vektorprozessoren in einem Parallelrechner, typischerweise mit gemeinsamem Speicher, verwendet werden. Im Gegensatz zu den PVPs können bei massiv parallelen Rechnern Bausteine aus dem PC- und Workstationen-Bereich eingesetzt werden. Vor dem Hintergrund steigender Kosten für die Entwicklung und Herstellung von Prozessoren stellt dies einen entscheidenden Vorteil dar, der aber nicht unbedingt bestehen bleiben wird, da einige Hersteller bereits an Prozessoren mit Vektoreinheiten für den Massenmarkt arbeiten. Abbildung 1 zeigt die zeitliche Entwicklung des Anteils der verschiedenen Rechnerarchitekturen an den 100 weltweit schnellsten Supercomputerinstallationen. Die nächste Supercomputergeneration wird von SMP-Clustern dominiert werden, bei denen mehrere SMPs, ähnlich den Prozessoren in einem MPP, durch ein schnelles Netzwerk zu einem Rechnersystem verbunden sind.

Leistungsentwicklung ❷

Ein insbesondere im Zusammenhang mit wissenschaftlichen Anwendungen häufig verwendetes Maß für die Rechenleistung von Computersystemen ist die Anzahl der ausführbaren Fließkommaoperationen pro Sekunde (Flop/s). Moderne PCs leisten etwa 100 MFlop/s (= 100×10^6 Flop/s), so viel wie 1976 eine „Cray 1". Eine Leistung von einem GFlop/s (= 10^9 Flop/s) wurde erstmalig 1985 von der „Cray 2" erreicht. Der derzeit (1998) schnellste Supercomputer ist der bei den Sandia National Laboratories installierte massiv parallele ASCI-Red, der eine Rechenleistung von mehr als einem TFlop/s (= 10^{12} Flop/s) erzielt. Dieser Rechner besitzt 4 536 Rechenknoten, die mit je zwei Pentium Pro-Prozessoren bestückt sind, und einen verteilten Hauptspeicher von insgesamt 567 GBytes. Die Bauelemente des ASCI-Red sind auf 85 schrankartige Gehäuseeinheiten verteilt, die zusammen eine Stellfläche von etwa 150 Quadratmetern belegen (Abb. 2).

① Zeitliche Entwicklung der Anteile verschiedener Rechnerarchitekturen anhand der 100 weltweit schnellsten Supercomputerinstallationen

(Stand: Juni 1998)

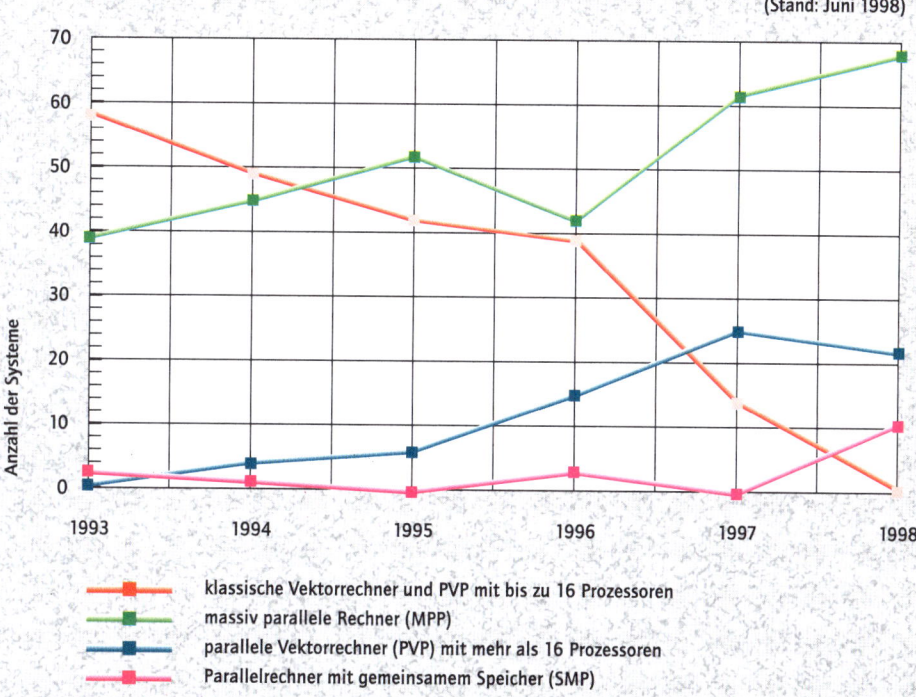

klassische Vektorrechner und PVP mit bis zu 16 Prozessoren
massiv parallele Rechner (MPP)
parallele Vektorrechner (PVP) mit mehr als 16 Prozessoren
Parallelrechner mit gemeinsamem Speicher (SMP)

② Ausmaße des Supercomputers »ASCI-Red«

Unter virtueller Realität (VR) fasst man alle Methoden und Techniken zusammen, die benötigt werden, um einen Menschen in eine vom Computer erzeugte künstliche dreidimensionale Umgebung zu versetzen. Um diese dreidimensionalen Angebote bereitstellen zu können, musste eine Sprache entwickelt werden, mit deren Hilfe dreidimensionale Objekte beschrieben werden können. Es entstand die Virtual Reality Modelling Language (VRML). Diese Beschreibungssprache ist plattformübergreifend (d.h. an keinen Rechnertyp gebunden), erweiterbar und auch bei niedrigen Übertragungsbandbreiten einsetzbar. Die VR ist ein Teilgebiet der künstlichen Intelligenz (→) und wird häufig als Cyberspace bezeichnet.

VR-Geräte ❶ ❷

Neben der Beschreibungssprache VRML werden für die VR auch spezielle VR-Geräte benötigt, um Aktionen des Benutzers an den Computer zu melden. Dazu gehören Positions- und Orientierungsverfolger (engl. tracker) sowie Datenhandschuhe (engl. data gloves; Abb. 1). Datenhandschuhe arbeiten oftmals auf der Basis von faseroptischen Kabeln. Diese Glasfaserkabel sind an den Fingergelenken künstlich beschädigt und senden je nach Krümmung des Fingers unterschiedlich starke Lichtimpulse aus, die von Sensoren (Leuchtdioden, Fototransistoren) auf der Handschuhoberfläche aufgenommen, in elektrische Signale umgewandelt und an den Computer weitergeleitet werden. Der Tastsinn kann bislang nur unzureichend mit verschiedenen Verfahren, z.B. mithilfe kleiner Luftbläschen im Handschuh, simuliert werden.

Als Ausgabegeräte für die vom Computer simulierte virtuelle Welt kommen große Projektionsbildschirme oder spezielle Helme (engl. eyephone; Abb. 2) zum Einsatz. Beim Eyephone betrachtet der Benutzer zwei eingebaute Bildschirme mit Raster- oder holographischen Linsen. Der dreidimensionale Bildeindruck wird dadurch erreicht, dass in jedem Augenblick nur einem der beiden Augen ein Bild übermittelt wird. Ist die Bildfrequenz nicht hoch genug, so flackert das Bild. Über eingebaute Lautsprecher versorgt der Computer den Benutzer mit Geräuschen.

VRML-Beschreibungssprache

Um virtuelle Welten beschreiben zu können, bedient man sich der Beschreibungssprache VRML. Diese Sprache hat sehr viel Ähnlichkeit mit der Beschreibungssprache HTML (Hypertext Markup Language), mit deren Hilfe die Seiten im Internet

(→) beschrieben werden. Die grundlegenden Bausteine von VRML sind geometrische Objekte wie Punkte, Linien, Würfel etc. Diese werden zu virtuellen Räumen zusammengebaut. Um nun 3-D-Welten auf dem Computer darstellen zu können, wird eine spezielle Software benötigt. Analog zu einem Browser (Programm zum Anschauen von WWW-Seiten, z.B. Netscape Navigator, Internet Explorer) für die Darstellung von 2-D-Seiten des WWW wird ein VRML-Browser oder ein VRML-Viewer zur Darstellung dreidimensionaler Szenarien benötigt. Dabei sind VRML-Browser eigenständige Programme, die sowohl HTML als auch VRML darstellen können. Ein VRML-Viewer dagegen ist eine Erweiterung („Plug-in") für einen Browser, der dann gestartet wird, wenn man im Internet eine VRML-Datei anfordert. Da die Beschreibungen in VR-Anwendungen sehr groß sein können, ist eine leistungsfähige Hardware (schneller Prozessor, großer Arbeitsspeicher, schnelle Internetanbindung) nötig, um in den Genuss von Echtzeitdarstellungen zu kommen.

VR-Anwendungsgebiete ❸

Mit immer schneller werdender Geschwindigkeit verbreiten sich VR-Anwendungen im Internet. Der Einsatz von VR kennt praktisch keine Grenzen. Es wird versucht, alles mithilfe von virtuellen Welten so naturgetreu wie möglich nachzubilden. Daraus ergeben sich insbesondere für folgende Bereiche Einsatzmöglichkeiten von VR:

- Kunst: Es können Museen, Schlösser und andere Bauwerke nachgebildet werden und so über das Netz neue Interessenten erreicht werden. „Besucher" können auf diese Weise in aller Ruhe zu Hause durch die Ausstellungen schlendern (Abb. 3).
- Unterhaltung: Im Unterhaltungsbereich könnten interaktive Spiele für mehrere Spieler angeboten werden.
- Ausbildung: Bei der Ausbildung können dreidimensionale Modelle zur Veranschaulichung herangezogen werden.
- Forschung: In der Forschung können wissenschaftliche Ergebnisse aus Chemie, Biologie, Physik und Medizin mithilfe von dreidimensionalen Modellen besser dargestellt werden.
- Industrie: In der Industrie können ganze Produktionsverfahren überwacht und simuliert werden.
- Warenhäuser: Unternehmen können ihre Produkte in Form von elektronischen Katalogen und Einkaufspassagen anbieten.

❶ Datenhandschuh zur dreidimensionalen Übertragung von Aktionen

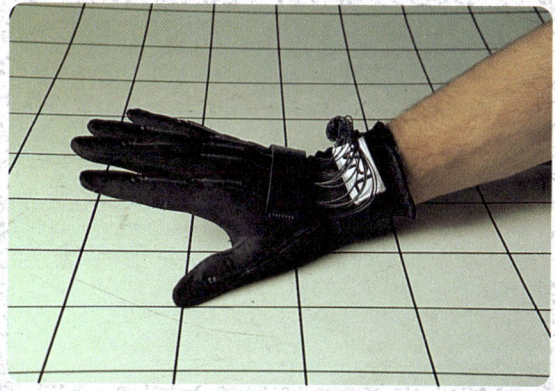

❷ Helm zur Ausgabe von 3-D-Bildern

❸ Virtuelle Ausstellung

Künstliche Intelligenz (KI) ist eine wissenschaftliche Disziplin, die das Ziel verfolgt, menschliche Wahrnehmung, Verstandesleistungen und damit verbundenes Handeln durch Maschinen nachzubilden. Einige Anwendungsbeispiele von KI sind in der Tabelle in Abb. 1 angegeben. Ziel der KI ist es einerseits, die menschliche Intelligenz zu verstehen, und andererseits, eine Arbeitserleichterung durch Rationalisierung zu schaffen. Man kennt verschiedene Methoden, um KI zu realisieren, von denen die neuronalen Netze am ehesten die Struktur des menschlichen Gehirns abbilden. Andere bekannte Verfahren sind Expertensysteme, Fuzzysysteme und genetische Algorithmen.

Derzeit können lediglich Roboter konstruiert werden, die die Fortbewegungsfähigkeit eines Insektes nachahmen können (Abb. 2). Bis heute ist es jedoch nicht annähernd gelungen, die menschlichen Verstandesleistungen mit Maschinen nachzuvollziehen. Weiterhin ist nicht klar, ob menschliches Bewusstsein mit Maschinen simuliert werden kann.

Anforderungen an KI

Man kann die Fähigkeiten von KI in verschiedene Gruppen einteilen. Zunächst ist es wichtig, dass die KI Kontakt zur Außenwelt hat. Dies geschieht über Sensoren, wie z. B. ein Mikrofon, eine Kamera oder einen Temperaturfühler. Die von diesen Sensoren gemessenen Daten werden von einem Rechner eingelesen. Des Weiteren muss die KI über einen Wissensspeicher verfügen. Dabei ist es nicht unproblematisch, ein für die Datenverarbeitung günstiges Format für dieses Wissen zu finden. Um diesen Wissensspeicher aufzubauen, muss die KI über einen Lernmechanismus verfügen. Weiterhin sind Sprach- und Bildverarbeitung für die Kommunikation mit anderen intelligenten Individuen und eine Auseinandersetzung mit der Umwelt notwendig. Eine komplexe Anforderung an KI ist die Kognition, d. h. das Erkennungsvermögen. Um eine Situation erkennen zu können, sind u. a. Sensoren und bereits gespeichertes Wissen notwendig, das mit der neuen Situation in Verbindung gebracht wird. Weitere komplexe Fähigkeiten sind die Anpassung an die Umwelt und die Flexibilität. Es gibt derzeit kein künstliches System, das auch nur annähernd all jene Eigenschaften erfüllt.

Neuronale Netze ❸ ❹

Künstliche neuronale Netze sind eine Nachbildung der Nervenzellen (natürliches neuronales Netz) im Gehirn. Eine natürliche Nervenzelle (Neuron; Abb. 2) besteht aus Zellkern und -körper, mehreren Dendriten und Synapsen und einem Axon und kann elektrische Signale verarbeiten. Dabei dienen die Dendriten als Eingabeleitungen und das Axon als Ausgabeleitung. Vernetzt werden etwa 90 % der Neuronen dadurch, dass die Axonen über Synapsen an Dendriten anderer Neuronen gekoppelt sind. Die restlichen 10 % der Neuronen besitzen Dendriten bzw. Axonen, die Signale in das Netzwerk speisen oder ausgeben. Ein Neuron gibt über sein Axon ein Signal aus, wenn die Summe aller Eingangssignale der Dendriten einen bestimmten Schwellwert überschritten hat. Die Synapsen können diese Signale verstärken oder hemmen und so die Aktivität der nachfolgenden Neuronen beeinflussen. Das menschliche Gehirn besteht aus 10–1000 Milliarden Neuronen, von denen jedes mit bis zu einigen Tausend anderern Neuronen vernetzt sein kann.

Ein künstliches Neuron (Abb. 4) besteht aus n Eingabeleitungen (vgl. Dendriten), welche die Eingangssignale $x_1 \ldots x_n$ mit den Gewichtungen (vgl. Synapsen) $w_1 \ldots w_n$ verstärken oder hemmen. Das Neuron gibt über seine Ausgabeleitung (vgl. Axon) ein Signal ab, wenn die Summe der gewichteten Eingangssignale einen Schwellwert S überschreitet: $x_1 \cdot w_1 + x_2 \cdot w_2 + \ldots + x_n \cdot w_n \geq S$. Die Ein- und Ausgabeleitungen dienen auch hier der Vernetzung der Neuronen untereinander. Solche Netze lassen sich mit Computerprogrammen realisieren.

Trainieren künstlicher neuronaler Netze

Zunächst muss ein solches Netz trainiert werden. Ein „Lehrer" präsentiert dem Netz über seine Eingabeleitungen ein Übungsmuster (z. B. ein Bild eines zu erkennenden Gesichtes). Daraus berechnet das Netz eine Ausgabe, die der Lehrer mit der Sollausgabe (z. B. einer Nummer, die diesem Gesicht zugeordnet ist) vergleicht. Der Fehler, den das Netz zwischen Soll- und Istausgabe macht, wird dazu verwendet, die Gewichtungen des Netzes so anzupassen, dass dieser Fehler reduziert wird. Ziel ist es, das Netz so weit zu trainieren, dass es das gleiche Gesicht auch auf einem anderen Bild sicher zuordnen kann. Dabei kann es jedoch passieren, dass das Netz die Übungsmuster auswendig lernt und dadurch das gleiche Gesicht auf anderen Bildern nicht mehr erkennt. Vor diesem so genannten Überlernen ist das Trainieren des Netzes abzubrechen. Neben der Muster- und Bilderkennung werden neuronale Netze meist dann angewandt, wenn kein exakter Zusammenhang zwischen Ursache und Wirkung festgestellt werden kann, z. B. zur Spracherkennung.

❶ Anwendungsbeispiele

Anwendung der künstlichen Intelligenz	Beispiele
Spracherkennung, Sprachgenerierung	Übersetzer
Bilderkennung	Autopilot
Simulation und Steuerung	Produktionsanlage
Diagnostik	Medizin
Robotik	Marsfahrzeug
Spiele	Schach künstliche Haustiere

❷ Reflexgesteuerter »Insektenroboter«

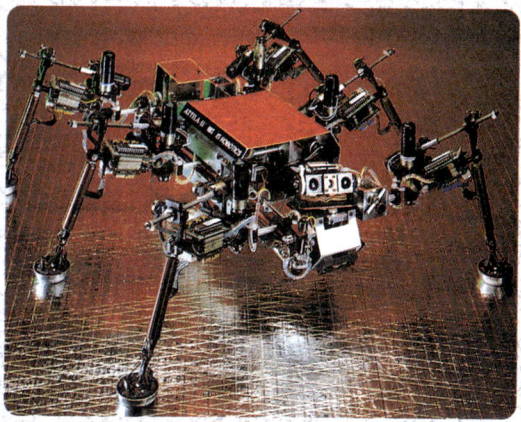

Er dient der Untersuchung der Orientierungs- und Bewegungsmöglichkeit autonomer Systeme

❸ Schematische Darstellung zweier natürlicher Neuronen

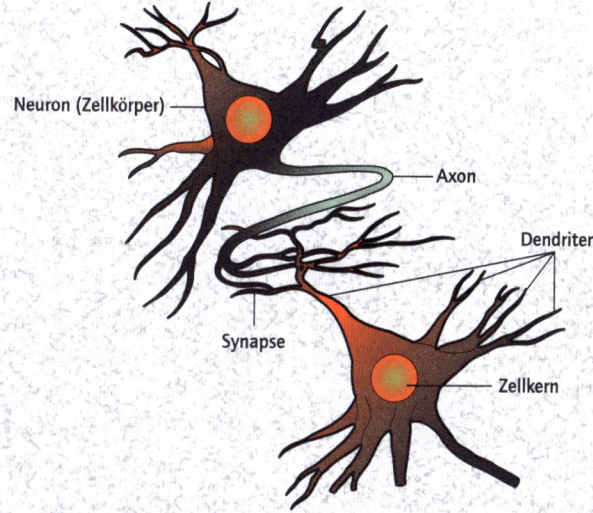

Neuron (Zellkörper)

Axon

Dendriten

Synapse

Zellkern

❹ Künstliches Neuron

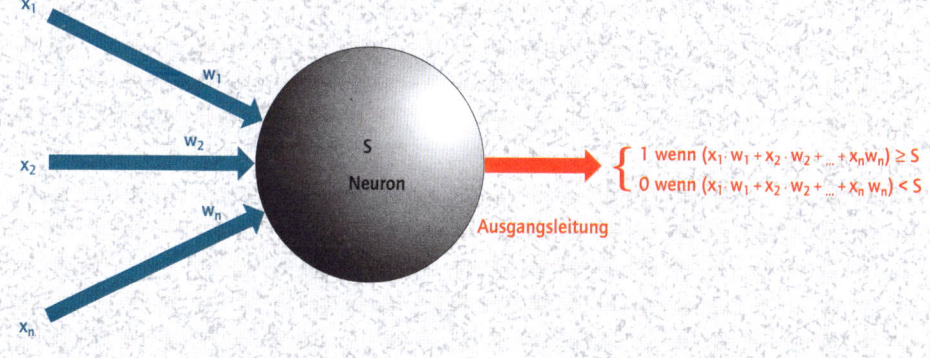

x_1

w_1

w_2

x_2

w_n

S
Neuron

Ausgangsleitung

x_n

$$\begin{cases} 1 \text{ wenn } (x_1 \cdot w_1 + x_2 \cdot w_2 + \dots + x_n w_n) \geq S \\ 0 \text{ wenn } (x_1 \cdot w_1 + x_2 \cdot w_2 + \dots + x_n w_n) < S \end{cases}$$

Eingangsleitungen: $x_1 \dots x_n$ Gewichte: $w_1 \dots w_n$

Das Farbfernsehen, 1954 zuerst in den USA und 1967 auch in Deutschland eingeführt, ist die Übertragung und Wiedergabe bewegter Farbbilder und des zugehörigen Tons über Kabel oder Funk.

Bildaufnahme und -abtastung ❶ ❷

Zur Aufnahme der Bilder dient eine Fernsehkamera, die im Prinzip aus drei Aufnahmeröhren besteht, die jeweils mit einem Farbfilter versehen sind (Abb. 1 a). Das Licht des aufzunehmenden Bildes gelangt auf ein spezielles Prisma, welches das Licht in die Farben Rot, Grün und Blau aufteilt. Die Aufnahmeröhren liefern Ausgangsspannungen, die vom jeweiligen Farbton und dessen Sättigung abhängig sind. Die Ausgangssignale der Kamera werden aufbereitet, durch einen Abtastvorgang nacheinander als elektrisches Videosignal übertragen und das Bild auf der Empfangsseite wieder Zeile für Zeile zusammengesetzt (Abb. 1 b). Für ein flimmerfreies Bild werden mindestens 25 Bilder/Sekunde übertragen, und zwar im Zeilensprungverfahren: Von 50 Halbbildern werden zunächst alle ungeraden und anschließend alle geraden Zeilen übertragen (Abb. 2).

Übertragung und Bildwiedergabe ❶ ❸

In einer Fernsehanlage werden die Bild- und Tonträgerwellen auf eine gemeinsame Sendeantenne geschaltet. Die hiervon abgestrahlten Signale werden von einer Empfangsantenne (z. B. Hausantenne) aufgenommen (→ Übertragungstechnik). Nach Demodulation (Gleichrichtung) werden sie im Empfangsgerät einer Bildröhre zugeführt und auf einem Bildschirm sichtbar gemacht. Beim Farbfernsehen werden drei Bilder (mit Rot-, Grün- und Blaufiltern) übertragen und von drei Kathodenstrahlen im Gerät wiedergegeben (Abb. 1b). Aus den Fernsehnormfarben Rot, Grün und Blau lässt sich jeder Farbeindruck durch additives Mischen von Licht erzeugen (Dreifarbentheorie; Abb. 3).

Die Wiedergabe von Fernsehbildern erfordert einen schnellen dreifarbigen elektrooptischen Wandler. Bis heute lösen lediglich Bildröhren diese Aufgabe befriedigend. Die Umwandlung in Lichtsignale findet bei der Bildröhre im Leuchtschirmmaterial statt, wobei der Leuchtstoff die Farbe des emittierbaren (ausgesandten) Lichtes bestimmt.

Farbfernsehübertragungsverfahren

Zur Fernsehübertragung haben sich drei Standardverfahren durchgesetzt:

- NTSC (National Television System Committee, USA),
- PAL (Phase Alternating Line, Westeuropa).
- SECAM (Système en couleur avec mémoire, Frankreich und Osteuropa).

Alle drei Verfahren unterscheiden sich im Grundprinzip kaum voneinander. Es beruht auf der Umwandlung von Farbtönen und Farbsättigungen in elektrische Signale und deren Rückumwandlung, wobei Informationen zu Helligkeit (Luminanzsignal), Farbsättigung und Farbton (zus. Chrominanzsignal) erforderlich sind. Das Helligkeitssignal der Farben Rot, Grün und Blau wird schwarzweißkompatibel übertragen, d. h., Schwarzweißfernsehempfänger können Farbsendungen in Schwarzweiß und Farbfernsehempfänger können Schwarzweißsignale wiedergeben. Für die Schärfe des Bildes ist im Wesentlichen nur der Helligkeitsanteil maßgebend, während die Farbinformationen mit wesentlich geringerer Schärfe übertragen werden können. Entsprechend der Augenempfindlichkeitskurve wird in einem Encoder (Codierer) aus den drei Farbauszugssignalen Rot, Grün und Blau ein Helligkeitssignal gebildet. Für die Farbinformation genügt es, zwei Farbdifferenzsignale zu übertragen, aus denen man im Empfänger durch Decodieren wieder die Signale Rot, Blau und Grün gewinnen kann. In einem Widerstandsnetzwerk wird das Helligkeitssignal mit voller Bandbreite gebildet, wobei das Frequenzband nicht durchgehend bedeckt ist, sondern gleichmäßig verteilte Lücken im Abstand der Zeilenfrequenz, in die die Farbinformation eingeschachtelt wird, aufweist. Ein Farbhilfsträger wird mit den beiden Farbdifferenzsignalen doppelt moduliert und seine Frequenz so gewählt, dass sie ein ungradzahliges Vielfaches der halben Zeilenfrequenz entspricht, wodurch die Lücken genau ausgefüllt werden.

Die drei Systeme NTSC, PAL und SECAM unterscheiden sich in der Art, wie die Farbdifferenzsignale gebildet werden. Bei SECAM erfolgt die Übertragung des Helligkeitssignals wie bei NTSC oder PAL, die der Farbdifferenzen aber nicht mehr gleichzeitig (simultan), sondern nacheinander (sequenziell). Bei neueren Systemen wie HDTV und PALplus werden die Bild- und Tonsignale nicht mehr analog, sondern digital nacheinander übertragen (→ Digitalfernsehen).

Videotext und VPS

Beim Zeilensprungverfahren treten während des vertikalen Rücklaufs des Elektronenstrahls Zeiten ohne Videoinformationen auf. Sie werden heute für verschiedene zusätzliche Dienste wie Videotext, oder Video-Programm-System (VPS; → Videorekorder) benutzt.

❶ Aufnahme und Wiedergabe von Farbfernsehbildern

ⓐ Prinzip der Farbfernsehkamera

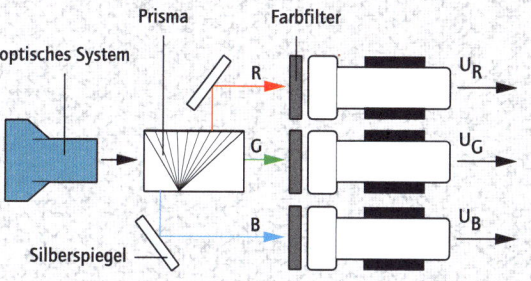

ⓑ Bildwiedergabe auf dem Bildschirm

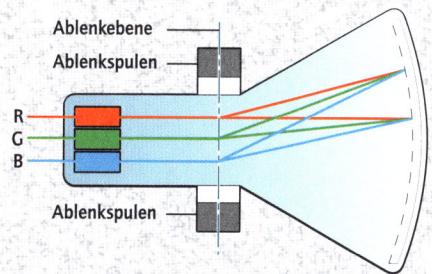

U = Spannung, R = Rot, G = Grün, B = Blau

❷ Abtastung nach dem Zeilensprungverfahren

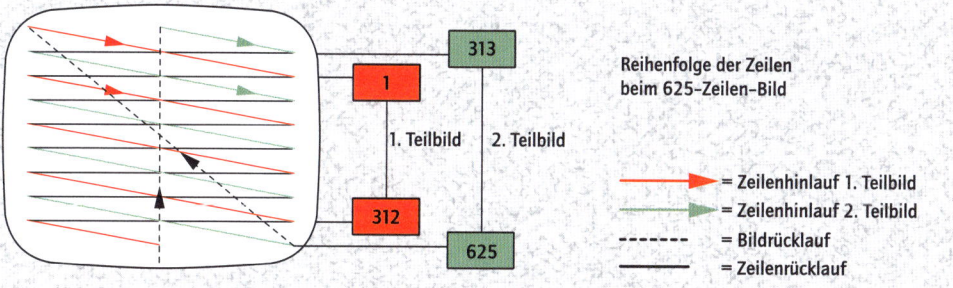

Reihenfolge der Zeilen beim 625-Zeilen-Bild

→ = Zeilenhinlauf 1. Teilbild
→ = Zeilenhinlauf 2. Teilbild
- - - - - = Bildrücklauf
——— = Zeilenrücklauf

❸ Normtafel der IBK (Internationale Beleuchtungskommission)

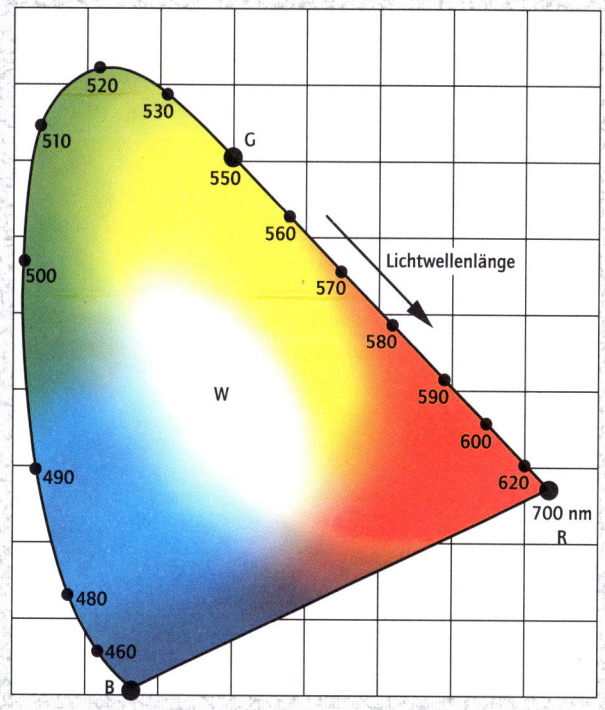

Der Begriff Bildschirm ist eine Sammelbezeichnung für alle Fernseh- und Datensichtgeräte, die elektrische Impulse in optische Signale umwandeln. Die drei wichtigsten Typen sind der Elektronenstrahl-, der Plasma- und der Flüssigkristallbildschirm. Alle drei Typen gibt es als Schwarzweiß- und Farbbildschirm.

Braunsche Röhre ❶

Die Wiedergabe von Farbfernsehbildern erfordert einen schnellen, dreifarbigen (rot, grün, blau) elektrooptischen Wandler. Bis heute lösen, trotz ihrer großen Bautiefe, lediglich Bildröhren nach dem Prinzip der braunschen Röhre diese Aufgabe befriedigend. Die Röhre besteht aus einem stark evakuierten (luftleeren) Glaskolben, in dem sich zwischen zwei Elektroden Elektronen bewegen. Die Kathode (negative Elektrode) wird durch einen Heizfaden zum Glühen gebracht und sendet daraufhin Elektronen aus. Diese werden von der Anode (positive Elektrode) angezogen (Abb. 1). Die Beschleunigung durch die Anodenspannung ist dabei so hoch, dass die Elektronen durch das Anodenloch treten und auf den vorderen Teil des Glaskolbens prallen. Dieser ist mit einer fluoreszierenden Schicht versehen, die dort, wo der Elektronenstrahl auftrifft, zu leuchten beginnt.

Um ein Auseinanderdriften der Elektronen zu verhindern, muss der Strahl fokussiert (gebündelt) werden. Realisiert wird dies überwiegend durch elektrostatische, seltener auch magnetische Felder, die die Elektronen ablenken (elektronische Linse). Zur Steuerung der Strahlintensität befindet sich vor der Kathode der Wehnelt-Zylinder, an dem eine negative Spannung anliegt. Durch Veränderung dieser Spannung kann die Strahlintensität und damit die Bildpunkthelligkeit genau gesteuert werden. Die gesamte Strahlen erzeugende Vorrichtung im Bildröhrenhals wird als Elektronenkanone bezeichnet. Durch Ablenkelektroden wird der Aufprallpunkt des Elektronenstrahls auf dem Bildschirm gesteuert.

Farbfernsehbildröhren ❷

Um mit dem Elektronenstrahl wieder sichtbares Licht zu erzeugen, braucht man einen Leuchtschirm, in dessen Material die Umwandlung durch atomphysikalische Prozesse ausgelöst wird. Die Farbe des ausgesandten Lichtes hängt vom Leuchtschirmmaterial ab. Innerhalb einer Farbbildröhre sind für die drei Normfarben Rot, Grün und Blau (→ Farbfernsehen) drei Glühkathoden nebeneinander angebracht (Inlinefarbbildröhre). Sie erzeugen

drei Elektronenstrahlen mit individuell gesteuerter Stärke, die jedoch gemeinsam fokussiert und abgelenkt werden. Die Strahlen treffen vor dem Leuchtschirm auf einer metallischen Schlitzmaske zusammen (Trinitonbildröhre), sodass eine für das Auge nicht erkennbare additive Farbmischung stattfindet. Auf der Schlitzmaske sind Leuchtstoffe für die drei Farben in vertikalen Streifen aufgebracht (Abb. 2). Zusammen mit magnetischen Korrekturfeldern sorgt die Maske dafür, dass die Elektronen nur an ganz bestimmten Stellen hindurchtreten und auf die zugeordneten Leuchtstoffstellen treffen können.

Flachbildschirme ❸

Der Trend bei den Bildschirmen geht zu flacheren und größeren Bildflächen, geringerem Stromverbrauch und breiterem Blickwinkel. Um die Bautiefe zu verringern, wurde die Flachbildröhre entwickelt, bei der die Kathode in der Größe des Leuchtschirms flach ausgebildet ist.

Der Flüssigkristallbildschirm (LCD-Bildschirm, engl. liquid crystal display) ist vor allem für tragbare Computer und Kleinstfernseher gedacht. Hier wird der Effekt ausgenutzt, dass flüssig-kristalline Substanzen, die sich genau zwischen den Aggregatzuständen flüssig und fest befinden, ihre optischen Eigenschaften ändern, wenn man an sie eine Spannung anlegt. In LCD-Anzeigen wird eine solche Substanz von zwei parallelen Glasplatten mit einem elektrisch leitenden Raster eingeschlossen, sodass sich jeder Bildpunkt einzeln ansteuern lässt. Bei angelegter Spannung entsteht so bei verschiedener Lichtdurchlässigkeit ein Bild.

Die flachen Plasmabildschirme arbeiten nach dem Prinzip der Leuchtstoffröhre (Abb. 3). An zwei parallel installierten Glasplatten sind in einem Gittermuster Elektroden angebracht, zwischen denen man eine Spannung anlegen kann. Der Raum zwischen den Scheiben ist mit einem Gas (z. B. Neon) gefüllt. Ist die Spannung hoch genug, fließt ein Strom zwischen zwei Elektroden, wodurch sich eine örtlich begrenzte Gasentladung ergibt. Dadurch beginnt das Gas zu leuchten und die einzelnen Bildpunkte entstehen. Plasmabildschirme sind immun gegen hohe magnetische Störfelder, extreme Temperaturen und mechanische Vibrationen. Sie lassen sich damit z. B. in der Flugsicherung oder in Baufahrzeugen einsetzen.

Alle Geräte mit Flachbildschirmen erreichen noch nicht die Bildqualität von Geräten mit herkömmlicher Bildröhrentechnik und sind um ein Vielfaches teurer.

❶ Schematische Darstellung einer Bildröhre

ⓐ Kathode
ⓑ Wehnelt-Zylinder
ⓒ Anode
ⓓ Röhrenhals
ⓔ Elektronenlinse
ⓕ Ablenkelektroden (Plattensystem)
ⓖ Röhrenkolben
ⓗ Elektronenstrahl
ⓘ Leuchtschirm

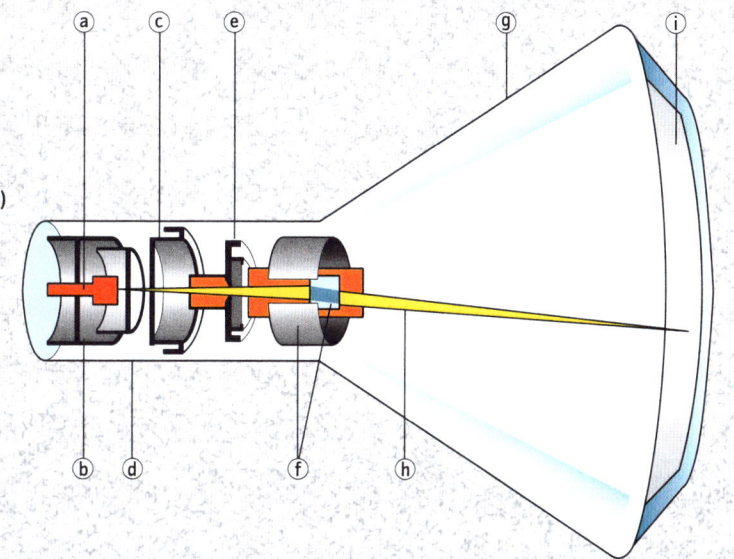

**❷ »Inline«-Schlitzmaskenröhre
(nicht maßstäblich)**

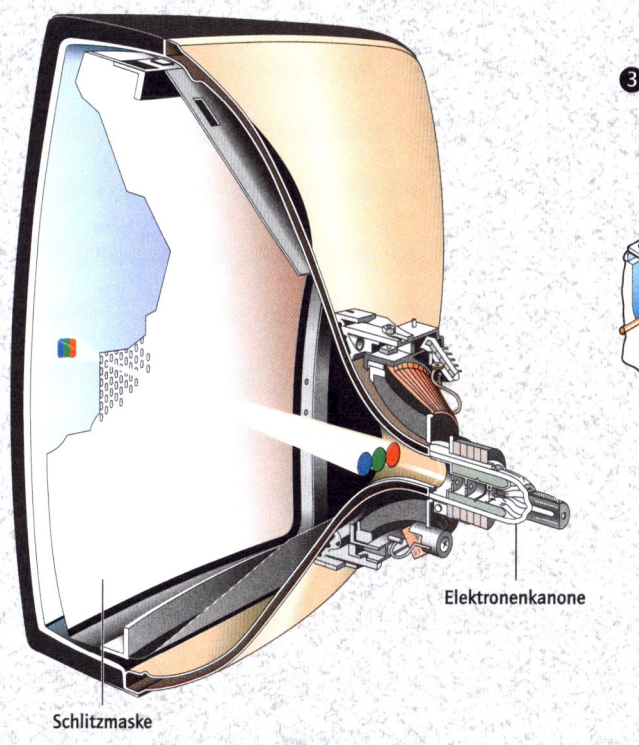

Elektronenkanone

Schlitzmaske

❸ Schnitt durch einen Plasmabildschirm

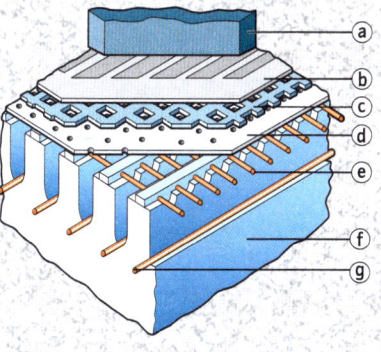

ⓐ Frontglasscheibe
ⓑ Isolator
ⓒ Glühisolator
ⓓ Lochplatte
ⓔ Kathodendrähte
ⓕ Glassockel
ⓖ Anodendrähte

Um den immer größer werdenden Anforderungen in der Fernsehtechnik gerecht zu werden, wurde das Konzept der digitalen Signalverarbeitung (→ Digitalisierung) in Fernsehempfängern entwickelt. Das von einer Videokamera (→) analog aufgenommene Bild wird von einem Encoder (Kodierer) in digitale Signale umgewandelt, mit mehreren anderen zu einem Multiplex zusammengefasst und dann über die Sendestation zum Satelliten gesendet (Abb. 1). Der nachgeschaltete digitale Empfänger (Decoder oder Set-Top-Box) dekodiert die Signale, sodass sie für ein normales Fernsehgerät darstellbar sind.

Digitale Signale sind weniger störungsanfällig gegen äußere Einflüsse als analoge Signale und man erreicht gleichzeitig eine wesentlich höhere Übertragungskapazität. Mit der Umsetzung der Bilder und Töne in digitale Signale können auf jedem Kanal mehrere Programme bei gleicher Qualität übertragen werden (Abb. 2). Dadurch ergibt sich jedoch ein größerer Datenstrom, als beim Digitalfernsehen über Satellit eigentlich übertragen werden kann. Die Daten müssen deshalb mithilfe aufwendiger mathematischer Kompressionsverfahren deutlich in ihrer Menge reduziert werden, wobei der Zuschauer weder optisch noch akustisch von diesem Datenverlust merken darf.

Verfahren zur Datenkompression

Die grundlegenden Datenkompressionsverfahren wurden von einer weltweit tätigen Normungsorganisation (MPEG-2, moving pictures expert group) entwickelt. Bei der Redundanzkompression werden durch effiziente Kodierung Daten eingespart, ohne dass Informationen verloren gehen. So wird z.B. statt zehn einzelner Nullen hintereinander die kodierte Information „10 × 0" übertragen. Durch die Irrelevanzkompression werden Informationen weggelassen, die sich auf die Wahrnehmung des Zuschauers nicht auswirken (z.B. nicht hörbare Anteile des Hörspektrums). Das Fernsehbild wird in kleine Kästchen von je 8 × 8 Bildpunkten eingeteilt und einer mathematischen Umformung unterzogen. Dadurch werden diejenigen Anteile weggelassen, deren Einfluss bei der Wahrnehmung nur gering ist. Bei aufeinander folgenden Bildern werden nur die Änderungen, nicht die kompletten Bildinhalte übertragen, was v.a. bei Sendungen mit wenig Bewegung, z.B. Fernsehdiskussionen, zweckmäßig ist. Zwischen diesen abgeleiteten (prädizierten) Bildern werden immer wieder einzelne Vollbilder übertragen. So erhält der Decoder nach dem Einschalten des betreffenden Senders hinreichend schnell eine Rechenbasis, um dann die folgenden prädizierten Bilder entschlüsseln zu können. Zusätzlich findet eine statistische Analyse statt, mit der häufiger auftretende Datenmuster durch kürzere Kodierungen dargestellt werden als seltenere Muster (Hoffmann-Codierung).

Das 16:9-Bildformat ❸

Durch die Digitalisierung wird auch das so genannte hochauflösende Fernsehen (HDTV, engl. high definition television) im 16:9-Bildformat möglich, das der menschlichen Sichtweite am besten angepasst ist (Abb. 3). Das HDTV baut seine Bilder mit 1125 oder 1250 Zeilen auf, ist also wesentlich schärfer als das herkömmliche Fernsehen mit nur 625 Bildzeilen. Eine Komprimierung der Signale ist auch hier notwendig, damit breitbandige HDTV-Signale auch in den bestehenden Fernsehkanälen übertragen werden können. Das normale 4:3-Fernsehbild im herkömmlichen PAL-System (→ Farbfernsehen) lässt sich nicht ohne weiteres auf das 16:9-Format umsetzen, da die Bildzeilen lediglich vergrößert werden, was allerdings zu einer schlechten Bildqualität führt. Das PALplus als Erweiterung zu PAL ist kompatibel zur noch vorhandenen analogen Fernsehwelt, kann problemlos über Kabel, Satellit und Antenne empfangen werden und erfüllt die wichtigen Parameter der 16:9-Bildformate. Es bietet eine höhere Auflösung der Bildwiedergabe und führt zu klaren und scharfen Bildern.

Nach der 16:9-Kameraaufnahme werden die Bilder zum PALplus-Encoder des Senders gebracht, der das 16:9-Bild in ein Breitwandbild mit schwarzen Balken oben und unten umwandelt. Gleichzeitig werden die Zusatzinformationen für eine bessere Bildqualität von PALplus in den unsichtbaren Zeilen (schwarze Balken) als so genannte „Helper" versteckt und ausgestrahlt. Aus dem komprimierten 16:9-Bild wird ein Breitwandbild in PALplus, das sich auf jedem normalen Fernseher anschauen lässt. Der PALplus-Decoder errechnet aus dem sichtbaren Bild wieder ein komprimiertes 16:9-Bild, das auf 16:9-Fernsehern mit Breitbildröhren formatfüllend angezeigt wird.

Zukunftsaussichten

Die Digitalisierung macht Programmanwendungen möglich, die weit über das eigentliche Fernsehen hinausgehen. Durch neue Spartenprogramme, aber auch interaktive Anwendungen, z.B. Einkaufen am Bildschirm, wandelt sich das Fernsehen vom reinen Anbieter zum aktiven Dienstleister. Längerfristig ist geplant, die Möglichkeiten des Fernsehens mit denen der vernetzten Computer zu verbinden.

❶ Datenübertragung beim Digitalfernsehen

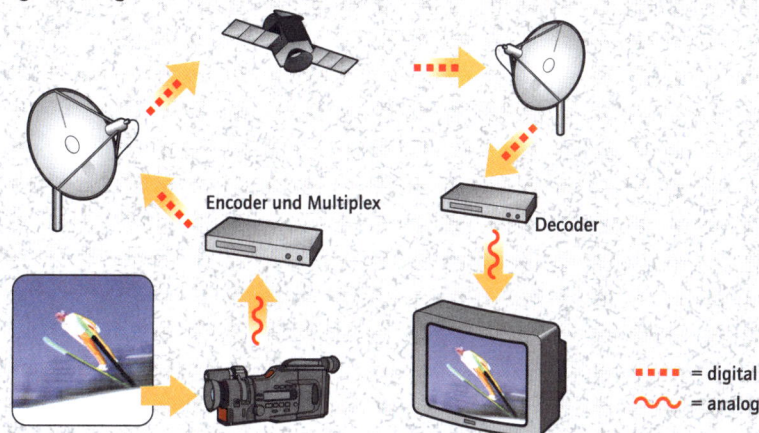

Encoder und Multiplex

Decoder

▪▪▪▪ = digital
〜 = analog

❷ »Bild im Bild« Fernsehen

❸ Übertragung vom Standard–Bildschirm (4:3) zum HDTV–Bildschirm (16:9) bei gleicher Detailauflösung

ⓐ Schematische Darstellung

ⓑ Bildvergleich

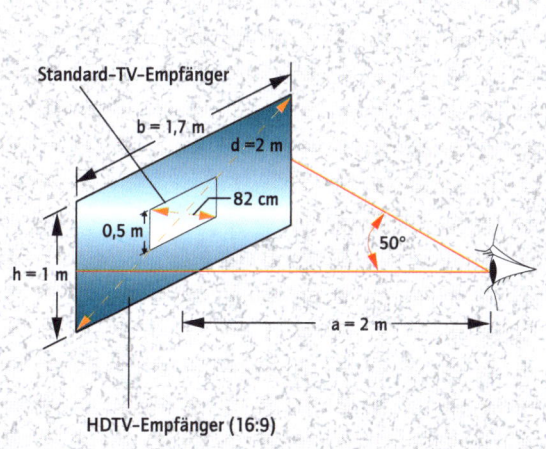

Standard-TV-Empfänger

b = 1,7 m

d = 2 m

82 cm

0,5 m

50°

h = 1 m

a = 2 m

HDTV-Empfänger (16:9)

Standard

HDTV

Die Übertragungstechnik ist ein Teilgebiet der Nachrichtentechnik, das sich mit der Übertragung von Informationen unter Ausnutzung der Ausbreitungseigenschaften elektromagnetischer Wellen befasst. Rundfunk und Fernsehen werden in einem Bereich von 10 KHz bis 3000 MHz, vor allem im Bereich von 30–300 MHz (Rundfunk: UKW [Ultrakurzwellen], Fernsehen: VHF [engl. very high frequency]), übertragen.

Signalübertragung über Land ❶

Ultrakurze Wellen breiten sich nahezu geradlinig aus. Sie können daher nur über kurze Entfernungen übertragen werden. In Deutschland sind dazu so genannte Fernsehbrücken in Betrieb. Sie bestehen aus auf Fernmeldetürmen angebrachten Relaisstationen (Zwischensender), die in Abständen von ca. 50 km Reichweite aufgestellt sind. In den Relaisstationen wird die Reichweite der Signale durch Verstärkung und Umsetzung auf eine andere Frequenz vergrößert. Die Fernmeldetürme (Abb. 1) sind mit Hohlspiegeln als Sende- und Empfangsantennen ausgestattet und geben das Sendesignal von Turm zu Turm weiter. Der in einer Sendeantenne fließende Hochfrequenzstrom erzeugt im umgebenden Raum ein periodisch sich änderndes magnetisches Feld und die Hochfrequenzspannung ein periodisch sich änderndes elektrisches Feld, wodurch eine sinusförmige Schwingung entsteht. Liegt die Länge der Antenne in der Größenordnung der Wellenlänge, so wird ein großer Teil der zugeführten Energie in Form elektromagnetischer Wellen in den Raum abgestrahlt. Das so entstandene elektromagnetische Feld erzeugt in einer Empfangsantenne eine hochfrequente Wechselspannung, wenn diese eine geeignete Ausdehnung in Richtung der elektrischen Feldlinien hat. Zur Überbrückung großer Entfernungen werden Nachrichtensatelliten eingesetzt, die als Relaisstationen zwischen Sende- und weiterverteilenden Empfangsstationen dienen.

Kabelfernsehen ❷

Beim Kabelfernsehen werden gleichzeitig viele breitbandige Rundfunk- und Fernsehkanäle über Koaxialkabel gesendet, wobei Qualitätseinbußen durch Witterungseinflüsse und Abschattungen (Berge, Häuser) entfallen. Koaxialkabel bestehen aus einem zylindrischen Innenleiter, der von einem verlustarmen Dielektrikum (ein spezieller Isolierstoff) umgeben ist und von einem rohrförmigen Außenleiter eingeschlossen wird. Die übertragenen elektromagnetischen Wellen werden im Dielektrikum geführt und durch den Außenleiter begrenzt.

Wegen des hohen Leistungsverbrauchs und der relativ hohen Anzahl an Verstärkern wird an vielen Verstärkerpunkten Strom eingespeist, wobei die Anzahl der hintereinander geschalteten Verstärker aufgrund von Rauschen und Verzerrungen des analogen Signals möglichst klein gehalten werden muss. Das Standard-Kabelfernsehsystem ist heute bis zu 300 MHz ausgelegt (Abb. 2). Die VHF-Fernsehkanäle und UKW-Rundfunkprogramme werden in ihren Originalfrequenzen übertragen, während der Hörfunk von Lang-, Mittel und Kurzwelle über eine Weiche hinzugefügt werden muss. Pilotsignale werden zur Überwachung und Regelung der Verstärker herangezogen und senden bei ihrem Ausfall (Defekt auf der Strecke) in der Rückrichtung ein Kennfrequenzsignal, das einen Alarm auslöst. Über Rückkanaldaten kann der Kabelteilnehmer interaktiv (in beide Richtungen) mit der Verstärkerstelle verkehren (z. B. beim Pay-TV).

Beim Glasfaserkabel (→ Lichtwellenleiter) kommen Leuchtdioden als Sender und Empfänger zum Einsatz. Diese Elemente eignen sich aufgrund ihrer Nichtlinearität in der Übertragungsfunktion nur schlecht für die direkte analoge Signalübertragung, sodass diese Technik hauptsächlich für digitale Übertragungen eingesetzt wird. Bei Glasfaserkabeln sind Übertragungsdistanzen bis zu 50 km ohne Verstärker überbrückbar, sodass eine größere Ausdehnung als beim Koaxialkabelnetz möglich ist.

Direktstrahlende Satelliten ❸

Direktstrahlende Satelliten (→ Satelliten) befinden sich auf einer geostationären (äquatorialen) Bahn um die Erde und empfangen dort Signale von der Bodenstation, die sie verstärkt auf ein bestimmtes Zielgebiet der Erde abstrahlen. Die Empfangsantenne (Parabolantenne; Abb. 3) muss genau auf den Satelliten gerichtet sein. Die einfallenden Primärstrahlen werden im Brennpunkt gebündelt und von dort an einen Satellitenreceiver weitergeleitet. Dieser befindet sich unmittelbar neben dem Fernsehgerät und verarbeitet das von der Antenne kommende Frequenzpaket, das er als Bild- und Tonsignal an den Fernseher weitergibt.

Digitalisierung im Kabel

Bei der zunehmenden Digitalisierung der Medien (→ Digitalfernsehen) nimmt die Möglichkeit des direkten Rückkanals an Bedeutung zu. Hier bietet das Kabel durch seine interaktive Anwendung gegenüber dem Satelliten, bei dem eine Kommunikation bisher nur übers Telefon erfolgen kann, einen entscheidenden Vorteil.

❶ Fernmeldeturm mit verschiedenen Richtantennen

❷ Frequenzplan des 300-MHz-Kabelfernsehsystems

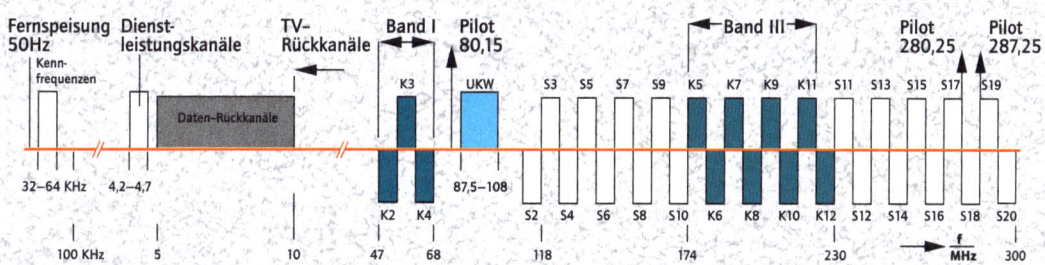

K = Standard-TV-Kanäle, S = Sonderkanäle

❸ Parabolantenne

ⓐ Satellitenschüsseln

ⓑ Strahlengang bei einer zentral gespeisten Parabolantenne

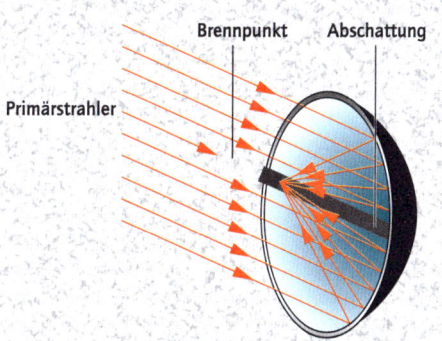

Videorekorder sind Geräte zur magnetischen Aufzeichnung und Wiedergabe von Bild- und Toninformationen. Sie arbeiten mit Magnetbandkassetten und ermöglichen es, Fernsehsendungen oder Filme beliebig oft aufzuzeichnen und abzuspielen.

Es gibt drei konkurrierende Aufnahmesysteme, die untereinander nicht austauschbar sind: Betamax, VHS (Video Home System) und Video 2000. Trotz seiner Mängel, vor allem im Ton, hat das VHS-System die beiden anderen vom Markt verdrängt. Alle Systeme arbeiten (bei unterschiedlichen Kassettenabmessungen) nach demselben Prinzip. Ein anderes Speichermedium für Bild und Ton ist die so genannte Bildplatte, bei der die Bild- und Toninformation wie bei der Compactdisc (→ CD-Player) mit einer Laseroptik abgetastet wird.

Prinzip der Videoaufzeichnung ❶ ❷

Die Speicherung von Fernsehsignalen ist aufgrund der höheren Frequenzen schwieriger als bei Tonsignalen und erfordert eine hohe Bandgeschwindigkeit. Man verwendet daher bei der Aufzeichnung von Videosignalen ein Schrägspurverfahren mit rotierenden Videoköpfen und für den Begleitton sowohl dieses als auch das herkömmliche Längsspurverfahren.

Das Magnetband enthält schräg liegende Spuren (Spurwinkel 6° gegenüber der Laufrichtung des Bandes, Spurbreite 49 μm) mit den Videosignalen (ein Halbbild pro Schrägspur) und schmale Randspuren mit Ton- sowie Synchron- und Kontrollsignalen. Es wird schräg an einem rotierenden Kopfrad vorbeigeführt (Abb. 1), auf dem zwei um 180° versetzte Videoköpfe sitzen, von denen immer nur einer in Bandkontakt ist. Bei der optimalen Bandgeschwindigkeit liegen die Spuren exakt nebeneinander. Um eine gegenseitige Einwirkung zweier in benachbarten Spuren gespeicherter Halbbildsignale zu vermeiden, stellt man den Spaltwinkel der Videoköpfe auf +6° bzw. -6° zur mittleren Spurlinie gegeneinander ein. Diese Schrägstellung der Kopfspalten gegeneinander nennt man Azimut. Die Tonköpfe, die sich vor den Videoköpfen im Bandzugriff befinden, haben einen Azimut von ± 30°. Für die Umschlingung des Kopfrades verwendet man Fädelmechanismen (U-Loading bzw. M-Loading beim VHS-System, Abb. 2), mit denen das Band aus der Kassette herausgezogen und um das Kopfrad herumgeführt wird. Das Videoband beschreibt dabei einen u- bzw. m-förmigen Weg im Bereich der Kopftrommel. Das M-Loading ist sehr kompakt und hat kurze Bandeinzugszeiten.

Bei einer Kopfradumdrehung wird ein Vollbild aufgezeichnet. Um die Spielzeit zu verdoppeln, kann der Videorekorder mit halber Bandgeschwindigkeit (Longplay) betrieben werden (mit zwei zusätzlichen Longplayköpfen).

In jeder Magnetbandeinstellung wird die abgelaufene Spielzeit von einem Mikroprozessor berechnet und angezeigt, ebenso die Gesamtspielzeit. Wird die Kassette aus dem Rekorder herausgenommen, so wird der frei liegende Bandteil automatisch durch eine Klappe verdeckt, um ihn vor Verschmutzung und Berührung zu schützen. So genannte „Drop-outs", Fehlstellen im Band, die zu einer Informationslücke führen, werden so vermieden.

Mittlerweile gibt es auch Videorekorder für das 16:9-Bildformat (→ Digitalfernsehen), die den entsprechenden Aufnahmemodus erkennen und die Videosignale für das PALplus-Fernsehen aufbereiten.

Aufnahme und Wiedergabe des Videosignals

Der Videorekorder muss das vom Fernsehen kommende Videosignal, die Toninformation und verschiedene Steuersignale verarbeiten. Eine direkte Aufzeichnung ist nicht möglich, weshalb das Videosignal in ein Helligkeits- und ein Farbartsignal getrennt wird. Bei allen Videosystemen setzt man dann das Helligkeitssignal vor der Aufzeichnung in ein frequenzmoduliertes Signal um. Jedem Helligkeitswert wird eine bestimmte Frequenz zugeordnet, die dann mit konstanter Amplitude aufgezeichnet wird. Das Farbartsignal wird vor der Aufzeichnung in eine tiefere Frequenzlage umgesetzt. Bei der Wiedergabe gelangt das komplette Signal von den Videoköpfen an den Kopfvorverstärker und wird abermals aufbereitet. Servoeinrichtungen („Hilfseinrichtungen"), bestehend aus mehreren Motoren, sorgen für sendersynchronen Band- und Kopflauf bei der Aufnahme sowie für optimale Abtastung der Spuren bei der Wiedergabe.

Aufnahmehilfen

1985 wurde das VPS (Video-Programm-System) genannte Programmierverfahren für Videorekorder mit eingebautem VPS-Dekoder eingeführt. Von den Fernsehanstalten wird dazu ein 12-stelliger Code (für Kanal, Programm, Datum und Anfangszeit) unhörbar neben Bild und Ton ausgestrahlt. Deckt sich die manuell in den Videorekorder programmierte Sendezeit eines Programmes (VPS-Zeit) mit der Sendezeit des ausgestrahlten VPS-Codes, so schaltet sich der Rekorder automatisch ein und bleibt aktiv, solange das VPS-Signal ausgestrahlt wird.

❶ Aufzeichnung im Schrägspurverfahren

ⓐ Auto-Video-Kopfrad (VHS)

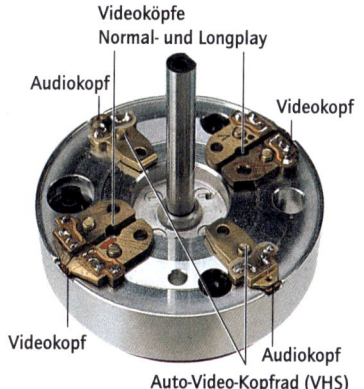

Videoköpfe
Normal- und Longplay
Audiokopf
Videokopf
Videokopf
Audiokopf
Auto-Video-Kopfrad (VHS)

ⓑ Audio- und Videoinformation in verschiedenen
Ebenen des Magnetbandes

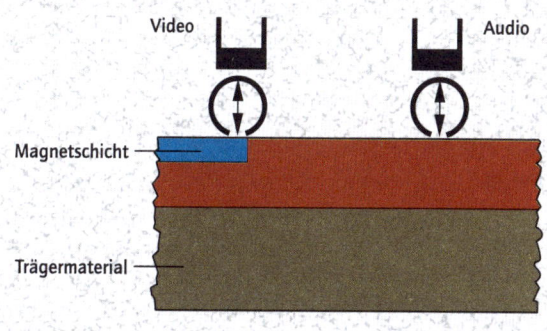

Video   Audio
Magnetschicht
Trägermaterial

ⓒ Spurbild, Spurbreite Video 47μm, Spurbreite Audio 34μm (VHS)

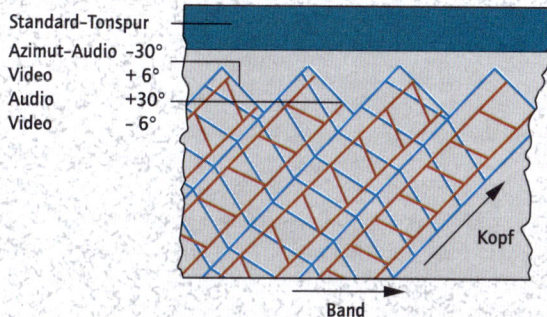

Standard-Tonspur
Azimut-Audio −30°
Video   + 6°
Audio   +30°
Video   − 6°
Kopf
Band

❷ Bandführung beim M-Loading

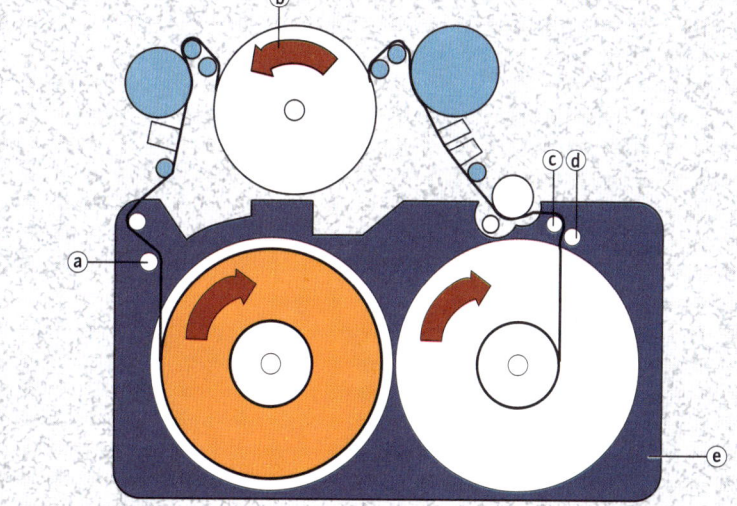

ⓐ Umlenkhülsen
ⓑ Kopftrommel
ⓒ Umlenkhülse
ⓓ Umlenkstift
ⓔ Videokassette

Die Videokamera (Abb. 1) ist eine elektronische Kamera zur magnetischen Aufzeichnung von Bild- und Toninformationen. Sie ist mit Objektiv, Sucher und Bildaufnahmeeinrichtung zur optoelektronischen Abtastung und Erzeugung der Bildsignale ausgerüstet. Die aufgenommenen Informationen werden auf einem Magnetband gespeichert oder direkt auf einem Fernsehgerät abgespielt.

Camcorder ❷

1984 setzten sich die Camcorder (Kamerarekorder), die Videokamera und -rekorder in einem Gerät vereinen, für den privaten Nutzer durch und verdrängten die klassische Videokamera. Aufgrund der zunehmenden Miniaturisierung der Bauteile, Akkus und Videokassetten wurden die Geräte immer kleiner und wiegen heute oft weniger als 1000 Gramm. Die leichten und handlichen Camcorder sind statt mit einer Bildaufnahmeröhre (→ Farbfernsehen) mit lichtempfindlichen Halbleitersensoren (CCDs, engl. charge coupled devices) ausgestattet. Bei den CCD-Sensoren handelt es sich um integrierte Schaltkreise zur Verarbeitung elektrischer und optischer Signale, bei denen die Informationen in Form von elektrischen Ladungen gespeichert und weitergeleitet werden. Neben den geringen Abmessungen bietet ein CCD-Sensor den Vorteil, dass er die bei Bildaufnahmeröhren notwendigen schweren Ablenk- und Fokussierspulen nicht benötigt. Dadurch kann nicht nur das Kameragewicht, sondern auch die Stromaufnahme gering gehalten werden, was insbesondere im Akkubetrieb sehr wichtig ist.

Abb. 2 zeigt den prinzipiellen Aufbau eines Camcorders aus Kamera- und Rekorderteil: Eine Miniaturbildröhre bildet den elektrischen Sucher (→ Kameras). Der CCD-Chip wandelt die Bildvorlage in ein Videosignal um, das verstärkt und der Aufnahmeelektronik des Rekorders (→ Videorekorder) zugeführt wird. Das Gleiche geschieht mit dem vom Mikrofon empfangenen Ton. Gleichzeitig bekommt die kleine Bildröhre im Sucher das Videosignal zugeführt, sodass eine direkte Bildkontrolle möglich ist. Bei der Wiedergabe dient das Sucherbild als Monitor, sodass unmittelbar nach der Aufnahme kontrolliert werden kann, ob die Videoaufzeichnung in Ordnung ist. Am Ausgang des Camcorders werden Bild- und Tonsignale über separate Buchsen (Anschlüsse) herausgeführt, an die man einen Fernseher für die Wiedergabe anschließen kann.

Bildschärfeneinstellung ❸

Neben der manuellen Schärfeeinstellung des Bildes gibt es die automatische Fokussierung (Nachführung der Bildschärfe) des Objektes (Autofokus). Hierfür wurden unterschiedliche Techniken entwickelt.

Das gängigste Verfahren nutzt das Visitronic-Prinzip (Abb. 3), bei dem mit einem fest stehenden und einem schwenkbaren Spiegel zwei Strahlen einer Vergleichselektronik zugeführt werden. Der Schwingspiegel bewegt sich dabei etwa zehnmal pro Sekunde. Aufgrund dieser Bewegung entsteht am Ausgang der Vergleichselektronik eine Spannung, die den Stellmotor steuert, der wiederum die Brennweite des Objektives verändert.

Systeme

Bei den Videosystemen für den Heimbereich werden Bandkassetten eingesetzt, die sich in der Breite ihrer Magnetbänder unterscheiden. Das Video-8-System ist durch ein nur 8 mm breites Magnetband gekennzeichnet, das besonders kleine Bandkassetten ermöglicht. Im Gegensatz zu den Oxidbändern der normalen Halbzollsysteme in Videorekordern ist das schmale Video-8-Band mit einer Metallbeschichtung versehen. Nur wenig größer ist die so genannte VHS-C-Kassette, die mithilfe eines Spezialadapters in jedem VHS-Rekorder (→ Videorekorder) abgespielt werden kann. Die Systeme sind nicht kompatibel (austauschbar). Das liegt daran, dass die Kassettenabmessungen, aber auch die speziellen Systemparameter und die sich daraus ergebenden Spurlagen unterschiedlich sind. Technisch erlauben Camcorder inzwischen ein Arbeiten bei minimaler Beleuchtung. Geräte der oberen Preisklasse sind mit Bildstabilisatoren, diversen Motivprogrammen (für eine optimale Beleuchtung) oder einem digitalen Zoom ausgerüstet.

Digitalvideo

Beim Digitalvideo wird die Bild- und Toninformation digital auf dem Videoband aufgezeichnet. Die Besonderheit des Bandes ist die auf ihm enthaltene metallbedampfte Doppelschicht. Alle Informationen werden hier durch die Zerlegung in die beiden binären Werte „0" und „1" verarbeitet. Die aus einer Kombination dieser Zahlenwerte zusammengesetzten Daten können dann als Rechenoperation schnell und eindeutig gespeichert werden. Werden die Informationen wieder in ihrer ursprünglichen Form als Bilder benötigt, so müssen sie entschlüsselt und in die analoge Form gebracht werden. Für die Aufzeichnung der Daten nutzt man das Schrägspurverfahren (→ Videorekorder). Dabei werden die Helligkeits- und Farbinformationssignale getrennt auf das Videoband geschrieben.

❶ Videokamera

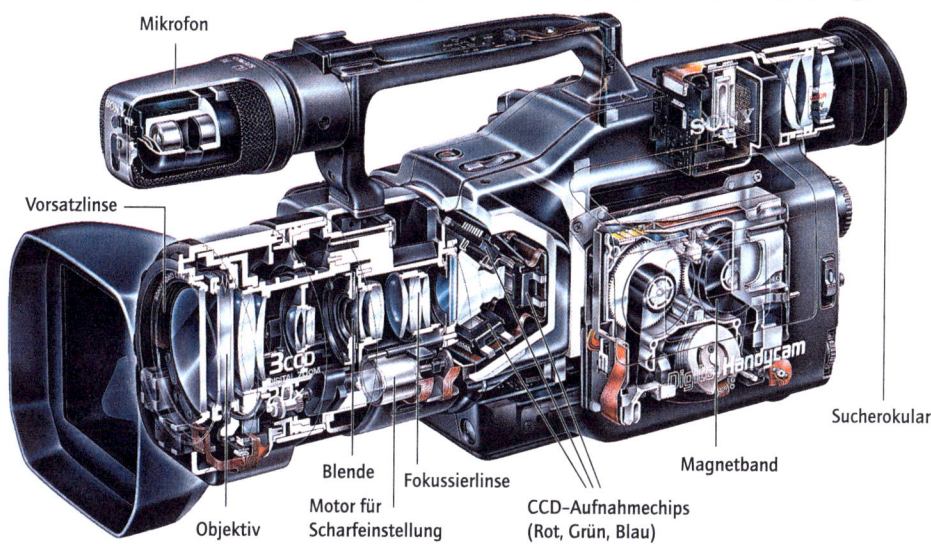

Mikrofon

Vorsatzlinse

Sucherokular

Blende

Fokussierlinse

Magnetband

Objektiv

Motor für
Scharfeinstellung

CCD-Aufnahmechips
(Rot, Grün, Blau)

❷ Prinzipaufbau eines Camcorders

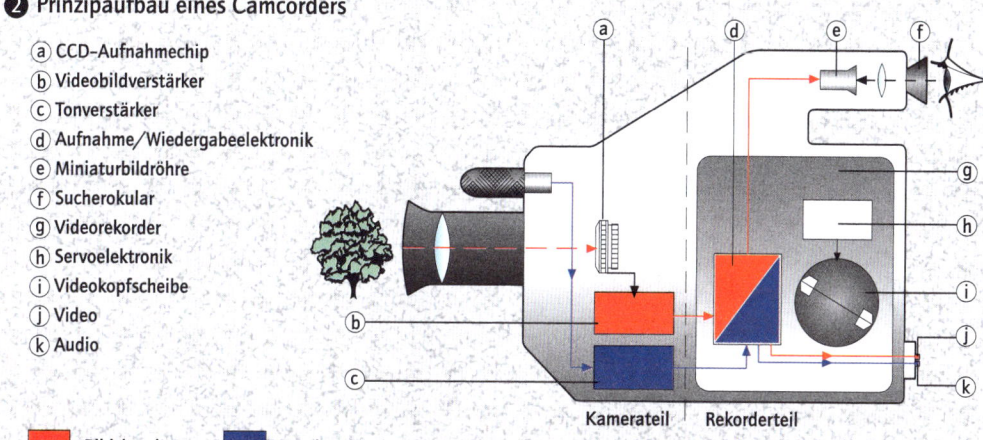

- (a) CCD-Aufnahmechip
- (b) Videobildverstärker
- (c) Tonverstärker
- (d) Aufnahme/Wiedergabeelektronik
- (e) Miniaturbildröhre
- (f) Sucherokular
- (g) Videorekorder
- (h) Servoelektronik
- (i) Videokopfscheibe
- (j) Video
- (k) Audio

Kamerateil   Rekorderteil

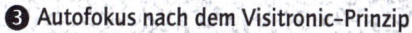

Bildsignalweg   Tonsignalweg

❸ Autofokus nach dem Visitronic-Prinzip

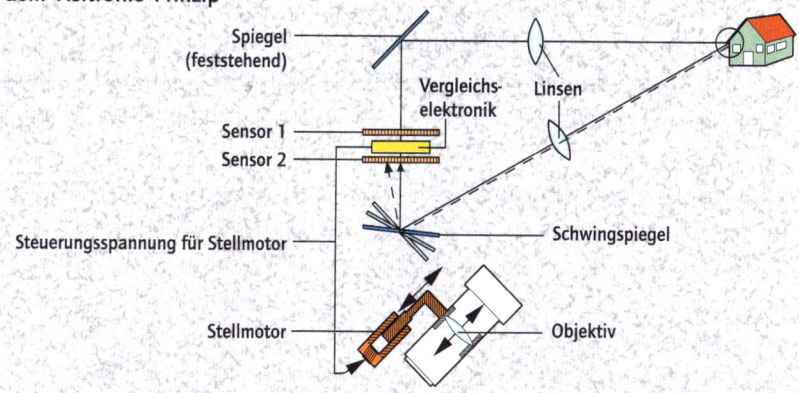

Spiegel
(feststehend)

Vergleichs-
elektronik

Linsen

Sensor 1

Sensor 2

Steuerungsspannung für Stellmotor

Schwingspiegel

Stellmotor

Objektiv

Die DVD (engl. digital versatile disc, von „versatile" = „vielseitig verwendbar"; auch oft Digital Video Disc genannt) ist ein Nachfolgemedium der herkömmlichen Compactdisc (→ CD-Player) und besitzt auch die gleichen Abmessungen. Gegenüber der CD besitzt die DVD allerdings ungefähr die siebenfache Speicherkapazität auf einer Informationsschicht. Für künftige Entwicklungen ist es sogar möglich, zwei Informationsschichten pro Discseite zu nutzen, sodass sich die Speicherkapazität noch einmal ungefähr vervierfachen lässt. Die DVD bietet somit genügend Platz für die Speicherung umfangreicher Multimedia-Anwendungen oder das hochauflösende Fernsehen (→ Digitalfernsehen).

Aufbau der DVD ❶ ❷

Die Audio- und Videoinformationen werden mit so genannten Pits und Lands (Abstand zwischen den Pits) spurförmig auf die DVD übertragen (Abb. 1). Beim Abspielen der Disc werden die Spuren von einem Laserstrahl abgetastet. Bei den Lands wird das Licht reflektiert, während es bei den Pits zu einer Streuung und teilweise zu einer Auslöschung durch Interferenz (Überlagerung) des Lichtes kommt. Sowohl Pits als auch Lands repräsentieren den logischen Wert „0", während der Wert „1" jeweils an den Übergängen zwischen Pit und Land erzeugt wird. Die reflektierten Laserstrahlen werden von Dioden in einer nachgeschalteten Ableseeinheit aufgefangen und in einer Fotodetektoreinheit zu einem digitalen Datenstrom umgewandelt. Diese Daten enthalten die Informationen aus der Pitspur und werden an eine Auswerteelektronik im jeweiligen Abspielgerät weitergegeben.

Die DVD besitzt die Maße einer herkömmlichen CD, besteht aber nicht mehr aus einer 1,2 mm dicken Scheibe, sondern aus zwei 0,6 mm dünnen Halbdiscs, die Rücken an Rücken miteinander verbunden sind (Zweischichttechnik; Abb. 2). Die zwei dicht übereinander liegenden Oberflächen, deren obere halbdurchsichtig ist, können wahlweise gelesen werden, wobei der Laserstrahl im Abspielgerät jeweils auf eine der beiden Schichten fokussiert (gebündelt) wird. Durch diese Technik ist die Informationsschicht der Disc nicht mehr wie bei der CD 1,2 mm von der Oberfläche entfernt, sondern nur noch die Hälfte. Dadurch ist eine feinere Fokussierung des Laserstrahls (durch Veränderung der Wellenlänge) und damit ein Auslesen dichter geschriebener Informationen möglich. Die Windungen der Pitspur können auf einer DVD somit sehr viel dichter zusammengelegt und die Pitlänge reduziert werden. Um die Kapazität auf einer DVD weiter zu erhöhen, werden bei der Aufnahme die Informationen nach den Richtlinien der MPEG, einer international tätigen Normungsorganisation, komprimiert (→ Digitalfernsehen). Zusätzlich wird die Fehlerkorrektur gegenüber der CD optimiert.

Aufteilung in Sektoren ❸

Die Pitspuren der DVD sind in Sektoren aufgeteilt, vor denen sich jeweils ein Header mit der Sektorenidentifikation und eine Fehlererkennung befinden (Abb. 3). In der Sektorenidentifikation befinden sich z.B. Angaben zur Trackingmethode, d.h., ob die Disc gepresste Pits hat oder beschrieben wurde, und in welchem Bereich der Disc sich der entsprechende Sektor befindet. Es folgen Informationen über die Art der Disc: welcher Spezifikation sie entspricht, ihre Größe, mit welcher Dichte gespeichert wurde (die Schreibdichte ist bei gepressten und beschriebenen Discs unterschiedlich), der Discaufbau und wo sich der Datenbereich befindet. Die eigentlichen Daten jedes Sektors werden in 12 Zeilen à 172 Byte angegeben. Jeder Zeile folgt ein Fehlerkorrekturcode, der so genannte Parity-Inner-Code (PI). Es sind immer 16 Sektoren hintereinander angeordnet, denen in weiteren 16 Zeilen der Parity-Outer-Code (PO, auch ein Fehlerkorrekturcode) folgt. Sowohl auf der CD als auch auf der DVD sollten die Daten aus Gründen der Datensicherheit physikalisch nicht sequenziell (fortlaufend) aufeinander folgen. Zusammengehörende Datenpakete werden nach einem ganz bestimmten Algorithmus über die Disc verteilt. Vor der Speicherung findet dann die MPEG-Kodierung der Daten statt. Bei einem DVD-Video wird zudem ein Kopierschutz auf die Nutzerdaten angewandt.

Weitere Entwicklungen

Bei der Entwicklung der DVD wurden zunächst fünf verschiedene Applikationen geplant: DVD-Video für lange Spielfilme mit digitalem Video nach MPEG-2-Standard, DVD-Audio, DVD-ROM, die einmal beschreibbare DVD-R und die wiederbeschreibbare DVD-RAM. Für die Zukunft ist daran gedacht, DVDs zu entwickeln, die gepresste und beschreibbare Ebenen miteinander kombinieren. So wäre es möglich, dass Daten, die keinerlei Veränderungen benötigen, gepresst werden, und aktuelle Informationen dazu auf die beschreibbaren Ebenen gebracht werden. Trotz der großen Vorteile der DVD wird sie bislang nicht in Serie gefertigt, da die Vertreiberfirmen sich nur auf das Format einigen konnten. Viele noch offenen Fragen konnten bisher nicht geklärt werden.

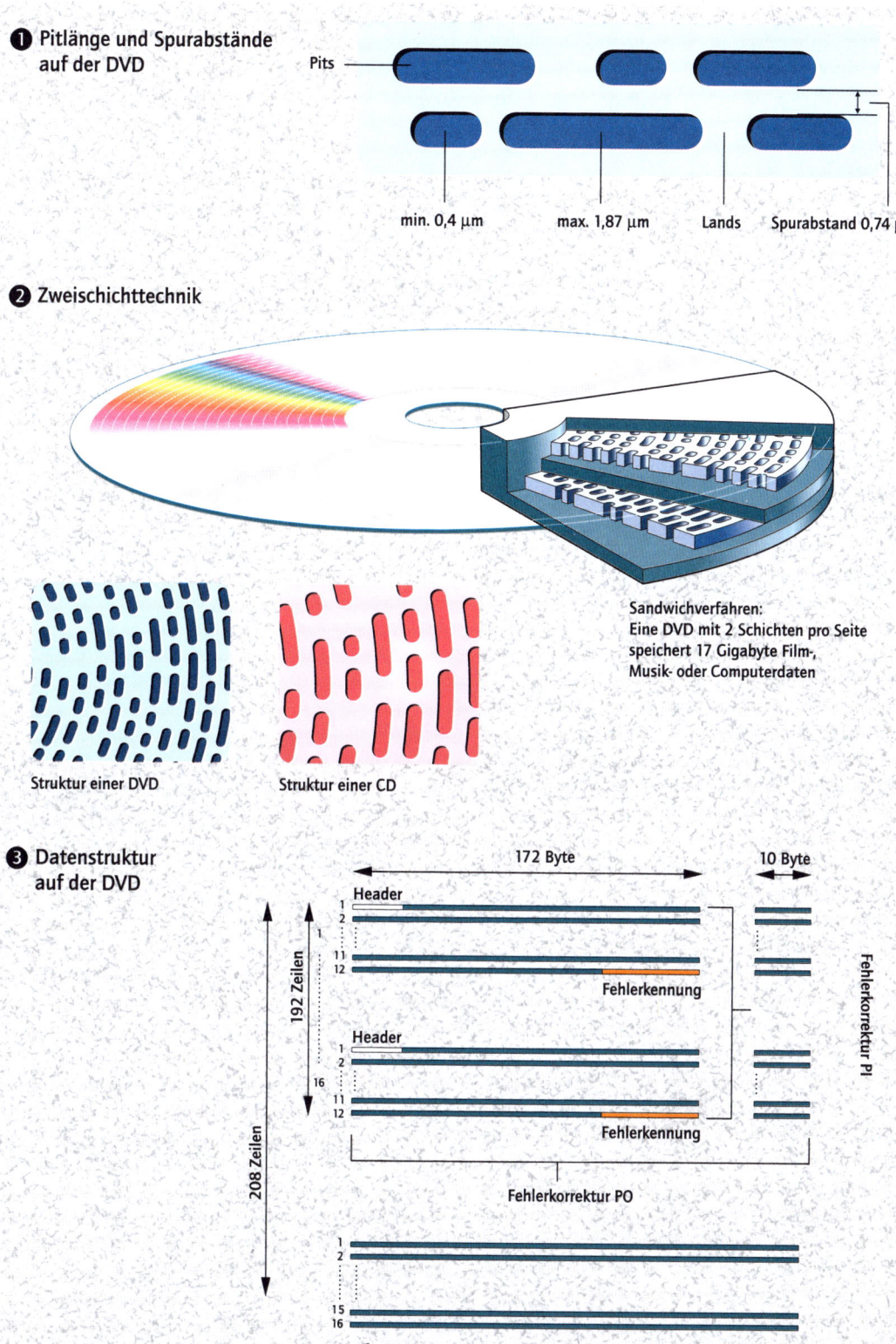

❶ Pitlänge und Spurabstände auf der DVD

Pits

min. 0,4 μm   max. 1,87 μm   Lands   Spurabstand 0,74 μm

❷ Zweischichttechnik

Sandwichverfahren:
Eine DVD mit 2 Schichten pro Seite
speichert 17 Gigabyte Film-,
Musik- oder Computerdaten

Struktur einer DVD

Struktur einer CD

❸ Datenstruktur auf der DVD

172 Byte   10 Byte

Header

192 Zeilen

1
2
1
11
12

Fehlerkennung

Header

16

1
2
11
12

Fehlerkennung

208 Zeilen

Fehlerkorrektur PI

Fehlerkorrektur PO

1
2
15
16

182 Byte

Das Radio dient der drahtlosen Verbreitung akustischer Signale durch elektromagnetische Wellen. Seit den 1950er-Jahren werden statt der vorher üblichen Elektronenröhren aktive elektronische Bauelemente (Transistoren) als Verstärker, Schalter oder Sensoren eingesetzt. Mit der Einführung der integrierten Schaltungen konnten die Empfänger wesentlich weiter verkleinert werden.

Tonsignalübertragung ❶

Von einer Sendeantenne werden modulierte (miteinander multiplizierte) elektromagnetische Hochfrequenzwellen (HF-Wellen) ausgestrahlt. Sie breiten sich mit Lichtgeschwindigkeit aus und erzeugen in der Empfangsantenne hochfrequente Wechselspannungen (→ Übertragungstechnik). Aus ihnen werden im Empfänger, nach einer Verstärkung, durch Demodulation (Rückwandlung des modulierten Signals) die dem Ton entsprechenden Schwingungen herausgenommen, verstärkt und von einem Lautsprecher (→) wiedergegeben.

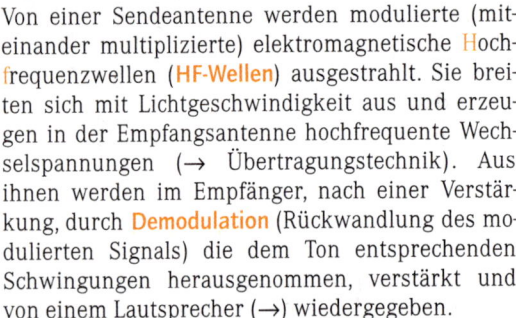

Rundfunksender arbeiten mit Langwellen (LW: 150–285 kHz), Mittelwellen (MW: 520–1606 kHz), Kurzwellen (KW: 3,95–26,1 MHz) oder Ultrakurzwellen (UKW: 87,5–108 MHz). Die Art der Ausbreitung sowie die Reichweite dieser vier Frequenzbereiche ist unterschiedlich. Lang- und Mittelwellensender strahlen eine Bodenwelle entlang der Erdoberfläche und eine Raumwelle ab. Die Bodenwelle reicht bis zu einigen Hundert Kilometern, die in der Ionosphäre (Teil der Atmosphäre) umgelenkte Raumwelle erlaubt weit größere Reichweiten (z. B. Fernempfang von Mittelwellen bei Nacht). Im Kurzwellenbereich wird nur mit Raumwellen gearbeitet. Ultrakurzwellen breiten sich geradlinig aus und erzielen deshalb nur verhältnismäßig geringe Reichweiten. Die meisten UKW-Sender werden aus diesem Grunde z. B. auf Bergen aufgestellt.

Während man bei UKW mit einer Frequenzmodulation (FM) arbeitet, durch die Ton- und Klangstörungen unterdrückt werden, wird bei den übrigen Wellenbereichen eine Amplitudenmodulation (AM) angewandt. Bei der AM wird die Amplitude der Hochfrequenzspannung im Rhythmus einer Niederfrequenzspannung geändert (Abb. 1a), bei der FM ändert man die Frequenz der (hochfrequenten) Trägerschwingung im Rhythmus der niederfrequenten Informationsspannung. Die Amplitude bleibt konstant (Abb. 1b).

Bestandteile des Empfängers ❷

Ein Radioempfänger soll die Signale des gewünschten Senders empfangen, das Eingangssignal demodulieren (gleichrichten) und verstärken. Der einfachste Empfänger besteht aus einem Schwingkreis zur Abstimmung auf den gewünschten Sender, einem Demodulator zur Rückgewinnung der Tonschwingungen aus dem Hochfrequenzband, einem Niederfrequenzverstärker und einem Lautsprecher (Abb. 2a). Ein Schwingkreis ist eine elektrische Schaltung aus Spule und Kondensator, die durch Wechselspannung oder Wechselstrom zu elektromagnetischen Schwingungen angeregt wird. Wegen des sehr geringen Abstands benachbarter Sendefrequenzen braucht der Empfänger eine hohe Trennschärfe, wodurch mehrere Schwingkreise erforderlich werden. Für die Lautsprecherwiedergabe ist eine Verstärkung mit Transistoren und integrierten Schaltungen notwendig.

Heute sind Radioempfänger als so genannte Überlagerungsempfänger (Superheterodynempfänger) ausgebildet. Sie wandeln die durch Abstimmung eines Schwingkreises grob ausgewählte Empfangsfrequenz mit einer im Empfänger erzeugten, einstellbaren Hilfsschwingung (Überlagerer- oder Oszillatorfrequenz) in der Mischstufe in eine andere Frequenz um (Abb. 2b). Diese so genannte Zwischenfrequenz (ZF) ist die Differenz zwischen der Oszillator- und der Empfangsfrequenz. Der Empfangs- und Oszillatorkreis (Erzeuger elektrischer Schwingungen) ist mit einem gemeinsamen Bedienknopf abstimmbar, während die Zwischenfrequenz unveränderlich bleibt. Für den UKW-Bereich wird ein eigener Empfangsteil (Mischstufe mit Oszillator, ZF-Teil und Demodulator) mit einem Frequenzdemodulator verwendet, da zur besseren Funkentstörung statt der auf dem Lang-, Mittel- und Kurzwellenbereich gebräuchlichen Amplitudenmodulation die Frequenzmodulation benutzt wird. Zu beiden Empfangsteilen gehört je ein Antennenanschluss, getrennt für den AM- bzw. FM-Bereich. Stereosendungen werden wegen der erforderlichen Bandbreite nur auf dem UKW-Bereich gesendet.

Bauformen ❸

Bedingt durch die Ausrüstung mit Transistoren und integrierten Schaltungen haben Radioempfänger heute viele verschiedene Bauformen. Sie reichen vom herkömmlichen Heimempfänger mit Mono-, Stereo- und Netzbetrieb bis zum Reiseradio mit Batteriebetrieb (Abb. 3). Ausstattungsmerkmale moderner Geräte sind ferner zusätzliche Einrichtungen wie elektronischer Sendersuchlauf, automatische Frequenzregelung, Stereoanzeige oder Fernbedienung.

❶ Modulation von elektromagnetischen Wellen

ⓐ Amplitudenmodulation　　　　　ⓑ Frequenzmodulation

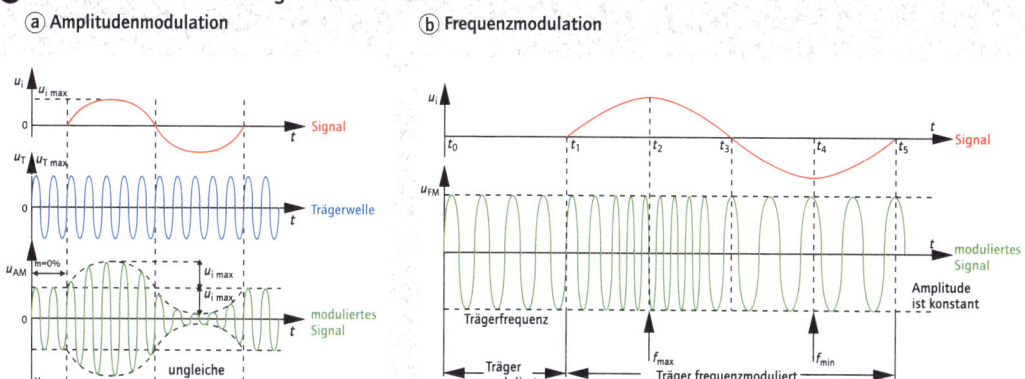

❷ Blockschema eines einfachen Empfängers und eines Überlagerungsempfängers

ⓐ Einfacher Empfänger

ⓑ Überlagerungsempfänger

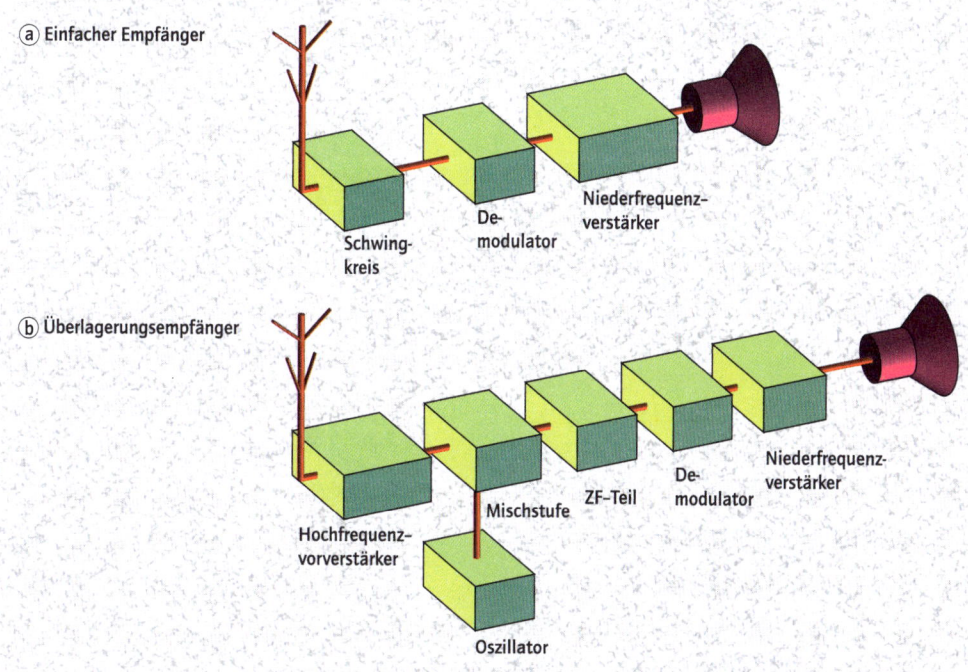

❸ Weltempfänger mit UKW-Stereo

Im Gegensatz zu den digitalen Hörfunksystemen DSR (engl. digital satellite radio) und ADR (Astra-Digital-Radio) ist das DAB (engl. digital audio broadcasting) bei der Übertragung nicht an Satelliten oder Kabel gebunden, sondern für den mobilen Einsatz (z. B. im PKW) mittels einer einfachen Stabantenne gedacht. DAB-Radioprogramme haben nur noch eine Frequenz, d. h., eine einmalige Einstellung des gewünschten Senders genügt, und das Programm ist im ganzen Empfangsgebiet ohne neue Suche zu hören. Derzeit (1998) werden in Deutschland verschiedene Pilotprojekte erprobt (Abb. 1), die regional begrenzt sind.

Digitale Übertragung im Hörfunk ❷

Seit 1989 werden über den Satelliten Kopernikus deutsche öffentlich-rechtliche und private Hörfunkprogramme in Mitteleuropa digital ausgestrahlt. Später kam ADR auf dem Satelliten Astra hinzu (Abb. 2). Die Programme können nur mit einer entsprechenden Satellitenantenne (Parabolantenne, → Übertragungstechnik) oder über das Kabelnetz (Breitbandkabel) empfangen werden und benötigen neben einem speziellen Hörfunkgerät einen so genannten Satellitenreceiver, eine Kombination aus einer Abstimmeinheit (Tuner) und einem Verstärker (→), zum Rundfunkempfang.

In Konkurrenz zu diesen beiden Satellitensystemen steht das DAB-Radio. Es wird terrestrisch, d. h. über Land, ausgestrahlt und benötigt als Antenne nur eine einfache Stabantenne, wodurch DAB den Empfang über mobile Radios zulässt. Ein spezielles Empfangsgerät und ein Receiver sind allerdings auch hier notwendig. Seit 1995 werden alle UKW-Programme terrestrisch digital verbreitet, und zwar zunächst parallel zur herkömmlichen analogen Übertragung. Nach einer Übergangzeit von geplanten 15 Jahren soll die UKW-Übertragung zugunsten von DAB ganz eingestellt werden. Dann werden alle DAB-Programme in ganz Europa auf ein und derselben Frequenz zu empfangen sein. Eine Sendestation leistet bei DAB die Digitalisierung der Tonsignale, die von Funktürmen aus über Radiofrequenzen verbreitet werden. Die Rückumwandlung des digitalen Codes erfolgt dann im Digital-analog-Wandler des Empfangsgerätes.

Die digitale Daten- bzw. Signalübertragung ist erst durch eine erhebliche Datenreduktion (Datenkomprimierung, → Digitalisierung) möglich, die ohne qualitative Einbußen erfolgen muss. Eine geringe Frequenzbreite wird z. B. erreicht, indem Frequenzen herausgefiltert werden, die das menschliche Gehör nicht wahrnehmen kann. Damit ist die Programmbreite etwa dreimal so groß wie die über UKW ausgestrahlte. Bei Ersatz des UKW-Hörfunks durch DAB wird eine zwei- bis dreifache Übertragungskapazität zur Verfügung stehen. Diese kann dann für weitere Programme oder Mehrkanalton genutzt werden.

Vorteile ❸

Gegenüber dem heutigen analogen Hörfunk bietet das digitale Radio einen wesentlich besseren Empfang mit der Tonqualität einer Compactdiskette (CD). Auch bei größerer Entfernung vom Sender und mobiler Nutzung bleibt die Empfangsqualität gleich. Durch die verdichtete Übertragung der digitalen Signale können außer dem Audiosignal noch weitere Informationen zur Kennung von Sprache, Musik oder Programmsparten übertragen werden. Je nach Programmierung schaltet sich das Empfangsgerät bei der entsprechenden Kennung auch ein oder aus. Es besteht zudem die Möglichkeit der Übertragung von Zusatzinformationen wie Verkehrsnachrichten, Umweltdaten oder Stadtplänen, die unabhängig vom jeweils gehörten Rundfunkprogramm übertragen werden.

Zum Empfang von DAB (und auch der anderen digitalen Hörfunksysteme) ist allerdings ein spezieller Empfänger und Receiver notwendig (Abb. 3). DAB-Geräte sind zusätzlich mit einem kleinen Bildschirm ausgestattet, auf dem die übermittelten Bilder dargestellt werden. Bislang können Anwender nur im Rahmen verschiedener Pilotprojekte DAB in Anspruch nehmen.

Weiterentwicklungen

Mittlerweile wurden für den Computermarkt auch Erweiterungskarten für den Hörfunkempfang im stationären Betrieb am PC entwickelt. Damit können nicht nur Radioprogramme, sondern auch DAB-Zeitungen, Softwareupdates oder komplette Datenbanken innerhalb von Sekunden über die Stabantenne empfangen werden, und ein zusätzliches Modem (→) und die teure Telefonverbindung entfallen.

1996 wurde über die Satelliten Astra und Eutelsat das universelle DVB (engl. digital video broadcasting) gestartet. Dieses weltweit verbreitete System umfasst neben dem digitalen Hörfunk auch das digitale Fernsehen (→ Digitalfernsehen) und gegebenenfalls weitere Datendienste. Seit Ende 1997 steht es auch auf Breitbandkabel zur Verfügung. Damit werden Radio- und Fernsehsignale in einem gemeinsamen Paket übertragen, und der Anwender benötigt nur noch einen Empfänger.

❶ Verbreitung von DAB in Deutschland
(Pilotprojekt; Stand 1998)

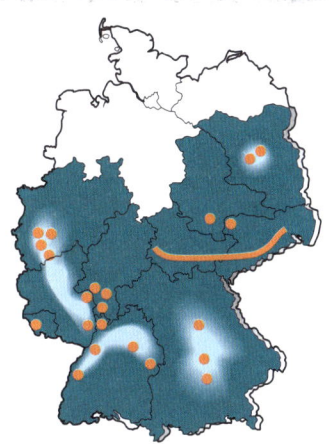

❷ Geostationäre Positionen verschiedener Satelliten für die Rundfunk- (Astra, Kopernikus)
und Fernsehübertragung (Astra, Eutelsat, Intelsat, Kopernikus) sowie zur Telekommunikation

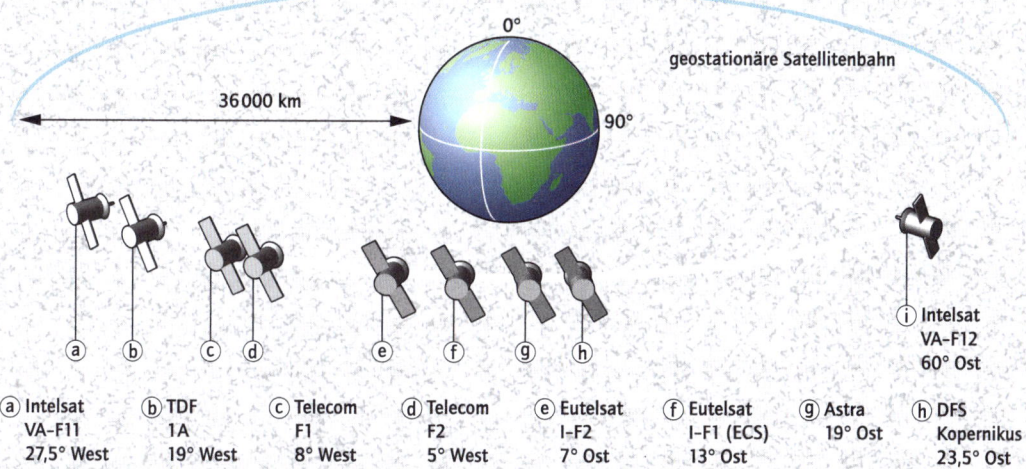

0°

geostationäre Satellitenbahn

36 000 km

90°

| ⓐ Intelsat VA-F11 27,5° West | ⓑ TDF 1A 19° West | ⓒ Telecom F1 8° West | ⓓ Telecom F2 5° West | ⓔ Eutelsat I-F2 7° Ost | ⓕ Eutelsat I-F1 (ECS) 13° Ost | ⓖ Astra 19° Ost | ⓗ DFS Kopernikus 23,5° Ost |

ⓘ Intelsat
VA-F12
60° Ost

❸ DAB-Empfänger mit Bildschirm

Auf dem Bildschirm können z. B. Wetter oder Straßenkarten dargestellt werden.

CD-Player sind Abspielgeräte für Compact-Discs (CDs), die in den 1970er-Jahren als digitale Speichermedien für Audiosignale entwickelt wurden.

Aufbau einer CD ❶

Auf einer CD können bis zu 99 Musikstücke mit einer Länge von bis zu etwa 80 Minuten und weitere Informationen wie z.B. ihre Spieldauer oder Anzahl in digitaler Form gespeichert werden. Die CD besteht aus Kunststoff, hat eine Dicke von 1,2 mm und einen Durchmesser von 12 cm (bei Single-CDs 8 cm). Als Träger der gespeicherten Informationen sind kleine Vertiefungen (Pits) auf einer spiralförmig verlaufenden Spur von innen nach außen auf der CD aufgebracht (Abb. 1). Im Binärcode stellen die Pits und die Flächen zwischen ihnen Lands logisch „0" dar, während die Übergänge Pit/Land bzw. Land/Pit logisch „1" sind.

Abtastsysteme ❷

Die CD wird berührungslos und verschleißfrei auf der verspiegelten Unterseite durch eine Laserlichtquelle abgetastet. Durch die Rotation der CD und den gleichzeitigen Vorschub der Abtasteinheit läuft der Laserstrahl über die gesamte Länge der Informationsspur von innen nach außen, wobei das Laserlicht an den Pits anders reflektiert wird als an den Lands. Wertet man das reflektierte Licht mit einer nachgeschalteten Fotodetektoreinheit aus, so werden die auf der CD gespeicherten Informationen in einen seriellen Datenstrom umgewandelt. Die Taktfrequenz des Signals ist von der Drehzahl der CD abhängig, sodass die Rotationsgeschwindigkeit der CD abhängig von der Position des Lasers bestimmt werden muss.

Im Abtastsystem (Abb. 2a) wird das in der Laserdiode erzeugte Laserlicht mithilfe der Kollimatorlinse fokussiert (gebündelt) und läuft anschließend durch das Polarisationsprisma, das den hinlaufenden vom reflektierten Laserstrahl, der um 90° abgelenkt wird, trennt. Diese Trennung wird durch phasendrehende Eigenschaften der $\lambda/4$-Platte unterstützt. Die Sammellinse fokussiert den Laserstrahl genau auf die Mitte eines Pits. Um eventuelle Rundlaufeigenschaften der CD oder Abweichungen in der Pitspur ausgleichen zu können, ist die Sammellinse auf ein dynamisches Stellglied, das 2-Achsen-Element, montiert. Die Auswertung des reflektierten Lichtes geschieht im Fotodetektor. Alle Abtastsysteme sind so konstruiert, dass die gesamte Funktionseinheit durch einen Mechanismus radial über die CD geführt werden kann. Bei den kompakten Gerätetypen findet man als Abtastsystem immer häufiger die so genannte FOP-Optik (Fflat Optical Pick-Up; Abb. 2 b), die wesentlich weniger empfindlich gegenüber Fehlern auf der CD (z.B. Staub, Kratzer) als andere Systeme ist. Dies kommt dadurch, dass ein halbdurchlässiges Spiegelprisma verwendet wird, das das reflektierte Licht ablenkt und durch eine zylindrische Linse dem Fotodetekor zuführt. Die abgelenkte Lichtmenge ist dabei unabhängig vom Einfallswinkel auf das Prisma.

Prinzipieller Aufbau eines CD-Players ❸

Die vom Abtastsystem gelieferte elektrische Information über die Pitstruktur auf der CD wird in den einzelnen Baugruppen des CD-Players so weiterverarbeitet, dass am Ausgang wieder die ursprünglichen analogen Audiosignale erscheinen. Im Wesentlichen kann man die Schaltung des CD-Players in vier Funktionsblöcke unterteilen: Abtastsystem mit Vorverstärker, Servoteil, digitale Signalverarbeitung und Ablaufsteuerung (Abb. 3).

Das Servoteil vereinigt verschiedene Hilfssteuerungen. Das Fokus- und das Trackingservo sorgen für eine genaue Abtastung der Pitspur auf der CD. So wird z.B. auch bei Höhenschlägen bis zu 1mm das Abtastsystem den Laserstrahl exakt auf die Informationsebene fokussieren. Das Schlittenservo führt das Abtastsystem radial über die CD und sorgt dafür, dass das System innerhalb etwa 1s in der Lage ist, ein beliebiges Musikstück auf der Platte anzusteuern. Das Discservo steuert die Drehzahl der CD so, dass sich eine lineare Abtastgeschwindigkeit ergibt. Durch die digitale Signalverarbeitung wird das vom Vorverstärker gelieferte Signal in die ursprüngliche binäre Form gebracht und im D/A-Wandler (Digital-analog-Wandler) anschließend in ein analoges Audiosignal umgewandelt. Die Ablaufsteuerung koordiniert schließlich die Zusammenarbeit aller Baugruppen untereinander und übernimmt die Auswertung der Bedienelemente.

CD-Player mit Text-Standard

Bei modernen CD-Playern können Informationen wie Interpret, Titel oder Komponist eines Musikstückes nach dem CD-Text-Standard im so genannten Subcode der CD, einem Platz für zusätzliche Daten, untergebracht und auf einem Textdisplay ausgegeben werden. Aus dem Inhaltsverzeichnis können die Buchstaben nach dem Laden der CD in einen Speicher eingelesen werden und stehen jederzeit zur Verfügung. So lassen sich z.B. der Albumtitel oder die Namen der Interpreten gezielt abrufen.

❶ Querschnitt durch eine Compact-Disc

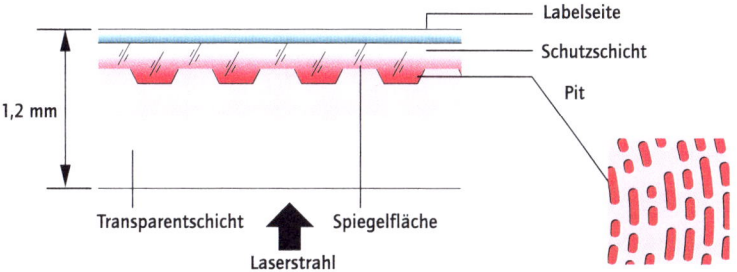

Labelseite
Schutzschicht
Pit

1,2 mm

Transparentschicht Spiegelfläche
Laserstrahl

❷ ⓐ Funktionsprinzip eines Abtastsystems

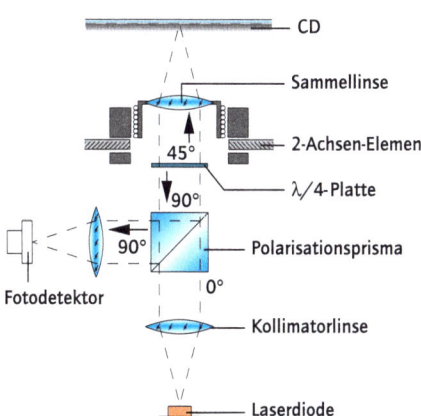

CD
Sammellinse
2-Achsen-Element
45°
λ/4-Platte
90°
90°
Polarisationsprisma
Fotodetektor
0°
Kollimatorlinse
Laserdiode

ⓑ Aufbau einer FOP-Optik (Flat Optical Pick-up)

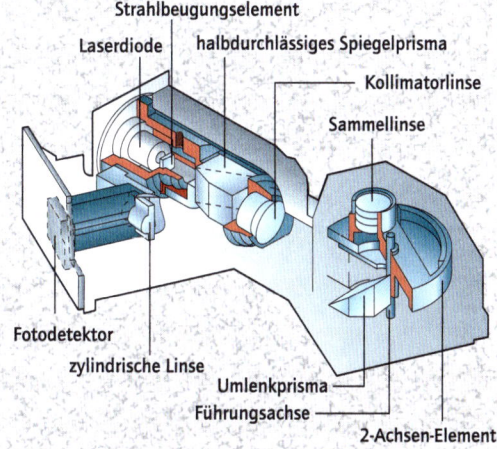

Strahlbeugungselement
Laserdiode halbdurchlässiges Spiegelprisma
Kollimatorlinse
Sammellinse
Fotodetektor
zylindrische Linse
Umlenkprisma
Führungsachse
2-Achsen-Element

❸ Prinzipschaltbild eines CD-Players

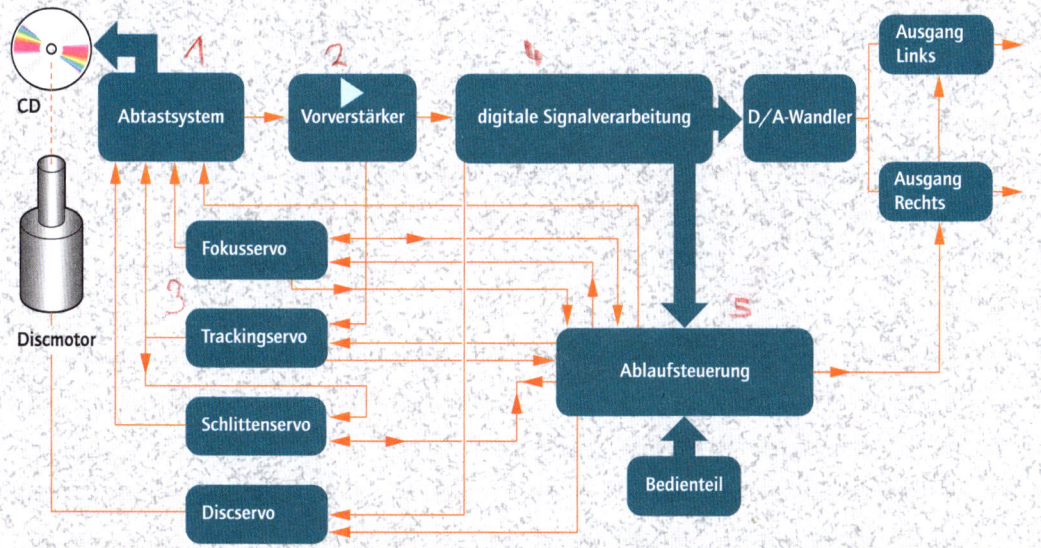

CD

Abtastsystem — Vorverstärker — digitale Signalverarbeitung — D/A-Wandler

Ausgang Links
Ausgang Rechts

Fokusservo
Trackingservo
Schlittenservo
Discservo

Discmotor

Ablaufsteuerung

Bedienteil

Als Verstärker bezeichnet man in mehreren Stufen zusammengefasste elektronische Schaltungen oder Geräte, die unter Verwendung von aktiven Bauelementen (→ Halbleiter), wie z.B. Transistoren, oder seltener (bei Spezialanwendungen) auch Elektronenröhren Spannungen, Ströme oder Leistungen verstärken, d.h. vergrößern. Aktive Bauelemente liefern bei Zuführung von Hilfsenergie und geringer Ansteuerleistung eine größere Ausgangsleistung.

Arten von Verstärkern

Die Verstärkung eines Signals geschieht oft in mehreren Stufen, z.B. Vor- und Endstufen, wobei man verschiedene Schaltungsarten unterscheidet: den Eintaktverstärker und den Gegentaktverstärker. Der Eintaktverstärker ist eine Schaltungsart zur Niederfrequenzleistungsverstärkung, bei der das gesamte Signal (positive und negative Halbwelle der Wechselspannung) von einem Verstärkerelement (z.B. dem Transistor) verarbeitet wird. Im Gegensatz dazu wird beim Gegentaktverstärker das zu verstärkende Wechselstromsignal in die positiven und negativen Halbwellen aufgeteilt, wobei jeder Halbwelle ein Transistor zur Verfügung steht. Die verstärkten Halbwellen werden anschließend wieder zu einem Signal zusammengefügt, das dann z.B. einem Lautsprecher zugeführt werden kann.

Bei Verstärkern ist eine Kopplung, d.h. die Übertragung von elektrischen Signalen von einem Stromkreis auf einen anderen, zwischen den einzelnen Stufen notwendig (Abb. 1). Die Kopplungen werden induktiv (mittels Spulen [Magnetfeld]), kapazitiv (mittels Kondensatoren [elektrisches Feld]), galvanisch (mittels ohmscher Widerstände [leitende Verbindungen]) oder optisch (z.B. mittels Optokoppler, der aus einem Lichtsender und -empfänger besteht) realisiert. Die induktive und kapazitive Kopplung lässt nur die Übertragung von Wechselspannungen zu, die galvanische Kopplung auch Gleichspannungen. Meistens sind die einzelnen Verstärkerstufen durch einen Koppelkondensator (also kapazitiv) miteinander verbunden. Bei Bandfiltern findet man sowohl induktive als auch kapazitive Kopplung. Als Rückkopplung bezeichnet man Schaltungen, bei denen die Ausgangsgröße (Strom oder Spannung) eines Vierpols (elektrisches Netzwerk mit je zwei Eingangs- und Ausgangsklemmen) auf den Eingang zurückgeführt wird. Eine solche Rückkopplung wird oft in elektronischen Schaltungen verwendet. Mit ihnen lassen sich z.B. Oszillatorschaltungen aufbauen oder die Eigenschaften von Verstärkern verbessern. Zur Verbesserung weiterer Eigenschaften kann auch nur ein Teil des Ausgangssignals durch Gegenkopplung (z.B. beim Operationsverstärker) oder Mitkopplung (bei schwingungserzeugenden Schaltungen) auf den Eingang zurückgelegt werden.

Komplexe mehrstufige Verstärker werden aus einer Vielzahl von Transistoren und anderen Bauelementen aufgebaut und als integrierte Schaltungen hergestellt. Bei größeren Leistungen muss für ausreichende Wärmeabfuhr, z.B. durch Kühlkörper auf dem Bauelement oder Chip, gesorgt werden.

Transistor und Operationsverstärker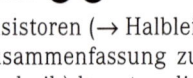

Durch die Einführung von Transistoren (→ Halbleiterbauelemente) und deren Zusammenfassung zu integrierten Schaltungen (IC-Technik) konnten die Verstärkerschaltungen und damit die elektronischen Geräte deutlich verkleinert werden (Abb. 2).

Ein Transistor ist ein aktives elektronisches Bauelement und besteht aus einem Halbleiterkristall (Silicium, aber auch Germanium oder Galliumarsenid). Durch eine spezielle Behandlung (Dotierung) entstehen Zonen unterschiedlicher elektrischer Leitfähigkeit. Der Stromfluss durch den Transistor kann von außen gesteuert werden, wodurch er nicht nur als Verstärker, sondern auch als Schalter oder Sensor in elektronischen Schaltungen dienen kann. Zur Verstärkung wird vielfach der bipolare Transistor verwendet (Abb. 3). Er ist aus drei aufeinander folgenden Schichten unterschiedlich leitender Zonen aufgebaut. Die äußeren Halbleiterbereiche werden Kollektor und Emitter, die mittlere, wesentlich dünnere Schicht Basis genannt. Die gebräuchlichste Schaltung ist der npn-Transistor. Mit ihm sind Stromverstärkungen von über 1:500 möglich.

Der Vorteil des Transistors liegt in seinem kompakten Aufbau, also kleinen Abmessungen und geringer Verlustwärme. Er hat heute die Elektronenröhre weitgehend, bis auf Gebiete mit sehr großen Leistungen und hohen Frequenzen (z.B. in der Mikrowellentechnik), verdrängt.

Einsatzgebiete des Verstärkers

Man kann Verstärker nach Lage und Weite des Frequenzbereiches der zu verstärkenden Signale unterscheiden: Tonfrequenz- und Zwischenfrequenzverstärker in Radioempfängern, Videoverstärker in Fernsehgeräten, Niederfrequenzverstärker für elektroakustische Anlagen, Schmalband- und Breitbandverstärker in der Fernmeldetechnik oder Senderverstärker zur Verstärkung hochfrequenter Sendeleistungen.

❶ Kopplung von Verstärkerstufen

ⓐ galvanische Kopplung

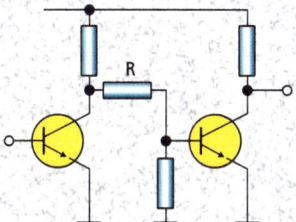

R

ⓑ kapazitive Kopplung

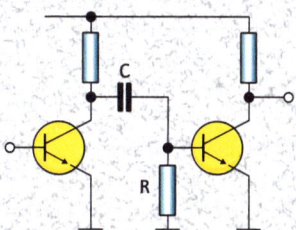

C

R

ⓒ induktive Kopplung

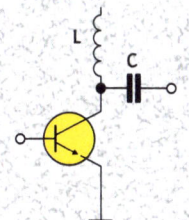

L

C

ⓓ Bandfilterkopplung

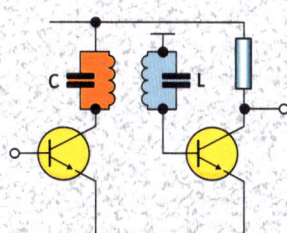

C   L

R = Widerstand, C = Kondensator, L = Spule

❷ Transistor

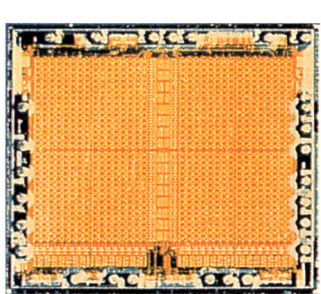

Die Miniaturisierung von Transistoren führte dazu, dass sie heute immer dichter auf Chips gepackt werden können.

❸ Bipolarer npn-Transistor in Planartechnik

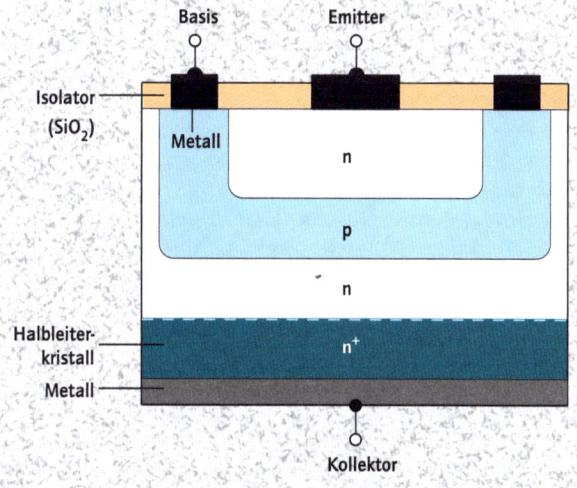

Basis   Emitter

Isolator (SiO$_2$)

Metall

n

p

n

Halbleiter-kristall

n$^+$

Metall

Kollektor

Tapedecks sind Kassettenrekorder ohne eigene Verstärkerendstufen und Lautsprecher. Sie dienen zum Abspielen und Aufnehmen von Audiosignalen (Musik, Texte u.a.) auf einem Magnetband.

Aufbau und Funktion der Laufwerksmechanik ❶

Das doppelseitig bespielbare Magnetband befindet sich in einer Kompaktkassette (CC für engl. compact cassette) von der Größe 10 × 6,3 cm. Beim Einlegen der Kassette in das Abspielgerät werden der Lösch- und der Tonkopf (Kombikopf) sowie die Gummiandruckrolle auf einem „Schlitten" an das Band herangeführt (Abb. 1). Die Transportachsen, die Tonwelle und die Kassettenführungsstifte werden senkrecht in die Kassette eingeführt.

Bei der Aufnahme bzw. Wiedergabe der Informationen muss das Band mit einer festgelegten Geschwindigkeit und präzise geführt an den Köpfen vorbeitransportiert werden. Damit die Bandgeschwindigkeit unabhängig vom Wickeldurchmesser der Bandspulen stets konstant bleibt, verwendet man für den Bandvorschub eine eigene Antriebswelle (Ton- oder Capstanwelle), an die das Band mit einer Gummiandruckrolle angedrückt wird. Hingegen soll im Umspulbetrieb das Band rasch auf- bzw. abgewickelt werden (schnelle Laufwerksfunktionen). Dabei dürfen die Köpfe das Band nicht berühren, um einen unnötigen Verschleiß des Magnetbandes zu verhindern.

Antriebe für das Bandlaufwerk ❷

Die exakte Geschwindigkeit des Bandes hängt maßgeblich vom Antrieb der Tonwelle ab, die das Band mithilfe der Druckrolle transportiert. Beim indirekten Antrieb (Abb. 2a) ist die Tonwelle starr mit einer vom Motor angetriebenen Schwungmasse verbunden (Riemenantrieb). Die verschiedenen Tonwellendrehzahlen werden durch eine Untersetzung (Drehzahlübertragung ins Langsame) erreicht. Die Drehzahl des Gleichstrommotors wird elektronisch stabilisiert. Das Trägheitsmoment der Schwungmasse sorgt für ausreichende Gleichlaufeigenschaften. Wegen der günstigen Kosten sind Kassettenlaufwerke in Autoradios oftmals mit einem indirekten Antrieb ausgestattet. Der direkte Antrieb (Abb. 2b) arbeitet mit einem elektronisch geregelten Tonwellenmotor. Die Tonwelle sitzt hier direkt auf der Motorachse, wodurch eine Untersetzung wegfällt. Der Motor gestattet eine relativ einfache Antriebstechnik, da alle Umschaltvorgänge wie Vorlauf, Rücklauf und Geschwindigkeiten des Magnetbandes elektronisch geregelt werden. Der Direktantrieb bietet einen guten Gleichlauf, ein hohes Drehmo-

ment und eine hohe Langzeitstabilität. Der Antrieb der Wickelteller erfolgt bei vielen Geräten auch über Riemen und Reibantriebe.

Bei aufwendigeren und teureren Geräten für den Heimbedarf werden separate Motoren mit Zahnradgetriebe für den Antrieb der Schwungmasse und des Wickeltellers verwendet. Ein dritter Motor sorgt als Servomotor für die elektronische Steuerung der Mechanikteile. Die vollelektronische Steuerung der Laufwerksfunktion und des Bandzuges erlaubt ein direktes Umschalten aller Lauffunktionen ohne Gefahr für das Bandmaterial (Verschleiß, Reißen o.a.). Da der Wickelteller vom Tonwellenantrieb getrennt ist, wird der Antrieb durch schwankende Reibungswerte der Kassette nicht beeinflusst, woraus sich bessere Gleichlaufwerte ergeben.

Digital Audio Tape (DAT) ❸

Um bei der Wiedergabe einer Magnetbandaufzeichnung die Qualität einer Compactdisc (→ CD-Player) zu erreichen, kam 1987 das DAT-System (engl. digital audio tape) auf den Markt, das Audiosignale digital auf Magnetband aufzeichnet. Aufgrund der Digitalisierung ist für die Signalaufzeichnung eine wesentlich höhere Bandgeschwindigkeit erforderlich als bei analogen Signalen. Der DAT-Rekorder (Abb. 3) greift darum auf die Technik des Videorekorders (→) zurück: das Schrägspurverfahren mit rotierender Kopftrommel. Das Magnetband enthält schräg liegende Spuren und zwei Randspuren, die für Sonderzwecke bespielt werden können. Es umschlingt die Kopftrommel, auf der sich zwei Magnetköpfe befinden, zu 90°. Es befindet sich immer nur ein Kopf in Bandkontakt. Aus der Umdrehungsgeschwindigkeit der Kopftrommel, die leicht schräg zum Band steht, und des Bandvorschubes (beide bewegen sich in derselben Richtung) ergibt sich eine genügend hohe Relativgeschwindigkeit zwischen Band und Kopf (3,133 m/s).

Das DAT-System bietet viele Vorteile: eine lange Spieldauer von 2 bis 3 Stunden bei kleineren Kassettenabmessungen als bei der herkömmlichen Kompaktkassette, schnelle Suchlauffunktion zum Auffinden und Überspringen einzelner Musiktitel, niedrige Betriebskosten durch geringen Bandverbrauch und zahlreiche Sonderfunktionen durch Anwendung eines aufwendigen Subcodes. Durch die unterschiedlichen Abmessungen und die völlig andersartige Funktionsweise sind Kompakt- und DAT-Kassetten nicht kompatibel (austauschbar) und können somit nicht im gleichen Gerät abgespielt werden.

❶ Bandtransport der Kompaktkassette

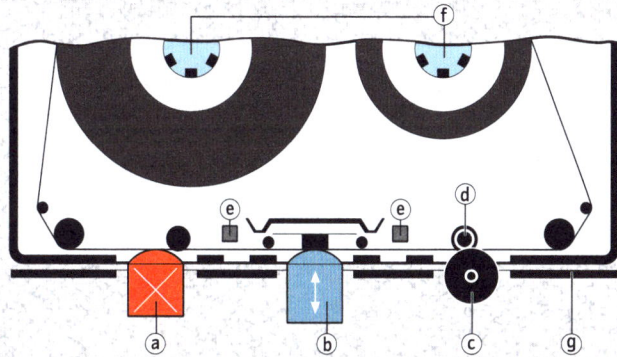

ⓐ Löschkopf
ⓑ Kombikopf
ⓒ Gummiandruckrolle
ⓓ Tonwelle
ⓔ Kassettenführungsstifte
ⓕ Transportachsen
ⓖ »Schlitten«

❷ Antriebswerk des Bandlaufwerks

ⓐ Indirekt angetriebenes Laufwerk   ⓑ Direkt angetriebenes Laufwerk

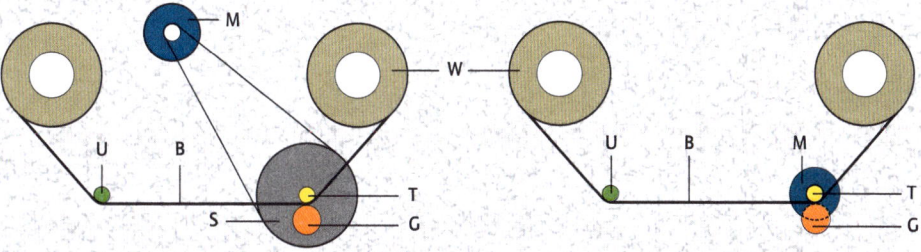

B = Tonband   U = Umlenkbolzen (Bandführung)
G = Andruckrolle   T = Tonwelle
M = Motor   W = Wickelteller
S = Schwungscheibe

❸ Digital Audio Tape

ⓐ Kassette
ⓑ Bandzugregelung
ⓒ Bandführung
ⓓ Kopftrommel 30 mm ⌀
ⓔ Rotationsrichtung der Kopftrommel
ⓕ Bandführung
ⓖ Tonwelle
ⓗ Andruckrolle
ⓘ Band

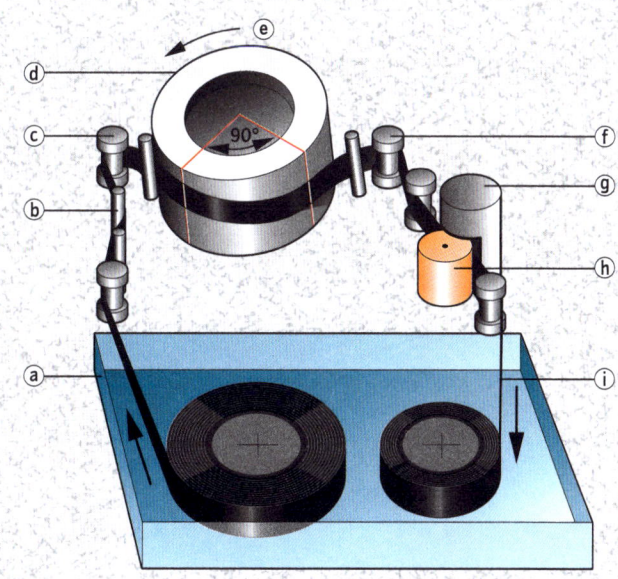

Zur Übertragung akustischer Signale sind elektroakustische Wandler erforderlich, die auf der Senderseite Schalldruckänderungen in elektrische Signale (Mikrofone) und empfängerseitig elektrische Schwingungen wieder in Schall wandeln (Lautsprecher). Mikrofone und Lautsprecher enthalten dazu als aktives Element eine Membran.

Aufbau eines Mikrofons ❶

Am häufigsten eingesetzt wird das so genannte Tauchspulmikrofon, ein elektrodynamisches Mikrofon, bei dem die Schalldruckänderung eine an der Membran befestigte Spule bewegt, die in den Luftspalt eines Permanentmagneten eintaucht (Abb. 1). In den Windungen der Spule werden tonfrequente Wechselspannungen induziert. Beim Kondensatormikrofon (elektrostatisches Mikrofon) wird die Kapazität eines Kondensators in Abhängigkeit der Schalldruckänderung in elektrische Spannungen umgewandelt. Im elektromagnetischen Mikrofon verändert sich der Luftspalt eines Magneten in Abhängigkeit der Schalldruckänderung. Durch die resultierende magnetische Flussdichteänderung wird eine Spannung in den Spulen induziert.

Kenngrößen ❷

Der Übertragungsfaktor T ergibt sich aus dem Verhältnis der abgegebenen Spannung zur einwirkenden Schalldruckänderung. Er wird bei Normfrequenz (1 kHz) im reflexionsfreien Raum bei Leerlauf des Mikrofons gemessen und sollte möglichst groß sein. Die obere und untere Grenzfrequenz wird durch Messen des Übertragungsmaßes bei unterschiedlichen Frequenzen und gleicher Schalldruckänderung ermittelt.

Die Richtcharakteristik eines Mikrofons, d. h. von welchen Seiten es Schall aufnehmen kann, hängt von seiner Konstruktion ab. Ist der Raum hinter der Membran geschlossen, kann der Schalldruck nur von vorne auf die Membran einwirken, und die Schallwellen können bei entsprechender Membrananordnung aus allen Richtungen gleich gut empfangen werden. Befindet sich die Membran offen im Mikrofongehäuse, so dringen die Schallwellen von vorne und von hinten ein (offenes System). Durch die Kombination von offenem und geschlossenem System ergeben sich so genannte Richtmikrofone (Abb. 2), die ihre besondere Bedeutung in der stereophonen Aufnahmetechnik haben.

Lautsprecher ❸

Für Hifi-Anlagen werden fast nur elektrodynamische Lautsprecher eingesetzt, deren Wandelprinzip dem eines dynamischen Mikrofons entgegengesetzt ist. Das Magnetfeld wird durch einen ringförmig ausgebildeten Permanentmagneten erzeugt, in dessen Luftspalt eine Schwingspule eintaucht (Abb. 3). Fließt durch sie ein tonfrequenter Wechselstrom, so ergeben sich um die Leiter der Spule magnetische Felder. Die Spule wird von Kräften, die zwischen diesen magnetischen Feldern und dem Feld des Dauermagneten auftreten, in Bewegung gesetzt. Sie ist mit einer Membran verbunden, die die Schalldruckänderungen erzeugt.

Lautsprecherboxen ❹

Die Übertragung tiefer Frequenzen ist umso besser, je größer die Membran des Lautsprechers ist; für hohe Frequenzen ist aber ein kleiner Membrandurchmesser erforderlich. Zur Abdeckung des gesamten Frequenzspektrums sind also mehrere Membranen nötig. Für eine naturgetreue Musikwiedergabe benutzt man Kombinationen aus Tief-, Mittel- und Hochtönern. Frequenzweichen (Filter) sorgen für die Aufteilung des gesamten Tonfrequenzbereiches und die entsprechende Ansteuerung der Einzellautsprecher (Chassis). Für Hochtonlautsprecher setzt man häufig Kalottenmembranen ein (Kalottenlautsprecher), die wegen ihrer halbkugeligen Oberfläche den Schall in einem weiteren Winkel als die Konusmembranen abstrahlen. Um akustische Kurzschlüsse zu vermeiden, werden die Lautsprecher in eine geschlossene Box eingebaut (Abb. 4). Dämmwatte im Gehäuse dient dazu, eventuell auftretende Resonanzen im Inneren abzuschwächen. Eine Bassreflexöffnung verbessert die Abstrahlung der tiefen Töne bei kleineren Gehäuseabmessungen. In Aktivboxen sind Lautsprecherchassis und Frequenzweichen mit zwischengeschalteten Leistungsverstärkern, einer für jeden Frequenzbereich, eingebaut.

Alle Lautsprechermembranen neigen aufgrund ihrer Masse zur Trägheit, sodass sie auf Impulse verzögert reagieren. Bei einer geregelten Aktivbox werden die Bewegungen der Membran mit dem Ausgangssignal verglichen und korrigiert (Rückkopplung). Dabei wird die Ausgangsgröße durch Messwertwandler in einen elektrischen Wert umgewandelt. Neue Entwicklungen, so genannte Soundprozessoren, setzen anstelle der Frequenzweiche einen Analogrechner ein, bei dem schon alle Eigenschaften des Lautsprechergehäuses und -chassis einprogrammiert sind. So bieten sie z. B. mit fest programmierten Akustiksimulatoren die Möglichkeit, eine Konzertatmosphäre im Wohnraum herzustellen.

❶ Tauchspulmikrofon

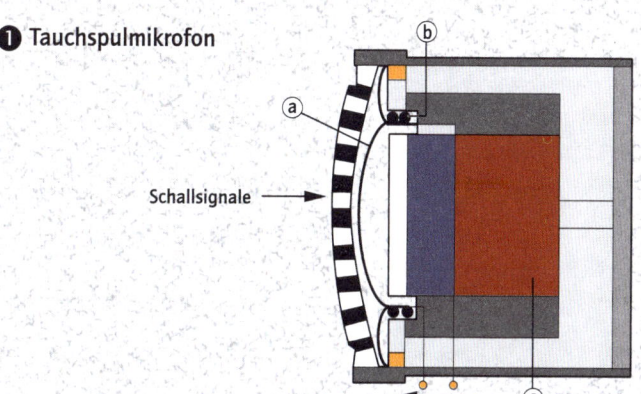

Schallsignale →

ⓐ Membran
ⓑ Schwingspule
ⓒ Magnet

u_{NF}

❷ Charakteristiken von Richtmikrofonen

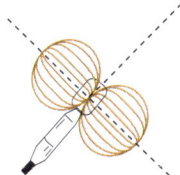

Kugel:
Schallaufnahme
aus allen Richtungen

Acht:
Schallaufnahmen
nach zwei Seiten
gleich empfindlich

Niere:
keine Schallaufnahme
von hinten

Keule:
sehr enge
Schallbündelung

Superniere:
keine Schallaufnahme
von hinten

❸ Aufbau eines dynamischen Lautsprechers

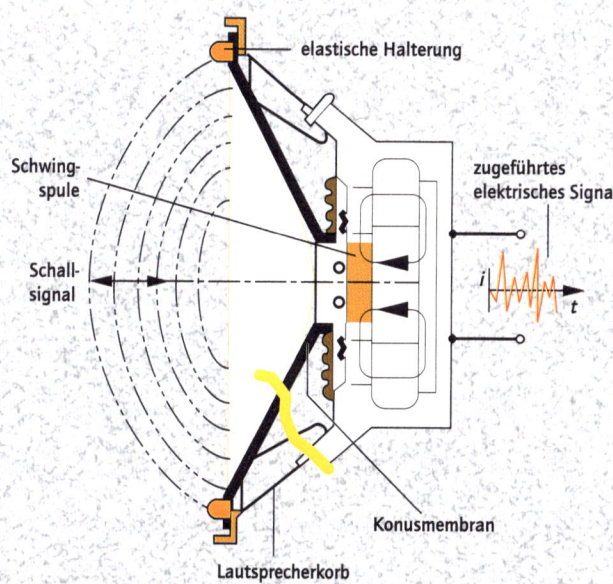

elastische Halterung

Schwing-
spule

Schall-
signal

zugeführtes
elektrisches Signal

i

t

Konusmembran

Lautsprecherkorb

❹ Lautsprecher

Kalottenlautsprecher mit Diffusor
für breite Schallstreuung

Bassreflexöffnung

Zweiweg-
frequenzweiche

Tieftonlautsprecher

Anschluss an
Leistungsverstärker

Mit der Fotografie entstand eine Technik zur schnellen und scheinbar wirklichkeitsgetreuen Abbildung der Umwelt. Neben die seit über 150 Jahren betriebene konventionelle chemische Fotografie, bei der chemische Prozesse zur Erzeugung, Speicherung und Darstellung von Bildern dienen, ist die noch am Anfang ihrer Entwicklung stehende elektronische Fotografie (→ digitale Fotografie) getreten. Diese verwendet Geräte der Computertechnik zur Bildspeicherung und Bilddarstellung.

Das fotografische Verfahren nutzt die Tatsache aus, dass alle durch Licht angestrahlten Gegenstände das Licht entsprechend ihrer Form und Farbe zurückstrahlen. Dieses reflektierte Licht kann durch optische Linsen gesammelt und zu einem Bild projiziert werden, das Form und Farbe der Gegenstände wiedergibt. Grundlage des fotografischen Verfahrens ist, dass die auf die Bildebene auftreffenden Lichtstrahlen Energie enthalten, die chemische und physikalische Prozesse auslösen können.

Bildaufnahme ❶

Sowohl bei der chemischen wie auch bei der elektronischen Fotografie steht am Anfang die Bildaufnahme durch eine Fotokamera (→). Ein bestimmter Ausschnitt der Umwelt wird während der Aufnahme für einen kurzen Augenblick in der Kamera auf einem lichtempfindlichen Medium abgebildet (Abb. 1). Bei der chemischen Fotografie ist dies der Film, der durch Lichteinwirkung chemisch verändert wird und so das Bild speichert. Bei der elektronischen Fotografie wird durch einen Halbleitersensor die Licht- und Farbintensität der Abbildung Punkt für Punkt gemessen und in elektrische Signale gewandelt. Während bei der chemischen Fotografie der Film gleichzeitig Bildsensor und Bildspeicher ist, müssen bei der elektronischen Fotografie die vom Sensor erzeugten Bildsignale sofort ausgelesen und in einem separaten elektronischen Speicher abgelegt werden.

Beim chemischen Verfahren registriert eine lichtempfindliche Schicht (beim Schwarzweißfilm ist es Bromsilbergelatine) die Helligkeitsunterschiede des optischen Bildes, und es entsteht ein unsichtbares, entwickelbares Bild, das latente Bild. Die elektronische Fotografie ermöglicht dagegen eine Bildbetrachtung an einem Monitor unmittelbar nach der Aufnahme.

Filmentwicklung und Bildvergrößerung ❷ ❸

Bei der chemischen Fotografie werden durch die Filmentwicklung die aufgenommenen latenten Bilder in sichtbare Bilder auf dem Film umgewandelt und dauerhaft fixiert. Dieser Entwicklungsprozess findet normalerweise erst einige Zeit nach der Aufnahme in einem Fotolabor statt.

Die Entwicklung des Films erfolgt bei Dunkelheit in einem Flüssigkeitsbad mit dem Entwickler. Dabei ist die Zeitdauer des Prozesses genau festgelegt. Nach der Entwicklung wird der Film in einem Salzbad fixiert.

Beim Schwarzweißfilm setzt der Entwickler die vom Licht eingeleitete Spaltung des Bromsilbers in Silber und Brom fort, und das entstandene Negativ enthält die Helligkeitsunterschiede des Aufnahmeobjekts als silbergraue Schwärzungsunterschiede. Helle Motive führen zu dunklen Stellen auf dem Film, wogegen dunkle Motive hell abgebildet werden. Ähnliches gilt für den Farbnegativfilm, der aus drei übereinander liegenden Schichten besteht, die jeweils für eine Farbe sensibilisiert sind. Jede Schicht wertet die Lichtenergie der jeweiligen Farbe bei der Aufnahme aus. Dabei wird aber nicht die Originalfarbe auf dem Film wiedergegeben, sondern die genau entgegengesetzte Farbe (Komplementärfarbe): Ein blaues Objekt wird von der blauempfindlichen Schicht in gelber Farbe dargestellt, entsprechend erzeugt ein grünes Objekt ein purpurrotes Bild auf dem Film, wogegen ein rotes Objekt blaugrün (cyan) erscheint (Abb. 2). Während die drei Objektfarben Blau, Grün und Rot jeweils nur eine Filmschicht beeinflussen, wirken alle anderen Objektfarben auf mindestens zwei Filmschichten ein und erscheinen dann als farbverkehrte Mischfarben.

Um vom Negativfilm natürlich aussehende Bilder zu gewinnen, ist ein weiterer Entwicklungsschritt erforderlich, die Positiventwicklung oder Vergrößerung. Dazu werden in einer Dunkelkammer mit einem Projektionsapparat die farbverkehrten Bilder des Films auf lichtempfindlichem Papier vergrößert abgebildet. Dabei entsteht wieder eine Umkehrung der Schwarzweißtöne bzw. der Farben (Abb. 3), sodass letztendlich durch doppelte Umkehrung Papierbilder mit natürlichem Bildeindruck entstehen. Da sich der Negativfilm bei der Positiventwicklung nicht verändert, können beliebig viele Papierbilder in unterschiedlicher Größe von einem Negativ hergestellt werden.

Zur Erzeugung von Diapositiven wird der Film selbst in zwei Schritten entwickelt, sodass nach doppelter Farbumkehr zum Schluss farbrichtige Bilder auf dem Aufnahmefilm entstehen. Diese einmaligen Originalbilder können ausgeschnitten, gerahmt und z. B. mit einem Diaprojektor vergrößert vorgeführt werden.

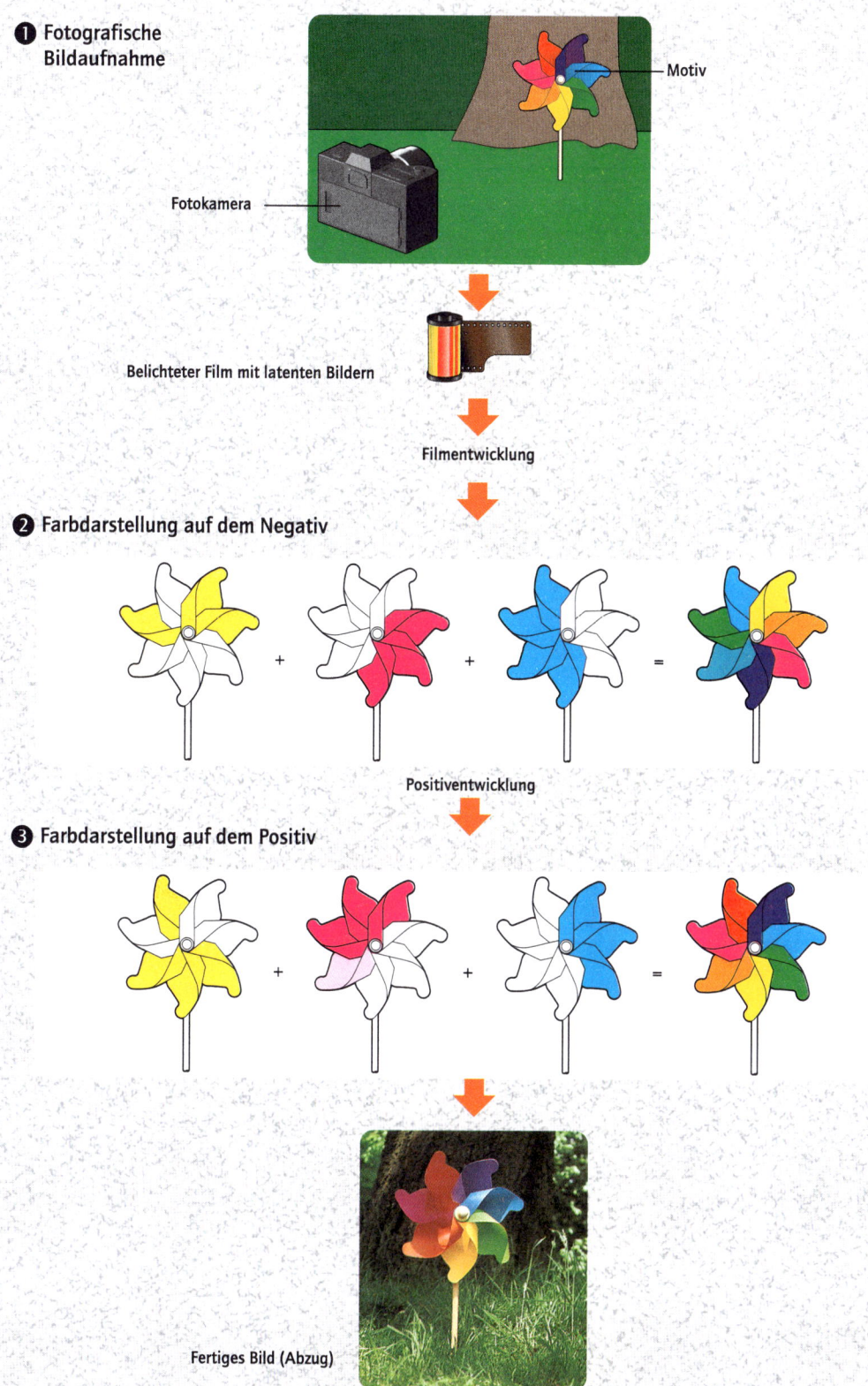

❶ Fotografische
Bildaufnahme

Motiv

Fotokamera

Belichteter Film mit latenten Bildern

Filmentwicklung

❷ Farbdarstellung auf dem Negativ

Positiventwicklung

❸ Farbdarstellung auf dem Positiv

Fertiges Bild (Abzug)

Mit einer Fotokamera wird ein vom Fotografen ausgewähltes Motiv kontrolliert und reproduzierbar auf einem lichtempfindlichen Film bzw. einem Bildsensor abgebildet. Unterschiedliche Kameratypen benötigen verschiedene Filmarten und Filmgrößen. Heute verwenden Fotoamateure und Fotoreporter vorzugsweise leichte, transportable Kameras im Kleinbildformat (Filmbildgröße 36 × 24 mm). Diese Kameras sind meistens als Sucherkameras oder einäugige Spiegelreflexkameras ausgeführt.

Sucherkamera ❶

Das Objektiv (→) mit den Einrichtungen zur Einstellung der einfallenden Lichtmenge (Blende) und der Entfernung (Fokussierung) befindet sich auf der Vorderseite des lichtdichten Kameragehäuses. Das Gehäuse schützt den Film vor unbeabsichtigter Belichtung und verfügt über die für ihn erforderlichen Halte- und Transporteinrichtungen. Da sich die Bildebene mit dem Film unmittelbar hinter dem Objektiv befindet, ergibt sich eine sehr kurze Baulänge. Hochwertige Sucherkameras (Abb. 1) ermöglichen den Anbau unterschiedlicher Objektive.

Charakteristisch für Sucherkameras ist, dass sie zur Bildbetrachtung vor der Aufnahme einen vom Objektiv unabhängigen Sucher haben. Beim Blick durch den Sucher können der Bildausschnitt, die Bildschärfe und -helligkeit allerdings nur ungefähr abgeschätzt werden, da das Sucherbild nicht ganz identisch mit dem Bild hinter dem Objektiv ist. Sucherbild und Aufnahmebild sind leicht zueinander verschoben (Parallaxefehler). Diese Nachteile spielen aber bei vielen Anwendungen keine Rolle, da meist Objektive verwendet werden, die in einem großen Bereich scharf abbilden und nur grob eingestellt werden müssen. Nur bei Nahaufnahmen macht sich der Parallaxefehler bemerkbar.

Hochwertige Sucherkameras verfügen zur Scharfeinstellung über einen Mischbildentfernungsmesser. Dazu hat die Kamera neben Objektiv und Sucher einen dritten Lichteintritt, über den ein Teil des Motivs ein zweites Mal in den Sucher eingespiegelt wird. Im Sucher erscheint daher ein Bild mit doppelten Konturen. Das optische System zum Einspiegeln des zweiten Bildes ist mit dem Einstellring der Fokussiereinrichtung gekoppelt. Eine scharfe Bilddarstellung ohne sichtbare Doppelkontur ergibt sich, wenn sich das betrachtete Motiv in der eingestellten Entfernung befindet.

Mit dem Verschluss wird bei der Aufnahme die Belichtungszeit geregelt. Bei einfachen Kameras mit nicht wechselbarem Objektiv wird meistens ein Zentralverschluss mit kreisförmigem Öffnungsquer-schnitt verwendet, der in das Objektiv eingebaut ist. Der Verschluss wird vom Fotografen mithilfe des Auslösers geöffnet und schließt selbsttätig nach Ablauf der Belichtungszeit. Diese wird entweder vom Fotografen vorgegeben oder von einem in die Kamera eingebauten Belichtungsmesser gesteuert.

Kameras, die den Wechsel von Objektiven ermöglichen, verfügen in der Regel über einen Schlitz- oder Lamellenverschluss, d. h. einen Tuch- oder Metallvorhang, der unmittelbar vor der Filmebene angeordnet ist und den Film z. B. beim Objektivwechsel vor Licht schützt. Bei der Aufnahme wird der Vorhang mit hoher Geschwindigkeit vor dem Film vorbeigezogen, und ein beweglicher Spalt im Vorhang wandert über die Bildebene, wodurch der Film streifenweise belichtet wird. Ist dieser Spalt sehr schmal, werden extrem kurze Belichtungszeiten (unter $1/1000$ s) möglich, umgekehrt lassen sich durch einen breiteren Spalt und durch verzögertes Schließen des Vorhangs auch sehr lange Belichtungszeiten verwirklichen.

Spiegelreflexkamera ❷ ❸

Einäugige Spiegelreflexkameras (Abb. 2) haben nur einen Lichteintritt. Der Fotograf blickt bei der Bildeinstellung durch das Objektiv und kann daher sehr genau beurteilen, wie das spätere Bild aussehen wird. Dazu befindet sich im Strahlengang hinter dem Objektiv und vor der Filmebene ein Umlenkspiegel, der das Bild zunächst in den Sucher projiziert (Abb. 3). Durch ein Umkehrprisma erscheint das Bild im Sucher aufrecht und seitenrichtig. Der Spiegel ist beweglich und wird bei der Aufnahme blitzschnell weggeschwenkt, sodass dann das Bild auf dem Film erscheint. Somit ist auch bei Verwendung verschiedener Objektive mit stark unterschiedlichen Brennweiten und Lichtstärken immer ein realistisches und parallaxefreies Bild im Sucher zu sehen. Spiegelreflexkameras haben stets einen Schlitz- oder Lamellenverschluss.

Die Messsensoren zum (automatischen) Einstellen von Schärfe und Belichtung befinden sich im Strahlengang hinter dem Objektiv. Man spricht von TTL-Messung (engl. through the lens, Messung durch das Objektiv). Die meisten Spiegelreflexkameras verfügen über eine Halb- oder Vollautomatik, d. h. Belichtungszeit oder/und Blendenöffnung werden automatisch aufeinander abgestimmt und eingestellt (→ automatische Kamerasteuerung). Außerdem haben viele einen elektrischen Motorantrieb für den automatischen Filmtransport, der Aufnahmen schneller Bildfolgen ermöglicht, und für die Filmrückspulung.

❶ Sucherkamera

❷ Spiegelreflexkamera mit Antrieb für automatischen Filmtransport, Objektiv abgenommen

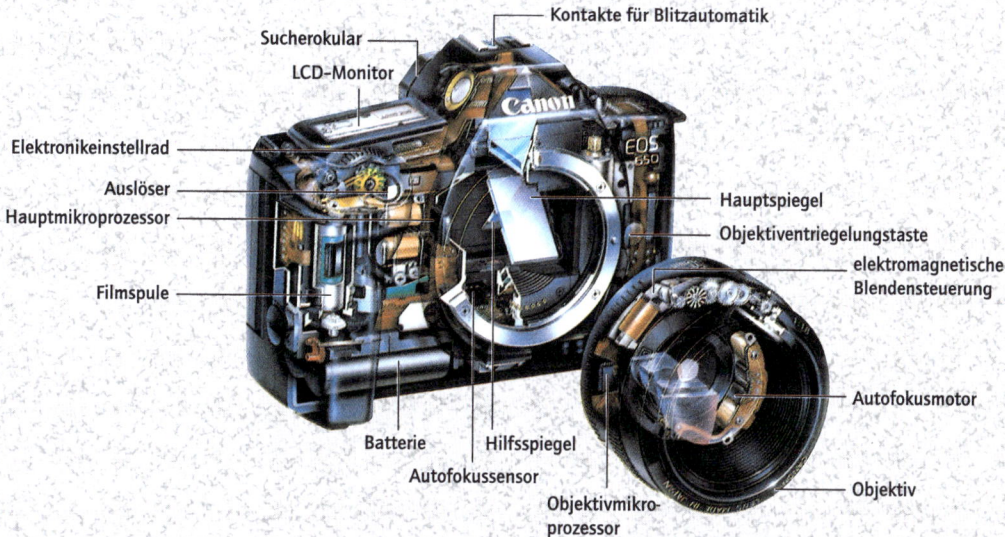

Kontakte für Blitzautomatik

Sucherokular

LCD-Monitor

Elektronikeinstellrad

Auslöser

Hauptmikroprozessor

Filmspule

Hauptspiegel

Objektiventriegelungstaste

elektromagnetische Blendensteuerung

Autofokusmotor

Batterie

Hilfsspiegel

Autofokussensor

Objektivmikroprozessor

Objektiv

❸ Strahlengang in einer Spiegelreflexkamera

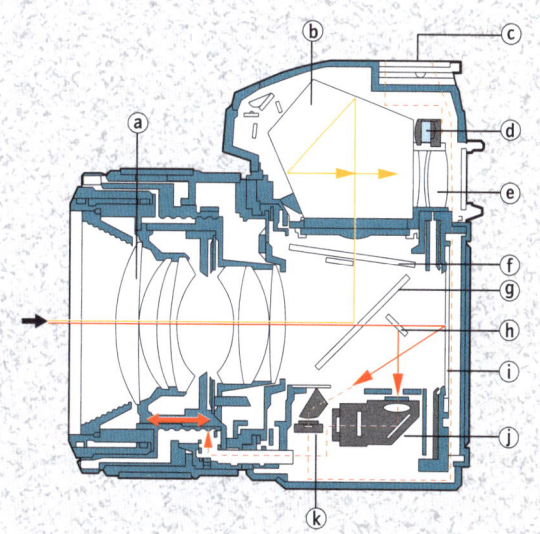

ⓐ Objektiv
ⓑ Sucherprisma (Umlenkprisma)
ⓒ Blitzlichtschuh
ⓓ TTL-Messzelle für Helligkeitsmessung
ⓔ Sucherokular
ⓕ Spiegelstellung bei der Aufnahme
ⓖ Umlenkspiegel (Grundposition)
ⓗ Hilfsspiegel (Grundposition)
ⓘ Filmebene
ⓙ Autofokusmesssystem
ⓚ TTL-Blitzmesszelle

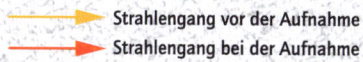

Strahlengang vor der Aufnahme
Strahlengang bei der Aufnahme

Ein großer Nachteil der herkömmlichen chemischen Fotografie ist der Zeitverzug zwischen Aufnahme und Entwicklung des Films. Gerade im Bereich der professionellen Fotografie ist es oft wichtig, ein Bild unmittelbar nach der Aufnahme beurteilen zu können. So möchte z. B. ein Fotograf, der im Studio eine Person porträtiert, sichergehen, dass Ausleuchtung, Hintergrund, Bildarrangement usw. stimmen. Dafür benötigt er Probebilder, die sofort nach der Aufnahme ausgewertet werden können. Die Ende der 1940er-Jahre von der Firma Polaroid entwickelte Sofortbildfotografie hat daher besonders im professionellen Bereich heute große Bedeutung erlangt.

Das Grundprinzip der Sofortbildfotografie besteht darin, die für die Entwicklung eines Films erforderlichen Chemikalien (Fixierentwickler) in richtiger Portionierung mit dem Film mitzuliefern und den Entwicklungsprozess weitgehend automatisch ablaufen zu lassen.

Grundsätzlich gilt, dass die Bildqualität von Sofortbildern nicht mit herkömmlich entwickelten Bildern vergleichbar ist. Aber gerade der etwas unnatürlich wirkende Bildeindruck, insbesondere der der Farben, wird oftmals als interessant und reizvoll empfunden.

Sofortbildkameras ❶

Die Aufnahme von Sofortbildern erfolgt entweder mit speziellen Sofortbildkameras oder mit Kameras, bei denen die Rückwand ausgewechselt und durch Adapterkassetten mit entsprechendem Filmmaterial ersetzt werden kann. Für normale Kleinbildkameras gibt es Sofortdiafilme, die der Fotograf mit einem einfachen Gerät in kürzester Zeit selber entwickeln kann.

Sofortbildkameras sind meistens Sucherkameras, die im Gegensatz zu Kleinbild-Sucherkameras nicht eine Filmrolle, sondern ein Paket mit gestapelten Filmblättern (Format 78 × 79 mm oder 79 × 91 mm), den so genannten Integralfilm, verarbeiten. Beim Integralfilm sind Negativ, Positiv und Fixierentwickler zu einem Blatt zusammengefasst und werden gemeinsam entwickelt. Das komplette Filmpaket enthält mehrere solcher Blätter. Mit ihrem relativ großen Filmmagazin und der dazugehörigen Transporteinrichtung für das Filmmaterial hat eine Sofortbildkamera ein etwas anderes Aussehen (Abb. 1) als normale Sucherkameras. Sofortbildkameras zeichnen sich durch besonders einfache Bedienbarkeit aus. Sie verfügen über ein integriertes Blitzgerät und oft auch über ein spezielles Autofokussystem. Dieses misst mit Ultraschallimpulsen die Entfernung zwischen Kamera und Motiv und justiert entsprechend die Fokussiereinrichtung am Objektiv.

Belichtung und Entwicklung des Integralfilms ❷ ❸

Beim gängigen Einblattverfahren befinden sich Negativ und Positiv auf demselben Träger. Im unteren Bereich des Filmblattes befinden sich drei Negativschichten, die jeweils nur für eine Farbe, nämlich für Rot, Grün oder Blau, lichtempfindlich sind. Die darüber liegenden Schichten sind zunächst völlig transparent. Bei der Aufnahme werden die Negativfarbschichten durch die transparenten Schichten hindurch belichtet (Abb. 2).

Nach der Aufnahme wird das Filmblatt mit einem elektromotorischen Antrieb durch zwei Walzen gezogen. Dadurch werden die Entwicklerchemikalien aus Vorratskapseln im Film ausgepresst und zwischen den Negativ- und Positivschichten gleichmäßig verteilt. Die Chemikalien enthalten neben den für die Entwicklung erforderlichen Substanzen (Alkali) eine lichtundurchlässige Substanz. Sie bildet zunächst eine Deckschicht und sorgt dadurch dafür, dass kein Licht mehr zu den Negativschichten gelangen kann. In Verbindung mit den entsprechenden Entwicklersubstanzen kann sich dadurch das Negativ ungestört entwickeln. Ist die Negativentwicklung abgeschlossen, wird diese Deckschicht wieder durchsichtig. Die entwickelten Farbschichten des Negativs wirken nun als „Masken" für die darüber liegende Positivbildempfangsschicht (Abb. 3). Nur an den Stellen, wo eine Negativschicht transparent ist, kann eine Farbstoffentwicklerschicht auf die oben liegende Bildempfangsschicht einwirken. In der Bildempfangsschicht bilden sich dadurch Farben in Umkehrung zu den darunter liegenden Negativschichten und es entsteht ein Farbpositiv. Ist das Bild nach Maßgabe der Entwicklung gesättigt, dann wird es durch eine saure Polymerdeckschicht neutralisiert und damit stabilisiert.

Trennbildverfahren

Während beim Integralfilm Positiv und Negativ auch nach der Entwicklung eine Einheit bilden, wird beim Trennbildverfahren nach der Entwicklung die Bildempfangsschicht von den übrigen Schichten abgezogen. Damit wird das Positiv vom Negativ getrennt, wobei das Negativ als Abfall zurückbleibt. Das Trennbildverfahren findet bei Filmmaterial für professionelle Kameras Anwendung. Die Filme werden als Packfilme geliefert und passen in die zumeist auswechselbaren Filmmagazine von Studiokameras.

❶ Sofortbildkamera

❷ Belichtung des Integralfilms

- ⓐ Transparente Schichten
- ⓑ Blauempfindliche Silberhalogenidschicht
- ⓒ Farbstoffentwicklerschicht, gelb
- ⓓ Trennschicht
- ⓔ Grünempfindliche Silberhalogenidschicht
- ⓕ Farbstoffentwicklerschicht, purpur
- ⓖ Trennschicht
- ⓗ Rotempfindliche Silberhalogenidschicht
- ⓘ Farbstoffentwicklerschicht, blaugrün
- ⓙ Negativunterlage
- ⓚ Negativschichten

- ○ Unbelichtete Silberhalogenidkristalle
- ⊗ Belichtete Silberhalogenidkristalle

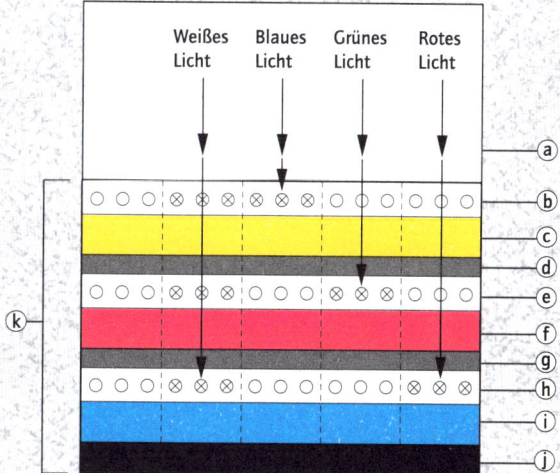

❸ Entwicklung des Integralfilms

- ⓐ Positivunterlage
- ⓑ Saure Polymerschicht
- ⓒ Zeitregulierungsschicht
- ⓓ Positives Bild in der Bildempfangsschicht
- ⓔ Reagens
- ⓕ Blauempfindliche Silberhalogenidschicht
- ⓖ Farbstoffentwicklerschicht, gelb
- ⓗ Trennschicht
- ⓘ Grünempfindliche Silberhalogenidschicht
- ⓙ Farbstoffentwicklerschicht, purpur
- ⓚ Trennschicht
- ⓛ Rotempfindliche Silberhalogenidschicht
- ⓜ Farbstoffentwicklerschicht, blaugrün
- ⓝ Negativunterlage
- ⓞ Positivbildempfangsschicht

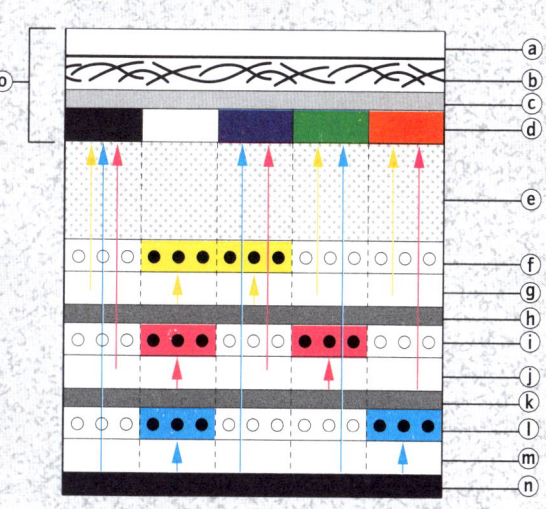

- ● Entwickeltes Silber

Für die Abbildungsqualität bei der Bildaufnahme ist vor allem das Linsensystem der Kamera, das Kameraobjektiv, verantwortlich.

Wirkprinzip von Objektiven ❶

Das grundlegende Wirkprinzip eines Objektivs, das im einfachsten Fall aus einer einzigen Linse besteht, ist in Abb. 1 gezeigt. Von jedem Punkt des abzubildenden Gegenstandes werden Lichtstrahlen in verschiedene Richtungen abgestrahlt. Die Strahlen erreichen die Linse überall auf ihrer Oberfläche. Beim Durchgang durch die Linse werden sie abhängig von ihrem Einfallswinkel unterschiedlich stark abgelenkt (gebrochen). In einem bestimmten Abstand hinter der Linse treffen alle von einem Punkt ausgehenden Lichtstrahlen wieder in einem Punkt zusammen, und es entsteht ein scharfes Bild des Aufnahmegegenstandes. An diese Stelle wird das Aufnahmemedium (Film) platziert. Die Größe des Bildes und der Abstand hinter der Linse, an der das scharfe Bild erscheint (die Bildweite), wird durch die Brechkraft der Linse bestimmt. Die Brechkraft kann ermittelt werden, indem man parallele Lichtstrahlen (z. B. Sonnenstrahlen) auf die Linse scheinen lässt. Der Abstand hinter der Linse, in der sich die Lichtstrahlen in einem Punkt vereinigen, heißt Brennweite. Linsen mit hoher Brechkraft haben eine kurze Brennweite.

Mehrlinsige Objektive ❷

In der Praxis werden keine einlinsigen Objektive verwendet, da eine einzelne Linse Gegenstände nur ungenau abbilden kann. Es treten Verzeichnungen oder Farbfehler auf, z. B. dadurch, dass Licht größerer Wellenlänge (rot) weniger stark gebrochen wird als kurzwelliges Licht (blau). Erst durch Kombination mehrerer Linsen aus verschiedenen Glassorten mit unterschiedlichen optischen Eigenschaften, durch Variation der Krümmungsradien, der Linsendicken und der Luftabstände erhält man Objektive, die weitgehend fehlerfreie Abbildungen erzeugen und sich somit annähernd wie ideale Linsen verhalten (Abb. 2).

Objektivbrennweiten ❸

Objektive mit kurzer Brennweite bilden Gegenstände relativ klein ab und können daher auf einem vorgegebenen Bildformat einen großen Bildausschnitt darstellen. Man spricht bei solchen Objektiven von Weitwinkelobjektiven (Abb. 3a). Objektive mit großer Brennweite, Teleobjektive, bilden dagegen nur einen kleinen Bereich der Umwelt ab, diesen aber vergrößert (Abb. 3c). Objektive mittle-

rer Brennweite, die Gegenstände ungefähr mit der gleichen Vergrößerung wie das menschliche Auge abbilden, bezeichnet man als Normalobjektive (Abb. 3b). Bei den so genannten Zoomobjektiven kann die Brennweite durch Verschieben von Linsen innerhalb des Objektivs verändert werden.

Lichtstärke und Blende

Neben der Brennweite werden Objektive nach ihrer Lichtstärke unterschieden. Die Lichtstärke wird durch eine Zahl angegeben, die den Querschnitt des Objektivs zu der Brennweite in Verhältnis setzt. Bei einem Objektiv mit einer Brennweite von 50 mm und einem Querschnitt von 35 mm ergibt sich eine Lichtstärke von 35 : 50 = 1 : 1,4. Mit einem solchen Objektiv kann bei weniger Licht fotografiert werden als beispielsweise mit einem Objektiv gleicher Brennweite mit der Lichtstärke 1 : 2,0, das also nur Licht durch einen Querschnitt von 25 mm lässt. In der Praxis wird aber meistens nur ein Teil des möglichen Querschnitts für den Lichtdurchgang ausgenutzt. Mit einer Irisblende im Objektiv, einer in der Größe verstellbaren Lichtöffnung, lässt sich der Strahlengang durch das Objektiv verengen und auf die mittleren Bereiche des Objektivs reduzieren. Dadurch wird die Abbildungsqualität verbessert. Gleichzeitig begrenzt die Blende die Lichtmenge, die auf den Film trifft, wodurch die Belichtung der Filmempfindlichkeit angepasst werden kann. Meistens wird die Blende in festgelegten Stufen verstellt. Bei jeder Stufe wird der Querschnitt um den Faktor 1,41 vergrößert oder verkleinert (Blende 2; 2,8; 4; 5,6; 8 usw.), was eine Verdoppelung oder Halbierung der Öffnungsfläche und damit der Lichtmenge bedeutet. Die Blende wird entweder durch einen Einstellring am Objektiv von Hand oder durch einen Elektromotor verstellt.

Entfernungseinstellung und Fokussierung

Objektive können nur Gegenstände scharf abbilden, die sich in bestimmter Entfernung befinden. Durch Anpassung der Bildweite lassen sich Objektive auf unterschiedlich weit entfernte Gegenstände ausrichten (fokussieren). Dazu wird das Linsensystem entweder manuell mit einem Einstellring oder durch einen Elektromotor vor- oder zurückgeschoben. Theoretisch kann bei gegebener Bildweite jeweils nur ein ganz bestimmter Entfernungsbereich scharf eingestellt werden. In der Praxis lassen sich aber vor allem mit einem abgeblendeten Objektiv kurzer Brennweite auch unterschiedlich weit entfernte Gegenstände scharf abbilden (Tiefenschärfe; → automatische Kamerasteuerung).

❶ Abbildung durch eine Linse

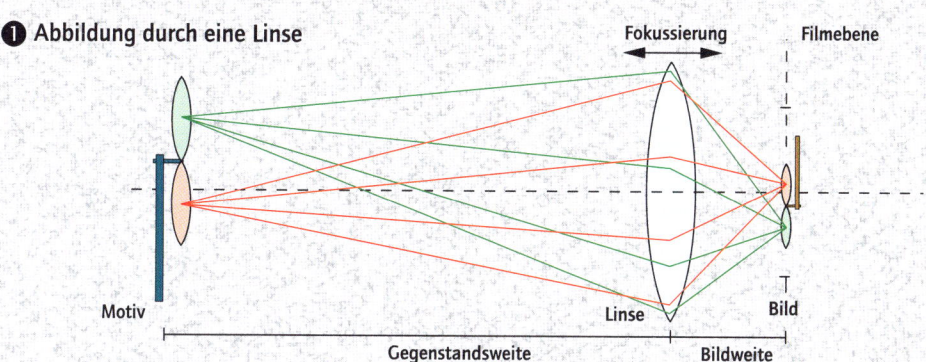

Fokussierung — Filmebene — Motiv — Linse — Bild — Gegenstandsweite — Bildweite

❷ Mehrlinsiges Objektiv

❸ Aufnahmewinkel und Bildgröße bei verschiedenen Brennweiten

ⓐ Weitwinkelobjektiv

ⓑ Normalobjektiv

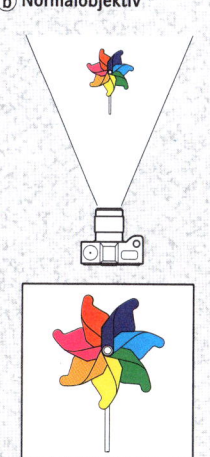

ⓒ Teleobjektiv

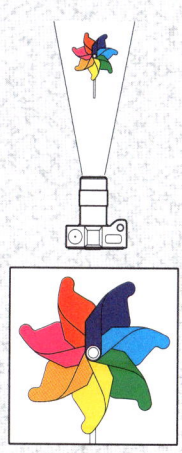

Neben der herkömmlichen chemischen Fotografie hat sich in den letzten Jahren die digitale Fotografie verbreitet. Die Vorteile der digitalen Fotografie sind offensichtlich: schnelle Verfügbarkeit der fertigen Bilder, dauerhafte Speicherung der Bilder ohne Qualitätsverlust, sofortige Aussortierung misslungener Aufnahmen, Fernübertragbarkeit von Bildern über Datennetze, vielfältige Bearbeitungsmöglichkeiten am Computer (PC) usw. Digitale Bilder können ähnlich flexibel genutzt werden wie Videofilme, sodass man auch den Begriff **Stillvideo** verwendet (engl. still = „unbeweglich"). Im Gegensatz zur Videotechnik, die heute noch weitgehend analog arbeitet (mit kontinuierlich wechselnden elektrischen Schwingungen), geht die digitale Fotografie sehr viel weiter in Richtung Computertechnik.

Digitalkameras ❶ ❷

Digitalkameras (**CCD-Kamera**; Abb. 1) haben weitgehend den gleichen Aufbau wie herkömmliche Kameras. Sie sind mit einem Bildschirm, optischem Sucher oder beidem ausgestattet. Kern einer Digitalkamera ist der **Lichtsensor**, der so genannte **CCD-Chip** (engl. **c**harge-**c**oupled **d**evice, „ladungsgekoppeltes Schaltelement"; Abb. 2). Dieses Halbleiterbauelement besteht aus vielen schachbrettartig angeordneten Zellen (**Pixel**). Der CCD-Chip befindet sich in der Kamera an der Stelle, wo sonst die Filmebene ist. Unter Lichteinwirkung sammeln sich Elektronen in den Zellen des CCD-Chips, wobei die Zahl der Elektronen ein Maß für die Dauer und Intensität des eingefallenen Lichtes ist. Vor einer Bildaufnahme werden zunächst die Elektronen in den Zellen gelöscht. Dann wird durch das Kameraobjektiv ein Bild auf die Chipoberfläche projiziert. Nach einer bestimmten Zeit werden die Zellen ausgelesen und die jeweilige Anzahl der Elektronen gezählt. Damit ordnet man jedem einzelnen Pixel eine bestimmte Helligkeit zu. In Verbindung mit den jeweiligen Koordinaten der Pixel lässt sich aus diesen Werten ein digitalisiertes Bild berechnen. Nach dem Auslesen der Zellen werden die Bilddaten in einem Halbleiterspeicher innerhalb der Kamera abgelegt.

Digitale Bilddatenverarbeitung ❸

Der Bildspeicher in der Kamera kann oftmals wesentlich mehr Bilder speichern als ein herkömmlicher Film. Wenn der Speicher voll ist, müssen die Bilddaten für eine weitere dauerhafte Speicherung ausgelesen werden. Für das Auslesen und Weiterverarbeiten der gespeicherten Bilder gibt es folgende Möglichkeiten (Abb. 3):

- Die Bilder können mit einem Farbdrucker, der über eine serielle Schnittstelle direkt mit der Kamera verbunden wird, auf Papier ausgedruckt werden.
- Die Bilddaten werden zunächst über eine serielle Schnittstelle in einen PC übertragen und dort auf einer Festplatte oder einer speziellen, beschreibbaren Compactdiskette (**Bild-CD**) gespeichert. Anschließend können die Bilder vom PC aus mit einem Farbdrucker ausgedruckt werden.

PCs bieten mit entsprechender Software vielfältige Möglichkeiten zur Bildmanipulation, die weit über die Möglichkeiten der herkömmlichen Retusche oder Bildmontage hinausgehen. Spezielle Computerprogramme für die Bildbearbeitung ermöglichen z. B. das Entfernen oder Bewegen einzelner Bildelemente, den Wechsel oder die Änderung der Farbe, das Zusammenfügen von verschiedenen Bildern oder Bildteilen, die Veränderung von Schärfe und Kontrast und anders mehr.

Neben dieser von der Aufnahme bis zum Ausdruck durchgängig digitalen Bilddatenverarbeitung besteht auch die Möglichkeit, herkömmlich aufgenommene Bilder zu digitalisieren, im PC zu speichern und weiterzuverarbeiten. Dazu gibt es **Filmscanner**, die Bilder von Negativfilmen oder Diafilmen optisch abtasten (scannen), in digitale Bilder umsetzen und zu einem PC übertragen.

Grenzen der digitalen Fotografie

Die herkömmliche chemische Fotografie bietet neben Preisvorteilen noch immer die bessere Bildqualität. Entscheidend ist hierbei vor allem die **Bildauflösung**. Ein normales Kleinbildnegativ, mit einer einfachen Amateurkamera aufgenommen, hat eine Auflösung von ca. vier Millionen Bildpunkten. Eine derartige Bildqualität erreichen selbst sehr teure professionelle Digitalkameras bisher kaum. Die Auflösungsgrenze von digitalen Amateurkameras liegt derzeit bei ca. 800 000 Bildpunkten. Dies entspricht gerade der Auflösung eines guten Computermonitors (1024 × 768 Bildpunkte). Außerdem ist die Qualität der Farbdrucker noch eine Schwachstelle. Die digitale Fotografie macht jedoch rasante Fortschritte und die Bildqualität wird ständig verbessert, wodurch der Qualitätsvorsprung der herkömmlichen Fotografie schwinden wird. In Bezug auf die Lichtempfindlichkeit ist die digitale Fotografie schon heute überlegen. Mit CCD-Kameras lassen sich auch bei sehr schwachem Licht Bilder aufnehmen, was z. B. in der Astronomie beim Fotografieren von Sternen ausgenutzt wird.

❶ Digitalkamera mit integriertem Bildmonitor

❷ CCD–Chip

❸ Geräte für die digitale Bildverarbeitung

ⓐ Personal Computer
ⓑ Digitalkamera
ⓒ Filmscanner
ⓓ Digitalfarbdrucker

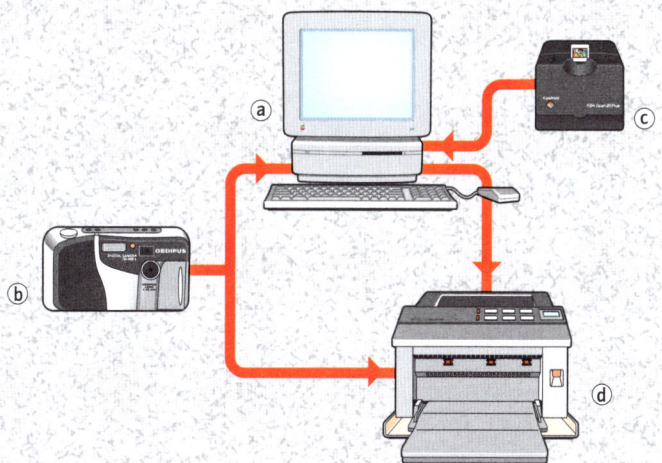

Die von Kleinbildfotografen üblicherweise verwendeten Rollfilme haben mehrere Nachteile:

- Das Einlegen des Films in die Kamera ist relativ kompliziert.
- Ein neuer Film kann immer erst dann eingelegt werden, wenn der alte fertig belichtet ist. So ist es nicht möglich, mit einer Kamera gleichzeitig mehrere unterschiedliche Filme, z. B. verschiedener Belichtungsstärke, zu verarbeiten.
- Die Archivierung der entwickelten Filme ist problematisch. Es besteht z. B. die Gefahr, dass die empfindlichen Filmstreifen beschädigt werden.

Um das Fotografieren besonders für den Amateur komfortabler zu gestalten, wurde das Advanced Photo System (APS) entwickelt. Dieses System umfasst drei wesentliche Elemente:

- Ein spezielles Filmmedium, die APS-Filmkassette
- Spezielle APS-Kameras
- Speziell ausgestattete Filmentwicklungslabors

APS-Film ❶ ❷ ❸

APS-Kameras (Abb. 1) entsprechen in ihrem Aussehen und Aufbau weitgehend herkömmlichen Kleinbildkameras und sind als Sucher- und Spiegelreflexkameras erhältlich. Die neu entwickelte APS-Filmkassette, die einen Rollfilm enthält, kann jedoch wesentlich leichter als ein herkömmlicher Kleinbildfilm eingelegt werden: Sie wird wie eine Batterie in die Kamera eingeschoben. Ein Einfädeln und Einklemmen des Filmendes ist nicht erforderlich.

Der Film (Abb. 2) setzt sich aus einem lichtempfindlichen Mittelstreifen und seitlichen Randstreifen zusammen. Der Mittelstreifen ist für die eigentlichen Bilder reserviert. Er ist mit 16,7 mm schmaler als ein herkömmlicher Kleinbildfilm (35 mm). Die Randstreifen sind teilweise magnetisierbar und können wie Videobänder oder Tonbänder Informationen speichern. APS-Kameras haben einen magnetischen Schreibkopf und speichern bei einer Aufnahme auf dem Magnetfeld neben dem Bild technische Daten zur Aufnahme (z. B. Belichtungsdaten, Blitzeinsatz) sowie Archivierungsdaten (Datum, Zeit). Manche Kameras ermöglichen auch das Abspeichern eines zum Bild gehörigen Stichwortes (z. B. Hochzeit, Urlaub). Neben den beschreibbaren Magnetfeldern enthält der Seitenstreifen auch optisch gespeicherte Daten (Marken). Die Kamerasteuerung kann daraus generelle Angaben zum Film (z. B. Filmempfindlichkeit, Bildanzahl) und Informationen zum jeweiligen Bild (z. B. Bildnummer) ablesen.

Ein Vorteil des APS besteht darin, dass auch eine teilbelichtete Filmkassette jederzeit aus der Kamera entnommen und durch eine andere Kassette ersetzt werden kann. Wenn die ursprüngliche Kassette wieder eingesetzt wird, erkennt die Kamerasteuerung aus den gespeicherten Informationen, wie weit die Kassette belichtet ist und spult den Film entsprechend vor. So können verschiedene Kassetten mit einer Kamera verarbeitet werden.

Bei der Aufnahme kann der Fotograf zwischen drei verschiedenen Bildformaten wählen (Abb. 3): Das eigentliche Grundformat hat die gleichen Proportionen wie die neuartigen Fernsehgroßbildschirme und heißt daher HDTV (engl. high-definition television). Durch Abschneiden der seitlichen Ränder entsteht aus dem HDTV-Format das Classic-Format mit den Proportionen des herkömmlichen Kleinbildfilms. Durch Abschneiden des oberen und unteren Bildrandes entsteht das Panoramaformat, das sich z. B. für Gruppenaufnahmen gut eignet.

Entwicklung und Weiterverarbeitung der APS-Filmkassette

Fotolabore, die für APS eingerichtet sind, können die auf dem Film archivierten technischen Aufnahmedaten lesen und den Entwicklungsprozess entsprechend optimieren. Die Besonderheit des APS besteht darin, dass auch der entwickelte Film in der Kassette verbleibt. Damit ist der Film vor Beschädigungen geschützt. Um den Inhalt der entwickelten Kassette zu zeigen, gehört zu jeder entwickelten APS-Kassette ein Indexprint, der alle Bilder auf einem Blatt darstellt.

Die APS-Fotografie basiert auf dem herkömmlichen chemischen Verfahren. Um Bilder zu digitalisieren und z. B. an Computern darzustellen und weiterzuverarbeiten, gibt es spezielle Scanner (→ digitale Fotografie).

Zukunftsaussichten

Das APS stellt nach mehreren Versuchen (Pocketkamera, Diskkamera usw.) einen neuen Anlauf dar, den 1915 im Bereich der Fotografie eingeführten Kleinbildfilm zu verdrängen. Dabei muss sich das APS nicht nur mit diesem bewährten Filmmedium messen, sondern steht auch im Wettbewerb mit der neuartigen digitalen Fotografie, die keine Filme mehr benötigt.

Im Vergleich zur herkömmlichen Fotografie sind vor allem das verbesserte Archivierungsverfahren des APS-Films, seine Austauschbarkeit und seine leichtere Handhabung die entscheidenden Vorteile.

1 Einlegen einer APS-Kassette in eine APS-Kamera

2 Aufbau eines APS-Films

Magnetstreifen für die Filmentwicklung

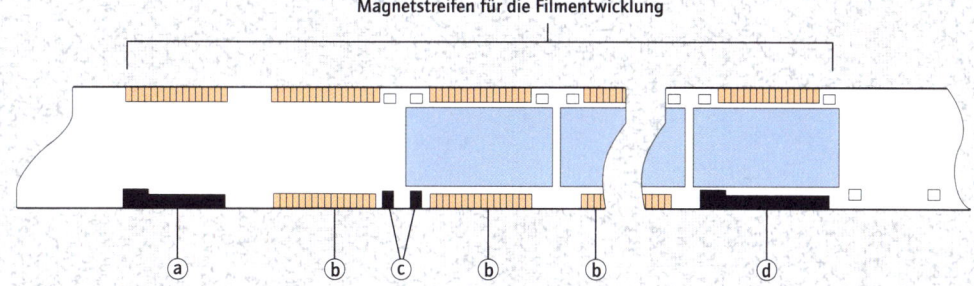

ⓐ Optische Filmkennzeichnung des Herstellers
ⓑ Magnetische Kamerainformation
ⓒ Optische Kamerainformation
ⓓ Optische Einzelbildinformation des Herstellers

3 APS-Bildformate

C: Classic
H: HDTV
P: Panorama

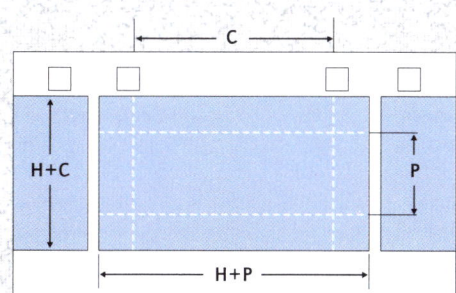

Vor allem in geschlossenen Räumen reicht die Helligkeit des natürlichen Lichtes für Fotoaufnahmen oft nicht aus. Auch ist das natürliche Licht in vielen Aufnahmesituationen zu ungerichtet und diffus. Um gezielt die Ausleuchtung des Motivs zu gestalten, benötigen Fotografen daher künstliche Lichtquellen.

Während in Filmstudios starke Scheinwerfer benutzt werden, um die für Filmaufnahmen ständig erforderliche Helligkeit zu gewährleisten, reicht für Fotoaufnahmen ein kurzzeitiger Blitz. Früher wurde durch Verbrennung von Magnesium ein Blitz erzeugt, heute werden fast ausschließlich elektronische Röhrenblitzgeräte (Elektronenblitzgeräte) verwendet, deren Licht von einer Gasentladungslampe geliefert wird.

Funktionsweise ❶

Elektronenblitzgeräten haben eine mit Edelgas gefüllte Röhre mit drei elektrischen Anschlüssen (Elektroden; Abb. 1). Über die Zündelektrode wird mit einem kurzen Spannungsimpuls von ca. 10 000 Volt das Gas in der Röhre ionisiert, d. h., Elektronen werden von den Atomkernen gelöst, und sind somit beweglich sind. Dadurch wird das normalerweise nicht leitfähige Gas elektrisch leitend, und es kann über die beiden anderen Elektroden kurzzeitig ein sehr hoher Strom fließen. Dies führt zu einem blitzartigen Aufleuchten des Gases.

Die hohe Spannung für die Zündelektrode wird auf ähnliche Weise erzeugt wie der Zündfunke in einem Ottomotor, d. h., eine Spule erzeugt Spannung, die dann nach dem Prinzip des elektrischen Transformators auf das erforderliche Niveau erhöht wird. Der für den eigentlichen Blitz verantwortliche große Strom wird einem Kondensator entnommen, der vor Auslösen des Blitzes mit einer Spannung von ca. 500 Volt aufgeladen wurde. Um diese relativ hohe Spannung aus Batterien zu gewinnen, wird ein Wechselrichter verwendet, der die geringe Batteriespannung von wenigen Volt auf das erforderliche Spannungsniveau hochtransformiert.

Synchronisation

Der von einem Elektronenblitzgerät erzeugte Blitz hat nur eine kurze Dauer (meist unter $^1/_{1000}$ s). Da die Helligkeit aber relativ groß ist, reicht die Lichtenergie zur Belichtung eines Bildes aus. Allerdings muss der Zeitpunkt der Blitzauslösung genau mit der Öffnungszeit des Kameraverschlusses in Übereinstimmung gebracht (synchronisiert) werden.

Bei Kameras mit Zentralverschluss ist dies relativ unproblematisch, da nur gewährleistet sein

muss, dass zum Zeitpunkt des Blitzes der Verschluss geöffnet ist. Es wird dann das gesamte Filmbild durch den Blitz ausgeleuchtet. Bei Kameras mit Schlitz- oder Lamellenverschluss ist bei kurzen Belichtungszeiten jedoch immer nur ein kleiner Bildausschnitt freigegeben.

Der Blitz würde also nur auf einem Teil des Filmes ein helles Bild erzeugen. Daher können Schlitzverschlusskameras nur dann mit einem Blitzgerät synchronisiert werden, wenn eine relativ lange Belichtungszeit gewählt wird (z. B. $^1/_{60}$ s). Die Schlitzbreite ist dann so groß, dass kurzzeitig der gesamte Vorhang geöffnet ist. Genau zu diesem Zeitpunkt wird der Blitz gezündet. Dies wird durch den elektrischen Synchronkontakt bewirkt, der mit dem Verschluss gekoppelt ist.

Belichtungseinstellung

Bei Aufnahmen mit Blitz hat die Einstellung der Belichtungszeit an der Kamera, wenn man vom Problem der Synchronisation absieht, nur untergeordnete Bedeutung. Die Belichtung wird vom Blitzgerät und von der Kamerablende bestimmt. Bei älteren Blitzgeräten war die Blitzenergie immer konstant, und die richtige Belichtung musste ausschließlich durch Einstellung der Blende vorgenommen werden. Dabei ist die so genannte Leitzahl des Blitzes maßgeblich. Die Leitzahl gibt an, wie weit die Blende bei einer bestimmten Motiventfernung geöffnet werden muss. Bei einem leistungsstarken Blitzgerät mit hoher Leitzahl kann auch bei großer Entfernung eine relativ kleine Blende gewählt werden.

Computerblitzgeräte ❷

Moderne Blitzgeräte passen die Blitzenergie automatisch an. Die so genannten Computerblitzgeräte (Abb. 2) haben einen Lichtsensor, der das vom Motiv reflektierte Licht mit einer Fotodiode misst und den Blitz bei einer genau vorgegebenen Lichtmenge löscht. Zum Löschen des Zündfunkens dient eine zweite Röhre, die ähnlich wie die Blitzröhre funktioniert, aber kein Licht aussendet. Wenn diese Schaltröhre durch den Löschimpuls ionisiert wird, leitet sie den Zündfunken ab und der Blitz erlischt schlagartig.

Die Anpassung der Blitzenergie an eine vorgegebene Blende sowie die Objekthelligkeit funktioniert besonders präzise, wenn sich der Lichtsensor zur Messung des reflektierten Lichts nicht am Blitzgerät befindet, sondern die reflektierte Lichtmenge durch das Objektiv der Kamera gemessen wird. Dies ist bei modernen Kameras üblich.

❶ Funktionsschema eines Computerblitzgerätes

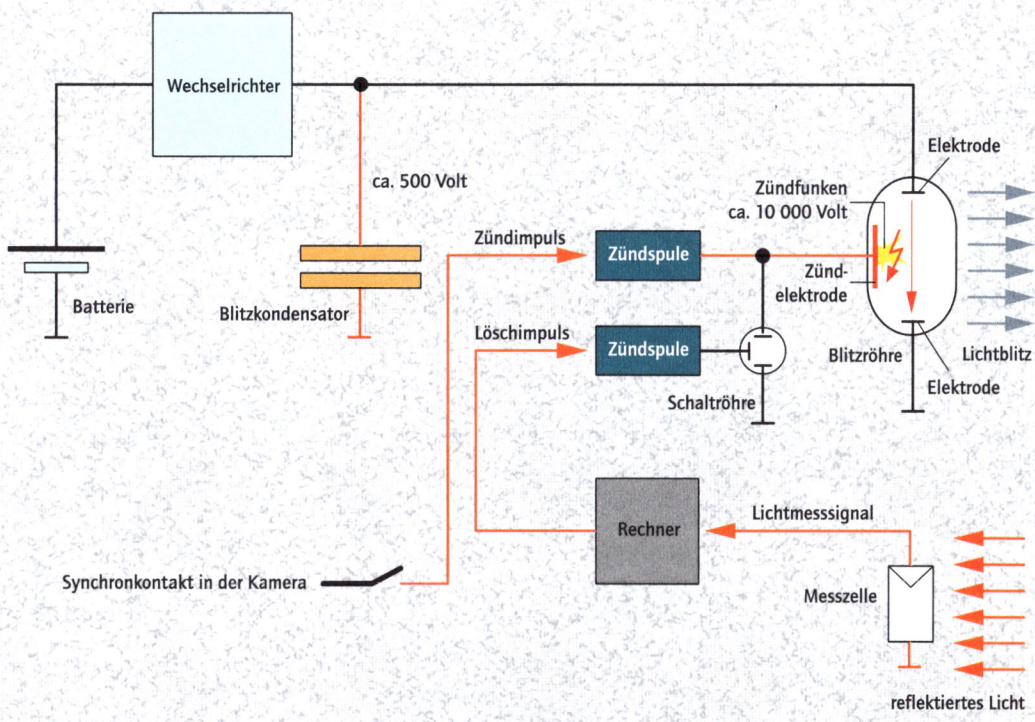

Wechselrichter

ca. 500 Volt

Batterie

Blitzkondensator

Zündimpuls

Löschimpuls

Zündspule

Zündspule

Schaltröhre

Synchronkontakt in der Kamera

Rechner

Elektrode

Zündfunken
ca. 10 000 Volt

Zünd-
elektrode

Blitzröhre

Lichtblitz

Elektrode

Lichtmesssignal

Messzelle

reflektiertes Licht

**❷ Modernes Computerblitzgerät
(transparentes Modell)**

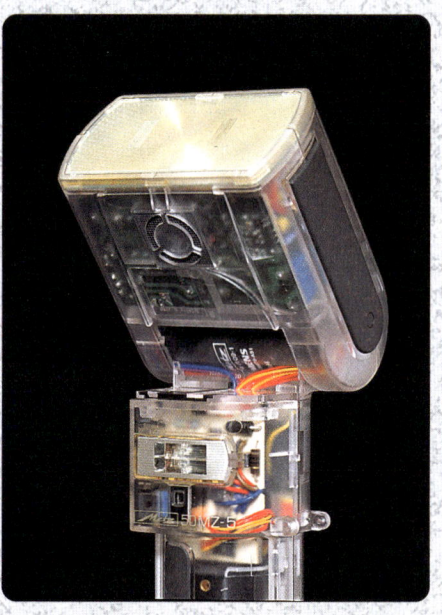

In der Vergangenheit musste ein Fotograf bei der Aufnahme viele verschiedene Einflussgrößen beachten, die für ein korrekt belichtetes und scharf eingestelltes Bild maßgebend sind. Heute helfen ihm bei den Einstellvorgängen Mikrocomputer in der Kamera. Damit kann sich der Fotograf voll auf das Motiv konzentrieren. Hochwertige automatische Kameras lassen dem Fotografen aber Eingriffsmöglichkeiten, um Einstellungen in seinem Sinne zu beeinflussen.

Belichtungssteuerung

Einfluss auf die Belichtung haben die Beleuchtungsstärke, d.h. die Lichtintensität, die auf den Film wirkt, und die Belichtungszeit, also die Einwirkungsdauer des Lichtes. Für ein korrekt belichtetes Bild müssen gleichzeitig die Blende und die Belichtungszeit an die jeweilige Objekthelligkeit angepasst werden. In der Regel gibt es mehrere Kombinationen von Blende und Belichtungszeit, die zu einem richtig belichteten Bild führen. Allerdings erzeugen sie unterschiedliche Bildeindrücke, da die Blende auch die Tiefenschärfe beeinflusst (Abb. 1) und lange Belichtungszeiten zu Bewegungsunschärfe (Abb. 2) führen. Um möglichst große Tiefenschärfe zu erreichen und gleichzeitig ein „Verwackeln" zu vermeiden, ist die Belichtung meistens ein Kompromiss aus möglichst kleiner Blende und möglichst kurzer Belichtungszeit. Wie dieser Kompromiss ausfällt, wird bei automatischen Belichtungssteuerungen durch das Programm des Belichtungsrechners bestimmt.

Lichtmessung

Der Belichtungsmesser misst zunächst die Helligkeit des Motivs mit lichtempfindlichen Sensoren. Es gibt verschiedene Möglichkeiten, die Helligkeit des wesentlichen Motivteils zu erfassen. Weitverbreitet ist die mittenbetonte Integralmessung, die davon ausgeht, dass sich der wichtigste Teil des Motivs in der Mitte des Bildes befindet. Daher wird in diesem Bereich über eine relativ große Fläche die durchschnittliche Helligkeit ermittelt. Die Spotbelichtungsmessung (Selektivmessung) dient dazu, die Belichtung gezielt auf die Helligkeit eines einzelnen Objektes zustimmen. Dazu wird die Helligkeit des gewünschten Objektes gemessen und kurz gespeichert. Sie steuert dann beim Auslösen die Belichtungszeit. Neben diesen zwei Verfahren gibt es eine Vielzahl von Mischformen, bei denen das Bild in Sektoren unterteilt wird, die unterschiedlich ausgewertet werden.

Belichtungsprogramme ❶ ❷

Nachdem der Belichtungsrechner die maßgebliche Beleuchtungsstärke ermittelt hat, werden nach einem bestimmten Programm die Blende oder die Belichtungszeit oder beide Größen gleichzeitig verstellt.

Bei der Zeitautomatik gibt der Fotograf die Blende vor, um z. B. für ein Porträt oder eine Landschaftsaufnahme gezielt die Tiefenschärfe zu beeinflussen. Der Belichtungsrechner stellt die zur vorgegebenen Blende passende Belichtungszeit ein. Für Aufnahmen von Bewegungsabläufen (z.B. Sportereignissen) eignet sich besser die Blendenautomatik. Dabei wird vor der Aufnahme eine Belichtungszeit gewählt, die entweder kurz genug ist, um auch schnelle Bewegungen „einzufrieren", oder aber lang genug ist, um „Wischeffekte" durch Bewegungsunschärfe zu erreichen; die Blende wird entsprechend angepasst. Reine Zeit- oder Blendenautomatikprogramme nutzen den Belichtungsspielraum einer Kamera nicht voll aus und stoßen schnell an Grenzen. Moderne Kameras verfügen daher zusätzlich noch über eine Programmautomatik, bei der gleichzeitig Blende und Belichtungszeit angepasst werden.

Automatische Fokussierung ❸

Bei Kameras mit einem Autofokussystem wird die Motiventfernung automatisch gemessen und das Objektiv entsprechend fokussiert. Die Systeme arbeiten nach unterschiedlichen Prinzipien. Einige Systeme senden Ultraschallimpulse aus und errechnen aus der Schallreflektion die Entfernung des Objekts. Diese Systeme arbeiten auch bei Dunkelheit.

Heute werden zunehmend passive Autofokussysteme eingesetzt. Sie messen die Entfernung indirekt und nutzen dabei aus, dass unscharfe Bilder in der Regel geringen Kontrast, also geringe Hell-Dunkel-Unterschiede in eng benachbarten Bildzonen aufweisen. Mithilfe einer Kontrastmessung (Abb. 3) lässt sich beurteilen, ob das Motiv scharf eingestellt ist. Das Objekt wird dazu über einen starren und einen drehbaren Spiegel, der mit der Einstellungsvorrichtung des Objektives gekoppelt ist, auf paarweise angeordnete Photozellen gespiegelt. Die beiden Abbildungen werden verglichen und durch die Verstellung des Drehspiegels (Objektivbewegung) abgeglichen, bis maximaler Kontrast vorliegt.

Problematisch sind Motive mit geringem Kontrast oder sich schnell bewegende Motive, bei denen das Motivzentrum am Bildrand liegt.

❶ Einfluss der Blendenöffnung auf die Tiefenschärfe bei kurzen Belichtungszeiten

ⓐ kleine Blendenöffnung, große Tiefenschärfe   ⓑ große Blendenöffnung, geringere Tiefenschärfe

❷ Einfluss der Belichtungszeit auf die Bewegungsschärfe

Durch die lange Belichtungszeit erscheinen bewegte Gegenstände unscharf.

❸ Automatische Fokussierung mit Kontrastvergleich

ⓐ Objektivverstellung
ⓑ Messkreis (Kontrastmessung)
ⓒ Photozellen (Helligkeitsmessung)
ⓓ Starrer Spiegel
ⓔ Prisma
ⓕ Drehspiegel (mit Objektiv gekoppelt)
ⓖ Regelkreis

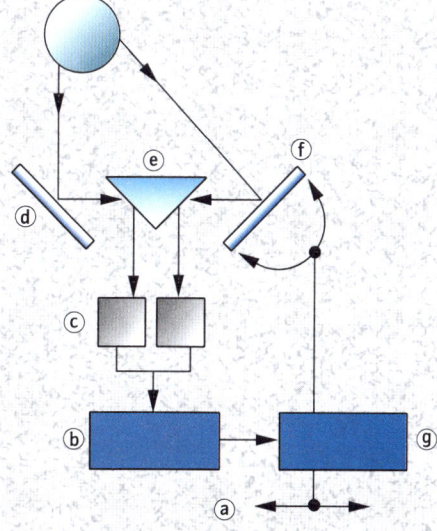

1947 wurde das Prinzip der Holographie entwickelt, ein dreidimensionales Bildaufzeichnungs- und Bildwiedergabeverfahren, mit dessen Hilfe vollkommen räumlich wirkende Abbildungen von Gegenständen hergestellt werden können. Heute spielt die Holographie mithilfe der Lasertechnologie (→ Laser) nicht nur in der Bildaufzeichnung, Kunst und Unterhaltung, sondern auch in der Sicherheitstechnik, der Werkstoffprüfung, der Medizin und der Datenspeicherung eine wichtige Rolle.

Vergleich zur Fotografie

Die Fotografie verwendet zur Beleuchtung die Sonne oder eine Lampe, wobei Intensität und Farbe des vom betrachteten Objekt kommenden Lichtes mithilfe einer Linse fokussiert und auf einer lichtempfindlichen Schicht gespeichert werden. Das Objekt wird dabei nur flächenhaft, also zweidimensional abgebildet. Vor allem geht bei diesem Verfahren der Eindruck der räumlichen Tiefe verloren. Diesen Nachteil kann auch die Stereofotografie mit ihren für jedes Auge separaten Halbbildern nicht aufheben. Bei ihr ist der Beobachtungsstandpunkt festgelegt, sodass Einzelheiten von Objekten, die sich während der Aufnahme überdecken, für die Wiedergabe verloren sind.

All diese Mängel haben ihre Ursache darin, dass Licht zusätzlich noch durch seine Phase, d. h. durch je nach der Oberfläche des Objektes gekrümmte Wellenanteile, gekennzeichnet ist. Diese dreidimensionalen Objektwellen enthalten die gesamte, auch räumliche Information des betrachteten Gegenstandes, die die herkömmliche Fotografie nicht festhalten kann. Erst in der Holographie, die zudem keine Linsen erfordert, gelingt es, die dreidimensionale Objektwelle mithilfe von Laserstrahlung in einer Fotoschicht festzuhalten. Nach der Hologrammwiedergabe sind dann auch Einzelheiten sich verdeckender Objekte erkennbar.

Hologrammaufnahme ❶

Das Prinzip der Aufnahme eines Hologramms zeigt Abb. 1a: Mit einem aufgeweiteten Laserstrahl wird das Objekt beleuchtet. Die vom Objekt reflektierte, vorher vollkommen gleichmäßige Objektwelle besitzt nun eine charakteristische Verformung in Gestalt eines komplizierten räumlichen Musters und fällt auf eine Fotoplatte. Diese wird gleichzeitig mit einem ungestörten, am Objekt vorbeigeführten Teil des ursprünglichen Laserstrahls (Referenzwelle) beleuchtet, der über einen Spiegel geführt wird und von der Seite auf die Fotoplatte einfällt. Beide Wellenfronten überlagern sich auf der Fotoplatte. Nach dem Entwickeln sieht man auf ihr ein für das Auge nicht als Objekt erkennbares Muster aus Linien und Kreisen von äußerst kleinem Abstand, das Hologramm (Abb. 1b). Es enthält neben der Intensität auch die Phase der vom Objekt reflektierten Wellenfront. Voraussetzung bei dieser Technik ist, dass die geteilten Lichtbündel in einer festen Phasenbeziehung stehen, die nur durch die Objektoberfläche beeinflusst werden darf.

Hologrammwiedergabe ❶

Um wieder eine Objektwelle aus dem Hologramm zu erzeugen, wird es mit einem aufgeweiteten Laserstrahl aus der gleichen Richtung beleuchtet, aus der bei der Aufnahme der Referenzstrahl einfiel (Abb. 1c). Das Laserlicht wird am Muster auf der Hologrammplatte so beeinflusst, dass die Wellen bezüglich Phase und Intensität weiterlaufen, als kämen sie vom aufgenommenen Objekt. Es erscheint dort ein virtuelles Bild, wo sich bei der Aufnahme das Objekt befand. Das Auge kann, von hinten durchs Hologramm schauend, das Objekt sehen und dabei nicht mehr zwischen Realität und Bild unterscheiden. Der Betrachter kann durch Kopfbewegung das Bild unter verschiedenen Perspektiven betrachten und daher in seiner räumlichen Tiefe erfassen. Gleichzeitig wird bei der Rekonstruktion ein Teil der beeinflussten Wellenfront hinter dem Hologramm zu Bildpunkten gebündelt. Dadurch entsteht auf der Seite des Beobachters ein reelles, ebenfalls dreidimensionales Bild, das sich, allerdings unter Verlust der räumlichen Tiefe, auf einer Fotoplatte speichern lässt.

Holographie in der Bildaufzeichnung ❷

Eine interessante Weiterentwicklung sind die Volumenhologramme (Tiefenhologramme), die es ermöglichen, mit gewöhnlichem weißem Licht echte Farbholographie zu betreiben. Im Prinzip fallen Objekt- und Referenzwelle von entgegengesetzten Seiten auf eine dicke Fotoschicht (Abb. 2), wobei sich die holographische Struktur in der Tiefe der Schicht ausbreitet. Benutzt man bei der Aufnahme eine Kombination mehrerer verschiedenfarbiger Laser, so erzeugt jede Farbe im Volumen der Schicht eine eigene Struktur. Bei der Rekonstruktion mit weißem Licht wird jeweils genau die Farbe aus ihm herausgefiltert, die bei der Aufnahme verwendet wurde. Da sich mehrere Bilder gleichzeitig auf einer Fotoplatte speichern lassen, kann man bei der Aufnahme bzw. Wiedergabe die Platte jeweils etwas drehen, um eine Serie unabhängiger Hologramme zu erzeugen oder wiederzugeben.

❶ Aufnahme eines Hologramms

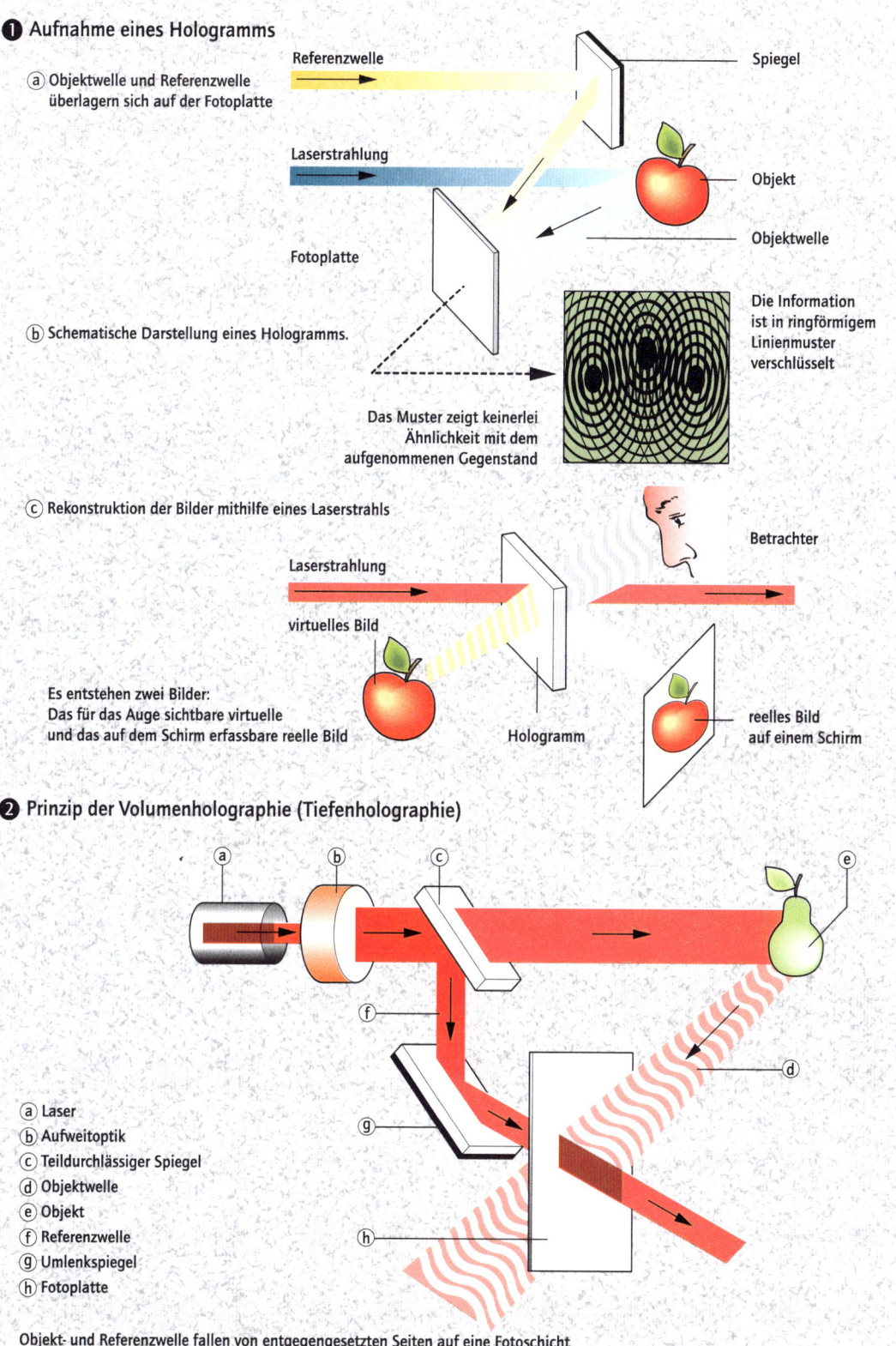

ⓐ Objektwelle und Referenzwelle
überlagern sich auf der Fotoplatte

Referenzwelle

Spiegel

Laserstrahlung

Objekt

Objektwelle

Fotoplatte

ⓑ Schematische Darstellung eines Hologramms.

Die Information
ist in ringförmigem
Linienmuster
verschlüsselt

Das Muster zeigt keinerlei
Ähnlichkeit mit dem
aufgenommenen Gegenstand

ⓒ Rekonstruktion der Bilder mithilfe eines Laserstrahls

Betrachter

Laserstrahlung

virtuelles Bild

Es entstehen zwei Bilder:
Das für das Auge sichtbare virtuelle
und das auf dem Schirm erfassbare reelle Bild

Hologramm

reelles Bild
auf einem Schirm

❷ Prinzip der Volumenholographie (Tiefenholographie)

ⓐ Laser
ⓑ Aufweitoptik
ⓒ Teildurchlässiger Spiegel
ⓓ Objektwelle
ⓔ Objekt
ⓕ Referenzwelle
ⓖ Umlenkspiegel
ⓗ Fotoplatte

Objekt- und Referenzwelle fallen von entgegengesetzten Seiten auf eine Fotoschicht

Traktoren (Schlepper, Abb. 1) sind die wichtigsten Arbeitsgeräte in der Land- und Forstwirtschaft und haben Zugtiere weitgehend ersetzt. Dabei dienen sie nicht nur als Zugmaschinen, sondern bilden auch die Basis für viele unterschiedliche Maschinenkombinationen zur Ackerbearbeitung.

Antrieb ❶ ❷ ❸

Traktoren müssen ein Fortkommen im unwegsamen Gelände ermöglichen und dabei zusätzlich noch Arbeiten verrichten (z. B. einen Pflug ziehen). Um die erforderlichen Antriebskräfte auf den Boden zu übertragen und dabei gleichzeitig den Boden zu schonen, sind Traktoren mit den charakteristischen großen Antriebsrädern ausgerüstet. Während bei älteren oder einfacheren Schleppern nur das hintere Radpaar zum Antrieb dient und entsprechend große Bereifung aufweist, haben moderne Traktoren Vierradantrieb und daher auch vorne große Räder (Abb. 1). Dies verbessert einerseits die Kraftübertragung (Traktion) und führt andererseits durch geringeren Auflagedruck zu einer reduzierten Bodenbelastung und damit zu einer geringeren Bodenverdichtung.

Als Antriebsmaschinen dienen großvolumige Dieselmotoren, deren Leistung zwischen ca. 37 kW (50 PS) und 184 kW (250 PS) liegt. Schleppermotoren haben bei niedrigen Drehzahlen von ca. 2000 U/min einen weiten „Konstantleistungsbereich" (Abb. 2), in dem sie große Antriebskräfte entwickeln.

Von größerer Bedeutung noch als der eigentliche Motor ist für Traktoren die Kraftübertragung vom Motor zu den Antriebsrädern. Um neben relativ großen Geschwindigkeiten auf der Straße (max. 30–50 km/h) auch extrem kleine Geschwindigkeiten auf dem Acker zu ermöglichen, verfügen sie über Getriebe mit ca. 20–50 Vorwärts- und Rückwärtsgängen. Durch Wendegetriebe wird die Drehrichtung des gesamten Getriebes umgekehrt, sodass für Vorwärts- und Rückwärtsfahrt gleich viele Fahrtstufen bereitstehen. Um die Bedienung des komplexen Schleppergetriebes mit der Vielzahl von Last- und Fahrgängen sowie von Allradzuschaltungen und Differenzialsperren zu erleichtern, sind moderne Traktoren mit weitgehend automatisierten Getriebeschalteinrichtungen (Abb. 3) ausgerüstet. Damit kann der Landwirt mit einem einzigen Hebel („Joystick") die Geschwindigkeit und die Fahrtrichtung vorgeben. Die entsprechenden Gangstufen werden automatisch aktiviert. Mit einem Schnellreversierschalter kann zwischen einer vorgewählten Vorwärts- und Rückwärtsübersetzung umgeschaltet werden. Wenn der Traktor zusätzlich über einen Geschwindigkeitsregler (Tempomat) verfügt, kann die Geschwindigkeit unabhängig von der Belastung des Schleppers konstant gehalten werden.

Arbeitshydraulik

Moderne Traktoren verfügen über eine oder mehrere Hydraulikpumpen, die vom Motor angetrieben werden. Diese Hydraulikpumpen stellen Drucköl zur Verfügung, das sowohl zum Betrieb des Schleppers selbst dient (z. B. für die hydraulisch angetriebene Lenkung) als auch zur Versorgung der hydraulischen Arbeitsgeräte. Über eine Summierwelle lassen sich hydraulisches und mechanisches Antriebsmoment für extern angebrachte Arbeitsgeräte kombinieren. Standardausrüstung moderner Traktoren ist stets ein hydraulisch angetriebenes Hubwerk am Heck. Daran befestigte Arbeitsgeräte können mit vorgegebener Anpresskraft auf den Boden gedrückt oder für Arbeitspausen vom Boden abgehoben werden. Mit dem Hubwerk kann sich der Schlepper auch selbst, z. B. für einen Radwechsel, hochheben. Neben der Heckhydraulik verfügen manche Schlepper auch über ein frontseitiges Hubwerk sowie über frontseitige Hydraulikanschlüsse. Damit können auch an der Vorderseite des Schleppers Arbeitsgeräte angebracht und angetrieben werden.

Zapfwellen

Während z. B. der hydraulische Wendezylinder eines Drehpflugs nur gelegentlich bewegt wird, müssen andere Arbeitsgeräte (Mähmaschinen, Bodenfräsen, Häcksler, Kartoffelerntemaschinen usw.) ständig angetrieben werden. Dazu wird anstelle der Hydraulik eine mechanische Antriebswelle verwendet, die rückseitig am Schlepper herausgeführt ist (Heckzapfwelle) oder bei einigen Schleppermodellen auch zusätzlich noch nach vorne weist (Frontzapfwelle). Die Zapfwellen sind über schaltbare Kupplungen mit dem Schleppermotor verbunden und können von der Fahrerkabine aus per Knopfdruck eingekuppelt werden. Dadurch wird das mit der Zapfwelle verbundene Arbeitsgerät ein- und ausgeschaltet.

Kabine

Moderne Traktoren verfügen über eine geschlossene und klimatisierte Kabine mit Schall- und Vibrationsdämmung. In den Schlepperkabinen befinden sich heute neben den üblichen Bedien- und Anzeigeelementen auch vermehrt Computer, um Arbeitsgänge zu dokumentieren.

❶ Traktor

(a) Fronthubwerk
(b) Frontantriebsachse
(c) Frontzapfwelle
(d) Luftkühlung
(e) Konstantleistungsmotor
(f) Hydraulikmotor

(g) Hydraulikpumpe
(h) Gekapselter Allrad
(i) Hydraulikhubwerk
(j) Bordinformator
(k) Joystick

(l) Bedienfelder für Allrad, Differential-
sperren, Zapfwellen, Hydraulik und
Vorderachsfederung
(m) Kabine
(n) Zusatzbeleuchtung

❷ Leistungscharakteristik eines Schleppermotors

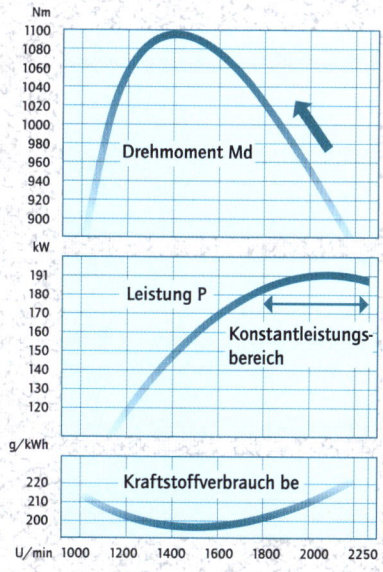

**❸ Automatisierte Getriebeschaltung
eines modernen Traktors**

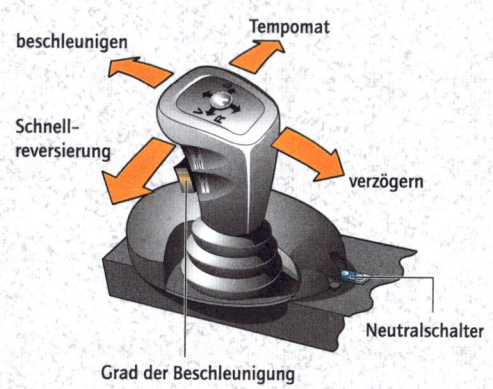

Unter Kranen lassen sich diejenigen Hebemittel zusammenfassen, bei denen die Last mit einem Tragmittel, meist einem Seil, gehoben und zudem in verschiedene Richtungen bewegt werden kann. Krane gehören innerhalb der Fördertechnik zu den so genannten Unstetigförderern, d.h., im Gegensatz zu kontinuierlich arbeitenden Förderern (z.B. Transportbändern) erfolgen zeitlich abgrenzbare Arbeitsspiele, beispielsweise nach einer Lastbewegung eine in die umgekehrte Richtung stattfindende Leerbewegung. Zu den wichtigsten Krantypen zählen Turm-, Portal-, Brücken-, Kabel- und Mobilkrane.

Turmkrane ❶

Vor allem auf Baustellen sind Turmkrane die vorherrschenden Fördermittel zum Transport von Stückgütern (Abb. 1). Charakteristisch ist der lange Ausleger, dessen Länge die Turmhöhe übertreffen kann. Im Drehbereich des Auslegers lässt sich Material flächendeckend und punktgenau positionieren, wobei Turmkrane in Transport- und Hebegeschwindigkeit allen anderen Hebezeugen überlegen sind. Wesentlich für die Bestimmung der Krangröße sind Lastmoment und Hubhöhe. Die erforderliche Standfestigkeit gegen Umkippen gewährleistet neben der Eigentragkraft des Turmes ein Gegengewicht. Überlastsicherungen mit automatischer Abschaltung sollen die hohe Unfallgefahr mindern. Außer nach verschiedenen Auslegertypen lassen sich Turmkrane in die Gruppen fahrbar und stationär unterteilen. Fahrbare Krane arbeiten im allgemeinen gleisgebunden und sind entweder oben drehend (Drehpunkt unterhalb des Führerhauses) oder unten drehend (am Unterwagen) ausgeführt. Ortsfeste Turmkrane sind immer oben drehend und durch Betonfundamente mit dem Untergrund verankert.

Weitere stationäre und fahrbare Hebezeuge ❷ ❸

Portalkrane sind insbesondere in Montagehallen und auf Werkstattvorplätzen zu finden. Dieser Krantyp besteht aus einem ebenerdig fahrbaren Portal mit zwei Stützen und der Kranbrücke, die den Arbeitsbereich des Krans (z.B. einen Lagerplatz) überspannt (Abb. 2). Portalkrane besitzen eine fest mit der Kranbrücke verbundene Feststütze sowie eine Pendelstütze, die beweglich montiert ist und dadurch Spurdifferenzen der beiden Gleise ausgleichen kann. Es werden drei Bewegungen ausgeführt: Heben/Senken mit dem Hubwerk, Fahren der Laufkatze und Kranfahren mit den an beiden Stützen angebrachten Fahrwerken. Im Gegensatz zum Portalkran sind bei Brückenkranen keine Stützen vorgesehen, sondern die Kranbrücke fährt auf hoch gelegenen Fahrbahnen, sodass die darunter liegenden Arbeitsflächen nicht behindert werden.

Den Aufbau eines Hubwerks (Elektrozug), wie es bei Brücken- und Portalkranen eingesetzt wird, zeigt Abb. 3. Das Hubwerk besteht aus einer Seiltrommel, in die ein Planetengetriebe eingebaut ist und auf der das Drahtseil aufgewickelt wird. Ein Elektrobremsmotor treibt über eine Kupplung die Seiltrommel an, wobei das Planetengetriebe die hohe Motorgeschwindigkeit in praktikable Hub- bzw. Senkgeschwindigkeiten untersetzt. Der Motor ist so ausgelegt, dass eine Bremse beim Abschalten des Hubwerks die Traglast hält. Für Feindosierungen beim Heben/Senken kann ein weiterer Elektrofeinhubmotor eingebaut werden, der die Hubgeschwindigkeit nochmals reduziert.

Bei Kabelkranen ersetzt ein Tragseil die bei Portal- und Brückenkranen starr ausgelegte Kranbrücke. Auf diesem Seil wird durch ein Fahrseil die Laufkatze bewegt. Die Abspannung des Tragseils erfolgt über zwei Stützen (Türme), wobei die Winden für die Bewegung der Laufkatze und das Heben/Senken (Hubseil) in einem der Türme bzw. in einem speziellen Windenhaus untergebracht sind. Kabelkrane werden insbesondere bei lang gestreckten Bauwerken (Staudämme, Brücken) eingesetzt und erreichen Spannweiten bis ca. 1 000 m.

Mobilkrane ❹

Mobilkrane sind als Straßen- bzw. Schienenfahrzeuge meist selbstfahrend und werden durch einen Dieselmotor bewegt. Die Kraftübertragung zur Bewegung des Auslegers erfolgt häufig hydraulisch, wobei der Dieselmotor eine Hydraulikpumpe antreibt, die einen Hydraulikzylinder mit Drucköl versorgt. Der teleskopartig aufgebaute Ausleger lässt sich meist 3- oder 4fach (auch unter Last) ausfahren. Die einzelnen Arbeitsbereiche bei unterschiedlichen Hubhöhen und Reichweiten des Auslegers zeigt Abb. 4. Ausfahrbare Stützen am Unterteil des Krans verbessern die Standfestigkeit bei Arbeitsbewegungen.

Mobilkrane erlauben durch den variablen Teleskopausleger sehr kurze Rüstzeiten und sind aufgrund des Eigenantriebs für einen häufigen Standortwechsel gut geeignet. Hauptanwendungsgebiete sind Bau- und Montagearbeiten, vor allem im Hoch- und Brückenbau, daneben kommen diese Krane auch beim Aufbau verfahrenstechnischer Anlagen (z.B. Chemieanlagen) zum Einsatz.

❶ Turmkran

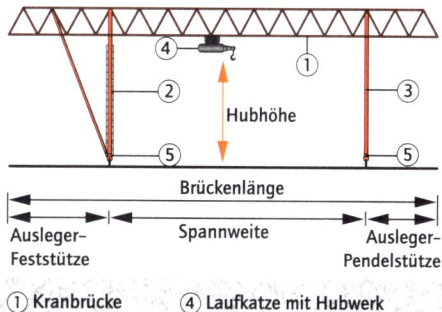

Ausleger

Führerhaus

Gegen-
gewicht

Ausladung 55 m

1550 kg

50 m

2150 kg

Traglast

45 m

2550 kg

40 m

Hubhöhe

3050 kg

Unter-
wagen

❷ Schema eines Vollportalkrans

④

②

① Hubhöhe ③

⑤ ⑤

Brückenlänge

Ausleger-
Feststütze

Spannweite

Ausleger-
Pendelstütze

① **Kranbrücke**   ④ **Laufkatze mit Hubwerk**
② **Feststütze**   ⑤ **Fahrwerk**
③ **Pendelstütze**

❸ Aufbau eines Hubwerks

① **Planetengetriebe**
② **Seiltrommel**
③ **Kupplung**
④ **Elektrobremsmotor**
⑤ **Bremse**

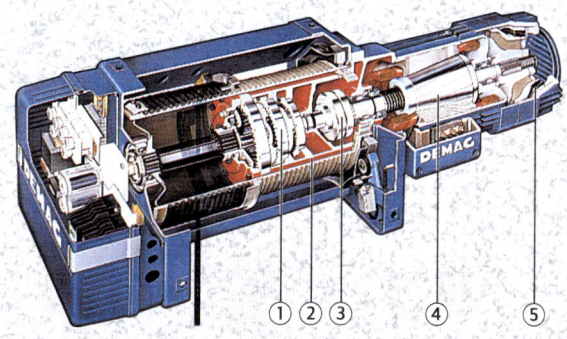

① ② ③   ④   ⑤

❹ Mobilkran mit Teleskopausleger
(70 t Traglast)

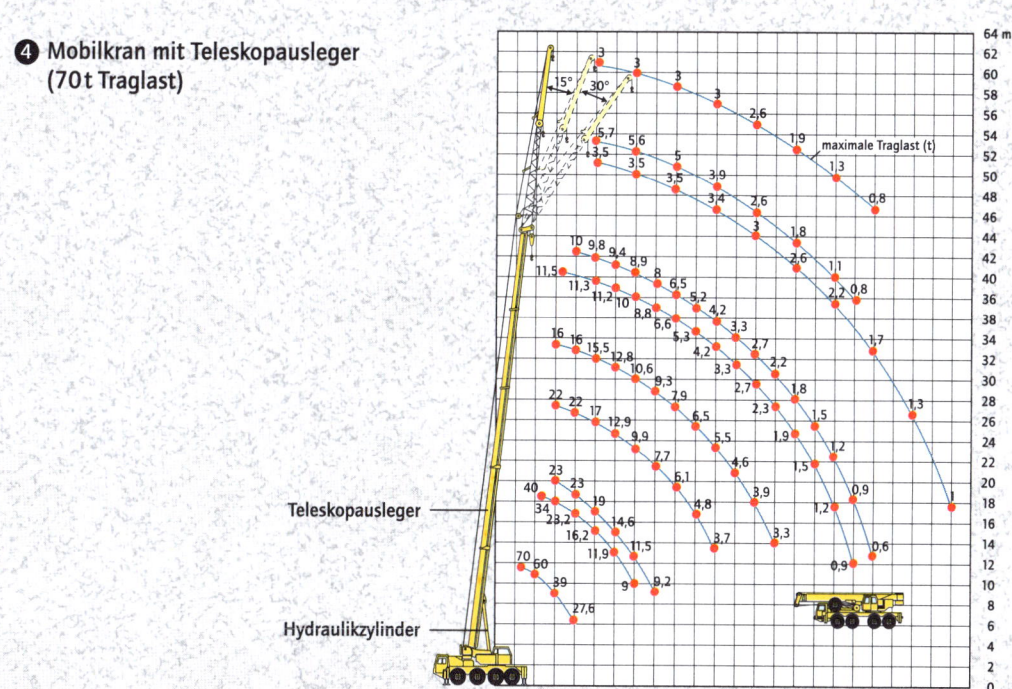

Teleskopausleger

Hydraulikzylinder

Zum Lösen, Verladen und Transport von Erde, Sand oder Abraum werden Bagger eingesetzt. Sie sind ebenso wie Krane (→) häufig so genannte Unstetigförderer. Allerdings existiert auch eine Reihe kontinuierlich arbeitender Maschinen, z. B. Schaufelradbagger. Bagger finden Verwendung bei Aushebe- und Verladearbeiten im Siedlungs-, Hoch- und Industriebau, im Straßen- und Eisenbahnbau zur Herstellung von Dämmen und Schneisen, im Kanal-, Fluss- und Hafenbau zur Erstellung von Fahrrinnen sowie zum Abbau von Bodenschätzen. Wichtige Bauarten sind Hydraulik-, Teleskop-, Eimerketten-, Schaufelrad- und Flachbagger.

Universalbagger ❶ ❷

Hydraulikbagger haben einen weiten Einsatzbereich („Universalbagger"). Sie sind mit einem Raupen- oder Radunterwagen ausgerüstet, auf dem drehbar der Oberwagen mit Ausleger, an dem sich das Grabgefäß befindet, gelagert ist. Die Bewegungen, z. B. Drehen, Fahren und Verstellen der Schaufel, werden durch hydrostatische Antriebe gewährleistet. Neben dem Betriebsgewicht und der Motorleistung ist insbesondere das Reichweitendiagramm von Bedeutung (Abb. 1). Als Grabgefäße kommen je nach Anwendungsbereich verschiedene Löffel und Greifer (Abb. 2) zum Einsatz. Die Auswahl richtet sich nach der Abbaumethode und ist an die Baggergröße anzupassen.

Teleskopbagger sind ähnlich aufgebaut wie Hydraulikbagger, besitzen jedoch einen nicht knickbaren Ausleger, der teleskopartig ausfahrbar und drehbar ist. Der dreieckige Teleskopausleger ist in einer Wippe gelagert und in seiner Längsachse beliebig drehbar. Dadurch kann nach oben und unten sowie in beide seitlichen Richtungen gearbeitet werden. Bei einer annähernd vertikalen Stellung nach unten können schmale und tiefe Schächte ausgehoben werden, je nach Länge des Teleskopauslegers bis zu 12 Meter Tiefe. Durch die große Reichweite des Auslegers und die geradlinige Führung des Arbeitswerkzeuges werden Teleskopbagger jedoch vor allem zur exakten Profilierung von Gräben und Böschungen, aber auch im Tunnel- und Bergbau eingesetzt.

Mehrgefäßbagger ❸

Eimerkettenbagger sind stetig arbeitende Mehrgefäßmaschinen, bei denen an einer endlosen Stahlgelenkkette schalenförmige Eimer befestigt sind. Die Eimerkette wird in einer festen Bahn geführt, die an beiden Enden mit Umlenkrollen versehen ist. Beim Lauf über die obere Rolle entleeren sich die Eimer, und das Transportgut kann mit Bandförderern weitertransportiert werden. Eimerkettenbagger kommen vor allem beim Aushub von Kiesgruben und für den Bau von Kanälen zum Einsatz. Derartige Bagger sind schienen- oder raupenfahrbar, jedoch aufgrund ihrer Größe meist schlecht manövrierbar. In der „Schwimmversion" sind Eimerkettenbagger in einen Schiffskörper eingebaut, um die Fahrrinne von Kanälen oder Flüssen auszubaggern.

Ebenso wie Eimerkettenbagger haben auch **Schaufelradbagger** (Abb. 3) ein eng begrenztes Arbeitsfeld. Bei diesem stetig arbeitenden Mehrgefäßbagger sind an der Spitze des Auslegers Schaufeln angebracht, an denen sich zum Lösen fester Bodenarten Reißzähne befinden. Das Schaufelrad hat einen Durchmesser von über 20 Metern und erlaubt hohe Abtragraten. Zum Abtransport des gelösten Materials ist neben dem Schaufelradausleger ein Gegenausleger mit einem Transportband installiert. Eingesetzt werden die Maschinen vorwiegend im Tagebau, z. B. zur Gewinnung von Braunkohle.

Flachbagger ❹

Zum Abtragen relativ dünner Erdschichten werden Flachbagger verwendet, zu denen insbesondere Planierraupen, Grader, Laderaupen und Schürfwagen (Scraper) gehören. Im Gegensatz zu den oben beschriebenen Baggertypen wird bei diesen Bauarten stets das gesamte Gerät bewegt.

Planierraupen sind mit einem heb- und senkbaren Brustschild vor der eigentlichen Raupe ausgestattet. Wirtschaftlich sinnvoll ist ihr Einsatz nur bei Transportentfernungen von maximal 60 Metern. Die Raupen werden zum Abschieben von Bodenschichten oder für grobe Planierarbeiten verwendet. Feinarbeiten erlaubt dagegen der **Grader**. Grader sind zwei- oder dreiachsige Maschinen, die das Planierschild (Schar) gerätemittig zwischen Vorder- und Hinterrädern angeordnet haben (Abb. 4). **Laderaupen** haben einen vergleichbaren Aufbau wie Planierraupen, anstatt des Schildes besitzen sie jedoch eine Ladeschaufel und der Motor ist als Gegengewicht zur Schaufel (und deren Inhalt) weiter hinten eingebaut. Mit Laderaupen kann Schüttgut oder das von den Planierraupen gelöste Material in der Ladeschaufel aufgenommen und weitertransportiert werden. Für das Abräumen großer Flächen oder zum Transport von viel Material eignen sich **Schürfwagen**. Der Transportbehälter ist so angeordnet, dass er während der Vorwärtsfahrt in den Boden schneidet und Material abschürft.

❶ Reichweitendiagramm eines
Hydraulikbaggers mit Raupenunterwagen

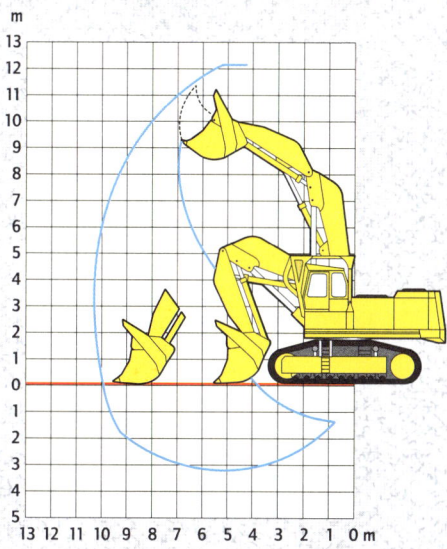

❷ Unterschiedliche Löffel- und Greifertypen
von Hydraulikbaggern

Universallöffel

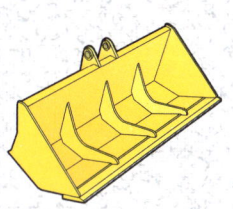

Grabenräumschaufel

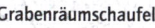
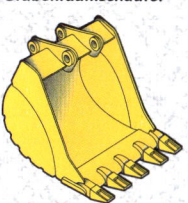

Zweischalengreifer

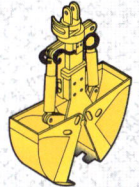

Polypgreifer

❸ Schaufelradbagger

❹ Grader

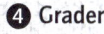

Seit dem Bau des ersten Kraftfahrzeuges im Jahre 1885 durch den deutschen Ingenieur Carl Benz (1844–1929) hat der Automobilbau eine rasante Entwicklung genommen. Heute versteht man in Abgrenzung zu anderen Fortbewegungsmitteln (z.B. Eisenbahn, Schiff) unter Kraftfahrzeugen selbstfahrende, maschinell angetriebene Landfahrzeuge, die nicht an Gleise gebunden sind und als Transport- oder Zugmaschinen dienen. Personenkraftwagen (Pkw) stellen dabei neben Lastkraftwagen und Bussen die wichtigste Bauform von Kraftfahrzeugen dar und bestehen aus den Elementen Motor, Kraftübertragung, Fahrwerk, Elektronik und Karosserie (Abb. 1).

Motor und Getriebe

Pkws werden vorwiegend von Viertakt-Ottomotoren (→ Ottomotor), aber auch Dieselmotoren (→) angetrieben. Diese Antriebskonzepte haben sich allgemein gegen den Zweitaktmotor und den in den 1950/60er-Jahren entwickelten Wankelmotor (→) durchgesetzt. Bei der Standardbauweise liegen der Motor und das zur Kraftübertragung notwendige Getriebe vorn. Der Antrieb erfolgt bei Klein- und Mittelklassewagen vorzugsweise auf die Vorderräder, bei größeren Pkws meist auf die Hinterräder. Daneben haben sich seit einigen Jahren auch für Straßenfahrzeuge Allradantriebe (→) etabliert. Für eine höhere Motorleistung wurden verschiedene Varianten der Aufladung (→) entwickelt, d. h. eine Vorverdichtung der Luft vor Eintritt in den Zylinder. Neuere Entwicklungen setzen auf alternative Antriebskonzepte, wie z. B. Brennstoffzelle (→), Erdgas- (→), Elektro- (→) oder Hybridantrieb (→).

Da Verbrennungsmotoren nicht „aus dem Stand" ein Drehmoment abgeben können, ist zur Übertragung der Motorleistung auf die Antriebsräder eine Kupplung (→) notwendig, die den untersten Drehzahlbereich überbrückt. Da die Leistung zudem im gesamten Geschwindigkeitsbereich des Pkw zur Verfügung stehen muss, ist zusätzlich ein Getriebe (→) erforderlich, durch welches Motordrehzahl, Beschleunigungs- und Steigvermögen sowie Geschwindigkeit einander angepasst werden. In den 1930er-Jahren wurden in den USA Automatikgetriebe entwickelt, deren verwendete hydraulische Drehmomentwandler und Planetengetriebe sich heute weltweit durchgesetzt haben.

Fahrwerk

Zum Fahrwerk (→) gehören alle Teile, die über die Sicherheit und den Fahrkomfort eines Fahrzeuges entscheiden, also vor allem Radaufhängung und Stoßdämpfer, aber auch Bremsen und weitere Elemente. Bei der Radaufhängung ist zwischen Konstruktionen für die Vorder- und die Hinterachse zu unterscheiden, wobei die Fahreigenschaften eines Pkw entscheidend von der Ausführung der Vorderachse abhängen. Sie übernimmt die Lenkbewegung, die Hauptlast beim Bremsen sowie, bei den meisten Fahrzeugen, den Antrieb. Im Allgemeinen befinden sich bei Pkws an beiden Achsen Einzelradaufhängungen, die einen optimalen Kontakt der Räder mit der Straße gewährleisten. Unterstützend wirken dabei die Stoßdämpfer.

Insbesondere im Bereich der Bremsen (→) fanden in den vergangenen Jahren neue Entwicklungen Einsatz, auch in kleinen und mittelgroßen Pkws. Scheibenbremsen gehören längst zum Standard, zusätzliche Sicherheit brachte jedoch in erster Linie das Anti-Blockier-System (ABS): Die Räder können selbst bei glatter Fahrbahn und Vollbremsung nicht mehr blockieren. Eine Weiterentwicklung stellt die Antriebs-Schlupf-Regelung (ASR) dar, die verhindert, dass die angetriebenen Räder auf Glätte beim Tritt auf das Gaspedal durchdrehen.

Elektronik

Die Fortschritte im Bereich der Sicherheit waren erst durch die Einführung der Elektronik möglich. Neue Scheinwerfersysteme mit wesentlich höherem Wirkungsgrad (Xenon-Gasentladungslampen) sowie Airbags erfordern eine komplexe Regelungselektronik, die erst durch Entwicklungen in der Mikroelektronik möglich waren. Auch im Bereich der Umwelttechnik hat die Elektronik zu Fortschritten geführt. So wurde erst durch elektronische Einspritzanlagen der Einsatz eines geregelten Katalysators (→) möglich.

Karosserie

Bei der Karosserie kommt es hauptsächlich darauf an, Insassen, Zuladung, Antrieb und Fahrwerk so anzuordnen, dass ein möglichst großes Raumangebot und niedrige Betriebskosten bei minimalen Herstellkosten erreicht werden. Insbesondere seit den Ölkrisen 1973/74 und 1978/79 steht die Karosserieentwicklung, neben optischen Anforderungen, im Zeichen eines möglichst niedrigen Luftwiderstands (cw-Wert).

Für die Zukunft zeichnet sich bei Pkws vor allem der verstärkte Einsatz neuer Materialien wie Kunststoffe und Aluminium ab, aber auch die Entwicklung verbrauchsarmer Motoren („Drei-Liter-Auto") und neuartiger Antriebe.

1 Hauptkomponenten eines Pkw

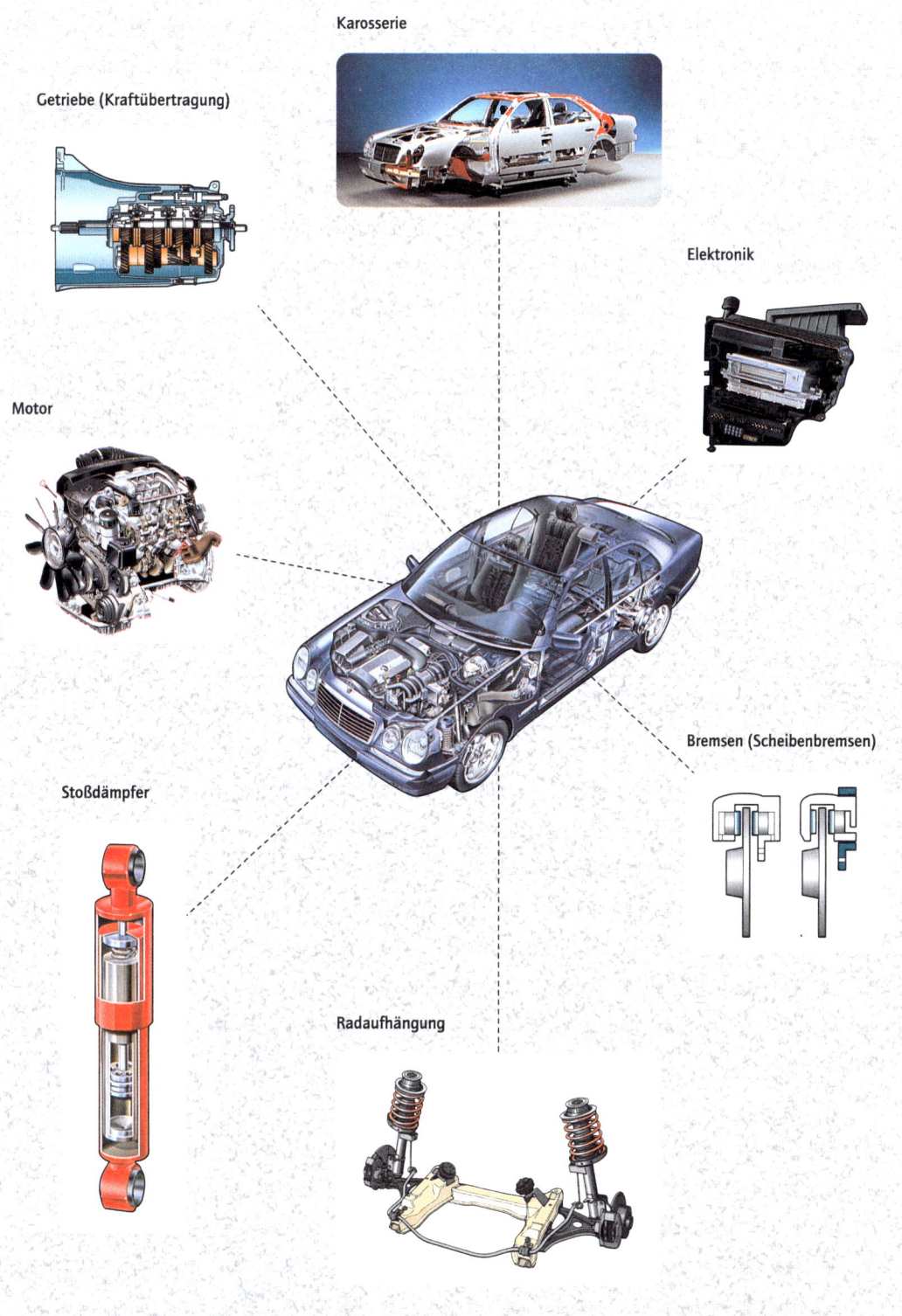

Karosserie

Getriebe (Kraftübertragung)

Elektronik

Motor

Stoßdämpfer

Bremsen (Scheibenbremsen)

Radaufhängung

Der Ottomotor (benannt nach Nikolaus August Otto, 1832–1891) ist eine Verbrennungskraftmaschine, welche die bei der Verbrennung eines Kraftstoff-Luft-Gemisches frei werdende thermische Energie in mechanische Energie umwandelt.

Dem flüssigen Kraftstoff wird in einem Vergaser oder einer Einspritzanlage (→) die zu seiner Verbrennung notwendige Luft beigemischt. Anschließend wird das entstandene brennfähige Kraftstoff-Luft-Gemisch im Zylinder verdichtet und durch den Funken einer Zündkerze gezündet (Fremdzündung). Durch die Ausdehnung des entstehenden Verbrennungsgases wird ein Druck erzeugt, der den Kolben im Zylinder abwärts bewegt und die Kurbelwelle, die das Nutzdrehmoment überträgt, durch eine mit dem Kolben verbundene Pleuelstange in Drehung versetzt. Schließlich drückt der sich aufwärts bewegende Kolben das verbrannte Gas aus dem Zylinder und ein frisches Kraftstoff-Luft-Gemisch wird eingebracht.

Man unterscheidet beim Ottomotor zwischen Vier- und Zweitakt-Verfahren. Als Takt wird dabei der Zeitraum bezeichnet, in dem der Kolben von einem zum anderen Totpunkt (Moment, in dem der Kolben seine Bewegungsrichtung ändert) zurücklegt.

Viertakt-Ottomotor ❶ ❷

Beim Viertaktmotor ist der gesamte Arbeitsvorgang in vier Takte (zwei Kolbenumdrehungen) unterteilt, wobei nur in einem Takt Energie frei wird (Abb. 1, 2).

1. Takt (Ansaugen): Durch den abwärts gehenden Kolben entsteht als Folge der Raumvergrößerung ein Unterdruck im Zylinder, wodurch bei geöffneten Einlassventilen und geschlossenen Auslassventilen ein frisches Kraftstoff-Luft-Gemisch in den Zylinder gesaugt wird.

2. Takt (Verdichten): Bei geschlossenen Ein- und Auslassventilen drückt der aufwärts gehende Kolben das Kraftstoff-Luft-Gemisch zusammen (Verdichtung). Der Druck steigt dabei auf etwa 10–15 bar, die Temperatur auf ca. 400–500 °C.

3. Takt (Arbeiten): Die Verbrennung des verdichteten Gemisches wird durch Zündung (Zündkerze) eingeleitet. Der Druck steigt auf 40–60 bar bei einer Temperatur von 2 000 bis 2 500 °C. Der durch die explosionsartige Ausbreitung der Verbrennungsgase entstehende Druck treibt den Kolben abwärts. Dabei wird die thermische Energie (Kraftstoffverbrennung) in mechanische Arbeit (Drehung der Kurbelwelle) umgewandelt.

4. Takt (Ausstoßen): Das Auslassventil öffnet, so-

dass die Verbrennungsgase durch den Restdruck (4–7 bar) ausströmen bzw. vom aufwärts gehenden Kolben aus dem Zylinder geschoben werden.

Zweitakt-Ottomotor

Im Gegensatz zum Viertaktmotor läuft der Arbeitsvorgang beim Zweitakter während einer Kurbelwellenumdrehung ab. Der Zweitaktmotor hat in der Regel keine Ventile, sondern eine Schlitzsteuerung: Einlass-, Auslass- und Überströmschlitz. Bei diesem Verfahren bilden Zylinder, Kolben und Kurbelgehäuse eine Pumpe. Bei jedem Kolbenhub vollziehen sich zwei Arbeitsvorgänge gleichzeitig (Ansaugen/Verdichten und Arbeiten/Ausstoßen; Abb. 3).

1. Takt (Ansaugen/Verdichten): Der Kolben bewegt sich aufwärts, wobei zunächst noch Auslass- und Überströmschlitz geöffnet sind. Dadurch strömt ein frisches, vorverdichtetes Kraftstoff-Luft-Gemisch durch den Überstromschlitz aus dem Kurbelgehäuse in den Zylinder, und die Abgase der vorhergehenden Verbrennung werden durch den Auslassschlitz ausgestoßen. Nach Verschluss von Auslass- und Überströmschlitz wird der Einlassschlitz freigegeben. Frisches Kraftstoff-Luft-Gemisch wird in das Kurbelgehäuse gesaugt und das vom vorhergehenden Takt über den Überströmschlitz in den Zylinder geströmte Gemisch verdichtet.

2. Takt (Arbeiten/Ausstoßen): Kurz vor Erreichen des oberen Kolbentotpunktes wird das Kraftstoff-Luft-Gemisch gezündet und der Kolben durch den Druck der Verbrennungsgase nach unten getrieben (Arbeiten). Unter dem Kolben wird nach Verschließen des Einlassschlitzes das frische Gemisch im Kurbelgehäuse leicht verdichtet. Während der Abwärtsbewegung des Kolbens wird der Auslassschlitz freigegeben, durch den die verbrannten Gase ausströmen. Gleichzeitig strömt frisches Kraftstoff-Luft-Gemisch aus dem Kurbelgehäuse über den Überstromschlitz in den Zylinder.

Bauformen ❷

Da Einzylindermotoren einen unruhigen Lauf haben, werden üblicherweise Mehrzylindermotoren in Reihen-, V- (Abb. 2) oder Boxeranordnung gebaut, bei denen die einzelnen Zylinder zeitlich versetzt arbeiten. Wegen der hohen Temperaturen und Drücke kommen derzeit insbesondere metallische Werkstoffe (Stahl, Gusseisen, Aluminium etc.) beim Motorenbau zum Einsatz. Sie verfügen über eine hohe Verschleißfestigkeit und Härte, gute Wärmeleitfähigkeit, geringe Wärmeausdehnung und erlauben eine einfache Verarbeitung (gieß-, härt-, schweißbar etc.).

❶ Wirkungsweise eines Viertakt-Ottomotors

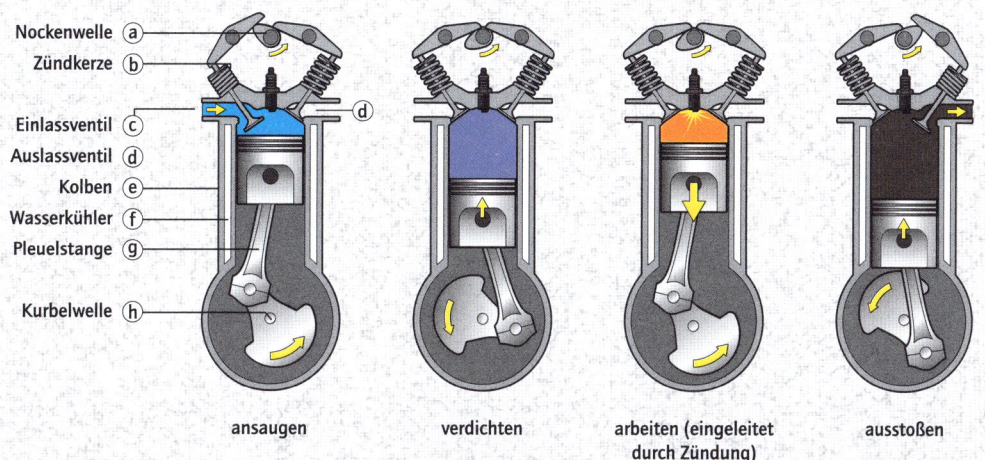

Nockenwelle ⓐ
Zündkerze ⓑ

Einlassventil ⓒ
Auslassventil ⓓ
Kolben ⓔ
Wasserkühler ⓕ
Pleuelstange ⓖ

Kurbelwelle ⓗ

ansaugen   verdichten   arbeiten (eingeleitet durch Zündung)   ausstoßen

❷ Schnitt durch einen Sechszylinder-V-Motor

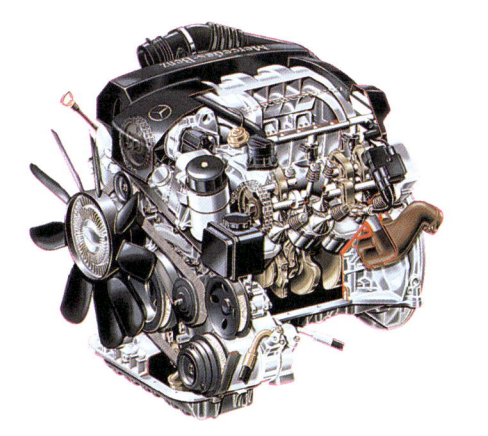

❸ Kurbelkastengespülter Zweitakt-Ottomotor

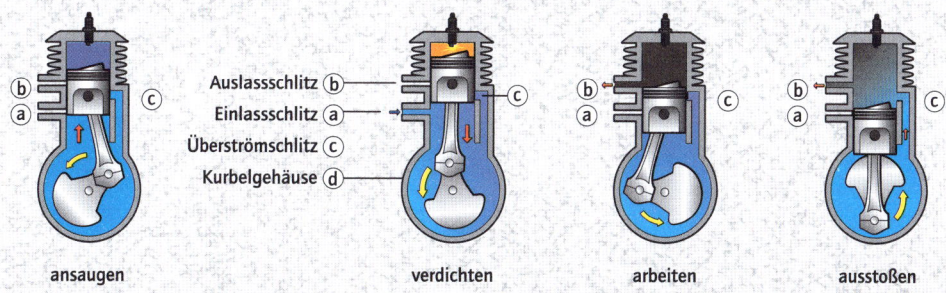

Auslassschlitz ⓑ
Einlassschlitz ⓐ
Überströmschlitz ⓒ
Kurbelgehäuse ⓓ

ansaugen   verdichten   arbeiten   ausstoßen

Funktionsweise

Im Gegensatz zum Ottomotor (→) erfolgt beim Dieselmotor (benannt nach Rudolf Diesel, 1858-1913) die Bildung des Kraftstoff-Luft-Gemisches erst im Zylinder. Dort wird reine Luft angesaugt, die weit höher verdichtet (30-55 bar) und dabei auf etwa 700-900 °C erhitzt wird. In die verdichtete, heiße Luft wird Kraftstoff eingespritzt, der sich mit der Luft vermischt und verdampft. Die Temperatur im Zylinder reicht aus, um das Gemisch dann zur Selbstzündung zu bringen (keine Zündkerzen, eventuell aber Glühkerzen notwendig). Die Zeit zwischen dem Einspritzbeginn und der Selbstzündung wird Zündverzug genannt und beträgt ca. $1/_{1000}$ Sekunde. Der Zündverzug ist umso kürzer:

- je heißer die Luft, d.h. je höher der Kompressionsdruck ist,
- je besser Luft und Kraftstoff vermischt sind,
- je feiner der Kraftstoff zerstäubt ist und
- je höher die Zündwilligkeit des Kraftstoffes ist (Cetanzahl).

Falls sich als Folge eines zu langen Zündverzuges eine große Kraftstoffmenge im Zylinder ansammelt, entzündet sich das Kraftstoff-Luft-Gemisch sehr schnell und verbrennt schlagartig: Der Motor „nagelt".

Dieselmotoren arbeiten ebenso wie Ottomotoren nach dem Zwei- oder Viertaktverfahren. Auch die Abläufe im Zylinder nach der Verbrennung des Kraftstoff-Luft-Gemisches verlaufen gleich. Die Verbrennung hängt entscheidend von der Gemischbildung ab, für die verschiedene Verfahren entwickelt wurden.

Indirekte Einspritzverfahren ❶

Diese Verfahren sind dadurch gekennzeichnet, dass die Brennräume geteilt sind. Sie werden vorwiegend bei Pkws eingesetzt.

Wirbelkammerverfahren (Abb. 1a): Kennzeichen dieses Verfahrens ist eine vor dem Hauptbrennraum angeordnete, annähernd kugelförmige Wirbelkammer, in die während des Verdichtungsvorganges der größte Teil der Verbrennungsluft strömt. Dabei entsteht ein starker Luftwirbel, in den mit 100-125 bar Kraftstoff eingespritzt wird. Nachdem sich das Gemisch entzündet hat, greift die Verbrennung auf den Hauptbrennraum über. Das Verfahren eignet sich für hohe Drehzahlen und zeichnet sich durch einen weichen Motorlauf aus.

Vorkammerverfahren (Abb. 1b): Dabei wird über eine oder mehrere Öffnungen die Luft aus dem Hauptbrennraum in die Vorkammer gedrückt. Die Kraftstoffeinspritzung in die Vorkammer erfolgt am Ende des Verdichtungsvorganges mit ca. 120-140 bar. Nach der Selbstzündung verbrennt dort aufgrund der geringen Sauerstoffmenge nur ein Teil des Kraftstoffes. Die Flamme schießt durch den Druckanstieg in der Vorkammer in den Hauptbrennraum, was zu hoher Turbulenz und damit zu schneller Verbrennung des restlichen Brennstoffes führt.

Beide Einspritzverfahren benötigen eine Starthilfe (Glühkerze) und weisen einen höhere Kraftstoffverbrauch auf als Motoren mit direkter Einspritzung.

Direkte Einspritzung ❷

Bei diesen Verfahren, die vorwiegend bei Lkws eingesetzt werden, wird auf eine Unterteilung der Brennräume verzichtet und der Kraftstoff direkt in den einzigen vorhandenen Brennraum eingespritzt. Um eine gute Verbrennung zu erzielen, ist eine intensive Luftbewegung notwendig. Die Verbrennung findet im Zylinder oder einer Kolbenmulde statt. Es existieren zwei Möglichkeiten der direkten Einspritzung:

Wandverteilend (Abb. 2a): Der Kraftstoff wird direkt mit ca. 170-200 bar auf die Wand des kugelförmigen und in die Kolbenmitte eingelassenen Brennraumes gespritzt. Etwa 95 % des Kraftstoffes bilden einen Film auf der Brennraumwand, während ca. 5 % durch die Einspritzstrahlenergie fein zerstäubt in die verdichtete, heiße Luft gelangt. Es findet eine Selbstzündung statt, welche die Verbrennung einleitet. Der Kraftstofffilm wird dabei abgedampft und verbrannt. Das Verfahren zeichnet sich durch einen niedrigen Kraftstoffverbrauch und geringe Rußentwicklung aus.

Luftverteilend (Abb. 2b): Bei diesem Verfahren wird der Kraftstoff mit 175-200 bar in eine flache Brennraummulde im Kolben eingespritzt und durch Luftdrall (Mehrlochdüsenverfahren) und/oder durch die Energie der Einspritzstrahlung (Strahleinspritzverfahren) verwirbelt. Es kommt zur Selbstzündung und Verbrennung des Kraftstoffes. Das Verfahren reagiert empfindlich auf schwankende Kraftstoffqualitäten.

Vergleich Dieselmotor – Ottomotor ❸

Der Dieselmotor erreicht durch geringe Verluste bei den Auspuffgasen einen höheren Wirkungsgrad als der Ottomotor (Abb. 3a und 3b). Bei guter Verbrennung (kaum Ruß) weist er auch günstige Abgaswerte auf. Infolge der höheren Spitzendrücke bei der Verdichtung muss der Dieselmotor stärker gebaut sein und erreicht dadurch ein höheres Leistungsgewicht und eine längere Lebensdauer.

❶ Indirekte Einspritzung beim Dieselmotor

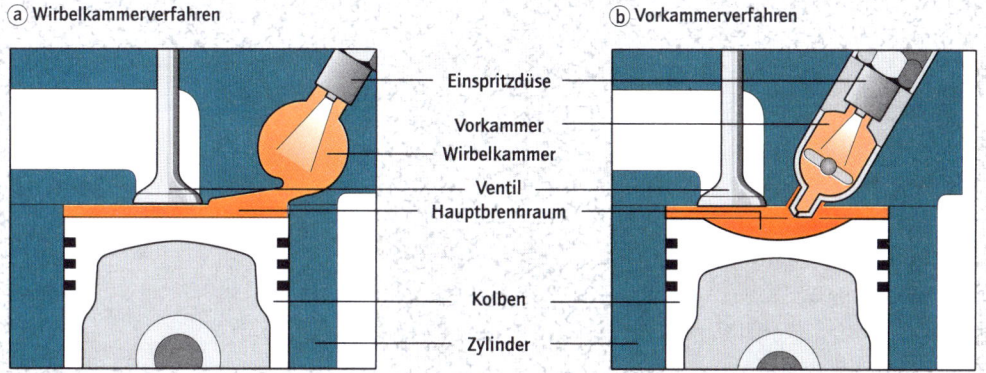

ⓐ Wirbelkammerverfahren ⓑ Vorkammerverfahren

Einspritzdüse
Vorkammer
Wirbelkammer
Ventil
Hauptbrennraum
Kolben
Zylinder

❷ Direkte Einspritzung beim Dieselmotor

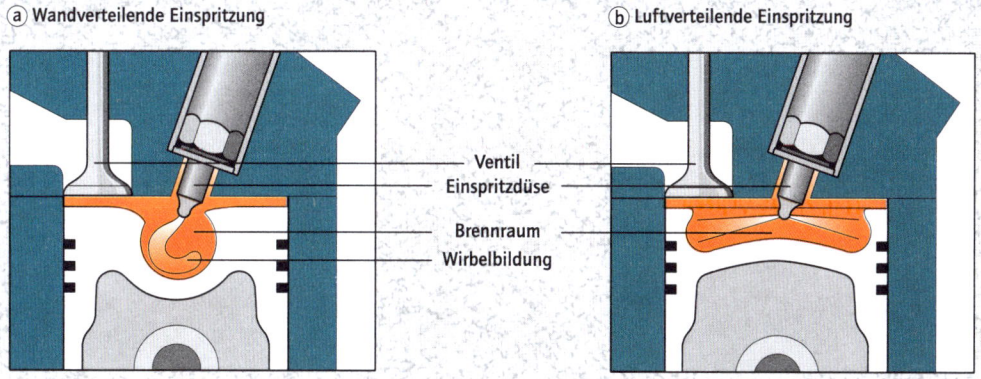

ⓐ Wandverteilende Einspritzung ⓑ Luftverteilende Einspritzung

Ventil
Einspritzdüse
Brennraum
Wirbelbildung

❸ Vergleich Ottomotor–Dieselmotor

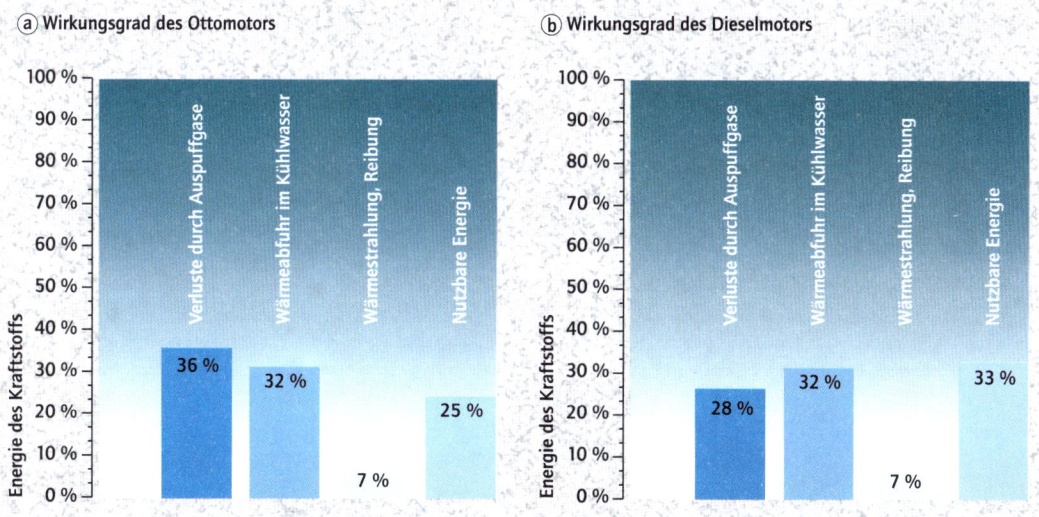

ⓐ Wirkungsgrad des Ottomotors ⓑ Wirkungsgrad des Dieselmotors

Energie des Kraftstoffs

Verluste durch Auspuffgase — 36 %
Wärmeabfuhr im Kühlwasser — 32 %
Wärmestrahlung, Reibung — 7 %
Nutzbare Energie — 25 %

Verluste durch Auspuffgase — 28 %
Wärmeabfuhr im Kühlwasser — 32 %
Wärmestrahlung, Reibung — 7 %
Nutzbare Energie — 33 %

Der von Felix Wankel (1902–1988) bei der Firma NSU in Neckarsulm entwickelte Kreiskolbenmotor arbeitet nach dem Prinzip des Viertakt-Ottomotors (→ Ottomotor), hat jedoch anstelle der Hubkolben dreiecksförmige Kolben/Scheiben (Abb. 1), die in einem ovalen, in der Mitte leicht eingeschnürten Gehäuse (Kurvenform einer Epitrochoide) rotieren (Abb. 2). Beim Umlauf des Kolbens bilden dessen drei Kanten mit der Gehäusewand drei Kammern (A, B, C) mit variablem Volumen, in denen jeweils während einer Kolbendrehung ein vollständiger Viertakt-Ottoprozess mit Ansaugen, Verdichten, Arbeiten und Ausstoßen abläuft. Es spielen sich somit in den drei Kammern immer drei von vier Arbeitstakten gleichzeitig ab und nach jeder vollen Kolbendrehung hat der Motor dreimal den kompletten Viertakt-Ottoprozess durchlaufen.

Der Kolben ist dreieckförmig, wobei seine drei gleich langen Seiten nach außen gewölbt (konvex) sind (Abb. 1). In die drei Eckkanten sowie die Seitenflächen des Kolbens sind Dichtelemente eingelassen. Bei der Drehung liegen die drei Ecken ständig an der Gehäusewand an, wodurch der Mittelpunkt des Kolbens während der Rotation einen geschlossenen Kreis beschreibt. Diese Kreisbahn wird durch eine zentrisch im Motor angebrachte Welle bewirkt, die im Bereich des Kolbens als Exzenter ausgebildet ist. Weiterhin befindet sich im Kolben ein Hohlrad mit Innenverzahnung, das sich auf einem am seitlichen Motorgehäuse befestigten Zahnrad abwälzt. Diese Verzahnung dient lediglich zur Bewegungssteuerung des Kolbens, der sich mit seiner Innenverzahnung auf dem fest stehenden Zahnrad „abstützt" und dabei gleichzeitig eine Drehbewegung auf die Exzenterwelle ausübt. Die Exzenterwelle ist daher vergleichbar mit der Kurbelwelle des Ottomotors. Kolbenhohlrad und fest stehendes Ritzel (Zahnrad) haben ein Zähnezahlenverhältnis von 3 : 2, d. h., der Kolben dreht sich mit zwei Drittel der Winkelgeschwindigkeit der Exzenterwelle.

Arbeitsweise des Wankelmotors ❷ ❸

Die einzigen bewegten Teile des Wankelmotors sind der Kolben sowie die Exzenterwelle. Die Einlass- und Auslassöffnungen (Schlitze) werden vom Kolben selbst geöffnet und geschlossen. Die sichelförmigen Kammern ändern infolge der überlagerten Kreis- und Drehbewegung des Kolbens ihren Rauminhalt. Abb. 2 zeigt die nach dem Viertaktverfahren des Ottomotors ablaufenden Arbeitstakte:

1. Takt (Ansaugen): Kammer A vergrößert sich von Stellung a) bis d), sodass durch die Einlassöff-nung frisches Kraftstoff-Luft-Gemisch einströmt.

2. Takt (Verdichten): Bei der Drehung des Kolbens wird Kammer A allmählich zu Kammer B. Der Rauminhalt von Kammer B verkleinert sich von Stellung a) bis in Stellung c), wodurch das Kraftstoff-Luft-Gemisch in ihr komprimiert wird.

3. Takt (Arbeiten): Das verdichtete Gemisch in Kammer B wird gezündet. Bei weiterer Drehung des Kolbens in Stellung d) vergrößert sich Kammer B und wird zu Kammer C. Durch die Verbrennung dehnt sich das Kraftstoff-Luft-Gemisch aus und dreht den Kolben, der wiederum die Exzenterwelle antreibt.

4. Takt (Ausstoßen): Kammer C wird durch die Kolbendrehung zu Kammer A, deren linker Teil das verbrannte Kraftstoff-Luft-Gemisch beinhaltet, das in Stellung d) und a) durch die frei gewordene Auslassöffnung ausgestoßen wird.

Bei jeder vollen Umdrehung des Kolbens erfolgen somit drei Zündungen. Damit ist der Drehmomentverlauf eines Wankelmotors wesentlich gleichförmiger als bei einem Einzylinder-Ottomotor, bei dem lediglich eine Zündung pro zwei Kurbelwellenumdrehungen stattfindet. Bei einem Zweischeiben-Wankelmotor (Abb. 3) ergibt sich durch die um 180° versetzten Exzenter eine bessere Laufruhe als bei der zuvor beschriebenen Ausführung mit nur einem Kolben. Ein Dreischeiben-Wankelmotor ist in der Laufruhe vergleichbar mit einem Achtzylinder-Hubkolbenmotor. Durch dieses Aneinanderreihen mehrerer Motorzellen lassen sich mit geringem Bauaufwand bei kleinen Motorabmessungen große Leistungen verwirklichen.

Wichtige Entwicklungschritte waren 1963 der weltweit erste PKW mit Wankelmotor (NSU „Spider"), 1967 der NSU „Ro 80" und 1969 die Daimler-Benz-Studie „C 111" mit zunächst einem Dreischeibenmotor und 1970 mit vier Kolben (260 kW/350 PS). Obwohl in den 1970er-Jahren auch zahlreiche Motorradhersteller Wankelstudien vorstellten, wurde die Entwicklung und insbesondere die Massenfertigung von Kreiskolbenmotoren in den Folgejahren weitgehend eingestellt.

Vor- und Nachteile des Wankelmotors

Neben der hohen Laufruhe durch den gleichmäßigen Drehmomentverlauf liegt ein weiterer Vorteil in der geringen Teileanzahl und im geringen Raumbedarf. Von Nachteil sind, neben der schweren Realisierung eines Dieselmotors, der hohe Fertigungsaufwand sowie Kraftstoff- und Ölverbrauch. Zudem ist die Emission gesundheitsschädigender Kohlenwasserstoffe höher als z. B. beim Ottomotor.

❶ Kolben eines Wankelmotors

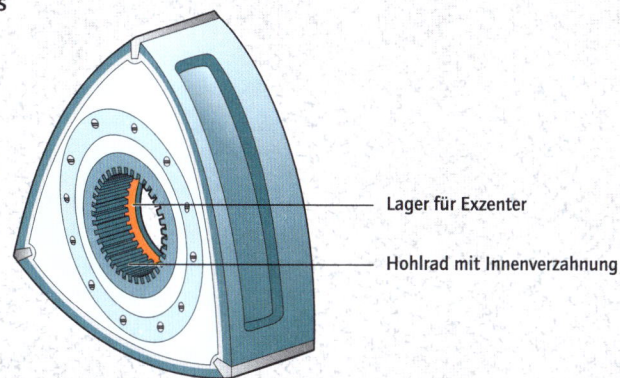

Lager für Exzenter

Hohlrad mit Innenverzahnung

❷ Arbeitstakte eines Wankelmotors

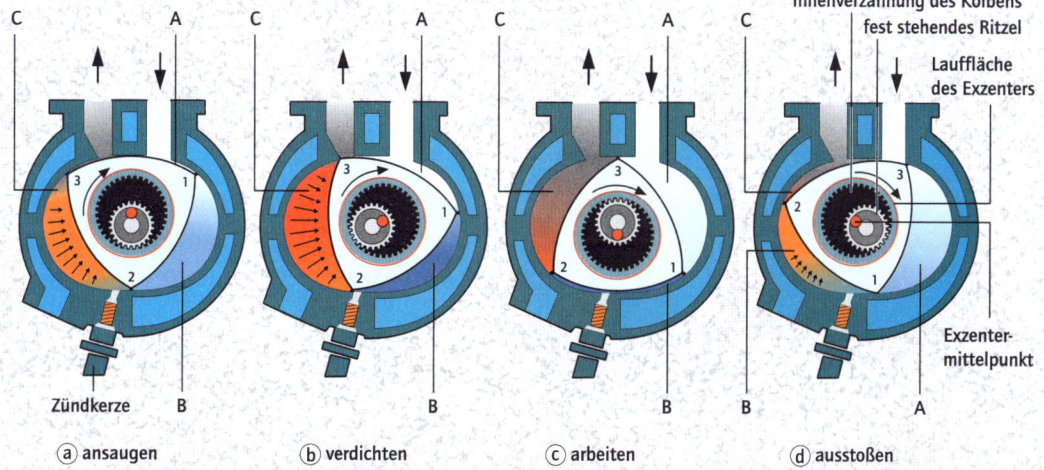

Innenverzahnung des Kolbens
fest stehendes Ritzel

Lauffläche
des Exzenters

Exzenter-
mittelpunkt

Zündkerze

ⓐ ansaugen   ⓑ verdichten   ⓒ arbeiten   ⓓ ausstoßen

❸ Zweischeiben-Wankelmotor

ⓐ Mantel
ⓑ Ölpumpe
ⓒ Exzenterwelle
ⓓ Gegengewicht
ⓔ Wasserpumpe
ⓕ Aggregatedeckel
ⓖ Seitenteil-Endzeit
ⓗ Zwischenteil
ⓘ Dichtbolzen
ⓙ Dichtleiste
ⓚ Seitenteil-Abtriebseite
ⓛ Starter
ⓜ Kolben

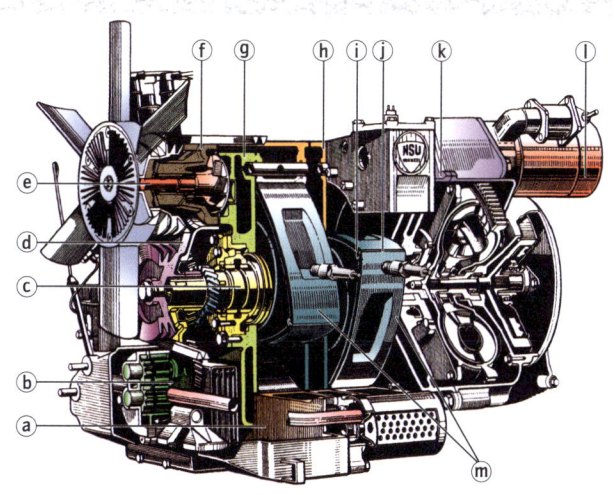

Zur Leistungssteigerung und Verbesserung des Drehmomentverlaufs werden in Verbrennungsmotoren verschiedene Varianten der Aufladung genutzt. Das Prinzip: Durch Verdichtung der zur Verbrennung des Kraftstoffes notwendigen Luft wird der Luftdurchsatz im Zylinder gesteigert, was bei gleicher Motordrehzahl und gleichem Hubraum zu einer höheren Leistungsabgabe durch eine bessere Kraftstoffverbrennung führt. Zu unterscheiden sind verschiedene Arten der so genannten „Lader": mechanische Lader, Abgasturbolader und Druckwellenlader.

Mechanische Lader ❶

Der klassische Lader für Benzinmotoren ist der Kompressor, dessen Antrieb direkt durch den Motor erfolgt, d.h., er verbraucht einen Teil seiner selbst erzeugten Leistung. Der Kompressor besteht in der Ausführung als Roots-Lader (Abb. 1) aus zwei annähernd luftdicht gegeneinander abgedichteten Drehkolben, die wie Zahnräder ineinander greifen (ohne sich zu berühren) und die Frischluft an den Gehäusewänden entlang zur Druckseite hin verdichten. Die Synchronisation der beiden Drehkolben geschieht durch Zahnräder außerhalb des Laders, die wiederum von der Kurbelwelle des Motors angetrieben werden. Durch diesen Kurbelwellenantrieb steht bereits bei kleinen Drehzahlen Ladedruck für die Zylinder zur Verfügung. Das von Abgasturboladern bekannte „Turboloch" im unteren Drehzahlbereich entfällt.

Abgasturbolader ❷

Motoren mit Kompressoraufladung finden nur noch vereinzelt Anwendung. Die Verdichtung der Frischluft übernehmen heute vielmehr Abgasturbolader (Abb. 2), deren Bezeichnung von der zweifach eingesetzten Turbine (Aufladegebläse und Abgasturbine) stammt. Das Aufladegebläse (Verdichterturbine) verdichtet die Frischluft. Die Abgasturbine, auf die die aus der Verbrennung des Kraftstoff-Luft-Gemisches entstandenen Abgase treffen und die dadurch in Rotation versetzt wird, treibt über die gemeinsame Welle die Verdichterturbine an. Turbolader nutzen damit die ansonsten verlorene Abgasenergie zur Luftverdichtung. Die Abgasturbine erreicht bis über 100 000 Umdrehungen pro Minute bei sehr hohen Temperaturen, was hohe Anforderungen an die verwendeten Werkstoffe sowie die Schmierung stellt.

Für Turbolader in Pkws ist wegen des großen Motordrehzahlbereichs meist eine Regelung notwendig, da ansonsten nur bei maximalem Abgasmassestrom und maximaler Abgastemperatur der volle Ladedruck für die „Füllung" der Zylinder bereit stehen würde. Um einen möglichst konstanten Ladedruck zu erzeugen, wird über ein Regelventil ein Teil der Motorabgase ungenutzt an der Abgasturbine vorbei zum Auspuff geführt.

„Turboloch"

Der Abgasturbolader ist nicht wie der Kompressor über die Kurbelwelle mit dem Motor gekoppelt (dort gleiche Lader- und Motordrehzahl). Eine Verbindung besteht lediglich durch den Luft- und Abgasmassestrom. Damit hängt die Laderdrehzahl nicht direkt von der Motordrehzahl ab, sondern vom Leistungsgleichgewicht zwischen Verdichter- und Abgasturbine. Im Unterschied zur mechanischen Aufladung (Kompressor) kommt dem Ansprechverhalten beim Turbolader wesentliche Bedeutung zu. Bei niedriger Motordrehzahl und wenig „Gas" durch den Fahrer steht unter Umständen nicht ausreichend Abgas zur Verfügung, sodass die Turbinen nur mit geringer Drehzahl laufen. Betätigt der Fahrer das Gaspedal, reagiert der Motor mit Verzögerung, da erst Abgas erzeugt werden muss, damit der Turbolader Druck für die Luftverdichtung liefern kann. Um dieses „Turboloch" zu vermeiden, werden Turbinen heute mit möglichst geringem Strömungsquerschnitt und kleinem Turbinenraddurchmesser gebaut. Dadurch entstehen kleinere Trägheitsmomente und der Lader kann schneller „hochlaufen".

Druckwellenlader ❸

Eine Verknüpfung mechanischer Lader mit dem Prinzip der Abgasturboaufladung erfolgt bei Druckwellenladern (Abb. 3). Bei diesen strömt das Abgas über die Abgasleitung in den Rotor und gibt Energie an die angesaugte Frischluft ab. Der Energieaustausch geschieht mit Schallgeschwindigkeit, wobei der Rotorantrieb direkt von der Kurbelwelle des Motors über einen Riemen erfolgt und dadurch eine Synchronisation von Lader- und Motordrehzahl besteht. Im Rotor wird die Luft komprimiert sowie beschleunigt und gelangt über die Ladeluftleitung in die Zylinder. Die Abgase werden über den Auspuff ausgestoßen.

Das Prinzip besitzt Vorteile gegenüber den anderen beiden Laderarten, da sich preiswerte Materialien einsetzen lassen, wenig Antriebsenergie notwendig ist und nicht die hohen Temperaturen wie beim Abgasturbolader entstehen. Als problematisch erweist sich die optimale Abstimmung der Öffnungen in Rotor-, Luft- und Gasgehäuse.

❶ Verdichtung der Frischluft beim Roots-Lader

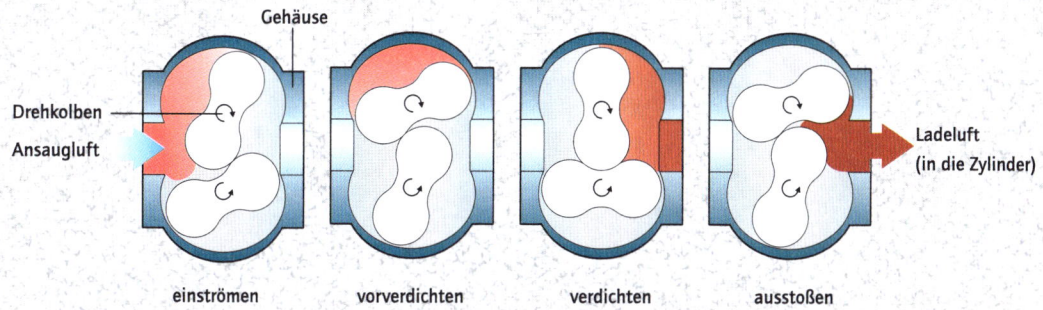

Gehäuse

Drehkolben

Ansaugluft

Ladeluft
(in die Zylinder)

einströmen　　　vorverdichten　　　verdichten　　　ausstoßen

❷ Abgasturbolader

ⓐ Schema　　　　　　　　　　　　　　　　ⓑ Querschnitt

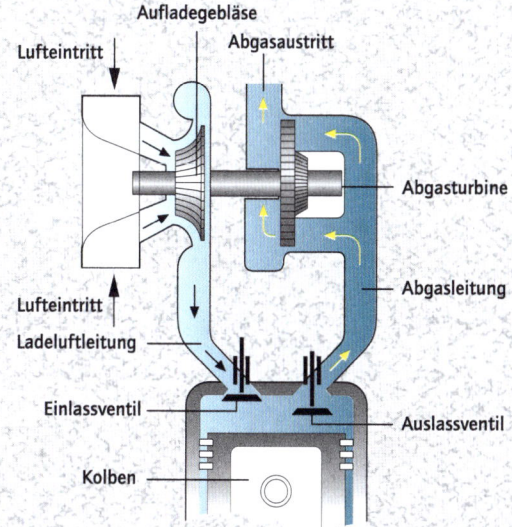

Aufladegebläse

Lufteintritt

Abgasaustritt

Abgasturbine

Abgasleitung

Lufteintritt

Ladeluftleitung

Einlassventil

Auslassventil

Kolben

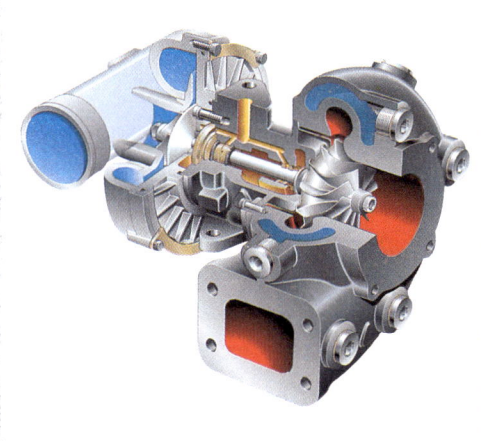

❸ Schema eines Druckwellenladers (Comprex)

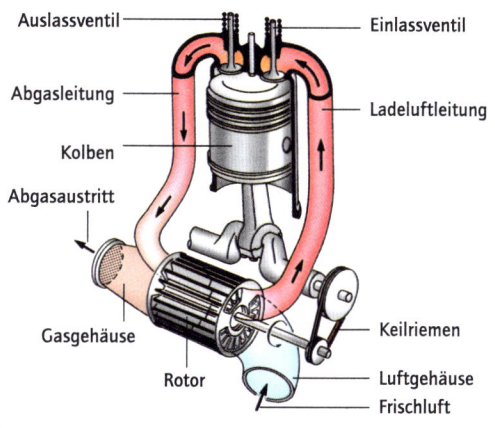

Auslassventil

Einlassventil

Abgasleitung

Ladeluftleitung

Kolben

Abgasaustritt

Gasgehäuse

Rotor

Keilriemen

Luftgehäuse

Frischluft

Das Kraftstoff-Luft-Gemisch zum Betrieb eines Verbrennungsmotors zündet und verbrennt im Zylinder nur innerhalb bestimmter Mischungsverhältnisse, die durch den Lambda-Wert (das Verhältnis von tatsächlich zugeführter Luftmenge zum theoretischen Luftbedarf) gekennzeichnet sind. Die Dosierung der für den jeweiligen Betriebszustand des Motors notwendigen Gemischzusammensetzung übernimmt entweder ein Vergaser oder eine Einspritzanlage. Bis Mitte der 1960er-Jahre existierten im Automobilbau fast ausschließlich Vergaser unterschiedlicher Ausführung; eine Wende zeichnete sich erst 1966 mit der erstmals in einem Großserienfahrzeug (VW 1600 Li) eingesetzten elektronischen Benzineinspritzung (Bosch D-Jetronic) ab. Durch eine derartige Anlage ist eine sehr genaue Bemessung des Kraftstoffes möglich und damit auch eine exakte Dosierung der Zusammensetzung des Kraftstoff-Luft-Gemisches. Dies ist insbesondere durch die Verschärfung der Abgasbestimmungen für Kraftfahrzeuge erforderlich.

Zentral- und Einzeleinspritzanlagen ❶ ❷

Zentraleinspritzanlagen (Single-Point-Injection, SPI) werden hauptsächlich für Fahrzeuge von ca. 1,0–1,8 l Hubraum bis ca. 80 kW (109 PS) Leistung verwendet. Durch die Beschränkung auf ein Einspritzventil (Abb. 1) sind sie kostengünstig zu produzieren. Am weitesten verbreitet ist die Mono-Jetronic, bei der es sich um ein elektronisch gesteuertes Niederdruckeinspritzsystem für Vierzylindermotoren handelt. Die Einspritzung erfolgt über ein zentral angeordnetes, elektromagnetisches Einspritzventil, das oberhalb der Drosselklappe sitzt und den Kraftstoff in sich wiederholenden Zeitabständen (intermittierend) in die von der Drosselklappe gesteuerte Ansaugluft einspritzt. Das Kraftstoff-Luft-Gemisch verteilt sich dann über das Saugrohr in die einzelnen Zylinder. Um die Gemischaufbereitung optimal dem jeweiligen Motorzustand anpassen zu können, ermitteln verschiedene Sensoren sämtliche wichtigen Motorkennwerte, aus denen die Steuersignale für das Einspritzventil, den Drosselklappensteller und weitere Regler berechnet werden.

Einzeleinspritzanlagen (Multi-Point-Injection, MPI) besitzen je Motorzylinder ein Einspritzventil (Abb. 2), was eine exakte Kraftstoffdosierung jedes einzelnen Zylinders erlaubt, sodass Füllgradunterschiede wie bei Zentraleinspritzanlagen nicht auftreten. Die Ventile spritzen den Kraftstoff direkt in die Einzelsaugrohre der Zylinder. Je nach Funktionsweise kann zwischen mechanischen und (teil-) elektronischen Anlagen unterschieden werden. Die

Fortschritte in der Elektronik haben jedoch dazu geführt, dass mechanische Einzeleinspritzanlagen in den 1980er-Jahren weitgehend verdrängt wurden.

Elektronische Einspritzung ❸

Eine elektronisch arbeitende und luftmengengesteuerte Einspritzung ist die L-Jetronic. Sie erfasst alle Veränderungen im Motor (Verschleiß, Ventileinstellungen etc.), wodurch eine gleich bleibend gute Abgasqualität erreicht werden kann. Derartige Anlagen wurden zu einem umfassenden Motormanagement aus kombiniertem Zünd- und Einspritzsystem weiterentwickelt (Motronic; Abb. 3), deren Abstimmung durch ein Steuergerät (f) vorgenommen wird. Dadurch ist eine gemeinsame Optimierung von Zündsteuerung und Gemischaufbereitung möglich.

Das Einspritzsystem der Motronic besteht aus den beiden Teilsystemen Luft- und Kraftstoffversorgung. Bei der L-Jetronic als Teil der Motronic erfolgt die notwendige Luftzufuhr über einen Luftmengenmesser (n) zur Drosselklappe und von dort in das Sammelsaugrohr (z). Die Kraftstoffversorgung übernimmt eine Elektrokraftstoffpumpe (b), die über einen Druckregler (e) den Einspritzdruck an den Ventilen (i) und dem Kaltstartventil (j) erzeugt. Jeder einzelne Zylinder besitzt ein Einspritzventil, das je Kurbelwellenumdrehung einmal betätigt wird. Diese Einspritzventile sind zur Reduzierung des Schaltungsaufwandes alle parallel geschaltet.

Der Unterschied zwischen Saugrohrdruck und Kraftstoffdruck wird auf etwa 2,5–3 bar konstant gehalten, sodass die in den Zylinder eingespritzte Kraftstoffmenge ausschließlich über die Öffnungsdauer der Ventile gesteuert wird. Die dazu notwendigen Steuerimpulse werden vom Steuergerät (f) hauptsächlich in Abhängigkeit von der angesaugten Luftmenge und der Motordrehzahl abgegeben. Weitere Einflussgrößen ergeben sich je nach Betriebszustand (z. B. Kaltstart) aus der gemessenen Motortemperatur (r) oder der Stellung der Drosselklappe (l), durch die eine Anpassung an verschiedene Motorlastzustände erfolgt.

Aus der Verknüpfung der verschiedenen Messdaten berechnet das Steuergerät anhand eines gespeicherten Last-Drehzahl-Kennfeldes die optimale Einspritzzeit der Ventile. Dieses Kennfeld wird durch Versuche auf Prüfständen sowie anschließende Fahrversuche bestimmt, und die daraus gewonnenen motorspezifischen Daten in einen Mikrochip übertragen, der anschließend in die Motronic eingebaut wird.

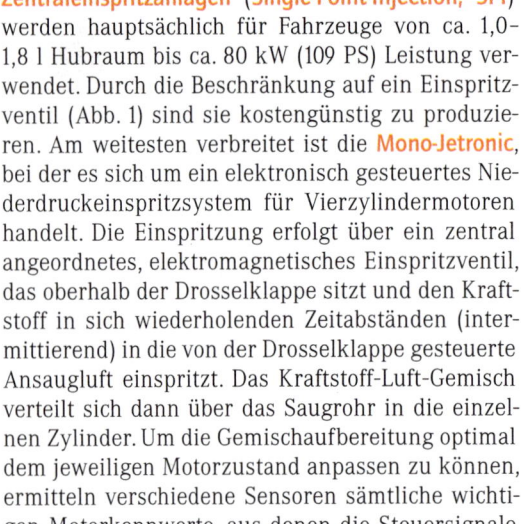

❶ Zentraleinspritzung

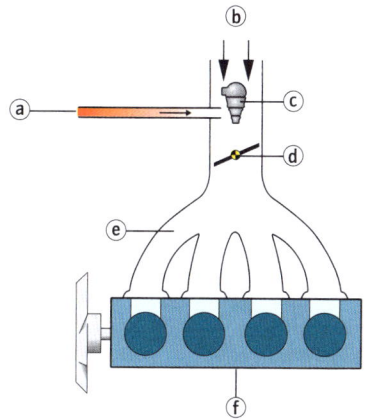

❷ Einzeleinspritzung

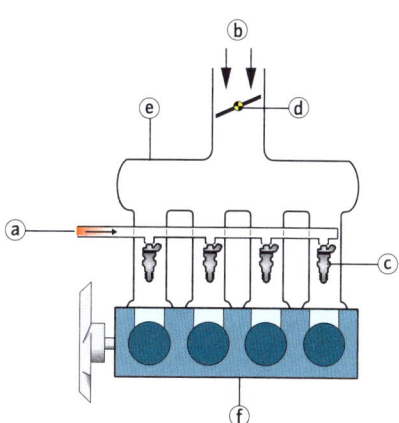

ⓐ Kraftstoff, ⓑ Luft, ⓒ Einspritzventil, ⓓ Drosselklappe, ⓔ Saugrohr, ⓕ Motor

❸ Motronic-Systemübersicht

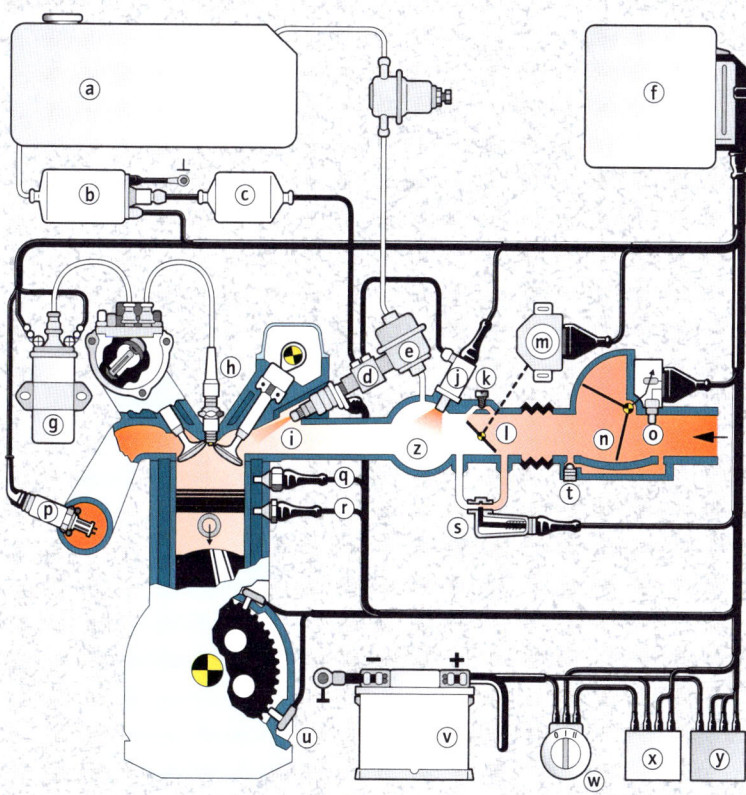

ⓐ Kraftstoffbehälter
ⓑ Kraftstoffpumpe
ⓒ Kraftstofffilter
ⓓ Kraftstoffverteiler
ⓔ Druckregler
ⓕ Steuergerät
ⓖ Zündspule
ⓗ Zündkerze
ⓘ Einspritzventil
ⓙ Kaltstartventil
ⓚ Leerlaufdrehzahl-
   Einstellschraube
ⓛ Drosselklappe
ⓜ Drosselklappenschalter
ⓝ Luftmengenmesser
ⓞ Lufttemperaturfühler
ⓟ Lambda-Sonde
ⓠ Thermozeitschalter
ⓡ Motortemperaturfühler
ⓢ Zusatzluftschieber
ⓣ Leerlaufgemisch-
   Einstellschraube
ⓤ Drehzahlgeber
ⓥ Batterie
ⓦ Zündstartschalter
ⓧ Hauptrelais
ⓨ Pumpenrelais
ⓩ Sammelsaugrohr

Hauptaufgabe des Fahrwerks ist die Führung eines Fahrzeuges auf der Fahrbahn. Wesentlich für ein Fahrwerk sind demnach die Konstruktion der Vorder- und Hinterachssysteme. Die Vorderachskonstruktion muss nicht nur die normalen Achsfunktionen wie Radführung und bei Frontantrieb die Kraftübertragung auf die Straße garantieren, sondern im Gegensatz zur Hinterachse zusätzlich die Lenkung aufnehmen. Die Vorderräder beeinflussen somit entscheidend das Fahrverhalten des Fahrzeugs. Als wichtiger Bestandteil sowohl der Vorder- als auch der Hinterachse verbindet die Radaufhängung die Räder mit der selbsttragenden Karosserie. Jedes Rad stützt sich einzeln über ein Federelement am Fahrzeug ab und kann sich dabei vorwiegend vertikal bewegen, um dadurch Fahrbahnunebenheiten auszugleichen. Zu unterscheiden sind bei der Achsgeometrie starre und halbstarre Achsen sowie Einzelradaufhängungen.

Radaufhängung ❶ ❷

Bei Starrachsen sind die beiden Räder durch einen starren Achskörper miteinander verbunden (Abb. 1a). Die Führung in Längsrichtung des Fahrzeugs erfolgt bei „angetriebenen" Hinterrädern durch Schubstreben, so genannte Längslenker. Vertikale Schwingungen werden durch Schraubenfedern gedämpft, die jedoch keine Seitenkräfte aufnehmen können. Diese Funktion übernimmt ein so genannter Panhardstab, der zwischen Achse und Karosserie angebracht ist. Halbstarre Achsen finden als Hinterachsen bei Frontantrieb Verwendung (Abb. 1b). Die Achsaufhängung erfolgt über zwei mit der Achse verbundene Längslenker, die zudem in Gummielementen gelagert sind.

Gegenüber (halb)starren Achsen hat die Einzelradaufhängung (Abb. 2) den Vorteil, dass keine Beeinflussung der Räder untereinander stattfindet und so allzeit ein guter Kontakt mit der Fahrbahn besteht. Zudem ist die ungefederte Masse des Fahrzeugs klein. Achsträger und Ausgleichsgetriebe/Differenzial (→ Allradantrieb) gehören anders als bei der Starrachse zu den gefederten Massen, d. h., sie machen die Radbewegungen bei Fahrbahnunebenheiten nicht mit. Je größer die ungefederte Masse im Verhältnis zum Fahrzeuggesamtgewicht ist, umso schlechter ist der Federkomfort, da Unebenheiten stärker auf die Karosserie übertragen werden. Bei der Einzelradaufhängung, die sowohl für Lenk- als auch Antriebsachsen verwendet werden kann, sind daher beide Räder einer Achse unabhängig voneinander über Lenker und Federbein mit dem Fahrzeugaufbau verbunden. Zu den gebräuchlichsten Bauformen der Einzelradaufhängung zählen Doppelquerlenker-, Federbein-, Dämpferbein- und Schräglenkerachse.

Stoßdämpfer ❸

Aufgrund der geringen Eigendämpfung der Federn einer Radaufhängung würden die Räder eines Fahrzeuges beim Überfahren von Fahrbahnunebenheiten zu Schwingungen angeregt, die ohne Dämpfung nur sehr langsam abklingen. Der Kontakt zwischen Reifen und Fahrbahn wäre entsprechend der Schwingfrequenz periodisch unterbrochen und die Karosserie würde schaukeln, worunter wiederum die Fahrsicherheit leiden würde. Der zwischen Fahrzeugaufbau und Radaufhängung eingebaute Stoßdämpfer lässt diese Schwingungen schnell abklingen, wobei heute insbesondere Zweirohr- und Einrohrstoßdämpfer eingesetzt werden (Abb. 3).

Weit verbreitet ist der Zweirohrstoßdämpfer, bei dem zwei Rohre ineinander geschoben sind. Der vom Kolben in den oberen und unteren Arbeitsraum unterteilte Arbeitszylinder ist ganz, der umgebende Ringraum teilweise mit Öl gefüllt. Beim Einfedern des Rades wird der Kolben im Arbeitsraum nach unten gedrückt und über die geöffneten Kolbenventile strömt Öl vom unteren in den oberen Arbeitsraum. Zugleich entweicht das von der eintauchenden Kolbenstange verdrängte Öl über das Bodenventil in den Ringraum. Das Bodenventil bietet dem Öl einen höheren Widerstand als das Kolbenventil und bestimmt dadurch die Dämpfung. Beim Ausfedern bewegt der Kolben sich im Arbeitsraum nach oben, und über die geöffneten Kolbenventile wird Öl vom oberen in den unteren Arbeitsraum gedrückt. Gleichzeitig strömt Öl über das Bodenventil aus dem Ringraum in den unteren Arbeitsraum. Zweirohrstoßdämpfer sind preiswert in der Herstellung, haben jedoch infolge der isolierenden Wirkung des Ringraumes lediglich eine indirekte und daher eher schlechte Wärmeabfuhr.

Beim Einrohr- oder Gasdruckstoßdämpfer wird die Reibungswärme direkt an die Umgebungsluft abgegeben. Der Stoßdämpfer arbeitet ähnlich wie die Zweirohrausführung, besitzt jedoch nur ein Rohr. Dieses ist bei der Trennkolbenausführung nicht vollständig mit Öl gefüllt, sondern unterhalb des beweglichen, dichten Trennkolbens befindet sich ein komprimiertes Gas. Diese Bauart ist durch die erforderliche hohe Fertigungsgenauigkeit teurer als der Zweirohrstoßdämpfer, hat jedoch den Vorteil, dass keine Ölschäumung auftritt und daher auch bei hoher Beanspruchung die Dämpfwirkung voll erhalten bleibt.

❶ Starre Radaufhängung

ⓐ Starrachse

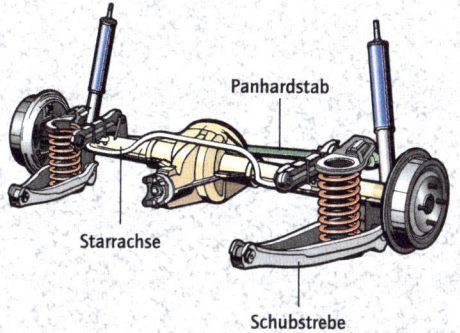

Panhardstab

Starrachse

Schubstrebe

ⓑ Halbstarre Torsionskurbelhinterachse

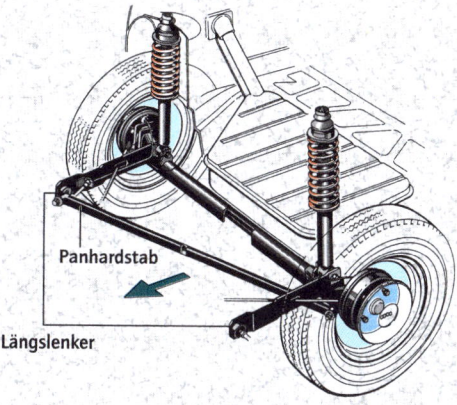

Panhardstab

Längslenker

❷ Einzelradaufhängung mit Federbein

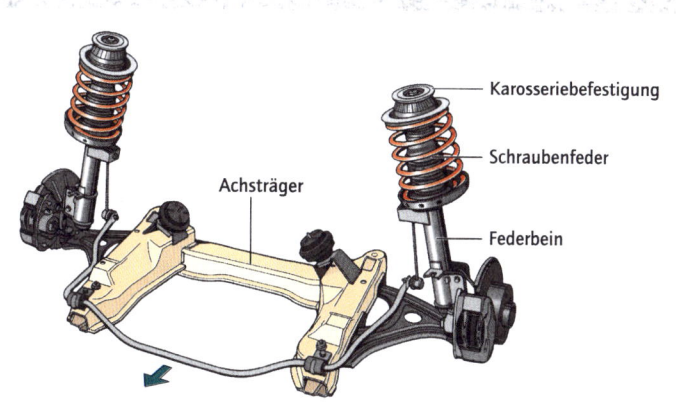

Karosseriebefestigung

Schraubenfeder

Achsträger

Federbein

❸ Stoßdämpfer

ⓐ Zweirohrstoßdämpfer

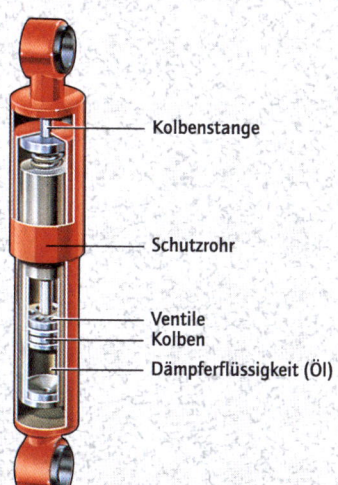

Kolbenstange

Schutzrohr

Ventile
Kolben
Dämpferflüssigkeit (Öl)

ⓑ Einrohrstoßdämpfer

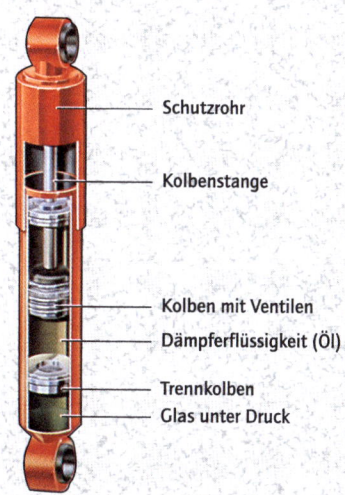

Schutzrohr

Kolbenstange

Kolben mit Ventilen

Dämpferflüssigkeit (Öl)

Trennkolben
Glas unter Druck

Pkws mit Allradantrieb stoßen seit Anfang der 1980er-Jahre auf zunehmendes Interesse. Der Vorteil des Allradantriebs, zunächst nur bei Militärfahrzeugen und Geländewagen interessant, besteht in einer besseren Übertragung der Motorkraft auf die Straße, was zu optimierten Fahreigenschaften im Gelände und bei Schnee sowie zu Vorteilen in der Straßenlage und bei der Sicherheit führt. Zudem lassen sich Anhängelasten besser bewegen. Abb. 1 zeigt schematisch den Antriebsstrang eines Allradantriebs. Grundsätzlich sind zwei Systeme zu unterscheiden:

- **Zuschaltbarer Allradantrieb**: Bei dieser einfachen Lösung wird entweder die Vorder- oder die Hinterachse permanent angetrieben und nur bei Bedarf wird die andere Achse zugeschaltet.
- **Permanenter Allradantrieb**: Es werden immer alle vier Räder angetrieben. Vorder- und Hinterachse sind durch ein sperrbares Differenzial miteinander verbunden, wobei je nach dessen Bauart das Motordrehmoment in einem bestimmten Verhältnis auf die Achsen verteilt wird.

Ein beispielhaftes **Verteilergetriebe** mit zuschaltbarem Allradantrieb zeigt Abb. 2. Das Verteilergetriebe ist vom Schaltgetriebe (→ Getriebe) getrennt und die Zuschaltung des auf der Vorgelegewelle (oben) angeordneten Vorderradantriebs darf nur bei stehendem oder ausrollendem Fahrzeug betätigt werden. Die Umschaltung vom Straßen- auf den Geländegang kann allerdings im Fahren erfolgen.

Normalerweise sind vierradgetriebene Fahrzeuge mit einem permanenten Allradantrieb ausgerüstet. Um zu verhindern, dass bei unterschiedlichen Wegstrecken von Vorder- und Hinterrädern (Kurvenfahrt) die Reifen radieren und sich das Fahrzeug durch die „Verspannung" des Antriebsstrangs schwerer lenken lässt, ist ein **Ausgleichsgetriebe** (**Differenzial**) notwendig. Es gleicht die Drehzahlunterschiede der Räder aus und verteilt das Antriebsmoment gleichmäßig. Für besondere Situationen (z.B. Glatteis) muss sich das Differenzial sperren lassen, da sonst die Traktion (Beschleunigungs- und Steigvermögen) auf das Niveau der Achse mit schlechtem oder gar keinem Bodenkontakt reduziert würde und das Fahrzeug daher keinen bzw. kaum noch Vortrieb hätte.

Visco-Kupplung ❸

Eine Standardantriebsanordnung ist ein Getriebe, das für die „Verteilung" der Antriebskraft auf die Vorder- und Hinterräder aus einem Planetengetrie-

be (→ Getriebe) und einer Visco-Kupplung (Abb. 3) besteht. Die Kupplung übernimmt die Funktion des sperrbaren Differenzials und besteht aus einer Anzahl glatter Blechscheiben, wobei die gelochten Außenlamellen in die Verzahnung des Kupplungsgehäuses und die geschlitzten Innenlamellen in die Abtriebswelle (Vorderachsantrieb) eingreifen. Im Kupplungsgehäuse befindet sich ein Silikonöl hoher Viskosität (Zähigkeit), das geringe Drehzahlunterschiede zwischen Antrieb und Abtrieb zulässt, z. B. bei Kurvenfahrten. Bei größeren Drehzahlunterschieden wird das Öl zwischen Innen- und Außenlamellen abgeschert und dadurch erwärmt. Die höhere Temperatur führt zu einem höheren Druck im Kupplungsgehäuse, sodass das Öl einen immer größeren Widerstand gegen die Drehzahlunterschiede bietet. Dies resultiert in einem Anstieg des übertragbaren Drehmoments, bis eine starre Verbindung hergestellt ist; das Differenzial ist gesperrt. Dieses Prinzip ermöglicht es, dass automatisch an der Antriebsachse mit der besseren Bodenhaftung mehr Drehmoment aufgebaut wird. Ein Handbetrieb des Differenzials durch den Fahrer ist nicht notwendig.

Torsen-Differenzial ❹

Eine weitere Bauform für selbstsperrende Differenziale ist das Torsen-Differenzial (Abb. 4). Bei dieser Bauart wird das Drehmoment vom Tellerrad und dem damit verbundenen Differenzialgehäuse zunächst auf die Schneckenradachsen und von diesen auf die Schneckenräder und dann auf die Schnecken übertragen. Drehzahldifferenzen gleichen die Ausgleichsräder (Stirnräder) aus. Durch die Sperrwirkung des Schneckengetriebes wird automatisch derjenigen Achse mehr Kraft zugeteilt, die einen besseren Bodenkontakt hat.

Automatisch schaltender Allradantrieb

Neben dem zuschaltbaren und permanenten Allradantrieb wurde ein **elektronisch geregelter Vierradantrieb** entwickelt, der in Abhängigkeit von den Straßenverhältnissen automatisch umschaltet (**4-Matic**). Drehzahlsensoren an der Hinterachse und beiden Vorderrädern (bei eingebautem ABS bereits vorhanden) melden, wann ein Rad oder eine Achse durchdreht, worauf ein Steuergerät Signale zum Zu- und Abschalten des Vorderradantriebs an ein Hydraulikaggregat gibt. Die 4-Matic stellt den intelligentesten Allradantrieb dar: Bei normalen Bodenverhältnissen wird das Fahrzeug durch den herkömmlichen Hinterradantrieb bewegt und erst unter schwierigen Fahrbedingungen schaltet die Elektronik den zusätzlichen Vorderradantrieb zu.

❶ Antriebsstrang bei Allradfahrzeugen

ⓐ Motor
ⓑ Getriebe
ⓒ Verteilergetriebe
ⓓ Hinterachsantrieb
ⓔ Ausgleichsgetriebe
ⓕ Vorderachsantrieb

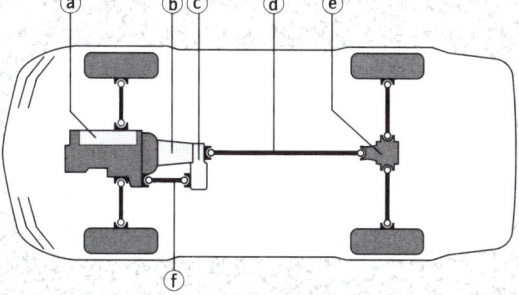

❷ Verteilergetriebe eines zuschaltbaren Allradantriebs

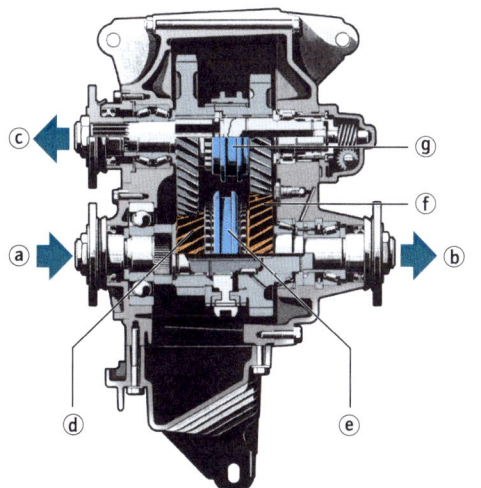

ⓐ Antrieb vom Schaltgetriebe
ⓑ Abtrieb zur Hinterachse
ⓒ Abtrieb zur Vorderachse
ⓓ Antriebsrad Geländegang
ⓔ Schiebemuffe
  Straßen-/Geländegang
ⓕ Antriebsrad Straßengang
ⓖ Schiebemuffe
  Vorderradantrieb
  Fahrtrichtung

❸ Aufbau einer Visco-Kupplung

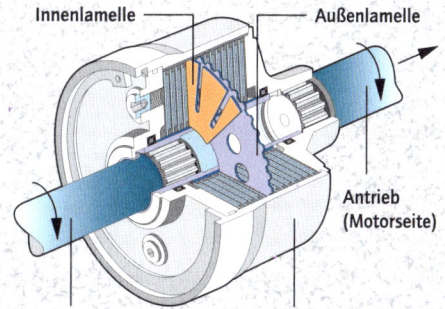

Innenlamelle
Außenlamelle
Antrieb (Motorseite)
Antrieb (Vorderachsgetriebe)
Kupplungsgehäuse

❹ Torsen-Differenzial für den Einbau in einer Hinterachse

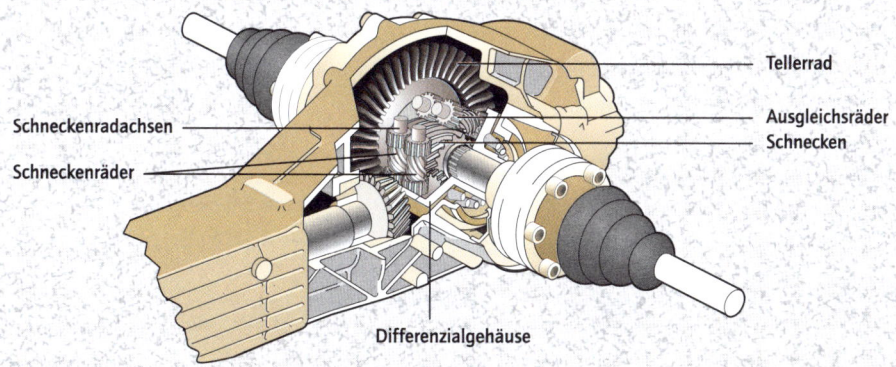

Tellerrad
Ausgleichsräder
Schnecken
Schneckenradachsen
Schneckenräder
Differenzialgehäuse

Verbrennungsmotoren geben ihre Leistung in einem begrenzten Drehzahlbereich ab. Da jedoch die Antriebskraft auf die Räder an verschiedene Fahrsituationen angepasst werden muss, ist ein variables Übersetzungsverhältnis zwischen Motor und Antriebsrädern erforderlich. Diese Aufgabe übernimmt das Getriebe.

Handschaltgetriebe ❶ ❷

Heute finden ausschließlich vollsynchronisierte Getriebe Anwendung, bei denen alle Zahnräder ständig im Eingriff sind (Abb. 1). Die einzelnen Zahnradpaare sind so konstruiert, dass das eine Zahnrad drehfest mit der Vorgelegewelle verbunden ist, während das andere Rad auf der Hauptwelle lose drehen kann. Beim Schalten eines Ganges muss zwischen dem losen Rad und der Hauptwelle eine feste Verbindung hergestellt werden. Dazu werden Schaltelemente verwendet. Die Funktion dieser Synchronisierung zeigt Abb. 2:

- **Leerlauf**: Die Schiebemuffe ist in Mittellage und hat keine Verbindung zu dem Kupplungskörper, der mit dem Losrad verbunden ist. Das Losrad dreht sich frei.
- **Gangschalten**: Durch Verschieben der Schiebemuffe wird über das Druckstück der Synchronring gegen den Kupplungskörper gedrückt. Infolge der Drehzahldifferenz zwischen Synchronring und Kupplungskörper ist das Reibmoment an den Kegelreibflächen zwischen beiden größer als das Rückstellmoment der Zahnflanken. Die Schiebemuffe kann nicht weitergeschaltet werden, da die Zahnflanken des Synchronrings das Durchschalten sperren. Durch die Reibung wird jedoch der Kupplungskörper beschleunigt oder abgebremst bis Gleichlauf hergestellt ist.
- **Schaltstellung**: Sobald Synchronring und Kupplungskörper die gleiche Drehzahl haben, dreht die Schiebemuffe den Synchronring zurück. Die Schiebemuffe kann nun über die Verzahnung des Synchronrings hinweg in die Verzahnung des Kupplungskörpers geschoben werden.

Automatikgetriebe

Bei Handschaltgetrieben muss der Fahrer das Schalten der Gänge sowie die Betätigung der Kupplung selbst übernehmen. Demgegenüber wählen Automatikgetriebe entsprechend der jeweiligen Fahrgeschwindigkeit und Belastung weitgehend selbstständig das dafür vorgesehene Übersetzungsverhältnis zwischen Motor und Antriebsrädern und übernehmen gleichzeitig den Kupplungsvorgang.

Ein Automatikgetriebe besteht aus zwei Hauptbauteilen: Drehmomentwandler und Planetengetriebe.

Drehmomentenwandler

Bei Automatikgetrieben werden als Drehmomentwandler Strömungswandler eingesetzt (Abb. 3), welche die Aufgabe der Anfahrkupplung und der ersten Fahrstufe übernehmen.

Analog zur Strömungskupplung (→ Kupplung) wird das Öl im Pumpenrad auf einer Kreisbahn mitgenommen, sodass die dann auf das Öl wirkende Fliehkraft dieses nach außen in das Turbinenrad und weiter in das Leitrad drückt. Da aber die Schaufeln des Leitrades umgekehrt wie die der beiden anderen Räder gekrümmt sind, wird der aus dem Turbinenrad austretende Ölstrom an diesen Schaufeln stark umgelenkt, wodurch eine Rückwirkung auf das Turbinenrad stattfindet. Der Ölstrom versucht, das Leitrad in umgekehrter Richtung wie Pumpen- und Turbinenrad zu drehen. Das Leitrad ist jedoch durch den Einweg-Freilauf blockiert. Diese „Abstützung" des Ölstroms an dem blockierten Leitrad bewirkt eine Vergrößerung des an das Turbinenrad abgegebenen Drehmomentes auf das Zwei- bis Zweieinhalbfache des in das Pumpenrad geleiteten Antriebsmomentes, wobei sich gleichzeitig eine Reduzierung der Drehzahl des Turbinenrades gegenüber der Drehzahl des Pumpenrades ergibt.

Sobald Turbinen- und Pumpenrad etwa die gleiche Geschwindigkeit haben, gibt der Freilauf das Leitrad in Drehrichtung der anderen beiden Räder frei, wodurch es mit ihnen in gleicher Richtung mitdreht. Damit arbeitet der Drehmomentwandler bei Gleichlauf von An- und Abtriebswelle als Strömungskupplung (Trilok-Prinzip).

Planetengetriebe ❹

Vom Drehmomentwandler wird die Kraft weiter auf das Planetengetriebe übertragen: Um das zentrale Sonnenrad kreisen die Planetenräder, die wiederum von einem Hohlrad umspannt sind (Abb. 4). Sämtliche Zahnräder sind ständig im Einsatz; das Schalten erfolgt über wahlweises Festhalten einzelner Zahnräder. Alle drei Wellen des Planetengetriebes können als Antriebswellen genutzt werden. Da jeweils eine der beiden noch „ungenutzten" Wellen festgehalten werden kann, und die letzte Welle zur Abtriebswelle wird, ergeben sich sechs Übersetzungsmöglichkeiten („Gänge"). Dazu kommt die Verblockung des gesamten Getriebes, sodass die Drehzahl der Antriebswelle gleich der der Abtriebswelle ist (direkter Gang). Zu den einzelnen Schaltstufen → Getriebe II.

❶ Vollsynchronisiertes 5-Gang-Getriebe

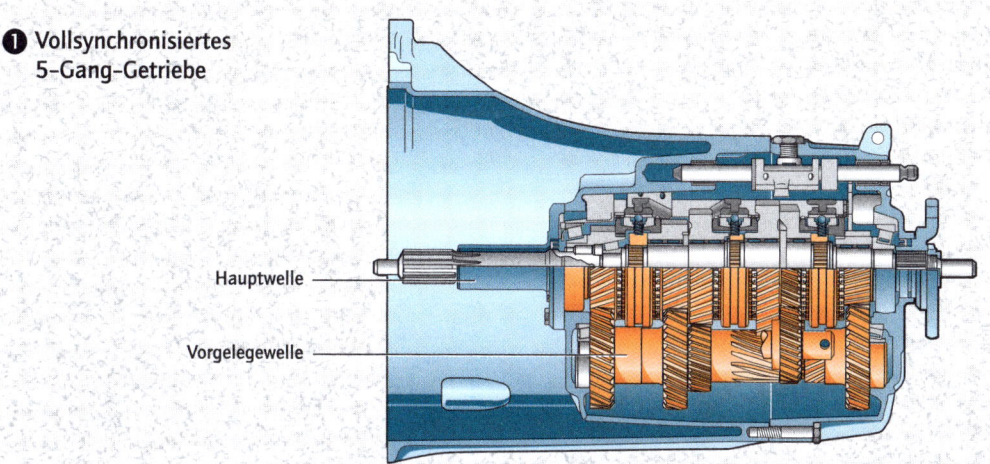

Hauptwelle

Vorgelegewelle

❷ Funktion des Synchronvorgangs

1. Leerlauf

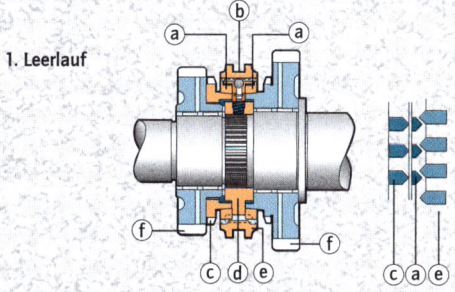

2. Gangschaltungs-vorgang

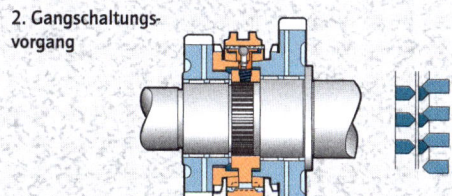

3. Schaltstellung

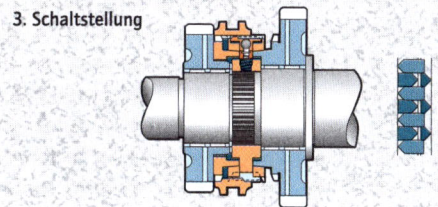

ⓐ Synchronring
ⓑ Druckstück
ⓒ Kupplungskörper
ⓓ Synchronkörper
ⓔ Schiebemuffe
ⓕ Losrad

❸ Funktion eines hydrodynamischen Drehmomentwandlers

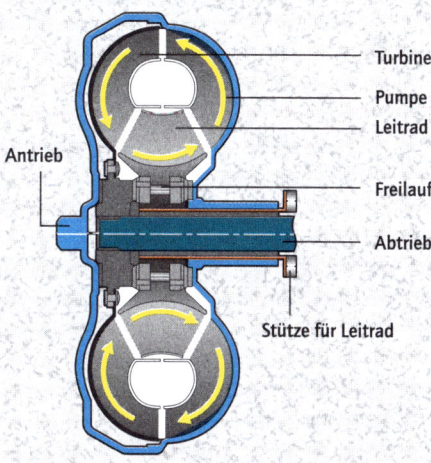

Turbine

Pumpe

Leitrad

Antrieb

Freilauf

Abtrieb

Stütze für Leitrad

❹ Planetengetriebe

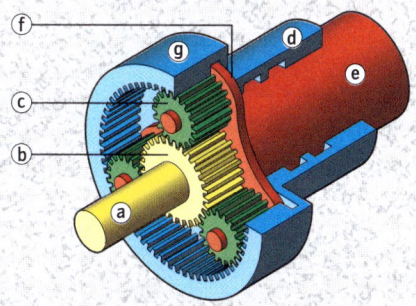

ⓐ Welle vom Sonnenrad
ⓑ Sonnenrad
ⓒ Planetenrad
ⓓ Hohlwelle vom Hohlrad

ⓔ Welle des Planetenradträgers
ⓕ Planetenradträger
ⓖ Hohlrad

Bei Pkws wird oftmals für die Vorwärtsgänge nur eine Welle als Abtriebswelle verwendet. Dadurch reduziert sich die Zahl der Übersetzungsvariante. Von den sieben möglichen Übersetzungen eines Planetengetriebes seien hier vier mit jeweils unterschiedlicher Antriebs-, Abtriebs- und Festwelle herausgegriffen:

- 1. Variante (Abb. 1a): Das Sonnenrad wird angetrieben und das Hohlrad festgehalten. Es drehen sich dann der Planetenradträger und die damit verbundene Abtriebswelle in gleicher Richtung. Die Planetenräder rollen dabei auf dem Hohlrad ab und drehen sich mit der Abtriebswelle langsamer als das angetriebene Sonnenrad.
- 2. Variante (Abb. 1b): Das Sonnenrad wird angetrieben und der Planetenradträger fixiert. Da die Achsen der Planetenräder am gleichen Ort bleiben, drehen sich diese in der entgegengesetzten Richtung zum angetriebenen Sonnenrad und nehmen das Hohlrad und die damit verbundene Abtriebswelle gegensinnig zum Sonnenrad mit. Dadurch lässt sich ein Rückwärtsgang mit einer Übersetzung ins Langsame verwirklichen.
- 3. Variante (Abb. 1c): Der Antrieb erfolgt auf das Hohlrad und das Sonnenrad wird festgehalten. Jetzt wälzen sich die Planetenräder auf dem Sonnenrad ab und drehen den Planetenradträger und die damit verbundene Abtriebswelle in die gleiche Richtung wie das Hohlrad, wobei die Drehzahl des Planetenradträgers bzw. der Abtriebswelle kleiner ist als die des angetriebenen Hohlrades.
- 4. Variante (Abb. 1d): Hohlrad und Sonnenrad werden mit gleicher Drehzahl angetrieben. Dadurch wird der gesamte Planetenradsatz mitgenommen, sodass er das Getriebe gleichsam als ein Block umläuft: Antriebs- und Abtriebswelle haben dann die gleiche Drehzahl (direkter Gang).

Automatikgetriebe mit Wandlerüberbrückungskupplung ❷

Planetengetriebe lassen sich zusammen mit einem Strömungswandler (→ Getriebe I) zu Automatikgetrieben kombinieren. Moderne 5-Gang-Wandlergetriebe (Abb. 2) überbrücken in den oberen Gängen den Strömungswandler durch eine mechanische Kupplung. Durch diese Wandlerüberbrückungskupplung (WK) lässt sich bei höheren Geschwindigkeiten der Energieverlust im Strömungswandler ausschalten. Dies steigert den Wirkungsgrad bei der Kraftübertragung und somit die Fahrleistung und führt gleichzeitig zu einer Senkung des Kraftstoffverbrauchs.

Das dargestellte Getriebe für Pkws mit Hinterradantrieb nutzt einen Strömungswandler mit Freilauf, sodass beim Anfahren durch das Trilok-Prinzip (→ Getriebe I) eine stufenlose Übersetzung des Drehmoments möglich ist. Bei höheren Drehzahlen arbeitet der Wandler als Strömungskupplung, wobei im vierten und fünften Gang die WK zugeschaltet wird. Die nachgeschalteten Planetenradsätze sorgen durch wahlweises Festhalten der Wellen für die Übersetzungen der fünf Gänge und des Rückwärtsganges, wobei der fünfte Gang eine Übersetzung ins Schnelle aufweist.

Die zum Festhalten verwendeten Lamellenkupplungen werden über ein Steuergerät geregelt, das den Schaltvorgang in Abhängigkeit von der gewählten Fahrstufe, der Fahrgeschwindigkeit, dem Fahrzustand sowie der Motorbelastung automatisch einleitet. Berücksichtigung finden dabei auch vorgewählte Schaltpunkte (Leistungs- oder Gebrauchsoptimierung) und der so genannte Kick-down (Durchtreten des Gaspedals, wodurch der Wechsel in einen kleineren Gang zu einer besseren Beschleunigung führt).

Getriebezustand bei einzelnen Gängen ❸

Abb. 3 zeigt schematisch zwei Schaltzustände des Wandlergetriebes.:

Im vierten Gang (Abb. 3a) drehen sich das große Sonnenrad und der Steg des linken Planetenradsatzes in gleicher Richtung mit der Motordrehzahl. Durch diese Steg-Sonnenrad-Verbindung ist der linke Planetenradsatz im Blockumlauf (direkte Übersetzung 1:1). Aufgrund der geschlossenen Kupplung werden Hohlrad und Sonnenrad des nachgeschalteten, rechten Planetenradsatzes gekoppelt (Blockumlauf). Im vierten wird ebenso wie im fünften Gang über ein Magnetventil die WK zugeschaltet.

Beim Rückwärtsgang (Abb. 3b) wird das Motordrehmoment ausschließlich hydraulisch über die Antriebswelle auf das kleine Sonnenrad des linken Planetensatzes übertragen. Durch Blockieren des Stegs erfolgt über die Planetenräder eine Drehrichtungsumkehr zwischen kleinem Sonnenrad und Hohlrad. Von diesem Hohlrad wird das Drehmoment über eine Stegwelle zum Hohlrad des nachgeschalteten Planetenradsatzes geleitet, dessen Sonnenrad blockiert ist. Dadurch wird der Steg angetrieben, der wiederum mit der Abtriebswelle gekoppelt ist (gleiche Drehzahl).

❶ Übersetzungsmöglichkeiten eines Planetengetriebes

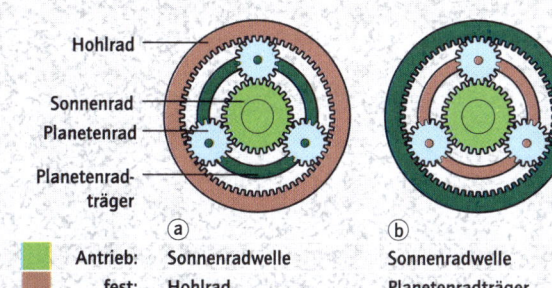

Hohlrad
Sonnenrad
Planetenrad
Planetenrad-
träger

	ⓐ	ⓑ	ⓒ	ⓓ
Antrieb:	Sonnenradwelle	Sonnenradwelle	Hohlradwelle	Hohl- und Sonnenradwelle
fest:	Hohlrad	Planetenradträger	Sonnenrad	–
Abtrieb:	Planetenradträgerwelle	Hohlradwelle	Planetenradträgerwelle	Planetenradträgerwelle

❷ Automatisches 5-Gang-Wandlergetriebe

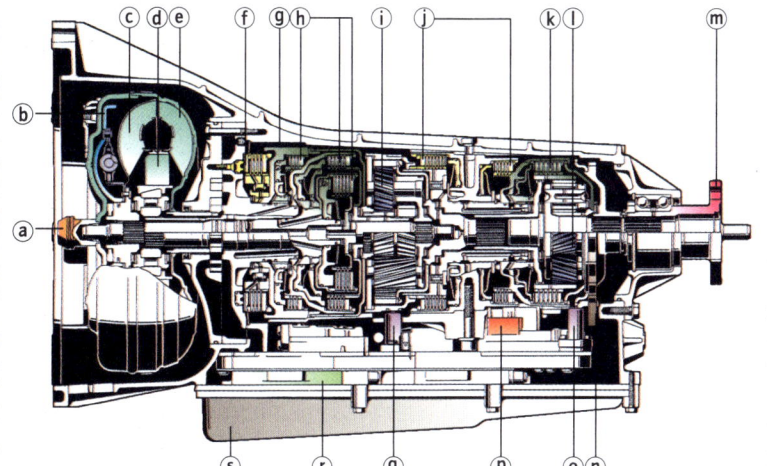

ⓐ Antrieb
ⓑ Wandlerüberbrückungs-
kupplung
ⓒ Turbine
ⓓ Leitrad
ⓔ Pumpe
ⓕ Lamellenbremse
ⓖ Bremsband
ⓗ Lamellenkupplung
ⓘ Planetenradsatz
ⓙ Lamellenbremse
ⓚ Lamellenkupplung
ⓛ einfacher
Planetenradsatz
ⓜ Abtriebsflansch
ⓝ Parksperre
ⓞ Fühler Abtriebsdrehzahl
ⓟ Halter für Magnetventile
ⓠ Fühler Turbinendrehzahl
ⓡ hydraulisches Schaltgerät
ⓢ Ölwanne

❸ Getriebezustand bei einzelnen Gängen

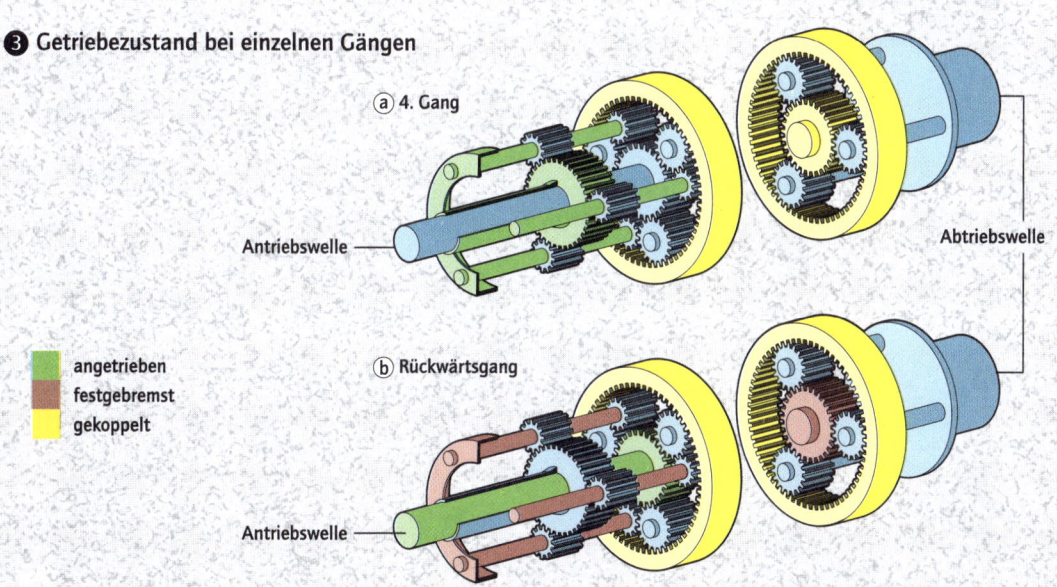

ⓐ 4. Gang

Antriebswelle

Abtriebswelle

█ angetrieben
█ festgebremst
█ gekoppelt

ⓑ Rückwärtsgang

Antriebswelle

Verbrennungsmotoren benötigen eine bestimmte Mindestdrehzahl (Leerlauf), bevor sie von selbst laufen und eine zum Antrieb des Fahrzeugs genügend große Leistung abgeben können. Bis diese Drehzahl erreicht ist, muss der Motor mithilfe der Kupplung vom Getriebe getrennt werden (Abb. 1). Die Kupplung hat zwei Aufgaben: Beim Anfahren muss sie die stillstehende Getriebeeingangswelle kontinuierlich auf die Drehzahl der Motorwelle bringen und bei Zahnradgetrieben ist sie außerdem zum Schalten der einzelnen Gänge notwendig, da sich derartige Getriebe nur bei Trennung des Motors vom Getriebe schalten lassen. In modernen Fahrzeugen werden fast ausschließlich Reibungskupplungen oder hydrodynamische Kupplungen verwendet.

Reibungskupplung ❷

Bei der gebräuchlichsten Kupplung wird die Verbindung zwischen Motorwelle und Getriebeeingangswelle durch Reibung einer oder mehrerer Scheiben aufeinander hergestellt. Dazu besteht die Kupplung (Abb. 2) aus einer Kupplungsscheibe, die zwischen der Schwungscheibe des Motors und der Kupplungsdruckplatte angeordnet ist und auf die beiderseits Beläge genietet oder geklebt sind, einer Membranfeder (Tellerfeder) und dem Ausrücker. Beim Treten des Kupplungspedals drückt der Ausrücker gegen die Membranfeder. Die Druckplatte wird dabei entgegen der Federkraft von der Kupplungsscheibe weggedrückt, wodurch die Kupplungsscheibe freikommt. Die Verbindung zwischen Motor und Getriebe ist unterbrochen.

Die übertragbaren Drehmomente hängen von der Fläche und vom Durchmesser der Kupplungsscheibe sowie von der Federkraft der Membranfeder ab. Für große Drehmomente werden daher auch Mehrscheibenkupplungen eingesetzt. Die Kupplungsscheibe unterliegt vor allem beim Anfahren durch „Schleifen" der Abnutzung und erwärmt sich durch den Reibungsvorgang. Sie werden daher aus hitzebeständigem Material mit einer Metalleinlage, die für eine verbesserte Wärmeabfuhr sorgt, hergestellt.

Hydrodynamische Kupplung ❸

Lässt man das Fußpedal bei einer Reibungskupplung zu schnell „kommen", setzt sich das Fahrzeug mit einem Ruck in Bewegung. Ein völlig ruckfreies Anfahren bei gleichzeitig fast verschleißfreier Kraftübertragung ermöglicht dagegen die hydrodynamische Kupplung, auch Föttinger- oder Strömungskupplung genannt, bei der ein von der Motor-

welle erzeugter Flüssigkeitsstrom dazu benutzt wird, die Abtriebswelle mitzunehmen und auf die gleiche Drehzahl wie die Antriebswelle zu bringen (Abb. 3 a). Der Motor treibt das Pumpenrad an, das in einem geschlossenen Flüssigkeitskreislauf Öl zum Turbinenrad fördert, in dessen Schaufelrad die Strömungsenergie in eine Drehbewegung umgewandelt wird. Dadurch kann an der Antriebswelle Drehenergie abgenommen werden.

Die Schaufelräder des Pumpen- und Antriebsrades sitzen in einem gemeinsamen Gehäuse (Abb. 3 b), wobei jedes der beiden Räder einen Halbringraum mit radial verlaufenden Schaufeln besitzt, die spiegelbildlich zueinander angeordnet sind. Beide Räder sind nur durch einen engen Spalt getrennt. Die Schaufeln sind mit einer Flüssigkeit, meist Öl, gefüllt, das zur Aufrechterhaltung der Kupplungsfunktion nicht schäumen darf und unabhängig von der Betriebstemperatur eine möglichst gleichbleibende Viskosität (Zähigkeit) aufweisen sollte.

Abb. 3c zeigt die Wirkungsweise der beiden Schaufelräder beim Anfahren: In dem vom Motor angetriebenen Pumpenrad wird das zwischen seinen Schaufeln befindliche Öl in Drehung versetzt. Die dadurch am Öl wirkende Fliehkraft schiebt das Öl an den äußeren Rand des Pumpenrades, von wo aus es dann von außen in das sich noch in Ruhe befindliche Turbinenrad eindringt. Gleichzeitig wird in Achsnähe aus dem Turbinenrad Öl in das Pumpenrad gesaugt (Strömungskreislauf). Neben der Fliehkraft erhält das Öl durch die Mitnahme im Pumpenrad eine weitere, in Drehrichtung der Antriebswelle wirkende Geschwindigkeit. Dadurch entsteht beim Übertritt des Öls in das Turbinenrad eine Kraft in Drehrichtung des Pumpenrades, die das Turbinenrad allmählich mitnimmt (ruckfreies Anfahren).

Solange die Drehzahl des Pumpenrades größer ist als die des Turbinenrades, ist auch die Fliehkraft im Pumpenrad größer als im Turbinenrad, und die in Abb. 3 c eingezeichnete Strömungsrichtung bleibt erhalten. Je stärker der Flüssigkeitsstrom in beiden Rädern ist, desto größer ist auch die Rückwirkung des einen auf das andere Rad bzw. das übertragbare Drehmoment: Bei gleicher Drehzahl von Turbinen- und Pumpenrad kommt der Flüssigkeitsstrom zum Stillstand und beide Räder sind hydraulisch gekoppelt. Während einer Bergabfahrt und/oder bei weggenommenem Gas kehrt sich die Wirkung der beiden Räder um. Das Turbinenrad wird zum Pumpenrad und umgekehrt. Dies erlaubt ein Abbremsen des Motors über die Kupplung, ohne dass der Motor ausgeht.

❶ Schema der Kraftübertragung bei Kraftfahrzeugen

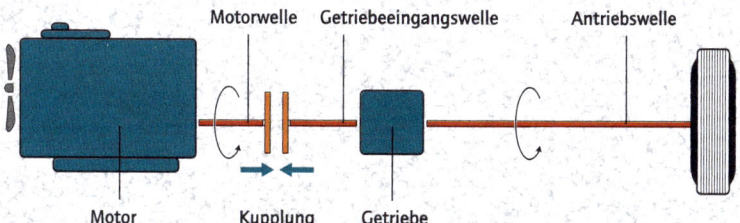

Motorwelle Getriebeeingangswelle Antriebswelle

Motor Kupplung Getriebe

❷ Aufbau einer Reibungskupplung

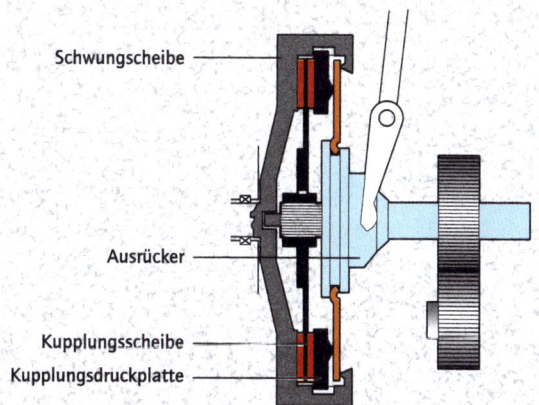

Schwungscheibe

Ausrücker

Kupplungsscheibe

Kupplungsdruckplatte

❸ Strömungskupplung

ⓐ Prinzip einer Strömungskupplung

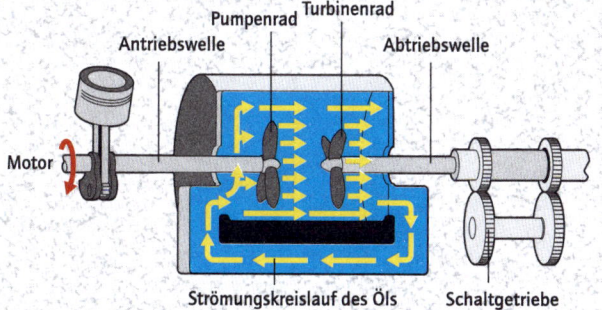

Turbinenrad

Pumpenrad

Antriebswelle Abtriebswelle

Motor

Strömungskreislauf des Öls Schaltgetriebe

ⓑ Schnittbild einer Strömungskupplung

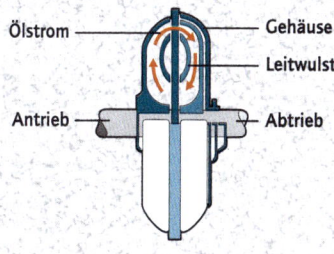

Ölstrom Gehäuse

Leitwulst

Antrieb Abtrieb

ⓒ Pumpen- und Turbinenrad einer Strömungskupplung

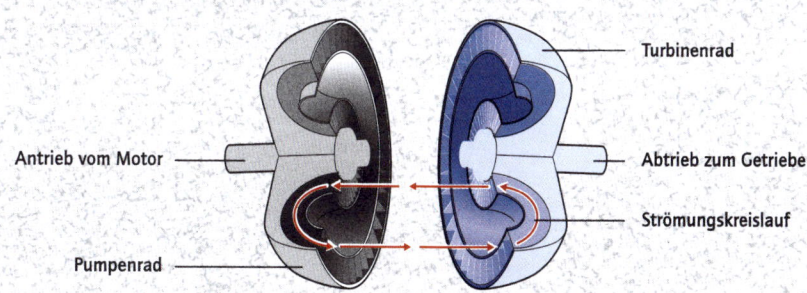

Turbinenrad

Antrieb vom Motor Abtrieb zum Getriebe

Strömungskreislauf

Pumpenrad

Die Bremsanlage dient dazu, die Geschwindigkeit eines Fahrzeuges kontrolliert zu verringern oder es im Stillstand zu halten. Sie umfasst einerseits die zur Geschwindigkeitsreduzierung auf sämtliche Räder wirkende Betriebsbremse („Fußbremse") sowie die von der Betriebsbremse unabhängige und in der Regel lediglich auf zwei Räder wirkende Feststellbremse („Handbremse"). In Pkws erfolgt die Betätigung der Betriebsbremse hydraulisch, bei der Feststellbremse meist über einen Seilzug.

Pascalsches Gesetz ❶

Die hydraulische Bremse nutzt das pascalsche Gesetz (nach Blaise Pascal, 1623–1662), das besagt, dass der auf eine eingeschlossene Flüssigkeit ausgeübte Druck sich nach allen Seiten gleichmäßig fortpflanzt. Die auf das Bremspedal ausgeübte Fußkraft wird somit über die Bremsleitungen und -schläuche in die einzelnen Radbremszylinder in gleicher Stärke übertragen. Die Weglänge des mit dem Fußpedal heruntergedrückten Kolbens im Hauptbremszylinder verteilt sich dabei auf die entsprechende Anzahl der Bremszylinder, d. h., die Kolben in den Bremszylindern legen jeweils eine entsprechend kleinere Weglänge zurück.

Heute kommen in Pkws vorwiegend hydraulische Zweikreisbremsanlagen zum Einsatz (Abb. 1). Eine solche Anlage besteht aus zwei getrennten Druckräumen, sodass bei Betätigung des Fußpedals die Räder des einen Bremskreises getrennt vom anderen Bremskreis abgebremst werden. Gegenüber einer Einkreisbremsanlage besteht damit der Vorteil, dass bei Defekt eines Bremskreises die Bremsfunktion trotzdem erhalten bleibt.

Funktionsprinzip ❷ ❸

Bei Betätigung des Bremspedals erzeugt die Fußkraft im Hauptbremszylinder einen hydraulischen Druck, der über die Bremsflüssigkeit in den Bremsleitungen an die Radbremszylinder (Scheiben- und Trommelbremse) weitergeleitet wird. Die Kolben in den Radbremszylindern werden auseinander gepresst und drücken die Bremsbeläge an die Reibungsflächen. Die durch die Reibung in Wärme umgewandelte Bewegungsenergie wird an die Umgebung abgeführt. Bei starker Beanspruchung der Bremsen (z. B. lange Talfahrt) kann die Bremswirkung nachlassen („Fading").

Je nach Angriffsrichtung der Bremskraft kann zwischen axialer (Scheibenbremse; Abb. 2; → Bremsen II) und radialer (Trommelbremse; Abb. 3) Bauweise unterschieden werden. Trommelbremsen, die die Bremskräfte an der inneren Ober-

fläche der Bremstrommel erzeugen, kommen bei Pkws nur noch an den Hinterrädern zum Einsatz.

Trommelbremse ❸ ❹

Je nach Funktionsprinzip kann bei Trommelbremsen zwischen Simplex-, Duplex- Duoduplex- und (Duo-)Servobremsen unterschieden werden (Abb. 3). Die einfachste Form der Trommelbremse ist die Simplexbremse (Abb. 4a), bei der durch den hydraulischen Druck in einem Radbremszylinder beide Bremsbacken gegen die umlaufende Bremstrommel gedrückt werden. Die zweiseitig wirkende Bremse presst die Enden der Bremsbacken (unten) gegen die Bremstrommel, sodass immer eine Backe aufläuft und die andere abläuft. Die ablaufende Bremsbacke wird beim Bremsvorgang gegen die Drehrichtung der Trommel gepresst und von der Bremskraft zwischen Belag und Trommel weggedrückt. Dadurch ist ihre Bremswirkung abgeschwächt. Aufgrund der Reibkraft der in Drehrichtung angepressten Auflaufbremsbacke entsteht eine zusätzliche Anpressung und damit eine unterstützende Selbstverstärkung.

Im Gegensatz dazu hat die Duplexbremse (Abb. 4b) zwei gegenüberliegende, einseitig wirkende Radbremszylinder, sodass bei Vorwärtsfahrt zwei sich selbst verstärkende auflaufende Backen bereitstehen. Beim Rückwärtsfahren ist die Bremswirkung dieser Bremse jedoch schlechter als bei der Simplexbremse, da nur ablaufende Bremsbacken vorhanden sind. Diesen konstruktionsbedingten Nachteil gleicht die Duoduplexbremse (Abb. 4c) dadurch aus, dass beide Radbremszylinder zweiseitig wirken und so unabhängig von der Fahrtrichtung zwei auflaufende Backen bereitstehen.

(Duo-)Servobremsen ❹

Die höchste Bremswirkung bei Trommelbremsen haben Servobremsen (Abb. 4d), die wie Simplexbremsen einen zweiseitig wirkenden Radbremszylinder (unten) besitzen. Die Backen haben jedoch keinen Drehpunkt als Widerlager, sondern sind an dieser Stelle durch ein Gleitlager miteinander verbunden. Dadurch stützt sich bei einem Bremsvorgang in Vorwärtsrichtung die eine Backe (links) auf das obere Ende der anderen Backe (rechts) ab, die so ebenfalls zu einer auflaufenden Backe mit Selbstverstärkung wird. Da das Gleitlager im Rückwärtsgang blockiert, wirkt die Bremse in diesem Fall wie eine Simplexbremse. Bei der Duoservobremse kann sich das Gleitlager in beide Richtungen bewegen, sodass die Bremswirkung in beide Fahrtrichtungen gleich ist.

❶ Hydraulische Zweikreisbremsanlage

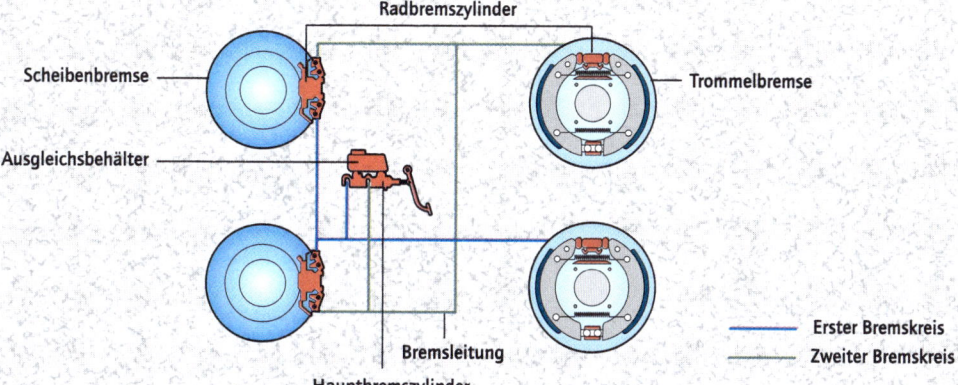

Radbremszylinder

Scheibenbremse

Trommelbremse

Ausgleichsbehälter

Bremsleitung

Hauptbremszylinder

—— Erster Bremskreis
—— Zweiter Bremskreis

❷ Scheibenbremse

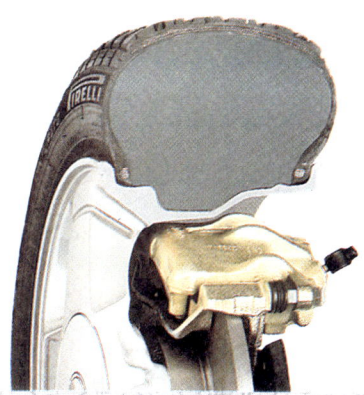

❸ Aufbau einer Trommelbremse

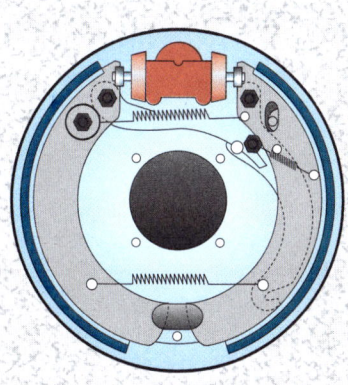

❹ Arten von Trommelbremsen

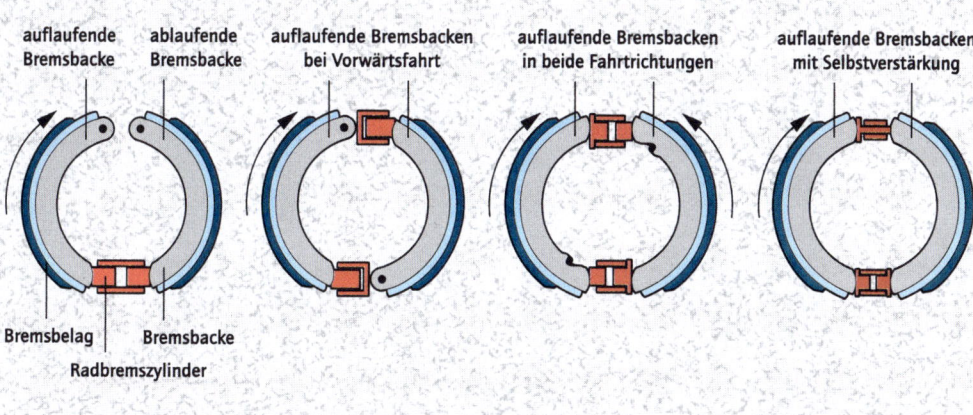

auflaufende Bremsbacke

ablaufende Bremsbacke

auflaufende Bremsbacken bei Vorwärtsfahrt

auflaufende Bremsbacken in beide Fahrtrichtungen

auflaufende Bremsbacken mit Selbstverstärkung

Bremsbelag

Bremsbacke

Radbremszylinder

ⓐ Simplexbremse

ⓑ Duplexbremse

ⓒ Duoduplexbremse

ⓓ Servobremse

Scheibenbremse ❶

Bei der Scheibenbremse liegt die Bremsscheibe zwischen zwei zangenartig angeordneten Bremsbelägen. Der Bremssattel kann als Fest- oder Schwimmsattel ausgebildet sein. Bei der Festsattelbremse (Abb. 1a) drücken zwei Radbremszylinder von beiden Seiten auf die Bremsscheibe. Bei Schwimmsattelbremsen sind zwei Grundausführungen zu unterscheiden: Schwimmrahmensattel und Faustsattel (Abb. 1b). Bei beiden Bauarten umfasst ein axial verschiebbarer Sattel einen Teil der Bremsscheibe und es wird nur ein Radbremszylinder eingesetzt. Bei Betätigung der Bremse wirkt der hydraulische Druck auf den Kolben, wodurch der auf der Fahrzeuginnenseite liegende Bremsbelag (links) direkt gegen die Bremsscheibe gepresst wird. Gleichzeitig wird der Druck auch auf das Gehäuse (Faust) ausgeübt, sodass sich dieses im Träger entgegengesetzt zum Kolben bewegt und dadurch den anderen Bremsbelag (rechts) gegen die Bremsscheibe zieht. Da sich Scheibenbremsen nur bedingt als Feststellbremsen eignen, werden sie, meist an den Hinterrädern, mit zusätzlichen Trommelbremsen (→ Bremsen I) ergänzt.

Bremskraftverstärker

Durch die fehlende Selbstverstärkung ist bei Scheibenbremsen zusätzlich ein Bremskraftverstärker notwendig, der die Fußkraft beim Bremsen unterstützt. Die beiden gebräuchlichsten Formen sind der Unterdruck- und der Hydraulikbremskraftverstärker. Unterdruckbremskraftverstärker nutzen den im Saugrohr des Motors herrschenden Unterdruck, um die Fußkraft zu entlasten. Bei Ausfall des Unterdrucks, z. B. bei Motorschaden, bleibt die Bremsanlage voll einsatzfähig. Demgegenüber verwenden Hydraulikbremskraftverstärker als Kraftquelle ein bereits im Fahrzeug eingebaute Hydraulikaggregat (z. B. für die Servolenkung). Dem Vorteil eines geringeren Einbauraums und einer niedrigeren erforderlichen Fußkraft steht ein meist „schwammiges" Pedalgefühl gegenüber.

Antiblockiersystem ❷

Normalerweise ist die Verteilung der Bremskraft auf Vorder- und Hinterachse unveränderlich, was häufig aufgrund unterschiedlicher Belastung der Räder zu deren Blockieren und damit zur Beeinträchtigung der Lenkfähigkeit oder gar zum Schleudern des Fahrzeuges führt. Neben herkömmlichen Bremskraftreglern, die nach Erreichen eines bestimmten Drucks im Bremssystem einen weiteren Druckanstieg in den Radbremszylindern der Räder,

und damit auch deren Blockieren, verhindern sollen, wurde das Antiblockiersystem (ABS) entwickelt. Es bremst in jeder Fahrsituation (Glatteis, trockene Fahrbahn etc.) die Räder bis an die Blockiergrenze ab, ohne dass diese zu rutschen beginnen. Das Fahrzeug bleibt damit auch bei einer Vollbremsung weiter lenkbar und wird gleichzeitig optimal gebremst. Möglich wurde der Bau von ABS-Anlagen für Pkws erst durch die Entwicklungen in der Halbleitertechnik; das erste großserienreife ABS wurde 1978 vorgestellt.

Das ABS (Abb. 2) besteht aus den Drehzahlfühlern, die die Drehgeschwindigkeiten der einzelnen Räder messen, dem elektronischen Steuergerät sowie einem Hydroaggregat. Im Steuergerät werden die Signale der Drehzahlfühler ausgewertet und der für eine optimale Bremsung notwendige Bremsdruck berechnet. Meldet einer der Fühler, dass die Drehzahl des Rades abfällt (Gefahr des Blockierens), wird der Bremsdruck des entsprechenden Rades nicht weiter erhöht. Verringert sich die Raddrehzahl trotzdem weiter, erfolgt sogar eine Drucksenkung im Bremszylinder, sodass das Rad weniger stark gebremst wird. Bei einer Beschleunigung des Rades wird der Bremsdruck wieder erhöht und ein neuer Regelzyklus beginnt. Das ABS ist damit vom Prinzip her eine schnelle „Stotterbremse", wobei die Elektronik jedem Rad einen anderen Stotterrhythmus erlaubt.

Antriebsschlupfregelung ❸

Eine logische Umkehr des ABS ist die Antriebsschlupfregelung (ASR; Abb. 3), durch die ein Durchdrehen der Räder beim Anfahren oder Beschleunigen verhindert werden soll, um die Spurtreue und Lenkfähigkeit des Fahrzeugs zu erhalten. ASR werden in zwei Ausführungen gebaut: Bei der einen Bauart erfolgt die Regelung ausschließlich über einen Motoreingriff, z. B. eine zusätzliche Drosselklappe, Zündfunkenunterdrückung oder eine Leistungsreduzierung, bei der anderen Bauart wird darüber hinaus über die Bremsen in die Radbeschleunigung eingegriffen. Zur Steuerung der Bremskraft nutzen diese ASR die bereits im Fahrzeug eingebauten ABS-Komponenten, wobei während des ASR-Regelvorgangs ein elektronisch gesteuerter Bremsdruck auf die Radbremszylinder ausgeübt wird, ohne dass der Fahrer das Bremspedal betätigt.

Kombinierte ABS-/ASR-Anlagen erlauben heute eine Beherrschbarkeit von Fahrzeugen bei unterschiedlichsten Straßenbedingungen und damit eine deutliche Verbesserung der Sicherheit.

❶ Scheibenbremsen

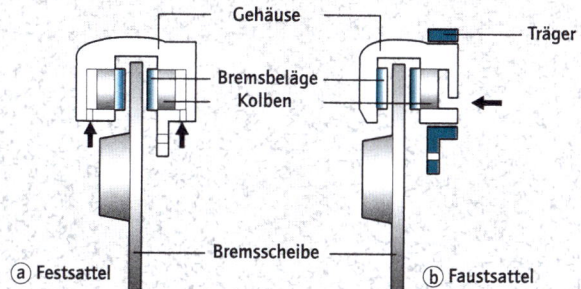

Gehäuse

Träger

Bremsbeläge

Kolben

Bremsscheibe

ⓐ Festsattel

ⓑ Faustsattel

❷ Regelkreis eines Antiblockiersystems (ABS)

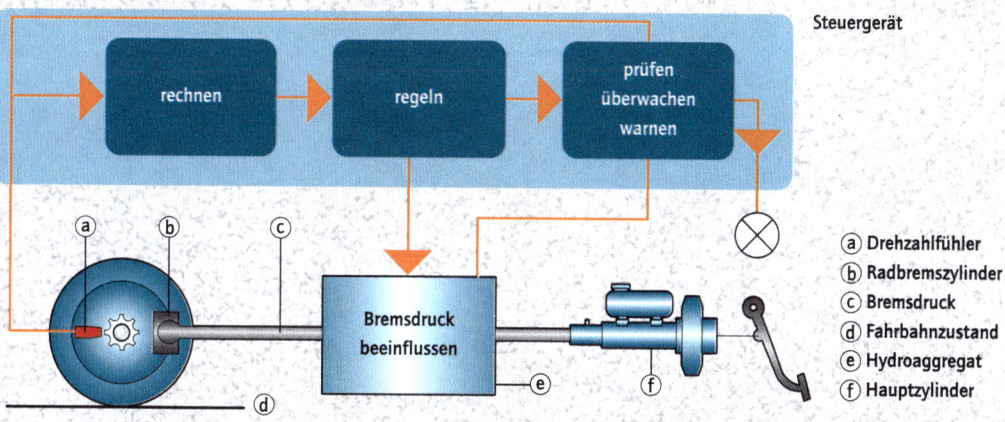

Steuergerät

rechnen

regeln

prüfen
überwachen
warnen

Bremsdruck
beeinflussen

ⓐ
ⓑ
ⓒ
ⓓ
ⓔ
ⓕ

ⓐ Drehzahlfühler
ⓑ Radbremszylinder
ⓒ Bremsdruck
ⓓ Fahrbahnzustand
ⓔ Hydroaggregat
ⓕ Hauptzylinder

❸ ASR-Anlage

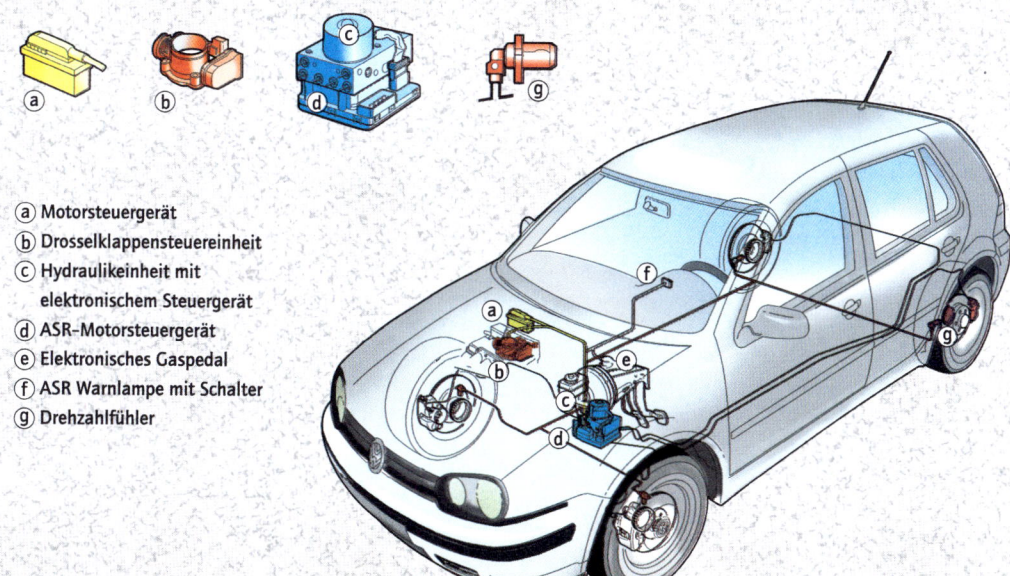

ⓐ Motorsteuergerät
ⓑ Drosselklappensteuereinheit
ⓒ Hydraulikeinheit mit
   elektronischem Steuergerät
ⓓ ASR-Motorsteuergerät
ⓔ Elektronisches Gaspedal
ⓕ ASR Warnlampe mit Schalter
ⓖ Drehzahlfühler

Bei der Verbrennung von Kraftstoffen entstehen neben den unschädlichen Gasen Kohlendioxid (CO_2) und Wasserdampf (H_2O) auch umwelt- und gesundheitsschädigende Stoffe wie vor allem Kohlenmonoxid (CO), Kohlenwasserstoffe (C_mH_n), Stickoxide (NO_x) und Rußpartikel.

Zur Verrringerung des Ausstoßes der gasförmigen Schadstoffe hat sich als wirkungsvollste und technisch einfachste Maßnahme der Einsatz von Katalysatoren bewährt. Sie ermöglichen eine chemische Reaktion schon bei relativ niedrigen Temperaturen oder sie erhöhen die Reaktionsgeschwindigkeit, ohne selbst verbraucht zu werden. Im Wesentlichen laufen bei der katalytischen Abgasreinigung folgende Reaktionen ab: durch Zugabe von Sauerstoff wird Kohlenmonoxid zu Kohlendioxid und Kohlenwasserstoff zu Kohlendioxid und Wasserdampf, Stickoxide werden durch Reaktion mit Kohlenmonoxid zu Kohlendioxid und elementarem Stickstoff (N_2).

Abgaskatalysatoren ❶ ❷

Technologisch haben sich der geregelte Drei-Wege-Katalysator (Abb. 1) für den Ottomotor und der Oxidationskatalysator für den Dieselmotor durchgesetzt. Um die Kontaktfläche zwischen Abgas und Katalysator möglichst groß zu halten, verwendet man als Trägermaterial keramische oder metallische Wabenkörper. Auf diese wird zunächst eine Zwischenschicht, der Washcoat (Abb. 2), aufgebracht, welche die Oberfläche des Katalysatorträgers um ein Vielfaches erhöht. Der eigentliche Katalysator aus Edelmetall wird anschließend aufgedampft. Der beschichtete Keramikkörper wird mit einem Drahtgestrick in ein Edelstahlgehäuse eingeschlagen und der metallische Wabenkörper direkt in sein Gehäuse eingeschweißt. Für die oben beschriebenen chemischen Reaktionen im Katalysatorbett muss beim Drei-Wege-Katalysator die Abgaszusammensetzung optimal geregelt werden. Dies wird erreicht, wenn die zur Verbrennung des Kraftstoffes zugeführte Luftmenge gleich der theoretisch erforderlichen Menge ist. Die Beeinflussung der Abgaszusammensetzung erfolgt über die Regelung des Kraftstoff-Luft-Gemisches vor der Verbrennung, bei der mithilfe der Lambdasonde der Sauerstoffgehalt des Abgases gemessen wird. Bei Abweichungen des Lambdawertes (Luftverhältnis) vom Sollwert wird über ein elektronisches Steuergerät die Gemischbildung korrigiert.

Der Einsatz des Oxidationskatalysators ist zwar wesentlich einfacher, aber auch weniger effektiv. Da der Dieselmotor mit sehr großem Luftüberschuss betrieben wird, ist hier nur der Umsatz von Kohlenmonoxid und Kohlenwasserstoffen erfolgreich; eine katalytische Verminderung von Stickoxiden ist derzeit noch nicht serienreif. Der im Dieselabgas enthaltene Sauerstoffanteil reicht aus, um die chemische Reaktion ohne weitere Maßnahmen zu ermöglichen. Eine Regelung der Gemischbildung wie beim Ottomotor wäre beim Dieselmotor auch unpraktisch, da hier die Motorleistung von der eingespritzten Kraftstoffmenge abhängt.

Rußfilter ❸

Die Verminderung partikelförmiger Abgasbestandteile (Ruß) insbesondere beim Dieselmotor ist nicht durch den Einsatz von Abgaskatalysatoren durchführbar. Rußpartikel werden mithilfe temperaturbeständiger Filtermedien mechanisch aus dem Abgas herausgefiltert, ohne dass sich die Abgaszusammensetzung nennenswert ändert. In der Praxis haben sich Filtermonolithe aus Kordierith-Keramik durchgesetzt. Diese sind von einer Vielzahl wechselseitig verschlossener Kanäle durchzogen, wodurch das Abgas gezwungen wird, durch die porösen Wände des Keramikkörpers zu strömen (Abb. 3). Die Partikel lagern sich an der Keramikoberfläche und in den Poren ab, sodass sich mit zunehmender Betriebsdauer die Filter zusetzt und der Abgasgegendruck ansteigt. Das Filterelement muss in regelmäßigen Abständen gereinigt werden; der angesammelte Ruß wird verbrannt. Die dazu erforderliche Energie wird entweder durch elektrische Heizelemente oder kraftstoffbetriebene Brenner zugeführt. Um ein zuverlässiges Abbrennen zu gewährleisten, wird in der Praxis auf kraftstoffbetriebene Brenner zurückgegriffen, wobei ein sehr hoher Aufwand an Steuer- und Regelungstechnik nötig ist. Filtersysteme, die z. B. in Omnibussen eingesetzt werden, bestehen in der Regel aus zwei parallel geschalteten Filterelementen, von denen eines ausgebrannt wird, während das andere sich im Einsatz befindet. Zur Zeit befinden sich auch Brennerelemente in der Entwicklung, die die Regenerierung eines Filters bei gleichzeitigem Motorbetrieb ermöglichen (Vollstromregenerierung). Der Einsatz von Rußfilter erstreckt sich zur Zeit auf Nutzfahrzeuge mit speziellen Aufgaben, z. B. Lkw im Tunnelbau, Kommunalfahrzeuge, Gabelstapler und Baumaschinen.

Da sich die Grenzwerte der aktuellen und wahrscheinlich auch der künftigen Abgasnormen noch mit motorischen Maßnahmen erreichen lassen, haben sich Rußfilter aufgrund des hohen Aufwandes im Straßenverkehr noch nicht durchgesetzt.

❶ Schema eines geregelten Drei-Wege-Katalysators

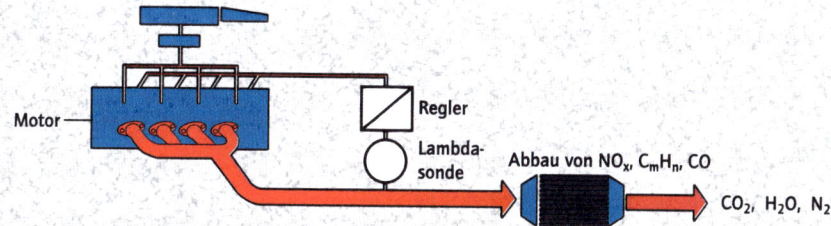

Motor

Regler

Lambda-sonde

Abbau von NO_x, C_mH_n, CO

CO_2, H_2O, N_2

❷ Aufbau eines zweigeteilten Drei-Wege-Katalysators mit Lambdasonde für einen Mittelklasse-Pkw

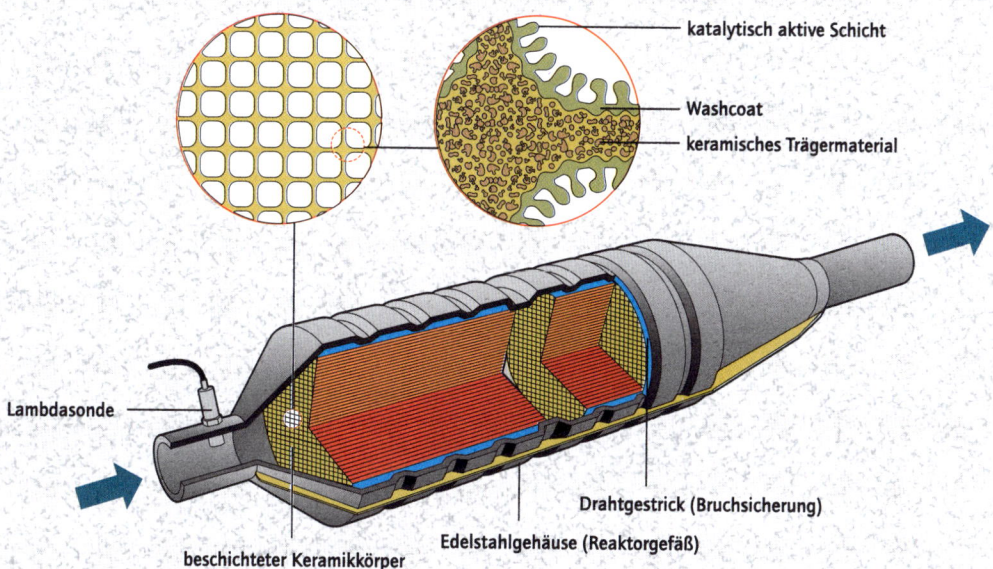

katalytisch aktive Schicht

Washcoat

keramisches Trägermaterial

Lambdasonde

Drahtgestrick (Bruchsicherung)

beschichteter Keramikkörper

Edelstahlgehäuse (Reaktorgefäß)

❸ Funktion des Rußpartikelfilters

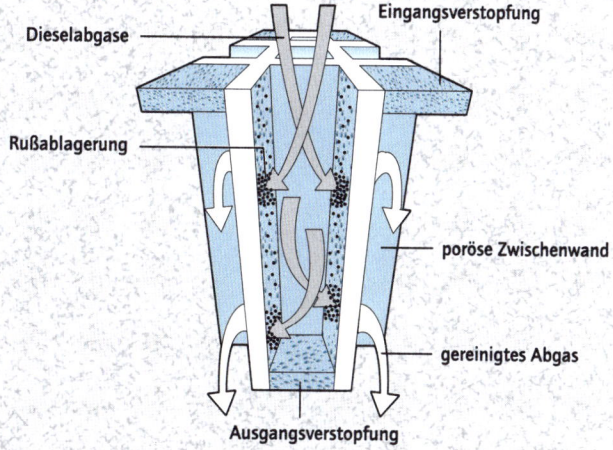

Dieselabgase

Eingangsverstopfung

Rußablagerung

poröse Zwischenwand

gereinigtes Abgas

Ausgangsverstopfung

Eine der wesentlichen technischen Entwicklungen der letzten Jahre zur Verbesserung der Sicherheit der Pkw-Fahrzeuginsassen sind Airbagsysteme. Da derartige Anlagen ihre Schutzwirkung bei einem Aufprall des Fahrzeugs automatisch, also ohne Aufforderung durch den Fahrer, bereitstellen, zählen sie zu den passiven Sicherheitssystemen.

Pyrotechnischer Treibsatz ❶ ❷

Der Wirkungsmechanismus des Airbags besteht darin, dass bei einer Fahrzeugkollision ein pyrotechnischer (feuerwerkstechnischer) Treibstoff gezündet wird, der in Sekundenbruchteilen einen Luftsack (Airbag) aufbläst. Dadurch ist der Airbag schon gefüllt, bevor Fahrer und Beifahrer den Sack berühren. Beim Aufprall des Insassen wird die Bewegungsenergie des Körpers aufgenommen und die zu schützende Person „weich" aufgefangen (Abb. 1), wobei sich der Airbag teilweise wieder entleert. Je nach Anordnung werden Frontairbag- und Seitenairbagsysteme eingesetzt.

Frontairbagsysteme verhindern den Kontakt der Fahrzeuginsassen mit dem Lenkrad und dem Armaturenbrett bei Aufprallgeschwindigkeiten unter 60 km/h und schützen damit vor Brust- und Kopfverletzungen. Für Fahrer und Beifahrer wird jeweils ein Airbag verwendet: Der Fahrerairbag verbirgt sich im Lenkrad, derjenige für den Beifahrer im Armaturenbrett oder Handschuhfach. Die Aktivierung der Airbags erfolgt durch einen Aufprallsensor, der wiederum mit einem elektronischen Auslösegerät verbunden ist. Normalerweise ist in diese Steuerungselektronik auch ein Gurtstraffer integriert, der den Sicherheitsgurt im Falle einer Kollision auf die Gurtrolle aufwickelt und damit stramm zieht. Ein derartiges kombiniertes Insassen-Sicherheitssystem zeigt Abb. 2.

Aufprallsensor ❸

Der Aufprallsensor erfasst die bei einer Kollision auftretende Verzögerung durch ein oder zwei Beschleunigungsmesser und gibt bei Überschreiten eines bestimmten Schwellenwertes (Airbag: ca. 25 km/h, Gurtstraffer: etwa 15 km/h) den Befehl zur Auslösung des Sicherheitssystems, bestehend aus Airbag und Gurtstraffer. Der Beschleunigungsmesser beinhaltet im Wesentlichen ein Feder-Masse-System (Abb. 3), wobei die Masse bei einer Kollision zur Verbiegung der Feder führt. Dadurch ändern die auf die Feder aufgetragenen Dehnungsmessstreifen ihren elektrischen Widerstand und entsprechend auch die Stärke des durchfließenden Stromes. Diese Änderung wird laufend gemessen.

Je nach Aufprallverzögerung und den dadurch erzeugten Widerstand wird ein Impuls zum Aufblasen des Airbags gegeben.

Zündpille

Der Treibstoff des Airbags wird durch Erwärmen einer Zündpille gezündet. Die anschließende Füllung des Airbags mit Stickstoff erfolgt beim Fahrerairbag in ca. 30 Millisekunden. Beim Beifahrerairbag sind etwa 50 Millisekunden vorgesehen, da der Abstand zwischen Beifahrer und dem im Armaturenbrett untergebrachten Airbag größer ist als derjenige zwischen Fahrer und Lenkradairbag. Wichtig für die Schutzwirkung ist die exakte Abstimmung der Airbagauslösung mit dem Aufprallzeitpunkt der Insassen auf den Airbag. Ein optimaler Schutz ergibt sich erst dann, wenn der Körper genau im Augenblick der größten Airbagfüllung auftrifft, also kurz vor dem auch ohne Berührung erfolgenden Entleeren und Zusammenfallen des Luftkissens. Bei mehrfachen Stößen kann ein Airbag keinen Schutz bieten, da er lediglich einmal ausgelöst werden kann.

Schutz des Brustkorbs

Seitenairbags sind eine Weiterentwicklung der Frontairbags und sollen beim Seitenaufprall die Gefahr von Verletzungen reduzieren. Dazu sind in der Tür oder der Sitzlehne, zum Kopfschutz aber auch entlang dem Dachausschnitt, Airbags eingebaut, die aufgrund der nicht vorhandenen Knautschzone in diesem Bereich extrem schnell in nur etwa 10 Millisekunden aufgeblasen werden müssen. Das vom Fahrzeughersteller Volvo eingesetzte System verwendet Fühler mit Aufschlagzündern („percussion cups") ohne eigene Diagnoselogik. Die Seitenairbags befinden sich in den Sitzlehnen und werden nach vorne aufgeblasen. Im Allgemeinen werden Seitenairbags heute nur auf Wunsch eingebaut, sodass diese Systeme unabhängig von vorhandenen Steuersystemen, z. B. für die Frontairbags, arbeiten.

Pflicht in den USA

Airbags waren bis Ende der 1980er-Jahre durch ihre aufwendige Konstruktion mit komplexer Elektronik nur gegen Aufpreis und in Fahrzeugen der Oberklasse zu erhalten. Inzwischen haben auch kleinere Fahrzeuge entsprechende Sicherheitssysteme. Da Airbags, insbesondere Frontsysteme, auch Insassen ohne angelegte Sicherheitsgurte schützen, sind sie in den USA seit 1993 in PKW sowohl auf der Fahrer- als auch auf der Beifahrerseite gesetzlich vorgeschrieben.

❶ Funktionsweise des Airbags

ⓐ Normalzustand

ⓑ Airbag im Augenblick des Aufpralls

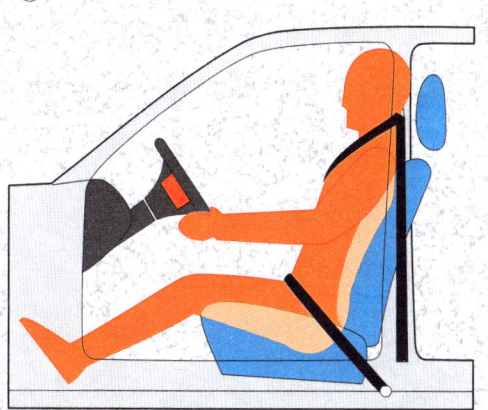

❷ Passives Insassensicherheitssystem mit Airbag und Gurtstraffer

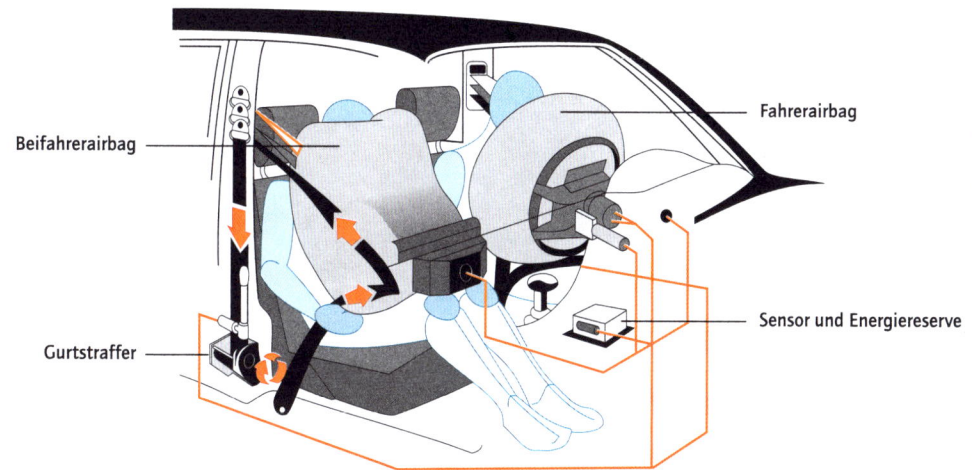

Beifahrerairbag

Fahrerairbag

Gurtstraffer

Sensor und Energiereserve

❸ Beschleunigungsmesser für die Auslösung des Airbags

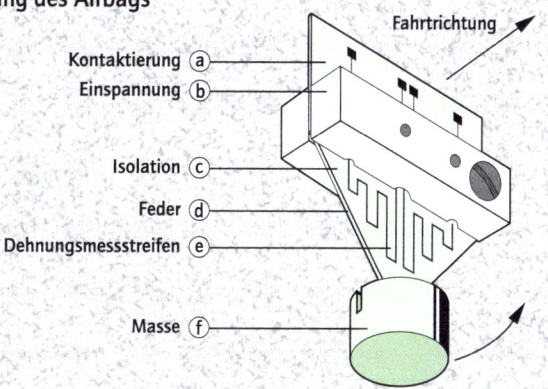

Fahrtrichtung

Kontaktierung ⓐ

Einspannung ⓑ

Isolation ⓒ

Feder ⓓ

Dehnungsmessstreifen ⓔ

Masse ⓕ

Die Autoelektronik bestimmt heute in weiten Teilen über den Betrieb eines Fahrzeuges. Neuere Entwicklungen in der Kfz-Technik wie Airbag (→) oder ABS/ASR (→ Bremsen II) wären ohne Mikroelektronik nicht realisierbar. Abb. 1 gibt einen Überblick, wo in modernen Pkws die Elektronik eine Rolle spielt.

Lichtmaschine ❷

Wichtigstes Bauteil zur Erzeugung der für den Betrieb sämtlicher elektrischer Anlagen notwendigen elektrischen Energie ist der Generator, auch Lichtmaschine genannt. Gleichzeitig dient der Generator dazu, die Startbatterie wieder aufzuladen. Die früher eingesetzten Gleichstromgeneratoren wurden durch kompaktere und leichtere Drehstromgeneratoren verdrängt, die bereits im Leerlauf Leistung zur Verfügung stellen. Derartige Generatoren (System Bosch; Abb. 2) enthalten einen fest stehenden Ständer mit drei um 120° zueinander versetzten Ständerwicklungen und einem rotierenden Klauenpolläufer, der aus einer Erregungswicklung und zwei klauenartigen Polhälften besteht. Das rotierende Magnetfeld erzeugt im fest stehenden Ständer drei sinusförmige Wechselspannungen gleicher Größe und Frequenz. Um diese dreiphasige Wechselspannung gleichzurichten, sind in die Gleichrichterkühlkörper Leistungsdioden eingearbeitet.

Die erzeugte Wechselspannung ist unter anderem abhängig von der Stärke des Magnetfeldes, also des Erregerstroms, und der zeitlichen Feldänderung, d. h. der Läuferdrehzahl. Die Aufgabe, die Generatorspannung über den gesamten Drehzahlbereich des Motors konstant zu halten, übernimmt der Transistorregler. Dieser schützt die Verbraucher (Radio, Scheinwerfer etc.) bei hohen Drehzahlen vor Überspannungen und verhindert eine Überladung der Batterie.

Scheinwerfer ❹

Seit Einführung des elektrischen Autolichts im Jahre 1910 haben verschiedene Entwicklungen zu einer weiteren Verbesserung des Fahrlichts geführt:
- Die Einführung des asymmetrischen Abblendlichts führte zu größeren Sichtweiten an der rechten Fahrbahnseite
- Einsatz von Halogenlampen, die ebenfalls asymmetrisches Abblendlicht ausstrahlen, jedoch gegenüber konventionellen Lampen den Vorteil einer gesteigerten Leuchtdichte besitzen
- Verwendung neuer Abblendscheinwerfer mit

Poly-Ellipsoid-System (PES), die einen bis zu 50% verbesserten Wirkungsgrad haben
- Mitte der 1980er-Jahre Entwicklung von Scheinwerfersystemen mit PES und Xenon-Gasentladungslampen (Litronic)

PES-Scheinwerfer (Abb. 4) haben gegenüber konventionellen Scheinwerfern die gleiche Lichtausbeute, allerdings bei deutlich verkleinertem Lichtaustrittdurchmesser (Einbau in Fahrzeugen mit flacher Frontpartie). Statt des herkömmlichen Parabolspiegels hat ein PES-Scheinwerfer einen Reflektor, dessen Grundform zwei Ellipsen sind, der sehr weit um die Lampe herumgreift und dadurch fast dessen gesamtes Licht nutzt. PES-Scheinwerfer eignen sich nur für Abblendlicht, für Fernlicht werden zusätzlich normale Parabolspiegelscheinwerfer benötigt.

Neuartige Litronic-Systeme (Light-Electronic) bestehen aus PES-Abblendscheinwerfern, einer Xenon-Gasentladungslampe sowie einem elektronischen Vorschaltgerät (EVG). Das EVG beinhaltet ein Zündgerät, das die zum Zünden der Lampe erforderliche Hochspannung (10–20 kV) liefert, und ein Steuergerät, das den Lampenstrom in der Anlaufphase erhöht (damit die Lampe sofort aufleuchtet) und zudem Lampenstrom und Stromspannung für eine gleichmäßige Lichtausstrahlung regelt. Litronic-Systeme haben im Vergleich zu Halogenlampen eine deutlich höhere Farbtemperatur (kein „Gelbstich"), eine erheblich verbesserte Lichtausbeute bei gleichzeitig weiterer Reduzierung des Frontflächenbedarfs und eine 5fach höhere Lebensdauer.

Anlasser ❸

Ein weiteres wesentliches elektrisches Bauteil ist der Anlasser/Starter. Da Verbrennungsmotoren nicht aus eigener Kraft anlaufen können, muss ein Anlasser diese Aufgabe übernehmen. Der Anlasser versetzt das Schwungrad des Motors so lange in Drehung, bis der Motor allein weiterlaufen kann. Üblicherweise werden in Pkws Schub-Schraub-Starter (Abb. 3) mit einer Leistung bis etwa 2 kW eingesetzt. Bei diesem Anlassertyp ist ein Ritzel entlang der Ankerwelle auf einem Steilgewinde verschiebbar angeordnet. Bei Betätigung des Startschalters betätigt das Einrückrelais gegen die Kraft der Rückstellfeder den Einrückhebel, der wiederum das Ritzel vorschiebt, bis es in den Zahnkranz des Schwungrades eingreift. Durch den Antriebsmotor des Anlassers, einen aus der Batterie mit Gleichstrom betriebenen Elektromotor, werden das Ritzel und damit das Schwungrad des Motors in Drehung versetzt. Wenn der Motor von alleine läuft, wird das Ritzel wieder zurückgezogen.

❶ Einsatz der Elektronik in modernen Pkws

Antriebsstrang
1. Elektronische Dieselregelung
2. Leerlauf-Drehzahlregelung
3. Lambdaregelung
4. Stop-Start-System
5. Elektronische Getriebesteuerung
6. Digitale Motorelektronik
7. Elektronisches Gaspedal

Kommunikation
8. Elektronische Sprachausgabe
9. Radio
10. Bordcomputer
11. Autotelefon
12. Leit- und Informationssysteme für Autofahrer
13. Neue Anzeigentechnologien: Geschwindigkeit, Drehzahl, Kraftstoffverbrauch, Uhrzeit, Temperatur
14. Kabelbaum-Multiplexsystem

Komfort
15. Fahrgeschwindigkeitsregelung
16. Heizungs-, Klimaregelung
17. Zentralverriegelung
18. Sitzverstellung mit Positionsspeicher
19. Fahrwerksregelung

Sicherheit
20. Radar-Abstandswarnung/Regelung
21. Scheinwerferverstellung und -reinigung
22. Systemdiagnose
23. Reifendruckkontrolle
24. Wisch-Wasch-Steuerung
25. Antiblockiersystem, Antriebsschlupfregelung
26. Lastabhängige Wartungsintervallanzeige
27. Überwachungssysteme für Betriebsstoffe und Verschleißteile
28. Airbagauslösung, Gurtstraffer
29. Diebstahlsicherungssystem

❷ Aufbau eines Klauenpoldrehstromgenerators in Topfbauweise

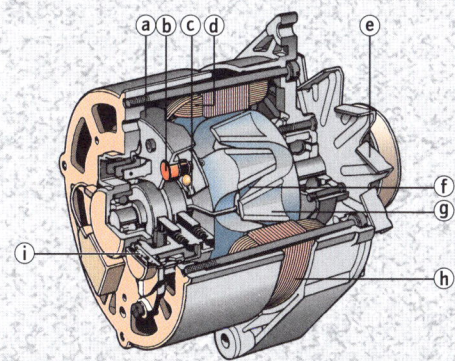

a. Gleichrichterkühlkörper
b. Leistungsdiode
c. Erregerdiode
d. Ständerwicklung (Drehstromwicklung)
e. Außen liegender Lüfter
f. Erregerwicklung
g. Klauenpolläufer
h. Ständer
i. Transistorregler

❸ Schematische Darstellung eines Schubschraubstarters

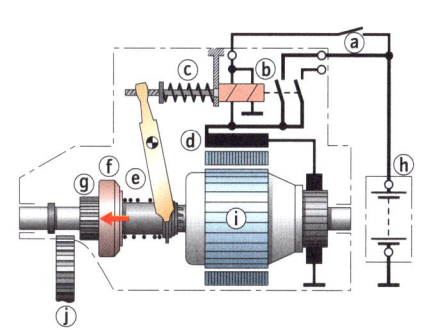

a. Zündstart- bzw. Fahrtschalter
b. Einrückrelais
c. Rückstellfeder
d. Erregerwicklung
e. Einrückhebel
f. Rollenfreilauf
g. Ritzel
h. Batterie
i. Anker
j. Schwungrad

❹ Scheinwerfersysteme

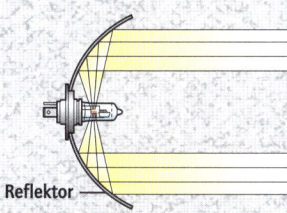

Herkömmliches Halogen H4–Fernlicht

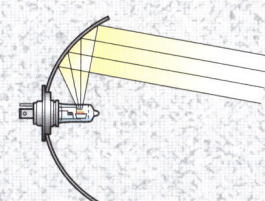

Herkömmliches Halogen H4–Abblendlicht

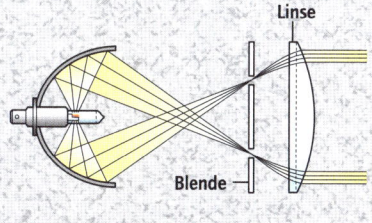

Abblendlicht mit Poly-Ellipsoid-System (PES)

Während Fahrzeuge mit Verbrennungsmotor beim Betrieb Emissionen erzeugen, die nur zum Teil durch Katalysatoren (→) reduziert werden können, entstehen bei Elektrofahrzeugen weder Abgase noch Lärm. Zu beachten ist allerdings, dass die Erzeugung elektrischer Energie, außer in Atomkraftwerken sowie in Kraftwerken, die regenerative Energiequellen nutzen (z.B. Wind oder Wasser), auch Abgase hervorruft.

Die wesentlichen Unterschiede eines Elektroautos gegenüber konventionellen Fahrzeugen bestehen in der Art des Antriebs und des „Tanks" (Batterie). Die **Batterie** (→ Batterien und Akkumulatoren) ist das „Herzstück" eines jeden Elektrofahrzeugs.

Generation mit Drehstrommotoren ❶ ❷

Der Antrieb besteht aus mehreren Komponenten (Abb. 1) und arbeitete bei der zweiten Generation von Elektroautos in den 1970er- und 1980er-Jahren mit einem Gleichstrommotor. Bei der heutigen dritten Generation kommen dagegen vorwiegend Drehstromantriebe zum Einsatz. Gleichstrommotoren bieten zwar in Verbindung mit weiteren notwendigen Antriebskomponenten (Steuerung, Getriebe) insgesamt ein kostengünstiges Antriebssystem, besitzen jedoch gegenüber Drehstrommotoren ein höheres Gewicht, einen niedrigeren Wirkungsgrad und ein größeres Volumen. Bei Drehstrommotoren kann zwischen Synchron- und Asynchronmaschine unterschieden werden. Der Asynchronantrieb hat den einfachsten und preiswertesten Aufbau, weist allerdings im Vergleich mit dem Synchronmotor mit Permanentmagneten einen schlechteren Wirkungsgrad im Teillastbereich auf.

Blei-, NiMH- und Lithium-Batterien ❷

Während die Entwicklung von Drehstrommotoren einen hohen Standard erreicht hat, sind die Energiedichten der Batterien für den Einsatz in reinen Elektroautos noch nicht mit herkömmlichen Verbrennungsmotoren vergleichbar. Anders als bei Verbrennungsmotoren, bei denen Dauerleistung und kurzfristig zur Verfügung stehende Leistung identisch sind, liegt bei Elektromotoren die Dauerleistung deutlich unter der Spitzenleistung. Wichtige Kenngrößen der Batterien (Abb. 2) sind die Energiedichte (→ Batterien), die Leistungsdichte sowie die Lebensdauer (meist in Zyklen angegeben, d.h. wie oft eine Batterie ladbar ist).

Vor allem aus Kostengründen dominieren in Elektrofahrzeugen bislang Bleibatterien, mit denen sich heute Reichweiten von ca. 60 km pro Batterieladung erzielen lassen. Nickel-Metallhybrid (NiMH)- und Lithiumionen (Li-Ionen)-Batterien haben sich bislang erst in Kleingeräten (z.B. Mobiltelefonen, Videokameras) durchgesetzt. Eine Anwendung dieser Batterietypen in Elektroautos befindet sich derzeit in der Entwicklung und Erprobung. NiMH-Systeme eignen sich aufgrund ihrer hohen Entladeleistung und schnellen Ladbarkeit vor allem für Hybridantriebe (→), während Li-Ionen-Systeme durch die hohe Energiedichte besonders für reine Elektrofahrzeuge mit großer Reichweite geeignet sind. Natriumbatteriesysteme benötigen eine Betriebstemperatur von 260 bis 370 °C und sind daher für den Fahrzeugbereich nur begrenzt geeignet.

Reichweite ❸ ❹

Obwohl die Entwicklung von NiMH-Batterien für den kommerziellen Einsatz erst um 1988 begann, besitzt dieser Akkumulator das Potenzial, Bleibatterien zu ersetzen, und er gilt gleichzeitig als Nachfolger der weit verbreiteten Nickel-Cadmium-Systeme: das Schwermetall Cadmium wird durch Wasserstoff ersetzt. Mit NiMH-Batterien lassen sich derzeit Reichweiten von 150 km erreichen (Elektrofahrzeug mit 1000 kg Gesamtgewicht inkl. 300 kg schwerer Batterie); das Entwicklungspotenzial wird auf 215 km geschätzt (Abb. 3).

Noch leistungsfähiger als NiMH-Systeme sind Li-Ionen-Systeme, die gegenüber den in den 1970er-Jahren im Mittelpunkt der Entwicklung stehenden Lithium-Metall-Batterien eine wesentlich höhere Lebensdauer von über 1000 Lade-/Entladezyklen haben. Li-Ionen-Systeme bestehen aus Lithium-Kohlenstoff (LiC_6) und Lithiummanganoxid ($LiMn_2O_4$), wobei während des Lade-/Entladevorgangs beide Elektroden umkehrbar Lithium austauschen, ohne dass sich die „Wirtsstruktur" aus Manganoxid und Kohlenstoff ändert (Abb. 4). $LiMn_2O_4$ hat aufgrund seines geringeren Preises, höherer Umweltverträglichkeit und geringerer Toxizität die Elektrodenstoffe Lithiumcobaldoxid ($LiCoO_2$) und Lithiumnickeloxid ($LiNiO_2$) abgelöst und macht die Batterien wesentlich überladesicherer. Die theoretischen Energiedichten betragen für $LiMn_2O_4$ ca. 150 mAh/g (Milliamperestunden pro Gramm) und für Kohlenstoff etwa 370 mAh/g, was, unter Abzug eines nicht umkehrbaren Verbrauchs von Lithium beim ersten Ladezyklus auf der Kohlenstoffseite, zu einer theoretischen Kapazität von 300 Wh/kg führt (gegenwärtig erreichbar: 120 Wh/kg). Zu den derzeitigen Forschungszielen für Li-Ionen-Systeme zählen die weitere Erhöhung der Lebensdauer sowie die Entwicklung eines thermischen und elektrischen Batteriemanagements.

❶ Antriebskomponenten eines Elektroautos

ⓐ Hochenergiespeicher (Batterie)
ⓑ Motor
ⓒ Getriebe
ⓓ Steuergerät und Ladewandler

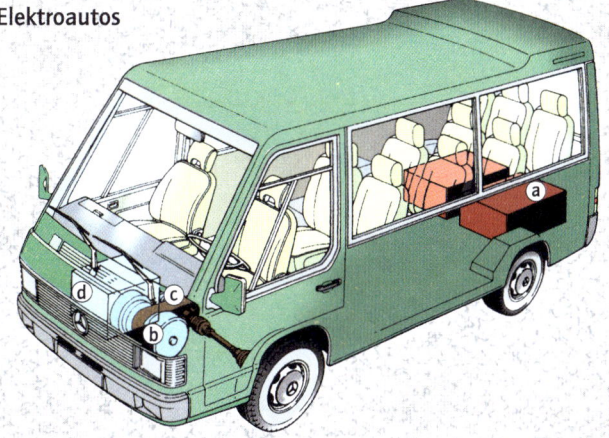

❷ Stand der Batterietechnik

Batterietyp	Energie-dichte (Wh/kg)	Leistungs-dichte (W/kg)	Betriebs-temperatur-bereich (°C)	Lade- und Entladewir-kungsgrad (%)	Lebensdauer (Zyklen)	Kosten (DM/kWH)	Entwicklungs-stand
Blei-Gel	30	75	-20...+60	75–90	600	250	Serienprodukt
Blei-Vlies	31	108	-20...+60	75–90	600	200	Serienprodukt
Nickel-Cadmium	45	200	-20...+50	65–85	1000–2000	1300	Serienprodukt
Nickel-Metallhydrid	60	175	-20...+60	65–85	1000–2000	1000	Prototypen
Natrium-Nickel-Clorid	80	80	+260...+370	75–85	1000–1500	300	Prototypen
Zink-Brom	60	40	+7...+40	50–70	500–1000	400	Prototypen
Lithiumionen	120	150	...	...	>1000	500	Prototypen

❸ Reichweite

So weit fährt das Elektroauto heute und im Jahr 2005 (Stand: 1995)

NiMH = Nickel-Metallhydrid
Li-Ion = Lithiumion
NaS = Natrium-Schwefel

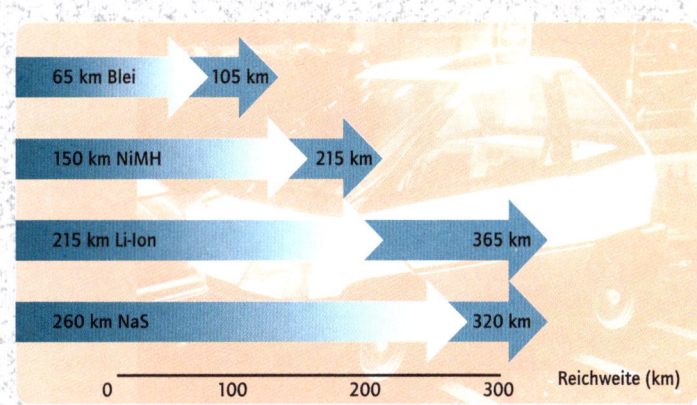

65 km Blei → 105 km
150 km NiMH → 215 km
215 km Li-Ion → 365 km
260 km NaS → 320 km

Reichweite (km)
0   100   200   300

❹ Umkehrbarer Austausch von Lithium beim Laden und Entladen einer Lithiumionenbatterie

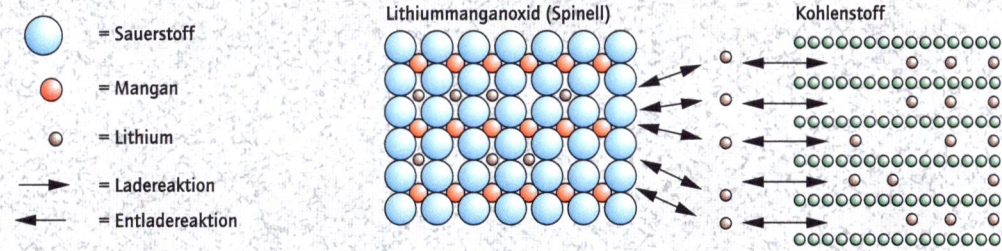

○ = Sauerstoff
○ = Mangan
○ = Lithium
→ = Ladereaktion
← = Entladereaktion

Lithiummanganoxid (Spinell)   Kohlenstoff

In seiner über 100-jährigen Geschichte ist der Verbrennungsmotor als Antrieb für Kraftfahrzeuge unübertroffen. Die hohe Leistungsfähigkeit und der geringe Platzbedarf bei gleichzeitig großer Fahrreichweite, bezogen auf das verwendete Energiespeichermedium (Benzin, Diesel), konnten bislang von keiner anderen Antriebsart erreicht werden. Die Nachteile des Verbrennungsmotors liegen, neben dem niedrigen Wirkungsgrad im Teillastbereich, vor allem im Ausstoß von Schadstoffen als Folge des Verbrennungsprozesses. Verringern lassen sich diese negativen Effekte z. B. durch den Einsatz von Hybridantrieben, bei denen mehrere Antriebsquellen zum Einsatz kommen.

Hybridantriebe mit Verbrennungsmotor und Elektroantrieb ❶ ❷ ❸

Bedeutung haben bislang nur solche Hybridantriebe erreicht, die aus einem elektrisch gespeisten Antrieb (Batterie) und einem Verbrennungsmotor bestehen. Diese Antriebsvariante erlaubt es, die oben genannten Vorteile des Verbrennungsmotors und die gut ausgebaute Tankstelleninfrastruktur mit den Vorteilen des emissionslosen und geräuscharmen Elektroantriebs zu kombinieren. Zu unterscheiden ist zwischen seriellen und parallelen Hybridantrieben (Abb. 1).

Serielle Anordnungen: Bei dieser Antriebsanordnung wird auf eine direkte Verbindung des Verbrennungsmotors mit den Rädern verzichtet. Der Motor erzeugt vielmehr über einen Generator elektrische Energie, die entweder in eine Batterie oder in den nachgeschalteten Elektromotor eingespeist wird. Diese mechanische Trennung des Verbrennungsmotors vom Antrieb ermöglicht es, dass der Motor mit konstanter Drehzahl bei optimalem Wirkungsgrad und gleichzeitig möglichst niedrigem Emissionsniveau läuft. Als nachteilig wirkt sich die mehrfache Energieumwandlung aus, sodass z. B. unter Berücksichtigung des Batteriewirkungsgrades (aufgenommene zu bereitstehender Energie) der Wirkungsgrad zwischen Verbrennungsmotor und Radantrieb bei maximal 55 % liegt. Bei dem in Abb. 2 dargestellten Hybridbus mit serieller Antriebskonfiguration erreicht der elektrische Antrieb ähnliche Fahrleistungen wie ein normaler, dieselgetriebener Bus, wobei das Gewicht der Batterien lediglich ca. $\frac{1}{6}$ des maximalen Gesamtgewichtes des Busses beträgt. Die hohen Belastungen der Batterien erfordern jedoch spezielle Zusatzaggregate, z. B. zur Kühlung und Entgasung der Batterien.

Parallele Anordnung: Bei parallel geschalteten Antrieben ist eine Addition der Antriebsleistung beider Motoren vorgesehen. Es besteht also eine mechanische Kopplung beider Antriebe mit den Rädern, wobei der Einsatz der Motoren wahlweise oder auch gleichzeitig erfolgt. Das Lastschaltgetriebe kann dabei entweder Verbrennungs- und Elektromotor (Abb. 1, Variante 1) oder nur dem Verbrennungsmotor (Abb. 1, Variante 2) nachgeschaltet sein. Im Gegensatz zu Variante 1 besitzt Variante 2 zwar einen besseren Wirkungsgrad bei der Kraftübertragung, allerdings macht diese Anordnung eine Steuerung des Elektromotors erforderlich: Dieser muss den gesamten Drehzahlbereich zwischen null und Höchstdrehzahl abdecken. Zudem ist der Elektromotor für ein höheres Drehmoment auszulegen, da die Übersetzung durch ein Getriebe entfällt, was aufgrund des Zusammenhangs zwischen leistbarem Motormoment und Motorgewicht insgesamt zu einem höheren Fahrzeuggewicht führt. Bei einer wie in Abb. 3 dargestellten Parallelanordnung wird der Elektromotor nur dann zum Fahrzeugantrieb eingesetzt, wenn weniger als fünf Kilowatt Leistung gefordert werden. Bei ausschließlichem Betrieb mit dem Verbrennungsmotor ist der Antrieb identisch mit dem eines „normalen" Fahrzeugs.

Teure und schwere Batterien

Bislang befinden sich Hybridantriebe erst im Entwicklungsstadium bzw. vereinzelt im Einsatz. Zur Speicherung der elektrischen Energie kommen derzeit nur chemische Speicherelemente in Frage. Probleme mit diesen teuren und schweren Batterien sowie die geringe Reichweite bei ausschließlichem Elektrobetrieb, insbesondere bei häufigen Leistungsspitzen, haben eine breite Markteinführung des Konzeptes bisher verhindert. Als sinnvoll erweisen sich Fahrzeuge mit Hybridantrieb trotz der heute nur begrenzt einsetzbaren Batteriearten dann, wenn lokal ein emissionsfreier Antrieb von Bedeutung ist, z. B. im Stadtverkehr, bei größeren Reichweiten jedoch die Vorteile eines konventionellen Verbrennungsmotors genutzt werden sollen.

Kalifornische Emissionsstandards

Insbesondere in Kalifornien wird versucht, die Schadstoffbelastung in Ballungszentren durch gesetzliche Maßnahmen deutlich zu reduzieren. Dort sollen ab dem Jahr 2003 so genannte „zero emission vehicles" (emissionsfreie Fahrzeuge) mindestens 10 % Anteil haben. In Deutschland und Europa ist ein derartiger Schritt noch nicht abzusehen. Die immer wieder diskutierte emissionsbezogene Besteuerung von Pkws könnte aber zu weiterer Schadstoffsenkung beim Individualverkehr führen.

❶ Betriebsarten von Hybridantrieben

VM = Verbrennungsmotor
EL = Elektroantrieb (motorische oder
    generatorische Betriebsart)
BA = Batterie bzw. externe Stromversorgung
LSG = Lastschaltgetriebe
M = Betriebsart Motor
G = Betriebsart Generator

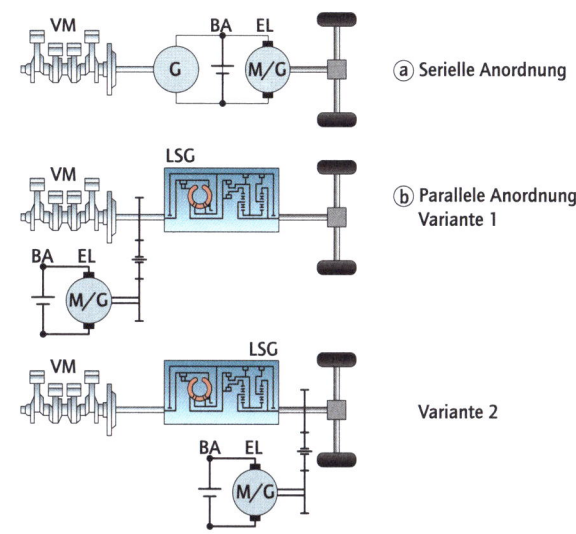

ⓐ Serielle Anordnung

ⓑ Parallele Anordnung
   Variante 1

Variante 2

❷ Aufbau eines Hybridelektrobusses

ⓐ Kompressor und Lenkhelfpumpe
ⓑ Elektrischer Fahrmotor
ⓒ Kühlgebläse für Fahrmotor
ⓓ Dieselmotor mit Generator
ⓔ Gebläse für Batteriebelüftung
ⓕ Traktionsbatterien
ⓖ Elektronische Steuerung
ⓗ Aggregate zur Batteriekühlung

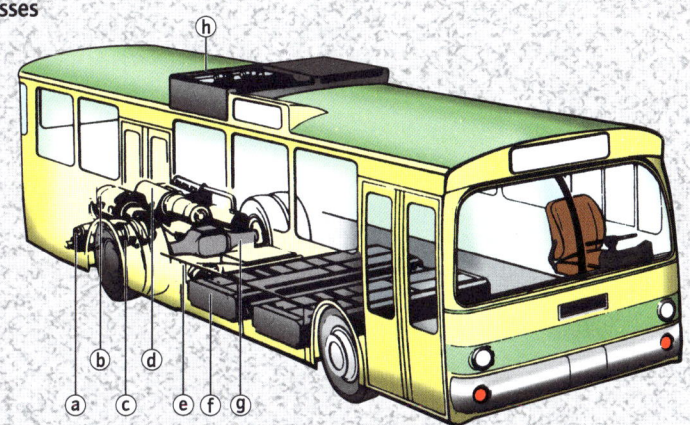

❸ Schematischer Aufbau des VW-Hybrid-Golf mit elektrischem Antrieb und Verbrennungsmotor

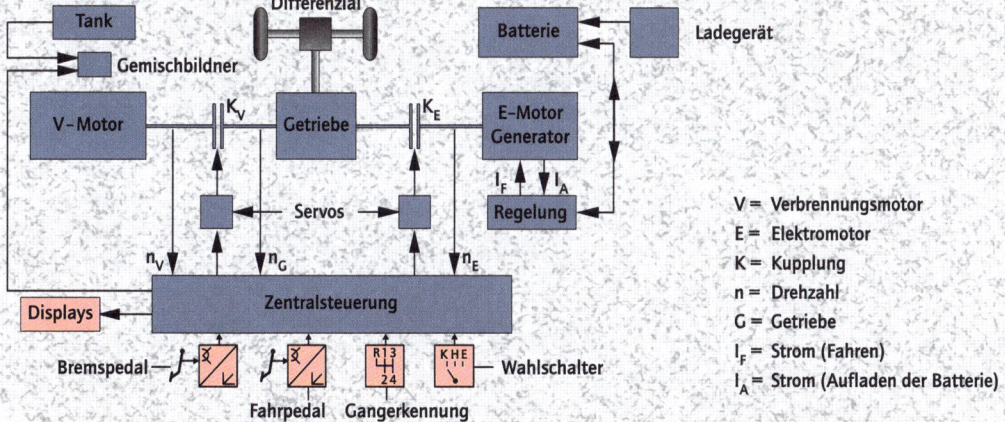

V = Verbrennungsmotor
E = Elektromotor
K = Kupplung
n = Drehzahl
G = Getriebe
I_F = Strom (Fahren)
I_A = Strom (Aufladen der Batterie)

Brennstoffzellen sind elektrochemische Stromerzeuger, welche die chemische Energie eines Brennstoffes und eines Oxidationsmittels direkt, ohne den Umweg einer Wärmeerzeugung, in elektrische Energie umwandeln. Die Technologie der Brennstoffzelle geht auf die Entdeckungen von William Robert Grove im Jahre 1835 zurück; erste Anwendungen fanden in den 1960er- und 70er-Jahren durch die Entwicklungen in der Raumfahrt statt.

Funktionsweise ❶

Die Funktionsweise der Brennstoffzelle beruht auf der Umkehrung der Elektrolyse von Wasser. Während bei der Elekrolyse aus Wasser durch elektrischen Strom die Gase Wasserstoff und Sauerstoff hergestellt werden, wird die Reaktion bei der Brennstoffzelle umgedreht. Um die Aufspaltung des Wassers zu erreichen, besteht eine Brennstoffzelle aus der Dreierschicht Anode/Elektrolyt/Kathode, wobei die zwei Elektroden (Anode und Kathode) durch den Elektrolyten miteinander verbunden werden (Abb. 1). Die Anode wird dabei mit dem Brennstoff (Wasserstoff H_2) und die Kathode mit dem Oxidationsmittel (in Luft enthaltener Sauerstoff O_2) versorgt.

Die beiden Elektroden haben die Aufgabe, die „Verbindung" zwischen der Energie produzierenden chemischen Reaktion und der entstehenden Elektrizität herzustellen, d.h., an den Elektroden findet die Umwandlung der chemischen Energie (Brennstoff) in elektrische Energie statt. Der Wasserstoff oxidiert an der Anode und die gebildeten Protonen ($2H^+$) übertragen die elektrische Ladung durch den Elektrolyten zur Kathode, wo durch die Reaktion mit dem Luftsauerstoff als Endprodukt Wasser (H_2O) entsteht. Der dabei produzierte Strom ($2e^-$) fließt über den äußeren Stromkreis und kann in ein Versorgungsnetz eingespeist werden.

Hoher Wirkungsgrad

Grundsätzlich sind in einer Brennstoffzelle sämtliche oxidierbaren gasförmigen Brennstoffe einsetzbar. Heute wird hauptsächlich reiner Wasserstoff (H_2) verwendet. Die Gewinnung dieses Brenngases kann aber auch beispielsweise aus Erdgas, Methanol oder Biogas durch eine Reformierungsreaktion innerhalb oder außerhalb der Brennstoffzelle erfolgen.

Die Zellen zeichnen sich durch einen wesentlich höheren Wirkungsgrad (40–65%) als thermische Systeme (Ottomotor: etwa 25 %, Dieselmotor: etwa 33 %) aus und haben im Vergleich mit herkömmlichen Verbrennungsmotoren deutlich niedrigere

Schadstoffemissionen, die, wie z.B. Kohlendioxid (CO_2), nur bei der Verwendung fossiler Brennstoffe (z.B. Erdgas) entstehen. Beim Betrieb mit Wasserstoff als primärem Brennstoff und Sauerstoff wird hingegen nur Wasser bzw. Wasserdampf produziert.

Geringe Leistungsdichte ❷

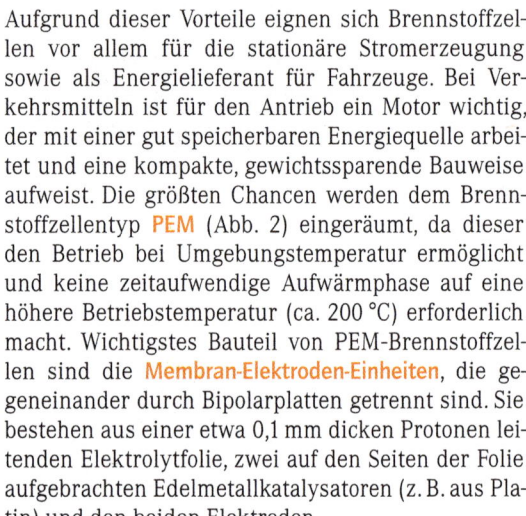

Aufgrund dieser Vorteile eignen sich Brennstoffzellen vor allem für die stationäre Stromerzeugung sowie als Energielieferant für Fahrzeuge. Bei Verkehrsmitteln ist für den Antrieb ein Motor wichtig, der mit einer gut speicherbaren Energiequelle arbeitet und eine kompakte, gewichtsparende Bauweise aufweist. Die größten Chancen werden dem Brennstoffzellentyp PEM (Abb. 2) eingeräumt, da dieser den Betrieb bei Umgebungstemperatur ermöglicht und keine zeitaufwendige Aufwärmphase auf eine höhere Betriebstemperatur (ca. 200 °C) erforderlich macht. Wichtigstes Bauteil von PEM-Brennstoffzellen sind die Membran-Elektroden-Einheiten, die gegeneinander durch Bipolarplatten getrennt sind. Sie bestehen aus einer etwa 0,1 mm dicken Protonen leitenden Elektrolytfolie, zwei auf den Seiten der Folie aufgebrachten Edelmetallkatalysatoren (z.B. aus Platin) und den beiden Elektroden.

Zur Zeit können die mit Verbrennungsmotoren erreichbaren Leistungsdichten von Brennstoffzellen inklusive Elektromotor nicht realisiert werden. Dies schränkt die Anwendung der Zellen in Pkws zumindest mittelfristig ein. Lediglich im Omnibusbereich sind heute durch den großen Einbauraum Leistungswerte erreichbar, die mit konventionellen Verbrennungsmotoren konkurrieren können (Firma Ballard Power Systems, Kanada). Daneben laufen Versuche mit Brennstoffzellen in einem Kleintransporter (Mercedes-Benz 180 BZ), der mit einem Druckwasserstofftank aus faserverstärktem Verbundwerkstoff ausgerüstet ist.

Wasserstoff aus Methanol als Treibstoff ❸

Die verwendeten Antriebe mit Wasserstoffzellen (Abb. 3) ermöglichen ein abgasfreies Fahrzeug bei allerdings eingeschränkter Reichweite und fehlender Tankstelleninfrastruktur. Neben diesen Wasserstoffzellenantrieben ist insbesondere bei Individualfahrzeugen auch ein Brennstoffzellenantrieb mit Methanolreformer denkbar. Das Methanol wird aus Erdgas oder zukünftig aus nachwachsenden Rohstoffen hergestellt und im Fahrzeug zur Erzeugung des Wasserstoffs verwendet. Durch Methanol als Treibstoff lassen sich Reichweiten verwirklichen, die denjenigen von Fahrzeugen mit Verbrennungsmotor entsprechen.

❶ Prinzip einer Brennstoffzelle

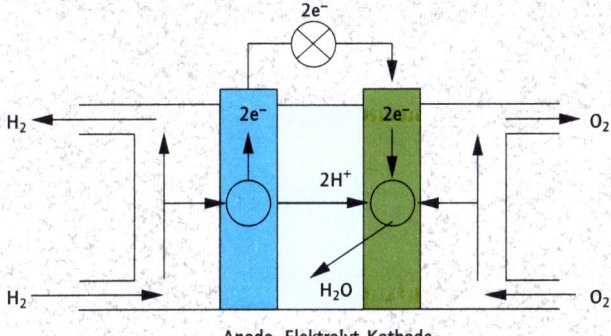

Anode:	$2\,H_2$	$\rightarrow$	$4\,H^+ + 4\,e^-$
Kathode:	$O_2 + 4\,H^+ + 4\,e^-$	$\rightarrow$	$2\,H_2O$
Gesamt:	$2\,H_2 + O_2$	$\rightarrow$	$2\,H_2O$

Anode Elektrolyt Kathode

❷ Aufbau einer PEM-Brennstoffzelle

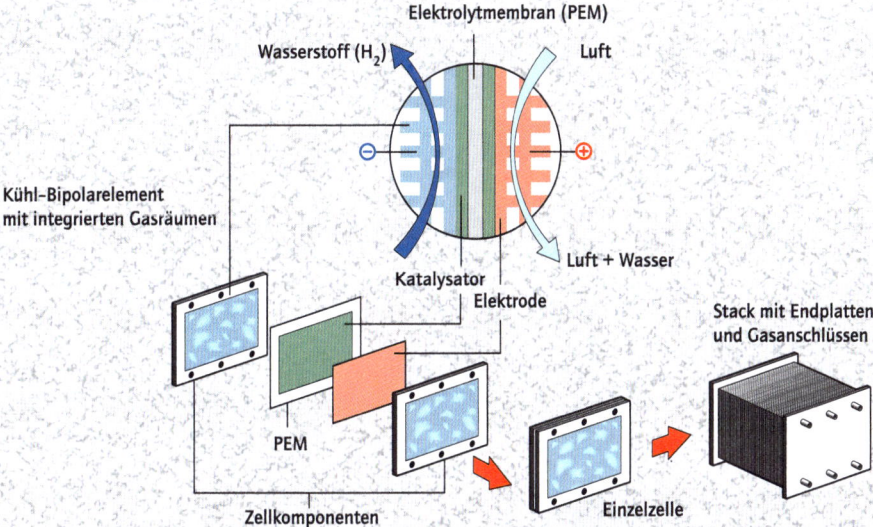

Protonen leitende
Elektrolytmembran (PEM)

Wasserstoff (H_2)

Luft

Kühl–Bipolarelement
mit integrierten Gasräumen

Luft + Wasser

Katalysator

Elektrode

Stack mit Endplatten
und Gasanschlüssen

PEM

Zellkomponenten

Einzelzelle

❸ Prinzip des Fahrzeugantriebs mit Wasserstoff als Treibstoff

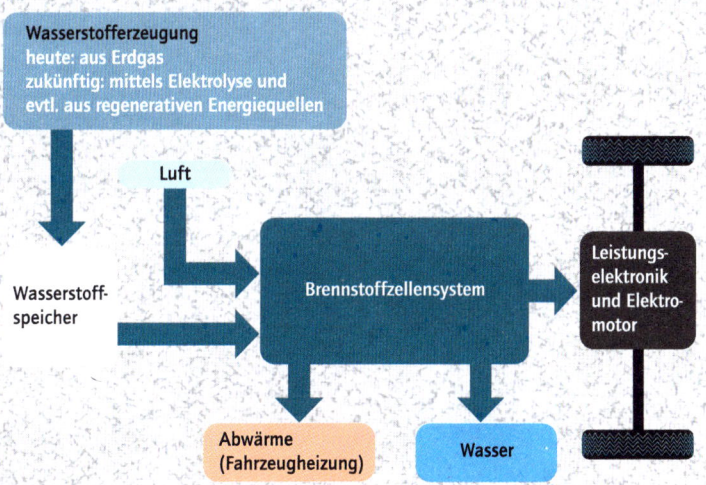

Merkmale eines
Wasserstoff-Brennstoffzellen-Fahrzeugs:
- keine Emissionen
  (»Zero emission vehicle«)
- sehr hoher Wirkungsgrad
- eingeschränkte Reichweite
- Tankstelleninfrastruktur heute
  nicht vorhanden

Wasserstofferzeugung
heute: aus Erdgas
zukünftig: mittels Elektrolyse und
evtl. aus regenerativen Energiequellen

Luft

Wasserstoff-
speicher

Brennstoffzellensystem

Leistungs-
elektronik
und Elektro-
motor

Abwärme
(Fahrzeugheizung)

Wasser

Die Anstrengungen der Industriestaaten zur Senkung der Schadstoffemissionen bzw. des klimabeeinträchtigenden Kohlendioxidausstoßes hat neben der Entwicklung von Elektro-, Hybrid- und Brennstoffzellenantrieben (→) auch zu Überlegungen geführt, herkömmliche Diesel- und Benzinmotoren mit alternativen Kraftstoffen zu betreiben. Eine Möglichkeit bietet die Verwendung kohlenstoffarmen Erdgases, dessen Vorteil u.a. darin liegt, dass herkömmliche Benzinmotoren ohne wesentlichen Bauaufwand auf diese Antriebsart umrüstbar sind. Derzeit sind weltweit über 1 Mio. Kraftfahrzeuge mit Erdgas im Einsatz (ca. 2500 in Deutschland).

Unterschied zwischen Erdgas und Autogas ❶

Der Kraftstoff Erdgas besteht überwiegend aus Methan (CH_4) und unterscheidet sich daher chemisch vom Autogas, das Mitte der 1980er-Jahre eine kurze Popularitätsphase erlebte und bei dem es sich um ein Gemisch aus Propan (C_3H_8) und Butan (C_4H_{10}) handelt. Der geringe Kohlenstoffanteil (C) führt dazu, dass bei der Verbrennung von Erdgas etwa 20–25% weniger Kohlendioxid (CO_2) entsteht als bei der Benzinverbrennung. Auch bei anderen Abgasemissionen (Kohlenmonoxid etc.) sowie bei Partikeln erweist sich Erdgas gegenüber Benzin, Diesel oder Autogas als wesentlich günstiger (Abb. 1).

Methan zeichnet sich durch folgende Merkmale aus: Es ist ungiftig für den Menschen, es hat ein 80% niedrigeres Ozonbildungspotenzial als Benzin, jedoch einen 20fach stärkeren Treibhauseffekt als CO_2 (dadurch müssen von der 20–25%igen CO_2-Reduktion im Vergleich mit Benzin etwa 5% abgezogen werden) und die CH_4-Umwandlung ist im Vergleich mit anderen Kohlenwasserstoffen (HC) schwieriger, was spezialbeschichtete Katalysatoren erforderlich macht.

Grundsätzlich bieten sich zur Speicherung des Erdgases der flüssige oder der gasförmige Zustand an. Technisch am ausgereiftesten ist die Speicherung in gasförmigem Zustand. Dazu wird das Erdgas auf ca. 20 MPa (200 bar) komprimiert. Bei einem 80-Liter-Gastank ergibt sich eine Reichweite von etwa 200–250 km (Daten für BMW 518 g). Eine größere Reichweite verspricht die flüssige Speicherung, wofür das Gas auf −163 °C gekühlt werden muss. In Europa kommt aufgrund der einfacheren Speichermöglichkeit vor allem die Druckgasspeicherung (gasförmig) zum Einsatz.

Bivalenter Benzin-Erdgasantrieb ❷ ❸

Der Nachteil bei der Druckgasspeicherung ist der Einsatz von großvolumigen Tanks, deren Energiegehalt nicht mit dem von Diesel- oder Benzintanks vergleichbar ist (der 80-Liter-Gastank entspricht etwa einem 25-Liter-Benzintank). Um dem entgegenzuwirken, werden erdgasbetriebene Fahrzeuge häufig mit bivalentem Benzin-Erdgasantrieb (Abb. 2) ausgestattet, d. h. sie können wahlweise mit Ottokraftstoff oder Erdgas betrieben werden.

Vom Gastank gelangt das Gas über eine Hochdruckleitung und einen elektrisch ansteuerbaren tanknahen Absperrhahn, der vom Fahrer zum Ein- und Ausschalten des Gasbetriebs genutzt wird, zum Hochdruckventil und von dort zum Hochdruckminderer. Diesem ist ein zweistufiger Niederdruckregler (Druckregler plus Niederdruckventil) nachgeschaltet, der den Druck auf 0,1 MPa (1 bar) über Saugrohrdruck reduziert. In der nachfolgenden Dosiereinheit wird der Gasstrom den Motorbedingungen entsprechend über vier Gasventile, die vor den Einspritzventilen des Benzinmotors angeordnet sind, den Saugrohren zugeführt (Abb. 3). Ein Gassteuergerät mit einer eigenen Lambdasonde und ein Saugrohrdrucksensor zur Lasterfassung ermöglichen die richtige Gemischzusammensetzung. Über einen Taster kann der Fahrer jederzeit zwischen den beiden Betriebsarten Erdgas und Benzin wählen.

Reiner Erdgasantrieb

Der Wirkungsgrad eines mit Erdgas betriebenen Motors entspricht ungefähr dem eines mit Benzin gefahrenen Motors; allerdings ergibt sich eine etwa 15%ige Minderung der Motorleistung im Gasbetrieb. Während die Reichweite bei bivalentem Antrieb durch den zusätzlichen Gastank höher ist als beim ausschließlich benzinbetriebenen Fahrzeug, ist der Aktionsradius von reinen (monovalenten) Erdgasfahrzeugen eingeschränkt: ca. 380–460 km Reichweite mit 120-Liter-Gastank (Honda Civic GX). Außerdem steht erdgasbetriebenen Fahrzeugen der zusätzliche Platzbedarf für die Gasflasche entgegen, die üblicherweise im Kofferraum platziert wird. Allerdings kann bei monovalenten Gasfahrzeugen der Motor optimal auf die hohe Oktanzahl von 130 und die langsamere Verbrennung des Erdgases eingestellt werden, sodass zukünftig von derartigen Motoren etwa das gleiche Leistungspotenzial wie von herkömmlichen Benzinmotoren zu erwarten ist, bei jedoch deutlich niedrigeren Schadstoffemissionen im Erdgasbetrieb. Ob sich Erdgasfahrzeuge in Zukunft durchsetzen werden, hängt entscheidend auch von der Anzahl der Erdgastankstellen ab, die derzeit, zumindest in Deutschland, noch nicht flächendeckend vorhanden sind.

❶ Schadstoffemissionen beim Betrieb mit Benzin, Autogas, Erdgas und Diesel

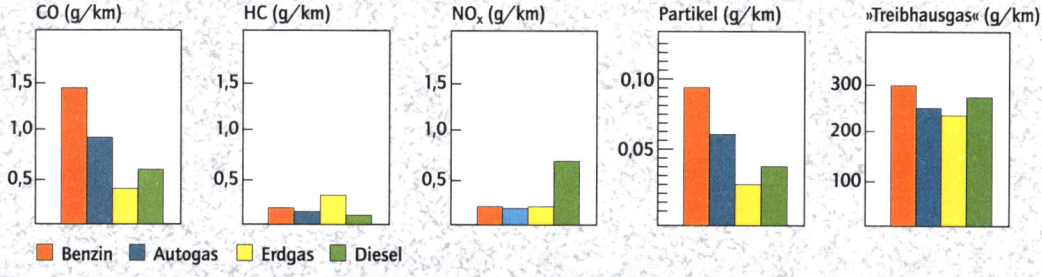

CO (g/km)

HC (g/km)

NO$_x$ (g/km)

Partikel (g/km)

»Treibhausgas« (g/km)

■ Benzin ■ Autogas ■ Erdgas ■ Diesel

CO = Kohlendioxid, HC = Kohlenwasserstoff, NO$_x$ = Stickoxid, g = Gramm, km = Kilometer

❷ Benzin-Erdgasantriebssystem mit 20 Megapascal (200 bar) Hochdrucktank

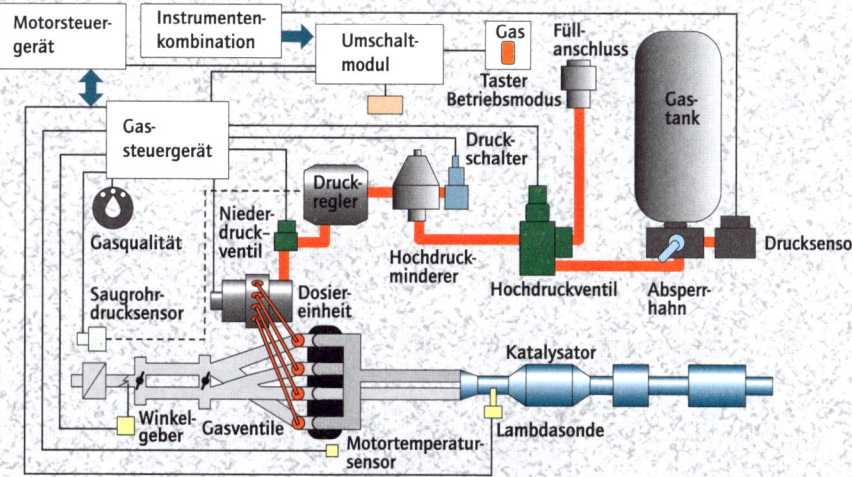

❸ Gemischsteuerung für den Erdgasantrieb

Das Motorrad ist ein einspuriges (mit Beiwagen auch zweispuriges) Fahrzeug, das zur Beförderung von Personen und/oder Gütern dient und dessen erste Serienfertigung 1894 begann. Neben dem Kraftrad mit festen Fahrzeugteilen im Kniebereich (z.B. Tank) unterscheidet man noch Motorroller ohne feste Bestandteile im Kniebereich und Fahrräder mit Hilfsmotor (Moped, Mofa).

Große Motoren für hohe Leistungen

Motorräder bestehen aus einem Antrieb mit Motor/ Kraftübertragung, einem Fahrwerk und weiteren Bauelementen wie z.B. Tank. Von allen Zweiradfahrzeugen erreichen Motorräder die höchste Geschwindigkeit und haben die größte Motorleistung. Der Antrieb erfolgt meist durch einen über Lamellen vom Fahrtwind gekühlten Otto-Zweitakt- oder Viertaktmotor (→ Ottomotor). Die hohen Leistungen der Motoren, in Deutschland durch Selbstverpflichtung der Hersteller auf 73 kW/100 PS begrenzt, machte allerdings auch die Entwicklung von wassergekühlten Motoren notwendig. Ihr Vorteil liegt im besseren Wärmeabtransport hoch belasteter Motorbereiche (z.B. dem Brennraum). Ab 100 cm^3 werden meist Zweizylinder-, bei größerem Hubraum bis Sechszylindermotoren gebaut, wobei die Zylinder in Parallel-, seltener in Boxer- oder V-Anordnung zueinander liegen.

Technischer Aufbau ❶ ❷ ❸

Zwischen Motor und Rad sind für die Kraftübertragung Kupplung, Getriebe und Radantrieb eingebaut, wobei sich Erstere vom Prinzip her nicht wesentlich von den Ausführungen beim Pkw unterscheiden. Der Radantrieb erfolgt beim Motorrad ausnahmslos auf das Hinterrad, entweder durch einen Gelenkwellenantrieb (Kardanantrieb) oder einen Zugmittelantrieb (Ketten- oder Zahnradantrieb). Beim Kardanantrieb (Abb. 1) ermöglicht eine Gelenkwelle mit zwei Kardangelenken Drehmomente vom vorn liegenden Motor auf die starre Hinterradachse zu übertragen. Die Kardangelenke können aufgrund ihres beweglichen Gelenkkreuzes die Drehkräfte zwischen den Wellenenden, die eine Abwinklung aufweisen, wie sie durch die Federbeinbewegung am Hinterrad entsteht, weiterleiten. Der Gelenkwellenantrieb ist wartungs- und verschleißfrei bei hoher Betriebssicherheit, aber durch seinen hohen Bauaufwand vergleichsweise teuer. Am weitesten verbreitet ist der Kettenantrieb, bei dem eine aus gelenkigen Gliedern bestehende Kette die Drehmomente überträgt. Da bei hohen Geschwindigkeiten das Öl von der Antriebskette ge-

schleudert wird, werden heute so genannte O-Ringketten eingesetzt, die mit Dichtringen versehen sind. Gegenüber einer Kapselung in öldichten Kettenkästen wird diese Kette durch den Fahrtwind gekühlt, was bei hohen Geschwindigkeiten und Beschleunigungen wichtig ist. Zahnradriemen aus einer Gummimischung und verstärkendem Glasfasergeflecht kommen nur vereinzelt zum Einsatz, auch wenn Riemen leiser als Ketten laufen und weitgehend wartungsfrei sind.

Das Fahrwerk eines Motorrades besteht aus Rahmen, Radaufhängung und Rädern. Der Rahmen muss verwindungssteif sein, eine Verbindung zwischen Vorder- und Hinterrad schaffen und Eigenbewegungen des Motorrades verhindern. Für die Beanspruchung des Rahmens spielen hauptsächlich die Radkräfte (Abb. 2) und die sich daraus ergebenden Drehmomente eine Rolle.

Die am stärksten beanspruchten Rahmenbauteile sind die Vorderradführung, wo beim Bremsen die größten Kräfte auftreten, und der hintere Rahmenausleger, der das Gewicht des Fahrers trägt. Für die Hinterradführung nutzen viele Hersteller eine Zweiarmschwinge mit einem Federbein auf jeder Seite des Hinterrades. Bei unterschiedlichen Toleranzen und Einstellungen der beiden Federbeine kann es jedoch gegenüber der Zentralfederung mit nur einer Schwinge zu Problemen bei den Fahreigenschaften kommen.

Bei der Vorderradführung gilt seit Jahrzehnten die Teleskopgabel als Standardkonstruktion. Die Grundausführung besteht aus zwei ineinander laufenden Rohren (Standrohr und Gleitrohr), die das Rad in einer Geraden abfedern (Abb.3). Zur Schmierung und hydraulischen Dämpfung sind die Rohre mit Öl gefüllt. Bei der klassischen Ausführung liegt das Gleitrohr oben im Lenkkopf bzw. in den Gabelbrücken, während das Standrohr die Vorderradachse aufnimmt und unten liegt. Seit einigen Jahren werden jedoch verstärkt so genannte Upsidedown-Gabeln eingesetzt, bei der das Standrohr oben und das Gleitrohr unten liegt, sodass die Konstruktion eine erheblich größere Biegesteifigkeit aufweist. In den vergangenen Jahren zeigten sich jedoch immer häufiger die technischen Grenzen der Teleskopgabel, so z.B. beim Einsatz von ABS-Systemen mit schnell pulsierenden Bremsschüben. Hier konnten Entwicklungen verschiedener Hersteller neue Impulse geben, beispielsweise die Telelever-Führung (Abb. 4) oder die Achselschenkellenkung, bei der im Gegensatz zur Teleskopgabel Lenkung und Federung keinen gegenseitigen Einfluss mehr aufeinander haben.

❶ Gelenkwellenantrieb (Kardangelenk)

ⓐ Bremssattel
ⓑ Federbein
ⓒ Kardangelenk
ⓓ Getriebegehäuse (rahmenfest)
ⓔ Gelenkwelle
ⓕ Abtriebswelle

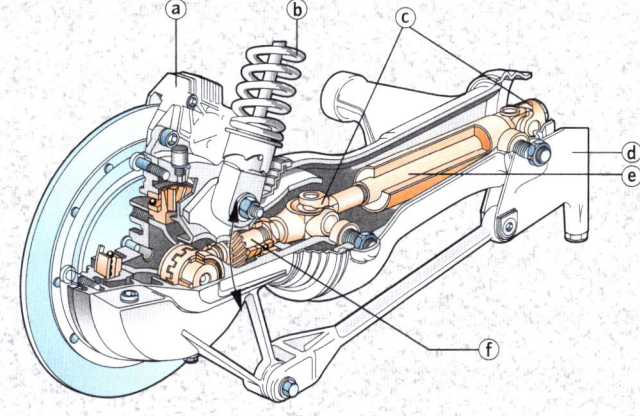

❷ Kräfteverteilung am Motorrad bei der Geradeausfahrt

M_v = Drehmoment am Lenkkopf
B_v = Bremskraft am Vorderrad
G_v = Gewichtskraft am Vorderrad
R_h = Reibkraft am Hinterrad (Antrieb)
G_h = Gewichtskraft am Hinterrad
G = Gesamte Gewichtskraft (Motorrad + Fahrer)
$F_{träg}$ = Trägheitskraft

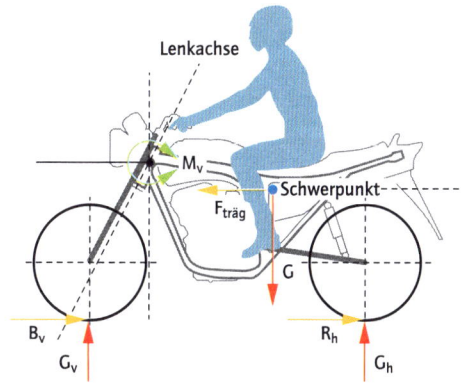

❸ Moderne Teleskopgabel

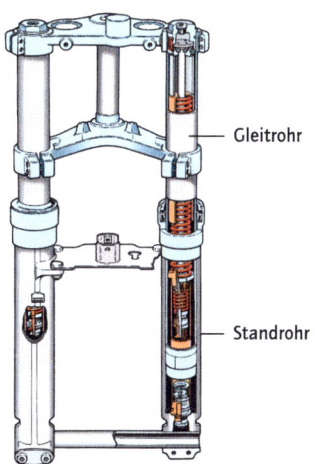

❹ Telelever-Führung

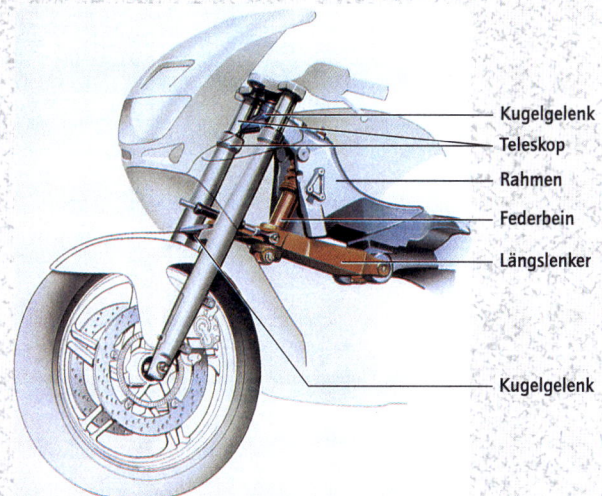

Die Aufgabe der Fahrradschaltung besteht darin, das Übersetzungsverhältnis zwischen Tretkurbel und Hinterrad den Schwierigkeiten des Geländes anzupassen. Das Übersetzungsverhältnis ist die Zahl der Hinterradumdrehungen pro Tretkurbelumdrehung. Es bestimmt die Tretfrequenz und die Kraft, die notwendig sind, um bei vorgegebenem Widerstand eine bestimmte Geschwindigkeit zu erreichen. Um möglichst lange ermüdungsfrei fahren zu können, sollte die Kraft auf den Pedalen möglichst gering und die Tretfrequenz konstant bleiben. Dieses Ideal kann aufgrund der begrenzten Anzahl von Übersetzungsverhältnissen, welche eine Fahrradschaltung realisiert, nicht immer erreicht werden. Je nach Einsatzgebiet besitzt deshalb ein Fahrrad eine Schaltung mit unterschiedlich vielen Übersetzungsverhältnissen oder Gängen. Mountainbikes haben in der Regel 21–24, Rennräder 16 und Alltagsräder 3–7 Gänge. Man unterscheidet zwei Typen von Fahrradschaltungen: die Kettenschaltung und die Nabenschaltung.

Kettenschaltung ❶ ❷ ❸

Bei der Kettenschaltung (Abb. 1) ist das Übersetzungsverhältnis direkt abhängig von den verwendeten unterschiedlich großen Zahnkränzen an der Tretkurbel (Kettenblätter) bzw. am Hinterrad (Ritzel), über die die Kette läuft. An der Tretkurbel befinden sich meist zwei oder drei Kettenblätter, am Hinterrad bis zu neun Ritzel. Die Übersetzungsverhältnisse werden geändert, indem die Kette jeweils auf ein anderes Kettenblatt oder Ritzel umgeschaltet wird. Da Kettenblätter und Ritzel fest mit der Tretkurbel bzw. dem Hinterrad verbunden sind, ist die Zahl der Umdrehungen des Hinterrades, bei einer Umdrehung der Tretkurbel, gleich der Anzahl der Zähne des Kettenblattes im Verhältnis zur Zahl der Zähne des Ritzels.

Zum Umlegen der Kette zwischen den Ritzeln dient der hintere Umwerfer (Abb. 2). Er führt die Kette mittels zweier Umlenkrollen im Führungskäfig. Beim Schalten der Gänge wird über einen Seilzug der Führungskäfig mithilfe des Parallelogramms seitlich verschoben. Dadurch springt die Kette auf ein größeres oder kleineres Ritzel. Etwas einfacher ist der vordere Umwerfer (Abb. 3) aufgebaut. Er führt die Kette im Kettenleitstück. Ebenfalls über eine Seilzug betätigt, drückt das Kettenleitstück beim Schalten die Kette auf das gewünschte Kettenblatt.

Der Vorteil der Kettenschaltung liegt in der großen Anzahl von Gängen und der Möglichkeit, Ritzel und Kettenblätter individuell auszuwählen.

Nachteile sind der schlechte Schutz gegen Schmutz und Nässe und dass es nicht möglich ist, im Stand zu schalten.

Nabenschaltung ❹

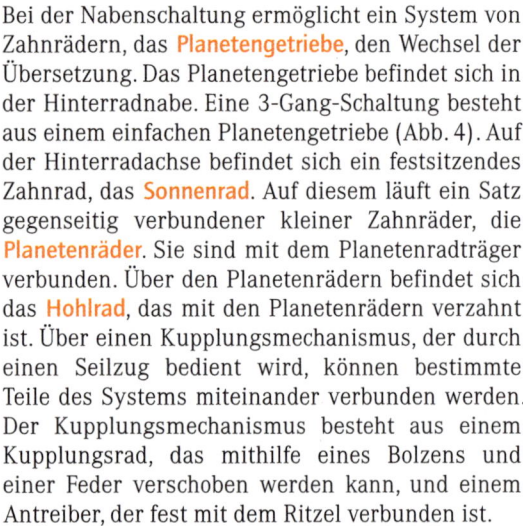

Bei der Nabenschaltung ermöglicht ein System von Zahnrädern, das Planetengetriebe, den Wechsel der Übersetzung. Das Planetengetriebe befindet sich in der Hinterradnabe. Eine 3-Gang-Schaltung besteht aus einem einfachen Planetengetriebe (Abb. 4). Auf der Hinterradachse befindet sich ein festsitzendes Zahnrad, das Sonnenrad. Auf diesem läuft ein Satz gegenseitig verbundener kleiner Zahnräder, die Planetenräder. Sie sind mit dem Planetenradträger verbunden. Über den Planetenrädern befindet sich das Hohlrad, das mit den Planetenrädern verzahnt ist. Über einen Kupplungsmechanismus, der durch einen Seilzug bedient wird, können bestimmte Teile des Systems miteinander verbunden werden. Der Kupplungsmechanismus besteht aus einem Kupplungsrad, das mithilfe eines Bolzens und einer Feder verschoben werden kann, und einem Antreiber, der fest mit dem Ritzel verbunden ist.

Im Normalgang (Abb. 4 a) sind Ritzel und Nabenschale miteinander verbunden. Die Nabe dreht sich also mit der gleichen Geschwindigkeit wie das Ritzel, das durch die Kette angetrieben wird. Im Schnellgang (Abb. 4 b) wird das Ritzel mit dem Planetenradträger und das Hohlrad mit der Nabenschale verbunden. Bei einer Drehung des Ritzels bewegen sich die Planetenräder um das Sonnenrad und treiben dabei das Hohlrad an. Abhängig von der Anzahl der Zähne auf Sonnen- und Hohlrad dreht sich das Hohlrad um einen gewissen Betrag schneller als das Ritzel. Im Berggang (Abb. 4 c) wird das Ritzel mit dem Hohlrad verbunden und die Nabenschale mit dem Planetenradträger. Bei Drehung des Hohlrades durch das Ritzel laufen die Planetenräder wieder um das Sonnenrad herum. Dabei wird nun aber der Planetenradträger angetrieben. Als Resultat dreht sich die Nabenschale langsamer als das Ritzel.

Neben der 3-Gang-Version lassen sich durch Kombination mehrerer Planetengetriebe auch 5- und 7-, neuerdings auch 12-Gang-Systeme realisieren. Außerdem kann zur Erhöhung der Ganganzahl die Nabenschaltung auch mit einer Kettenschaltung kombiniert werden. Ein Vorteil der Nabenschaltung ist der gute Schutz gegen Schmutz und Nässe, was sie relativ wartungsfrei macht. Nachteile gegenüber der Kettenschaltung sind das zumeist höhere Gewicht und die fehlende Möglichkeit der individuellen Gangabstufung.

❶ Bestandteile einer Kettenschaltung

ⓐ Hinterer Umwerfer
ⓑ Ritzel
ⓒ Umlenkrollen
ⓓ Vorderer Umwerfer
ⓔ Kettenblatt
ⓕ Tretkurbel

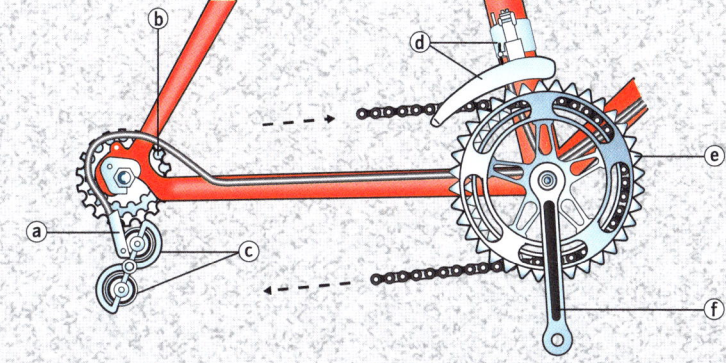

❷ Hinterer Umwerfer mit geradem Parallelogramm

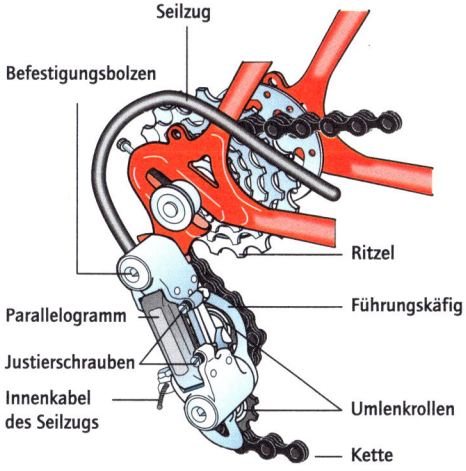

Seilzug
Befestigungsbolzen
Ritzel
Führungskäfig
Parallelogramm
Justierschrauben
Innenkabel des Seilzugs
Umlenkrollen
Kette

❸ Vorderer Umwerfer

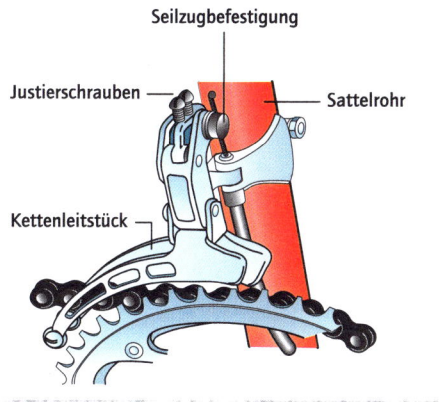

Seilzugbefestigung
Justierschrauben
Sattelrohr
Kettenleitstück

❹ Funktionsweise der 3-Gang-Nabenschaltung

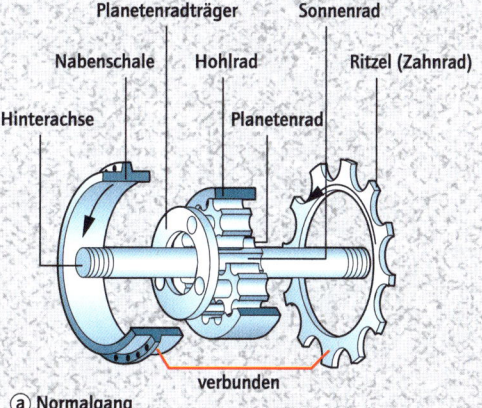

Planetenradträger
Sonnenrad
Nabenschale
Hohlrad
Ritzel (Zahnrad)
Hinterachse
Planetenrad
verbunden
ⓐ Normalgang

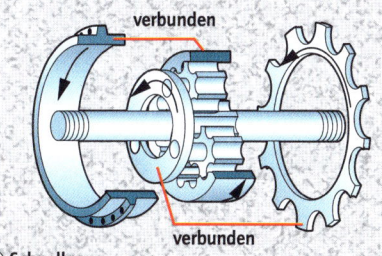

verbunden
verbunden
ⓑ Schnellgang

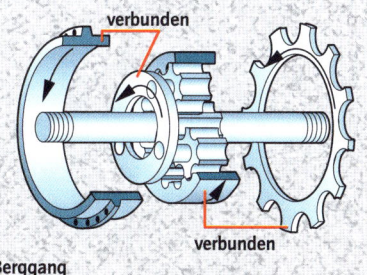

verbunden
verbunden
ⓒ Berggang

Alle verwendeten Fahrradbremssysteme beruhen auf dem Prinzip der mechanischen Reibung. Die Bremswirkung wird durch Anpressen eines fixen Körpers an die Felge oder Teile der Nabe erreicht. Bewegungsenergie wird dabei in Wärme umgewandelt. Über einen Bremshebel kann die Kraft, mit der angepresst wird, durch den Fahrer geregelt werden. Die Reibungskraft zwischen zwei Körpern ist dabei unabhängig von der Berührungsfläche und nur durch die Anpresskraft und die Beschaffenheit der Oberflächen gegeben. Dennoch wird versucht, die Kontaktfläche nicht allzu klein zu machen, da die entstehende Wärme so auf einen größeren Bereich verteilt werden kann und der Abrieb aufgrund des kleineren Anpressdrucks (Anpresskraft pro Fläche) geringer wird.

Felgenbremse ❶

Bei einer Felgenbremse drückt der Bremshebel über einen Seilzug zwei Bremsklötze aus abriebfestem Material gegen die Felgenflanke. Eine sehr verbreitete Felgenbremse ist die Cantilever-Bremse (Abb. 1). Sie besteht aus zwei Bremsarmen, die jeweils drehbar auf einem Lagerbolzen sitzen. Durch betätigen des Seilzugs werden die miteinander verbundenen Bremsarme zur Felge hin bewegt und somit die Bremsklötze an die Felge gepresst. Wird der Seilzug losgelassen, sorgen Federn auf den Lagerbolzen dafür, dass die Bremshebel in die Ausgangsstellung zurückkehren. Der Vorteil dieser Bremse ist der einfache Aufbau und das damit verbundene geringe Gewicht. Da die ganze Felgenflanke als Bremsfläche dient, kann kaum eine Überhitzung eintreten. Der große Nachteil ist das Nachlassen der Bremsleistung bei Nässe.

Trommelbremse ❷

Die Trommelbremse benutzt die Innenfläche der Radnabe als Bremsfläche (Abb. 2). Man bezeichnet diesen Teil der Radnabe auch als Bremstrommel. Wird der Bremshebel betätigt, dreht sich der über Seilzug oder Stangen und Hebel angeschlossene Nocken und drückt die Bremssegmente auseinander und gegen die Bremstrommel. Das Bremseninnere ist über einen Bremsgegenhalthebel am Rahmen abgestützt, da es aufgrund der Reibung sonst von der Bremstrommel mitgezogen würde. Die Lösefeder zieht nach dem Loslassen des Bremshebels die Bremssegmente von der Bremstrommel weg und gibt so das Rad wieder frei.

Trommelbremsen sind für ein Phänomen, das man Fading nennt, sehr anfällig. Man versteht darunter das Nachlassen der Bremswirkung infolge unzureichender Wärmeabfuhr. Dabei erhitzt sich die Bremstrommel so stark, dass sie sich ausdehnt. Aufgrund der Zunahme des Durchmessers passen nun Bremssegment und Trommel nicht mehr aufeinander, was zu einem stark verschlechterten Bremsverhalten führt. Erst nach dem Abkühlen der Bremstrommel wird die volle Bremsleistung wieder erreicht. Ein weiterer Nachteil ist das relativ große Gewicht. Der Vorteil der Trommelbremse ist, dass sie vor Nässe und Schmutz geschützt ist und so gleiches Bremsverhalten bei Trockenheit und Nässe aufweist. Außerdem lässt sie sich mit einem Planetengetriebe (→ Fahrradschaltungen) zu einer geschlossenen Brems- und Schaltnabe kombinieren.

Rücktrittbremse ❸

Bei einfachen Alltagsrädern ist die Hinterradbremse oftmals als Rücktrittbremse konstruiert (Abb. 3). Mit dem Ritzel ist ein Gewinde verbunden, auf dem der Bremskonus sitzt. Wenn rückwärts getreten wird, schiebt das Gewinde den Bremskonus zwischen die beiden Hälften des Bremsmantels, die Bremssegmente. Diese spreizen sich auf, drücken gegen das Nabengehäuse und bremsen damit das Hinterrad ab. Der ganze Mechanismus wird durch den Bremsgegenhalthebel am Rahmen abgestützt. Wird die Pedalkraft weggenommen, drückt ein Sprengring, der die Bremssegmente umfasst, den Bremsmantel wieder zusammen und dreht dabei den Bremskonus auf das Gewinde zurück, die Bremse ist gelöst. Wenn nicht vorwärts getreten wird, entkoppelt ein Mechanismus, Freilauf genannt, das Nabengehäuse vom Ritzel.

Da auch die Rücktrittbremse eine Nabenbremse ist, besitzt sie die gleichen Vor- und Nachteile wie die Trommelbremse. Ein weiterer Nachteil ist, dass nicht gebremst werden kann, wenn sich die Tretkurbel im Totpunkt (senkrecht zur Längsachse des Fahrrades) befindet.

Entwicklungen

Neuere Entwicklungen auf dem Gebiet der Fahrradbremse sind die hydraulische Felgenbremse, welche es erlaubt, mit geringerer Handkraft eine größere Bremskraft zu erzielen, und die schon vom Motorrad bekannte Scheibenbremse. Diese beiden Bremssysteme sind noch sehr teuer und werden hauptsächlich im Mountainbikesport verwendet. Eine Weiterentwicklung der Trommelbremse stellt die Rollenbremse dar, die anstelle von flächigen Bremssegmenten kippbare Rollen verwendet. Die Gefahr der Überhitzung ist bei Ihr jedoch größer.

❶ Funktionsprinzip einer Felgenbremse

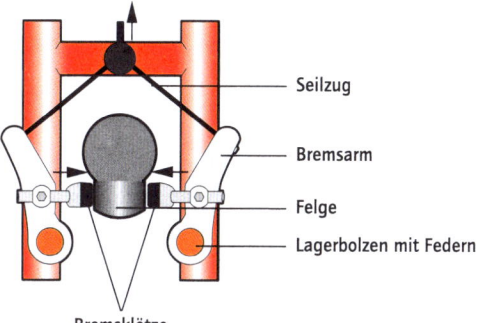

Durch ziehen des Seilzugs werden die
Bremsklötze an die Felge gepresst.

Seilzug

Bremsarm

Felge

Lagerbolzen mit Federn

Bremsklötze

❷ Funktionsprinzip einer Trommelbremse

Beim Bremsen dreht sich der Nocken und presst
die Bremssegmente gegen die Bremstrommel

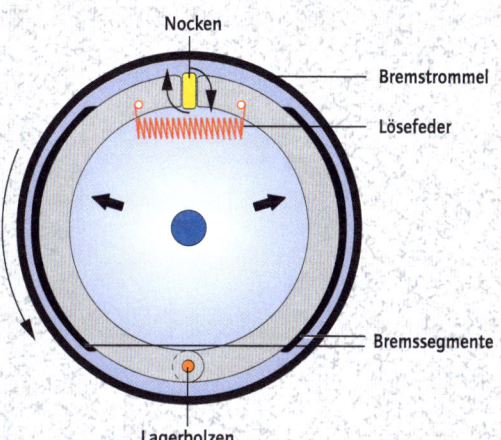

Nocken

Bremstrommel

Lösefeder

Bremssegmente

Lagerbolzen

❸ Funktionsprinzip einer Rücktrittbremse

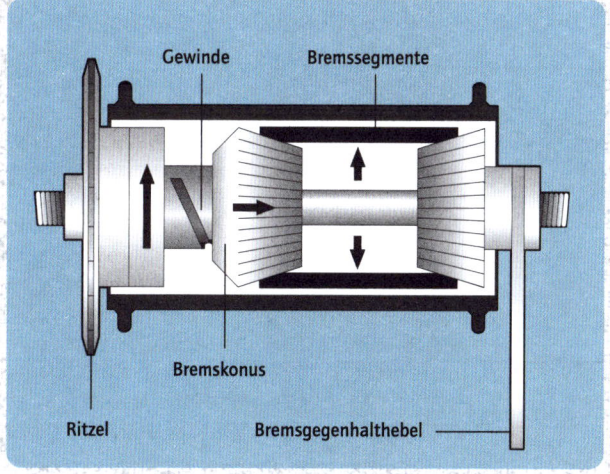

Gewinde

Bremssegmente

Bremskonus

Ritzel

Bremsgegenhalthebel

Wird rückwärts getreten, drückt das Gewinde
den Bremskonus zwischen die beiden Hälften
des Bremsmantels, der spreizt sich und presst
sich gegen die Nabe.

Der Rahmen ist die tragende Struktur eines Fahrrades. Er bestimmt wesentlich dessen Verwendungszweck und die Fahreigenschaften. Ein guter Rahmen sollte leicht, verwindungssteif und über lange Zeit intensiv belastbar sein sowie Stöße bzw. Vibrationen gut absorbieren können.

Im Allgemeinen ist der Rahmen eine Verbindung von Metallrohren, die direkt miteinander verschweißt oder mithilfe von so genannten Muffen verbunden sind. Als bester Kompromiss aus Gewicht und Stabilität gilt die klassische dreieckige Rahmenform, der Diamantrahmen (Abb. 1). Der Hauptrahmen setzt sich aus Oberrohr, Sattelrohr, Unterrohr und Steuerrohr zusammen. Der Hinterbau wird aus Sattelstreben und Kettenstrebe gebildet. Zur Aufnahme des Hinterrades dienen die Ausfallenden, an welchen, bei der Verwendung einer Kettenschaltung, auch der hintere Umwerfer (→ Fahrradschaltungen) befestigt wird. Die Stegplatte sorgt für eine zusätzliche Versteifung des Hinterbaus.

Rahmenrohre ❷

Rahmenrohre sind Zug- und Biegekräften ausgesetzt. Sie sollten daher eine hohe Festigkeit, d. h. einen großen Widerstand gegen Verformung und Bruch, aufweisen. Die Festigkeit ist dabei vom Material und Materialquerschnitt abhängig. Der Widerstand gegen Biegung vergrößert sich mit zunehmendem Außendurchmesser. Für hoch belastete Rahmen von Mountainbikes werden deshalb OS-Rohre (engl. oversized) mit größerem Durchmesser verwendet. Gleichzeitig ist es möglich die Wandstärke der Rohre zu verringern, sodass man einerseits eine höhere Stabilität gegen Biegung erhält und andererseits ein geringeres Gewicht des Rahmens erzielt. Die Wandstärke darf nicht zu gering werden, da dies, neben erhöhter Beul- und Knickgefahr, einen Festigkeitsverlust des Materials an den Schweiß- und Lötstellen mit sich bringt. Bei hochwertigen Rahmen werden deshalb konifizierte Rohre verwendet (Abb. 2). Sie besitzen an den Rohrenden eine größere und zur Mitte hin eine geringere Wandstärke und erlauben es somit, bei gleicher Stabilität leichtere Rahmen zu bauen als bei Rohren mit einer konstanten Wandstärke.

Werkstoffe für Rahmen

Bei der Rohrherstellung kommen hauptsächlich Stahllegierungen zum Einsatz. Reiner Stahl wird nur bei preiswerten Rahmen verwendet. Für qualitativ bessere Rahmen haben sich Chrom-Molybdän-Stähle durchgesetzt. Die Elemente Chrom und Molybdän verbessern dabei die Zugfestigkeit und Dauerhaltbarkeit. Nachteilig ist jedoch die hohe Dichte dieser Stahllegierungen und damit das Gewicht sowie die geringe Rostbeständigkeit. Eine gute Alternative ist Aluminium. Es hat eine kleinere Dichte und rostet nicht, besitzt aber auch nur eine geringe Zugfestigkeit. Im Rahmenbau kommen daher nur Aluminiumlegierungen zum Einsatz. Um die Stabilität von Stahlrohren zu erreichen ist ein größerer Außendurchmesser notwendig, weshalb Aluminiumrahmen immer aus OS-Rohren gebaut werden.

Verbindungsmethoden

Als Verbindungsmethoden kommen beim Rahmenbau Schweißen, Löten und Kleben zum Einsatz. Bei gelöteten Verbindungen unterscheidet man zwischen Auftragslöten (Fillet Brazing) und der Muffenlötmethode (Abb. 3). Beim Auftragslöten wird das Lötmaterial nicht nur in den schmalen Spalt zwischen den Rohren ein-, sondern um die Verbindung herum in Form einer Verstärkungshohlkehle aufgebracht. Die Verwendung von Verbindungsgliedern (Muffen), in welche die Rohre hineingelötet werden, erleichtern den Herstellungsprozess. Muffen bieten auch die Möglichkeit Materialien, wie z. B. bestimmte Aluminiumlegierungen, zu verwenden, welche nicht verlötet oder verschweißt werden können. Dazu werden die Rohre mittels Hochleistungsklebstoffen in den Muffen verklebt. Das Löten wird jedoch zunehmend vom Schweißen (Abb. 4) verdrängt, da dieses schneller geht, die Winkelstellung der Rohre nicht von verfügbaren Muffen abhängt und der Prozess automatisierbar ist. Allerdings ist oft eine Nachbehandlung des Rahmens notwendig, um die beim Schweißen aufgetretenen Materialspannungen in der Nähe der Schweißnähte abzubauen.

Entwicklungen

Die Weiterentwicklung des Fahrradrahmens findet derzeit hauptsächlich bei den Mountainbikes statt. Der Trend geht dort zu gefederten Vorderradgabeln und Rahmen mit gefedertem Hinterbau. Weitere Gewichtseinsparungen bei Mountainbikes und auch bei Rennrädern werden durch Rahmen aus kohlefaserverstärkten Kunststoffen ermöglicht. Dieser Werkstoff ermöglicht auch die Abkehr von der klassischen Rohrkonstruktion. Bei der so genannten Monocoque-Bauweise besteht der Rahmen aus einem Stück bzw. aus zwei Hälften, sodass schwächende Verbindungsstellen wegfallen bzw. reduziert werden können.

❶ Der Diamantrahmen (seit ca. 100 Jahren bewährt):

ⓐ Tretlagergehäuse
ⓑ Stegplatte
ⓒ Ausfallenden
ⓓ Kettenstreben
ⓔ Sattelstreben
ⓕ Sattelrohr
ⓖ Unterrohr
ⓗ Sattelmuffe
ⓘ Oberrohr
ⓙ Steuerrohr
ⓚ obere und untere
   Steuerrohrmuffe

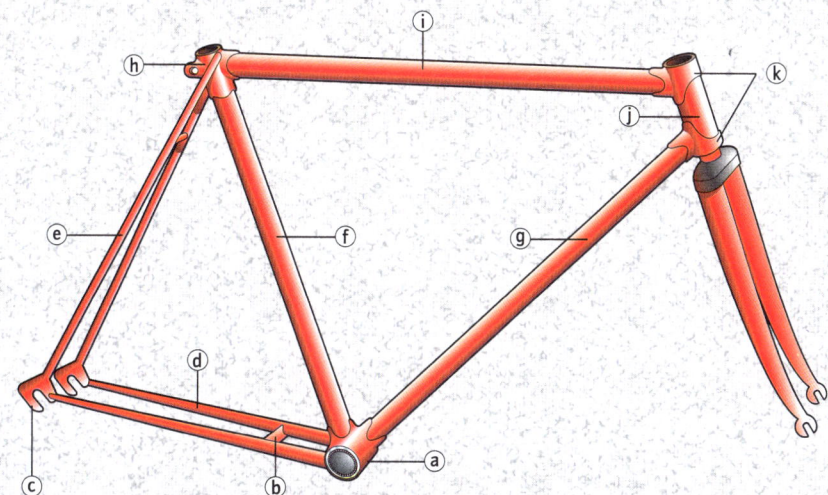

❷ Konifizierte Rohre: An den Enden ist die Wandstärke dicker als in der Mitte

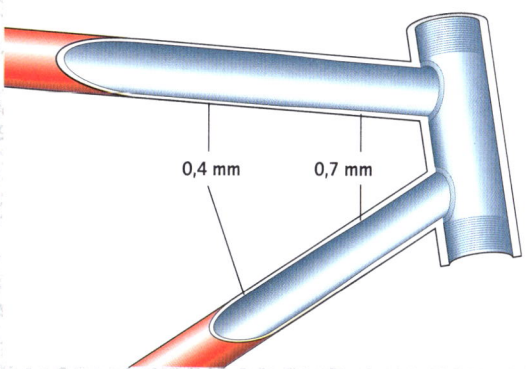

0,4 mm   0,7 mm

❸ Muffenlötung eines Fahrradrahmens

❹ Aluminium–TIG–Schweißverbindung

TIG = Tungsten-Inert-Gas (Wolfram-Schutzgas)

Fahrradrahmen 147

1829 schufen die Gebrüder Stephenson die erste wirklich brauchbare Dampflokomotive („Rocket"), die Urform aller Lokomotiven. Leistungsstarke und wirtschaftliche Elektrolokomotiven (E-Loks) haben die Dampflokomotiven längst abgelöst. E-Loks werden ständig von außen mit Energie versorgt und brauchen daher keine Brennstoffvorräte mit sich zu führen. Auf nicht elektrifizierten Strecken werden Lokomotiven mit Dieselmotoren (Diesel-Loks) eingesetzt, die unabhängig von einer ständigen äußeren Energiezufuhr sind.

Antriebsarten ❶ ❷

Lokomotiven müssen schwere Eisenbahnzüge aus dem Stand heraus beschleunigen. Diese Anforderung konnten Dampflokomotiven gut erfüllen, da bei Dampfmaschinen auch im Stillstand die volle Antriebskraft zur Verfügung steht. Dieselmotoren entwickeln dagegen wie alle Verbrennungsmotoren nur in einem bestimmten Drehzahlbereich die erforderlichen Drehmomente. Daher ist eine Leistungswandlung erforderlich. Die Leistung der mit Arbeitsdrehzahl rotierenden Kurbelwelle des Dieselmotors muss beim Anfahren möglichst ruckfrei und verlustarm auf die stehenden oder langsam drehenden Räder der Lokomotive übertragen werden. Dazu verfügen die meisten in Deutschland eingesetzten Diesellokomotiven über ein hydraulisches Wandlergetriebe, wie es ähnlich auch in Kraftfahrzeugen mit Automatikgetrieben (→ Getriebe) verwendet wird (dieselhydraulischer Antrieb). Es gleicht Drehzahlunterschiede zwischen dem antreibenden Dieselmotor und den Antriebsrädern der Lokomotive aus.

Beim dieselelektrischen Antrieb treibt der Dieselmotor zunächst einen elektrischen Generator an. Damit steht eine leistungsstarke Stromversorgung zur Verfügung, die zum Betrieb von elektrischen Fahrmotoren geeignet ist. Dieselelektrische Lokomotiven (Abb. 1) sind also E-Loks, die über ein bordeigenes dieselbetriebenes Kraftwerk verfügen.

Elektrische Antriebe eignen sich sehr gut für den Bahnbetrieb. Sie erzeugen aus dem Stillstand heraus ein hohes Drehmoment und haben selbst bei hoher Leistung ein relativ niedriges Gewicht und geringe Baumaße. Sie werden direkt in die Fahrgestelle von Lokomotiven eingebaut. Das Fahrgestell elektrisch angetriebener Lokomotiven besteht in der Regel aus zwei beweglichen Drehgestellen mit mehreren Achsen (Abb. 2). Jede Achse wird über einen eigenen Elektromotor angetrieben. Die Drehgestelle stellen komplette Antriebseinheiten dar, die ihre Antriebskraft über stabile Zug-Druck-Stan-

gen auf den Lokomotivkörper übertragen. Im Lokomotivrumpf bleibt Platz für die Führerstände, elektrische Steuerungseinrichtungen und Hilfsaggregate.

Gleich- und Wechselstromlokomotiven

Für unterschiedliche Zuggeschwindigkeiten werden Elektromotoren mit veränderlichen Drehzahlen benötigt. Diese Forderung konnten bis zur Entwicklung der modernen Leistungselektronik in den 1970er-Jahren nur aufwendige Gleichstrommotoren oder Einphasenwechselstrommotoren erfüllen, die mechanische Stromwender („Bürsten") benötigen. Die unterschiedlichen Drehzahlen und Drehmomente ergeben sich dabei durch Umschalten von Stromwicklungen mit einem Schaltwerk. Der Lokomotivführer betätigt mit einem Handrad das Schaltwerk und verändert somit die Zuggeschwindigkeit. Die Nachteile dieser Technik sind der relativ hohe Wartungsaufwand durch Verschleiß an den Stromwendern und Schaltwerken sowie die eingeschränkte Verwendungsmöglichkeit.

Herkömmliche Gleich- und Wechselstromlokomotiven sind stets nur für ein Stromnetz mit festgelegter Spannung und Frequenz ausgelegt. Dies behindert vor allem den grenzüberschreitenden Zugverkehr, da die Bahngesellschaften in Europa unterschiedliche Stromnetze unterhalten. In Deutschland hat man ein Einphasenwechselstromnetz (Spannung 15 000 V, Frequenz 16,67 Hz), wogegen z.B. in Italien ein Gleichstromnetz Verwendung findet.

Drehstromlokomotiven ❸

Um den Einsatzbereich zu erweitern und den Wartungsaufwand zu reduzieren, werden bei modernen E-Loks Drehstromasynchronmotoren verwendet, die aufgrund der fehlenden Stromwender einfach aufgebaut und sehr verschleißarm sind. Dafür erfordern diese Motoren eine Versorgung mit Drehstrom, wobei die Frequenz des Stroms entsprechend der gewünschten Motordrehzahl variabel sein muss. Da dieser Drehstrom der Lokomotive nicht von außen zugeführt werden kann, muss er durch eine aufwendige Leistungselektronik, dem Stromrichter (Abb. 3), an Bord erzeugt werden. Dazu wird die über den Stromaufnehmer von außen aufgenommene Wechsel- oder Gleichspannung in dreiphasigen Drehstrom mit variabler Frequenz umgewandelt. Die Art des zugeführten Stroms ist dabei unerheblich, sodass Drehstromlokomotiven prinzipiell mit jedem Bahnstromnetz betrieben werden können.

❶ Moderne dieselelektrische Lokomotive

❷ Drehgestell einer elektrisch angetriebenen Lokomotive

Jede Achse wird über einen eigenen Motor angetrieben.

① Elektromotoren
② Zug-Druck-Stange

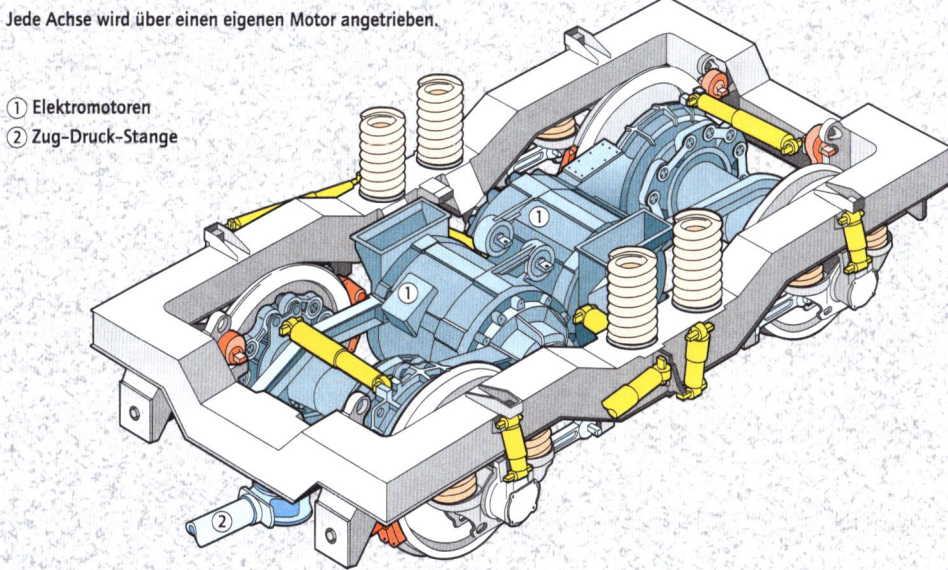

❸ Stromrichter einer Drehstromlokomotive

Seit 1991 verkehrt in Deutschland der InterCityExpress (ICE). Die deutsche Bahn folgte damit der französischen Staatsbahn, die bereits einige Jahre vorher ihr Hochgeschwindigkeitsbahnsystem TGV (frz. train à grande vitesse) in Betrieb genommen hatte. Inzwischen sind bereits unterschiedliche Generationen des ICEs im Einsatz oder stehen kurz vor der Einführung.

ICE 1 ❶

Der zuerst eingeführte ICE 1 ist ein Zug, bei dem statt einer Lokomotive Triebköpfe und statt herkömmlicher Waggons Mittelwagen verwendet werden. Triebköpfe können im Gegensatz zu Lokomotiven nur mit einer Seite an die Mittelwagen angespannt werden. Es ergibt sich eine Triebzugschlange, bestehend aus einem Triebkopf am Anfang des Zuges, zehn bis maximal vierzehn Mittelwagen und schließlich noch einem Triebkopf am Ende des Zuges. Alle Glieder sind fast übergangslos miteinander verbunden, sodass sich eine aerodynamisch sehr günstige Zugkontur ergibt. Zur Verminderung des Luftwiderstandes tragen auch die strömungsgünstig gestaltete Triebkopffrontpartie, die glatten Außenflächen ohne Kanten, die bündig eingeklebten Fensterscheiben und die tiefreichenden Seitenschürzen bei. Durch die beiden Triebköpfe am Anfang und am Ende des Zuges wird der ICE 1 gleichzeitig gezogen und geschoben. Jeder Triebkopf (Abb. 1) hat eine Dauerleistung von 4800 kW (6528 PS), wodurch der ICE 1 eine Höchstgeschwindigkeit von 280 km/h erreicht.

Wie bei modernen E-Loks (→ Lokomotiven) erfolgt der Antrieb des ICE 1 durch Drehstrommotoren, die in den Drehgestellen der Triebköpfe eingebaut sind und durch elektronische Stromrichter angesteuert werden. Beim Bremsen wirken die Motoren als Generatoren. Die zurückgewonnene Energie wird in das Stromversorgungsnetz eingespeist.

Für kleineres Fahrgastaufkommen wurde 1996 der ICE 2 eingeführt, bei dem ein Triebkopf, sechs Mittelwagen und ein Steuerwagen (ohne Antrieb) einen Halbzug bilden, der allein eingesetzt werden kann. Da die Triebköpfe und die Steuerwagen mit Kupplungen ausgerüstet sind, können zwei ICE 2-Halbzüge miteinander verbunden werden.

ICE 3 ❷ ❸

Bei der neuesten Ausführung des ICE wird der beim ICE 1 eingeschlagene Weg der verteilten Antriebsleistung noch konsequenter weitergegangen. Nicht nur in den Endwagen mit den Führerständen sind elektrisch angetriebene Drehgestelle, sondern zusätzlich in jedem zweiten Mittelwagen.

Beim ICE 3 umfasst eine Zugeinheit (Halbzug) acht Wagen mit unterschiedlichen Aufgaben, wobei jeweils vier Wagen eine elektrische Einheit bilden (Endwagen, Transformatorwagen, Stromrichterwagen und einfacher Mittelwagen; Abb. 2). Zwei Halbzüge sind wiederum zusammenkuppelbar.

Die Transformatorwagen haben Oberleitungsstromabnehmer und Transformatoren zum Herabsetzen der Fahrdrahtspannung auf einen niedrigeren Wert. Während die Transformatorwagen keine angetriebenen Achsen haben, sind die Drehgestelle der Stromrichterwagen mit Fahrmotoren versehen. Die Stromrichterwagen nehmen also nicht nur die Leistungselektronik auf, die in Wechselcontainern im Fußbodenbereich untergebracht ist, sondern treiben zusammen mit den Endwagen den Zug an. Durch den Einbau der meisten Steuerungsgeräte und Hilfsaggregate in dem Bodenbereich des Zuges wird auch in den Endwagen (Abb. 3) Platz für Fahrgäste geschaffen.

Das Antriebskonzept des ICE 3 ermöglicht eine sehr leichte Bauweise des Zuges, da die Antriebsleistung auf viele Achsen verteilt ist und die einzelnen Antriebsräder nicht so fest an die Schiene gepresst werden müssen wie bei einer starken Einzellokomotive. Damit hat der ICE 3 ein großes Beschleunigungsvermögen sowie die Fähigkeit, starke Steigungen zu bewältigen. Die Höchstgeschwindigkeit liegt bei 330 km/h. Während ICE 3-Züge für den innerdeutschen Verkehr nur für die bei der deutschen Bahn übliche Betriebsspannung (15 kV-Wechselstrom) ausgelegt sind (Einsystemvariante), ermöglicht die Viersystemvariante den grenzüberschreitenden Zugverkehr. Bei dieser können fast alle europäischen Bahnstromsysteme (Gleich- und Wechselspannungen unterschiedlicher Höhe und Frequenz) zur Versorgung der Stromrichter dienen, wodurch Hochgeschwindigkeitszüge auch international verkehren können.

Weitere Schnellbahnsysteme

Abgeleitet vom ICE ist das Schnellbahnsystem ICT (InterCityTilt, von engl. tilt = „kippen, neigen"), das auch auf Fahrstrecken mit engen Kurven eingesetzt werden kann. Der ICT erreicht Geschwindigkeiten bis 230 km/h. Um Kurven mit hoher Geschwindigkeit zu durchfahren, sind die Wagen des ICT schwenkbar gelagert und werden in Kurven hydraulisch gekippt. Für nicht elektrifizierte Strecken soll der ICT-VT mit dieselelektrischem Antrieb eingeführt werden, der Spitzengeschwindigkeiten von 200 km/h erreicht.

❶ Triebkopf des ICE 1

Höchstgeschwindigkeit:
280 km/h

❷ Konfiguration des ICE 3

| Endwagen | Transformatorwagen | Stromrichterwagen | Mittelwagen |

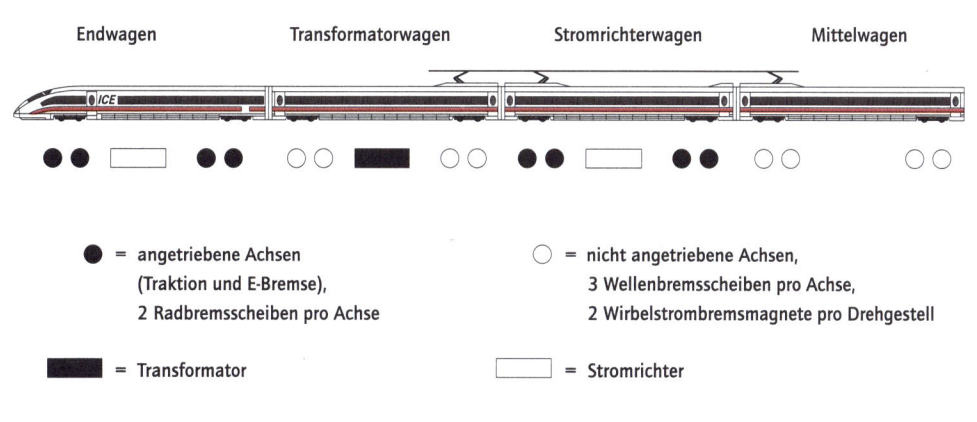

● = angetriebene Achsen
(Traktion und E-Bremse),
2 Radbremsscheiben pro Achse

○ = nicht angetriebene Achsen,
3 Wellenbremsscheiben pro Achse,
2 Wirbelstrombremsmagnete pro Drehgestell

▬ = Transformator

▭ = Stromrichter

❸ Der ICE 3-Endwagen

Magnetschwebebahnen sind räderlose Bahnen, die mithilfe von Magnetfeldern an oder auf eisernen Fahrschienen schwebend entlanggeführt werden. Sie erreichen Fahrgeschwindigkeiten bis zu 500 km/h. Man unterscheidet elektrodynamische und elektromagnetische Systeme (EDS bzw. EMS). Der Transrapid (Abb. 1) ist eine in Deutschland entwickkelte Magnetschwebebahn, die auf dem EMS-Prinzip beruht.

Prinzip des EMS ❷ ❸

Bei der herkömmlichen Eisenbahn erfüllen Schiene und Räder drei Aufgaben: Sie tragen das Gewicht des Zuges, sorgen für seitliche Führung und übertragen die Antriebs- und Bremskräfte. Die gleichen Aufgaben werden beim Transrapid durch magnetische Kräfte übernommen, die berührungslos wirken (Abb. 2).

Im Fahrzeug sind starke Elektromagnete eingebaut, die anheben und seitlich führen. Die Trag- und Führmagnete, die über die gesamte Länge des Transrapidzuges verteilt sind, wirken auf die aus ferromagnetischem Material gefertigten Schienen am Fahrweg. Während die auf der linken und rechten Seite des Fahrzeuges angebrachten Führmagnete den Zug in die Mitte des Fahrweges zentrieren, ziehen die Tragmagnete das Fahrzeug von unten an den Fahrweg heran (Abb. 3), wodurch es angehoben wird. Durch ein elektronisches Regelsystem wird die Stärke der magnetischen Kräfte so angepasst, dass sich stets ein gleich bleibender Abstand (ca. 15 mm) zwischen dem Fahrzeug und dem Fahrweg einstellt. Der Transrapid kann somit kleinere Hindernisse sowie eine dünne Schnee- oder Eisdecke überwinden.

Auch der Antrieb des Transrapid erfolgt durch magnetische Kräfte. Dazu sind im Fahrweg Stromwicklungen eingelassen, die ein bewegliches magnetisches Feld erzeugen. Dieses elektromagnetische Wanderfeld schreitet mit einer Geschwindigkeit vorwärts, die der Zuggeschwindigkeit entspricht und zieht dabei das Fahrzeug an seinen Tragmagneten mit. Dabei wird gleichzeitig elektrische Leistung zum Fahrzeug übertragen, die den Strom für die Trag- und Führungsmagnete liefert sowie zum Aufladen der Bordbatterien und zum Betrieb der im Fahrzeug installierten elektrischen Geräte dient. Durch Verändern der Geschwindigkeit, mit der das magnetische Feld vorwärts wandert, wird das Fahrzeug beschleunigt. Eine Abbremsung erfolgt durch Umpolung des Magnetfeldes.

Das Antriebssystem des Transrapid kann als ein riesiger Elektromotor angesehen werden, der „aufgeschnitten" und über den gesamten Fahrweg gestreckt wird. Ein Teil des Motors (beim Elektromotor Stator genannt) befindet sich im Fahrweg, der andere (beim Elektromotor Läufer oder Rotor genannt) wird durch das Fahrzeug gebildet. Der schwere und aufwendige Teil des Antriebs ist fest im Fahrweg installiert. Das Transrapidfahrzeug selbst ist dadurch sehr leicht und relativ unkompliziert. Während eine herkömmliche Lokomotive stets einen Antrieb mit gleich bleibender Leistung mitführt, kann die Antriebsleistung des Transrapid den Streckengegebenheiten angepasst werden. So können auf Bergstrecken die Wicklungen im Fahrweg für höhere Leistung ausgelegt werden, wogegen auf ebenen Strecken geringere Antriebsleistung installiert wird.

Vorteile

Die Reisegeschwindigkeit des Transrapid liegt zwischen 300 und 500 km/h und ist damit deutlich höher als die von Hochgeschwindigkeitszügen wie dem ICE (→). Durch das gute Beschleunigungsvermögen des Transrapid können auch auf kurzen Streckenabschnitten hohe Geschwindigkeiten erreicht werden. Während bei schnell fahrenden Eisenbahnen die Schienen und Räder großen Belastungen ausgesetzt sind und schnell verschleißen, ist der Transrapid verschleißfrei. Durch das magnetische Schweben ergibt sich ein hoher Fahrkomfort für die Passagiere. Stöße und Rollgeräusche, die bei Radfahrzeugen unvermeidbar sind, entfallen beim Transrapid völlig. Geräusche entstehen ausschließlich als Windgeräusche bei hohen Fahrgeschwindigkeiten. Der Transrapid ist darüber hinaus ein Verkehrssystem mit hoher Sicherheit. Da das Fahrzeug den Fahrweg umfasst ist ein Entgleisen ausgeschlossen. Auffahrunfälle oder gar Frontalzusammenstöße sind nicht möglich, da sich alle Fahrzeuge in einem Streckenabschnitt durch das vorgegebene magnetische Wanderfeld mit gleicher Geschwindigkeit in die gleiche Richtung bewegen.

Zukunftaussichten

Obwohl der Transrapid gegenüber der herkömmlichen Eisenbahn wesentliche technische Vorteile bietet, sind seine Zukunftsaussichten wegen der hohen Kosten für die notwendige Infrastruktur zweifelhaft. Ab 2004/05 soll der Transrapid auf einer 292 km langen Strecke zwischen Berlin und Hamburg verkehren. Dazu muss eine spezielle, auf Ständern stehende Trasse angelegt werden. Das Vorhaben ist wirtschaftlich und verkehrspolitisch umstritten.

❶ Magnetschwebebahn Transrapid

❷ Prinzip des elektromagnetischen Schwebe- und Antriebssystems

Rad und Schiene   elektromagnetisches Schweben

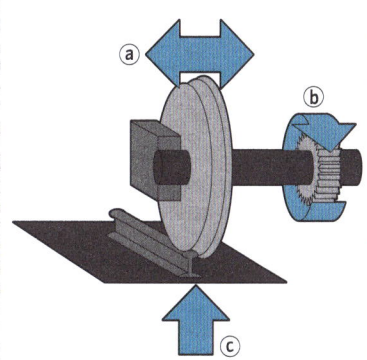

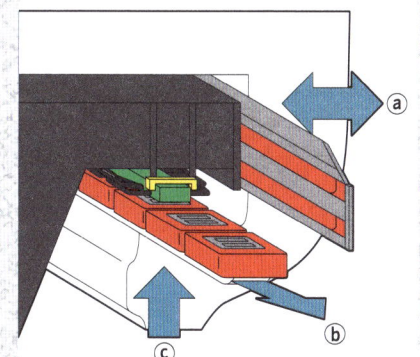

ⓐ führen
ⓑ antreiben
ⓒ tragen

❸ Schwebesystem

Das Schwebesystem beruht auf den
anziehenden Kräften der Elektromagnete
im Fahrzeug und den ferromagnetischen
Reaktionsschienen im Fahrweg

ⓐ Führschiene
ⓑ Statorpaket
ⓒ Antriebswicklung
ⓓ Tragmagnet
ⓔ Führmagnet

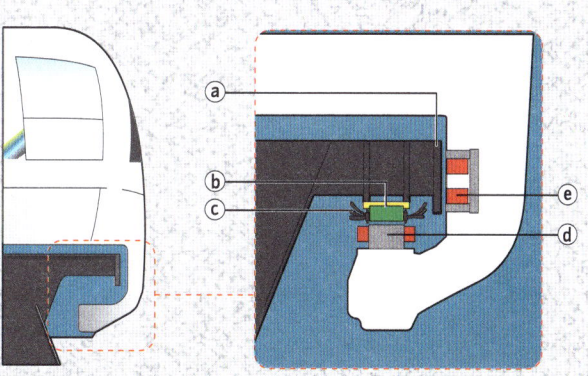

Magnetschwebebahnen 153

Die Sicherheit der Schifffahrt wird nach tragischen Schiffskatastrophen immer wieder neu infrage gestellt. Vor allem nach dem Untergang von mehreren großen Autofähren in jüngerer Zeit werden die Prinzipien, nach denen ein Schiff stabil und sicher schwimmt, neu diskutiert.

Warum schwimmt ein Schiff? ❶

Wird ein Stück Holz ins Wasser geworfen, so ist niemand verwundert, wenn es schwimmt. Wie tief das Holz jedoch in das Wasser einsinkt, hängt von seiner Masse (in kg) bezogen auf den Rauminhalt (Volumen in dm³) ab. Diese Eigenschaft von Materie nennt man Dichte. Jede Holzsorte hat eine andere Dichte. Und manche Holzsorten schwimmen nicht! Wasser hat eine Dichte von ca. 1 kg/dm³, d.h., 1 l Wasser hat eine Masse von 1 kg. Ein Würfel aus Holz mit einer Masse von 0,8 kg und einer Kantenlänge von 10 cm (= 1 dm³) verdrängt 0,8 kg Wasser. D.h., 0,2 kg oder 20 % seiner Masse sinken nicht in das Wasser ein. Es entsteht eine Auftriebskraft (Archimedisches Prinzip) (Abb. 1).

Ein massiv-stählerner Block muss also untergehen, denn die Dichte von Stahl beträgt 7,85 kg/dm³, also fast achtmal mehr als Wasser. Damit ein stählernes Schiff schwimmt, muss das Schiffsinnere sehr viel Luftraum enthalten, sodass seine durchschnittliche Dichte (wesentlich) geringer wird als die des Wassers. Wird das Luftvolumen durch einströmendes Wasser verdrängt, nimmt die durchschnittliche Dichte des Schiffes wieder zu, bis die stählernen Anteile das Schiff in die Tiefe ziehen. Im Schiffbau wird dieses Problem durch Querabteilungen (Schotten) vermieden, sodass nicht sofort das gesamte Schiff vom Wasser durchflutet werden kann. Autofähren haben meistens keine Querschotten, um Kraftfahrzeugen das ungehinderte Durchfahren der Fähre zu ermöglichen. Damit besteht die Gefahr, dass Fähren nach einem Wassereinbruch innerhalb kürzester Zeit instabil werden und kentern.

Schiffsstabilität ❷

Ein seetüchtiges Schiff muss (auch nach Wassereinbruch) den Kräften auf See (Wind, Seegang) standhalten können. Dazu muss es sich (Abb. 2) aus einer Seitwärtsneigung (Krängung) wieder aufrichten können (Längsstabilität). Bei starken Seitenkräften führt dies zu einer ständigen schwingenden Drehbewegung um die Längsachse (Schlingern oder Rollen). Auch muss es sich aus einer Neigung um die Querachse (Trimmung oder Trimm) wieder aufrichten können (Querstabilität). Bei starkem Seegang oder Wind führt dies dazu, dass sich Vor- und Achterschiff der Fähre abwechselnd heben und senken (stampfen) bzw. abwechselnd nach beiden Seiten aus der Fahrtrichtung herausdrehen (gieren).

Die unangenehme Schlingerbewegung kann durch Dämpfungseinrichtungen reduziert werden.

Kentern eines Schiffes ❸

Soll eine Fähre bei Krängung nicht kentern, d.h. seitlich umkippen, so muss eine gute Längsstabilität gewährleistet sein. Abb. 3a zeigt ein Schiff in seiner Normallage. Die durch sein Gewicht G gegebene Gewichtskraft F_G greift am Schwerpunkt S des Schiffes an, die Auftriebskraft F_A hingegen am Formschwerpunkt S_F der verdrängten Wassermenge. In der Normallage liegen beide übereinander in der Mittschiffsebene. Krängt ein Schiff (Abb. 3b), so verlagert sich der Formschwerpunkt entsprechend der neuen Unterwasserform an eine andere Stelle (S_F). Die nunmehr hier angreifende Auftriebskraft F_A bildet zusammen mit der Gewichtskraft F_G ein Kräftepaar bzw. Drehmoment, das das Schiff um seine durch den Schwerpunkt gehende Längsachse zu drehen sucht. Auftriebs- und Gewichtskraft liefern ein wieder aufrichtendes Drehmoment (Stabilitätsmoment), solange der als Metazentrum bezeichnete Schnittpunkt M der Wirkungslinie der Auftriebskraft mit der Mittelachse oberhalb des Schiffsschwerpunktes S liegt. Das Schiff richtet sich dann wieder auf, die Schwimmlage ist stabil.

Gerät aber das Metazentrum bei zu starker Krängung (Seegang, eingedrungenes Wasser) oder zu hoch liegendem Schwerpunkt (z. B. bei zu schwerer und hoher Deckladung) unterhalb des Schwerpunktes S, so wirkt das von Auftriebs- und Gewichtskraft gebildete Drehmoment nicht mehr aufrichtend, sondern verstärkt die Krängung (Abb. 3c): Die Schiffslage wird immer instabiler, und es kommt zum Kentern des Schiffes. Gegen die Kentergefahr wirkt eine besonders große Schiffsbreite (Formstabilität) oder ein Ballast im Kiel (Gewichtsstabilität).

Sichere Schiffskonstruktionen

Um Autofähren sicherer zu machen, sieht eine neue Konstruktionsidee dieses Schiffstyps ein gesteuertes Sinken bei Wassereinbruch vor. Durch große Auftriebskörper im Decksaufbautenbereich wird ein Kentern vermieden. Die unteren Autodecks laufen voll Wasser und stabilisieren (als Ballast) die Fähre.

❶ Warum schwimmt ein Schiff?

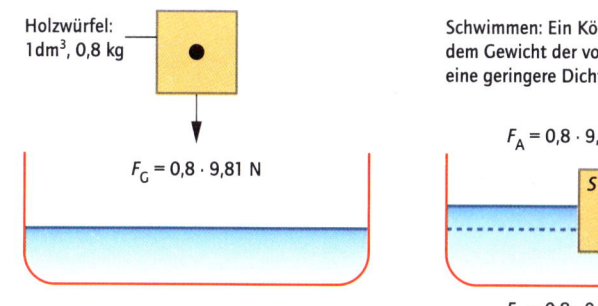

Holzwürfel:
1 dm³, 0,8 kg

$F_G = 0,8 \cdot 9,81$ N

Schwimmen: Ein Körper schwimmt, wenn sein Gewicht gleich dem Gewicht der von ihm verdrängten Wassermenge ist und er eine geringere Dichte als die des Wassers hat.

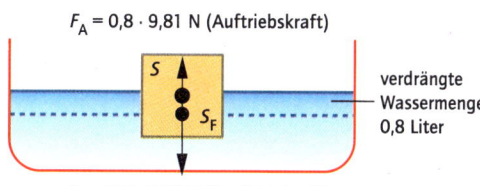

$F_A = 0,8 \cdot 9,81$ N (Auftriebskraft)

verdrängte Wassermenge 0,8 Liter

$F_G = 0,8 \cdot 9,81$ N (Gewichtskraft)

❷ Schiffsachsen und Bewegungsarten eines Schiffes am Beispiel einer Autofähre

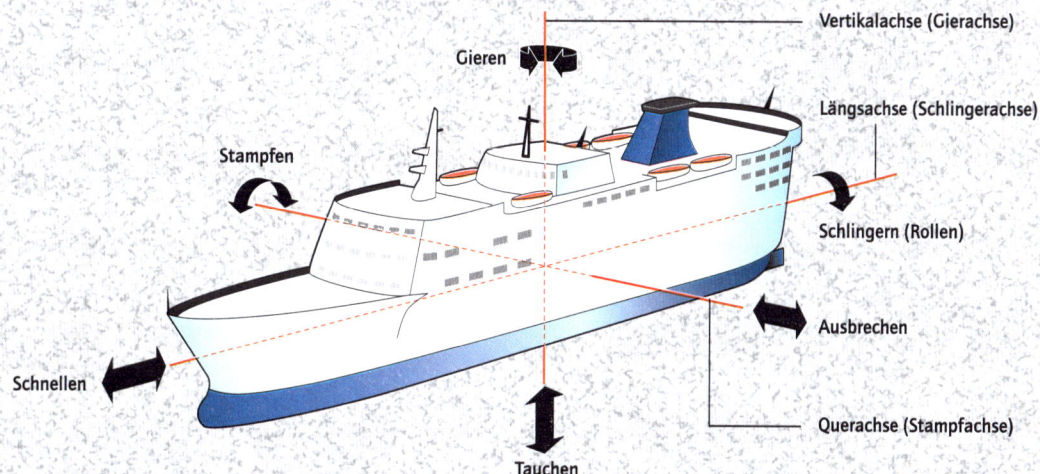

Vertikalachse (Gierachse)

Gieren

Längsachse (Schlingerachse)

Stampfen

Schlingern (Rollen)

Ausbrechen

Schnellen

Querachse (Stampfachse)

Tauchen

❸ Stabilität und Kentern eines Schiffes

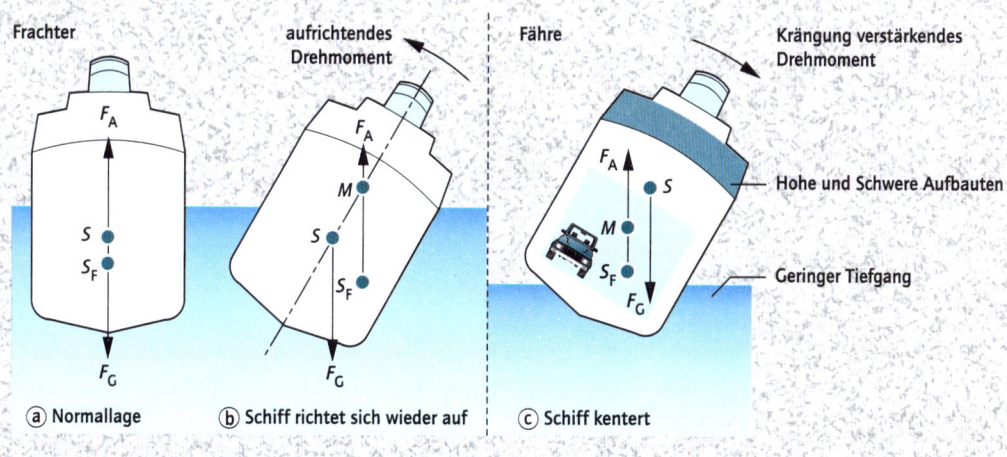

Frachter

aufrichtendes Drehmoment

Fähre

Krängung verstärkendes Drehmoment

F_A

F_A

F_A

Hohe und Schwere Aufbauten

M

S

M

S

S

S_F

M

S_F

S_F

Geringer Tiefgang

F_G

F_G

F_G

ⓐ Normallage | ⓑ Schiff richtet sich wieder auf | ⓒ Schiff kentert

S = Schwerkraft; S_F = Formschwerpunkt; M = Metazentrum

Fähren sind Teil des Verkehrswegenetzes und dienen zur Überquerung von Meeren und Flüssen. Obwohl viele Küsten inzwischen über Brücken und Tunnel miteinander verbunden sind, haben Fähren nach wie vor große Bedeutung. Dabei werden heute neben Passagieren vor allem auch Kraftfahrzeuge, aber auch Eisenbahnen transportiert. Zu diesem Zweck werden vorzugsweise Fähren nach dem Ro-ro-Prinzip (engl. roll-on-roll-off, fahr rein–fahr raus) eingesetzt.

Ladeprinzip ❶

Bei den Ro-ro-Fähren ist das Ein- und Ausfahren sehr einfach, weil stets im Vorwärtsgang gefahren wird und das vor allem für Lkws schwierige Rückwärtsfahren nicht erforderlich ist (Abb. 1). Dies ist möglich, weil die Ro-ro-Fähren am vorderen (Bug) und hinteren Ende (Heck) mit Toren versehen sind. Fahrzeuge, die im Starthafen durch die Fronttore in die Fähre eingefahren sind, können im Zielhafen durch die Hecktore wieder hinausfahren. Dadurch ergibt sich für die Fähre, dass sie immer abwechselnd mit dem Heck oder mit dem Bug anlegen muss. Beim Laden einer Ro-ro-Fähre wird eines der Tore geöffnet und zwei Einfahrrampen, die zur Hafenausrüstung gehören, werden auf die Fähre abgesenkt. Die Lkws fahren z.B. über eine untere Rampe, während gleichzeitig Pkws über eine obere Rampe einrollen können. Über bordeigene Auffahrrampen können Fahrzeuge auch in Zwischendecks gelangen. Alle Fahrzeuge müssen mit eingelegtem Gang und angezogener Handbremse abgestellt werden, um ein Wegrollen bei Seegang zu verhindern. Lkws werden bei schlechten Wetterbedingungen zusätzlich festgezurrt.

Durch das Ro-ro-Prinzip kann die Hafenliegezeit einer Fähre unter einer Stunde liegen, sodass z.B. eine Ärmelkanalfähre im 24-Stunden-Betrieb ca. 10-mal die 42 km breite Ärmelkanalpassage queren kann.

Technischer Aufbau ❷

Eine typische Ro-ro-Fähre, die im Fährdienst über den Ärmelkanal eingesetzt wird, ist in Abb. 2 dargestellt. Ihre Reisegeschwindigkeit beträgt 22 kn (ca. 40 km/h). Sie wird von drei Dieselmaschinen über Schiffsschrauben angetrieben. Stabilisierende Flügel an beiden Seiten in der Mitte des Schiffs verringern das Rollen im Seegang. Computergesteuert bewegen sich diese Stabilisationsflügel entgegen der Wellenbewegung, sodass das Schiff eine möglichst gleichmäßig aufrechte Position einhält. Da Fähren wegen der hohen Aufbauten und dem relativ geringen Tiefgang besonders anfällig für Seitenwind sind, haben sie meist zur besseren Manövrierfähigkeit neben dem normalen Heckruder ein zusätzliches Bugruder für die Rückwärtsfahrt und zwei leistungsfähige Bugstrahlruder zur seitlichen Steuerung. Ein Bugstrahlruder besteht aus einem Tunnel im Bug des Schiffes, in dem quer zur Fahrtrichtung ein Propeller angeordnet ist, der je nach Drehrichtung einen Querstrom zur normalen Fahrtrichtung erzeugen kann. Mit den Bugstrahlrudern ist gewährleistet, dass die Fähre z.B. auch bei starkem Seitenwind sicher am Pier an- und ablegen kann. Außerdem werden die oft erforderlichen Wendemanöver erleichtert.

Um den Passagieren eine möglichst angenehme und kurzweilige Überfahrt zu bieten, verfügen Ro-ro-Fähren über Restaurants und Geschäfte, sowie für längere Fahrten auch über Bordkinos und Schlafkabinen.

Sicherheit

Ro-ro-Fähren haben in den Autodecks keine Querabteilungen (Schotten), sodass bei einem Wassereinbruch die Fähre sofort vollständig voll laufen und kentern würde (→Schiffsprinzip). Die meisten Fähren haben aber heute zumindest ein zusätzliches Bug- und Heckschott, um eine ähnliche Katastrophe wie bei der „Estonia" zu vermeiden, bei der die Bugklappe abriss und das Schiff ungehindert voll lief und schnell sank.

Flussfähren

Zum Transport von Kraftfahrzeugen und Personen über Flüsse werden wesentlich kleinere Fähren eingesetzt. Flussfähren sind kahnähnliche Wasserfahrzeuge mit einem nicht überdachten Deck. Sie gibt es als Ketten- oder Seilfähren, die sich an einer Kette (unter Wasser) oder einem Seil (über Wasser) vorwärts ziehen, als Gierfähren, deren Antrieb durch stromseitiges Pendelseil und Strömungsdruck erfolgt, als Schwebefähren, die unter Brückenkonstruktionen hängend angebracht sind, oder als Fähren mit dem üblichen Motor- und Propellerantrieb.

Fahrgastschiffe

Sie dienen ausschließlich der Beförderung von Personen. Man unterscheidet bei ihnen die im Liniendienst eingesetzten Schiffe und die Kreuzfahrtschiffe. Infolge der Entwicklung des Luftverkehrs ist der Linienverkehr jedoch weitestgehend eingestellt worden. Bei Kreuzfahrtschiffen steht der Erholungs- und Vergnügungscharakter im Vordergrund. Sie sind luxuriös ausgestattet.

❶ Be- und Entladung einer Ro-ro-Fähre

Das einfahrende Fahrzeug rechts
ist ein Spezialtransporter

❷ Querschnitt durch eine Ro-ro-Fähre

ⓐ Heckruder
ⓑ Schiffsschrauben
ⓒ Maschinenraum mit Dieselmotoren
ⓓ Stabilisationsflügel
ⓔ Zwischendeck
ⓕ Bugstrahlruder
ⓖ Bugruder für Rückwärtsfahrt
ⓗ Kommandobrücke

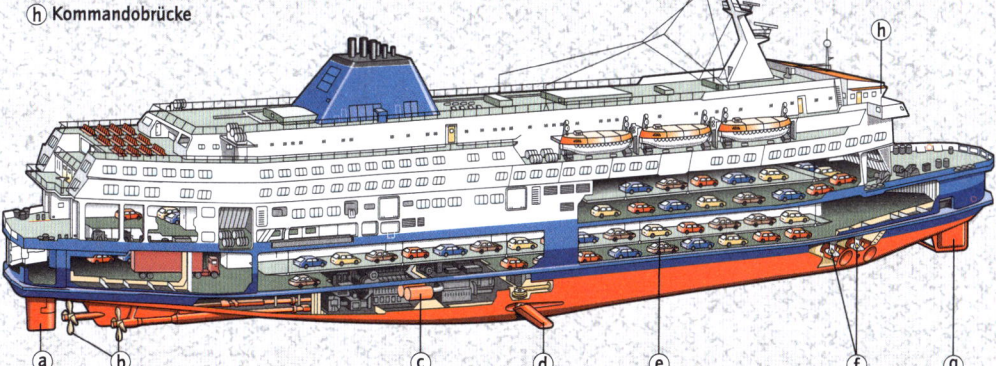

Der moderne Frachter für den Transport von Waren (Stückgut) ist heute ein Vollcontainerschiff. Im Gegensatz zu Massengütern wie etwa Weizen oder Erz, die geschüttet oder gepumpt werden, werden die Güter in Behältern (Containern) eingelagert und transportiert. Der gebräuchlichste, international genormte Container ist der 20-Fuß-Container (1 Fuß = ca. 0,33 m). Mit ca. 6 m Länge, 2,44 m Breite und 2,6 m Höhe entspricht er einer TEU (Twenty-Foot-Equivalent-Unit). Binnen- und Seeschiffe, aber auch Lkw und Eisenbahn, sind für die Aufnahme solcher Container konstruiert.

Transport der Container ❶ ❷

Die Beladung der Containerschiffe findet in Containerterminals statt (Abb. 1). Der Container wird mittels eines speziellen Heberahmens (Spreader) an weit auskragenden Ladekränen auf das Containerschiff gehoben (Abb. 2). Die Ladekräne sind im vorderen Teil abklappbar, damit das Schiff mit der hohen Schiffsbrücke ungehindert an die Ladepier fahren kann. Am Heberahmen befinden sich an den vier Ecken Drehzapfen (Twist Locks), die in die Öffnungen der Eckpfosten der Container eingeführt und ferngesteuert verriegelt werden können. Abklappbare Sicherungselemente (Flipper) führen den Container seitlich. Unter Deck werden die Container in ein stählernes Zellengerüst (Cell-Guide) eingeschoben. Auf Deck werden die Container in Vorrichtungen eingeklinkt und untereinander fest verbunden. Die Befestigungsvorrichtungen sind so konstruiert, dass sie selbst starken Seegang aushalten.

Die seegehenden Containerschiffe fahren eine bestimmte internationale Route ab, sodass die Güter schnell ihren Zielort erreichen. Wenn ein Container, der sich an unterster Stelle befindet, ausgeladen werden soll, müssen alle anderen darüber entladen und an Land zwischengelagert oder auf Deck umgelagert werden. Aufgrund der enormen Ladegeschwindigkeit ist dieses so genannte chaotische Lagerprinzip immer noch effektiver und damit wirtschaftlicher als eine Zusammenstellung von Containern für bestimmte Zielorte.

Der Transport von Gütern mittels Containern hat zu einer völligen Umstrukturierung auch der Umschlagplätze geführt. Die alten Lagerhäuser (Docks) stehen leer und müssen abgerissen oder anders genutzt werden. Direkt an der See entstanden neue Containerterminals riesigen Ausmaßes, um die Anfahrwege für die Containerschiffe möglichst gering zu halten (z. B. Europort Rotterdam). Für das Laden und Löschen von 10 000 Tonnen Stückgut auf einem konventionellen Frachter brauchte man ca. zehn Tage, für die gleiche Menge benötigt man bei einem Vollcontainerschiff in Europa maximal zwei Tage.

Tankerschiffe

Für den Transport flüssiger Stoffe kommen Spezialschiffe, so genannte Tanker, zum Einsatz. Meistens werden Erdöl und Erdölerzeugnisse, allerdings auch Speiseöl, Flüssiggas, Säuren usw. befördert.

Konstruktionsprinzip ❸

Tankschiffe sind schon von weitem gut zu erkennen, denn sie haben keine Umschlagmittel (Ladekräne, Bäume usw.) auf dem Deck. Gleichzeitig sind sie relativ niederbordig, sodass bei hohem Seegang die Decksfläche überspült werden kann. Aus Sicherheitsgründen gibt es deshalb mittschiffs eine Laufbrücke mit hohem Geländer.

Entscheidend für die Stabilität eines Tankschiffs ist die Konstruktion der Tanks. Ihre Fläche darf nicht groß sein, weil bei Schlingerbewegungen das Hin- und Herfluten der Flüssigkeit das Schiff zum Kentern bringen würde. Aus diesem Grunde sind die Tanks durch Schotten stark unterteilt und mit Zwischenunterteilungen (Schwallblechen) versehen (Abb. 3). Neue Tanker haben eine doppelwandige Außenhaut, um die Gefahr des Leckschlagens zu verringern.

Supertanker

Seit den 1950er-Jahren wurden immer größere Tanker gebaut, um den sehr schnell anwachsenden Bedarf an Erdöl befriedigen zu können. Bereits 1980 war eine Tragfähigkeit von einer halben Million Tonnen erreicht. Technisch gesehen sind noch größere Schiffe möglich, aber die Wassertiefe (max. 20 m) der wichtigsten Tankerrouten (Ärmelkanal, Straße von Malakka) beschränken dies.

Supertanker sind sehr schwierig zu manövrieren, können kaum noch ausweichen und haben einen „Bremsweg" von 10 km. Das Laden von z. B. Schweröl geschieht durch starke Pumpen von Land aus. Beim Löschen der Ladung (Entladung) muss das dickflüssige Schweröl erst mithilfe von Wasserdampfleitungen, die durch die Tanks verlegt werden, erwärmt werden, um es pumpfähig zu machen. Wenn das Schweröl dünnflüssig genug ist, müssen bordeigene Pumpen eingesetzt werden, da die Pumpen an Land nicht über genügend Saugleistung verfügen. Nach dem Löschen des Schweröls müssen die Tanks gründlich gereinigt werden, um die Gefahr von Explosionen durch Öldämpfe zu vermeiden.

❶ Beladung eines Containerfrachters in einem Containerterminal

❷ Containerhebezeug

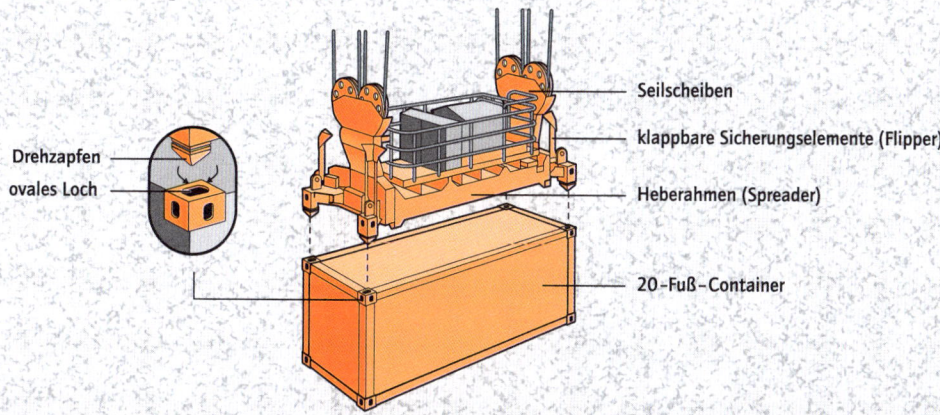

Seilscheiben

klappbare Sicherungselemente (Flipper)

Heberahmen (Spreader)

20-Fuß-Container

Drehzapfen

ovales Loch

❸ Erdöltanker

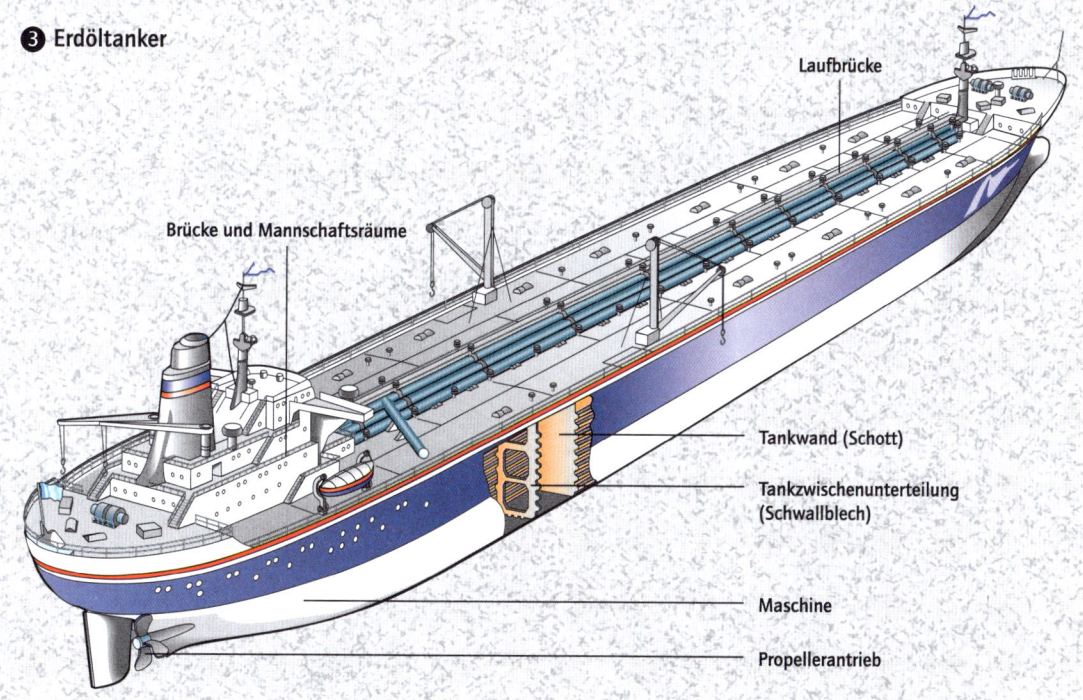

Laufbrücke

Brücke und Mannschaftsräume

Tankwand (Schott)

Tankzwischenunterteilung (Schwallblech)

Maschine

Propellerantrieb

Bei herkömmlichen Frachtern oder Passagierschiffen, deren Rümpfe voll im Wasser eingetaucht sind (Verdrängerprinzip), nimmt der Wasserwiderstand mit wachsender Geschwindigkeit stark zu. Solche Schiffe können kaum den Geschwindigkeitsbereich von 15 bis 25 Knoten (ca. 28 bis 45 km/h) überschreiten, auch wenn die Leistung der Antriebsmaschine weiter gesteigert wird. Erst wenn sich das Schiff aufgrund einer bestimmten Rumpfgestaltung aus dem Wasser herausheben kann, sind höhere Geschwindigkeiten möglich. Das Schiff gleitet dann, wie alle schnellen Motorboote, nur mit einem kleinen Teil des hinteren Rumpfes auf seiner eigenen Heckwelle (Gleitprinzip). Eine noch weitere Geschwindigkeitssteigerung ermöglichen Tragflügelboote.

Tragflügelprinzip ❶

Beim Tragflügelboot wird das gleiche Auftriebsprinzip wie beim Flugzeug (→ Flugzeugprinzip) genutzt, um das gesamte Boot ab einer bestimmten Grenzgeschwindigkeit aus dem Wasser zu heben. Die vom Wasser benetzte Fläche und somit der Wasserwiderstand werden dadurch sehr klein. Entsprechend hoch kann dann die Endgeschwindigkeit bei vergleichbar geringer Antriebsleistung werden. Anders als bei Flugzeugen können die Tragflügel relativ klein sein, da das Medium Wasser, verglichen mit Luft, größere Auftriebskräfte pro Fläche ermöglicht. Daher ist auch die „Startgeschwindigkeit" im Vergleich mit Flugzeugen wesentlich kleiner, d. h., Tragflügelboote heben sich schon bei relativ geringen Geschwindigkeiten (ca. 15 kn = 25 km/h) aus dem Wasser.

Auf die Tragfläche wirkt im Wasserstrom eine hydrodynamische Kraft H (hydro = Wasser, Dynamik = Bewegung). Sie kann in die Widerstandskraft W und in die Auftriebskraft A zerlegt werden (Abb. 1). Sobald die Auftriebskraft durch die wachsende Geschwindigkeit größer wird als die Verdrängung (Gewichtskraft) des Schiffes, hebt sich der Rumpf aus dem Wasser. Beim Abheben wird die benetzte Fläche des Rumpfes kleiner, der Widerstand nimmt weiter ab und die Geschwindigkeit wird größer. Dies führt wiederum zu einer Zunahme der Auftriebskraft, die den Schiffsrumpf dann vollständig aus dem Wasser hebt, sodass nur noch die Tragflügel durch das Wasser gleiten.

Aufbau und Gestaltung eines Tragflügelbootes ❷

Der Unterwasserrumpf eines Tragflügelbootes ist mit einem konventionellen Motorboot (flacher Boden und leicht angedeuteter Kiel) vergleichbar. Im Hafen und bei langsamer Fahrt liegt das Boot wie jedes andere Verdrängerschiff bis zur Wasserlinie im Wasser. Unter dem Rumpf sind stabile Stützen montiert, an denen quer zur Fahrtrichtung Tragflügel angebracht sind. Der Antrieb erfolgt entweder mittels konventioneller Schiffspropeller über lange und mehrfach abgestützte Propellerwellen (Abb. 2) oder mittels des Rückstoßprinzips (Jet-Foil). Beim Rückstoßprinzip wird Wasser am Bug angesaugt und mit großem Druck über eine Düse am Heck wieder ausgestoßen.

Form und Gestaltung der Tragflächen bestimmen die Stabilität des Schiffes bei Seegang, in Kurvenfahrt und bei starkem Wind. Bei Kurvenfahrt müssen wiederaufrichtende Kräfte wirken können, ebenso müssen Stampf- und Tauchschwingungen bei Seegang vom Tragflügelsystem aufgefangen werden. Als einfachste Systeme werden trapez-, v- oder bogenförmige Flügel eingesetzt. Diese Formen wirken selbststabilisierend. Wenn das Schiff sich nach einer Seite neigt oder vorne oder hinten tiefer eintaucht, dann wächst auch die eingetauchte Tragflügelfläche und somit der Auftrieb. Das Schiff richtet sich wieder auf. Darüber hinaus kommen noch Mehrfachflügel und im Anstellwinkel ansteuerbare Tragflügel zum Einsatz.

Grenzen der Tragflügelboote ❸

Die Widerstandskräfte des Wassers beim plötzlichen Eintauchen der Flügel bei voller Fahrt und hohem Seegang können zum Abreißen der Tragflügelkonstruktion führen, sodass Tragflügelboote nur in ruhigen Gewässern abheben können und bei hohen Wellen wie normale Schiffe in Verdrängerfahrt (d. h. nicht aufgetaucht) fahren müssen. Aus Festigkeitsgründen ist auch die Größe der Tragflügelboote begrenzt. Die Befestigungsprobleme von Tragflügeln für sehr große Schiffe, z. B. für den Transatlantikverkehr, sind bisher nicht gelöst.

Ein weiteres Problem bei Tragflügelbooten ist die Entstehung eines zu großen Unterdrucks an den Tragflächen bei sehr hohen Geschwindigkeiten. Dadurch wird der Siedepunkt des Wassers so weit herabgesetzt, dass es explosionsartig verdampft und Werkstoffteilchen aus dem Tragflügel herausreißt. Diese Erscheinung nennt man Kavitation.

Aus diesen Gründen werden zurzeit nur Tragflügelboote mit beschränkter Größe und Verdrängung eingesetzt (maximal 250 t Gesamtgewicht). Sie dienen hauptsächlich für den schnellen Personenverkehr in Fluss- und Küstengewässern und erreichen Geschwindigkeiten bis zu 80 Knoten (ca. 150 km/h; Abb. 3).

1 Kräfte an der Tragfläche

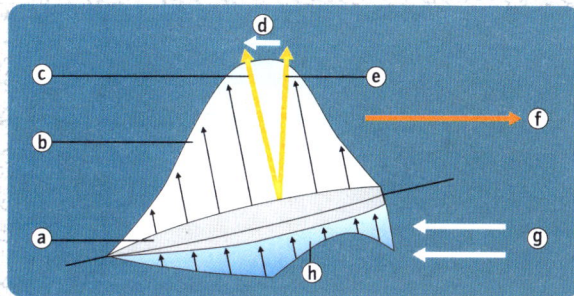

(a) Tragflügel
(b) Unterdruck
(c) Druckkraft *H*
(d) Widerstandskraft *W*
(e) Auftriebskraft *A*
(f) Fahrtrichtung
(g) Strömungsrichtung
(h) Überdruck

2 Aufbau eines Trägerflügelbootes

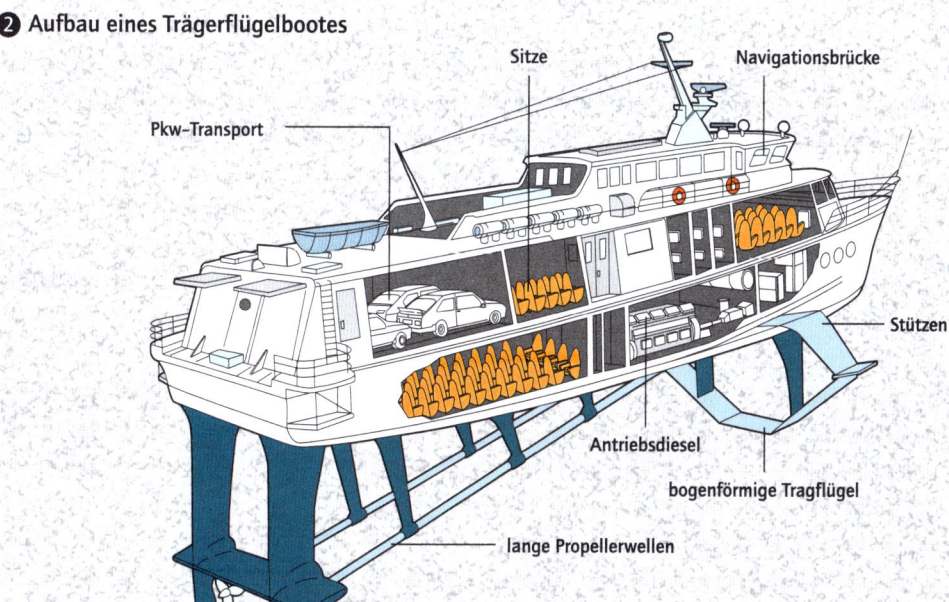

Sitze
Navigationsbrücke
Pkw-Transport
Stützen
Antriebsdiesel
bogenförmige Tragflügel
lange Propellerwellen
Propeller

3 Tragflügelboot bei schneller Fahrt

Die Nutzung der Windkraft war jahrtausendelang die einzige effektive Fortbewegungsmöglichkeit für Boote über längere Strecken, bis die Dampfmaschine erfunden wurde. Heute wird Segeln vor allem als Sport betrieben.

Aufbau von Einmastern ❶

Heutige Segelboote sind High-Tech-Produkte. Neue Werkstoffe wie glasfaserverstärkte Kunststoffe mit Karbonverstärkung, Aluminiumleichtbauten und Verbundwerkstoffe (z. B. Kevlar) werden eingesetzt.

Ein modernes Segelboot (Abb. 1) ist zumeist ein Einmaster, das mit einem hohen dreieckigen Großsegel und einem Vorsegel (Sturmfock, Fock, Genua II, Genua I usw.) versehen ist. Diese Art der Takelung, d. h. das Prinzip der Takelage (alle Vorrichtungen die zum Ausnutzen der Windenergie an den Segeln notwendig sind) und deren Aufbau und Arbeitsweise, nennt man Sluptakelung. Der Mast wird durch ein Drahttauwerk stabilisiert, längsschiff durch die Stagen (Vorstag, Achterstag) und seitlich durch die Wanten, die durch ein Metallprofil oder Rundholz (Saling), welches am Mast befestigt ist, gespreizt werden. Groß- und Vorsegel werden mithilfe von Leinen (Schoten) bedient, ihre Stellung verändert und das Segelboot so auf Kurse gebracht (getrimmt). Durch Verkleinern der Segelfläche (reffen) und/oder durch Austausch der verschieden großen Vorsegel lassen sich die Windkräfte an Bord beherrschen.

Segeln gegen den Wind? ❷

Durch den Luftwiderstand, den ein Segel dem Wind entgegenstellt, wird eine Kraft erzeugt (Staueffekt). Auf dem Wasser würde das Boot in Richtung des Windes abgetrieben. Einzig sein Widerstand im Wasser (Tiefgang, Größe der benetzten Fläche usw.) hindert ihn daran.

Alle Segelboote segeln mit Kursen „vor dem Wind" oder „raumen Wind" (der Wind kommt mehr oder weniger von hinten) mehr oder weniger schnell und gut. Anders dagegen bei den Kursen mit „halbem Wind" bis „hart am Wind" (der Wind kommt seitlich oder gar von vorne). Hier spielt das Profil des Segels - Aerodynamik - und die Form des Unterwasserschiffs (Kiel, Schwert) - Hydrodynamik - die entscheidende Rolle.

Ein Segelboot kann nur deshalb am Wind segeln, weil das Segel ähnlich den Tragflächen eines Flugzeugs wirkt. Die Luft legt auf der Außenseite des Segels eine längere Strecke zurück als auf der Innenseite. Entsprechend ist die Luftgeschwindigkeit außen höher als innen, es entsteht eine Auftriebskraft, d. h. innen entsteht ein Überdruck (mehr Luftteilchen pro Fläche) und außen ein Unterdruck (weniger Luftteilchen pro Fläche). Diese Auftriebskraft wirkt ca. 90° zur Segelstellung (Abb. 2). Nur ein kleiner Anteil dieser Kraft bewegt das Schiff nach vorne. Die andere Kraftkomponente (Abdriftskraft) würde das Boot seitlich weggleiten lassen, wenn nicht ein Kiel oder Schwert im Wasser dies verhinderte.

Entscheidend für die Segelstellung ist der sog. scheinbare Wind. Fährt eine Yacht mit 60° zum wahren Wind, so stellt sich an Bord des Segelbootes eine Windrichtung ein, die zwischen dem Fahrtwind (direkt von vorne) und dem wahren Wind liegt (Abb. 2). Dieser scheinbare Wind ist bei Am-Wind-Kursen stärker als der wahre Wind. Er ist maßgebend für die Segelstellung und die Geschwindigkeit des Segelbootes (Abb. 3). So erreicht ein Segelboot bei einer Windstärke 7 (12 km/h) die höchste Geschwindigkeit bei einem Kurs von 65° bis 85° zum wahren Wind, also bei leichtem Gegenwind.

Mit der Windkraft im Segel und der Reaktionskraft des Wassers am Kiel/Schwert entsteht ein Drehmoment über den Schwerpunkt des Schiffes - es legt sich auf die Seite (Kränung). Wenn das Segelboot nicht über einen genügenden Ballast verfügt, z. B. in Form von Blei im Kiel oder bei Jollen durch das „Ausreiten" der Besatzung (Verlagerung des Schwerpunktes), kann es umkippen (kentern). Die Stabilität eines Segelbootes hängt dabei im wesentlichen von der Höhe des Gewichtsschwerpunktes über der Wasserlinie, der Breite des Bootes und dem Ballast ab.

Segelmanöver ❸

Da ein Segelboot nicht direkt gegen den Wind fahren kann, muss es in Windrichtung kreuzen. Dafür müssen Wenden gefahren werden. Das Boot wird dabei mit dem Bug in Windrichtung gesteuert (anluven), bis die Segel flattern (killen). Der Bug geht durch den Wind und das Boot wird solange vom Wind weggesteuert (abfallen), bis die Segel für den Am-Wind-Kurs auf dem anderen Bug richtig stehen.

Bei Kursen vor dem Wind werden Halsen gefahren, um die Richtung zu ändern. Beim Halsen wird der Kurs zunächst genau mit Wind von hinten gefahren. Der Großbaum wird mit den Schoten dichtgeholt. Nun wird das Ruder gelegt, das Heck geht durch den Wind. Gleichzeitig wird die Großschot vorsichtig geöffnet (gefiert). Bei Kursen vor dem Wind kann es aufgrund von Seegangsverhältnissen und Steuerfehlern zu unfreiwilligen Halsen (Patenthalsen), die zu starken Schäden am Mast, Baum und Wanten führen können, kommen.

❶ 10m-Segelyacht mit Sluptakelung

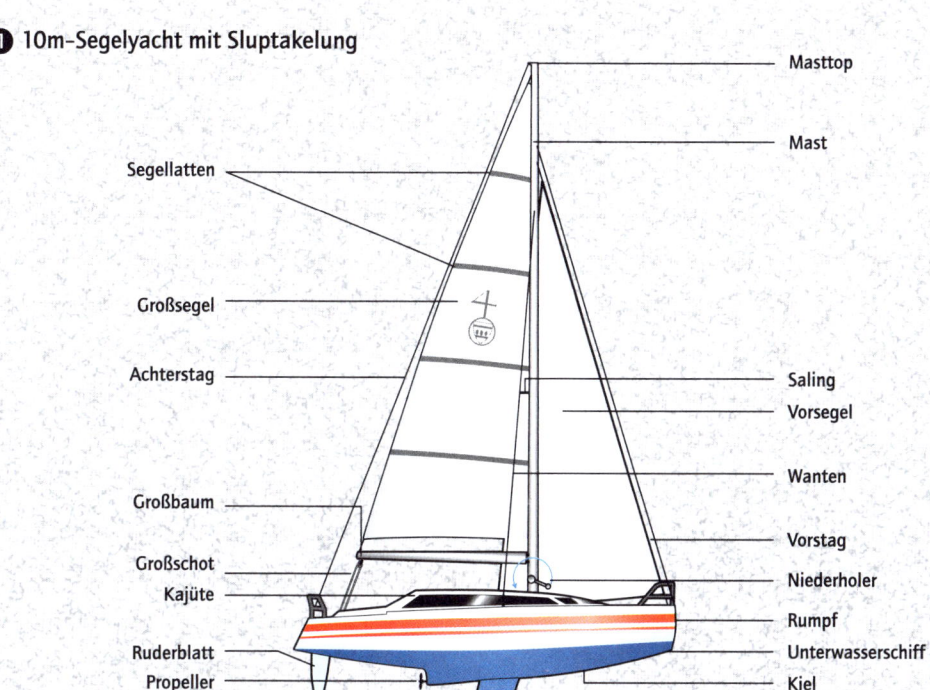

Segellatten

Großsegel

Achterstag

Großbaum

Großschot
Kajüte

Ruderblatt
Propeller
Ballastbombe

Masttop

Mast

Saling
Vorsegel

Wanten

Vorstag
Niederholer

Rumpf
Unterwasserschiff
Kiel

❷ Winde und Kräfte am Segelboot

scheinbarer Wind

Wahrer Wind

Vertriebskraft

Fahrtwind

Auftriebskraft

90°

Abdriftskraft

❸ Segelgeschwindigkeiten bei verschiedenen Kursen

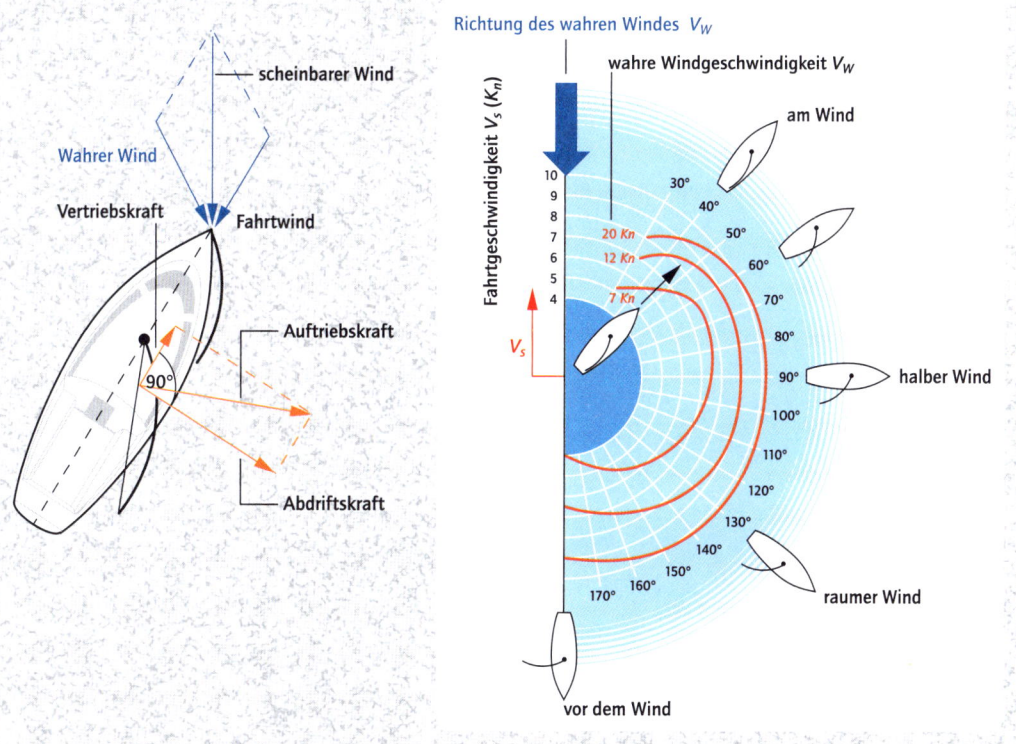

Richtung des wahren Windes V_W

wahre Windgeschwindigkeit V_W

Fahrtgeschwindigkeit V_S (Kn)

am Wind

30°
40°
50°
60°
70°
80°
90°   halber Wind
100°
110°
120°
130°
140°
150°
160°
170°

20 Kn
12 Kn
7 Kn

V_S

halber Wind

raumer Wind

vor dem Wind

Abgesehen von Forschungsunterseebooten dienen Unterseeboote (U-Boote) fast ausschließlich militärischen Zwecken. Getauchte U-Boote können nur schwer geortet werden. Große U-Boote operieren oft wochenlang ohne aufzutauchen unter Wasser und können z. B. unter dem Eis der Arktis hindurchtauchen.

Aufbau eines U-Bootes ❶

Der Hauptteil eines U-Bootes (Abb. 1) ist der Druckkörper. Er besitzt meist einen kreisförmigen Querschnitt, weil diese Bauform gegen Druck am widerstandsfähigsten ist. Der gesamte Druckkörper ist durch Spanten ausgesteift, um dem großen Druck des ihn umgebenden Wassers Widerstand leisten zu können. Durch den Druckkörper hindurch gehen die verschiedenen Außenbordverschlüsse, die Torpedorohre, die Propellerwellenabdichtung (Stevenrohr) und die Luks, durch die man an Oberdeck oder in den etwas vor Schiffsmitte aufgesetzten Turm steigen kann. Vorne im Bug und hinten im Heck sind die Tauchzellen angeordnet. Die Rumpfform moderner U-Boote ist tropfenförmig, um bei Unterwasserfahrt dem Wasser möglichst wenig Widerstand zu bieten. Ein Turm auf dem Rumpf dient bei Überwasserfahrt als Bedienungs- und Beobachtungsstand (Brücke). Im Druckkörper befindet sich alles, was gegen den Wasserdruck geschützt werden muss, z. B. die Antriebsanlagen und die Geräte oder Waffen für die Aufgabe, für die das Boot vorgesehen ist.

Um den Aufenthalt von Menschen in einem U-Boot zu ermöglichen, müssen neben den Wohn-, Schlaf- und Aufenthaltsräumen auch Toiletten und Waschmöglichkeiten sowie eine Küche (Kombüse) vorhanden sein. Bei Überwasserfahrt wird die verbrauchte Luft ständig von außen her erneuert, bei Tauchfahrt wird die Lufterneuerung durch den Schnorchel vorgenommen. Bei Tieftauchfahrt wird die Luft vom Atemkohlendioxid durch einen chemischen Prozess gereinigt und mit frischem Sauerstoff angereichert, der in Druckflaschen mitgeführt oder durch Elektrolyse aus Meerwasser gewonnen wird.

Prinzip des U-Bootes ❷

U-Boot-Fahren beruht auf dem archimedischen Prinzip (→ Schiffsprinzip). Solange ein U-Boot mehr Wasser verdrängt, als es wiegt, d. h., solange die Tauchzellen leer sind, schwimmt es an der Oberfläche (Abb. 2a). Das Tauchen eines U-Bootes ist ein kontrolliertes Sinken und erfolgt durch Fluten der Tauchzellen. Die Fahrt eines U-Bootes besteht aus verschiedenen Manövern:

• **Abtauchen** (Abb. 2b): Die Entlüftungen der Tauchzellen werden geöffnet, es dringt von unten Wasser ein, das die Luft heraus presst. Das U-Boot wird schwerer als das von ihm verdrängte Wasser und sinkt. Mithilfe von Regel- und Trimmzellen wird das U-Boot so ausgewogen, dass sein Gewicht möglichst genau dem des von ihm verdrängten Wassers entspricht. Es befindet sich somit im Schwebezustand. Zusätzlich helfen Tiefenruderbewegungen und Trimmzellen das U-Boot auf der gewünschten Tiefe zu halten.

• **Schnorchelfahrt** (Abb. 2c): Bei der Schnorchelfahrt werden die Tauchzellen nur soweit mit Wasser gefüllt, bis sich das U-Boot flach unter der Wasseroberfläche in Sehrohrtiefe befindet. Schnorchelfahrten dienen bei mit Dieselmotoren angetriebenen U-Booten zur Wiederaufladung der Batterien. Allgemein dienen sie zur Beobachtung des Seeraumes durch das Sehrohr (Periskop).

• **Tieftauchfahrt** (Abb. 2d): Je stabiler ein U-Boot gebaut ist, desto tiefer kann es tauchen. Durch seine Druckhülle ist es vor dem Wasserdruck in größerer Tiefe geschützt. Der Druck erhöht sich je 10 m Tauchtiefe um 1 bar, d. h., in 100 m Tiefe herrscht ein Druck von 10 bar, das entspricht 100 t pro 1 m^2. Nur sehr stabil gebaute Spezial-U-Boote können deshalb in große Tiefen vordringen (z. B. Forschungs-U-Boot „Trieste" bis 11 000 m tief).

• **Auftauchen** (Abb. 2e): Mithilfe der Tiefenruder wird das Boot zum Auftauchen wieder an die Wasseroberfläche gebracht (dynamisches Auftauchen) und dann erst durch Ausblasen der Tauchzellen mit Druckluft so weit erleichtert, dass es an der Wasseroberfläche schwimmt.

Antriebe von U-Booten

Konventionelle U-Boote haben als Antrieb einen oder mehrere Dieselmotoren, die entweder direkt die Schraube(n) antreiben und/oder durch einen angekuppelten Elektrogenerator die Batterien mit Strom aufladen, aus denen der Fahrelektromotor gespeist wird. Große U-Boote verfügen über Atomreaktoren, in denen Heißdampf erzeugt wird, der wiederum eine Turbine antreibt. Diese Art des Antriebes ermöglicht große Reichweiten.

Bei einem Schiffbruch besteht bei den atomgetriebenen U-Booten die Gefahr der großflächigen Verseuchung der Ozeane durch das radioaktive Material im Reaktor. In großen Meerestiefen oder unter dem Eis des Nordpolarmeeres kann eine Bergung technisch sehr schwierig oder unmöglich werden.

❶ Unterseeboot

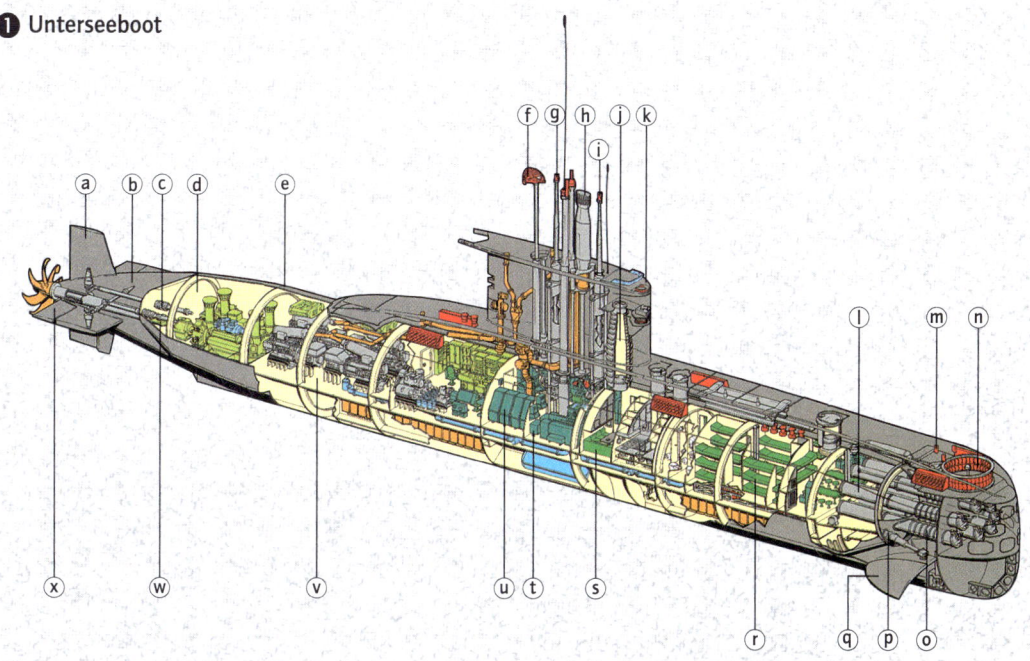

ⓐ Ruderflossen	ⓘ Sehrohre	ⓠ Bugtiefenruder
ⓑ Hintere Tauchzelle	ⓙ Einstiegschacht	ⓡ Wohnräume
ⓒ Hydr. Ruderantrieb	ⓚ Turm	ⓢ Messe
ⓓ Trimmzellen	ⓛ Torpedorohre	ⓣ OPZ (Operationszentrale)
ⓔ Druckkörper	ⓜ Intercept Sonar	ⓤ Funkraum
ⓕ Radarantenne	ⓝ Passivsonarbasis	ⓥ Getriebe- und Maschinenraum
ⓖ Sehrohre	ⓞ Vordere Tauchzelle	ⓦ Propellerwelle
ⓗ Schnorchelmast	ⓟ Trimmzellen	ⓧ Hecktiefenruder

❷ Tauchstufen eines U-Bootes

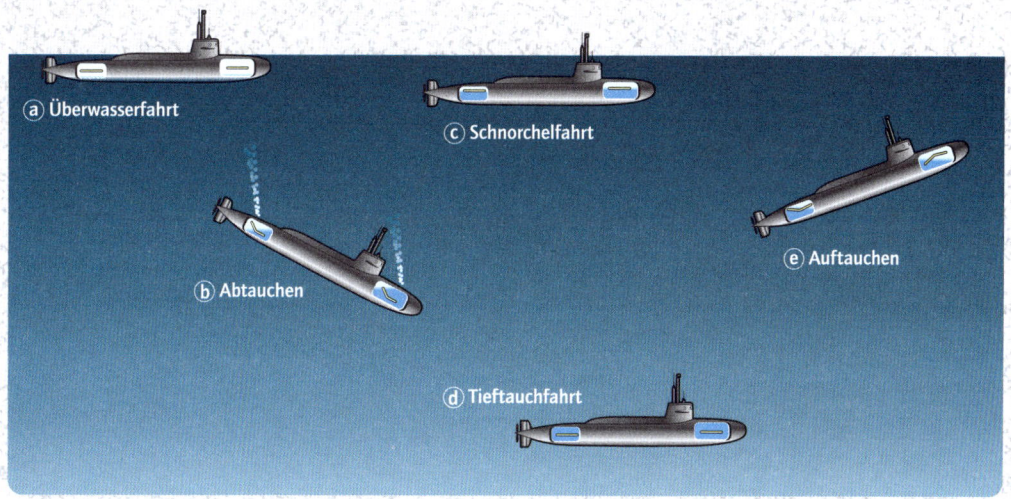

ⓐ Überwasserfahrt

ⓒ Schnorchelfahrt

ⓑ Abtauchen

ⓔ Auftauchen

ⓓ Tieftauchfahrt

Damit Flugzeuge, die „schwerer als Luft" sind, aufsteigen und Höhe gewinnen können, muss eine Kraft wirken, die der Gewichtskraft des Flugzeuges entgegengerichtet und mindestens ebenso groß ist. Diese Auftriebskraft (kurz Auftrieb) wird durch die Tragflächen („Flügel") erzeugt, die so gestaltet sind, dass durch die angeströmte Luft ein Unterdruck auf der oberen Tragflächenseite entsteht, der das Flugzeug gleichsam nach oben „saugt".

Erzeugung des Auftriebs ❶

Zur Erzeugung von Unterdruck auf der Tragflächenoberseite ist das Profil der Tragfläche gewölbt. Wenn sich das Flugzeug vorwärts bewegt, strömt Luft von vorn gegen die Tragfläche (Abb. 1). Dabei teilt sich der Luftstrom auf. Die Unterseite der Tragfläche ist kaum gewölbt. Daher kann die Luft hier relativ ungestört vorbeiströmen. Auf der stark gewölbten Tragflächenoberseite wird die Luft verdrängt, muss ausweichen und dadurch einen längeren Weg zurücklegen, wodurch sich die Geschwindigkeit erhöht. Nach einem Gesetz der Strömungslehre („Bernoulli-Gleichung") führt bei einem Gas die Zunahme der Geschwindigkeit zu einer Verringerung des Drucks. Wegen der höheren Luftgeschwindigkeit auf der Oberseite (Saugseite) stellt sich ein kleinerer Druck als auf der Unterseite (Druckseite) ein, der Flügel wird nach oben gehoben. Die Auftriebskraft F_A lässt sich mithilfe des Auftriebsbeiwertes c_A der eine dimensionslose Größe ist und von Form und Anstellwinkel des Tragflügels sowie der Anströmgeschwindigkeit abhängt, berechnen: $FA = cA \cdot \frac{1}{2} \rho \cdot v2 \cdot ATF$, wobei ρ die Luftdichte, v die Anströmgeschwindigkeit und A_{TF} die den Auftrieb erzeugende Tragflügelfläche angibt.

Tragflächenprofile ❷ ❸

Die Form des Flügelprofils und der Anstellwinkel des Flügels gegenüber der Luftströmung sind beim Aufbau des Druckunterschiedes und des Auftriebes maßgebend. Durch stark gewölbte Tragflächen werden schon bei kleinen Strömungsgeschwindigkeiten relativ große Druckunterschiede zwischen Ober- und Unterseite erzeugt. Es entsteht der erforderliche Auftrieb, der bei entsprechend großen Tragflächen auch schwere Flugzeuge nach oben trägt. Die Druckunterschiede und damit die Auftriebskräfte werden gesteigert, wenn die Geschwindigkeit des Flugzeugs zunimmt. Der Auftrieb nimmt mit dem Quadrat der Anströmgeschwindigkeit zu, d. h., bei doppelter Geschwindigkeit steigt der Auftrieb auf den vierfachen Wert. Flugzeuge für

große Geschwindigkeiten benötigen daher nur relativ kleine und nur gering gewölbte Tragflächen.

Die Wahl eines Tragflächenprofils richtet sich nach dem Einsatzzweck eines Flugzeugs. Flugzeuge für geringe Geschwindigkeiten (z. B. Segelflugzeuge und Propellerflugzeuge) werden mit „dicken", stark gewölbten Tragflächen versehen, die auch im Langsamflug einen großen Auftrieb erzeugen. Dicke Tragflächen haben allerdings den Nachteil eines großen Strömungswiderstandes und lassen keine hohen Geschwindigkeiten zu. Überschallflugzeuge haben daher nur dünne Tragflächen mit geringer Wölbung und geringem Strömungswiderstand. Sie müssen allerdings beim Start erst große Geschwindigkeiten erreichen, bevor sie vom Boden abheben.

Damit Flugzeuge gleichermaßen für hohe Reisegeschwindigkeiten und niedrige Start- und Landegeschwindigkeiten geeignet sind, muss das Profil der Tragflächen während des Fluges veränderbar sein. Eine Methode, die beispielsweise bei Düsenverkehrsflugzeugen angewandt wird, sind bewegliche Klappen an Stirn- und Rückseiten der Tragflächen (Abb. 2). Bei Start und Landung (Abb. 3) werden diese Klappen ausgefahren und erzeugen so eine starke Wölbung der Tragflächen. Für den normalen Reiseflug wird das Flügelprofil durch Einfahren der Klappen wieder gestreckt und verkleinert.

Lenkung von Flugzeugen ❹

Ein Flugzeug muss nicht nur den notwendigen Auftrieb erzeugen, sondern es muss auch sicher lenkbar sein. Da es über drei Achsen beweglich ist, hat der Pilot drei Lenkeinrichtungen („Ruder"), die die Drehung des Flugzeugs um jede Achse herum getrennt beeinflussen (Abb. 4).

Um das Flugzeug auf dem gewünschten Kurs halten zu können betätigt der Pilot üblicherweise über Fußpedale das Seitenruder. Damit wird die Drehung um die Hochachse beeinflusst. Durch Ziehen oder Drücken eines Steuerknüppels oder Steuerhorns betätigt der Pilot die Höhenruder, mit denen die Bewegung um die Querachse gesteuert wird. Damit steigt oder sinkt das Flugzeug. Höhenruder und Seitenruder sind Teil des Leitwerks. Schließlich kann noch mit den Querrudern die Bewegung des Flugzeugs um die Längsachse beeinflusst werden. Die Querruder befinden sich an den Tragflügelenden und werden durch Schwenken des Steuerknüppels oder Steuerhorns betätigt. Sie ermöglichen es, das Flugzeug seitlich zu neigen. Durch gleichzeitige Betätigung von Seitenruder und Querruder lassen sich scharfe Flugkurven fliegen.

❶ Luftströmung und Kräfte an einer Flugzeugtragfläche

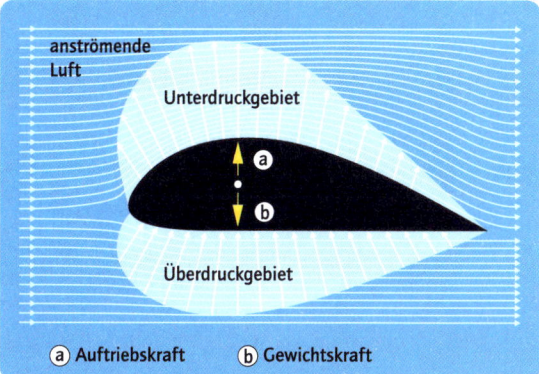

anströmende Luft

Unterdruckgebiet

Ⓐ

Überdruckgebiet

ⓐ Auftriebskraft   ⓑ Gewichtskraft

❷ Änderung des Flügelprofils durch Klappen

ⓐ Klappen eingefahren

Nasenklappe   Spaltklappen

ⓑ Klappen ausgefahren

Wirksame Strömungskontur

❸ Flugzeug mit ausgefahrenen Landeklappen

❹ Lenkeinrichtungen (»Ruder«) eines Flugzeuges

Hochachse

Bewegung um die Längsachse:
ⓐ rechtes Querruder
ⓑ linkes Querruder

Bewegung um die Querachse:
ⓒ rechtes Höhenruder
ⓓ linkes Höhenruder

Bewegung um die Hochachse:
ⓔ Seitenruder

Leitwerk

Längsachse

Querachse

Zum Antrieb von Flugzeugen werden seit dem ersten Motorflug der Brüder Wright im Jahr 1903 Luftschrauben (Propeller) verwendet. Abgesehen von den selten verwendeten Druckpropellern, die ähnlich wie bei einem Schiff an der Rückseite eines Flugzeugs wirken, sind Luftschrauben üblicherweise zusammen mit den Triebwerken an der Frontseite des Rumpfes oder an den Tragflächen zu finden. Man kann sich vorstellen, dass sich ein drehender Propeller gleichsam durch die Luft schraubt, daher Luftschraube.

Die rotierende Luftschraube erzeugt Luftdruckunterschiede, die das Flugzeug „vorwärts saugen". Tatsächlich funktioniert aerodynamisch gesehen ein Propeller ähnlich wie die Tragflächen eines Flugzeuges, die bei Anströmung durch die Luft einen Druck an der Unterseite und einen Sog an der Oberseite erzeugen. Nur richtet sich die an den Propellerflügeln durch die Rotation erzeugte Kraft nicht nach oben, sondern in Flugrichtung. Üblicherweise bestehen Propeller aus zwei bis fünf symmetrisch angeordneten einzelnen Propellerblättern.

Kolbentriebwerke

Zu Beginn der Motorfliegerei wurden ausschließlich Kolbenmotoren nach dem Ottoprinzip eingesetzt, ähnlich wie sie in Kraftfahrzeugen verwendet werden. Die Forderung nach immer größeren und schnelleren Flugzeugen führte zu leistungsstarken Kolbenflugmotoren mit sehr großen Hubräumen und vielen Zylindern.

Hochleistungskolbenmotoren für größere Verkehrs- und Transportflugzeuge sind sehr aufwendig, verschleißanfällig und erfordern intensive Wartung. Daher finden heute nur noch kleine Kolbentriebwerke in Reise- und Sportflugzeugen Verwendung.

Turboproptriebwerke (PTL-Triebwerke) ❶ ❷

Für Transport- und Kurzstreckenverkehrsflugzeuge (Abb. 1) im Geschwindigkeitsbereich bis ca. 800 km/h stehen heute Turboproptriebwerke (Propeller-Turbinen-Luftstrahltriebwerke, PTL) zur Verfügung. Diese sind leistungsstark, wirtschaftlich und wegen ihres relativ einfachen Aufbaus wartungsfreundlich.

Ein PTL-Triebwerk (Abb. 2) besteht aus Verdichter, Brennkammer, Turbine, Turbinenwelle mit Getriebe und Propeller. Der Verdichter saugt Luft aus der Umgebung an und presst sie mit hohem Druck in die Brennkammer. In der Brennkammer wird die Luft zusammen mit dem Brennstoff (Flugbenzin, Kerosin) verbrannt. Durch die Erwärmung dehnen sich die Verbrennungsgase aus und strömen mit hoher Geschwindigkeit in die Turbine. Diese wird dadurch in Drehung versetzt. Die Drehbewegung der Turbinenwelle wird über das Getriebe auf den Propeller übertragen. Damit wird der größte Teil der Turbinenleistung zum Vortrieb des Flugzeugs genutzt. Ein Teil der Bewegungsenergie der ausströmenden Gase muss aber zum Antrieb des meist aus mehreren Stufen bestehenden Verdichters verwendet werden.

Die hohe Betriebssicherheit von PTL-Triebwerken erklärt sich aus der im Vergleich mit Ottomotoren geringen Anzahl von beweglichen Teilen. Prinzipiell dreht sich nur die Welle mit den damit verbundenen Verdichter- und Turbinenrädern. Die Drehbewegung ist weitgehend gleichmäßig, d. h. ohne die beim Kolbenmotor typischen Vibrationen durch hin- und herbewegte Massen.

Flugzeugzelle ❸

Stärker noch als im Automobilbau spielen im Flugzeugbau Gewicht und Strömungswiderstand eine bestimmende Rolle. Für die strömungstechnische Optimierung der Flugzeugzelle, bestehend aus Rumpf, Tragflächen und Leitwerk, wurden die ersten Windkanäle entwickelt.

Da jedes im Flugzeug wirkende Gewicht durch Auftrieb und damit durch Antriebsleistung kompensiert werden muss, ist die Zelle in Leichtbauweise ausgeführt. Dies bedeutet, dass fast ausschließlich Leichtmetalle und Kunststoffe Verwendung finden und massive Bauteile vermieden werden. Fachwerk- oder Schalenbauweise (Abb. 3) ermöglichen hohe Stabilität bei geringem Gewicht. Bei der Schalenbauweise nimmt vorwiegend die Haut die Kräfte auf, bei der Fachwerkbauweise das innere Rohrgerüst.

Sicherheit durch Redundanz

In der Fliegerei wird größtmögliche Sicherheit angestrebt („safety first"). Sie wird vor allem dadurch erreicht, dass alle wichtigen sicherheitsrelevanten Einrichtungen mehrfach vorhanden sind. Man spricht von redundanten Systemen. Verkehrsflugzeuge haben vor allem aus Sicherheitsgründen meist mehrere Triebwerke. Daneben sind alle für die Steuerung wichtigen Einrichtungen (z. B. Anzeigeinstrumente, elektrische Generatoren, Hydraulikpumpen, Ventile usw.) mindestens zweimal vorhanden. Um auch bei einmotorigen Sportflugzeugen Sicherheit gegen Triebwerksausfall zu erreichen, ist die Zündanlage doppelt ausgeführt, da sie der störungsanfälligste Teil eines Ottomotors ist.

❶ Modernes PTL-Flugzeug

❷ Schema eines Propeller-Turbinen-Luftstrahltriebwerks

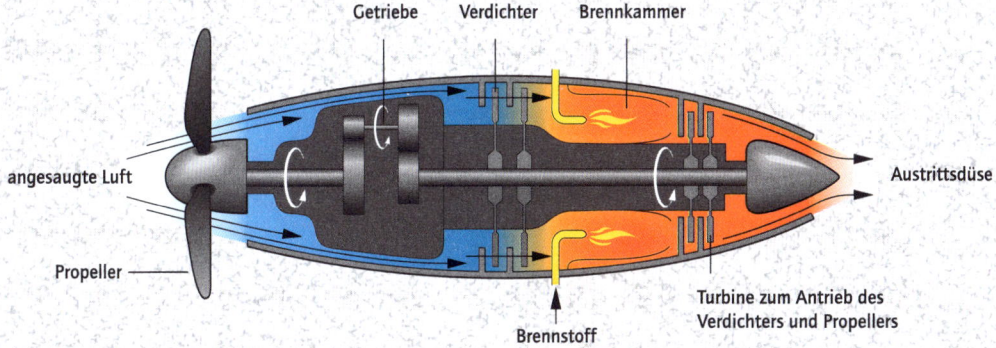

Getriebe   Verdichter   Brennkammer

angesaugte Luft

Austrittsdüse

Propeller

Brennstoff

Turbine zum Antrieb des
Verdichters und Propellers

❸ Bauweise von Flugzeugzellen

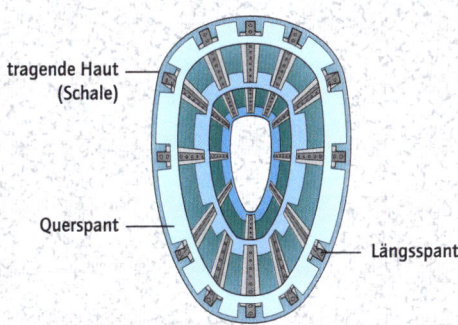

tragende Haut
(Schale)

Querspant

Längsspant

Schalenbauweise:
Kräfte werden durch die durch Längs- und
Querspante versteifte Außenhaut aufgenommen.

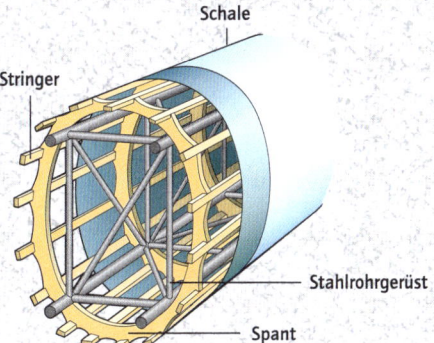

Schale

Stringer

Stahlrohrgerüst

Spant

Fachwerkbauweise:
Kräfte werden durch ein Rohrgerüst aufgenommen,
Spanten und Stringer dienen der Formgebung.

In der Verkehrs- und Militärfliegerei haben heute die Düsenflugzeuge die größte Bedeutung. Sie sind mit Turbinen-Luftstrahltriebwerken (TL-Triebwerken) ausgerüstet und ermöglichen hohe Geschwindigkeiten. Verkehrsflugzeuge erreichen heute üblicherweise Geschwindigkeiten von fast 1000 km/h.

Antriebsprinzip

Bei Düsenflugzeugen wird der erforderliche Vortrieb durch einen Abgasstrahl erzeugt. Nach hinten aus dem Triebwerk strömende Verbrennungsgase üben eine nach vorne gerichtete Reaktionskraft auf das Flugzeug aus (Rückstoß, Schub). Als Brenngas wird Luft verwendet, die ständig aus der Umgebung angesaugt werden kann und in der Brennkammer mit dem Treibstoff verbrannt wird. Durch die Temperatursteigerung bei der Verbrennung kommt es zu einer starken Ausdehnung der Verbrennungsgase, die daher mit hoher Geschwindigkeit durch die Turbine und die Schubdüse ausströmen.

Ausführung von Turbinen-Luftstrahltriebwerken ❶

Im Prinzip stellt das TL-Triebwerk eine Vereinfachung des Propeller-Luftstrahltriebwerks (PTL) dar. Da Propeller und Propeller-Getriebe entfallen, besteht ein TL-Triebwerk prinzipiell nur aus dem Verdichter, der Brennkammer und der Turbine. Die Luft wird angesaugt, verdichtet und in der Brennkammer zusammen mit Treibstoff verbrannt. Während beim PTL-Triebwerk die aus der Brennkammer ausströmenden Gase fast vollständig zum Antrieb des Propellers genutzt werden, haben TL-Triebwerke nur kleine Turbinen, die gerade genügend Antriebsleistung für den Verdichter sowie für einige Hilfsaggregate erzeugen. Daher können die ausströmenden Gase weitgehend ungehindert nach hinten durch die Düse ausströmen und den erforderlichen Schub erzeugen. Die hohe Ausströmgeschwindigkeit der Verbrennungsgase, die ein Mehrfaches der Schallgeschwindigkeit betragen kann, ermöglicht sehr schnelle Düsenflugzeuge.

Bei modernen TL-Triebwerken (Abb. 1) wird allerdings nicht die gesamte angesaugte Luft durch die Brennkammer zur Düse geleitet, sondern ein großer Teil wird in einem Ringkanal außen um die Brennkammer herumgeführt und erst in der Düse mit den Verbrennungsgasen gemischt. Es wird nur soviel Luft in der Brennkammer erhitzt, wie für den Antrieb der Turbine und somit des Verdichters notwendig sind. Diese Zweikreistriebwerke oder Mantelstromtriebwerke haben einen wesentlich verbesserten Wirkungsgrad gegenüber einfachen TL-Trieb-

werken. Für den Antrieb von Großraumflugzeugen werden Fan-Triebwerke (Mantelstromtriebwerke mit großem Nebenstromverhältnis) verwendet. Fan-Triebwerke, bei denen der Anteil der vorbeigeführten Luft sehr groß ist, sind erkennbar an großen Bläserrädern am Triebwerkseingang. Etwa 70–80 % der angesaugten Luft werden als kalter Sekundärstrom um das eigentliche Triebwerk herumgeführt und in einer Sekundärschubdüse hoch beschleunigt. Der überwiegende Teil des Schubes wird durch diesen Nebenstrom erzeugt. Neben gutem Wirkungsgrad und entsprechend reduziertem Treibstoffverbrauch ist auch die Lärmentwicklung durch den relativ langsam drehenden Bläser geringer als bei den Triebwerken älterer Bauart.

Überschallflug ❷

Düsenstrahltriebwerke ermöglichen Fluggeschwindigkeiten, die schneller als der Schall sind. Die Schallgeschwindigkeit hat jedoch keinen konstanten Wert, sondern hängt vom Luftdruck und damit von der Temperatur ab, die mit zunehmender Höhe immer geringer wird. Der Mach-1-Wert (Mach-Zahl Ma = 1) gibt die höhenabhängige Schalleschwindigkeit an.

So wie Schiffe um sich herum Wellen erzeugen, so entstehen auch bei einem Flugzeug Luftschwingungen, die als kugelförmige Schallwellen in alle Richtungen abgestrahlt werden (Abb. 2). Befindet sich das Flugzeug in Ruhe, so sind die abgestrahlten Schallwellen symmetrisch. Hat das Flugzeug eine Geschwindigkeit niedriger als die Schallgeschwindigkeit, so sind die Schallwellen unsymmetrisch. Ein entfernter Beobachter nimmt die erzeugten Luftdruckschwankungen dennoch als gleichmäßiges Geräusch wahr. Bei einem Flugzeug, das sich der Schallgeschwindigkeit nähert, wird der Abstand der „Wellenberge" vor dem Flugzeug immer geringer, da das Flugzeug den abgestrahlten Wellen folgt. Bei Erreichen der Schallgeschwindigkeit konzentrieren sich die abgestrahlten Wellenberge zu einer einzigen Wellenfront mit hoher Energiedichte, der so genannten „Schallmauer". Ein Beobachter, der sich vor der Schallmauer befindet, hört nicht, dass sich ein Flugzeug nähert. Er befindet sich in der „Zone des Schweigens". Beim Überschallflug ist der Schallbereich auf einen kegelförmigen Raum hinter dem Flugzeug beschränkt, den so genannten machschen Kegel, dessen Öffnungswinkel μ von der jeweiligen Überschallgeschwindigkeit des Flugzeuges abhängt. Ein Beobachter nimmt den Schall als Knall erst wahr, wenn der Schallkegel über ihn hinweg zieht.

1 Schema eines Zweikreis–Turboluftstrahltriebwerks

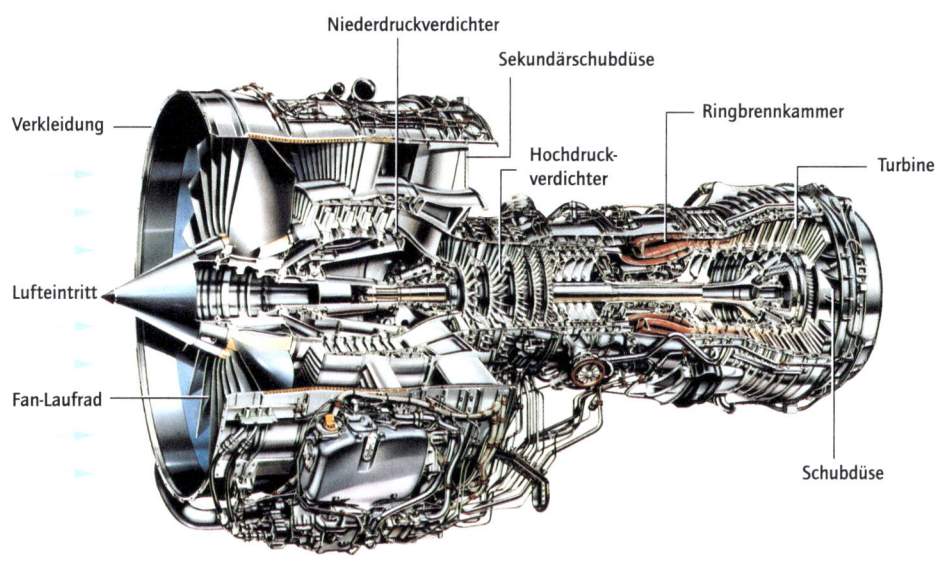

Niederdruckverdichter

Sekundärschubdüse

Verkleidung

Ringbrennkammer

Hochdruck-
verdichter

Turbine

Lufteintritt

Fan-Laufrad

Schubdüse

2 Ausbreitung des Schalls um ein Flugzeug bei verschiedenen Geschwindigkeiten

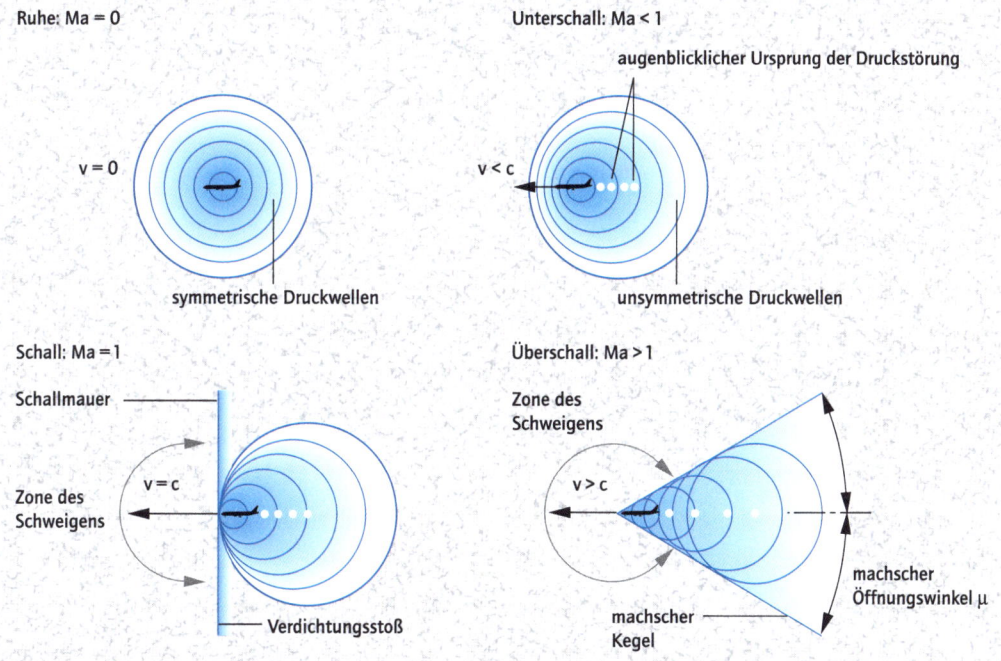

Ruhe: Ma = 0

Unterschall: Ma < 1

augenblicklicher Ursprung der Druckstörung

$v = 0$

$v < c$

symmetrische Druckwellen

unsymmetrische Druckwellen

Schall: Ma = 1

Überschall: Ma > 1

Schallmauer

Zone des
Schweigens

Zone des
Schweigens

$v = c$

$v > c$

machscher
Öffnungswinkel µ

Verdichtungsstoß

machscher
Kegel

v = Fluggeschwindigkeit, c = Schallgeschwindigkeit, Ma = Mach-Zahl v/c

Während sich konventionelle Flugzeuge (Starrflügler) stets mit einer Mindestgeschwindigkeit vorwärts bewegen müssen, damit die Tragflächen den erforderlichen Auftrieb erzeugen, verfügen Hubschrauber über bewegliche Tragflächen, die auch ohne Vorwärtsbewegung des Hubschraubers Auftrieb erzeugen können. Damit können Hubschrauber sehr langsam fliegen, in der Luft stehen bleiben und sich sogar rückwärts bewegen.

Auftriebsprinzip des Hubschraubers ❶

Die bewegliche Tragfläche (Rotor) eines Hubschraubers besteht aus mehreren Rotorblättern, die ein ähnlich gewölbtes Profil aufweisen wie die Tragflächen eines Starrflüglers (→ Flugzeugprinzip). Wird der Rotor durch den Antrieb des Hubschraubers (heute meistens ein Turbinentriebwerk) in Drehung versetzt, entsteht durch die Luftströmung um die Rotorblätter eine Auftriebskraft, die den Hubschrauber senkrecht nach oben steigen lässt (Abb. 1). Dabei wird die Größe des Auftriebs außer von der Rotorprofilform und der Rotordrehzahl auch vom Rotoranstellwinkel der Rotorblätter gegen die Luft bestimmt. Über ein Hebelwerk kann der Anstellwinkel der Rotorblätter vergrößert oder verkleinert werden. So wird durch eine Vergrößerung des Anstellwinkels der Auftrieb und damit die Steiggeschwindigkeit des Hubschraubers erhöht.

Vortrieb ❷ ❸

Um nicht nur eine senkrechte Bewegung, sondern zusätzlich auch eine Vortriebsbewegung zu ermöglichen, muss der Hubschrauber so geneigt werden, dass die Rotorachse nicht mehr senkrecht, sondern schräg zur Erdoberfläche steht. Dann erzeugt der Rotor neben einer Auftriebskraft auch eine Vortriebskraft schräg nach vorne (Abb. 2). Die für eine Vorwärtsbewegung erforderliche Schrägstellung des Hubschraubers, also das Anheben des Hecks, wird dadurch bewirkt, dass jeweils das Rotorblatt, das sich gerade über der Heckseite dreht, einen größeren Auftrieb erzeugt. Einen großen Auftrieb auf der Heckseite und einen kleinen Auftrieb auf der Frontseite erreicht man dadurch, dass die Anstellwinkel der Rotorblätter dementsprechend verändert werden.

Die ständige Änderung des Rotoranstellwinkels während einer Drehung des Rotors erfolgt durch die Taumelscheibe (Abb. 3). Entsprechend zur gewünschten Flugrichtung stellt der Hubschrauberpilot über Steuerstangen den unteren Teil der Taumelscheibe in eine bestimmte Schrägstellung. Während der untere Teil der Taumelscheibe keine Drehbewegung ausführt, dreht sich der obere Teil der Taumelscheibe mit dem Rotor mit und gleitet dabei auf dem unteren Teil. Dabei führt die Schrägstellung der Taumelscheibe zu einer Auf- und Abbewegung der Schubstangen und damit im Verlauf einer Rotordrehung zu einem ständigen Wechsel des Rotoranstellwinkels.

Ausgleichsgelenke

Die beim Vorwärtsflug unterschiedlichen Auftriebskräfte an den einzelnen Rotorblättern würden bei starrer Verbindung der Rotorblätter an den Rotorkopf dazu führen, dass der Hubschrauber seitlich wegkippt und umschlägt. Diese Kippmomente könnten entstehen, wenn die Auftriebskräfte über die Rotorblätter eine Hebelwirkung auf den Rotorkopf erhalten.

Um dies zu verhindern, verbindet man bei vielen Hubschrauberkonstruktionen die starren Rotorblätter über Gelenke mit dem Rotorkopf. Dann wirken nur noch senkrechte Kräfte auf den Rotorkopf sowie die nach außen gerichteten Fliehkräfte der Rotorblätter, nicht jedoch Drehmomente, die den Hubschrauber wegkippen können und die auch zu einer starken Belastung des Rotorkopfes und der Blätter führen. Durch die gelenkige Befestigung machen die Rotorblätter schlagende Bewegungen (ähnlich wie ein Vogel seine Flügel schlägt), weil sich im Laufe einer Umdrehung die Kräfte auf die Rotorblätter ständig ändern und die Blätter entsprechend den wirkenden Kräften nach oben oder unten schwingen. Bei neueren Hubschrauberkonstruktionen verbindet man die Blätter zwar starr mit dem Rotorkopf, verwendet aber elastische Blätter, sodass sich ein ähnliches Bewegungsverhalten wie bei gelenkig angebrachten Rotorblättern ergibt.

Seitensteuerung ❹

Nach dem Newtonschen Prinzip „Actio = Reactio" (→ Raketenprinzip) würde sich bei einem Hubschrauber mit nur einem Rotor der Rumpf in entgegengesetzter Richtung zum Rotor wegdrehen, wenn er nicht durch eine zusätzliche Kraft abgestützt und am Drehen gehindert würde. Dazu dient der seitlich angebrachte Heckrotor (Abb. 4).

Er wird mit ca. 10 % der Triebwerksleistung angetrieben. Er hält den Kurs des Hubschraubers stabil, indem er dem wegdrehenden Drehmoment entgegenwirkt. Durch Ändern des Heckrotoranstellwinkels kann der Hubschrauberpilot den Hubschrauber nicht nur geradeaus fliegen, sondern auch gezielt um seine Hochachse drehen.

❶ Senkrechter Start

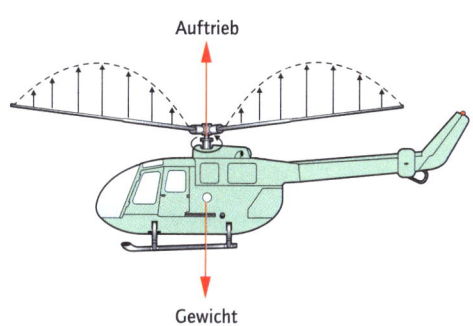

Die drehenden Rotorblätter erzeugen eine
Auftriebskraft, die senkrecht nach oben wirkt

❷ Vorwärtsflug

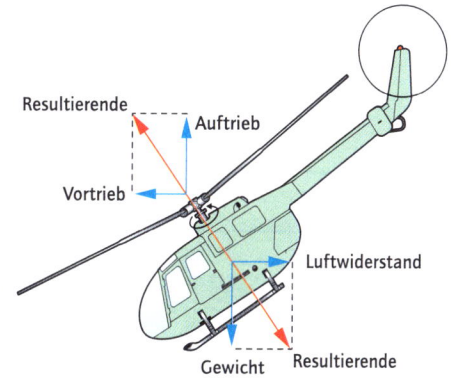

Durch Verstärkung des Heckauftriebs neigt sich der
Hubschrauber nach vorne und fliegt vorwärts

❸ Rotorkopf mit Taumelscheibe

Durch die Taumelscheibe
und die Steuer- und Schubstangen
wird der Anstellwinkel der
Rotorblätter gesteuert.

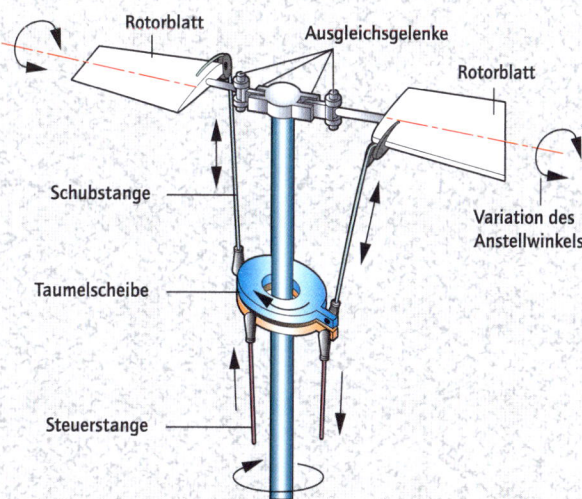

❹ Hubschrauber

Der Heckrotor verhindert ein Wegdrehen
und dient dazu, dass beim Flug der Kurs
stabil gehalten werden kann.

Segelflugzeuge stellen eine Sonderbauform von Flugzeugen dar, da sie über kein Triebwerk verfügen. Sie werden vor allem als Sportgeräte genutzt. In ihrer Form gleichen sie normalen Flugzeugen, sie sind aber durch extrem geringes Gewicht und große Tragflächen gekennzeichnet.

Wegen des fehlenden Triebwerks können Segelflugzeuge nicht selbstständig vom Boden aus starten. Man setzt daher Motorschleppflugzeuge oder Seilwinden ein, um Segelflugzeuge zu beschleunigen und in die Höhe zu ziehen. Dabei erzeugen die Tragflächen des Segelflugzeugs den erforderlichen Auftrieb (→ Flugzeugprinzip).

Kräfte am Segelflugzeug ❶

Der Flug eines Segelflugzeugs, das einmal Höhe und Geschwindigkeit erreicht hat, wird durch seinen Luftwiderstand gebremst. Um weiterhin genügend Auftrieb durch anströmende Luft zu erhalten, muss das Segelflugzeug einen nach unten gerichteten Gleitflug ausführen. Der „Antrieb" eines Segelflugzeugs ist die Erdanziehungskraft, sie hält das Segelflugzeug in Bewegung. Bei einem nach unten gerichteten Gleitflug wirkt die in Flugrichtung liegende Komponente V der Gewichtskraft G der Widerstandskraft W entgegen (Abb. 1). Diese Komponente wirkt in Flugrichtung und bewegt das Flugzeug vorwärts. Die zweite Komponente der Gewichtskraft wirkt senkrecht zur Flugrichtung und trägt nicht zur Bewegung des Flugzeugs bei. Sie muss durch den Auftrieb der Tragflächen ausgeglichen werden.

Gleitzahl ❶ ❷

Günstig gestaltete Segelflugzeuge haben großen Auftrieb bei kleinem Widerstand und ermöglichen einen sehr flachen Gleitflug. Damit kann bei geringem Höhenverlust eine große Flugstrecke erreicht werden. Das Verhältnis von Widerstand zu Auftrieb wird Gleitzahl genannt. Die Gleitzahl lässt sich aus dem Tangens des Gleitwinkels ε, d. h. des Winkels zwischen Flugbahn und Horizontalebene (Abb. 1), berechnen. Sie ist abhängig von der Formgebung des Flugzeuges und der Fluggeschwindigkeit. Bei der Geschwindigkeit des besten Gleitens hat die Gleitzahl einen Kleinstwert. Moderne Segelflugzeuge haben neben geringem Gewicht auch eine sehr strömungsgünstige Form und große Spannweiten. So erreichen Hochleistungssegelflugzeuge (Abb. 2) heute eine Gleitzahl von 0,018. Der Kehrwert der Gleitzahl wird Gleitverhältnis oder aerodynamische Qualität genannt. Dieses beschreibt für das in ruhender Luft gleitende Flugzeug das Verhältnis von horizontaler Flugstrecke zum zugehöri-

gen Höhenverlust. Ein Segelflugzeug mit einem Gleitverhältnis von 30 kann aus einer Höhe von 500 m 15 km weit fliegen.

Nutzung von Luftströmungen

In der Praxis setzen Segelflieger nicht einfach nur die beim Start gewonnene Flughöhe in eine Flugstrecke um, sondern versuchen durch Ausnutzung von nach oben gerichteten Luftströmungen Flugzeit und Flugstrecke zu verlängern. Aufwärts gerichtete Luftströmungen entstehen z. B. in bergigen Gebieten durch Wind. Segelflieger können durch geschickte Nutzung der Aufwärtswinde an der Windseite (Luvseite) eines Berges Höhe gewinnen. Nach oben gerichtete Luftströmungen entstehen aber auch durch Erwärmung der bodennahen Luft. Durch Sonneneinstrahlung heizen sich der Erdboden und die bodennahen Luftschichten stark auf und erwärmen die darüber liegende Luft, die dadurch aufsteigt (Aufwind). Diese so genannte Thermik kann von Segelfliegern ausgenutzt werden, indem sie in der aufsteigenden Luft kreisen und Höhe gewinnen.

Motorsegler

Motorsegler gleichen in ihrer Form den reinen Segelflugzeugen und haben wie diese weit ausladende schlanke Tragflügel und einen leichten Aufbau. Um selbstständig starten zu können, verfügen Motorsegler über kleine Hilfsmotoren. Damit ist es möglich, auch beim Ausbleiben von aufwärts gerichteten Luftströmungen Höhe zu halten. Wenn der Hilfsmotor nicht benötigt wird, kann er bei einigen Motorseglertypen in den Rumpf eingezogen werden. Bei anderen Ausführungen werden zumindest die Propeller in möglichst strömungsgünstige Stellung gebracht.

Gleitschirme ❸

Während herkömmliche Segelflugzeuge und Motorsegler weitgehend ähnlich wie Motorflugzeuge gestaltet sind und z. B. über die gleichen Steuerungseinrichtungen verfügen, haben die seit einiger Zeit im Luftsport verbreiteten Flugdrachen und Gleitschirme keine Steuerruder. Die rechteckige Schirmkappe des Gleitschirms füllt sich im Flug durch Stauluft und gewinnt dadurch ein tragflächenähnliches Profil, das den Auftrieb erzeugt. Kurs und Fluglage werden vor allem durch Gewichtsverlagerung des Piloten beeinflusst, oder es erfolgt eine Steuerung durch Ziehen von Steuerleinen, mit denen die Form und damit das Richtungs- und Auftriebsverhalten des Fluggerätes verändert wird (Abb. 3).

❶ Kräfte im freien Gleitflug

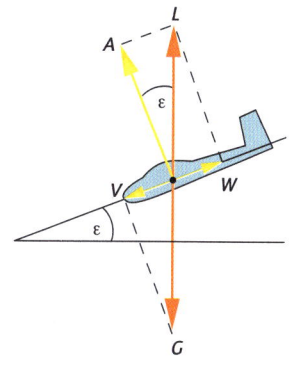

A Auftrieb
ε Gleitwinkel
G Schwerkraft
L Luftkraft
V Vortriebskraft (in Flugrichtung liegende Komponente von G)
W Widerstand

❷ Modernes Segelflugzeug mit kleiner Gleitzahl (großem Gleitverhältnis)

❸ Gleitschirm im Gleitflug

Ballone waren die ersten Fahrzeuge, mit denen sich Menschen in die Luft erhoben. Im Gegensatz zu der später entstandenen Fliegerei mit „Flugzeugen schwerer als Luft" entsteht bei Ballonen und Luftschiffen der Auftrieb durch das archimedische Prinzip (→ Schiffsprinzip).

Auftriebsprinzip

Ballone und Luftschiffe haben einen großen Auftriebskörper, der aus einer gasdichten Hülle mit einer Traggasfüllung besteht. Wenn die Dichte des Auftriebskörpers kleiner ist als die Dichte der umgebenden Luft, steigt der Ballon auf und kann gegebenenfalls sogar noch eine Nutzlast, z.B. eine Gondel mit Passagieren, tragen. Da Luft mit einer Dichte von ca. 1,3 kg/m³ (bei einem Druck von 1 bar und einer Temperatur von 0 °C) bereits ein leichtes Gasgemisch ist, kommen als Füllung nur wenige Gase infrage. Im Wesentlichen ist dies reiner Wasserstoff, der rund 14-mal leichter als Luft ist, und Helium, das rund 7-mal leichter als Luft ist. Wasserstoff ist einfach herzustellen und relativ preiswert, hat aber den Nachteil, dass er zusammen mit Sauerstoff das hochexplosive Knallgas bildet. Das Edelgas Helium hingegen ist unbrennbar, aber teuer. Geringere Dichte als Luft unter Normalbedingungen hat auch erwärmte Luft, die ebenfalls als Traggas geeignet ist.

Gasballone ①

Gasballone haben eine kugelförmige, geschlossene Hülle, meist mit Wasserstoff- oder Heliumfüllung (Abb. 1). Über der Hülle befindet sich ein Netz, an dem der Korb hängt. Die Ballonfahrer können die Vertikalbewegung außer durch gezielten Abwurf von Ballast (Sandsäcke) auch mit dem Ventil an der Ballonoberseite beeinflussen. Durch Ablassen von Gas verringert sich das Volumen des Ballons und damit der Auftrieb, sodass der Ballon sinkt. Um nach dem Landen ein Schleifen des Ballons auf dem Boden zu verhindern, kann durch Ziehen einer Leine die Reißbahn geöffnet werden, sodass das Gas schnell entweicht und die Ballonhülle rasch in sich zusammenfällt.

Heißluftballone ②

Die modernen Heißluftballone, die als Sportgeräte große Verbreitung gefunden haben, unterscheiden sich kaum von jenem ersten Ballon, den die Brüder Montgolfier im Jahre 1783 bauten. Die Ballonhülle aus leichtem Stoff, der in Bahnen zusammengenäht ist, ist unten offen (Abb. 2). Unterhalb der Ballonöffnung befindet sich der Korb mit dem Propangasbrenner, mit dem die Ballonfahrer die Luft im Ballon erhitzen, um aufzusteigen. Ein Segel dient als Windschutz für den Brenner. Die Ballonhülle hat auf der Oberseite eine Öffnung (Kalottenloch), die normalerweise durch den inneren Ballondruck mit dem Parachute (Fallschirm) verschlossen wird. Über Betätigungsleinen kann der Parachute heruntergezogen werden, sodass heiße Luft entweichen kann und der Ballon sinkt.

Zeppeline ③

Ballone ohne eigenen Antrieb bewegen sich mit dem Wind und lassen sich kaum in ihrem Kurs beeinflussen. Erst ein angetriebener Ballon, ein Luftschiff, kann durch Ruder gesteuert werden. Nach Erfindung des Verbrennungsmotors und der Luftschraube entwickelte man die so genannten Starrluftschiffe oder Zeppeline. Bei diesen wird der zigarrenförmige Auftriebskörper durch ein fachwerkartiges Metallgerüst gebildet, das mit Tuch bespannt und mit Wasserstoff in getrennten Gassäcken gefüllt ist. Am Ende des Auftriebskörpers befindet sich ein Leitwerk mit Seiten- und Höhenrudern. Für Besatzung und Passagiere ist eine Gondel fest mit dem Auftriebskörper verbunden. Die Triebwerke mit den Luftschrauben befinden sich in separaten Triebwerksgondeln.

Nach der Explosion des deutschen Zeppelins „Hindenburg" in Lakehurst, USA, 1937 ruhte der Bau von Starrluftschiffen über fünfzig Jahre lang. Heute werden wieder Starrluftschiffe entwickelt und gebaut. Sie sollen z. B. für lang dauernde Überwachungsflüge (z. B. im Küstenschutz) eingesetzt werden, wobei der geringe Treibstoffverbrauch vorteilhaft ist. Die neuartigen Zeppeline (Abb. 3) haben eine Heliumfüllung und bewegliche Propellertriebwerke, die eine größere Beweglichkeit des Luftschiffes ermöglichen.

Prallluftschiffe

Die Technik von Prallluftschiffen (Blimps) liegt zwischen der von Gasballonen und Zeppelinen. Sie haben einen zigarren- oder tropfenförmigen Auftriebskörper, jedoch ohne Metallgerüst. Die Stromlinienform ist nur bei prall gefülltem Auftriebskörper gegeben. Die Passagiergondel hängt dicht am Auftriebskörper. An der Gondel sind auch die Triebwerke befestigt. Gegenüber Starrluftschiffen ergibt sich damit eine schlechtere Manövrierbarkeit und ein höherer Geräuschpegel für die Passagiere. Prallluftschiffe werden seit langer Zeit in kleinen Stückzahlen gebaut und vor allem für Rundflüge und Werbung eingesetzt.

❶ Gasballon

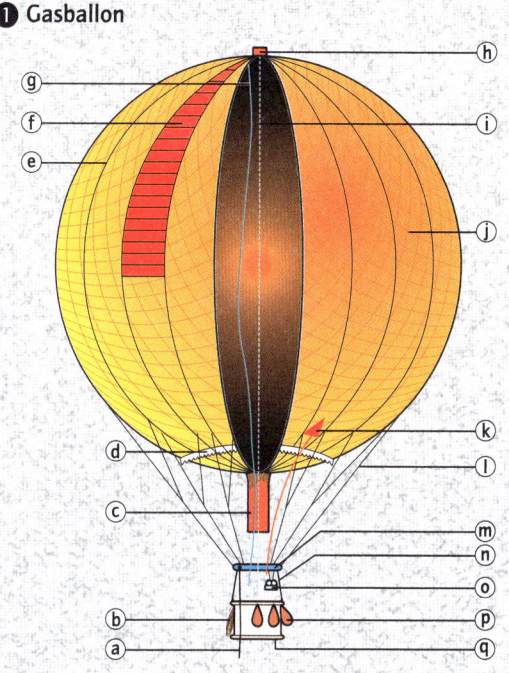

❷ Heißluftballon

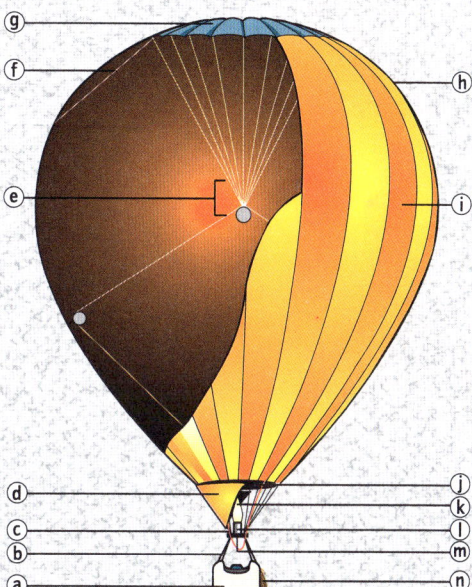

ⓐ Halteseil	ⓘ Ventilleine	ⓐ Korb	ⓘ Stoffbahnen
ⓑ Schlepptau	ⓙ Ballonnetz	ⓑ Gepolsterte Streben	ⓙ Füllöffnung
ⓒ Füllansatz	ⓚ Notreißbahn	der Brennerplattform	ⓚ Heizflamme
ⓓ Regentraufe	ⓛ Auslaufleinen	ⓒ Ventilleine	ⓛ Brenner
ⓔ Ballonhülle, in	ⓜ Korbring	ⓓ Segel	ⓜ Brennerplattform
Bahnen genäht	ⓝ Korbleinen	ⓔ Betätigungsleinen	ⓝ Schleppseil
ⓕ Reißbahn	ⓞ Instrumente	ⓕ Zentrierleine	
ⓖ Reißbahnleine	ⓟ Ballastsäcke	ⓖ Parachute	
ⓗ Ventil	ⓠ Korb	ⓗ Ballonhülle	

❸ Moderner Zeppelin

Der Kompass dient zur Bestimmung des Standortes und zur Einhaltung des gewählten Kurses auf dem Land, in der Luft und auf See (Navigation). Mit einem Kompass ist z. B. auf einem Schiff die Ermittlung der Richtung des eigenen Kurses gegenüber der Nordrichtung möglich.

Ablenkung des Kompasses ❶ ❷

Die Achse des erdmagnetischen Feldes ist um etwa 13° gegen die Rotationsachse der Erde (Erdachse) geneigt (Abb. 1). Die magnetischen Pole fallen somit nicht mit dem geografischen Nord- und Südpol der Erde zusammen. Eine Magnetnadel zeigt daher auch nicht in die Richtung des geografischen Nordpols, nach dem alle Karten ausgerichtet sind (rechtweisender Kurs), sondern in die Richtung des nördlichen Magnetpols.

An vielen Orten der Erde gibt es große Vorkommen an eisenhaltigen Stoffen, die zu sich ständig ändernden Ablenkungen der Kompassanzeige führen (missweisend Nord, in Deutschland zwischen 2° und 4°). Alle Navigationskarten werden aus diesem Grund mit einer Missweisungsangabe versehen. Um den Kartenkurs (rechtweisend Nord) zu erhalten, muss das vom Kompass angezeigte missweisend Nord um die jeweilige Missweisung (Deklination) korrigiert werden. Der Kompass wird auch durch die Eisenmassen des Schiffs, Fahr- bzw. Flugzeuges abgelenkt (Deviation). Zur Kompensation dieser Abweichungen befinden sich kleine Einstellmagnete am Gehäuse (Abb. 2). Die noch vorhandenen Restabweichungen werden in Tabellen (Deviationstabellen) aufgelistet, nach denen jede Kompassangabe (Kurs) entsprechend korrigiert wird.

Kugelkompass ❷

Der in Öl gelagerte Kugelkompass (ein Magnetkompass) eines Schiffes (Abb. 2) nutzt die Richtwirkung, die das Magnetfeld der Erde auf eine leicht drehbar gelagerte Magnetscheibe (Kompassrose) ausübt. Die Kompassrose mit Angaben der Himmelsrichtungen und der Gradeinteilung kann sich gegenüber dem Fahrstrich (in Schiffsrichtung voraus) drehen, sodass der momentane Steuerkurs direkt abgelesen werden kann. Sie ist kardanisch (nach allen Seiten drehbar) aufgehängt und am Boden mit Blei beschwert, um eine möglichst ruhige Lage sicherzustellen.

In Nord- und Südpolnähe arbeitet der Kugelkompass allerdings nicht mehr verlässlich, da die fast senkrecht zur Erdoberfläche stehenden Magnetfeldlinien (Abb. 1) kaum Kraft auf die Magneten ausüben können.

Radar

Der Radar ist ein elektronisches Navigationshilfsmittel und Ortungsgerät für die Luft- und Schifffahrt. Er ermöglicht bei schlechter Sicht schon über große Entfernungen hinweg Landeanflüge oder das Durchfahren enger Schifffahrtsstraßen. Darüber hinaus dient der Radar u. a. als Hilfsmittel in der Meteorologie (z. B. zur Ortung und Beobachtung von Stürmen, Schlechtwetterfronten), der Astronomie (z. B. zur Oberflächenerforschung von Planeten) und zur Geschwindigkeitsmessung von Kraftfahrzeugen ("Radarfalle").

Radar: Senden, Empfangen und Zeitmessen ❸

Von einer Antenne mit parabolförmigem Reflektor werden stark gebündelte elektromagnetische Wellen (im Mikrowellenbereich; → Mikrowellengeräte) in Form kurzer Impulse abgestrahlt. Treffen sie auf ein Hindernis, so werden sie je nach Art des Materials mehr oder weniger stark reflektiert und in den Impulspausen von derselben Antenne wieder empfangen. Diese Echoimpulse werden auf einem Bildschirm sichtbar gemacht (Abb. 3). Dabei wird der Zeitabstand zwischen Abstrahlung und Echo gemessen. Da die Aussendung der Welle mit Lichtgeschwindigkeit erfolgt, kann so der genaue Abstand zum Objekt/Hindernis ermittelt werden. Durch zweimaliges, kurz nacheinander erfolgendes Vermessen des Ziels lässt sich aus der in der Zwischenzeit veränderten Position auch dessen Geschwindigkeit bestimmen.

Die Radarantenne wird mit konstanter Geschwindigkeit gedreht, sodass auf dem Bildschirm der eigene Standort in der Mitte liegt. Ringsum ergibt sich dann das Radarechobild der Umgebung (Abb. 3). Auf dem Bildschirm sind in vorgegebenen Abständen (z. B. 5 Meilen) Kreise eingezeichnet, sodass die Entfernung zu den Objekten direkt abgelesen werden kann.

Während in der Schifffahrt sowohl die unbewegten (Küstenlinie, Seezeichen) als auch die bewegten Objekte (andere Schiffe) von Interesse sind, finden in der Luftfahrt hauptsächlich die Bewegungen der Flugzeuge untereinander Beachtung. Die Festzielunterdrückung (Ausblenden der unbeweglichen Objekte) liefert den Fluglotsen ein übersichtliches Bild der jeweiligen Verkehrslage im radarüberwachten Luftraum, in dem lediglich die Flugzeuge als helle Punkte erscheinen. Über einen Identifizierungsimpuls per Radar wird gleichzeitig vom Flugzeug eine Information (Transponder) über Flughöhe und Geschwindigkeit übermittelt und auf dem Bildschirm angezeigt.

❶ Magnetfeld der Erde

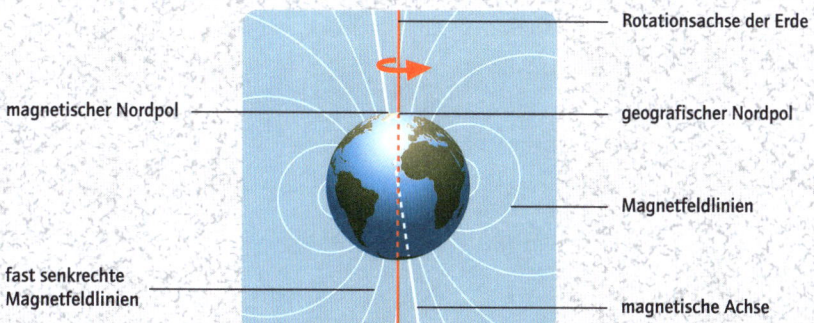

Rotationsachse der Erde

magnetischer Nordpol

geografischer Nordpol

Magnetfeldlinien

fast senkrechte
Magnetfeldlinien

magnetische Achse

❷ Kugelkompass

ⓐ Glaskuppel
ⓑ Kompassöl
ⓒ Beleuchtung (rot)
ⓓ Fahrstrich (voraus)
ⓔ Kompassrose
ⓕ Kardanische Aufhängung
ⓖ Ausdehnungsmembran
ⓗ Stellbolzen für die
   Kompensationsmagneten

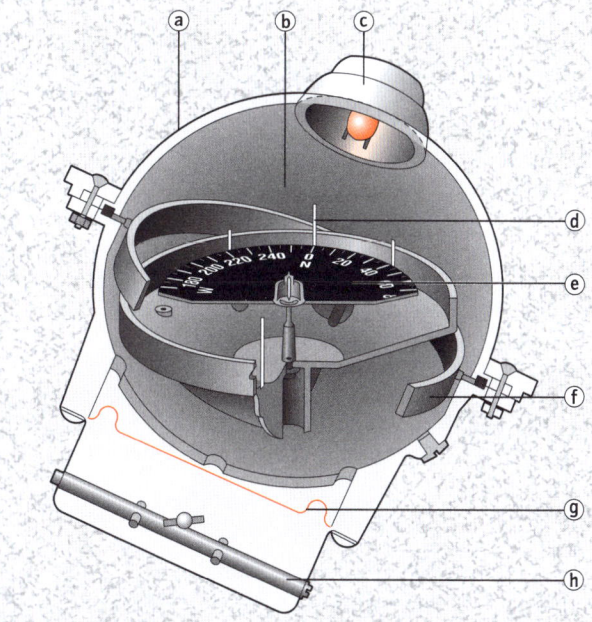

❸ Radar

Radarechobild der Umgebung
des eigenen Standortes
(Mittelpunkt)

Das GPS (Global Positioning System) ist ein weltweit genutztes Satellitennavigationssystem, das für jeden Punkt auf der Erde eine sehr genaue Standortbestimmung möglich macht. So ist das System z. B. in der Schifffahrt bei schlechten Wetterverhältnissen (starke Stürme, schlechte Sicht etc.) und gleichzeitig schwierigen Ansteuerungsbedingungen von hohem Nutzen.

Militärischer Ursprung – ziviler Nutzen

Ursprünglich wurde das GPS für die militärische Nutzung von den USA eingeführt und z. B. im Golfkrieg zur Lenkung von Raketen eingesetzt. Die Genauigkeit beträgt im militärischen Nutzungsfalle ca. 2 m im Zielumkreis. Für die zivile Nutzung in der Schifffahrt, aber auch für Verkehrsleitsysteme an Land und in der Luft wird die Genauigkeit von den Vereinigten Staaten reduziert. Sie beträgt dann noch ca. 100 m. Durch Zusatzsysteme mit landgestützten Ausgleichssendern wird die Genauigkeit für die zivile Nutzung jedoch wieder erhöht (Differential-GPS).

Prinzip der Satellitennavigation ❶ ❷

Das Navigationssystem besteht aus 24 Satelliten, die auf sechs Bahnen mit je vier Satelliten in die Umlaufbahnen der Erde gebracht wurden (Abb. 1). Sie kreisen in ca. 20 200 km Höhe in 12 Stunden einmal um die Erde. In der Äquatorebene sind die 6 Satellitenbahnen um 60° gegeneinander versetzt (6 x 60° = 360°), sodass von jedem Punkt der Erdoberfläche aus ständig Daten von mindestens vier Satelliten empfangen werden können. Für eine Standortbestimmung auf See benötigt man mindestens drei Satelliten, für die Luftfahrt und die landgestützte Navigation vier Satelliten.

Das Prinzip der Satellitennavigation basiert auf der Messung von Laufzeitunterschieden der von den Satelliten gesendeten Signale. So ist es entscheidend, zu welcher Uhrzeit das Signal eines Satelliten auf der Erde empfangen wird. Für die genaue Zeitmessung gibt es an Bord eines jeden Satelliten vier Atomuhren. Zur Uhrzeit werden außerdem die Bahndaten des Satelliten und eine große Anzahl von Korrekturdaten kodiert mitgesendet. Mit einem GPS-Empfänger werden die Daten der einzelnen Satelliten auf der Erde empfangen und mit denen anderer Satellitenempfangsdaten verglichen. Aus der errechneten Distanz des Satelliten ergibt sich um seinen senkrecht zur Erdoberfläche liegenden (lotrechten) Punkt ein Standkreis (Abb. 2). Dieser markiert alle Punkte gleichen Abstands vom Satelliten zum Empfänger. Aus dem

Standpunkt des Satelliten und den Schnittpunkten mit Standkreisen weiterer Satelliten ist eine Standortbestimmung des Empfängers möglich.

Die Empfängeruhr

Während im Satelliten vier Atomuhren angebracht sind, verfügt ein GPS-Empfänger nur über eine weniger genaue Quarzuhr. Diese reicht für eine genaue Standortbestimmung nicht aus, da schon Zeitdifferenzen von einer Hunderttausendstelsekunde eine Änderung von ca. 3 km bei der Ortsbestimmung ergeben. Um die Genauigkeit zu erhöhen, werden zusätzlich spezielle Satellitenkods empfangen und ausgewertet.

Standortbestimmung ❸

Die Satelliten senden einen etwa 1 Millisekunde andauernden Kode, der taktgleich auch vom Empfängergerät erzeugt wird. Beim Vergleich mit den empfangenen Satellitenkodes wird der Empfängerkode so lange variiert, bis er mit den übrigen empfangenen Satellitendaten (Bahndaten, Entfernung, Korrekturen der Erdoberfläche) übereinstimmt. Zur Korrektur der Empfängeruhr benötigt man die Daten von mindestens drei Satelliten. Die Standkreise der Satelliten bilden dann am Ort des Empfängers ein Fehlerdreieck (Abb. 3a), das durch Verschieben aller Standkreise korrigiert wird. Dadurch erhält man den tatsächlichen Standort des Empfängers (Abb. 3b).

Auswirkungen des GPS

Aufgrund der durch das GPS erreichten Genauigkeiten werden die bisherigen Verfahren der Ortsbestimmung immer unwichtiger. Andere Navigationssysteme (z. B. Decca) werden daher bald nicht mehr benötigt. Gleichzeitig wird die Anzahl der Seezeichen (Fahrwasserbetonnung, Leuchtfeuer etc.) aus Kostengründen abgebaut. Durch die so entstehende Abhängigkeit vom GPS-System wäre bei einem Ausfall (z. B. im militärischen Nutzungsfall) die Seeschifffahrt weitgehend stillgelegt. In Kombination mit einer computergestützten Navigation werden auch Seekarten zunehmend überflüssig. Sie werden mithilfe von Computern verarbeitet, die Position wird über Schnittstellen der GPS-Geräte direkt eingelesen, ggf. mit dem Radarbild gekoppelt und dokumentiert (elektronisches Logbuch).

An Land wird das GPS zunehmend für Verkehrsleitsysteme eingesetzt. Kraftfahrzeuge werden zukünftig mit GPS ausgestattet werden und sie können dann über elektronische Landkarten geleitet werden.

❶ Prinzip der Satellitennavigation

24 Satelliten umkreisen
die Erde. Je vier bewegen sich
gemeinsam auf einer
der sechs Umlaufbahnen.

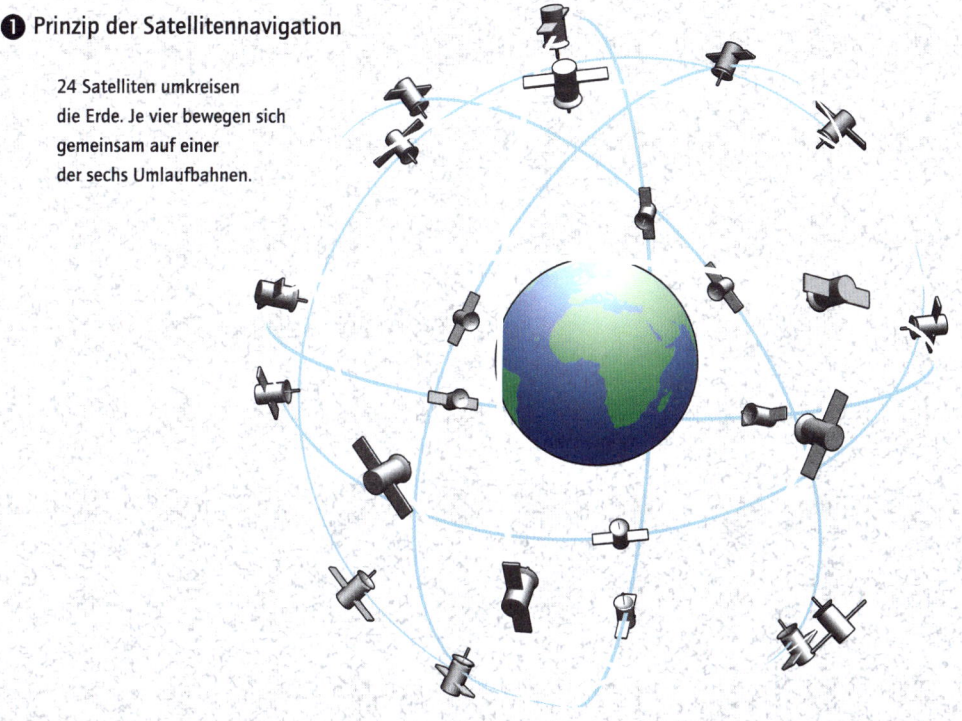

❷ Standkreise der Satelliten auf der Erde

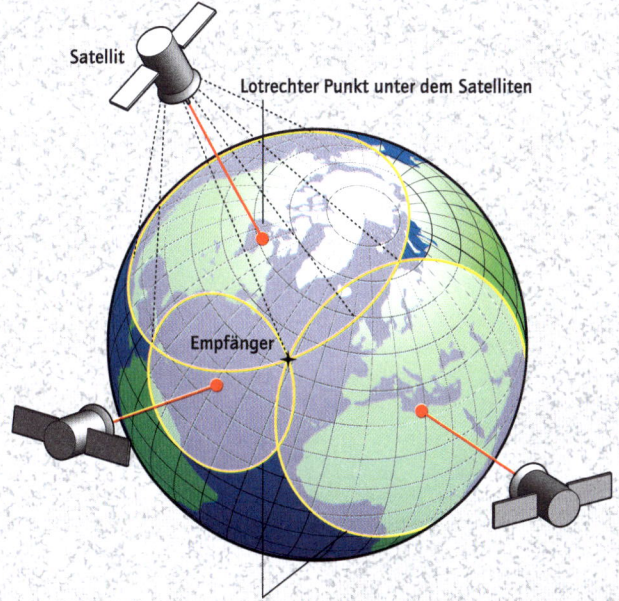

Satellit

Lotrechter Punkt unter dem Satelliten

Empfänger

Standkreis = gleicher Abstand vom Satelliten zum Empfänger

❸ Verschiebung der Standkreise zur Korrektur der Empfängeruhr bzw. –position.

ⓐ vor der Korrektur

Standkreise

Empfänger befindet sich
im Fehlerdreieck

ⓑ nach der Korrektur

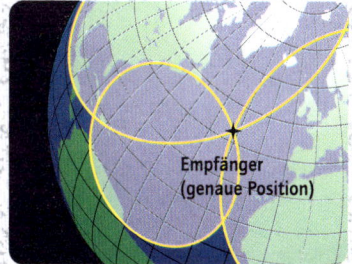

Empfänger
(genaue Position)

Raketen sind Flugkörper, die durch das Rückstoßprinzip angetrieben werden. Dies ist das derzeit einzige bekannte Antriebsverfahren, das auch außerhalb der Erdatmosphäre funktioniert. Raketen können so eine Fluggeschwindigkeit bis zu 40000 km/h erreichen.

Raketenprinzip und Raketenaufbau

Die Grundlage jedes Raketenantriebs ist das newtonsche Gesetz: „Actio = Reactio", d.h., jede Kraft (Actio) bewirkt eine gleich große entgegengesetzt gerichtete Kraft (Reactio). Bei einer Rakete wird eine sehr große Masse an kleinen Teilchen (meist Gasmoleküle) mit großer Geschwindigkeit nach hinten ausgestoßen, wodurch eine Kraft entsteht, die die Rakete nach vorne antreibt.

Um die jeweils zu beschleunigende Raketenmasse möglichst gering zu halten, bestehen Raketen im Allgemeinen aus mehreren Antriebseinheiten („Stufen"), die abgetrennt werden, nachdem sie ihren Treibstoff verbraucht haben. Eine Antriebseinheit besteht aus Treibstofftanks und Triebwerk, welches wiederum aus der Schubkammer, die sich aus Brennraum und Düse zusammensetzt, und dem Fördersystem für Treibstoff gebildet wird. Neben den Antriebseinheiten sind die Lenk- und Steuersysteme sowie der Nutzlastträger wichtige Bestandteile einer Rakete.

Raketenantrieb ❶

Der Rückstoß beim Raketenantrieb wird meist durch den Ausstoß von heißen Gasen erzeugt, die beim Verbrennen des Treibstoffes, welcher aus Brennstoff und Oxidator (Sauerstoffträger) besteht, im Brennraum entstehen. Die Gase werden mit einer Düse durch allmähliche Expansion (Ausdehnung) auf Überschallgeschwindigkeit beschleunigt.

Beim Feststoffraketenantrieb befindet sich Brennstoff und Oxidator als Gemisch fester Substanzen in der Schubkammer. Dort wird der Treibstoff gezündet und verbrannt. Aufgrund der fehlenden Schubregulierung, der problematischen Wiederzündbarkeit, der kurzen Brenndauer und dem im Vergleich zu flüssigen Treibstoffen geringeren Energieinhalt fester Treibstoffe werden Feststoffantriebe nur als Starthilfe (so genannte Booster) sowie als Antriebe für militärische Flugkörper eingesetzt.

Als Haupt- und Steuerantriebe für Weltraumraketen werden Flüssigbrennstoffantriebe eingesetzt. Die wichtigsten Brennstoffe sind Kerosin, Hydrazin und Wasserstoff, als Oxidationsmittel dienen u. a. flüssiger Sauerstoff oder Stickstofftetroxid. Da Wasserstoff und Sauerstoff bei Raumtemperatur gasförmig sind und erst bei Tiefsttemperaturen flüssig werden (Wasserstoff: −253 °C, Sauerstoff: −183 °C), ist eine sehr gute Isolation der Tanks notwendig. Trotz des Mehraufwandes lohnt sich aber ihr Einsatz, da sie ca. 40 % mehr Schub erzeugen als andere Treibstoffgemische. Mit Wasserstoff und Sauerstoff arbeitet auch die Schubkammer des Vulcain-Triebwerks (Abb. 1), das in der neuen europäischen Trägerrakete Ariane 5 eingesetzt wird. Über getrennte Einlässe und unter hohem Druck werden der flüssige Wasserstoff und Sauerstoff in die Schubkammer eingeleitet. Dabei wird der Wasserstoff nicht am Einspritzsystem, sondern an der Verbindungsstelle zur Düsenverlängerung eingelassen und strömt von dort durch 360 Kanäle im Mantel der Schubkammer in das Einspritzsystem. Dabei kühlt er die Schubkammer, die sonst der thermischen Belastung (Innentemperatur ca. 3 250 °C) nicht standhalten könnte. In der Düsenverlängerung, die ebenfalls durch flüssigen Wasserstoff gekühlt wird, erfolgt der größte Teil der Expansion der austretenden Gase.

Ariane-Raketen ❷

Die Ariane 4 (Abb. 2) der europäischen Weltraumorganisation ESA ist eines der bekanntesten Beispiele für eine mehrstufige Weltraumrakete. Sie besitzt drei Stufen, die jeweils aus einer kompletten Antriebseinheit bestehen. Die Schubkammern sind, um eine Steuerung zu ermöglichen, schwenkbar befestigt. Brennstoff und Oxidator sind jeweils in eigenen Tanks untergebracht. Die Ariane 4 kann mehrere Satelliten gleichzeitig als Nutzlast befördern. Je nach Gesamtgewicht werden zur Startschubverstärkung zusätzliche Feststoff- oder/und Flüssigtreibstoffbooster angebracht. Nach kurzer Brenndauer (43 s bzw. 143 s) werden sie abgetrennt und verglühen in der Atmosphäre. Auf die gleiche Weise wird in 100 km Höhe die Nutzlastenverkleidung, die für den Start und beim Flug in der Atmosphäre aus aerodynamischen Gründen und zum Schutz der Satelliten notwendig ist, entfernt. Eine Weiterentwicklung der Ariane 4 ist die Ariane 5. Mit ihren stärkeren Triebwerken soll sie auch die Möglichkeit bieten, als dritte Stufe eine Raumfähre mitzunehmen.

Zukunft der Raketentechnik

Eine interessante Neuentwicklung der Antriebstechnik ist der Ionenantrieb, der sich z. B. für die Lageregelung von Satelliten eignet. Hier wird der Schub nicht durch Verbrennung, sondern durch die Beschleunigung eines ionisierten Gasstromes in einem elektrischen Feld erzeugt.

❶ Schubkammer eines Vulcain-Triebwerks

ⓐ Schema

Einlass
für flüssigen
Sauerstoff

Einspritzsystem

Brennraum

Einlass für
flüssigen Wasserstoff

Düse

Düsen-
verlängerung

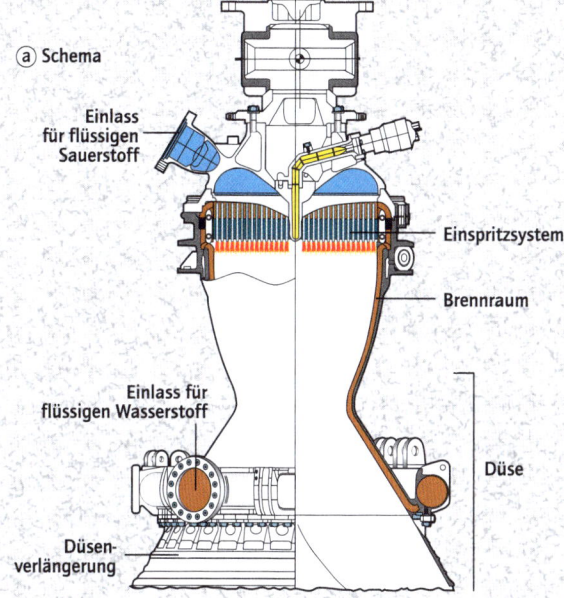

ⓑ Gesamttriebwerk

❷ Schema der europäischen Weltraumraketen

Ariane 4

Ariane 5

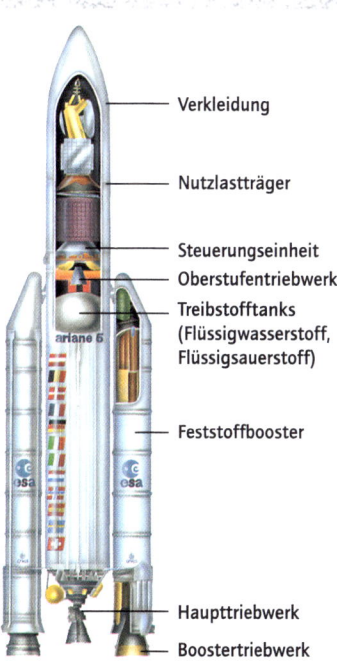

Verkleidung

Nutzlastträger

Steuerungseinheit

Oberstufentriebwerk

Treibstofftanks
(Flüssigwasserstoff,
Flüssigsauerstoff)

Feststoffbooster

Haupttriebwerk

Boostertriebwerk

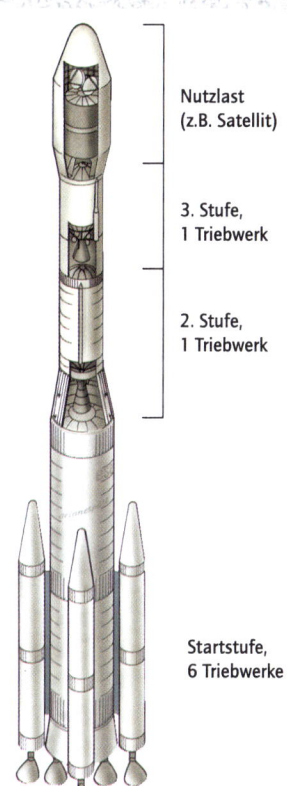

Nutzlast
(z.B. Satellit)

3. Stufe,
1 Triebwerk

2. Stufe,
1 Triebwerk

Startstufe,
6 Triebwerke

Zur Beeinflussung der Flugbahn besitzen Raumflugkörper immer ein Lageregelungs- und Lenkungssystem. Grundlage jeder Lage- und Flugbahnänderung (Raumflugmanöver) ist die Kenntnis der momentanen Position, Geschwindigkeit, Flugrichtung und Ausrichtung des Raumflugkörpers relativ zu seinem Bezugspunkt, z.B. der Erde oder der Sonne.

Trägheitsnavigation ❶

Zur Lagebestimmung benötigt jeder Raumflugkörper ein raumfestes Bezugssystem. Dieses liefert eine um alle drei Raumrichtungen frei beweglich gelagerte Trägheitsplattform (vollkardanische Aufhängung; Abb. 1). Auf ihr befinden sich jeweils um 90° versetzt, zwei oder drei rasch rotierende Kreisel. Ein Kreisel hat die Tendenz, seine Achsrichtung beizubehalten (Raumstabilität). Auf quer zur Drehachse gerichtete Kräfte reagiert er durch Schwenken der Drehachse senkrecht dazu (Präzession). Die Kreisel stabilisieren durch ihre Trägheit die Plattform, die dadurch ihre Orientierung beizubehalten versucht. Jede Bewegung des Raumflugkörper wird aufgrund der Lagerreibung auf die Plattform übertragen. Überwiegt die Reibung, so bewegt sich die Plattform mit dem Raumflugkörper mit. Die Präzession der Kreisel löst dann ein Signal aus, das einem Regelkreis zugeführt wird. Dieser sendet wiederum Signale an die Elektromotoren an den Aufhängungen. Die Motoren drehen die Kardanaufhängung, bis die ursprüngliche Lage wiederhergestellt ist. Damit bleibt die Plattform immer in derselben Lage im Raum. Durch Messung der Orientierung des Raumflugkörpers relativ zur stabilisierten Plattform kann seine Lage bestimmt und mit der Solllage verglichen werden. Mithilfe von drei zueinander senkrecht stehenden Beschleunigungsmessern auf der Plattform lassen sich die Richtung und Gesamtbeschleunigung des Raumflugkörpers bestimmen. Aus der Integration der Beschleunigungen in allen drei Raumrichtungen ergeben sich die Flugrichtung und Geschwindigkeit. Eine zweite Integration liefert die Position. Die so gewonnenen Daten werden mit der vorausberechneten Sollflugbahn verglichen, und falls nötig werden Kurskorrekturen eingeleitet.

Reine Trägheitsnavigation erfordert aufwendige und teure Kreiselsysteme. Auch mit ihnen ist es nicht möglich, Kreiseldriftfehler so weit auszugleichen, dass bei Flügen über Wochen oder Monate hinweg eine ausreichende Lagereferenz gewährleistet ist. Deshalb wird die reine Trägheitsnavigation mit Zusatzsystemen wie Stern- oder Sonnenpeilern kombiniert. Durch Vergleich der aus beiden Verfahren gewonnenen Flugbahndaten und der Sollflugbahn im Bordcomputer können die Kreiseldriftfehler entweder sofort oder in Mittelkursmanövern ausgeglichen werden.

Lenkung ❷

Als Lenkung bezeichnet man die Änderung der Schwerpunktsbahn eines Raumflugkörpers. Eng damit verknüpft ist die Lageregelung, d.h. die Winkeländerung um den Schwerpunkt. Im Bereich der Atmosphäre kann die Lenkung durch aerodynamische Hilfsmittel ähnlich wie bei Flugzeugen (→ Raumtransporter) erfolgen. Im leeren Raum findet die Lenkung nur durch Krafteinwirkung (Schub) in die gewünschte Richtung statt. Wegen der hohen Fluggeschwindigkeiten müssen die Steuerkräfte groß sein. Diese werden von den Haupttriebwerken bereitgestellt. Eine Methode ist das Schwenken der Haupttriebwerke. Bei größeren Lenkmanövern ist der Schwenkbereich jedoch nicht ausreichend, weshalb eine Lageänderung des gesamten Raumflugkörpers zum Ausrichten des Haupttriebwerkes erfolgen muss (Abb. 2). Hierzu setzt man kleine Hilfstriebwerke (Steuertriebwerke) ein.

Raumflugmanöver ❸

Raumflugmanöver dienen zur Korrektur von Abweichungen zwischen der Sollflugbahn und der geflogenen Istflugbahn oder zur Anpassung an eine neue Flugphase (z.B. Eintritt in einen Orbit). Daneben gibt es auch reine Lagekorrekturmanöver, um z.B. bei Raumsonden die Antennen zur Erde und die Solarzellen zur Sonne auszurichten. Im Rahmen eines Flugprogramms unterscheidet man zwischen Anfangs-, Mittelkurs- und Endflugbahnmanöver. Unter Anfangsflugbahnmanövern werden diejenigen Manöver verstanden, welche zu möglichst genauen Ausgangswerten für die weiteren Flugphasen führen. Sie werden meist noch in der Atmosphäre und bei geringen Fluggeschwindigkeiten ausgeführt. Mittelkursmanöver (Abb. 3) werden dagegen grundsätzlich im luftleeren Raum vorgenommen. Wegen der hohen Fluggeschwindigkeiten ist der Energieaufwand bei Mittelkurslenkmanövern groß. Um Treibstoff zu sparen, wird deshalb nicht jede Bahnabweichung sofort korrigiert, sondern zu vorausgeplanten Zeitpunkten die summierten Fehler mit jeweils einem Manöver ausgeglichen. Endflugbahnmanöver dienen für letzte Flugbahnkorrekturen unmittelbar vor dem Ziel, um möglichst genaue Ausgangswerte für die End- oder Zielanflugphase zu erhalten.

❶ Kardanisch aufgehängte Plattform
für die Trägheitsnavigation

❷ Einsatz der Steuertriebwerke
beim Spaceshuttle zur Lageänderung

ⓐ Trägheitsplattform
ⓑ Kardanring
ⓒ Kreiselsysteme
ⓓ Motor
ⓔ Regelkreis
ⓕ Beschleunigungsmesser

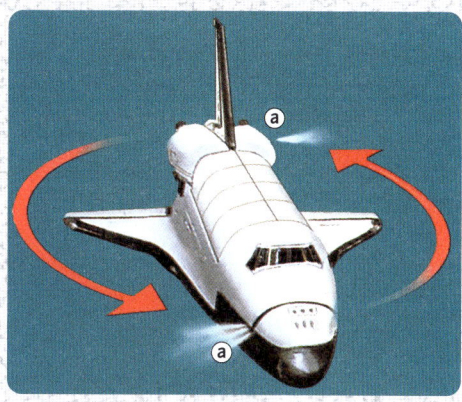

ⓐ Steuertriebwerke
Mit Schub aus den Steuertriebwerken
kann das Spaceshuttle gelenkt werden

Bei Auslenkung aus der Ruhelage
gibt die Kreiselpräzession ein Signal an den Regelkreis.
Diese steuert über Motoren an den Aufhängungen
die Plattform in die Ursprungslage zurück.

❸ Mittelkursmanöver in Einzelphasen am Beispiel der Venus-Sonde »Mariner 2«

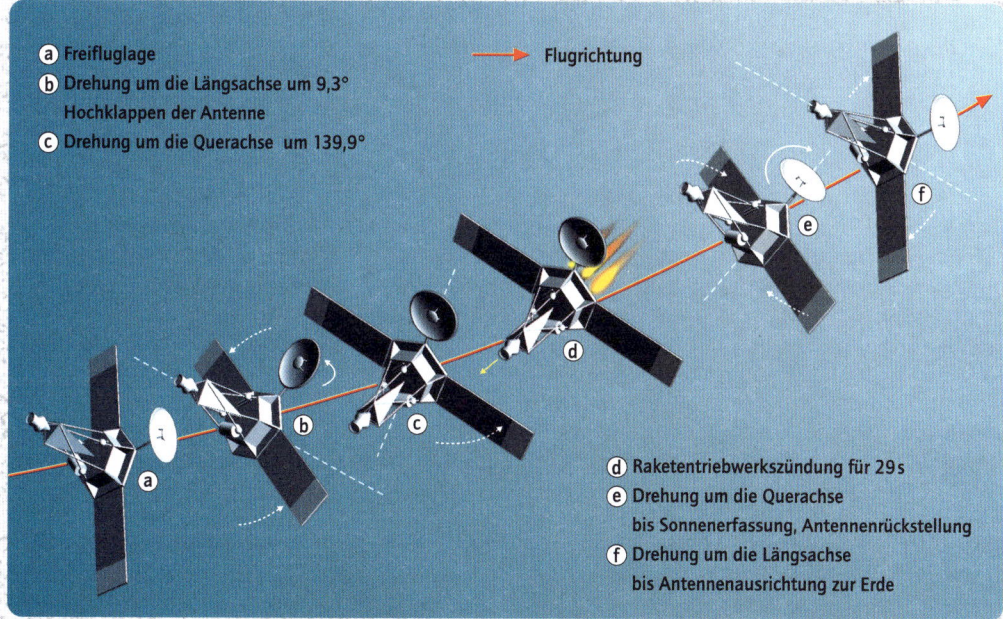

ⓐ Freifluglage
ⓑ Drehung um die Längsachse um 9,3°
Hochklappen der Antenne
ⓒ Drehung um die Querachse um 139,9°

Flugrichtung

ⓓ Raketentriebwerkszündung für 29 s
ⓔ Drehung um die Querachse
bis Sonnenerfassung, Antennenrückstellung
ⓕ Drehung um die Längsachse
bis Antennenausrichtung zur Erde

Die Entwicklung des zurzeit (1998) einzigen einsatzfähigen Raumtransportersystems, des Spaceshuttles der NASA (zivile Luft- und Raumfahrtbehörde der USA; National Aeronautics and Space Administration), begann bereits in den 1970er-Jahren. Das Spaceshuttle ist ein bemanntes Raumfahrzeug, dessen wesentliche Bestandteile wieder verwendbar sind. Es ermöglicht die Durchführung der verschiedenartigsten Missionen in der Raumfahrt. Dabei kann es sich beispielsweise um den Transport, die Wartung oder Reparatur im Weltraum oder das Einfangen und Zur-Erde-Zurücktransportieren eines Satelliten oder die Durchführung wissenschaftlicher Experimente handeln.

Aufbau ❶

Das Spaceshuttle (Abb. 1) besteht aus drei Hauptbestandteilen, dem Orbiter, dem großen Außentank und den beigeordneten Feststoff-Boostern (→ Raketen). Alle Bestandteile, bis auf den Außentank, sind wiederverwendbar.

Die beiden Feststoff-Booster (je 45,4 m hoch und 3,7 m im Durchmesser) liefern beim Start mit 13,8 MN den Hauptteil des Schubs. Nachdem der Brennstoff verbraucht ist, werden sie abgetrennt und fallen zur Erde. Bremsfallschirme reduzieren die Aufschlaggeschwindigkeit auf der Ozeanoberfläche auf etwa 90 km/h. Ein Booster kann bis zu 19-mal verwendet werden.

Der Außentank ist das größte Element des Spaceshuttles. Er ist 45 m lang und hat einen Durchmesser von 8,7 m. Im Inneren befinden sich die Tanks für den flüssigen Wasserstoff und Sauerstoff, den Treibstoff der drei Haupttriebwerke des Orbiters. Der vordere Tank enthält den flüssigen Wasserstoff und fasst ca. 500 000 Liter, der hintere Tank hat ein Fassungsvermögen von etwa 1,5 Mio. Liter und enthält den flüssigen Sauerstoff. Nach Brennschluss der Haupttriebwerke wird der Außentank vom Orbiter getrennt und fällt zur Erde, wobei er in der Atmosphäre verglüht.

Der Orbiter, das „Herzstück" des Spaceshuttles, lässt sich bis zu 100-mal wieder verwenden. Bei der Rückkehr aus dem All kann er mithilfe seiner Deltaflügel, des Höhenquerruders und des Seitenruders innerhalb der Atmosphäre wie ein Flugzeug gesteuert werden. Auf dem Flugdeck im vorderen Teil des Orbiters befindet sich die Flugkontrolle. Darunter liegt das Mitteldeck, das als Schlaf- und Essraum für die Mannschaft dient. Nur in diesem vorderen Bereich herrscht eine Atmosphäre wie auf der Erde, sodass keine Raumanzüge getragen werden müssen. Im mittleren Teil des Orbiters befindet

sich die 18,3 m × 4,6 m große Nutzlastbucht. In ihr wird die zu transportierende Nutzlast platziert, die bis zu 22 680 kg wiegen darf. An der Längsseite der Nutzlastbucht kann ein Greifarm montiert werden, mit dem sich z. B. Satelliten einfangen lassen, die zur Reparatur auf die Erde zurückgebracht werden sollen.

Am Heck des Orbiters befinden sich die drei Haupttriebwerke und die so genannten OMS-Triebwerke (engl. orbital maneuvering system, Orbitalmanöversysteme). Die Haupttriebwerke werden gleichzeitig mit den Zusatz-Boostern gezündet und liefern mit je 1,73 MN ein Drittel des Schubs beim Start. Nach dem Abschalten der Haupttriebwerke dienen allein die OMS-Triebwerke dem Erreichen des endgültigen Orbits (Umlaufbahn), der Änderung und dem Verlassen des Orbits. Als Brennstoff werden Hydrazin und Distickstofftetraoxid verwendet. Mit in das Gehäuse der OMS-Triebwerke sind die hinteren Triebwerke des RCS (engl. reaction control system, „Rückstoßsteuerungssystem") integriert. Zum RCS gehören noch weitere Triebwerke in der „Nase" des Orbiters. Die RCS-Triebwerke dienen der Lageregelung und kleinen Geschwindigkeitsänderungen.

Typischer Flug ❷

Einen typischen Flug des Spaceshuttles zeigt Abb. 2. Nach dem Start werden in ca. 5,8 km Höhe die Booster abgeworfen. In einer Höhe von ca. 114 km werden die Haupttriebwerke abgestellt, und der Außentank trennt sich vom Orbiter. Jetzt wird der Orbiter mithilfe der OMS- und RCS-Triebwerke bewegt, erreicht seinen vorgesehenen Orbit und kann seine geplanten Arbeiten durchführen. Der kritische Teil des Flugs, die Landung, beginnt mit dem Drehen des Orbiters und dessen Abbremsung mithilfe der OMS-Triebwerke. Der Orbiter „fällt" dadurch zur Erde zurück.

Für den Eintritt in die Atmosphäre muss der Orbiter so ausgerichtet werden, dass die Hitzeschilde an der Unterseite der Atmosphäre zugewandt sind. Aufgrund der zu Anfang noch sehr hohen Geschwindigkeit wird die den Orbiter umgebende Luft ionisiert und unterbindet so den Funkkontakt. Im Weiteren bremst der wachsende Luftwiderstand den Orbiter und heizt seine Unterseite sehr stark auf. Mit sinkender Höhe kann der Orbiter mit seinen Höhenquer- und Seitenrudern gelenkt werden. Durch den Kurvenflug bremst er immer weiter ab und landet dann im Gleitflug. Nach eingehender Wartung kann der Orbiter für neue Raumflüge verwendet werden.

❷ Flug des Spaceshuttles vom Start bis zur Landung

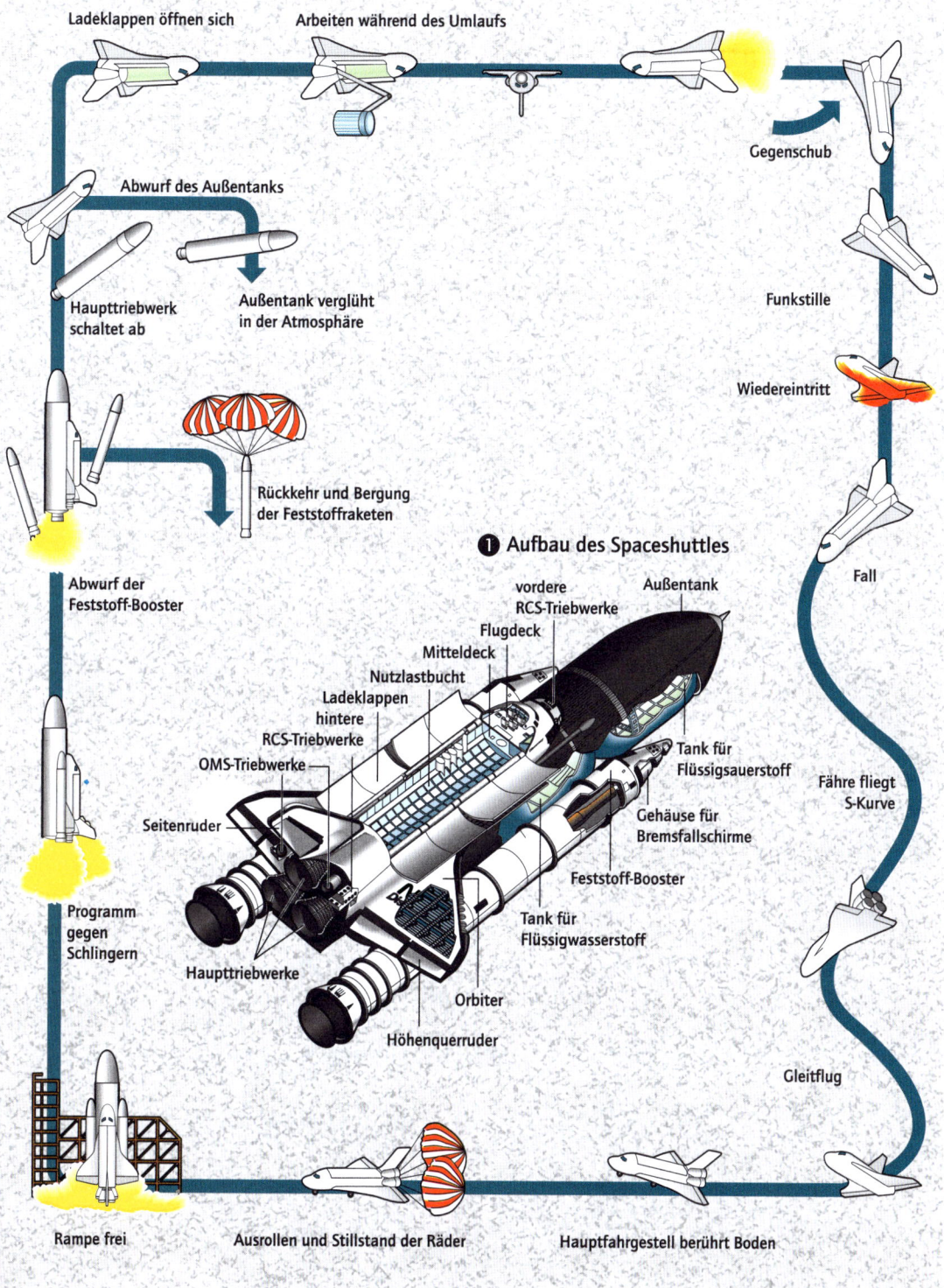

Ladeklappen öffnen sich

Arbeiten während des Umlaufs

Gegenschub

Abwurf des Außentanks

Funkstille

Haupttriebwerk schaltet ab

Außentank verglüht in der Atmosphäre

Wiedereintritt

Abwurf der Feststoff-Booster

Rückkehr und Bergung der Feststoffraketen

Fall

❶ Aufbau des Spaceshuttles

vordere RCS-Triebwerke

Außentank

Flugdeck

Mitteldeck

Nutzlastbucht

Ladeklappen

hintere RCS-Triebwerke

Tank für Flüssigsauerstoff

OMS-Triebwerke

Gehäuse für Bremsfallschirme

Seitenruder

Feststoff-Booster

Fähre fliegt S-Kurve

Programm gegen Schlingern

Haupttriebwerke

Tank für Flüssigwasserstoff

Orbiter

Höhenquerruder

Gleitflug

Rampe frei

Ausrollen und Stillstand der Räder

Hauptfahrgestell berührt Boden

Satelliten sind unbemannte Raumflugkörper, die sich auf einer festen Umlaufbahn (Orbit) um die Erde bewegen. Wissenschaftliche Satelliten dienen der Erforschung der unmittelbaren Erdumgebung, z. B. der hohen Atmosphäre (ab ca. 200 km), des Erdmagnetfeldes, des Solarwindes, aber auch des Weltalls aus einer Erdumlaufbahn heraus, z. B. mit dem Hubble-Teleskop. Anwendungssatelliten werden für die Wetterbeobachtung, Navigation (→ GPS) und Kommunikation (Übermittlung von Telefongesprächen, Fernsehübertragungen usw.) eingesetzt.

Umlaufbahnen ❶ ❷

Jeder Körper, der die Erde unter dem Einfluss der Schwerkraft umkreist, bewegt sich auf einer elliptischen Bahn (Abb. 1), die nur von der Geschwindigkeit und dem Startwinkel abhängt. Der erdnächste Bahnpunkt heißt Perigäum, der am weitesten entfernte Apogäum. Die Bahnneigung wird durch den Winkel (Inklination) angegeben, den die Bahnebene mit der Äquatorialebene bildet. Bei einer Inklination von 0° spricht man von einer äquatorialen Bahn, bei 90° von einer Polarbahn. Inklination und Startort eines Satelliten hängen eng zusammen. Polare Bahnen können von jedem beliebigen Startort aus erreicht werden. Für Bahnen mit einer Inklination kleiner 90° gilt, dass die Inklination, falls nach dem Start keine Bahnkorrekturen vorgenommen werden, nie kleiner als der Breitengrad des Abschussortes wird. Für äquatoriale oder schwach geneigte Bahnen ist deshalb ein Startplatz nahe dem Äquator günstig. Außerdem ist es bei diesen Bahnen vorteilhaft, Satelliten in östliche Richtung zu starten. Man erhält so die Erdrotationsgeschwindigkeit des Startplatzes als zusätzliche Satellitengeschwindigkeit „geschenkt". Die Rotationsgeschwindigkeit ist am Äquator am größten (463 m/s) und nimmt zu den Polen hin ab.

Eine besonders wichtige Bahn ist die äquatoriale Kreisbahn in ca. 35 800 km Höhe, die so genannte geostationäre Bahn. Auf ihr ist die Umlaufzeit eines Satelliten gleich der Dauer einer Erdumdrehung. Dies bedeutet, dass der Satellit für einen irdischen Beobachter am Himmel fixiert ist. Vorteile einer solchen Umlaufbahn sind, dass z. B. Kommunikationssatelliten 24 Stunden für ein festes Gebiet zur Verfügung stehen und Empfänger und Sender von Telefongesprächen oder Fernsehprogrammen fest ausgerichtet werden können und nicht nachgeführt werden müssen. Geostationäre Satelliten werden nicht direkt auf ihre Umlaufbahn gebracht. Bei z. B. einem Start vom Startplatz Kourou (Abb. 2) aus ge-

langt der Satellit zunächst auf eine so genannte Transferbahn, eine stark elliptische Bahn mit einem Perigäum von 200 km und einem Apogäum von ca. 35 800 km. Im Apogäum wird ein Zusatztriebwerk (Apogäumstriebwerk) gezündet, wodurch die elliptische Bahn zu einer geostationären Kreisbahn aufgeweitet und die startplatzbedingte Anfangsinklination eliminiert wird.

Satellitenaufbau ❸ ❹

Die Grundbestandteile eines Satelliten sind die Systeme zur Energieversorgung, für die Kommunikation und die Lageregelung. Das Energieversorgungssystem besteht i. d. R. aus Solarzellen und aufladbaren Batterien. Die Batterien sind notwendig, um die Energieversorgung aufrechtzuerhalten, wenn die Sonne von der Erde verdeckt wird. Die Antennen dienen dazu, die Telekommunikations- oder Fernsehsignale zu empfangen und weiterzuleiten oder, im Fall von Beobachtungssatelliten, gemessene Daten zur Erde zu senden. Eine weitere wichtige Aufgabe der Antennenanlage ist es, Daten über Zustand (Temperatur, Stromversorgung usw.) und Position des Satelliten (Telemetrie) zu übermitteln und Kommandosignale zu empfangen. Aufgrund der Einwirkung von Störkräften, wie z. B. des Gravitationsfeldes der Sonne oder des Mondes, würde ein Satellit mit der Zeit seinen Orbit und seine Ausrichtung verändern. Deshalb ist ein System zur Lagestabilisierung und Lageregelung notwendig. Die meisten geostationären Satelliten besitzen eine Dreiachsenstabilisierung (zum Erdmittelpunkt hin, senkrecht zur Äquatorebene und in Bahnrichtung), die auf der stabilisierenden Wirkung eines oder mehrerer schnell rotierender Schwungräder bzw. Kreisel beruht (→ Trägheitsnavigation). Zur Lageregelung dienen Steuerdüsen, welche an der Außenseite des Satellitengehäuses angebracht sind. Die notwendige Treibstoffmenge begrenzt die maximale Lebensdauer eines Satelliten auf ca. 10 Jahre.

Moderne Satelliten wie der Fernsehsatellit TV-Sat (Abb. 3 und 4) sind modular aufgebaut. Sie bestehen aus vier Modulen: Antriebsmodul mit Treibstofftanks, Steuerdüsen und Apogäumstriebwerk, Servicemodul mit Kommando- und Kontrollsystem, Batterien, Stabilisierungsschwungrad und Stromverteilungssystem, Kommunikationsmodul zur Verstärkung und Konvertierung (Umwandlung) von Fernsehsignalen und Antennenmodul mit Antennenturm und parabolischen Reflektoren. Das Antennenmodul muss immer auf die Erde ausgerichtet sein. Der modulare Aufbau ermöglicht es, auf spezielle Anforderungen einzugehen.

❶ Satellitenbahnen

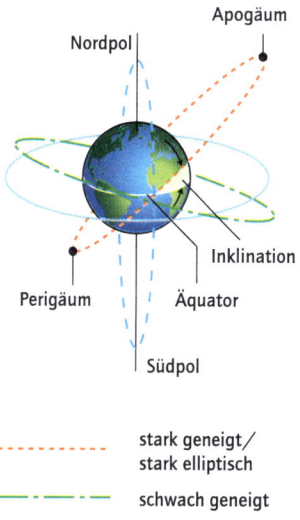

- - - - - - -	stark geneigt / stark elliptisch
—·—·—·—	schwach geneigt
– – – – –	Polarbahn
————	Äquatorbahn

❷ Einbringen eines Satelliten
in die geostationäre Umlaufbahn

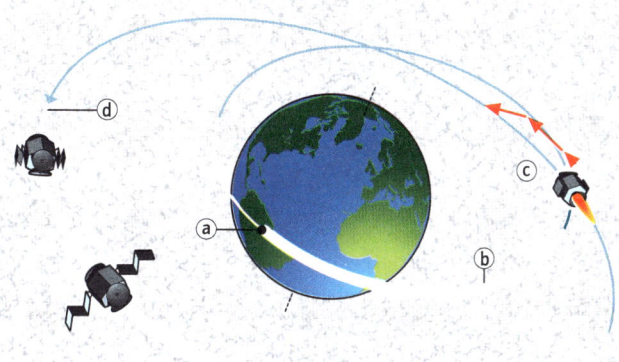

(a) Startplatz Kourou in Guayana
(b) 10,53° Inklination – 200 / 35 800 km Transferbahn
(c) Zünden des Apogäumstriebwerkes – $\Delta v = 1532\,m/s$
(d) 35 800 km geostationäre Umlaufbahn

❸ Aufbau von TV-Sat

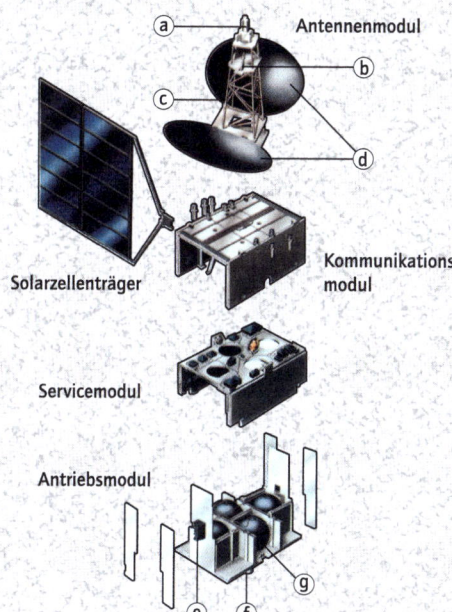

(a) Telemetrie- /
    Kommandoantenne
(b) Sende- / Empfangsantenne
(c) Antennenturm
(d) Reflektoren
(e) Steuertriebwerk
(f) Apogäumstriebwerk
(g) Treibstofftank

❹ Moderner Satellit in Modulbauweise

Raumstationen ermöglichen es Astronauten, sich über mehrere Monate im Weltraum aufzuhalten. In der Raumstation wird eine der Erde ähnliche Atmosphäre und Temperatur geschaffen, sodass die Astronauten keine Raumanzüge tragen müssen.

Die Schwerelosigkeit in der Raumstation ermöglicht eine Reihe von speziellen Untersuchungen, wie z. B. zum Kristallwachstum oder zum Einfluss der fehlenden Gravitation auf Lebewesen. Ein besonders interessantes Studienobjekt stellen dabei die Astronauten selbst dar. Die Körperfunktionen der Astronauten werden während des Aufenthaltes in der Raumstation ständig kontrolliert. Darüber hinaus bietet die besondere Lage einer Raumstation in der Erdumlaufbahn Möglichkeiten zu Erd- und Weltraumbeobachtungen.

Die erste Raumstation war 1971 die russische Station Saljut 1. Sie hatte eine Lebensdauer von nur sechs Monaten. Ihr folgten die Stationen Saljut 2 bis 5. Die so genannte zweite Generation von Raumstationen (Saljut 6 und 7) war betankbar und konnte sich so länger im Orbit halten. Saljut 6 war von 1977–1982 (davon zwei Jahre bemannt) und Saljut 7 von 1982–1988 im All. Auch die amerikanische NASA betrieb ab 1973 mit Skylab eine Raumstation. Sie war allerdings nur bis 1974 bemannt. Danach bewegte sich die Station auf immer engeren Bahnen um die Erde, bis sie schließlich 1979 in die Erdatmosphäre eintrat und verglühte.

Die Raumstation MIR ❶ ❷

Zurzeit (1998) ist nur eine Raumstation im Umlauf um die Erde. Es ist die russische Station Mir („Frieden"). Obwohl ursprünglich nur für eine Lebensdauer von fünf Jahren konzipiert, umfliegt sie die Erde seit 1986 in einer Entfernung von 350–400 km und mit einer Inklination (→ Satelliten) von 51,6°. Die Umlaufzeit der Station beträgt ca. 90 Minuten.

Die Mir besteht aus dem 1986 gestarteten Basismodul (Abb. 1) und den nachträglich angekoppelten Modulen Kvant 1, Kvant 2, Kristall, Spektr und Priroda (Gesamtansicht in Abb. 2). Große Solarzellenträger an den einzelnen Modulen liefern die benötigte Energie, solange sich die Station außerhalb des Erdschattens befindet. Gleichzeitig laden sich die Batterien auf, die die Energieversorgung sicherstellen, wenn sich die Station im Erdschatten bewegt. Zur Lageregelung sind mehrere Schwungräder/Kreisel und Steuertriebwerke (→ Lenkung) auf die Module verteilt. Beim Beschleunigen eines Schwungrades übt dieses eine rückwirkende Kraft auf den Antrieb aus. Diese Kraft wird über das Schwungradgehäuse auf die Station übertragen

und bewegt sie. Die ansonsten erwünschte stabilisierende Kreiselwirkung (→ Trägheitsnavigation) der Schwungräder ist in diesem Fall ein Widerstand, der erst überwunden werden muss. Im Normalfall reichen die Schwungräder aus, um die Lage der Raumstation zu stabilisieren. Die Steuertriebwerke werden erst bei größeren Lagekorrekturen eingesetzt.

Die Besatzung besteht normalerweise aus drei Personen. Der Sauerstoff an Bord wird durch Elektrolyse aus Wasser erzeugt, das in Tanks mitgeführt sowie durch Luftentfeuchtung und Aufbereitung aus Duschwasser und Urin gewonnen wird. Die Luft an Bord wird durch ein Filtersystem von Kohlendioxid und gefährlichen Spurengasen gereinigt. Für die Ver- und Entsorgung wird eine unbemannte Progress-M-Versorgungskapsel, die am Modul Kvant andocken kann, benutzt. Beim Rückflug zur Erde verglüht diese dann in der Atmosphäre. Den Transport der Besatzung übernimmt eine Sojus-TM-Raumkapsel. Sie bleibt am axialen Kopplungsstutzen angekoppelt und steht so als Rettungskapsel zur Verfügung. Eine weitere Ankoppelmöglichkeit gibt es am Modul Kristall. Sie dient als Anlegestelle für ein US-Spaceshuttle (→ Raumtransporter) oder eine Sojus-TM-Raumkapsel.

Das Basismodul (Abb. 1) ist das Zentrum der Station. Es ist 13,13 m lang und hat einen maximalen Durchmesser von 4,15 m. Es bietet über den axialen und den hinteren Kopplungsstutzen sechs Ankoppelmöglichkeiten. Das Innere ist in Kontrollsektion und Wohnraum unterteilt. In der Kontrollsektion befindet sich das zentrale Kommandopult, von dem aus die ganze Station überwacht und gesteuert werden kann. Im nicht druckbeaufschlagten Teil des Wohnraums befinden sich die Treibstofftanks und das Antriebssystem. Die weiteren Module enthalten den Hauptteil der wissenschaftlichen Ausrüstung. Hierzu gehören astrophysikalische Instrumente zur Beobachtung von Galaxien, Quasaren und Neutronensternen (Kvant 1 und 2), Instrumente zur Erdbeobachtung (Kvant 2, Spektr, Priroda) und Einrichtungen, wie z. B. ein kleines Gewächshaus für die biologischen und materialwissenschaftlichen Versuche (Kristall). Eine Luftschleuse in Kvant 2 ermöglicht den Ausstieg in den Weltraum.

Die Erfahrungen mit Mir werden in den Bau und Betrieb der internationalen Raumstation Alpha einfließen. Der Beginn des Aufbaus ist ab 1998 geplant. Diese neue Raumstation soll viel größer als die Mir werden und eine ständige Besatzung von sieben Astronauten haben.

❶ Das Mir-Basismodul

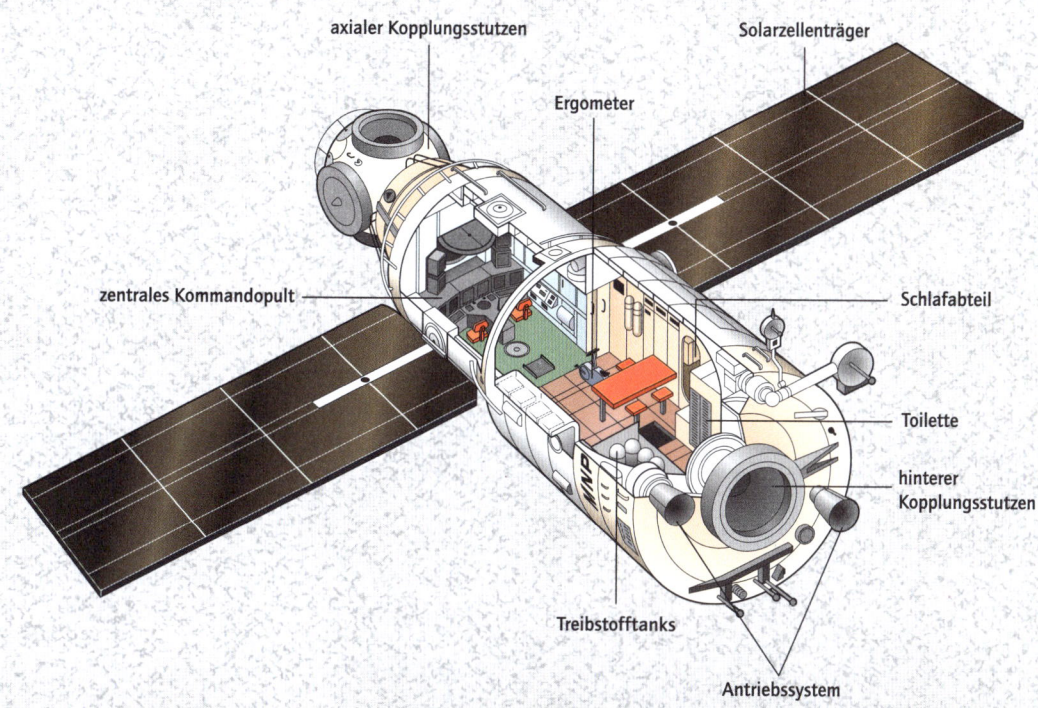

axialer Kopplungsstutzen

Solarzellenträger

Ergometer

zentrales Kommandopult

Schlafabteil

Toilette

hinterer Kopplungsstutzen

Treibstofftanks

Antriebssystem

❷ Die Raumstation Mir

Raumsonden sind unbemannte Raumflugkörper zur Erforschung der Planeten und der Sonne. Missionsziele können der Vorbeiflug, das Einschwenken in eine Umlaufbahn oder die Landung auf dem Zielobjekt (z. B. Planet oder Mond) sein. Raumsonden ermöglichen Beobachtungen, die von der Erde aus nicht möglich sind. So lieferte beispielsweise 1959 die Mondsonde Luna 3 die ersten Bilder von der erdabgewandten Seite des Mondes. Solche Beobachtungsmissionen liefern die Planungsgrundlagen (Landeplätze, atmosphärische Verhältnisse etc.) für Missionen, die eine Landung (bemannt oder unbemannt) auf dem jeweiligen Planeten vorsehen.

Flug einer Raumsonde ❶

Die vorgesehene Flugbahn der Raumsonde wird unter Berücksichtigung der Gravitationswirkung der Sonne und der Planeten berechnet. Nachdem die Sonde die Anziehung der Erde überwunden hat, bewegt sie sich auf einer Umlaufbahn um die Sonne. Diese Bahn wird durch die Gravitation der nahe gelegenen Planeten beeinflusst. Bei einem Vorbeiflug an einem Planeten kann die Sonde je nach Größe des Gravitationsfeldes und der Eigenbewegung des Planeten eine zusätzliche Beschleunigung erhalten. Man bezeichnet dies als Swing-by-Manöver. Es ermöglicht, bei gleicher Treibstoffmenge die wissenschaftliche Nutzlast der Sonde erheblich zu erhöhen oder ihre Reisezeit zu reduzieren, was insbesondere bei Reisen zu den äußeren Planeten unseres Sonnensystems vorteilhaft ist. So nutzte die Raumsonde Galileo das Gravitationsfeld der Venus und der Erde, um sich auf ihre sechsjährige Reise zum Jupiter zu „katapultieren". Dabei konnte sie vor Erreichen ihres eigentlichen Zieles noch etliche Untersuchungen vornehmen (Abb. 1).

Eine solche Kursplanung erfordert beim Start eine bestimmte Planetenkonstellation. Die Zeitspanne, in der diese gegeben ist, bezeichnet man als Startfenster. Es kann für mehrere Wochen offen und danach für mehrere Jahre geschlossen sein.

Aufbau einer Raumsonde

Die wissenschaftliche Nutzlast wird durch die durchzuführenden Untersuchungen und das Missionsziel bestimmt. Für Beobachtungen aus dem Orbit oder beim Vorbeiflug an Planeten werden CCD-Kameras (→ Videokameras) verwendet. Die chemische Zusammensetzung der Oberfläche oder der Atmosphäre lässt sich mit Spektrometern bestimmen. Für genauere Untersuchungen ist dabei eine Landung bzw. ein Durchfliegen der Atmosphäre notwendig. Eine Alternative zur Landung

der ganzen Raumsonde ist das Aussenden einer kleinen Landesonde. Andere Messgrößen wie z. B. Magnetfelder oder geladene Teilchen können mit entsprechenden Sensoren von der Raumsonde direkt bestimmt werden.

Die Grundbestandteile des nicht-wissenschaftlichen Teils einer Raumsonde sind ein Energieversorgungssystem, ein Navigationssystem, Antennen zur Übermittlung von Telemetrie- und Messdaten und zum Empfang von Kommandosignalen sowie je ein System zur Lageregelung und Lagestabilisierungs (→ Trägheitsnavigation, → Satelliten).

Die Ausführung dieser Systeme lassen sich an der Jupiterraumsonde Galileo (Abb. 2) zeigen. Da die große Entfernung zwischen Jupiter und Sonne eine Energiegewinnung mit Solarzellen unmöglich macht, besitzt Galileo zwei Radioisotopenbatterien. Sie nutzen die beim radioaktiven Zerfall von Plutonium-238-Dioxid freiwerdende Wärme zur Stromerzeugung (570 W beim Start, 485 W beim Ende der Mission). Der obere Teil von Galileo dreht sich bis zu zehnmal pro Minute und stabilisiert so die Lage der Sonde. Der untere (nicht drehende) Teil enthält u. a. die zusätzliche Eintauchsonde (eine Landung ist nicht möglich, da Jupiter ein Gasplanet ist), eine Antenne zur Kommunikation mit der Eintauchsonde, eine Kamera und ein Spektrometer. Die Eintauchsonde selbst besteht aus dem Instrumententräger und einem umgebenden Hitzeschild. Dieser wird nach dem Durchqueren der ersten Gasschichten entfernt. Die atmosphärischen Bedingungen begrenzen die Funktionsdauer auf ca. 60 Minuten. Zur Kommunikation mit der Erde hat Galileo zwei Antennen mit unterschiedlichen Übertragungsraten. Die Antenne mit hoher Übertragungsrate war beim Flug durch das innere Sonnensystem zusammengefaltet, um sie vor dem Einfluss der Sonne zu schützen. Sie ließ sich danach jedoch nicht vollständig entfalten, weshalb die gesamte Kommunikation über die Antenne mit niedriger Übertragungsrate läuft. Trotz dieses Problems kann Galileo fast alle wissenschaftlichen Aufgaben erfüllen.

Raumsonden werden auf längere Zeit die einzige Möglichkeit sein, den anderen Planeten unseres Sonnensystems einen „Besuch" abzustatten. Ein Problem hierbei sind die immensen Kosten, die nur durch Kooperation mehrerer Staaten aufgebracht werden können. Dies ist einer der Gründe, warum Raumsonden in den nächsten Jahren vornehmlich den Mars untersuchen werden: Die kürzere Entfernung von der Erde und die, im Vergleich zu anderen Planeten, nicht zu extremen Umweltbedingungen bedeuten weniger Aufwand.

❶ Interplanetarische Flugbahn der Raumsonde Galileo

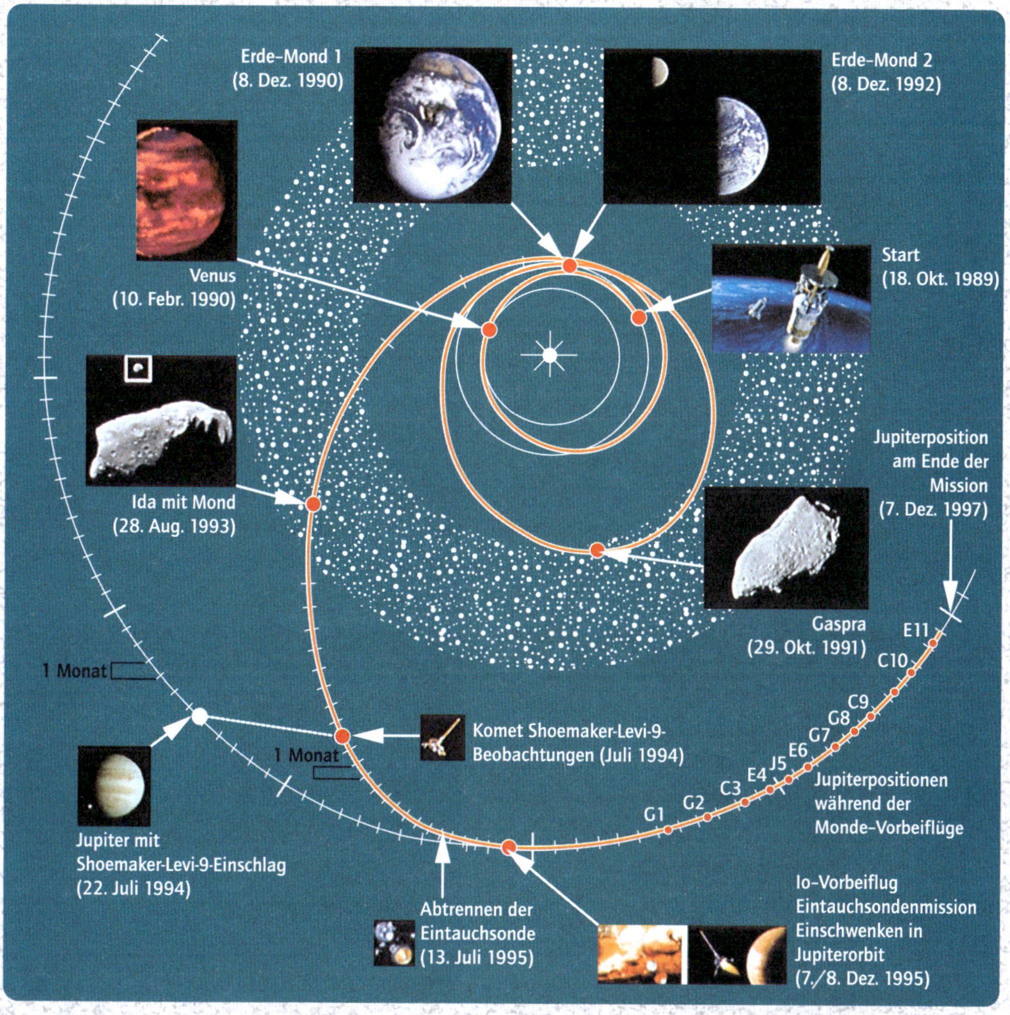

Erde–Mond 1
(8. Dez. 1990)

Erde–Mond 2
(8. Dez. 1992)

Venus
(10. Febr. 1990)

Start
(18. Okt. 1989)

Jupiterposition
am Ende der
Mission
(7. Dez. 1997)

Ida mit Mond
(28. Aug. 1993)

Gaspra
(29. Okt. 1991)

E11
C10
C9
G8 G9
G7
E6
E4 J5
C3
G2
G1

Jupiterpositionen
während der
Monde-Vorbeiflüge

1 Monat

1 Monat

Komet Shoemaker-Levi-9-
Beobachtungen (Juli 1994)

Jupiter mit
Shoemaker-Levi-9-Einschlag
(22. Juli 1994)

Abtrennen der
Eintauchsonde
(13. Juli 1995)

Io-Vorbeiflug
Eintauchsondenmission
Einschwenken in
Jupiterorbit
(7./8. Dez. 1995)

❷ Die Raumsonde Galileo

ⓐ Radioisotopenbatterie
ⓑ Steuerdüsen
ⓒ Magnetometer
ⓓ CDD-Kamera und
  Infrarotspektrometer
ⓔ Antenne für hohe Übertragungsrate
ⓕ Antenne zur Kommunikation
  mit der Eintauchsonde
ⓖ Eintauchsonde

Bei Marsmissionen kommen spezielle Marssonden und -fahrzeuge zum Einsatz. Hauptzweck der Pathfindermission 1997 war es, neue Technologien, z. B. den Einsatz eines kleinen, frei beweglichen Fahrzeugs, zu erproben. Der wissenschaftliche Teil der Mission umfasste neben Untersuchungen des Wetters auf dem Mars auch mineralogische Studien. Zu diesem Zweck brachte ein kleines, von der Erde ferngesteuertes Fahrzeug, der Marsrover Sojourner, das Untersuchungsgerät AXPS zu mehreren Gesteinsbrocken in der Nähe von Pathfinder.

Marssonde ❶

Nach der Landung auf dem Mars und dem Aussetzen des Rovers war die Marssonde Pathfinder (Abb. 1) die zentrale Verbindungsstelle zwischen Mars und Bodenstation. Über ihre Antennen lief die gesamte Kommunikation (auch mit dem Rover). Tagsüber übernahmen drei Solarzellenfelder die Energieversorgung, nachts wurde auf wieder aufladbare Silber-Zink-Batterien zurückgegriffen.

Pathfinder enthielt zwei wissenschaftliche Instrumente: Mit der multispektralen Stereokamera IMP (engl. imager for Mars Pathfinder) wurde die nähere und weitere Umgebung des Landeplatzes optisch erfasst und der Aerosol- und Staubgehalt der Atmosphäre charakterisiert. Das meteorologische Modul ASI/MET (engl. atmospheric structure instrument/meteorology package) maß Temperatur, Druck und Windgeschwindigkeit. Beim ASI/MET wird die Temperatur von an einem Mast befestigten Thermoelementen gemessen. Ein Sensor an der Spitze dieses Mastes bestimmt Windrichtung und Windgeschwindigkeit. Ferner befinden sich an dem Mast in verschiedenen Höhen kleine Windsäcke, die regelmäßig von der IMP-Kamera beobachtet wurden. Aus diesen Bildern lassen sich Windrichtung und -geschwindigkeit in verschiedenen Höhen ableiten.

Marsfahrzeug (Rover) ❷ ❸

Der Marsrover Sojourner (Abb. 2) war während der Reise zum Mars auf eine Höhe von 18 cm zusammengefaltet (Abb. 3). Nach dem Ausklappen konnte sich Sojourner mit einer Fahrgeschwindigkeit bis zu 1 cm/s auf dem Mars fortbewegen.

Die Oberseite des Rovers ist mit Solarzellen bedeckt, welche die Energieversorgung während des Marstages sicherstellen. Zusätzlich befindet sich dort ein Massensensor, mit dem die Menge (Masse) des anhaftenden Marsstaubes bestimmt werden kann. Das zentrale Element des Rovers ist die Elektronikbox. Sie enthält die Batterien und die gesamte Elektronik des Rovers. Erwärmt wird sie durch drei Radioisotopeneinheiten, welche die beim radioaktiven Zerfall von Plutonium-238 frei werdende Energie als Wärme abgeben (je 1 Watt). Ein fast gewichtsloses Silikatgel isoliert die Box thermisch gegen die Außentemperaturen (zwischen 0 und −80 °C).

Das spezielle Fahrgestell des Rovers passt sich dem Untergrund an, was eine hohe Stabilität beim Fahren durch felsiges, unebenes Gelände ermöglicht. So kann sich eine Seite des Rovers beim Überfahren eines Felsens bis zu 45° neigen, ohne dass der Rover umkippt. Drei Bewegungssensoren leiten bei Umkippgefahr einen Sofortstopp ein. Dies ist notwendig, da Signale von der Bodenstation zum Mars ca. 10 min und 40 s benötigen und deshalb eine unmittelbare Reaktion über Fernsteuerung nicht möglich ist.

Jede Fahrt des Rovers wurde zuvor am Computer simuliert. Hierzu wurden die von IMP aufgenommenen Bilder des Landeplatzes in ein dreidimensionales Computermodell übertragen. Darin konnte ein „virtueller" Rover umherfahren. So konnte der beste Weg und die notwendigen Steuerbefehle ermittelt werden.

Das APX-Spektrometer

Das APX-Spektrometer (Alpha Protron X-Ray Spectrometer) dient zur quantitativen Bestimmung der chemischen Elemente im Marsboden und Marsgestein. Es besteht aus einem Sensorkopf, der sich am ausfahrbaren Arm an der Frontseite des Rovers befindet, und der zugehörigen Elektronik. Das Instrument kann die Häufigkeit der wichtigsten Elemente außer Wasserstoff bestimmen, sofern sie wenigstens $1/1000$ der Gesamtmasse des untersuchten Objekts ausmachen. Hierzu wird das Objekt mit Alphateilchen (Heliumkernen) aus einer Curium-244-Quelle beschossen. Sie können an den Atomen des Objekts zurückgestreut werden oder die Emission von Röntgenstrahlen oder Protonen bewirken. Die Energie der emittierten oder rückgestreuten Teilchen ist charakteristisch für das jeweilige Atom. So lässt sich aus der Zahl der detektierten Teilchen, bei einer bestimmten Energie, auf die Häufigkeit des entsprechenden Elements im Objekt schließen.

Die Pathfindermission bildete nur den Auftakt zu einer Reihe von Marsmissionen. Es ist geplant, bis zum Jahre 2003 sieben weitere Raumsonden zum Mars zu schicken. Diese werden von den Erfahrungen, die mit dem Marsfahrzeug Sojourner und der Landesonde Pathfinder gewonnen wurden, profitieren.

❶ Die Marssonde Pathfinder

ⓐ Solarzellen
ⓑ Antenne für hohe
　Übertragungsrate
ⓒ IMP-Kamera
ⓓ ASI/MET-Modul
ⓔ Windsäcke
ⓕ Windsensor
ⓖ Thermoelemente
ⓗ Solarzellen
ⓘ Antenne für niedrige
　Übertragungsrate
ⓙ Rover
ⓚ APX-Spektrometer
ⓛ Elektronikbox

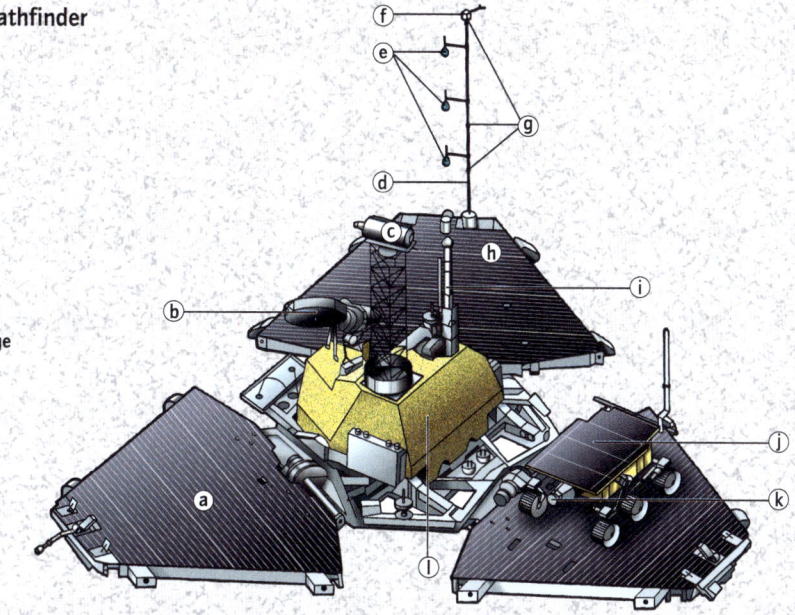

❷ Das Marsfahrzeug Sojourner

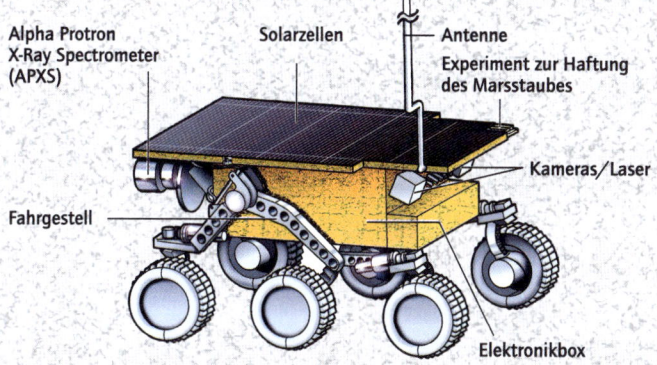

Alpha Protron
X-Ray Spectrometer
(APXS)

Solarzellen

Antenne

Experiment zur Haftung
des Marsstaubes

Kameras/Laser

Fahrgestell

Elektronikbox

**❸ Der zusammengefaltete
Marsrover Sojourner nach seiner
Ankunft auf dem Mars**

Die Erbsubstanz beinahe aller Lebewesen, vom einfachen Bakterium bis zum Menschen, besteht aus doppelsträngiger DNA (engl. **d**eoxyribo**n**ucleic **a**cid = Desoxyribonukleinsäure) und ist in Abschnitte, so genannte Gene, unterteilt. Diese sind für die Ausbildung eines Merkmals, in den meisten Fällen die Produktion eines Proteins (Eiweiß), verantwortlich. Die Umsetzung eines Genes in das von ihm kodierte Protein erfolgt bei allen Lebewesen über zwei Schritte: die Transkription (Übertragung) der DNA in die Boten-RNA (Messenger-RNA, mRNA; engl. **r**ibonucleic **a**cid, Ribonucleinsäure) und die Translation (Umsetzung) der Boten-RNA in das entsprechende Protein (Abb. 1). Diese Gemeinsamkeiten aller Lebewesen macht Gentechnik erst möglich.

Alle gentechnischen Methoden dienen der gezielten Veränderung von Erbgut und dem Einbringen des neu kombinierten (rekombinierten) genetischen Materials in lebende Zellen, um es dort wirken zu lassen. Diese Wirtszellen erhalten durch den Einbau der gewünschten genetischen Informationen die Fähigkeit, Proteinstoffe zu produzieren, die sie normalerweise nicht herstellen würden. Wirtszellen werden entweder als Vervielfältigungsmaschinen für die rekombinierte DNA eingesetzt oder sie dienen als „Fabriken" für die Produktion der Proteine, deren Gene übertragen wurden.

Die Geburtsstunde der Gentechnik

1973 hatte Stanley Cohen, der gemeinsam mit Herbert Boyer DNA neu kombinierte, bei seinen Arbeiten so genannte Plasmide entdeckt. Diese kleinen Ringe aus DNA findet man in Bakterien, wo sie Träger von zusätzlicher Erbinformation sind. Mithilfe von Plasmiden sind Bakterien in der Lage, für sie schädliche Antibiotika abzubauen und somit resistent (widerstandsfähig) gegen diese Medikamente zu werden. Cohen und Boyle „zerschnitten" zwei Plasmide, die Bakterien gegen verschiedene Antibiotika widerstandsfähig machten, und rekombinierten diese im Reagenzglas (Abb. 2). Die so entstandenen Plasmide wurden in Bakterien übertragen, die anschließend gegen beide Antibiotika resistent waren.

Rekombination von DNA ❸

Die „Werkzeuge", die Cohen und Boyle 1973 verwendeten, sind auch heute noch die wichtigsten Hilfsmittel der Gentechniker: Restriktionsenzyme (Restriktionsendonukleasen). Diese Enzyme können das Rückgrat der DNA aus Zucker- und Phosphorsäuremolekülen an genau definierten Stellen zerschneiden. Jedes Restriktionsenzym erkennt

seine Schnittstelle anhand einer charakteristischen Abfolge der DNA-Bausteine (Abb. 3). Dem Gentechnologen stehen heute Hunderte dieser sehr spezifischen „kleinen Helfer" zur Verfügung. Die Namen der meisten Restriktionsenzyme leiten sich vom Namen des Bakteriums ab, in dem das Protein natürlicherweise vorkommt.

Zur Rekombination von DNA müssen die zerschnittenen Fragmente wieder miteinander verklebt werden. Diese Aufgabe nehmen Ligasen wahr, die als Enzyme in jedem Lebewesen vorkommen. Sie sorgen dafür, dass Lücken im Rückgrat der DNA geschlossen werden (Abb. 3). Neben den winzigen Scheren (Restriktionsenzyme), mit denen der Gentechniker DNA zerschneidet, und dem molekularen Kleber (Ligasen), mit dessen Hilfe DNA-Stücke wieder verbunden werden können, benötigt man in der Gentechnik Mikroorganismen, die rekombinierte DNA aufnehmen und vervielfältigen können. Für diese Aufgabe werden Bakterien (z. B. das Darmbakterium E.-coli), Hefen (z. B. die Bierhefe) oder Zellkulturen von tierischen oder menschlichen Zellen verwendet.

Methoden zur Übertragung der DNA

Die Übertragung der rekombinierten DNA in die vorbereiteten Wirtsstämme, die Transformation der DNA, kann durch verschiedene Methoden vorgenommen werden. Die bei Mikroorganismen wie Bakterien und Hefezellen am häufigsten verwendete Methode ist die Elektroporation. Dabei werden die vorbehandelten Mikroorganismen mit der rekombinierten DNA in spezielle Gefäße gegeben und in ein starkes elektrisches Feld gebracht. Durch das anliegende elektrische Feld werden die Zellmembranen für große Moleküle durchlässig, und die rekombinierte DNA kann in die Zelle eindringen. Die Übertragung von rekombinierter DNA in tierische Zellen erfolgt zum Teil durch direktes Einspritzen der DNA in die Zellen.

Da nicht alle Zellen bei der Transformation die rekombinierte DNA aufnehmen, muss anschließend eine Trennung (Selektion) zwischen transformierten und nicht transformierten Zellen durchgeführt werden (Abb. 2). Die Zellen werden dazu auf ein Selektionsmedium gegeben. Zur Selektion dienen meist Antibiotikaresistenzen, die durch die rekombinierten Plasmide vermittelt werden. Nur Zellen, die rekombinierte DNA tragen, können die im Selektionsmedium enthaltenen Antibiotika unschädlich machen und überleben. Alle nicht transformierten Zellen sind empfindlich gegenüber den eingesetzten Antibiotika und sterben ab.

❶ Die Umsetzung der Erbinformation

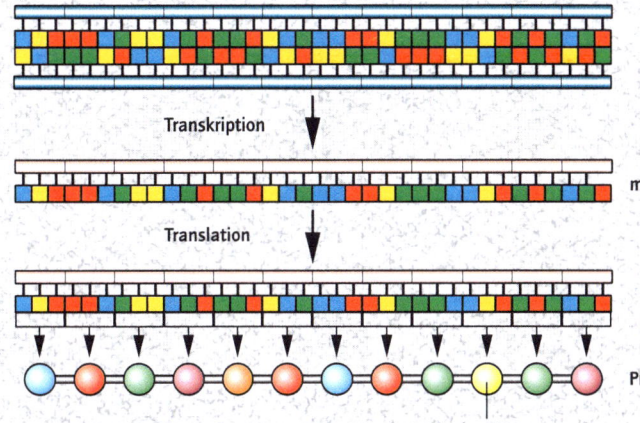

Gen, Abschnitt der DNA

Transkription

mRNA

Anfertigung einer Arbeitskopie des Gens, der so genannten Boten-RNA

Translation

Übersetzung der Arbeitskopie in die Bausteine der Zelle, die Proteine (aufgebaut durch Aminosäuren)

Protein

Aminosäuren

❷ Rekombinierte DNA

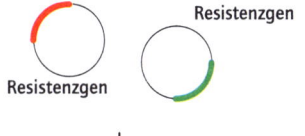

Resistenzgen

Resistenzgen

Plasmide mit verschiedenen Antibiotikaresistenzen werden mit dem gleichen Restriktionsenzym geschnitten

Restriktionsenzym

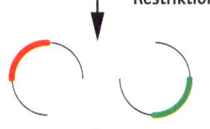

Ligase

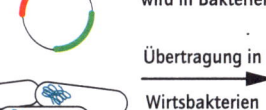

Die verschiedenen Plasmidfragmente werden durch Ligasen miteinander »verklebt« und die rekombinierte DNA wird in Bakterien transformiert

Nur Bakterien, die rekombinierte Plasmid-DNA mit beiden Antibiotikaresistenzen besitzen, überleben auf dem Selektionsmedium

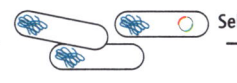

Übertragung in

Wirtsbakterien

Selektion auf einem Medium

mit beiden Antibiotika

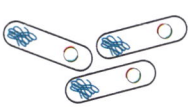

❸ Die Werkzeuge der Gentechnik

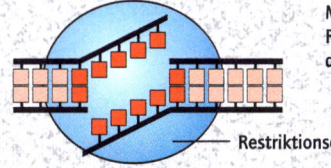

Molekulare Scheren: Restriktionsenzyme schneiden die DNA an definierten Stellen

Restriktionsenzym

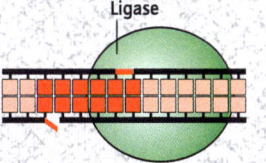

Ligase

Molekulare Kleber: Ligasen verbinden offene DNA-Stücke

Die Anwendung gentechnischer Methoden bei der Produktion von Lebensmitteln beschränkt sich heute auf die Produktion von Lebensmittelhilfsstoffen und auf die Züchtung von Nutzpflanzen mit neuen Eigenschaften. Die moderne Pflanzenzüchtung versucht mithilfe der Gentechnik Pflanzen zu schaffen, die gegen Krankheiten und Herbizide (Mittel zur Unkrautvernichtung) resistent (widerstandsfähig) sind oder als nachwachsende Rohstoffe von der Industrie verwertet werden können.

Lebensmittelhilfsstoffe

Lebensmittelhilfsstoffe werden u.a. zur Herstellung von Lebensmitteln benötigt wie z.B. das Enzym Chymosin (Labferment), das zum Dicklegen von Milch bei der Käseherstellung genutzt wird. Chymosin kann auf natürlichem Wege aus den Mägen von geschlachteten Kälbern oder gentechnisch durch heterologe Expression (→ Gentechnik in der Medizin) hergestellt werden. Beide Enzyme sind absolut identisch. Neben Chymosin gibt es eine Reihe weiterer Enzyme, die gentechnisch produziert werden. Man findet sie als Fett abbauende Lipasen in Waschmitteln ebenso wie als Glucoseoxidase in Teststreifen zur Blutzuckerbestimmung.

Pflanzenzüchtung ❶ ❷ ❸

Eine weit größere Rolle spielt die Gentechnik bei der Züchtung von Nahrungs- und Nutzpflanzen. Durch den Einsatz der Gentechnik in der Pflanzenzüchtung wird versucht, den wichtigsten Nutzpflanzen neue Eigenschaften zu geben.
Einer der wichtigsten Helfer in der „grünen Gentechnik" ist ein Bodenbakterium mit dem Namen *Agrobacterium tumefaciens*. Dieser Mikroorganismus ist in der Lage, einen Teil seines Erbgutes, die so genannte T-DNA, in Pflanzenzellen zu übertragen. Diese Übertragung löst bei Pflanzen das Wachstum von tumorartigen Geschwulsten, den so genannten Wurzelhalsgallen aus. Anstelle der tumorauslösenden Gene können andere Gene mit speziellen Eigenschaften in die T-DNA eingebaut und so in die Pflanze übertragen werden (Abb. 1). Diese Methode ist sehr effektiv, kann aber nicht bei allen Pflanzen angewendet werden.
Eine weitere Methode zur DNA-Übertragung ist die Protoplasten-Transformation. Aus Pflanzenzellen werden durch Behandlung mit Enzymen Protoplasten, d. h. Zellen ohne Zellwand, hergestellt. Diese Protoplasten werden mit der rekombinierten DNA vermischt. Dabei dringt ein geringer Teil der DNA in die Zellen ein. Die Effektivität dieser Methode ist gering. Eine weitere Übertragungsmethode ist der Beschuss mit DNA.

Inzwischen wurde eine Vielzahl von Genen durch die ein oder andere Methoden in Pflanzen eingebracht, so z.B. ein Gen, das die Widerstandsfähigkeit gegen ein nichtselektives Herbizid mit dem Markennamen BASTA vermittelt. Bei BASTA handelt es sich um Phosphinotricin, einen Stoff, der das pflanzliche Enzym Glutaminsynthetase hemmt, wodurch der Stickstoffstoffwechsel der Pflanze gestört wird und diese abstirbt (Abb. 2). Um eine Nutzpflanze gegen BASTA resistent zu machen, wird das Gen der Phosphinotricin-Transacetylase (PPT-Transacetylase) aus einem Bodenbakterium in die Pflanze eingebracht. In der entstandenen transgenen Pflanze wird nun die bakterielle PPT-Transacetylase produziert, wodurch das Phosphinotricin so verändert wird, dass es die Glutaminsynthase nicht mehr hemmen kann. Das Resultat ist, dass die transgene Pflanze trotz des Einsatzes von Phosphinotricin überlebt. In den Vereinigten Staaten werden BASTA-resistente Pflanzen wie Sojabohnen und Baumwolle bereits auf großen Flächen angebaut.

Ein weiteres Beispiel für eine auf dem Markt befindliche gentechnisch veränderte Pflanze ist die Flavr-Savr oder „Anti-Matsch"-Tomate (Abb. 3). In diese Tomate wird ein so genanntes Antisens-Konstrukt (Gegensinnkonstrukt) für das Enzym Polygalacturonase (PG) eingebracht. Normalerweise zerstört die PG in reifenden Tomaten die stabilisierenden Zellwände; die Tomate wird matschig und unansehnlich. Um diesen Prozess aufzuhalten, wird das Gen für die PG in umgekehrter Orientierung in die DNA der Tomatenpflanzen eingebracht. Die Transkription (Umsetzung) dieses Antisense-PG-Genduplikats führt zu einer Antisense-mRNA (→ Grundlagen der Gentechnik), die ergänzend zur natürlichen mRNA der PG ist. Die Folge ist, dass beide RNA-Stränge miteinander verkleben und in dieser Form nicht mehr in Proteine übersetzt werden können. Die Tomate bildet daher keine aktive PG und bleibt auch im vollreifen Zustand lange fest. In der Pflanzenzüchtung versucht man, wichtige Nutzpflanzen wie Kartoffeln, Zuckerrüben oder Getreidepflanzen mithilfe gentechnischer Methoden resistent gegen Schädlinge zu machen. Ziel dieser Bemühungen ist es, den heutigen Nutzpflanzen wieder Abwehrmechanismen gegen Pflanzenschädlinge zu geben. Der Einsatz gentechnischer Methoden ist umstritten. Risiken und Chancen können jedoch oftmals noch nicht objektiv beurteilt werden, da die Gentechnik eine noch relativ junge Wissenschaft ist.

❶ Neue Methoden der Pflanzenzüchtung

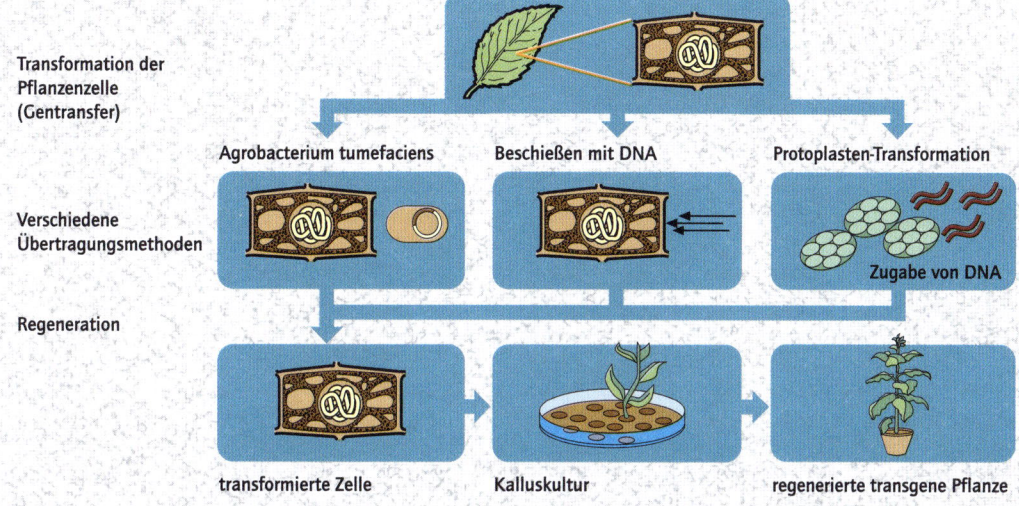

Transformation der
Pflanzenzelle
(Gentransfer)

Agrobacterium tumefaciens   Beschießen mit DNA   Protoplasten-Transformation

Verschiedene
Übertragungsmethoden

Zugabe von DNA

Regeneration

transformierte Zelle   Kalluskultur   regenerierte transgene Pflanze

❷ BASTA-Resistenz

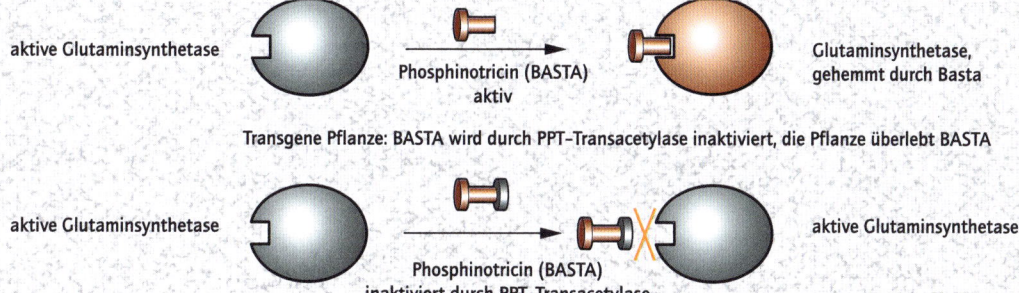

Nicht transgene Pflanze: BASTA stört den Stickstoffstoffwechsel, die Pflanze stirbt ab

aktive Glutaminsynthetase

Phosphinotricin (BASTA)
aktiv

Glutaminsynthetase,
gehemmt durch Basta

Transgene Pflanze: BASTA wird durch PPT-Transacetylase inaktiviert, die Pflanze überlebt BASTA

aktive Glutaminsynthetase

Phosphinotricin (BASTA)
inaktiviert durch PPT-Transacetylase

aktive Glutaminsynthetase

❸ Die »Flavr–Savr«-Tomate

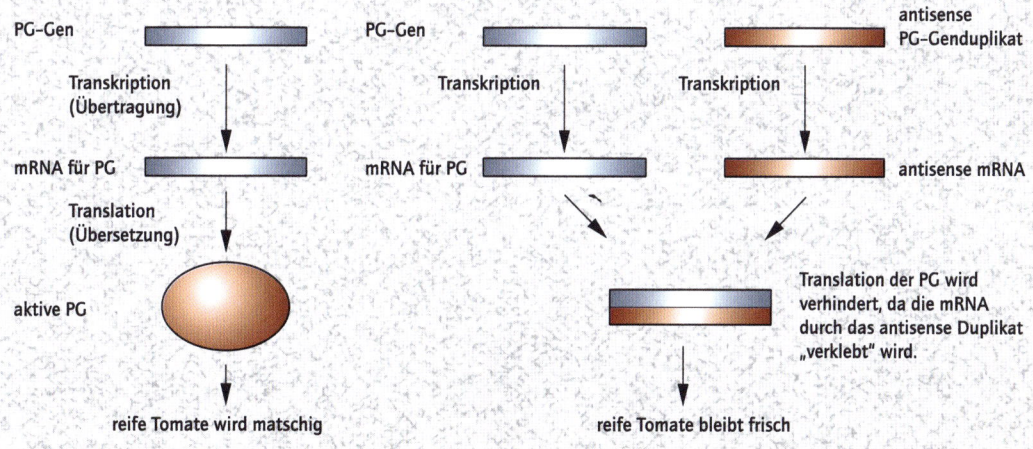

PG-Gen

PG-Gen

antisense
PG-Genduplikat

Transkription
(Übertragung)

Transkription

Transkription

mRNA für PG

mRNA für PG

antisense mRNA

Translation
(Übersetzung)

aktive PG

Translation der PG wird
verhindert, da die mRNA
durch das antisense Duplikat
„verklebt" wird.

reife Tomate wird matschig

reife Tomate bleibt frisch

Auf dem medizinischen Sektor gilt die Gentechnik mittlerweile als unverzichtbares „Werkzeug" sowohl bei der Produktion von neuen Medikamenten als auch bei der einfachen und schnellen Diagnose von Erb- und Infektionskrankheiten.

Herstellung gentechnischer Produkte ❶

Eine ganze Reihe von pharmazeutisch wirksamen Proteinen wird heute mithilfe gentechnisch veränderter Mikroorganismen in großen Anlagen produziert. Mithilfe der Gentechnik kann man heute menschliches Insulin durch heterologe Expression in Mikroorganismen herstellen (Abb. 1). Im ersten Schritt dieses aufwendigen Prozesses wird Boten-RNA (mRNA, → Grundlagen der Gentechnik) aus den Zellen isoliert, die normalerweise Insulin produzieren. Die gesamte mRNA wird über reverse Transkription (umgekehrte Umsetzung) in eine doppelsträngige DNA-Kopie (copyDNA, cDNA) umgeschrieben, die für die folgenden Arbeitsschritte notwendig ist. Anschließend wird die cDNA in Plasmide (→ Grundlagen der Gentechnik) eingebaut (rekombiniert) und die rekombinierte DNA in Mikroorganismen (E.-coli-Bakterien) transformiert. Es folgen mehrere Trennungsschritte, um den Mikroorganismus zu isolieren, der die cDNA für das menschliche Insulin enthält. Dieser Klon wird in bestimmte Nährmedien gebracht und beginnt mit der Produktion des rekombinanten Humaninsulins. Das Insulin wird über mehrere Arbeitsschritte aus den Mikroorganismen isoliert und aufgereinigt, bis es schließlich verwendet werden kann.

Gendiagnose und -therapie ❷ ❸

Ein weiteres wichtiges Anwendungsgebiet ist die Gendiagnose. Die Ursachen vieler Erbkrankheiten sind heute bis ins Detail verstanden, und man kann mithilfe von DNA-Sonden („DNA-Sucher") nach fehlenden oder beschädigten Genen suchen, die für die Ausbildung der Krankheit verantwortlich sind. Als DNA-Sonden bezeichnet man kleine Stückchen DNA, die komplementär mit dem gesuchten Gen oder Teilen davon sind. Um die DNA-Sonden nach ihrer Bindung wieder zu finden, sind diese radioaktiv oder fluoreszierend markiert. Für die Untersuchungen (Abb. 2) wird eine winzige Menge DNA aus Blutproben oder Fruchtwasser der Testperson isoliert und mithilfe von Restriktionsenzymen (→ Grundlagen der Gentechnik) in kleine Fragmente zerschnitten. Diese werden nach ihrer Größe auf einem elektrisch neutralen Gel (meist Agarose-Gel) durch Gelelektrophorese, ein biochemisches Trennverfahren, getrennt. Anschließend wird die doppelsträngige DNA durch chemische Behandlung in ihre Einzelstränge aufgeteilt und diese auf einen DNA-bindenden Filter (z. B. aus Nitrozellulose) übertragen. Dieses Verfahren nennt man Southern-Blot. Nun kann mithilfe von DNA-Sonden, die die DNA-Sequenz des gesuchten Gens erkennen, nach einem Defekt gesucht werden.

Eine zweite Technik, die in der Gendiagnose häufig angewendet wird, ist die Polymerase-Kettenreaktion (PCR, engl. polymerase chain reaction). Mithilfe dieser Technik ist es möglich, bestimmte Gene aus dem Erbgut zu vervielfältigen. Dazu benötigt man nur zwei kurze DNA-Stücke vom Anfang und vom Ende des gesuchten Gens, die so genannten Primer, und ein Enzym, die DNA-Polymerase, das in der Lage ist DNA zu vervielfältigen. Anhand der Abweichungen des bei der Vervielfältigung erzielten zum berechneten PCR-Produkt kann eine Insertion (Einfügung von zusätzlicher DNA im Gen) oder eine Deletion (Verkürzung) nachgewiesen werden.

Somatische Gentherapien beschränken sich derzeit noch auf Zellen, die außerhalb des menschlichen Körpers kultiviert und transformiert werden können, wie z. B. die Zellen des menschlichen Blutes. Dabei werden im ersten Schritt dem Patienten Zellen entnommen, die das defekte Gen tragen (Abb. 3). Diese werden außerhalb des Körpers kultiviert und mithilfe eines speziellen Vektors (Nukleinsäuremolekül, das als Träger dient) mit einer intakten Kopie des defekten Gens transformiert. Die so erhaltenen „geheilten" Zellen werden dem Patienten per Infusion verabreicht. Im Körper erzeugen die transformierten Zellen dann das dem Patienten fehlende Protein.

In Zukunft soll durch somatische Gentherapie ein intaktes Gen direkt in genetisch defekte Zellen geschleust werden. Dazu müsste z. B. im Falle von Diabetes ein intaktes Insulin-Gen direkt in die langerhansschen Zellen der Bauchspeicheldrüse des Patienten eingebracht werden und dort dauerhaft für die Expression des lebenswichtigen Hormons sorgen. Leider stehen bisher nicht die geeigneten Mittel zur Verfügung, um einen so gerichteten Gentransfer zu bewerkstelligen.

Die moderne Medizin ist ohne die Anwendung gentechnischer Methoden praktisch nicht mehr denkbar. Die Produktion vieler pharmazeutisch wirksamer Proteine ermöglicht es, gezielt wirkende Medikamente herzustellen. Umstritten ist die Anwendung der Gentechnik in der medizinischen Diagnose, da viele Erbkrankheiten mithilfe dieser Methoden zwar diagnostiziert, nicht aber geheilt werden können.

❶ Die gentechnische Produktion

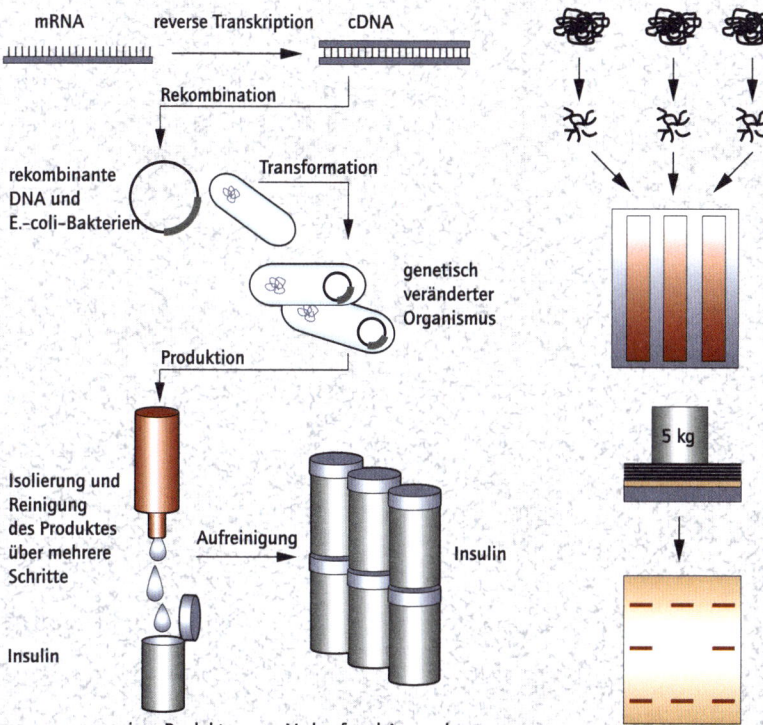

mRNA — reverse Transkription — cDNA

Rekombination

rekombinante DNA und E.-coli-Bakterien

Transformation

genetisch veränderter Organismus

Produktion

Isolierung und Reinigung des Produktes über mehrere Schritte

Aufreinigung

Insulin

Insulin

reines Produkt — Verkauf und Anwendung

❷ Gendiagnose durch Southern-Blot

Kontroll-DNA Person A Person B

DNA wird aus dem entsprechenden Gewebe isoliert und mit Restriktionsenzymen in kleine Fragmente zerschnitten

Die Fragmente werden auf einem Agarosegel nach ihrer Größe aufgetrennt

5 kg

Die DNA-Fragmente werden durch einen Southern-Blot auf Filter übertragen

Im letzten Schritt werden die DNA-Fragmente durch markierte DNA-Sonden sichtbar gemacht. Bei Person A wird ein Fragment nicht erkannt, d. h., die Person trägt ein defektes Gen

❸ Prinzip der somatischen Gentherapie

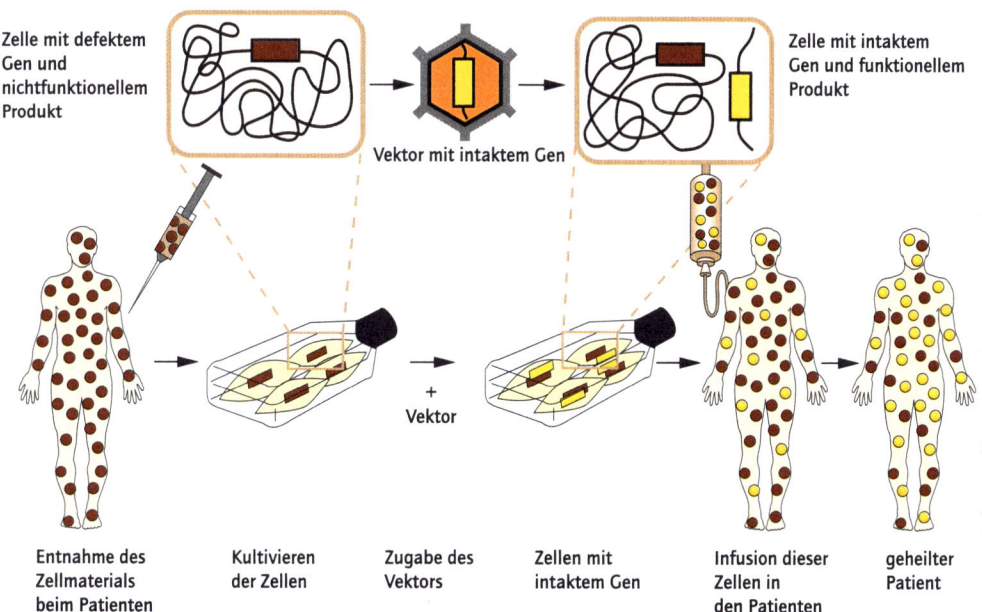

Zelle mit defektem Gen und nichtfunktionellem Produkt

Vektor mit intaktem Gen

Zelle mit intaktem Gen und funktionellem Produkt

+ Vektor

Entnahme des Zellmaterials beim Patienten | Kultivieren der Zellen | Zugabe des Vektors | Zellen mit intaktem Gen | Infusion dieser Zellen in den Patienten | geheilter Patient

Verfahrenstechnik ist jene Teildisziplin innerhalb der Ingenieurswissenschaften, die sich mit der Umwandlung von Stoffen beschäftigt. Der Bogen reicht dabei von Bergbau und Rohstoffaufarbeitung über Chemieindustrie und Lebensmitteltechnik bis hin zu Umwelt- und Entsorgungstechnologien. Klassisch geht es darum, physikalische und chemische Prinzipien in technische Funktionen umzusetzen. Die Bioverfahrenstechnik speziell betrachtet Prozesse der Biotechnologie, d.h. Prozesse, die auf biologischen Prinzipien beruhen, und setzt sie in den industriellen Maßstab um (Abb. 1).

Biotechnologie und Mikroorganismen

In entscheidenden Verfahrensschritten arbeitet die Biotechnologie mit Mikroorganismen (Bakterien, Hefen u.a. Pilzen). Dabei spielt es zunächst keine Rolle, ob sie gentechnisch verändert sind oder ihre natürlichen Eigenschaften genutzt werden. Ihre gezielte genetische Veränderung mit dem Ziel verbesserter Eigenschaften ist die Domäne der Gentechnik (→), die auch eine Teildisziplin der Biotechnologie ist.

Der Einsatz von Mikroorganismen erlaubt den Ablauf von biochemischen Reaktionen unter „normalem" Druck und bei „normaler" Temperatur. Chemische Produktion dagegen spielt sich oft bei hohen Drücken und Temperaturen ab. Deshalb ist sie sehr energieintensiv. Zudem sind häufig aggressive oder giftige Substanzen in den Verfahren beteiligt, etwa Säuren oder Lösungsmittel. Dies alles macht unter Sicherheitsaspekten einen hohen apparativen Aufwand erforderlich. Mikroorganismen arbeiten dagegen in der Regel in wässrigem Milieu.

Bioreaktoren ❷

Die Bioverfahrenstechnik setzt einen Prozess aus dem Labor- in den industriellen Produktionsmaßstab um. Da die Stoffwandlungsraten von Mikroorganismen gering im Vergleich zu den benötigten Mengen sind, muss für eine sehr große Zahl von Mikroorganismen das optimale Lebensumfeld geschaffen werden, denn es ist deren natürlicher Stoffwechsel, der die erwünschte Biosynthese vollzieht. Ein seit Jahrzehnten routinemäßig betriebenes Beispiel für Anlagen der Bioverfahrenstechnik sind Fermenter (Bioreaktoren) mit häufig mehr als 100 000 l Inhalt, in denen Penicilliumpilze das Penicillin produzieren.

Bei der chemischen Synthese steuern katalytische Prozesse das Geschehen. Auch die Biosynthese kann man als katalytischen Prozess auffassen. Allerdings wirken hier enzymatische Systeme. Je

nach Komplexität des Zielmoleküls können dabei viele Enzyme in einer langen Reaktionskette beteiligt sein. Sie entfalten ihre Aktivität innerhalb lebender Zellen, d.h. innerhalb der Bakterien.

Chemische Reaktionen werden oft bei hohen Temperaturen gefahren, weil die verwendeten Katalysatoren dort besonders effektiv arbeiten. Verlässt man das Optimum, arbeiten sie oft immer noch, nur eben schlechter. Ganz anders hingegen die Enzyme: Ihr Arbeitsoptimum ist sehr eng begrenzt. Für viele Mikroorganismen liegt die optimale Temperatur zwischen 30–50°C. Schon kleine Abweichungen können die Synthese ganz zum Erliegen bringen.

Die zum Teil sehr spezifischen Bedingungen für Mikroorganismen schafft man in Fermentern (Abb. 2). Sie lassen sich nach zwei grundsätzlich verschiedenen Verfahren betreiben: Bei diskontinuierlichen Chargenverfahren muss das Reaktionsgefäß für jede Produktion neu mit den Ausgangsstoffen und Mikroorganismen beladen werden. Nach vollendeter Synthese lässt man die Brühe ab und isoliert das in ihr enthaltene Produkt. Dieses Be- und Entladen für die Produktionszyklen entfällt bei kontinuierlichen Prozessen, die in einem Fließgleichgewicht arbeiten. Ausgangsstoffe und Zielprodukt fließen kontinuierlich zu und ab, im Einklang mit der Syntheseleistung des jeweils verwendeten Organismus. Diese Betriebsart hat viele Vorteile, doch der Aufwand ist oft hoch. Neben genügender Nährstoffzufuhr brauchen viele Kulturen Sauerstoff, und der pH-Wert muss stabil gehalten werden. Zum Durchmischen sind die Reaktoren mit Rührwerken ausgestattet. Für andere Kulturen ist Sauerstoff wiederum sogar giftig. Die optimalen Wachstumsbedingungen für den jeweiligen Mikroorganismus stimmen nicht immer mit denen überein, bei denen am meisten Zielprodukte synthetisiert werden. Klar dominierend sind kontinuierliche Verfahren in der Abwasserreinigung.

Aufbereitung des Produkts ❸

Der Bioreaktor ist aber nur eine wichtige Komponente im Produktionsprozess (Abb. 3). Über die Wahl der technischen Realisierung eines Verfahrens entscheidet die Aufarbeitung der Produkte mit, die im Fermenter gebildet werden. Diese müssen abgetrennt und gereinigt werden, was bei einigen Produkten ihrer Instabilität wegen schwierig ist. Verdampfen oder Destillieren scheiden da meist aus. Als schonende Verfahren können in solchen Fällen Membranfiltration oder Lösungsmittelextraktion eingesetzt werden.

❶ Einordnung der Bioverfahrenstechnik

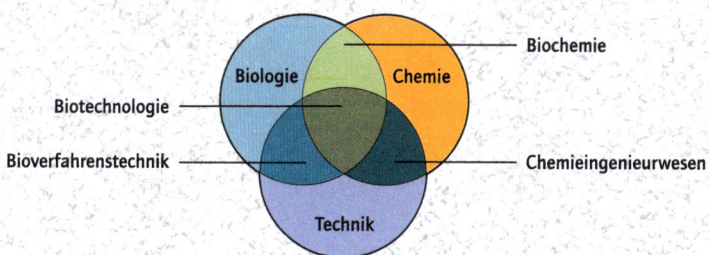

Biochemie

Biologie — Chemie

Biotechnologie

Bioverfahrenstechnik — Chemieingenieurwesen

Technik

❷ Aufbau eines Bioreaktors, der im diskontinuierlichen Chargenverfahren betrieben wird

Damit die Umsetzung ungehindert ablaufen kann, müssen pH-Wert, Sauerstoffkonzentration und Temperatur auf Idealwert geregelt werden; der Rührer verhindert ein Verklumpen der Mikroorganismen.

ⓐ Dampf
ⓑ Zulauf für die Nährlösung
ⓒ Motor
ⓓ Pumpe
ⓔ Säure/Base-Reservoir
ⓕ Druckkontrolle
ⓖ Überdruckventil
ⓗ Gerät zum Aufzeichnen
   und Steuern des pH-Werts
ⓘ Kühlwasserablauf
ⓙ Luftfilter
ⓚ Belüftungskontrolle mit Anzeige
ⓛ Belüftung
ⓜ Produktentnahme
ⓝ Kühlwasserzulauf
ⓞ Temperaturkontrolle mit Anzeige
ⓟ Schaufelrad
ⓠ Kühlmantel
ⓡ Probenentnahme

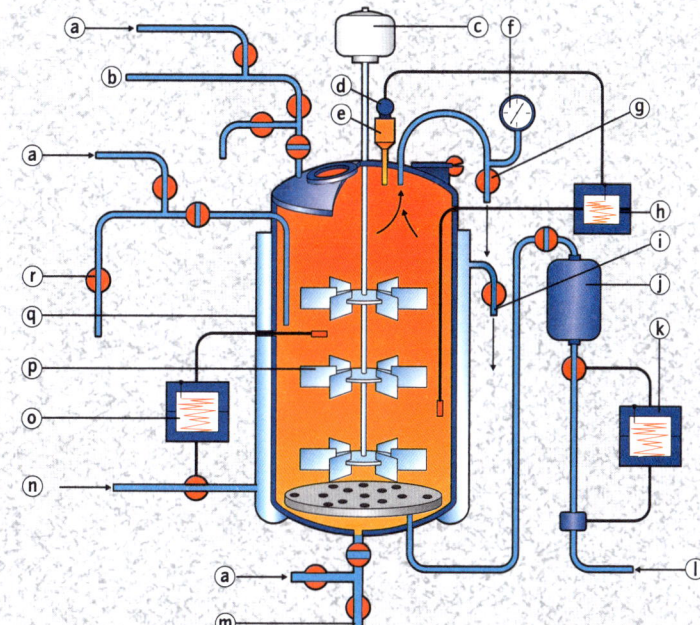

❸ Aufbau eines biotechnologischen Prozesses

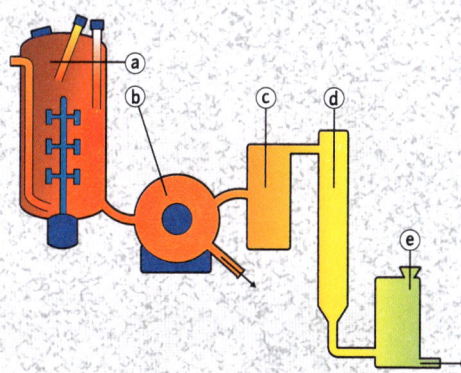

ⓐ Bioreaktor, hier findet die Stoffproduktion statt
ⓑ–ⓔ Produktaufarbeitung, Trennung von
   Bakterienmasse und Kulturbrühe sowie
   Produktkonzentration mithilfe verschiedener Verfahren
   (z. B. Zentrifugation, Extraktion, Filtration).

Der Einsatz von Ultraschall hat in der medizinischen Diagnostik einen hohen Stellenwert erlangt. Ein wesentlicher Vorteil gegenüber radioaktiver Strahlung liegt bei richtiger Dosierung in der Unschädlichkeit des Ultraschalls und in der einfachen Handhabung. Mit diagnostischen Ultraschallgeräten werden Laufzeiten von Schallwellen gemessen, die im Körper reflektiert wurden. Auf diese Weise erhält man räumliche Informationen über das Körperinnere. Ermittelt man die Frequenzänderung der zurückkehrenden Welle, so können Bewegungen im Körper vermessen werden (Doppler-Verfahren).

Ultraschallwellen

Schallwellen sind schnelle periodische Druck- bzw. Dichteschwankungen, deren Ausbreitungsgeschwindigkeit vom Medium abhängt. Als Ultraschall bezeichnet man Schallwellen mit einer Frequenz über 16 kHz (1 Hz = 1 Schwingung pro Sekunde), die vom menschlichen Gehör nicht mehr wahrgenommen werden. Medizinischer Ultraschall liegt im Bereich zwischen 1–10 MHz. Er lässt sich gut bündeln und kann so als Strahl eingesetzt werden.

Die Wechselwirkung von Ultraschallstrahlen mit biologischem Gewebe beruht, ähnlich wie bei Licht in Glas, auf Absorption (Schwächung), Reflexion und Brechung. Reflexion und Brechung treten an der Grenzfläche zwischen zwei Stoffen mit verschiedenen physikalischen Eigenschaften auf, z. B. an der Außenhaut eines Organs oder Tumors. Da diese Unterschiede im Gewebe oft gering sind, ist eine hohe Empfindlichkeit des Empfangsgerätes Voraussetzung.

Ultraschallaufnahmen ❶ ❷

Ein Ultraschallbildaufnahmegerät erzeugt Schnittbilder des Körperinneren. Der so genannte Compound-Scan ist eine der verschiedenen Aufnahmetechniken, bei dem ein Ultraschallwandler von Hand über das gewünschte Körpergebiet gefahren oder geschwenkt wird (Abb. 1). Das vom Ultraschallstrahl überstreifte Gebiet wird anschließend als zweidimensionales Bild dargestellt. Solche Bilder werden oft zur Untersuchung von Ungeborenen oder Tumoren verwendet. Das Ultraschallgerät besteht aus einem Ultraschallwandler, mechanischen Sensoren, einem Rechner mit Monitor und Speichermedium und einem entsprechenden Bildverarbeitungsprogramm.

Der Ultraschall wird in dem Ultraschallwandler erzeugt. Kernstück eines solchen Wandlers ist eine piezoelektrische Keramik, die eine angelegte hochfrequente Wechselspannung in mechanische Eigenschwingungen umwandelt. Diese werden als Schallwellen in die Umgebung abgestrahlt. Umgekehrt wird der Wandler auch als „Mikrofon" verwendet, um eine auftreffende Schallwelle in ein elektrisches Signal umzuwandeln.

Wird der Wandler zunächst an einem Ort festgehalten, so bewegt sich der von ihm ausgesandte Ultraschallstrahl auf einer Geraden im Körper und wird von verschiedenen Grenzflächen (z. B. Knochen–Gewebe) reflektiert. Um den Wandler als Sender und Empfänger zu nutzen, wird in kurzen Zeitabständen Ultraschall ausgesandt und in den Pausen der reflektierte Ultraschall empfangen. Misst man die unterschiedlichen Laufzeiten der zurückkehrenden Signale, so kann man mithilfe der Schallgeschwindigkeit die Entfernung der Grenzflächen bestimmen. Stellt man die reflektierten Signale auf einer Geraden proportional zu Laufzeit und -weg durch helle Punkte dar, so entsteht ein eindimensionales Bild (Abb. 2).

Um ein zweidimensionales Schnittbild zu erhalten, werden viele solcher eindimensionalen Bilder zusammengesetzt (Abb. 2). Dabei wird der Schallwandler auf dem Körper entlang einer geraden Linie gefahren oder an einem Punkt festgehalten und geschwenkt. In beiden Fällen überstreicht der Schallstrahl eine Fläche, deren Reflexionssignale im Rechner zu einem Bild zusammengefügt und meistens auf einem Monitor dargestellt werden. Die Richtung und Position des Wandlers wird mittels mechanischer Sensoren bestimmt, die seine jeweilige Lage an den Rechner übermitteln.

Doppler-Verfahren

Das Doppler-Verfahren basiert auf dem gleichnamigen Effekt und wird zur Bestimmung von Bewegungsabläufen im Körper verwendet. Bekannt ist der Doppler-Effekt von vorbeifahrenden Krankenwagen mit eingeschaltetem Martinshorn. Dabei wird die Frequenz des Tons erhöht, wenn sich der Wagen nähert, und erniedrigt, wenn er sich entfernt. Die Frequenzänderung ist dabei proportional der Geschwindigkeit des Wagens und der Frequenz des Tones. Analog dazu ändert sich die Frequenz eines Ultraschallsignals, wenn es an einer bewegten Struktur im Körper reflektiert wurde. Aus der Frequenzverschiebung können Rückschlüsse auf die Bewegung gemacht werden. Auf diese Weise lassen sich z. B. die Herzfrequenz eines Ungeborenen oder die Strömungsgeschwindigkeit des Blutes ermitteln.

❶ Untersuchung des Bauchraumes mithilfe eines Ultraschallgerätes

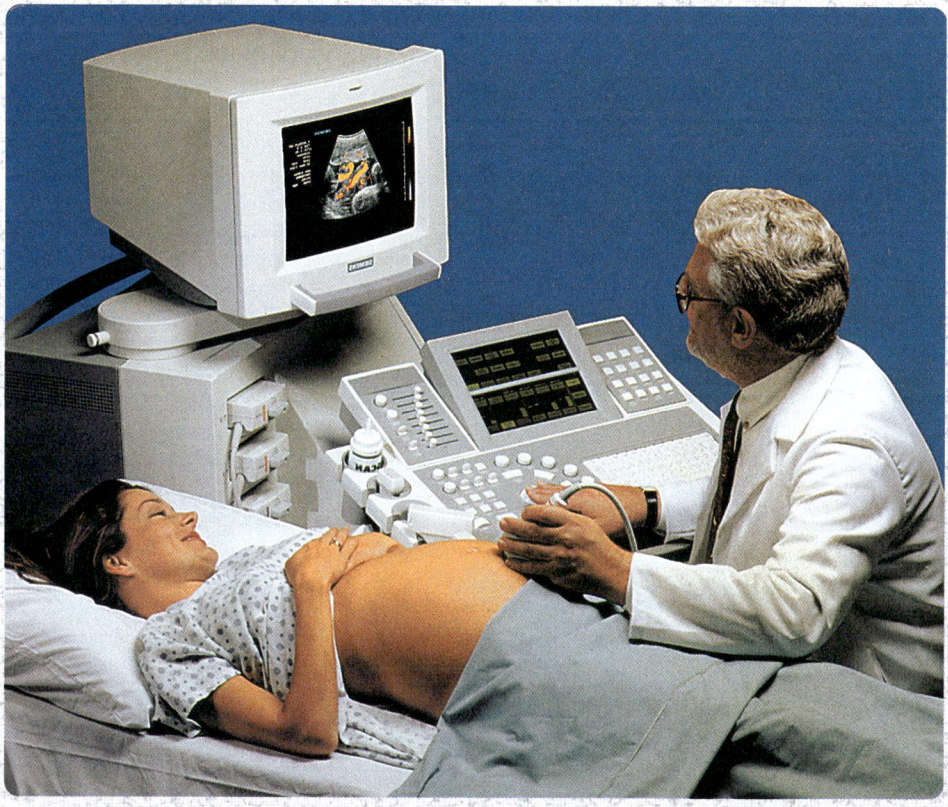

❷ Erzeugung von Ultraschallbildern

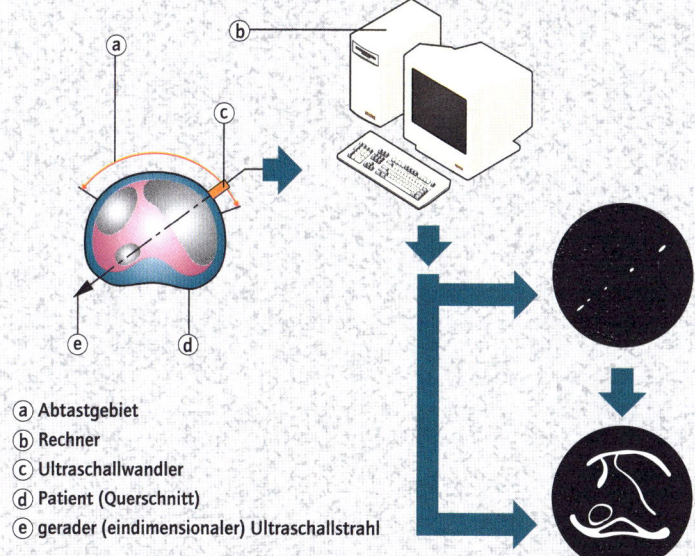

ⓐ Abtastgebiet
ⓑ Rechner
ⓒ Ultraschallwandler
ⓓ Patient (Querschnitt)
ⓔ gerader (eindimensionaler) Ultraschallstrahl

Eindimensionales Bild, das aus dem reflektierten Strahl des festgehaltenen Ultraschallwandlers erzeugt wurde. Die hellen Punkte stellen die reflektierenden Grenzflächen im Körper dar.

Zweidimensionales Schnittbild des Körpers. Es wird aus der Zusammensetzung vieler eindimensionaler Bilder gewonnen, wenn der Ultraschallwandler bewegt wird.

Röntgengeräte sind ein unerlässliches Hilfsmittel der heutigen Medizin. Die bekannteste Anwendung liegt in der Röntgendiagnostik, bei der Abbildungen des Körperinneren erzeugt werden (→ Computertomographie). Bewegte Vorgänge im Körper werden mit einer Durchleuchtung sichtbar gemacht. Neben der Diagnostik werden Röntgenstrahlen auch für therapeutische Zwecke benutzt, z.B. um bösartige Zellen im Körper (Tumore, Krebs) zu zerstören. Röntgenstrahlung ist radioaktive elektromagnetische Strahlung mit einer Wellenlänge $\lambda \approx$ 100–0,03 10^{-12} m und entspricht einer Strahlungsenergie E ≈ 12–400 keV (10^3 Elektronenvolt).

Die Röntgenröhre ❶

Kernstück eines Röntgenapparates ist die Röntgenröhre, in der die Röntgenstrahlung erzeugt wird. Sie besteht aus einem luftleeren Glaskolben mit einer Glühkathode (negativer Pol) und einer durch einen Motor drehbaren Anode (positiver Pol) mit Wasserkühlung (Abb. 1). Zwischen den beiden Polen wird eine Beschleunigungsspannung U 12– 400 kV angelegt. Die heiße Glühkathode sendet Elektronen aus, die von einem nachfolgenden Zylinder gebündelt und in Richtung der positiven Anode beschleunigt werden. Die Elektronen werden beim Auftreffen auf die Anode gebremst und wandeln einen Teil ihrer Bewegungsenergie in den Atomen der Anode in Röntgenstrahlung um. Die maximale Energie der Röntgenstrahlung ist proportional zur Beschleunigungsspannung der Elektronen und umgekehrt proportional zur Wellenlänge der Strahlung. Da beim Auftreffen der Elektronen auf die Anode auch Wärme entsteht, wird diese mit Wasser von innen gekühlt. Zur gleichmäßigen Abnutzung wird die Anode mithilfe eines Motors gedreht.

Röntgendiagnostik ❷ ❸

Das bekannteste Verfahren der Röntgendiagnostik ist eine momentane Röntgenaufnahme auf einem fotografischen Film. Der dazu benötigte Röntgenapparat (Abb. 2) besteht aus einer Röntgenröhre, deren Stromversorgung und Hochspannungstransformator, einem Aufnahmetisch, einer Filmkassette, einem Rechner und einer separaten abgeschirmten Kammer mit Bleiglasfenster.

Das zu untersuchende Körperteil befindet sich auf dem Aufnahmetisch zwischen der Röntgenröhre und der Filmkassette. Die Röntgenstrahlung durchdringt den Körper und wird von diesem proportional zu seiner Dichte absorbiert, d.h. geschwächt. Für die Absorption der Röntgenstrahlung im Körper sind der Foto- und der Compton-

effekt verantwortlich. Beim Fotoeffekt wird die gesamte Energie eines Röntgenphotons (kleinstes Teilchen einer Strahlung) an ein Elektron übertragen und dieses aus seinem Atom gelöst. Beim Comptoneffekt wird nur ein Teil der Energie an Elektronen übertragen und das Röntgenphoton geschwächt und abgelenkt. Die verbleibende Röntgenstrahlung wird zur Schwärzung eines fotografischen Materials genutzt. Auf diese Weise können auf einem Film Körperteile verschiedener Dichte dargestellt werden. Hierbei werden Körperteile größerer Dichte, wie z.B. Knochen, heller dargestellt. Beim Magen, Darm oder den Blutgefäßen wird ein Kontrastmittel verabreicht, damit das entsprechende Organ eine andere Dichte als das es umgebende Gewebe aufweist (Abb. 3).

Die Filmkassette enthält den Film und eine darüber liegende Verstärkerfolie, in deren Leuchtstoffschicht ein großer Teil der Röntgenstrahlung in sichtbares Licht umgewandelt wird. Dadurch kann die Intensität der Röntgenstrahlung verringert werden. Die separate Kammer mit einem Bleiglasfenster enthält die zur Steuerung notwendigen Bedienungselemente und dient zum Schutz des Personals während der Aufnahme. Moderne Anlagen benutzen anstatt des Films CCD-Kameras (CCD = charge coupled device), die die Strahlung punktweise in elektronische Signale umwandeln und über einen Rechner auswerten.

Strahlenschutz

Röntgenstrahlung ist radioaktiv, d.h., sie wirkt ionisierend. Ionisation bezeichnet das Abtrennen von Elektronen an einem Atom. Das absorbierende Gewebe wird dadurch in seiner chemischen Struktur verändert. Eine biologische Veränderung des Erbgutes ist die mögliche Folge, wodurch Krebs ausgelöst werden kann. Die Gefährlichkeit der Strahlung wird in der so genannten Äquivalentdosis gemessen (Einheit: Sievert Sv). Bei einer Röntgenaufnahme nimmt der Körper je nach Verfahren 0,5 bis 2 mSv auf. Zum Vergleich: Die Belastung durch natürlich vorkommende Radioaktivität beträgt rund 1 mSv pro Jahr. Eine Ganzkörperdosis von 4 000 mSv wäre nach kurzer Zeit tödlich. Da die Strahlung einer Röntgenröhre sehr stark ist, werden bei Aufnahmen die nicht bestrahlten Körperteile durch Blei abgeschirmt. Eine 1 mm dicke Bleiplatte reduziert die Belastung einer 100 kV Röhre auf 0,4 %. Um die Belastung des Körpers weiter zu senken, versucht man die Strahlendosis durch geeignete Aufnahmeverfahren (z.B. Verstärkerfolien) zu verringern.

❶ Prinzip einer Röntgenröhre

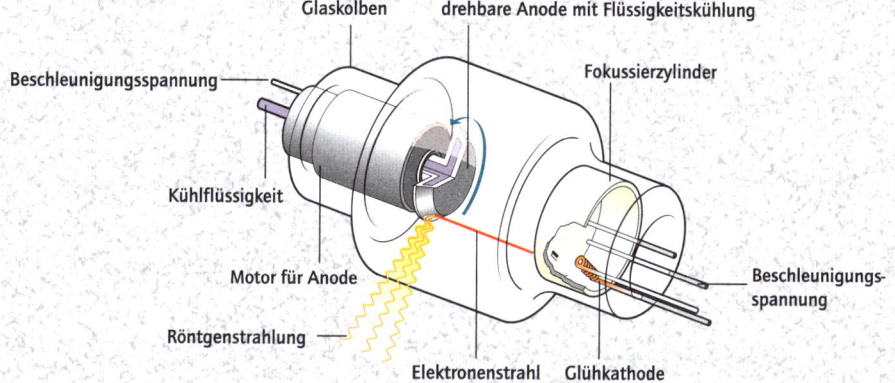

Glaskolben

drehbare Anode mit Flüssigkeitskühlung

Beschleunigungsspannung

Fokussierzylinder

Kühlflüssigkeit

Motor für Anode

Beschleunigungsspannung

Röntgenstrahlung

Elektronenstrahl

Glühkathode

❷ Aufbau einer Röntgenapparatur

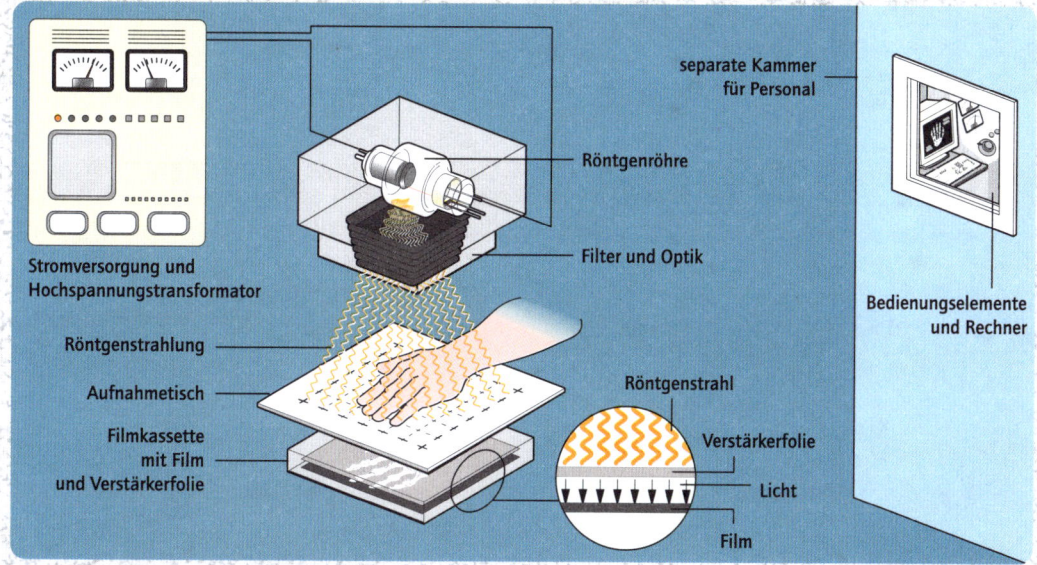

separate Kammer für Personal

Röntgenröhre

Filter und Optik

Stromversorgung und Hochspannungstransformator

Röntgenstrahlung

Aufnahmetisch

Röntgenstrahl

Filmkassette mit Film und Verstärkerfolie

Verstärkerfolie

Licht

Film

Bedienungselemente und Rechner

❸ Röntgenaufnahme des Dickdarms unter Zuhilfenahme eines Kontrastmittels

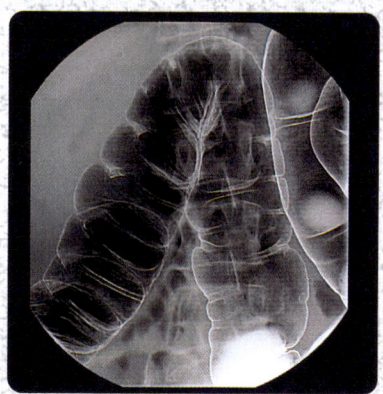

Unter Tomographie versteht man die bildliche Darstellung von Körperschnitten, wobei im Gegensatz zu einer herkömmlichen Röntgenaufnahme auch verdeckte Objekte sichtbar werden. Mehrere parallele Schnittbilder können zu einem dreidimensionalen Bild zusammengesetzt werden.

Die Kernspintomographie nutzt die so genannte Kernspinresonanz von Atomkernen in einem magnetischen Feld unter Einstrahlung elektromagnetischer Wellen. Computertomographie kennzeichnet ein Verfahren, bei dem in Analogie zur herkömmlichen Röntgenaufnahme die Absorption (Abschwächung) von Röntgenstrahlung im Körper gemessen wird.

Was ist Kernspinresonanz? ❶

Ein Atom besteht aus einem Kern mit Protonen und Neutronen und ihn umgebende Elektronen. Atomkerne mit einer ungeraden Anzahl Protonen oder Neutronen können in einem äußeren Magnetfeld B zwei Zustände eingehen. Diese unterscheiden sich in ihrer Energie und können ineinander übergehen (Abb. 1). Die Energiedifferenz ΔE ist dabei proportional zur Stärke dieses Magnetfeldes. Strahlt man eine elektromagnetische Welle der Energie ΔE mit einer Frequenz von einigen MHz ein, so kann der Atomkern von dem niedrigeren in den höheren Energiezustand angeregt werden. Nach kurzer Zeit kehrt der Atomkern unter Aussendung einer elektromagnetischen Welle der gleichen Energie in seinen Ausgangszustand zurück. Diese ausgesandte Welle, die Kernspinresonanz, liefert Informationen über die Dichte und die chemische Verbindung des Stoffes, der den aussendenden Atomkern enthält. Die wichtigen Daten sind die Stärke, die Frequenzverschiebung und die Dauer der ausgesandten Welle.

Kernspintomographie ❷ ❸

Abb. 2 zeigt das Schema eines Kernspintomographen. Der Patient wird in eine Untersuchungsröhre geschoben, die von großen Elektromagnetspulen umgeben ist, welche ein konstantes Magnetfeld erzeugen.

Die zur Anregung der Atomkerne erforderlichen elektromagnetischen Wellen werden von den Hochfrequenzspulen erzeugt, die gepulste Wellen aussenden. In den Pausen empfangen sie die von den angeregten Atomkernen ausgesandte Kernspinresonanz. Um mehrdimensionale Körperschnitte bildlich darstellen zu können, muss der Ort des Ursprungs der ausgesandten Welle bestimmt werden. Dazu addiert man zu dem bestehenden konstanten Magnetfeld ein weiteres Magnetfeld, das an jedem Ort eine andere Größe besitzt. Dieses Feld wird von den Gradientenspulen erzeugt. Strahlt man gleichzeitig Wellen verschiedener Energie ein, so besitzen auch die ausgesandten Wellen unterschiedliche Energien. Weil jede Energie ΔE der ausgesandten Wellen abhängig vom Magnetfeld B ist und dieses Magnetfeld an jedem Ort im Körper verschieden ist, kann die ausgesandte Welle so einem bestimmten Ort im Körper zugeordnet werden. Die Berechnungen werden von einem Computer durchgeführt, der anschließend die Daten zu einem Bild zusammenfügt. Neben dieser Bildverarbeitung übernimmt der Computer auch die Steuerung der Magnetfeld- und Hochfrequenzspulen und die Verwaltung und Speicherung der Daten.

Meist werden durch die Kernspintomographie die Atome des im körpereigenen Wasser vorhandenen Wasserstoffs angeregt. Durch Auswertung der Stärke oder Dauer der ausgesandten Welle erhalten die Bilder Informationen über die Dichte des körpereigenen Wasserstoffs. Bei Auswertung der Frequenzverschiebung bekommt man Informationen über die vom Wasserstoff eingegangenen chemischen Verbindungen. Damit lassen sich verschiedene Gewebearten, wie z.B. Fett, Muskeln oder Tumore, gut differenzieren.

Computertomographie

Ein Computertomograph ist äußerlich ähnlich aufgebaut wie der Kernspintomograph. Er durchstrahlt den interessierenden Körperschnitt mit einem feinen in der Ebene aufgefächerten Röntgenstrahl und misst die Absorption der Strahlung über ringförmig angeordnete Detektoren. Die Röntgenstrahlung wird von einer Röntgenröhre erzeugt. Um vollständige Informationen über den Körperschnitt zu erhalten, wird die Röntgenröhre um den Patienten gedreht und viele Messungen hintereinander ausgeführt. Die Auswertung der Daten und das Zusammenfügen des Bildes geschieht auch hier durch einen Rechner.

Vor- und Nachteile der Verfahren ❸

Ein wesentlicher Vorteil der Kernspintomographie ist die fehlende Strahlenbelastung durch Röntgenstrahlung. Ein Kernspintomogramm besitzt mehrere Parameter, die zur Auswertung dienen. So können Hirnstrukturen wie z.B. luft- oder wassergefüllte Gefäße, graue und weiße Hirnsubstanz oder Tumore differenziert werden (Abb. 3), die sich mittels Röntgenstrahlung nicht mehr unterscheiden lassen.

❶ Energiezustandsänderung eines Elektrons bei der Kernspinresonanz

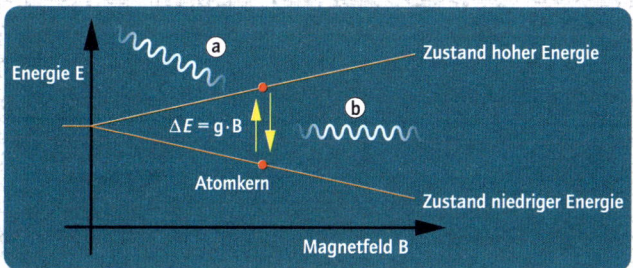

Energie E

ⓐ

Zustand hoher Energie

$\Delta E = g \cdot B$

ⓑ

Atomkern

Zustand niedriger Energie

Magnetfeld B

ⓐ eingestrahlte elektromagnetische Welle
der Energie ΔE

ⓑ ausgestrahlte elektromagnetische Welle
der Energie ΔE (= Kernspinresonanz)

❷ Aufbau eines Kernspintomographens

ⓐ Öffnung der Untersuchungsröhre
ⓑ Elektromagnetspulen
ⓒ Gradientenspulen
ⓓ Patient
ⓔ Patientenliege
ⓕ Untersuchungsröhre
ⓖ Hochfrequenzspule
ⓗ Elektromagnetspulen
ⓘ Monitor
ⓙ Datentransfer
ⓚ Hochleistungsrechner

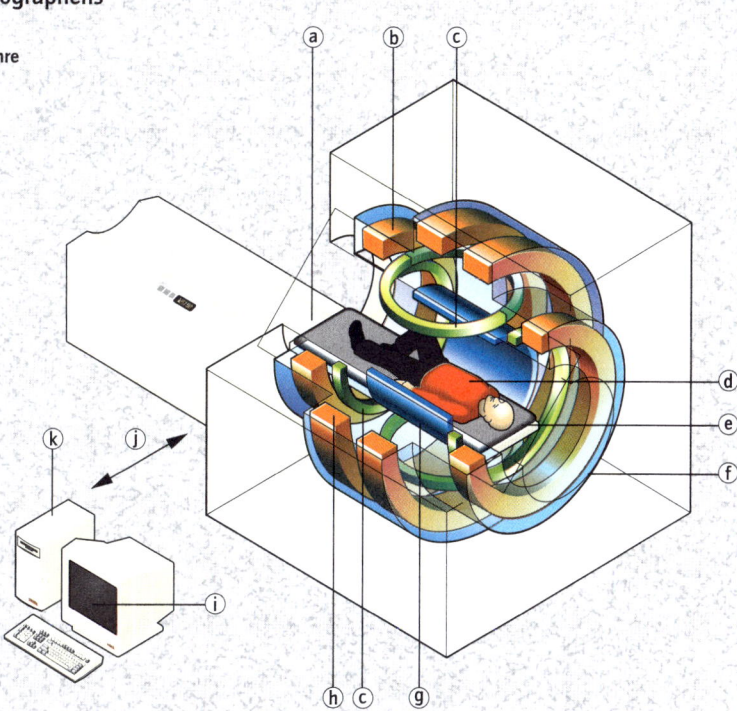

❸ Kernspintomographie des Schädels.

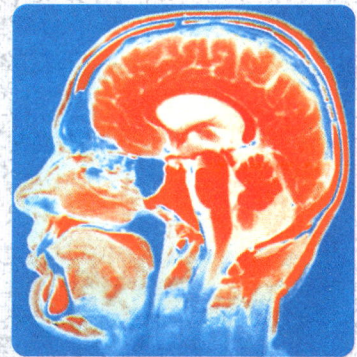

Herzschrittmacher verhelfen heute vielen Menschen, deren Herz zu schnell, zu langsam oder unregelmäßig schlägt, zu einem annähernd normalen Leben. Ohne dieses ca. 100 g schwere Kästchen von der Größe eines Fünfmarkstückes (Abb. 1) wären sie oft nicht mehr lebensfähig. Ein Herzschrittmacher wird in einer knapp halbstündigen Operation in den Brustkorb „eingepflanzt" und danach nur noch ca. alle 10 Jahre zum Batteriewechsel gewartet. Während die ersten Schrittmacher reine Taktgeber waren, die wegen erschöpfter Batterie oft operativ gewechselt wurden, sind die heutigen Geräte ohne operativen Eingriff programmierbar und passen sich in die natürliche Aktivität des Herzens und Körpers an.

Wann ist ein Herzschrittmacher notwendig?

Das Herz ist ein muskulöses Hohlorgan, aufgebaut aus dem rechten und linken Vorhof sowie der rechten und linken Kammer, welches das Blut durch Kontraktion (Zusammenziehen) der Herzmuskulatur durch den Körperkreislauf pumpt. Diese regelmäßige Kontraktion wird durch einen „natürlichen" Schrittmacher, den Sinusknoten, ausgelöst. Dieser befindet sich an der Außenwand des rechten Vorhofs und sendet regelmäßig elektrische Impulse aus. Ein solcher Impuls regt zunächst die Muskulatur der beiden Vorhöfe an und wird dann über ein elektrisches Leitsystem auf der Herzaußenhaut zu beiden Kammern weitergeleitet, wo es dann zu deren Kontraktion kommt. Dadurch füllen sich zunächst die Vorhöfe und anschließend die Kammern mit Blut, das von dort in den Kreislauf gepumpt wird. Dieser Prozess, der natürliche Herzschlag, wiederholt sich beim ruhenden Menschen ca. 70 mal pro Minute. Zusätzlich wird die Herzfrequenz bei körperlicher oder geistiger Belastung über das vegetative (unbewusst wirkende) Nervensystem gesteuert, d.h. erhöht oder erniedrigt. Ist das elektrische Leitsystem gestört oder blockiert, dann schlägt das Herz zu schnell, zu langsam oder nicht rhythmisch. Hier wird ein Herzschrittmacher eingesetzt, der die zur Kontraktion der Herzmuskeln notwendigen elektrischen Impulse liefert.

Wie arbeitet ein Herzschrittmacher? ❷ ❸

Ein moderner Herzschrittmacher (Abb. 2) besteht aus einem kleinen Computer und einer Batterie, die gemeinsam in einem Titangehäuse untergebracht sind. Daran angeschlossen sind zwei Kabel, an deren Enden sich je eine Elektrode befindet. Eine der Elektroden wird am rechten Vorhof, die andere an der rechten Herzkammer mit einem klei-

nen Widerhaken an der Herzaußenwand befestigt (Abb. 3). Über diese Elektroden werden die vom Computer erzeugten Impulse (Spannung: 1–2 V, Impulsdauer: wenige ms) an die Herzmuskeln abgegeben. Schlägt das Herz des Patienten unregelmäßig oder zu langsam, so wird der natürliche Herzschlag mit genutzt. Die Elektroden empfangen die natürlichen Impulse des Herzens, werten diese mittels Computer aus und geben nur dann einen künstlichen Impuls ab, wenn der natürliche Schlag aussetzt. Dies kann für Vorhof und Kammer separat gesteuert werden. Arbeiten z. B. Vorhöfe und Sinusknoten noch selbstständig, ist aber das natürliche Leitsystem zu den Kammern defekt, so benötigen nur die Kammern, nicht aber die Vorhöfe, künstliche Impulse.

Bei einer Funktionsstörung des Sinusknoten ist zusätzlich eine Anpassung der Herzfrequenz an die körperliche Belastung notwendig. Dies geschieht über zusätzliche Sensoren, welche Muskelaktivität und Atmung überwachen. Erhöhte Muskelaktivität, z.B. beim Sport, erzeugt im Körper mechanische Schwingungen, die im Schrittmacher mittels eines Piezokristalls in elektrische Schwingungen umgewandelt und gemessen werden. Ein zweiter Sensor ermittelt Stärke und Frequenz der Atmung. Der Einfluss der gemessenen Größen auf die Herzfrequenz wird vom Computer gesteuert, wobei das Steuerungsprogramm vom Arzt in den Herzschrittmacher einprogrammiert wird. Die Programmierung wird ohne operativen Eingriff individuell angepasst. Dazu setzt der Arzt eine mit einem Rechner gekoppelte Sender- und Empfängereinheit auf den Brustkorb, sodass er die Herzschrittmacherfunktionen überwachen und/oder verändern kann.

Komplikationen

Die häufigsten Komplikationen treten durch verrutschte Elektroden auf, die statt des Herzmuskels einen anderen Muskel erregen oder falsche Impulse empfangen. Im Laufe der Zeit wurden jedoch die Elektrodenhalterungen optimiert. Ein weiteres Problem stellen die in den Organismus eingebrachten Fremdkörper dar. Deswegen werden heute in der Regel Titangehäuse und gewebefreundliche Kunststoffkabel verwendet, die meist gut verträglich sind. Auch die Messung der körperlichen Belastung ist nicht immer ganz unproblematisch. So reagiert der Piezokristall auch auf die mechanischen Schwingungen, denen z.B. ein Autofahrer in seinem Fahrzeug ausgesetzt ist. Der Schrittmacher erhöht daraufhin die Herzfrequenz (s.o.), was für den ruhig sitzenden Fahrer unangenehm sein kann.

❶ Herzschrittmacher im
Größenvergleich mit einem
Fünfmarkstück

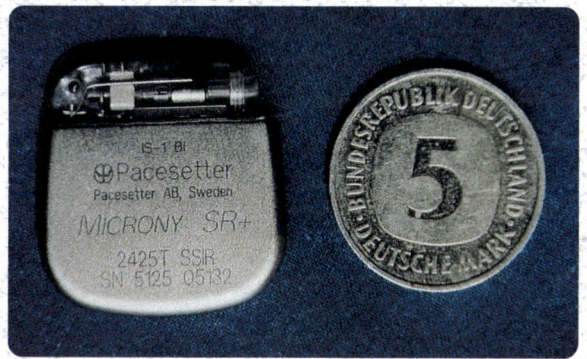

❷ Herzschrittmacher

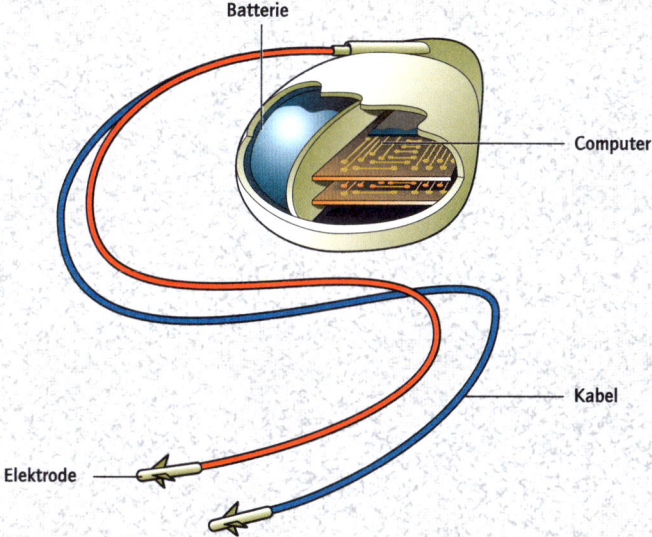

Batterie

Computer

Kabel

Elektrode

❸ Steuerung der Herzmuskulatur
durch einen Herzschrittmacher

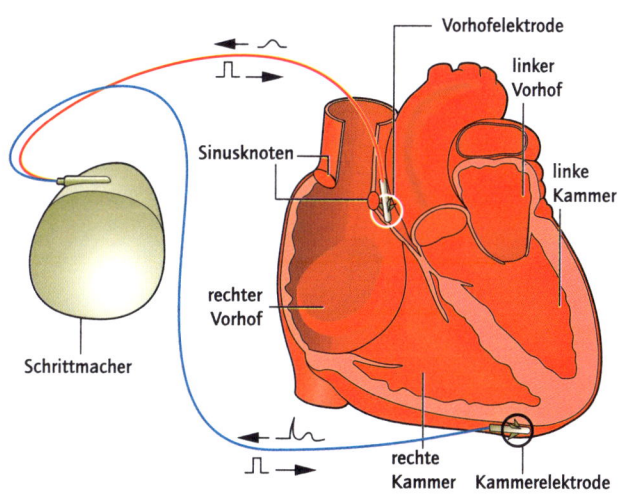

Vorhofelektrode

linker
Vorhof

linke
Kammer

Sinusknoten

rechter
Vorhof

Schrittmacher

rechte
Kammer

Kammerelektrode

Eine gesunde Niere filtert Wasser, Stoffwechselendprodukte (z. B. Harnstoff) und andere Gifte aus dem Blutstrom des menschlichen Organismus. Gleichzeitig sorgt sie dafür, dass der Körper mit lebensnotwendigen Substanzen wie Mineralien, Hormonen und Eiweißbestandteilen versorgt wird. Der Körper scheidet täglich rund eineinhalb Liter Wasser und Gifte über den Urin aus. Bei Nierenkranken kann dieser Wert bis auf null zurückgehen. Ohne eine so genannte Dialyse wäre der Patient nicht mehr lebensfähig. Bei der Dialyse wird das Blut des Patienten drei- bis viermal wöchentlich für rund vier Stunden durch eine Dialysemaschine geleitet, die das Blut außerhalb des Körpers reinigt und entwässert. Während dieses Prozesses strömt die gesamte Blutmenge des Patienten (bei Erwachsenen ca. 5 l) etwa sechsmal durch das Gerät.

Wie funktioniert eine Dialysemaschine? ❶ ❷

Ein Dialysegerät besteht aus einem Blut- und einem Dialysatkreislauf, die über den Dialysator miteinander gekoppelt sind (Abb. 1). Für die Dialyse wird dem Patienten das Blut meist durch einen dauerhaft gelegten Zugang aus einer Arterie entnommen und nach der Reinigung in eine Vene zurückgeführt. Für den Reinigungsprozess wird das Blut mittels einer Rollerpumpe vom Körper zum Dialysator gefördert. Im Dialysator findet dann die eigentliche Entgiftung und Entwässerung des Blutes statt. Anschließend wird das Blut über ein Manometer zur Blutdruckmessung und einen Blasenfänger zurück in den Körper geleitet. Erkennt der Blasenfänger Luftblasen oder Schaum im Blut, so unterbricht er den Blutkreislauf sofort, da diese für den Patienten tödlich wären.

Als Dialysat wird entionisiertes Wasser verwendet. Dieses nimmt im Dialysatkreislauf im Dialysator Gifte und Wasser aus dem Blut auf. In der Bilanzkammer wird die Differenz des zugeflossenen und abgeflossenen Dialysatstroms gemessen und somit die dem Blut entzogene Wassermenge bestimmt. Diese kann über eine Pumpe im Dialysatkreislauf genau geregelt werden. Damit dem Blut keine lebenswichtigen Stoffe (z. B. Elektrolyte) entzogen werden, muss das Dialysat mit diesen Nährstoffen angereichert werden. Dies geschieht mittels eines separaten Vorratsbehälters und einer Mischpumpe.

Gemessen wird der Anteil dieser Nährstoffe über einen Leitfähigkeitsmesser im Dialysatstrom. Um einen Wärmeentzug des Blutes zu verhindern, wird der Dialysatkreislauf auf Körpertemperatur gehalten. Ein Thermometer bestimmt die zugehörige Temperatur. Da auch im Dialysatkreislauf Luftblasen die Funktion des Kreislaufs beeinträchtigen, werden sie mithilfe einer Entgasungspumpe, die einen Unterdruck erzeugt, entfernt. Weiterhin überwacht ein Blutleckdetektor das Dialysat auf eventuelle Blutspuren, die auf einen fehlerhaften Dialysator hinweisen. Schließlich überwacht ein Manometer den Druck des Dialysatkreislaufs.

Die Steuerung und Überwachung des Dialyseprozesses erfolgt mithilfe der Bedienkonsole des Dialysegerätes (Abb. 2). Der Arzt kann auf ihr alle gemessenen Stoff- und Kreislaufgrößen ablesen und falls notwendig die Pumpen regeln.

Der Dialysator ❸

Hauptbestandteil des Dialysators (künstliche Niere) ist eine semipermeable (halbdurchlässige) Membran (Abb. 3). Diese Membran ist nur durchlässig für Wasser und kleine Teilchen bis zu einer bestimmten Größe. Größere Teilchen wie Blutzellen oder Makromoleküle werden von der Membran zurückgehalten. Die Membran wird im Gegenstromprinzip auf der einen Seite von dem zu reinigenden Blut und auf der anderen Seite vom Dialysat überströmt. Da alle beweglichen Teilchen das Bestreben haben, sich gleichmäßig zu verteilen (Diffusion), passieren die kleineren Partikel, nämlich die sich im Blut befindlichen giftigen Stoffe, die Membran und gelangen so in das Dialysat. Die treibende Kraft für diese einseitig verlaufende Diffusion (Osmose) ist der Konzentrationsunterschied der gelösten Stoffe in beiden Flüssigkeiten.

Eine häufig eingesetzte Dialysatorbauart besteht aus einem Bündel von rund 10 000 Hohlfasern, in deren Innenraum das Blut und im Gegenstrom außen das Dialysat fließt (Kapillardialysator). Die Hohlfasern, die sich in einem zylindrischen Rohr befinden, sind ca. 0,2 mm dick und bestehen aus schaumartigen Polymeren. Die Wand dieser Fasern bildet die Membranoberfläche.

Nachteile und Risiken

Trotz der lebenserhaltenden Funktion der Dialyse hat dieses Verfahren gravierende Nebenwirkungen. Weit verbreitet sind Knochen- oder Gelenkschmerzen. Außerdem steigt das Risiko eines Herzinfarktes bzw. Schlaganfalls durch den erhöhten Blutdruck und einen gestörten Fettstoffwechsel. Die Lebenserwartung eines Dialysepatienten liegt ungefähr 15 Jahre unter der eines Gesunden. Deshalb wird die Dialyse nicht als Dauerlösung, sondern als Provisorium bis zu einer möglichen Nierentransplantation eingesetzt.

❶ Prinzipskizze eines Dialysegerätes

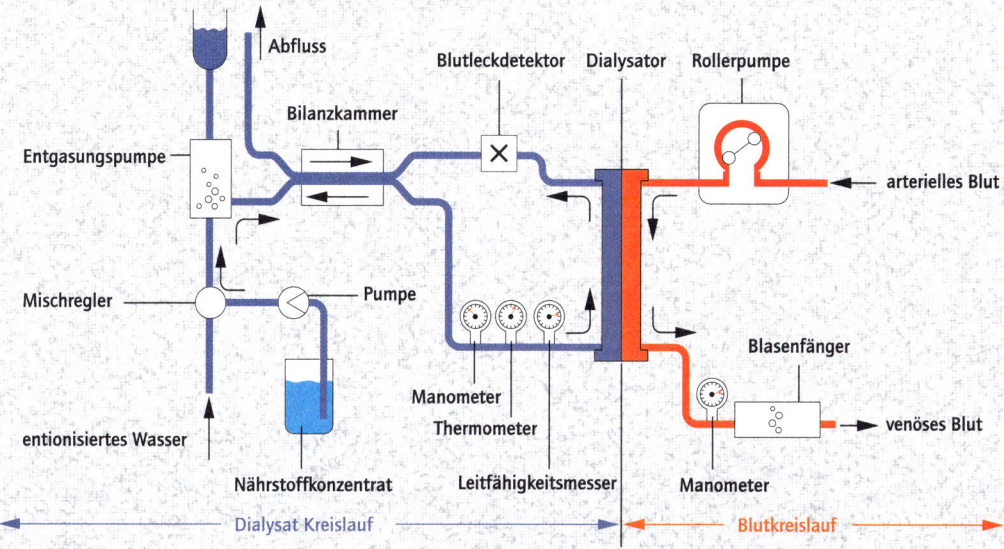

Abfluss
Bilanzkammer
Blutleckdetektor   Dialysator   Rollerpumpe
Entgasungspumpe
arterielles Blut
Mischregler
Pumpe
Blasenfänger
entionisiertes Wasser
venöses Blut
Nährstoffkonzentrat   Manometer   Manometer
Thermometer
Leitfähigkeitsmesser

Dialysat Kreislauf   Blutkreislauf

❷ Bedienkonsole eines Dialysegerätes

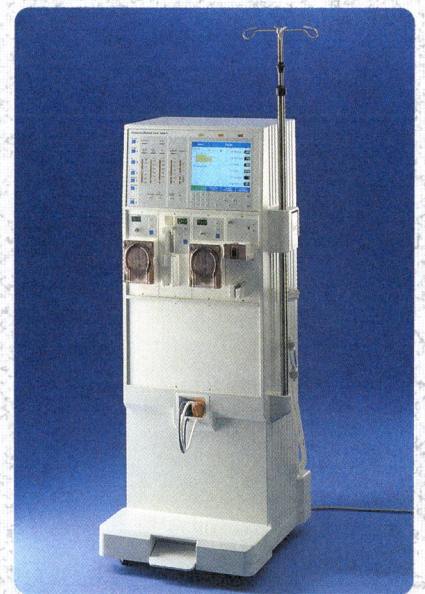

❸ Dialysator: Diffusion durch eine semipermeable Membran

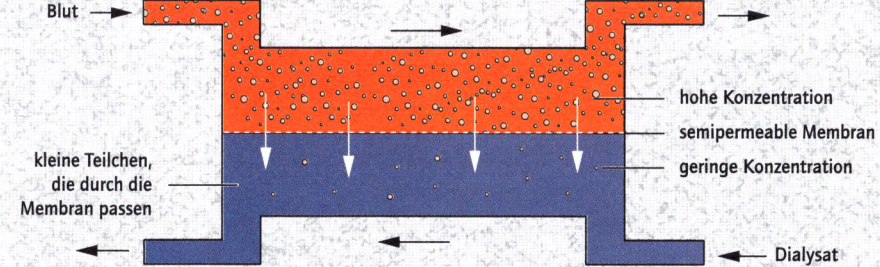

Blut
hohe Konzentration
semipermeable Membran
geringe Konzentration
kleine Teilchen,
die durch die
Membran passen
Dialysat

Als EEG (Elektroencephalogramm) wird die Messung der vom Gehirn, als EKG (Elektrokardiogramm) die Messung der vom Herzen hervorgerufenen elektrischen Spannungen bezeichnet. Bei beiden Methoden werden die Spannungen über Elektroden auf der Haut abgeleitet, verstärkt und von einem Monitor oder Schreiber dargestellt. So kann der Arzt Aussagen über den Zustand des Gehirns bzw. des Herzens machen, um z. B. eine Epilepsie, einen Gehirntumor oder einen Herzinfarkt zu untersuchen.

Elektrische Ströme im Körper werden über das Nervensystem in Form kurzzeitiger Impulse transportiert und dienen zur Informationsübermittlung zwischen Sinnesorganen und Gehirn und zur Steuerung der Muskulatur. Berührt man z. B. versehentlich einen heißen Gegenstand, so erzeugt ein temperaturempfindlicher Rezeptor unserer Haut ein elektrisches Signal, das über das Nervensystem in das Gehirn transportiert wird. Dort wird im Allgemeinen entschieden, den heißen Gegenstand loszulassen. Daraufhin wird wiederum ein Signal über das Nervensystem an die entsprechende Muskelgruppe geschickt, die das Loslassen bewirkt. Elektrischer Strom kann in elektrisch leitfähigem Material zwischen zwei Punkten fließen, wenn zwischen diesen eine elektrische Spannung anliegt. Elektrisch leitfähig sind Metalle und wässrige Salzlösungen, Letztere transportieren im Körper den Strom. Die auf der Haut messbaren Spannungen sind sehr klein und liegen im Bereich unter 0,3 mV.

EEG ❶ ❷

Wird ein elektrischer Impuls über einen Nerv transportiert, so entsteht eine sich fortpflanzende Strom- und Spannungsänderung in diesem Nerv. Die Geschwindigkeit dieses Impulses liegt bei 1-120 m/s. Beim EEG werden die auftretenden elektrischen Spannungen an der Kopfhaut gemessen (Abb.1) und als Summe der elektrischen Aktivität des Nervensystems im Gehirn dargestellt. Die Spannungen sind nicht konstant, sondern schwanken wellenförmig mit einer Frequenz von 1-30 Hz.

Für die Messung werden münzförmige Metallelektroden gleichmäßig über den Kopf verteilt, mit Kabeln verbunden und mittels einer Gummihaube auf dem Kopf angedrückt. Um die Leitfähigkeit zwischen Kopfhaut und Elektroden zu verbessern, werden diese mit einer Salzlösung eingerieben. Man unterscheidet zwischen monopolarer und bipolarer Schaltung. Bei monopolarer Schaltung werden die Spannungen zwischen je einer Elektrode und einer festen Referenzelektrode (Bezugselektrode, z. B. am Ohrläppchen) gemessen. Bei bipolarer Schaltung misst man die Spannungen zwischen je zwei Elektroden auf der Kopfhaut.

Die von den Elektroden gemessenen Impulse werden über Kabel zu einem Verstärker geleitet und über einen Schreiber ausgedruckt oder auf einem Monitor angezeigt. Die Leitungen müssen abgeschirmt werden, um sie vor äußeren elektrischen Einflüssen, wie z. B. anderen elektrischen Geräten, zu schützen.

Bei der Auswertung eines EEG unterscheidet man nach Frequenz und Form der gemessenen Wellen (Abb. 2). Bei einer Frequenz von 8-13 Hz spricht man von α-Wellen, sie treten bei geschlossenen Augen im entspannten Zustand auf. Öffnet man die Augen, gehen die α-Wellen in β-Wellen mit einer Frequenz von 14-32 Hz über, die Aktivität und Denken kennzeichnen. Langsamere υ- und δ-Wellen haben eine Frequenz von 4-8 Hz bzw. 1-4 Hz und treten bei Kindern, zeitweise im Schlaf oder bei Gehirnstörungen auf.

EKG ❸ ❹

Das Herz ist ein muskulöses Hohlorgan, welches das Blut in einem Kreislauf durch Körper und Lunge pumpt. Wie jeder Muskel so wird auch das Herz durch elektrische Ströme zur Kontraktion angeregt. Die dazu notwendigen elektrischen Impulse erzeugt der Sinusknoten (→ Herzschrittmacher). Ähnlich wie beim EEG kann eine Summe dieser Spannungen auf der Körperoberfläche mittels Elektroden gemessen werden. Auch hier unterscheidet man mono- und bipolare Schaltung. Bei bipolarer Schaltung wird die Spannung zwischen je zwei Extremitäten gemessen (Abb. 3a), im monopolaren Fall werden je zwei Extremitäten zu einer Referenzelektrode zusammengeschaltet und die Spannung gegenüber einer dritten Extremität gemessen (Abb. 3b). Die Messgrößen werden analog zum EEG mittels eines Verstärkers und eines Schreibers oder Monitors angezeigt.

Ein typisches EKG ist periodisch zum Puls und enthält eine große und mehrere kleine Zacken je Periode (Abb. 4). Diese unterschiedlich bezeichneten Zacken geben jeweils einen bestimmten Moment des Herzschlages wieder. Mit der P-Zacke beginnen die beiden Vorhöfe Blut in die Herzkammern zu pumpen. Die Herzkammern beginnen sich mit der Q-Zacke zusammenzuziehen. Die R- und S-Zacke zeigen, wie die Erregung den ganzen Muskel erfasst. Mit der T-Spitze erschlafft schließlich das Herz, um nach kurzer Zeit den Prozess zu wiederholen.

❶ Elektrodenverteilung auf dem Kopf beim EEG

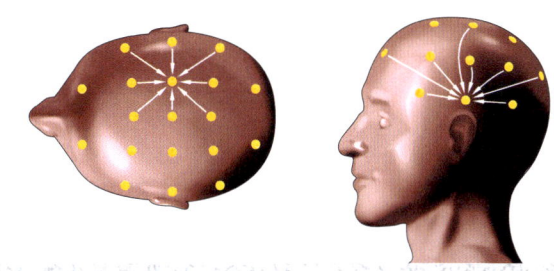

❷ Auswertung des EEG: Verschiedene Wellentypen

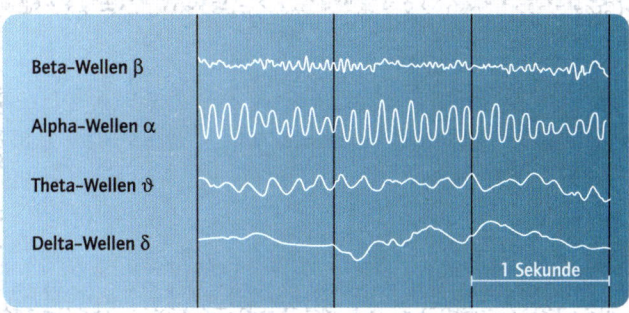

Beta-Wellen β

Alpha-Wellen α

Theta-Wellen ϑ

Delta-Wellen δ

1 Sekunde

❸ Mögliche Elektrodenschaltungen beim EKG

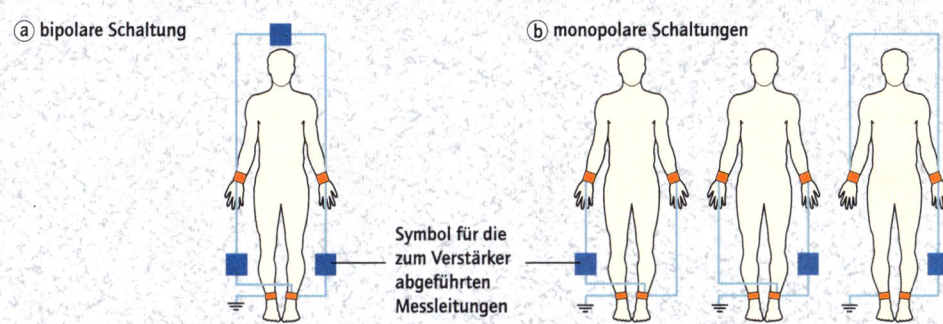

ⓐ bipolare Schaltung

ⓑ monopolare Schaltungen

Symbol für die zum Verstärker abgeführten Messleitungen

❹ Typische EKG-Periode

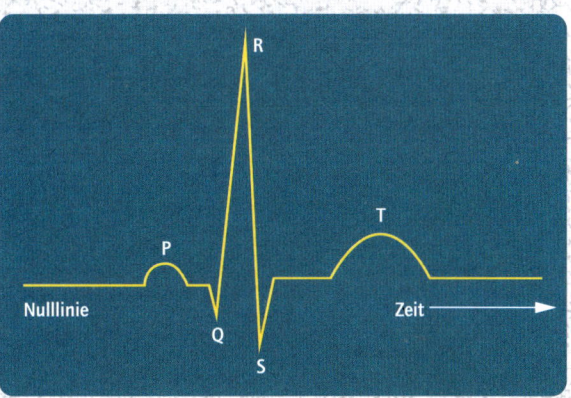

R

P

T

Nulllinie

Zeit

Q

S

Stoßwellenlithotripsie ist ein minimalinvasives Verfahren (→ minimalinvasive Chirurgie) zur Entfernung von Nieren-, Harnleiter- oder Gallensteinen. Diese Steine stellen die häufigste Erkrankung der genannten Organe dar. Die meisten dieser Steine werden durch den Harn selbstständig wieder ausgespült. Wachsen sie jedoch über eine gewisse Größe, können sie für den Patienten sehr schmerzhaft werden und müssen mit ärztlicher Hilfe entfernt werden. Die Steine entstehen durch kristalline Ablagerungen verschiedener Art in den harnleitenden Organen. Nierensteine können beispielsweise aus Kalciumoxalat oder -phosphat gebildet werden. Bei gesunden Menschen existieren bestimmte Stoffe im Harn, die die Abscheidung dieser Kristalle verhindern.

Ultraschallstoßwellenlithotripter ❶ ❷

Ein Stoßwellenlithotripter (Abb. 1) erzeugt Ultraschallstoßwellen mit einer Frequenz im Bereich von 100 kHz und sehr hoher Intensität, welche die harten Steine durch die übertragenen mechanischen Schwingungen zerstören. Solche Stoßwellen lassen sich gut fokussieren (bündeln) und können deshalb als gepulster Strahl angesehen werden. Während einer 20-minütigen Behandlung werden dem Patienten rund 1000 Stoßwellen verabreicht. Die Apparatur eines Stoßwellenlithotripters besteht aus einem Röntgen- oder Ultraschalldiagnosegerät zur Ortung des Steines, mehreren Ultraschallwandlern, die den Ultraschall erzeugen (→ Ultraschallgeräte), einer Vorrichtung zur Fokussierung des Ultraschalls, einem Medium zur wirkungsvollen Übertragung des Schallstrahls in den Körper und einer rechnergestützten Steuerungseinheit (Abb. 2).

Um einen Stein effizient in viele kleine Bruchstücke zerlegen zu können und umliegendes Gewebe zu schonen, ist es notwendig, den Stein genau zu orten, d. h. seine räumliche Position zu kennen. Dazu verwendet man zwei sich kreuzende Röntgenstrahlen. Werden beide Strahlen durch den Stein geschwächt, liegt der Stein im Kreuzungspunkt der Strahlen. Alternativ kann auch eine Ultraschalldiagnose verwendet werden. Um eine möglichst hohe Intensität der Schallstrahlen für die Behandlung zu erreichen, wird der Ultraschall durch viele einzelne Ultraschallwandler, welche auf einer parabolisch halbrunden Fläche angeordnet sind, fokussiert (Abb. 2).

Der Fokussierpunkt wird so ausgerichtet, dass er genau auf den Stein trifft, der so die maximale Energie des Strahls absorbiert (aufnimmt). Da das weiche Körpergewebe andere physikalische Eigen-

schaften als der Stein besitzt und die Stoßwellen im Stein fokussiert werden, wird das umliegendes Gewebe nicht beschädigt. Die Stoßwellen bauen im Stein mechanische Schwingungen auf, die so stark werden, dass dieser aufgrund seiner Sprödigkeit in Bruchstücke zerspringt. Die Bruchstücke werden dann durch den Harnleiter abgeführt.

Bei der Behandlung ist es wichtig, für eine gute Übertragung der Stoßwellen in den Körper zu sorgen. Dies geschieht, indem man den Patienten in eine Wanne mit Wasser oder auf Gelkissen legt und den Ultraschall vom Wandler über dieses Medium direkt in den Körper leitet. Bei diesem Verfahren treten beim Übergang vom Medium in das Körpergewebe weniger Reflexionen auf als beim Übergang von Luft in Gewebe.

Laserinduzierter Stoßwellenlithotripter ❸

Ein Laserlithotripter besteht aus einem Laser und einem ca. 0,5 mm dicken Quarzfaserlichtwellenleiter. Der Laser ist eine Lichtquelle, die einen sehr stark gebündelten Lichtstrahl mit einer sehr genauen Frequenz und Wellenlänge aussendet (→ Laser). Der Laserstrahl wird durch den Lichtleiter, der in das zu behandelnde Organ eingeführt wird, geleitet. Am Leiterausgang wird das Laserlicht fokussiert. Durch die dadurch entstehende Wärme verdampft ein Teil der Körperflüssigkeit zu einer heißen Gasblase. Diese dehnt sich zunächst aus und zieht sich durch Abkühlung wieder zusammen. Dieses Pulsieren der Gasblase erzeugt mechanische Stoßwellen, die in wenigen Minuten den Stein zertrümmern (Abb. 3).

Risiken und Nachteile des Verfahrens

Sind die zerfallenen Bruchstücke zu groß, kann es durch deren Transport im Harn beim Patienten zu starken Schmerzen kommen. Manchmal müssen große Fragmente (Bruchstücke) des Steins mithilfe eines Katheters aus der Harnblase befördert werden.

Viele Patienten haben nach einer Lithotripsiebehandlung Blut im Urin. Deshalb werden bereits längere Zeit vor der Behandlung alle blutverflüssigenden Mittel wie z. B. Aspirin abgesetzt. Weiterhin ist es wichtig, für ausreichende Abschirmung der Umgebung des Bestrahlungsfeldes zu sorgen. Die schädliche Wirkung des Ultraschalls hängt von der Intensität und der Einwirkdauer, nicht aber von der Frequenz ab. Bereits ab einer Leistung von 1 W/cm² werden Zellen und Erbmaterial zerstört, was zu irreparablen Schäden des bestrahlten Gewebes führt.

❶ Ultraschallstoßwellenlithotripsiegerät

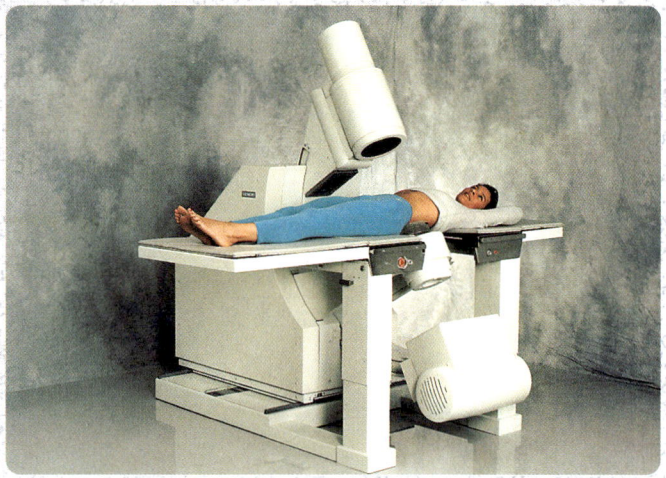

❷ Prinzip der Ultraschallstoßwellenlithotripsie

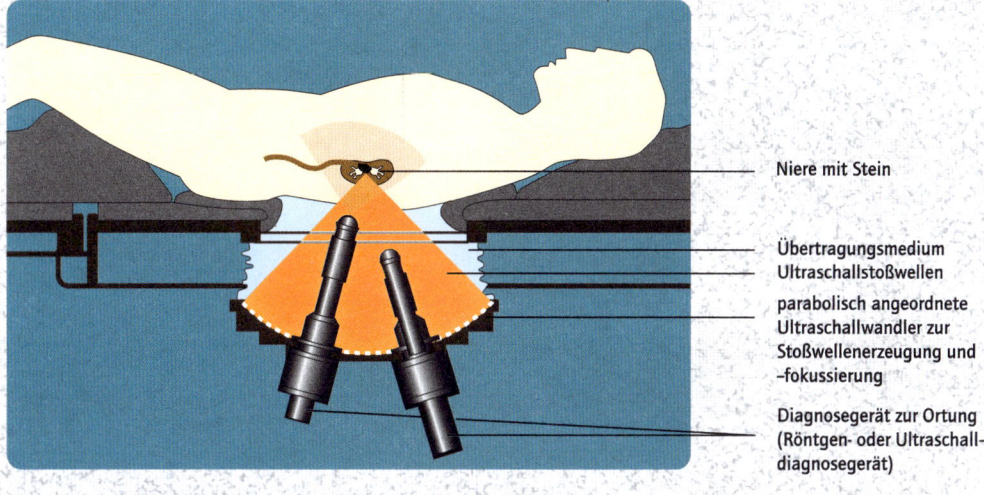

Niere mit Stein

Übertragungsmedium
Ultraschallstoßwellen

parabolisch angeordnete
Ultraschallwandler zur
Stoßwellenerzeugung und
–fokussierung

Diagnosegerät zur Ortung
(Röntgen- oder Ultraschalldiagnosegerät)

❸ Prinzip der laserinduzierten Stoßwellenlithotripsie

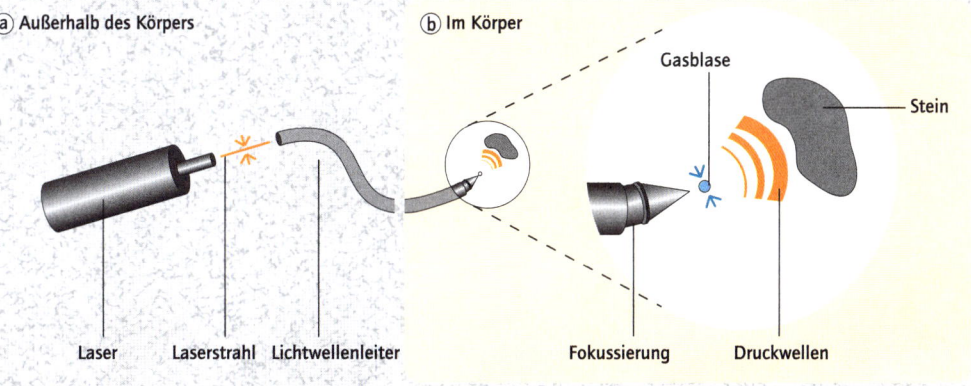

ⓐ Außerhalb des Körpers

ⓑ Im Körper

Gasblase

Stein

Laser   Laserstrahl Lichtwellenleiter

Fokussierung   Druckwellen

Minimalinvasive Chirurgie bezeichnet im allgemeinen Operationen, bei denen die Verletzung gesunder Organe auf ein Minimum reduziert wird. So wird angestrebt, ohne den für die konventionelle Operation üblichen Schnitt auszukommen, um ein erkranktes Organ zu behandeln oder zu entfernen. Ein weites Gebiet der minimalinvasiven Chirurgie wird durch die Endoskopie abgedeckt. Jedoch gehören auch andere schonende Eingriffstechniken, wie die Stoßwellenlithotripsie (→) oder Ballondilatation dazu.

Endoskopie ❶ ❷

Die Endoskopie umfasst die Betrachtung des Körperinneren, die Entnahme von Gewebeproben für die Diagnose und den chirurgischen Eingriff mithilfe eines Endoskops (Abb. 1). Fast alle Körperhöhlen, Gefäße, Gelenkinnenräume sowie die Oberflächen innerer Organe lassen sich damit untersuchen.

Das Endoskop (Abb. 2) besteht aus einem starren oder flexiblen Rohr (Durchmesser: ca. 1 cm), das eine Optik und meist eine Spül- und Saugvorrichtung sowie einen so genannten Biopsiekanal, der zur Aufnahme spezieller chirurgischer Instrumente wie Zange oder Metallschlinge dient, enthält. Das Endoskop wird entweder durch natürliche Körperöffnungen eingeführt, z. B. in den Mund oder in den After zur Untersuchung des Magen-Darm-Traktes, oder durch einen kleinen Schnitt in den Körper eingebracht. Flexible Endoskope sind durch ihre Beweglichkeit den starren überlegen, jedoch ist ihr Aufbau komplexer und ihre Störanfälligkeit höher.

Um mittels der Optik in das Körperinnere sehen zu können, muss eine Lichtquelle mit dem Endoskop eingeführt werden. Dies geschieht über ein Glasfaserbündel, durch dessen Fasern das Licht durch Reflexion an den Faserwänden geleitet wird (→Lichtwellenleiter). Als Optik besitzen starre Endoskope ein Linsensystem ähnlich dem eines Mikroskopes. Der Arzt kann das Vorgehen entweder durch ein Okular (Linse) betrachten oder eine Kamera anschließen, die das Bild auf einen Monitor überträgt und ggf. per Video aufzeichnet. Flexible Endoskope besitzen einen CCD-Chip (einen Lichtsensor, der aus vielen lichtempfindlichen Halbleiterbauelementen besteht). Dieser wandelt das Bild in elektrische Signale um, die dann in einem Rechner verarbeitet und zu einem Bild zusammengesetzt werden (→digitale Fotografie). Endoskopische Methoden werden häufig mit Röntgen- oder Ultraschallgeräten kombiniert. So gibt es z. B. Endoskope mit einem Ultraschallkopf, die zur Untersuchung von Erkrankungen im Bauchraum eingesetzt werden.

Operationen mittels Endoskopie ❸

Der Biopsiekanal, der die Aufnahme des benötigten Instrumentes ermöglicht, bestimmt im Wesentlichen auch den Durchmesser des Endoskops. Als Instrumente stehen Miniaturausführungen aller bekannten chirurgischen Werkzeuge zur Verfügung, u. a. Scheren, Zangen, Nadeln, Klammern, Pinzetten und Schlingen. Diese werden durch den Biopsiekanal geschoben. Am Ende des Endoskops lassen sich die Instrumente abwinkeln und bewegen, um die gewünschte Position zu erreichen. Mittels Endoskopie lassen sich so z. B. Blinddärme, Nierensteine oder kleine Unterleibsgeschwulste entfernen (Abb. 3). Auch die Entfernung eines größeren Tumors ist möglich: Dazu wird zunächst die Umgebung des Tumors mit Kohlendioxid aufgeblasen und anschließend werden die versorgenden Blutgefäße mit einer Schlinge abgedrückt. In dem so geschaffenen blutleeren „Arbeitsraum" kann der Arzt den Tumor Stück für Stück zerkleinern und nach außen befördern.

Ballondilatation

Diese mit der Endoskopie verwandte Methode ermöglicht die Erweiterung eines verstopften Blutgefäßes ohne die übliche gefäßchirurgische Operation. Dabei wird zunächst ein Draht durch die Arterien bis zu dem erkrankten Gefäß eingeführt. Er dient als Führung für einen Ballon, der in das Gefäß eingeschoben wird. Vor Ort wird der Ballon auf einer Länge von einigen Zentimetern auf einen festen Durchmesser aufgeblasen, um so das verengte Blutgefäß zu erweitern. Das Geschehen betrachtet der Arzt auf einem Monitor mittels Röntgengerät, die Blutgefäße werden mit einem injizierten Kontrastmittel dargestellt.

Vor- und Nachteile der minimalinvasiven Chirurgie

Der entscheidende Vorteil der minimalinvasiven Chirurgie liegt im Empfinden des Patienten. Für ihn ist der Eingriff weniger schmerzhaft, er erholt sich schneller und kann früher aus der Klinik entlassen werden. Während diese Chirurgie bei kleineren Eingriffen (z. B. Entnahme von Gewebeproben) sinnvoll ist, bietet sie bei größeren Operationen (z. B. Tumorentfernungen) keine Vorzüge. Die Operation benötigt mehr Zeit, wodurch die Narkose länger dauert und das Risiko des Eingriffs sich erhöht. Des Weiteren ist die Ausbildung der Endoskopiechirurgen aufwendig und teurer.

❶ Endoskopische Chirurgie:
Operation in der Bauchhöhle
eines virtuellen Patienten

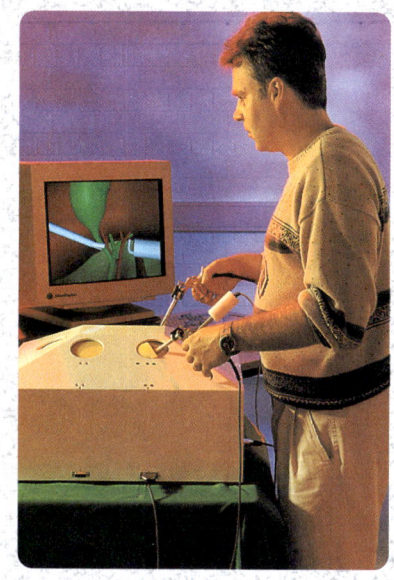

❷ Endoskope

ⓐ Starres Endoskop

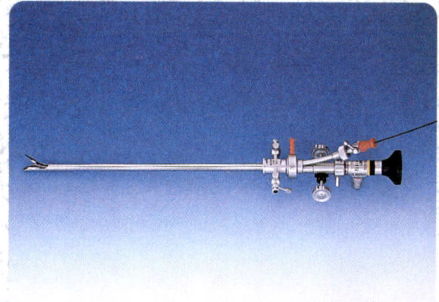

ⓑ Flexibles Endoskop

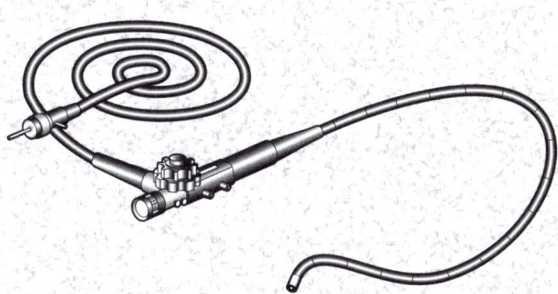

❸ Endoskopischer Eingriff

Entfernung eines »Steins« mittels Endoskop,
ein zweites Endoskop filmt den Vorgang
und stellt dieses Bild auf dem Monitor dar.

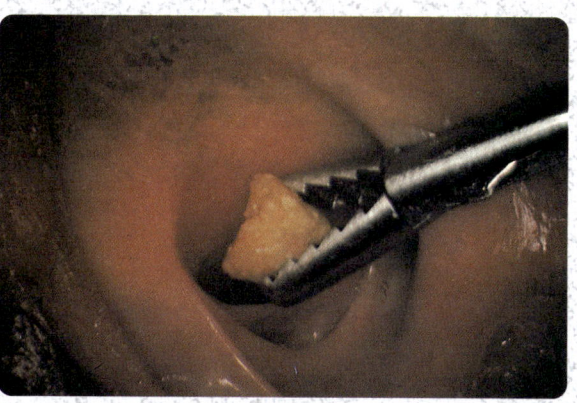

Der Laser (→) zeichnet sich gegenüber konventionellen Lichtquellen durch folgende Vorteile aus: spektrale Reinheit, d. h., Laserlicht hat eine feste Wellenlänge, Parallelität der Strahlung, welche daher gut fokussierbar (bündelbar) ist, und die Erzeugung kurzer energiereicher Pulse. Dadurch eignet er sich besonders gut für Anwendungen in der Medizin. Laser werden vor allem in den Bereichen Chirurgie, Augenheilkunde, Tumortherapie, Gynäkologie, Urologie, Dermatologie und HNO-Heilkunde eingesetzt. In der Medizin werden sowohl Gas- als auch Festkörperlaser verwendet. Grundsätzlich muss bei jeder Anwendung eines Lasers geklärt werden, ob der Einsatz im Gegensatz zu einer konventionellen Methode rentabel und weniger komplikationsbehaftet ist.

Wirkungsmechanismen medizinischer Laserstrahlung ❶

In der Medizin wird die Wirkung von Laserstrahlung, die auf Reflexion, Brechung und insbesondere Streuung und Absorption (Aufnahme) der Strahlung in biologischem Gewebe beruht, genutzt. Absorptionseffekte können nach Intensität und Einwirkzeit der Strahlung gegliedert werden (Abb. 1).

Der thermische Effekt, der eine Erwärmung des Gewebes bewirkt, wird in der Lasermedizin am häufigsten benutzt. Ab etwa 60 °C tritt eine Abtötung der Zellen und Gerinnung des Eiweiß (Koagulation) ein. Dieser Effekt verhindert Blutungen und sorgt für einen aseptischen (keimfreien) Wundverschluss. Bei 100 °C tritt durch Verdampfung von Wasser die Austrocknung des Gewebes ein, bei höheren Temperaturen wird das Gewebe schließlich verkohlt und ab 300 °C durch Vergasung abgetragen. Wird ein solcher Laserstrahl bewegt, erzeugt er einen Schnitt. Bei der Verdampfung und Vergasung ist eine höhere Intensität, dafür aber geringere Einwirkzeit der Laserstrahlung als bei der Koagulation erforderlich. Ein anderer Absorptionseffekt ist die Ablation. Dabei wird das bestrahlte Gewebe durch kurze Hochleistungspulse in den gasförmigen Zustand überführt, verdampft und dadurch abgetragen. Die Disruption ist ein Absorptionseffekt, der bei noch höheren Intensitäten stattfindet. Die Strahlung ist dabei so stark, dass Elektronen einzelner Atome gelöst werden. Somit entsteht ein sich ausdehnendes Plasma (Gemisch aus freien Elektronen, positiven Ionen und Neutralteilchen eines Gases), das wiederum eine Druckwelle erzeugt, die eine Amplitude bis zu 600 bar haben kann. Plasma und Druckwelle eignen sich zum Zerstören harter Stoffe (→ Stoßwellenlithotripsie). Ein

weiterer Absorptionseffekt ist die photochemische Reaktion, bei der schwache Strahlung zur Auslösung chemischer Reaktionen im Gewebe benutzt wird.

Die Absorption ist abhängig von der Wellenlänge und der Art des Gewebes. Je größer die Absorption, desto geringer ist die Eindringtiefe der Strahlung und desto größer die Wirkung in einem bestimmten Volumen. Je nach Gewebeart und gewünschter Eindringtiefe ist somit die Wellenlänge und Intensität des Lasers zu wählen.

Laserchirurgie ❷

Das Schneiden von Gewebe mit einem Laserstrahl beruht auf dem thermischen Effekt oder der Ablation. Ein typischer Schneidlaser ist der CO_2-Laser (Kohlendioxidlaser). Er hat eine geringe Eindringtiefe und erzeugt deshalb einen präzisen Schnitt. Die Schnitttiefe beträgt je nach Leistung und Geschwindigkeit bis zu 10 mm. Um den Schnitt entsteht eine die Wunde verschließende Gerinnungszone.

Ein typisches CO_2-Lasersystem (Abb. 2 a) besteht aus einem Netzgerät, Gasvorratsflaschen für den Laser, dem eigentlichen Laserrohr mit Wasserkühlung, einem Spiegelgelenkarm zur Strahlführung, einem Handstück (Abb. 2 b), einem Fußschalter und einem Rechner mit Bedienkonsole. Im Laserrohr wird der Laserstrahl erzeugt, der danach durch das Spiegelgelenksystem zum Handstück geführt wird. An der Bedienkonsole lässt sich die Leistung des Lasers und die Pulsdauer einstellen. Da der Infrarotstrahl des CO_2-Lasers unsichtbar ist, wird parallel ein roter Strahl eines schwachen Helium-Neon-Lasers mitgeführt.

Laser in der Augenheilkunde ❸

Ein Lasersystem in der Augenheilkunde besteht aus drei Strahlengängen: In dem ersten Strahlengang wird konventionelles Licht in das Innere des Auges gebracht, mit dem zweiten beobachtet der Arzt das innen ausgeleuchtete Auge und im dritten Strahlengang wird der eigentliche Laserstrahl parallel zum ersten oder zweiten eingekoppelt. Mithilfe von Lasern lassen sich z. B. Ablösungen der Netzhaut von der Lederhaut verhindern. Dazu wird die Netzhaut um eine Stelle, die sich bereits zu lösen beginnt, mittels mehrerer kleiner Punkte mit der Lederhaut durch Gerinnung „verschweißt" (Abb. 3). Auch der graue Star, bei dem die Linse eingetrübt und verhärtet ist, kann mittels Lasertechnik behandelt werden. Die harte Linse wird mittels Ablation zerstört und durch ein künstliches Implantat ersetzt.

❶ Absorptionseffekte bei der Wirkung von Laserstrahlung auf biologisches Gewebe

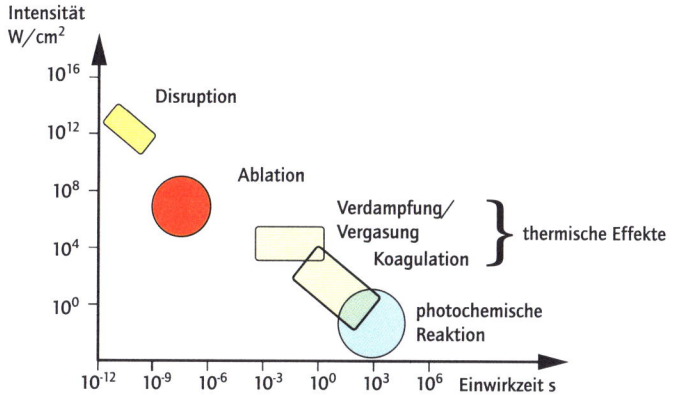

❷ ⓐ Chirurgisches CO_2-Lasersystem ⓑ Handstück

Spiegelgelenkarm

Bedienungskonsole
Rechner

Handstück

eigentlicher Laser

Fußschalter

Schrank für Netzgerät
und Gasflaschen

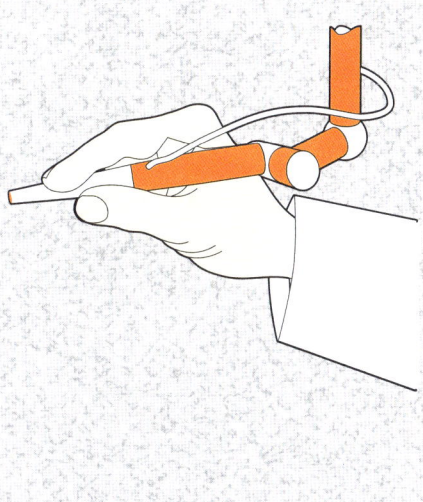

❸ Einsatz von Laser
in der Augenheilkunde (Modell)

Kühl- und Gefriergeräte haben die Aufgabe, in ihrem Innenraum eine gegenüber der Umgebung niedrigere Temperatur zu erzeugen und aufrechtzuerhalten. Bei einer Innentemperatur von 0 °C bis +8 °C dienen Kühlschränke zur kurzfristigen Lagerung von verderblichen Waren, während Gefrierschränke bei Temperaturen unter -18 °C zum Gefrieren und langfristigen Lagern von Gefriergut und Tiefkühlkost eingesetzt werden.

Kühlvorgang ❶

Dem Kühlvorgang der Geräte liegen verschiedene physikalische Gesetzmäßigkeiten zugrunde:

Jede Flüssigkeit nimmt beim Übergang vom flüssigen in den dampfförmigen Zustand Wärme auf (wird erhitzt) und gibt diese beim Übergang vom dampfförmigen in den flüssigen Zustand wieder ab. Während des Verdampfungsprozesses bleibt die Temperatur der Flüssigkeit konstant. Unter Druck steigt diese Temperatur (Siedetemperatur) an, eine Druckminderung bewirkt ein Absinken der Temperatur.

Die in Kühl- und Gefriergeräten eingesetzten Flüssigkeiten bezeichnet man als Kältemittel (z. B. Ammoniak, Kohlenwasserstoffe). Ihr Siedepunkt liegt bei normalem Atmosphärendruck (1013 hPa = 1,013 bar) zwischen etwa -100 °C und + 25 °C. Sie werden in einem Kreislauf geführt (Abb. 1) und die o.a. Eigenschaften genutzt. Das Kältemittel wird durch Aufnahme von Wärme aus dem Kühlschrankinneren erhitzt und der entstehende Dampf verdichtet, d. h., der Druck wird erhöht. Aufgrund der Druckerhöhung verflüssigt sich der Dampf unter Abgabe von Wärme an die Umgebung. Der Druck des wieder flüssigen Kältemittels wird gedrosselt, und der Prozess kann neu beginnen. Die heute üblichen Verfahren bei Kühl- und Gefriergeräten sind das Kompressions- und das Absorptionsverfahren. Sie unterscheiden sich in der Druckerzeugung im Kältemittelkreislauf.

Kompressionsverfahren ❷

Die eigentliche Kälteerzeugung findet im Verdampfer statt, wo das Kältemittel bei niedrigem Druck verdampft und der Umgebung (im Gefrierfach) Wärme entzieht. Der Dampf wird vom Kompressor angesaugt und auf den Kondensator-(Verflüssiger)druck verdichtet. Im Kondensator wird der verdichtete Dampf unter Wärmeabgabe an die Umgebung verflüssigt. Das Kältemittel strömt anschließend durch ein Drosselorgan (Kapillarrohr), welches den Druckausgleich zwischen Kondensator und Verdampfer verhindert und in dem das Kälte-

mittel auf den niedrigen Druck entspannt wird. Das flüssige Kältemittel fließt zurück in den Verdampfer. Die Innentemperatur des Kühl- bzw. Gefrierschranks wird von einem Temperaturregler konstant gehalten, über den der Kompressormotor ein- bzw. ausgeschaltet wird (Abb. 2).

Absorptionsverfahren

Unter Absorption versteht man das Auflösen eines Dampfes oder Gases in einer Flüssigkeit. Kühlgeräte, die nach diesem Verfahren arbeiten, enthalten das Kältemittel Ammoniak, das vom Wasser leicht aufgenommen (absorbiert) wird. Der Druck wird hier durch Erhitzen eines mit stark ammoniakhaltigem Wasser gefüllten Kochers erzeugt. Das Ammoniak dampft aus, und das Wasser bleibt zurück. Im kontinuierlich arbeitenden Ausdampfungsprozess steigt der Druck so lange an, bis der Ammoniakdampf im Verflüssiger kondensiert und die aufgenommene Wärme abgibt. Wie beim Kompressionsverfahren strömt das Kältemittel durch ein Drosselorgan und nimmt im Verdampfer (Gefrierfach) bei niedrigem Druck wieder Wärme auf. Das schwach ammoniakhaltige und noch warme Wasser aus dem Kocher läuft über einen Wärmeaustauscher, wo es einen Teil seiner Wärme abgibt, in den Absorber. Hier nimmt es den reinen Ammoniakdampf, der aus dem Verdampfer strömt, wieder auf und sättigt sich ab. Eine kleine Umwälzpumpe fördert die entstandene Ammoniaklösung über den Wärmetauscher in den Kocher zurück (Abb. 3).

Absorberkühlgeräte sind kompakt und durch den fehlenden mechanischen Kompressor relativ geräuschlos. Sie werden daher vorwiegend als Kleingeräte gebaut und z. B. beim Camping eingesetzt.

Rechtliche Entwicklungen

Bis 1995 wurden als Kälte- und Isoliermittel so genannte Fluorchlorkohlenwasserstoffe (FCKW) und Fluorkohlenwasserstoffe (FKW) verwandt. Aufgrund der stark ozonschädigenden Wirkung und der Entstehung des „Treibhauseffektes" dürfen diese Kohlenwasserstoffe nicht mehr eingesetzt werden. Durch weitere Entwicklungsmaßnahmen, z.B. stärkere Isolierung, Abtauautomatik, Spartasten bei halber Beladung, konnte in den letzten Jahren der Energieverbrauch von Kühlgeräten deutlich vermindert werden. Im Laufe des Jahres 1997 sollten zudem alle Kühl- und Gefriergeräte in Deutschland mit dem Eurolabel gekennzeichnet werden, welches die Geräte in so genannte Energieeffizienzklassen von A bis G einteilt.

❶ Kältemittelkreislauf

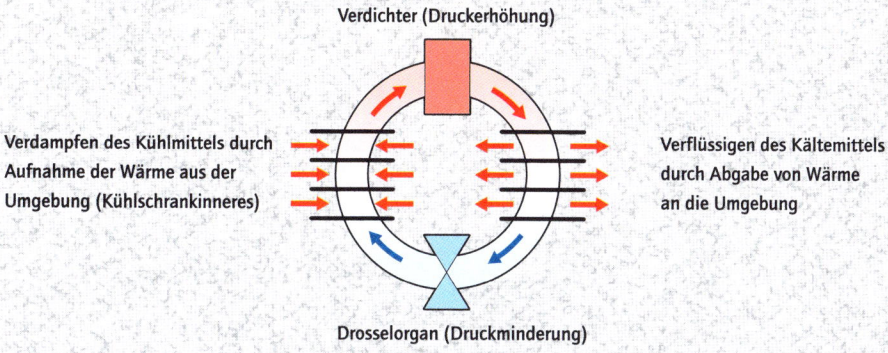

Verdichter (Druckerhöhung)

Verdampfen des Kühlmittels durch
Aufnahme der Wärme aus der
Umgebung (Kühlschrankinneres)

Verflüssigen des Kältemittels
durch Abgabe von Wärme
an die Umgebung

Drosselorgan (Druckminderung)

❷ Kühlschrank nach dem Kompressionsverfahren

ⓐ Verdampfer (nimmt Wärme auf)
ⓑ Luftaustritt
ⓒ Drosselorgan (Kapillarrohr)
ⓓ Druckseite
ⓔ Saugseite
ⓕ Kondensator
   (Verflüssiger; gibt Wärme ab)
ⓖ Trockner
ⓗ Kompressor (Verdichter)
ⓘ Temperaturregler
ⓙ Lufteintritt

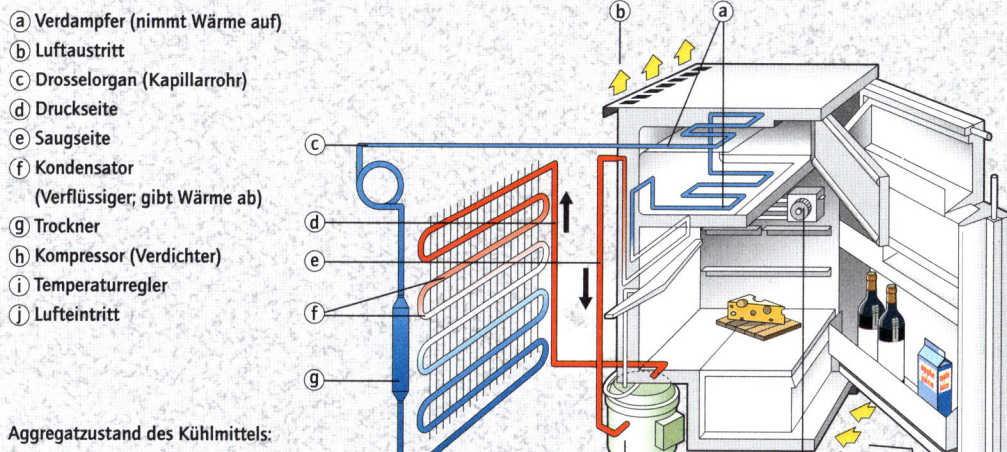

Aggregatzustand des Kühlmittels:
■ = dampfförmig, ■ = flüssig

❸ Rückwand eines Kühlgerätes mit Absorptionssystem

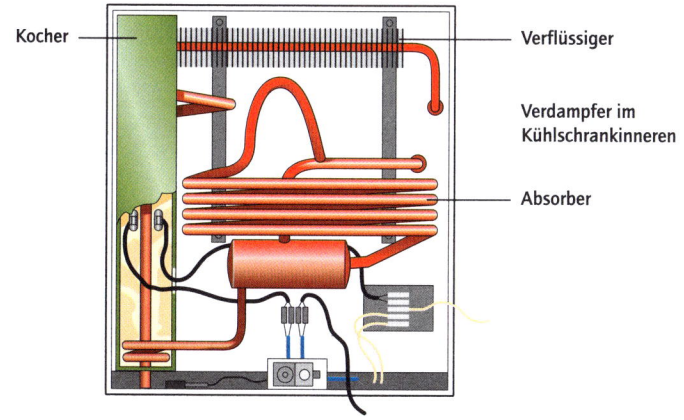

Kocher

Verflüssiger

Verdampfer im
Kühlschrankinneren

Absorber

Herde gehören zu den Großgeräten im Haushalt und dienen zum Kochen, Braten, Backen oder auch Grillen von Lebensmitteln. Man unterscheidet drei Herdtypen: Elektro-, Gas- und Induktionsherde.

Das Kochfeld ❶

Der Elektroherd ist mit einer emaillierten Kochmulde mit Kochplatten oder einem Glaskeramikkochfeld ausgestattet. Man unterscheidet drei Plattentypen: die Standardkochplatte, die Blitz- und die Automatikkochplatte. Die Kochplatte (Abb. 1) besteht aus wärmeleitfähigem Gusseisen. In den Plattenkörper sind mehrere Heizleiter, die von einer keramischen Isoliermasse umgeben sind, eingegossen. Die Mitte der Platte ist ungeheizt, um Wärmestau und Überhitzung auszuschließen. Bei der Blitzkochplatte, die durch einen roten Punkt in der Plattenmitte erkennbar ist, wird die höhere Heizleistung in der höchsten und niedrigsten Einstellung wirksam. Damit diese Kochplatte nicht überhitzt, befindet sich in der Mitte ein Überhitzungsschutz (Bimetallregler). Bei der Automatikplatte erfolgt das Umschalten von hoher auf niedrigere Leistung selbsttätig durch eine zeitabhängige Steuerung oder eine temperaturabhängige Regelung. Ein Glaskeramikkochfeld besitzt statt ausgeprägter Kochplatten Kochzonen, unter denen sich die Heizleiter befinden.

Beim Induktionsherd werden Induktionsspulen, die sich unter der Kochzone befinden, mit mittelfrequenten Wechselströmen gespeist. Sie erzeugen magnetische Wechselfelder, die die Energie direkt in den Topfboden übertragen. Zum Kochen eignet sich nur magnetisch leitendes Geschirr aus Gusseisen oder emailliertem Stahl, bei dem die magnetischen Wechselfelder Wirbelströme im Geschirrboden und damit Wärme erzeugen. Die Glaskeramikkochplatte selbst bleibt kalt und wird nur indirekt über das Kochgeschirr erwärmt.

Das Kochfeld des klassischen Gasherdes ist mit einem Topfgitter und offenen Brennern ausgestattet, aus denen das Gas austritt. Eine elektrische Funkenzündung stellt die Flamme in gewünschter Größe bereit. Sollte die Flamme verlöschen (z.B. durch Überkochen), dann stoppt eine eingebaute Zündsicherung die Gaszufuhr sofort. Ein moderner Gaskocher benötigt ungefähr 50% weniger Energie als ein elektrischer Herd.

Der Backofen ❷ ❸

Der Backofen ist durch seine gleichmäßige und fein regulierbare Wärmezufuhr für die Wärmezubereitung vielseitig nutzbar. Die Wärmeübertragung von einem Ort höherer Temperatur zu einem Ort tieferer Temperatur erfolgt durch Wärmeleitung, Wärmeströmung und Wärmestrahlung sowie durch Kombination dieser drei grundsätzlichen Wärmeübertragungsarten. Beim Standardbackofen findet die Wärmeübertragung durch Hitzestrahlung und natürliche Wärmeströmung (Konvektion) statt. Die Wärme wird durch Gase (Luft) transportiert, die aufgrund von Temperaturunterschieden strömen. Dabei können erheblich größere Wärmemengen übertragen werden als von ruhenden Medien durch Wärmeleitung, wie z.B. bei den Herdkochplatten. Die Heizstäbe befinden sich außerhalb des Ofengarraumes: unterhalb des Bodens (Unterhitze) und oberhalb der Decke (Oberhitze). Bei Backöfen mit Grillvorrichtung sind zusätzliche Heizstäbe im Innenraum eingebaut. Die Backtemperatur (zwischen 50 – 250 °C) wird über einen oder mehrere Temperaturregler konstant gehalten. Die Wärmeübertragung beim Umluftherd erfolgt durch eine Zwangskonvektion (Abb. 2). Dazu befindet sich ein Ventilator in der Rückwand des Backraumes, der von einem ringförmigen Heizkörper umgeben ist. Der Ventilator saugt die Luft aus dem Backraum an, drückt sie um den Heizkörper herum und in den Ofen zurück. Dadurch wird eine gleichmäßige Temperaturverteilung im Backraum erreicht. Die Temperaturregelung erfolgt über einen stufenlos einstellbaren Regler bei 50 – 200 °C. Im Umluftbetrieb kann auf mehreren Blechen gleichzeitig gebacken werden. Moderne Geräte besitzen zusätzlich ein eingebautes Gebläse, das den Herd nach außen hin kühl hält. Die niedrigen Außentemperaturen schonen die angrenzenden Möbel und die elektronischen Bauteile (Abb. 3).

Reinigungssysteme ❸

Die meisten Backöfen sind mit einer Selbstreinigungsfunktion ausgestattet. Man unterscheidet dabei zwischen der pyrolytischen und der katalytischen Reinigung. Bei der pyrolytischen Selbstreinigung werden Verunreinigungen bei hohen Temperaturen von ca. 500 °C verschwelt. Eine temperaturabhängig gesteuerte Türverriegelung verschließt die Tür bei ca. 300 °C automatisch, um Unfällen vorzubeugen. Backöfen mit katalytischer Selbstreinigungsfunktion verfügen über emailbeschichtete Seitenwände, in die Katalysatoren eingelegt sind. Sie wirken schon bei 200 °C und der Reinigungsvorgang findet während des Bratens oder Grillens statt. Beide Selbstreinigungsverfahren haben ihre Grenzen bei starken Verschmutzungen, speziell durch zuckerhaltige Stoffe oder Säuren.

❶ Aufbau der Kochplatte

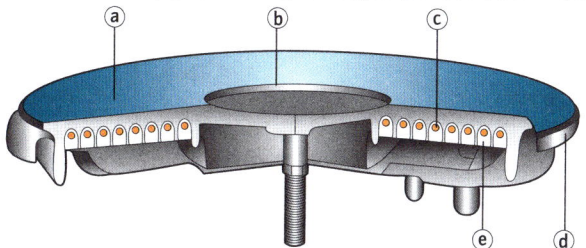

a Beheizter Plattenteil
b Unbeheizter Plattenteil
c Heizleiter
d Überfallrand
e Keramische Isoliermasse

❷ Umluftbackofen

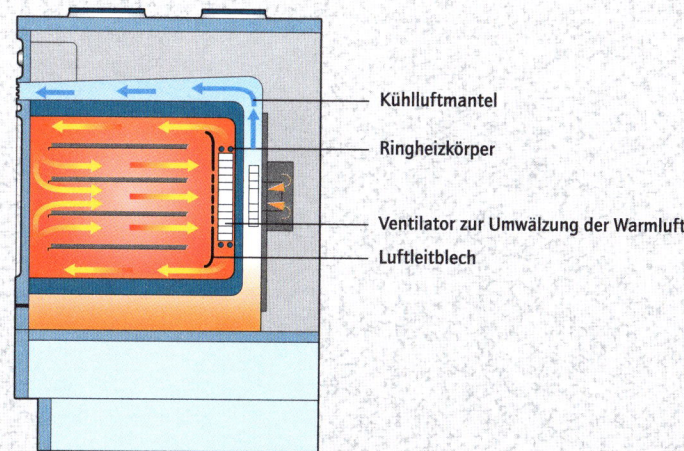

Kühlluftmantel

Ringheizkörper

Ventilator zur Umwälzung der Warmluft

Luftleitblech

❸ Luftführung im Backofen

a Kühlgebläse
b Luftkühlung
c Backraum

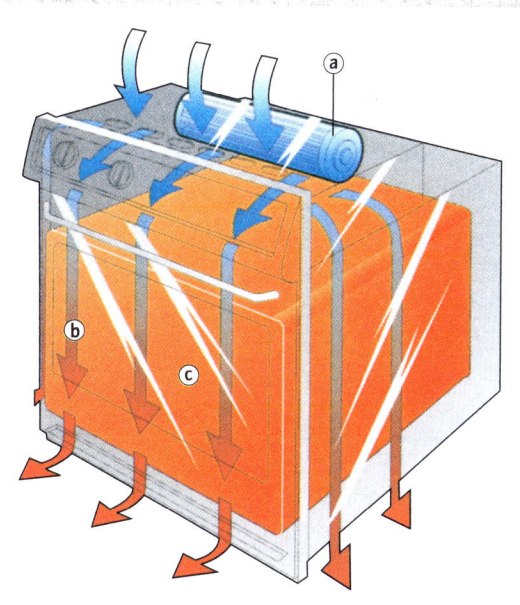

Mikrowellengeräte dienen dem schnellen Auftauen, Erhitzen oder auch Garen von Lebensmitteln. Sie eignen sich bevorzugt zum Erwärmen bereits vorgefertigter Gerichte und zum Auftauen von Tiefkühlkost.

Mikrowellenerzeugung ❶ ❷

Als Mikrowellen bezeichnet man das Frequenzgebiet elektromagnetischer Strahlen, welches sich im Bereich von 1 GHz (10^9 Hz) bis zu 1 THz (10^{12} Hz) bewegt. Die Mikrowellen nehmen somit das Grenzgebiet zwischen den Radiostrahlen (< 1 GHz) und den Infrarotstrahlen (> 1 THz) ein.

Die elektromagnetischen Strahlen werden von einem Mikrowellengenerator, dem so genannten Magnetron, erzeugt. Er besteht aus einer Vakuumröhre mit einer stabförmigen Glühkathode und einer dazu konzentrisch angeordneten Anode, die an eine Spannungsquelle angeschlossen sind. Die Röhre befindet sich in einem kontinuierlich magnetischen Feld, das von einer stromdurchflossenen Spule erzeugt wird (Abb. 1). Die Kathode ist eine negativ geladene Elektrode, an der Elektronen austreten. Diese werden vom Magnetfeld abgelenkt und in Bahnen gezwungen, die um die Kathode laufen. Dabei beeinflusst die Stärke des Magnetfeldes die Bahnkrümmung und die Umlauffrequenz der Elektronen (Abb. 2). Treffen nun die Elektronen auf die Anode, so entsteht ein Elektronenstrom, der die Quelle der im Magnetron erzeugten elektromagnetischen Strahlung darstellt. Die Frequenz der Strahlung entspricht der Umlauffrequenz der Elektronen im Magnetfeld.

Strahlungsgang in Mikrowellengeräten ❸ ❹

Die im Magnetron erzeugten Mikrowellen werden von einer Antenne, dem so genannten Koppelstift, über einen Hohlleiter in den Garraum eingespeist, um dort das Gargut zu erwärmen (Abb. 3). Vor der Einkopplung befindet sich ein Reflektor, dessen Flügel aus Blech bestehen. Ist das Mikrowellengerät eingeschaltet, so dreht sich auch der Rotor im kontinuierlichen Betrieb. Die Mikrowellen, die vom Magnetron aus in den Garraum eingespeist werden, werden beim Auftreffen auf die Flügel ständig unterschiedlich reflektiert, sodass sich die elektromagnetischen Strahlen gleichmäßig im Garraum verteilen.

Der aus Metall bestehende Garraum wirkt wie ein Hohlraumresonator, denn die Innenmaße sind auf die Wellenlänge der Mikrowellen abgestimmt. Die von den Wänden reflektierten Wellen unterstützen jeweils die ankommenden.

Das Gargut verhält sich im Mikrowellengerät wie ein Dielektrikum zwischen den Platten eines Kondensators, der an eine Hochfrequenzspannung angeschlossen ist (Abb. 4). Ein Dielektrikum ist ein elektrischer Nichtleiter, der beim Einwirken eines elektrischen Feldes durch Ladungstrennung ein Gegenfeld aufbaut. Die Moleküle des Dielektrikums werden infolge des zwischen den Kondensatorplatten wirkenden elektrischen Feldes laufend elektrisch umpolarisiert und fangen im Frequenzbereich der Mikrowelle an zu schwingen. Als Folge der Molekülbewegung entsteht Wärme. Die Aufgabe des Plattenkondensators übernehmen im Mikrowellengerät die Wände, an denen die Strahlen reflektiert werden. Bei der Umwandlung der Mikrowellenenergie in Wärme schwächen sich die Mikrowellen ab, dringen aber dennoch ins Innere des Gargutes vor. So entsteht gleichzeitig Wärme in den äußeren und tiefer liegenden Schichten des Lebensmittels. Die Erwärmung der tieferen Schichten sowie des Kerns erfolgt zusätzlich durch Wärmeleitung von außen nach innen.

Eigenschaften

Bei Mikrowellengeräten werden verschiedene Eigenschaften der elektromagnetischen Strahlung ausgenutzt. So werden Mikrowellen von metallischen Flächen reflektiert, ohne dass es dabei zu einer wesentlichen Erwärmung kommt. Behälter aus Glas, Keramik oder Kunststoff werden durchdrungen, und auch hier findet keine direkte Erwärmung der Materialien statt. Speisen und Wasser (elektrische Nichtleiter) hingegen nehmen Mikrowellen auf (Absorption) und wandeln sie in Wärme um. Je größer der Wasservorrat ist, desto schneller werden die Speisen erwärmt. Die Leistung der Mikrowellengeräte (maximal 500 W – 1000 W) lässt sich vom Benutzer über verschiedene Bedienelemente entsprechend der Funktionen Auftauen, Erhitzen oder Garen einstellen.

Die Behälter für Lebensmittel, die im Mikrowellengerät erwärmt werden sollen, müssen aus Glas, Keramik oder Kunststoff bestehen. Metalltöpfe und -folien sind ungeeignet, da sie die Strahlen und damit die Energie reflektieren und nicht an das Gargut heranlassen.

Zur Vermeidung von Gesundheitsschäden und Funkverkehrsstörungen muss ein sauberes Schließen der Gerätetür gewährleistet sein, damit möglichst wenig Strahlung nach außen dringt. Das Sichtfenster in der Tür ist zum Garraum hin mit einem Lochblech versehen, sodass die Mikrowellen vollständig reflektiert werden.

❶ Magnetron

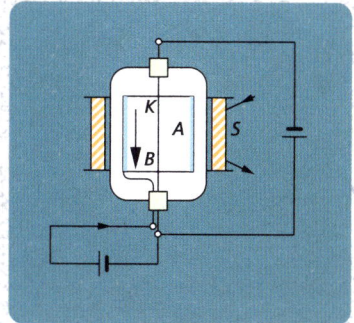

A = Anode, K = Kathode,
S = Stromdurchflossene Spule, B = Magnetfeld

❷ Elektronenlaufbahn unter dem Einfluss eines elektrischen und eines magnetischen Feldes in einem Magnetron

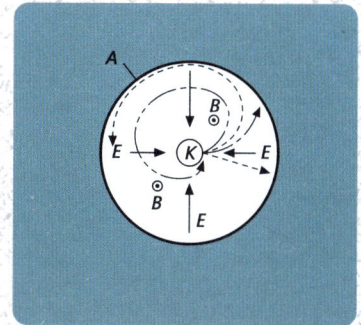

A = Anode, K = Kathode,
B = Magnetfeld senkrecht zur Bildebene, E = elektrisches Feld

❸ Schnittbild eines Mikrowellengerätes

ⓐ Elektronik
ⓑ Kühlgebläse
ⓒ Magnetron
ⓓ Koppelstift
ⓔ Hohlleiter
ⓕ Einkopplung
ⓖ Garraum
ⓗ Reflektorflügel
ⓘ Deckplatte
ⓙ Bodenplatte
ⓚ Gehäuse

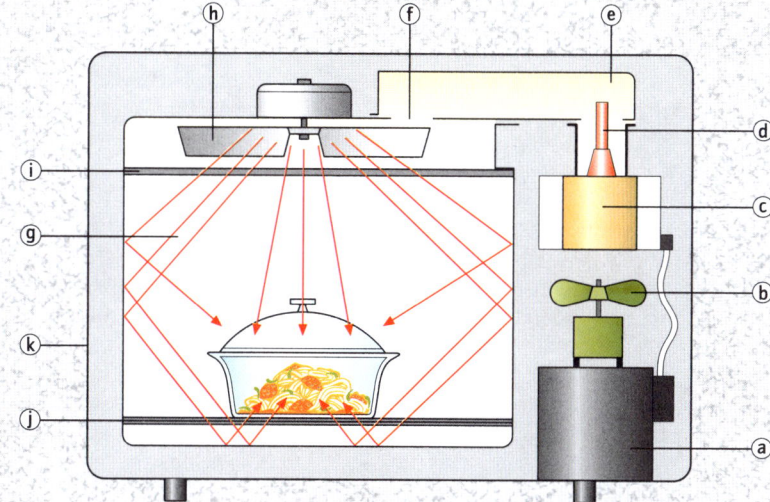

❹ Dielektrikum (Gargut)
im Hochfrequenzspannungsfeld

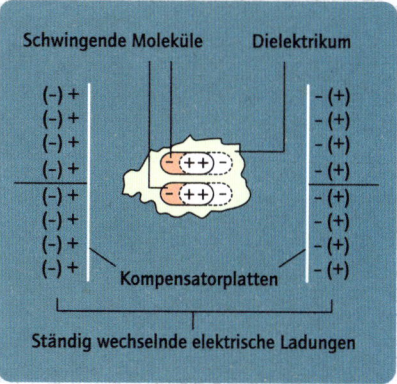

Geschirrspülmaschinen gehören heute in vielen Haushalten zur Grundausstattung. Sie nehmen dem Benutzer Arbeit ab und sind bei häufig anfallenden großen Geschirrmengen auch energiesparender als das Spülen von Hand.

Aufbau und Funktionsweise ❶ ❷ ❸

Im Spülraum der Maschine befinden sich zwei Geschirrkörbe (Ober- und Unterkorb), die nach vorne herausgezogen werden, und mindestens ein Besteckkorb oder eine Besteckschublade (Abb. 1). Das Fassungsvermögen beträgt dabei je nach Gerätegröße zwischen 8 und 14 Maßgedecke. Zum Betrieb werden ein Wasserzu- und -abfluss und ein Stromanschluss (um 3 kW Anschlussleistung) benötigt. Ist zusätzlich ein Warmwasseranschluss vorhanden, so können durch die kürzeren Aufheizzeiten im Reinigungs- und Klarspülvorgang erhebliche Einsparungen in der Laufzeit und im Stromverbrauch erreicht werden.

Geschirrspülmaschinen arbeiten mit der mechanischen Wirkung von Wasserstrahlen, die jede Stelle auf der Geschirroberfläche erreichen, Speisereste ablösen und fortspülen. Mithilfe eines Sprühsystems wird das Wasser umgewälzt und dem Geschirr zugeführt. Das System besteht aus zwei bis drei rotierenden Sprüharmen mit zahlreichen gerichteten Düsen, die das Wasser fächerförmig in den Spülraum spritzen (Abb. 2). Das vom Geschirr abtropfende Wasser fließt durch ein Sieb auf die Umwälzpumpe (Kreiselpumpe). Sie pumpt das Wasser während des Spülvorgangs kontinuierlich zurück in den Spülraum, wobei es erst durch eine Heizung wieder erwärmt wird. Die abgespülten Speisereste werden zum Schutz der feinen Düsen vom Sieb am Boden zurückgehalten oder in ein trichterförmiges Sieb (Siebkombination, Abb. 3) vor der Laugenpumpe gespült. Die Laugenpumpe auch Ablaufpumpe genannt, fördert das Spülwasser dann in den Abfluss. Moderne Geräte sind mit einer Filterkombination ausgerüstet, die eine weit reichende Selbstreinigung des Wassers erzielen. Auf der Innenseite der Gerätetür befinden sich Einspülkammern für das Reinigungsmittel und den Klarspüler. Die wasserdicht schließenden Kammerdeckel werden programmgesteuert geöffnet. Eine elektromagnetisch betätigte Dosiereinrichtung gibt beim letzten Spülgang eine einstellbare Menge an Klarspüler in den Spülbehälter. Der Klarspüler setzt die Oberflächenspannung des Wassers herab und verhindert so die Tropfenbildung. Dadurch liegt nur ein hauchdünner Wasserfilm auf dem Geschirr, der schnell verdunstet.

Ionentauscher

Weiches Wasser ist eine Voraussetzung für eine gute, „glänzende" Reinigungswirkung, denn hartes Wasser hinterlässt mit der Zeit einen milchig weißen Belag auf dem Geschirr. Verantwortlich für die Wasserhärte sind in Wasser gelöste Calcium- und Magnesiumteilchen in Form positiver Ionen (Ca^{++} und Mg^{++}). Ein so genannter Ionenaustauscher, der in der Spülmaschine eingebaut ist, entzieht dem Wasser diese Ionen und tauscht sie gegen Natriumionen (Na^+) aus; damit bleibt das Wasser elektrisch neutral. Über ein Regeneriersalz auf Kochsalzbasis ($NaCl$) werden dem Ionenaustauscher regelmäßig Na^+-Ionen zugeführt. Nach jedem Spülgang wird der Austauscher mit der konzentrierten Regeneriersalzlösung umspült, wobei er die Ca^{++}- und die Mg^{++}-Ionen abgibt und wieder Na^+-Ionen aufnimmt. Die Spülung wird anschließend abgepumpt. In der Spülmaschine befindet sich ein Salzbehälter, der vom Benutzer je nach Bedarf aufgefüllt werden muss. Der Verbrauch des Regeneriersalzes richtet sich nach der jeweiligen Wasserhärte und wird vor der ersten Inbetriebnahme des Gerätes mithilfe eines Schalters von Hand eingestellt.

Spülvorgang

Ein Spülvorgang besteht aus mehreren Programmschritten:

- Vorspülen: Absprühen mit kaltem Wasser
- Hauptspülen: Absprülen mit warmer Lauge (45 °C bis 65 °C)
- Zwischenspülen: Entfernen der Laugenreste mit warmem Wasser
- Klarspülen: Abspülen unter Verwendung von Klarspüler und warmem Wasser
- Trocknen: Erhöhen der Lufttemperatur

Je nach Gerät und Hersteller kann der Benutzer zwischen mehreren Spülvorgängen wählen. Neben dem Universalprogramm für normal verschmutztes Geschirr werden auch Spar-, Fein- und Kurzprogramme für leicht verschmutztes Geschirr oder halbvolle Spülmaschinen angeboten. Kurzprogramme arbeiten ohne Vorspül- und Trockengang.

Der Strom- und Wasserverbrauch der Spülmaschinen wurde in den letzten Jahren erheblich reduziert: Im Universalprogramm verbraucht ein altes Modell ca. 50 Liter Wasser bei ca. 2,5 kWh Leistung, ein neues Gerät benötigt z. B. nur noch 17 Liter Wasser bei 1,2 kWh Leistung. Die allerneuesten Geschirrspüler sind mit einer programmierbaren Elektronik ausgestattet, deren „intelligente" Programme man neuen Erkenntnissen anpassen kann.

❶ Innenausstattung einer Spülmaschine

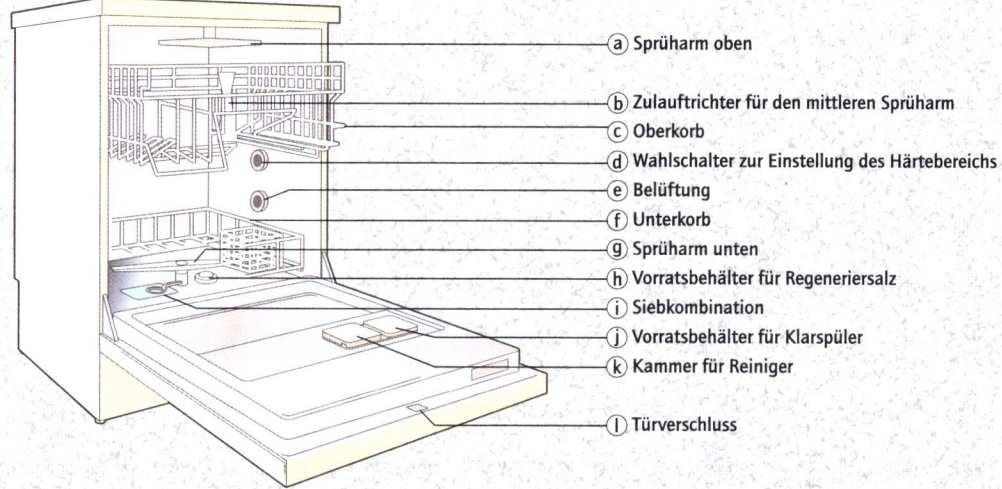

ⓐ Sprüharm oben

ⓑ Zulauftrichter für den mittleren Sprüharm
ⓒ Oberkorb
ⓓ Wahlschalter zur Einstellung des Härtebereichs
ⓔ Belüftung
ⓕ Unterkorb
ⓖ Sprüharm unten
ⓗ Vorratsbehälter für Regeneriersalz
ⓘ Siebkombination
ⓙ Vorratsbehälter für Klarspüler
ⓚ Kammer für Reiniger

ⓛ Türverschluss

❷ Einblick in einen Geschirrspülautomaten während des Spülvorganges

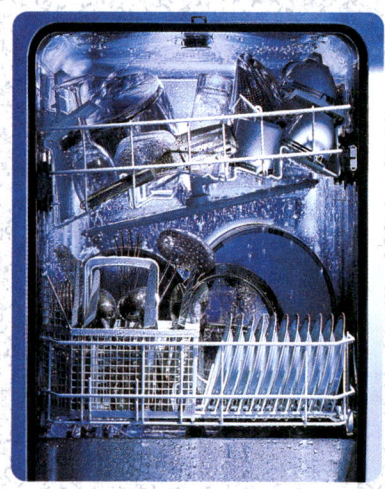

❸ Siebkombination zum Auffangen von Speiseresten

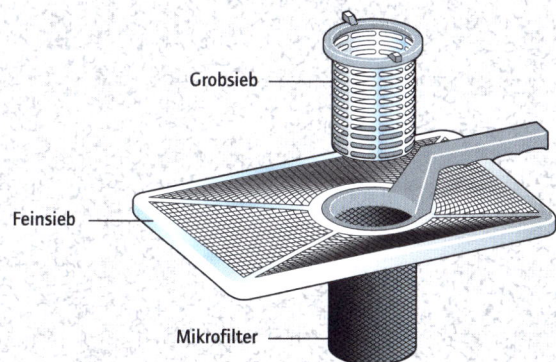

Grobsieb

Feinsieb

Mikrofilter

Waschmaschinen dienen dem Reinigen verschmutzter Wäsche in erwärmtem Wasser unter Zugabe von Waschmitteln. Zum anschließenden Trocknen der ausgeschleuderten Wäsche kann ein Wäschetrockner benutzt werden.

Waschmaschinen

Bei den Waschvollautomaten (Abb. 1) werden die Arbeitsgänge Waschen, Spülen und Schleudern unter Zugabe aller Waschmittel automatisch gesteuert. Frontlader sind von vorne zu beschicken, Toplader von oben. Die Wäschetrommel aus korrosionsbeständigem Edelstahl ist waagerecht im Laugenbehälter gelagert, an der Innenseite gelocht und mit quer laufenden Mitnehmerrippen versehen. Sie wird abwechselnd nach beiden Seiten gedreht, wobei der Laugenbehälter je nach Programmzustand mit Waschlauge oder Spülwasser gefüllt ist. Über Magnetventile wird die Frischwasserzufuhr und die Waschmitteleinspülung freigegeben. Die unterschiedlichen Wasserstände zum Waschen und Spülen werden über das Wasserstandssteuergerät gesteuert, welches über ein Steigrohr mit dem Laugenbehälter in Verbindung steht. Beim Wassereinlauf steigt die Waschlauge im Steigrohr und komprimiert die eingeschlossene Luft im Steuergerät, bis der zunehmende Druck einen Membranschalter betätigt. Der Wasserzulauf wird sodann unterbrochen, und die Heizung, die sich unterhalb des Laugenbehälters befindet, wird eingeschaltet. Die Temperatur wird von einem (elektrischen) Temperaturregler (Kapillarrohr, Heißleiter, NTC-Fühler) überwacht und auf den vorgegebenen Wert eingestellt.

Als Antrieb für die Waschtrommel dient meist ein polumschaltbarer Motor für langsame und schnelle Umdrehungsfrequenzen; in einigen Geräten werden auch Doppelmotoren eingesetzt. Neu ist der Einsatz von Gleichstrommotoren, die im Schleudergang eine stufenlose Umdrehungsfrequenzänderung erlauben. Die typischen Umdrehungsfrequenzen liegen im Schongang bei 25 1/min, beim Waschen oder Spülen bei 50 l/min und beim Schleudern bis zu 1600 l/min. Die Laugenpumpe fördert 30–50 l/min. Ein Flusensieb schützt sie vor Fremdkörpern aus dem Spülwasser.

Das Waschprogramm wird von einem Programmsteuergerät bestimmt, das aus einem Wahlschalter, einem Programm- und einem Steuerteil (Schrittschaltwerk oder elektronische Steuerung) besteht. Ein Schrittschaltwerk ist ein mechanischer Schalter mit mehreren Kontakten, der von einem Asynchronmotor angetrieben wird. Die Kontakte werden

in unterschiedlicher Folge geöffnet oder geschlossen und das Schaltwerk wird im Abstand von einigen Sekunden jeweils einen Schritt weitergeleitet. Bei der elektronischen Steuerung überwacht ein Mikrocomputer alle Funktionen des Programmablaufs.

Technische Neuerungen auf dem Gebiet der Waschvollautomaten sind unter anderem die elektronische Unwuchtüberwachung beim Schleudergang, die Mengenautomatik mit elektrischer Beladungserkennung und Sicherungssysteme (Waterproofsystem, WPS), die den unkontrollierten Wasserzulauf verhindern und die Wasserzufuhr stoppen, wenn kein Wasser benötigt wird.

Wäschetrockner

Nach dem Ausschleudern der Wäsche bietet ein Wäschetrockner die Möglichkeit, die Kleidung innerhalb relativ kurzer Zeit zu trocknen. Die Trockenzeiten liegen zwischen 30 Minuten und 2 Stunden und sind abhängig von der Umdrehungsfrequenz im Schleudergang und dem gewünschten Trockengrad, der mittels eines Wahlschalters eingestellt werden kann. Die Geräte sind ähnlich aufgebaut wie Waschmaschinen und bestehen aus einer horizontal gelagerten, gelochten Trockentrommel, die sich im ständigen Wechsel rechts- und linksherum dreht. Von einem Gebläse wird ein kräftiger Warmluftstrom durch die Wäsche geblasen. Die gewünschte Trockendauer wird über einen elektronischen Feuchtigkeitsfühler oder bei einfacheren Geräten über eine Zeitschaltuhr bestimmt.

Man unterscheidet zwischen einem Ablufttrockner und einem Kondensationstrockner. Ein Ablufttrockner (Abb. 2) saugt fortwährend Luft aus der Umgebung an, erwärmt sie und führt sie der Trockentrommel zu. Über ein Flusensieb und einen Abluftschlauch wird dann die feuchte Luft ins Freie geblasen. Kondensationstrockner (Abb. 3) arbeiten mit einem Luftkreislauf, in dem die Luft ständig umgewälzt, erwärmt und nach Aufnahme von Feuchtigkeit aus der zu trocknenden Wäsche abgekühlt und dabei entfeuchtet wird, denn die Wasseraufnahmefähigkeit nimmt mit der Temperatur ab. Die Luftkühlung erfolgt in einem Kondensator, der seinerseits entweder durch Wasser oder Luft gekühlt wird. Die anfallende Feuchtigkeit (Kondensat) wird entweder in einem Auffanggefäß, das regelmäßig geleert werden muss, gesammelt oder mithilfe einer Ablaufpumpe in den Abfluss befördert. Zu den reinen Wäschetrocknern werden auch Vollwaschtrockner angeboten, die einen Waschvollautomaten und Trockner in einem Gerät vereinen.

❶ Vollautomatische Trommelwaschmaschine

ⓐ Türschloss
ⓑ Programmsteuergerät
ⓒ WPS – Schalter
ⓓ Heizung
ⓔ NTC – Fühler
ⓕ Motor
ⓖ Flusenfiltergehäuse
ⓗ Laugenpumpe
ⓘ Stoßdämpfer
ⓙ Rücklaufsicherung
ⓚ Innentrommel
ⓛ Kontergewicht
ⓜ Einspülkammer
ⓝ Laugenbehälterentlüftung
ⓞ Wasserzulaufventile
ⓟ WPS – Ventil
ⓠ Wasserstandssteuergerät
ⓡ Steuerelektronik
ⓢ Drucktastenschalter

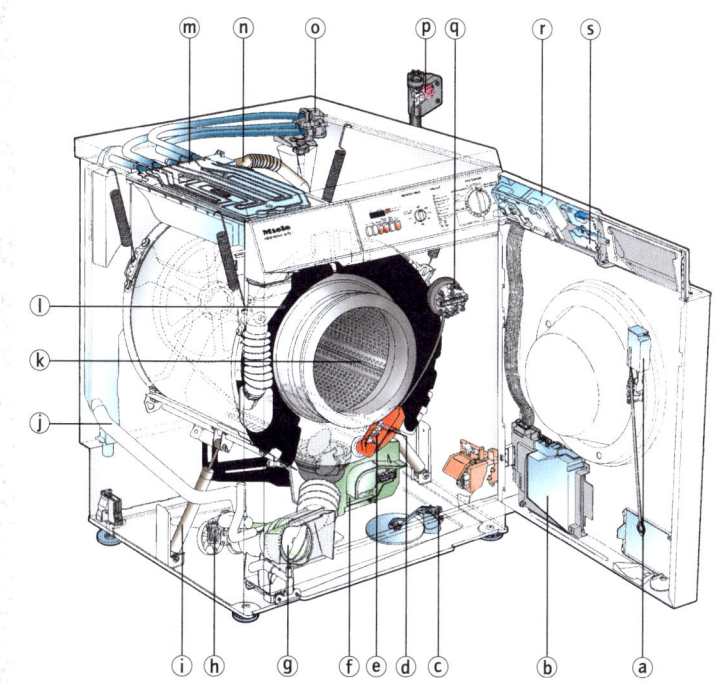

❷ Ablufttrockner

kalte
Umgebungsluft

mit Wasserdampf
gesättigte Warmluft

trockene
Warmluft

ⓐ Heizung
ⓑ Ventilator

❸ Kondensationstrockner mit Luftkühlung

trockene
Warmluft

mit Wasser-
dampf
gesättigte
Warmluft

trockene
Kaltluft

kalte Kühlluft

warme Kühlluft

auskonden-
siertes Wasser

ⓐ Heizung
ⓑ Ventilator für »Trocknungsluft«
ⓒ Ventilator für »Kühlluft«
ⓓ Kondensatauffanggefäß
ⓔ Kondensator

Im Haushalt finden viele elektrische Kleingeräte ihren Einsatz. Nur selten ist einem aber bewusst, wie diese „technischen Helfer" eigentlich funktionieren.

Bügeleisen ❶

Bügeleisen dienen dem Glätten und in Form bringen von Wäschestücken unter der Anwendung von Wärme, Feuchtigkeit und Druck. Sie besitzen eine spitz zulaufende Sohle aus Aluminium, Stahlblech oder Keramik, die zur Verbesserung der Gleiteigenschaften geschliffen und poliert oder Kunststoff beschichtet ist. An einem Temperaturwähler wird mittels eines Bimetallreglers die Bügeltemperatur stufenlos eingestellt. Als Heizelemente dienen z. B. in die Sohle eingepresste oder aufgelötete Rohrheizkörper oder Heizwendel aus Widerstandsdraht, die in eine Isoliermasse eingebettet sind. Ein Dampfbügeleisen (Abb. 1) besitzt zusätzlich einen Wassertank mit bis zu 0,36 Litern Inhalt. Durch Herunterdrücken des Dampfmengenwählers fließt eine kleine Wassermenge in eine Dampfkammer zwischen der Beheizung, verdampft, strömt durch Dampfkanäle und tritt durch Düsen auf der Unterseite der heißen Bügelsohle (mindestens 130 °C) aus. Bei einer Dampfautomatik mit stufenloser Regulierung wird die Dampfmenge den unterschiedlichen Textilien angepasst. Durch die Sprühdüse kann durch Herunterdrücken der Dampfstoßtaste ein feiner Wasserstrahl aus der Dampfstoßkammer auf die Wäsche gespritzt werden.

Staubsauger ❷

Staubsauger dienen dem Aufnehmen von Staub, Fäden oder Flusen; mit Nass-Trocken-Saugern können auch Flüssigkeiten aufgenommen werden. Innerhalb des Staubsaugergehäuses (Abb. 2) befindet sich eine Gebläsekapsel mit einem Universalmotor, mindestens einem Luftförderrad und Einrichtungen für die Luftführung. Der Motor treibt die Luftförderräder mit bis zu 30 000 Umdrehungen pro Minute an. Zur Ableitung der entstehenden Wärme wird Kühlluft über den Motor geleitet. Über ein Ausblasrohr wird die Luft aus der Gebläsekapsel und aus dem Gehäuse herausgedrückt. Dadurch entsteht ein Unterdruck, sodass über den Saugschlauch Außenluft mit Verschmutzungen in das Gehäuse einströmt. Der Luftstrom wird über ein (Mikro-)Filtersystem geführt und verlässt das Gerät über einen Ausblasfilter. Verschmutzungen bleiben im austauschbaren Papierfilter zurück. Moderne Geräte sind mit einer elektronischen Saugkraftregulierung ausgestattet, ein Temperaturbegrenzer schützt sie vor Überhitzung, und sie haben als Aus-blasfilter ein Aktivfiltersystem, mit dem die Abluft sauberer als die Außenluft und weitestgehend geruchsfrei gereinigt wird.

Kaffeemaschine ❸

Die wichtigsten Bauteile der Kaffeemaschine sind Heizung, Wassertank, Steigrohr, Kaffeefilter und -gefäß. Das Wasser wird im Wassertank erhitzt und durch den entstehenden Dampfdruck über ein Steigrohr nach oben getrieben, von wo aus es in den Filter tropft und das Kaffeepulver überbrüht. Der trinkfertige Kaffee fließt dann in die auf einer Wärmplatte stehende Kanne unterhalb des Filters. Beim Espresso-Verfahren wird heißes Wasser unter Druck durch das Kaffeemehl, das sich in einem speziellen Filter befindet, gepresst (Abb. 3).

Weitere Kleingeräte

Ein Mixer wird von einem Universalmotor angetrieben und hat meist zwei Antriebsstellen zur Werkzeug- und Zusatzgeräteaufnahme. Für die unterschiedlichen Umdrehungsfrequenzen werden stufenlose Frequenzwähler eingesetzt. Der Motor treibt über ein Schneckengetriebe zwei gegenläufige Wellen an, in die die Rühr- und Knetwerkzeuge eingerastet werden. An der zweiten Antriebsstelle können Zusatzgeräte wie Zerkleinerer, Mixstab oder Dosenöffner angeschlossen werden.

Das Heizsystem eines Eierkochers besteht aus einer Stahlschale, unter der eine Heizspirale und ein Temperaturfühler angebracht sind. Mit einem Messbecher wird eine definierte Menge Wasser in die Schale gefüllt. Bevor das Gerät eingeschaltet wird, werden die Eier in den dafür vorgesehenen Einsatz gesetzt und der Kocher mit einem Deckel geschlossen. Die Eier sind fertig, wenn alles Wasser in der beheizten Schale verdunstet ist. Die Temperatur in der Schale steigt an, und der Temperaturfühler schaltet einen Summer ein.

Bei einem Toaster wird die Heizfunktion der Heizdrähte von einer Thermostatsteuerung geregelt. Drückt man den Griff herunter, so werden die Hauptheizung (Heizdrähte) und ein Bimetallthermostat eingeschaltet. Über einen Drehknopf kann man die Röstdauer und damit die Zeit einstellen, nach der das Thermostat auslöst und das Gerät selbsttätig abschaltet.

Ein Fön besteht aus einem Gebläse, das von einem Universal- oder Niederspannungsgleichstrommotor angetrieben wird. Die austretende Luft wird durch Heizdrähte erwärmt, wobei Luftstrom und -temperatur über die Heiz- und Motorleistung geregelt werden können.

❶ Aufbau eines Dampfbügeleisens

ⓐ Zuleitung
ⓑ Kontrollleuchte
ⓒ Dampfmengenwähler
ⓓ Dampfstoß- und Spritztaste
ⓔ Sprühdüse
ⓕ Tropfventil
ⓖ Dampfstoßkammer
ⓗ Heizstab
ⓘ Dampfkammer
ⓙ Düsen
ⓚ Bimetallregler
ⓛ Bügelsohle
ⓜ Schutztemperaturbegrenzer
ⓝ Temperaturwähler

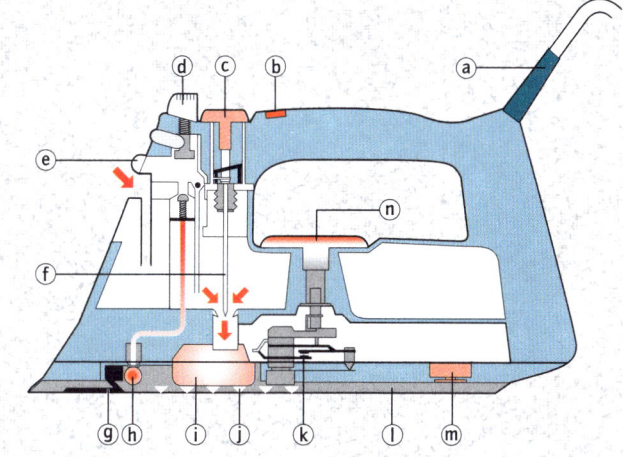

❷ Luftführung im Staubsauger

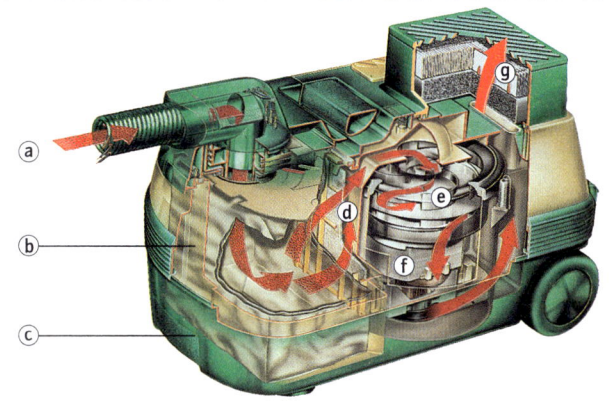

ⓐ Saugschlauch
ⓑ Papierfilter
ⓒ Gehäuse
ⓓ Motorschutzfilter
ⓔ Gebläsekapsel
ⓕ Universalmotor
ⓖ Ausblasfilter

❸ Kombinierte Kaffee- und Espressomaschine

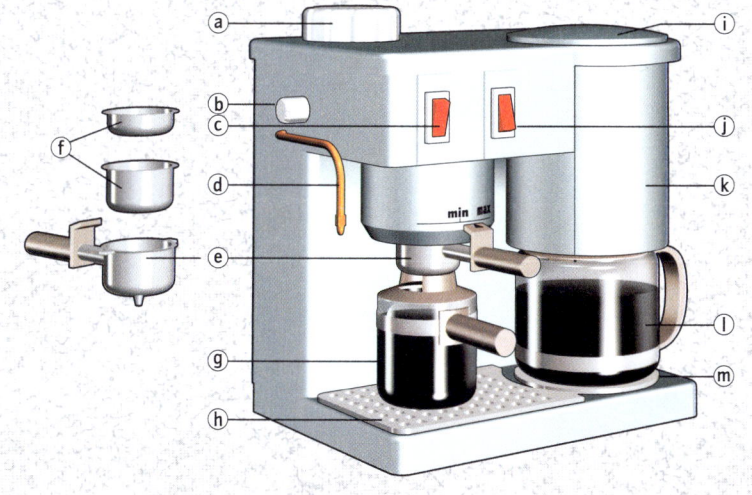

Espresso/Cappuccino
ⓐ Boilerdeckel
ⓑ Dampfknopf
ⓒ Ein/Aus- Schalter
ⓓ Dampfdüse
ⓔ Filterträger mit Siebhalter
ⓕ Filtersiebe
   unterschiedlicher Größe
ⓖ Glaskanne
ⓗ Abtropfgitter

Kaffeemaschine
ⓘ Klappdeckel mit sich darunter
   befindlichem Wassertank
ⓙ Ein/Aus- Schalter
ⓚ Schwenkfilter
ⓛ Glaskanne
ⓜ Warmhalteplatte

Klimaanlagen haben die Aufgabe, während des ganzen Jahres angenehme Aufenthaltsbedingungen in geschlossenen Räumen zu schaffen. Sie gestatten es, unabhängig von äußeren Einflüssen ein bestimmtes Raumklima (Temperatur, Luftfeuchte, Luftreinheit und Luftumwälzgeschwindigkeit) einzustellen und beizubehalten.

Funktionsweise ❶ ❷ ❸

Grundbestandteil der meisten Klimaanlagen ist der Kühlkreislauf mit Kompressor, Kältemittel, Verdampfer, Verflüssiger, Expansionsventil und Ventilator (Abb. 1). In einem geschlossenen Kreislauf verdampft und kondensiert das Kältemittel (meist Ammoniak oder ein Halogenkohlenwasserstoff) und folgt dabei verschiedenen physikalischen Gesetzmäßigkeiten (→ Kühlschrank). Im Verdampfer wird die Raumluft durch Wärmeaustausch mit dem Kältemittel abgekühlt. Das Kältemittel verdampft im Verdampfer bei niedrigem Druck und entzieht dadurch der Raumluft Wärme. Der Dampf wird dann vom Kompressor angesaugt und verdichtet. Im Verflüssiger wird der verdichtete Kältemitteldampf unter Wärmeabgabe an die Umgebung verflüssigt und strömt anschließend durch ein Expansionsventil. Dort wird das Kältemittel auf niedrigen Druck entspannt und fließt wieder in den Verdampfer. Mithilfe eines Filters wird die Luft im Verdampfer von Schwebestoffen gereinigt; Ventilatoren am Ein- und Auslass sorgen für die Luftzirkulation. Für eine normale Kühlleistung reicht der Luftbetrieb aus; höhere Leistungen werden mit dem Wasserbetrieb erzielt, bei dem die Luft zusätzlich durch Wasser abgekühlt wird, das sich in einem Tank befindet.

Im Gegensatz zu den **Kompaktanlagen** sind **zweiteilige Klimaanlagen** mit Außen- und Inneneinheit (Abb. 2) leistungsstärker, da sie mehr Wärme abgeben können. Beim Kühlen wird die aus dem Raum abzuführende Wärme im **Innenteil** vom Kältemittel aufgenommen, über ein geschlossenes Rohrleitungssystem transportiert und bei der **Außeneinheit** an die Umgebungsluft abgegeben. In der Außeneinheit befindet sich der Kompressor, der diesen Kreislauf antreibt. Der Prozess wird so lange wiederholt, bis die gewünschte Raumtemperatur erreicht ist. **Wärmepumpen** können diesen Prozess auch umkehren. Dabei wird die Außenluft abgekühlt und die so entzogene Wärme durch die Inneneinheit an den zu beheizenden Raum abgegeben (Abb. 3).

Klimaanlagen werden von Mikroprozessoren überwacht und gesteuert; Raumtemperatur, Luftmenge, Be- und Entfeuchtung werden automatisch oder individuell geregelt. Während die Raumtemperatur im Bereich von 20 bis 26 °C auf jede gewünschte Temperatur einzustellen ist, wird die Luftfeuchte weitgehend nach wirtschaftlichen Gesichtspunkten gewählt.

Klimatisierung größerer Gebäude ❹

Bei den beschriebenen Klimaanlagen handelt es sich um mobile Anlagen, die in den zu klimatisierenden Räumen selbst oder in deren Nähe aufgestellt sind. In größeren Einrichtungen (z. B. Bürogebäude, Rechenzentren, Museen oder Krankenhäuser), wo mehrere Räume gleichzeitig gekühlt und/oder geheizt werden sollen, setzt man Klimaanlagen mit einer Außeneinheit und mehreren Inneneinheiten ein (Abb. 4). Über Luftkanäle wird die aufbereitete Luft (Zuluft) den Räumen zugeführt und die verbrauchte Luft (Abluft) abgeführt. Die Klimazentrale, mit der die Außen- und Inneneinheit verbunden ist, enthält alle für eine umfassende Luftaufbereitung erforderlichen Anlagenteile und regelt das Zusammenwirken. In einer Mischkammer werden Außenluft und Umluft miteinander vermischt und im Luftfilter anschließend von Verunreinigungen befreit. Der Vorwärmer dient zur Erwärmung der gereinigten Mischluft mit dem Ziel, die Luft für die anschließende Befeuchtung ausreichend aufnahmefähig für Wasserdampf zu machen. Im Sommerbetrieb wärmt man die Luft nicht vor, sondern erniedrigt ihre Temperatur im Luftkühler. Im Befeuchter wird die Luft durch Wasserzerstäubung befeuchtet und teilweise gereinigt und gekühlt. Im Nachwärmer wird die gewünschte Temperatur eingestellt. Zu- und Abluftventilatoren sorgen für den Transport der Luft in den entsprechenden Kanalleitungen.

Bei modernen Anlagen mit Frequenzregelung und Mikroprozessoren werden nur Räume mit tatsächlichem Bedarf gekühlt oder beheizt. Auch eine **Wärmerückgewinnung** ist möglich, indem Wärme von im Kühlbetrieb befindlichen Inneneinheiten an diejenigen Bereiche abgegeben wird, die beheizt werden sollen.

Gesundheitliche Probleme durch Klimaanlagen

Viele Menschen, die täglich in vollklimatisierten Gebäuden arbeiten oder leben, klagen über Kopfschmerzen, trockene Augen und häufige Erkältungen. Verursacht werden diese Beschwerden einerseits durch zu trockene Raumluft, andererseits durch die zum Teil hohen Temperaturunterschiede zwischen Raum- und Außenluft. Bei schlechter Wartung können die Wassertanks von Klimaanlagen auch zu Brutstätten für Krankheitserreger werden.

❶ Kompaktklimaanlage

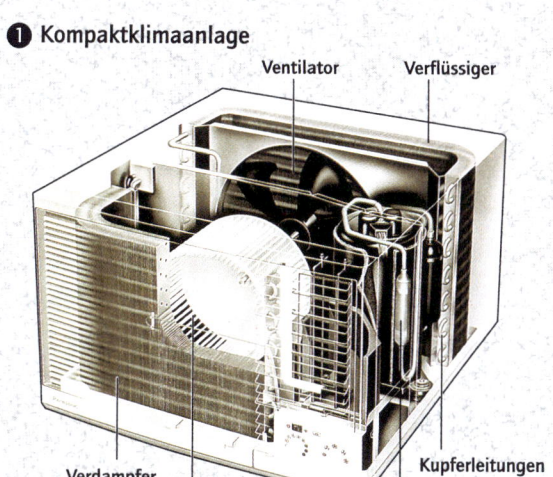

Ventilator
Verflüssiger
Verdampfer
Radialventilator
Kompressor
Kupferleitungen

❷ Zweiteiliges Klimagerät, Kühlbetrieb

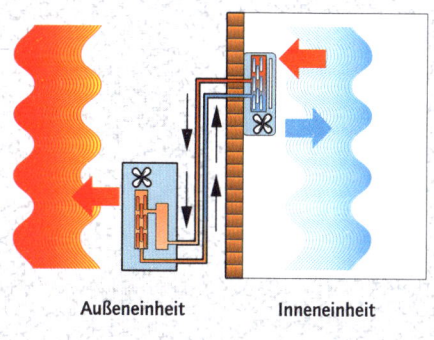

Außeneinheit
Inneneinheit

❸ Wärmepumpe

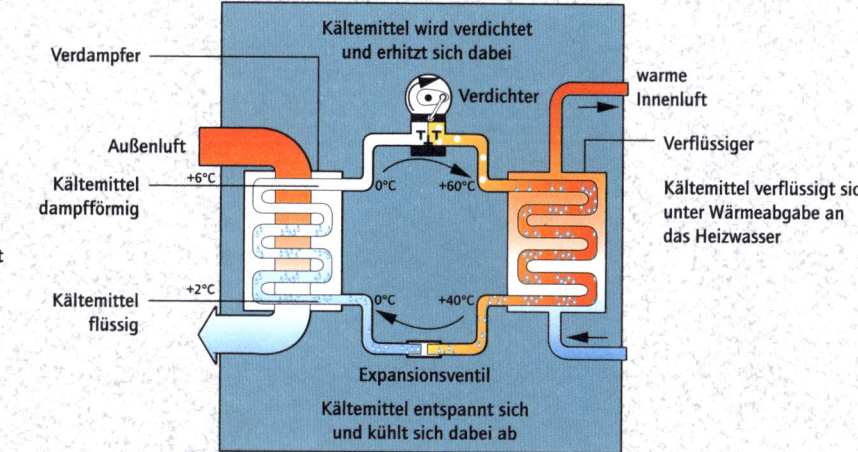

Verdampfer

Kältemittel wird verdichtet und erhitzt sich dabei

Verdichter

warme Innenluft

Außenluft

Kältemittel dampfförmig

+6°C
0°C
+60°C

Verflüssiger

Kältemittel verdampft unter Wärmeaufnahme aus der Außenluft

Kältemittel verflüssigt sich unter Wärmeabgabe an das Heizwasser

Kältemittel flüssig

+2°C
0°C
+40°C

Expansionsventil

Kältemittel entspannt sich und kühlt sich dabei ab

❹ Klimatisierung mehrerer Räume

ⓐ Außeneinheit
ⓑ Inneneinheit
ⓒ Luftkanäle

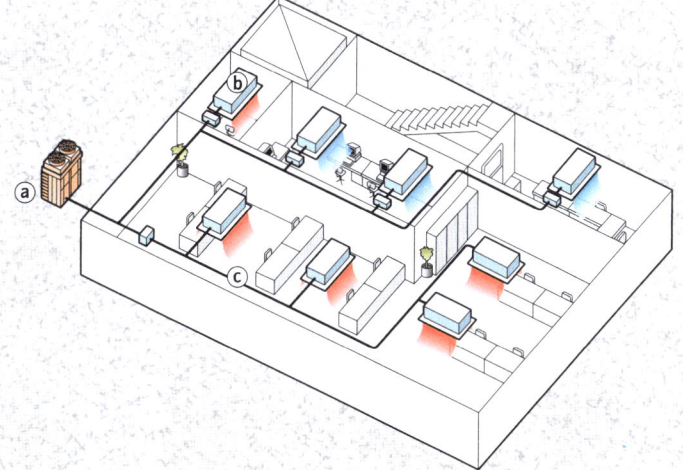

Zwar gilt Kohle nicht mehr als Schlüsselfaktor der Volkswirtschaft, und gerade im Energiebereich wurde die einstige Vormachtstellung der Kohle in den letzten Jahrzehnten vom Erdöl und Erdgas ausgehöhlt, dennoch bleibt sie vorerst mit einem Anteil von 80 % der Weltenergiereserven der Primärenergieträger Nummer Eins. Auch der Verbrauch dürfte weiter ansteigen, denn manche aufstrebenden Länder mit rasant wachsender Industrie wie China sind klassische Kohleländer.

Weltweit stammen fast 40 % der Stromerzeugung aus Kohle. In Deutschland deckt sie etwa die Hälfte des Stromverbrauchs. Braunkohlekraftwerke liefern vor allem Grundlaststrom. Den Brennstoff gewinnt man billig im Tagebau. Da die Kohle gleich am Abbauort verstromt wird, entfällt teurer und aufwendiger Transport. Die Stromgestehungskosten sind somit im Vergleich geringer als bei anderen Energieträgern, und so laufen die Kraftwerke rund um die Uhr. Steinkohlekraftwerke liefern neben Grundlaststrom auch Mittellaststrom.

Komponenten eines Kohlekraftwerkes ❶

Die wesentlichen Komponenten zur Stromerzeugung in Kohlekraftwerke sind (Abb. 1): Dampferzeuger, Turbine und Generator.

Als Dampferzeuger dient ein Kessel von besonderer Bauart: Die Flammen und heißen Rauchgase übertragen ihre Wärme auf ein umfangreiches Rohrsystem direkt im Feuerraum und heizen so das in den Rohren fließende Wasser (Kesselspeisewasser) auf. Dabei bildet sich überhitzter Dampf, der unter Druck steht. Zur Verbrennung der Kohle nutzt man verschiedene Feuerungsanlagen (→). Im Brennraum findet eine Energieumwandlung von chemischer Energie zu Wärmeenergie statt. Dabei entstehen Rückstände in großen Mengen. Die festen (z. B. Asche) lassen sich direkt im Feuerraum abziehen, die Rauchgase werden vor dem Einleiten in den Kamin gereinigt (→ Rauchgasreinigung).

Die nächste Energieumwandlung erfolgt in der Turbine (→ Dampf- und Gasturbinen). Der Hochdruckdampf, er hat eine Temperatur von etwa 540 °C und einen Druck von bis zu 180 bar, strömt auf die Laufräder, gibt dort Energie ab und entspannt sich. Dabei geht die Wärmeenergie des Dampfes in Rotationsenergie der Turbinenwelle über. Bei großen Anlagen setzt sich die Turbine aus mehreren Teilen (Hochdruck-, Mitteldruck- und Niederdruckteil) zusammen, um den Druck kontinuierlich abzubauen. Hinter der Turbine gelangt der entspannte Dampf in den Kondensator, wo er sich vollends abkühlt und wieder verflüssigt. Auch

hier dient ein Rohrleitungssystem als Kern der Anlage, das aber in diesem Fall von Kühlwasser durchflossen wird. Der Dampf kondensiert an den Rohren und gibt Wärme an das Wasser, das sich in ihnen befindet, ab. Während das Kühlwasser den Kondensator durchläuft, nimmt seine Temperatur um etwa 10 °C zu. Das kondensierte Kesselspeisewasser wird erneut durch die Speisewasserpumpe dem Dampferzeuger zugeführt. Es handelt sich also um einen geschlossenen Wasser-Dampf-Kreislauf.

Die Rotationsenergie der Turbine treibt den Generator an. Turbinenläufer und Rotor des Generators drehen sich dabei mit rund 3000 Umdrehungen/min. In der Statorspule des Generators wird diese mechanische Rotationsenergie durch Induktion in elektrische Energie umgewandelt, d. h. Strom erzeugt.

Umwelteinfluss ❷ ❸

Bei der Verbrennung von Kohle entstehen in großen Mengen Schadstoffe (Abb. 2). Die „klassischen" Schadstoffe wie Schwefeldioxid und Stickoxide, Flugstaub und Schlacke hat man „im Griff". Als Reaktion auf entsprechende Verordnungen wurden alte Kraftwerke mit modernen Reinigungsanlagen (→ Rauchgasreinigung) aufgerüstet, die bei neuen Kraftwerken gleich mit eingebaut werden. Problematisch bleibt allerdings die Emission von Kohlendioxid. Es entsteht zwangsläufig beim Verbrennen fossiler Stoffe und gilt als Treibhausgas, das die Erdatmosphäre aufheizt. Da man es bislang weder ausfiltern noch binden kann, lässt es sich nur durch effizienten Brennstoffeinsatz reduzieren, z. B. indem man aus der gleichen Menge Kohle mehr Strom gewinnt (Abb. 3). Derzeit liegen die Spitzenwerte für den Wirkungsgrad eines Kohlekraftwerks bei gut 45 %. Sehr viel besser lässt sich der Brennstoff ausnutzen, wenn man nicht nur Strom produziert, sondern die Abwärme gleichzeitig für Heizzwecke nutzt (Kraft-Wärme-Kopplung).

Zukunftsaussichten

Aber auch beim reinen Dampfkraftwerk für die Stromerzeugung lässt sich die Leistungsfähigkeit weiter steigern. Mit neuen Werkstoffen ist es möglich, Dampfzustände mit noch höheren Temperaturen zu realisieren. Durch den Übergang zu Hochtemperaturprozessen erscheinen sogar Wirkungsgrade nahe 50 % erreichbar. Außerdem entwickeln die Kraftwerksbauer effizientere Techniken zur Kohleverbrennung, etwa die Kohlendruckvergasung in Kombination mit Gas- und Dampfturbinenkraftwerken.

❶ Komponenten zur Energieumwandlung im Kohlekraftwerk

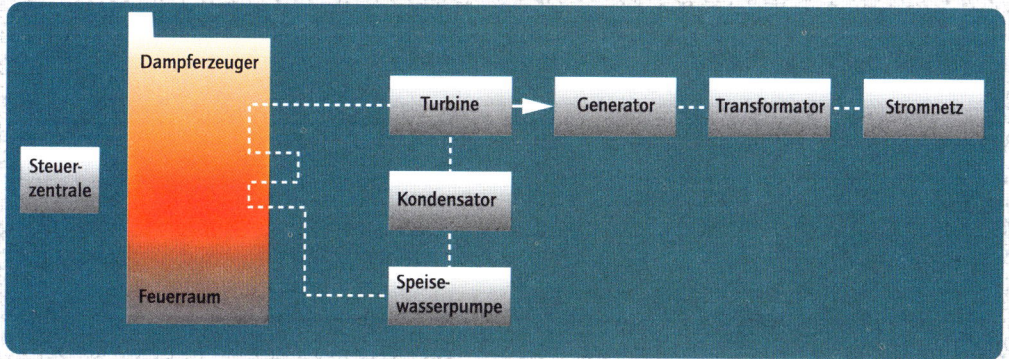

❷ Stoffumsätze im Kohlekraftwerk

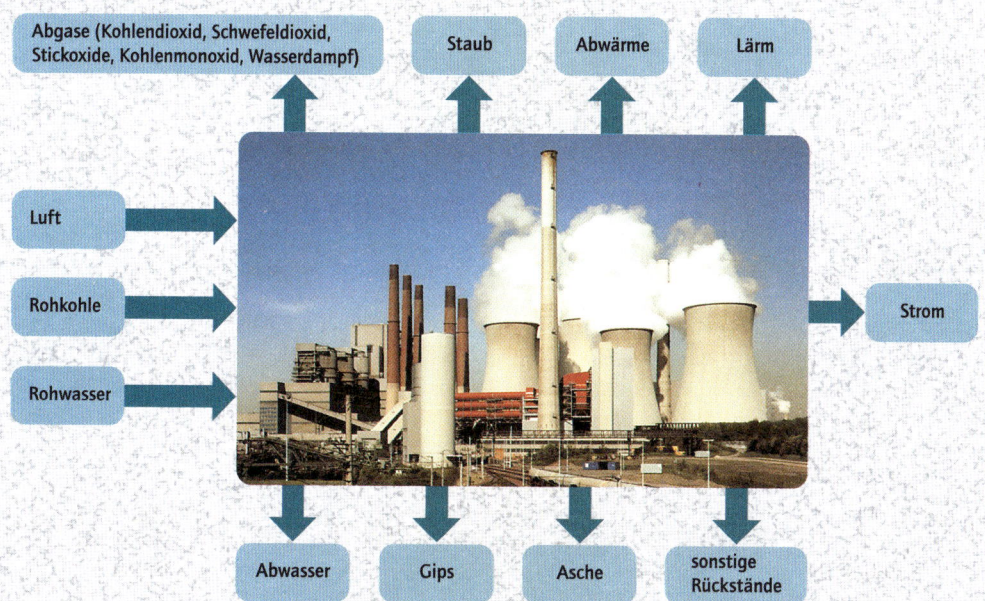

Abgase (Kohlendioxid, Schwefeldioxid, Stickoxide, Kohlenmonoxid, Wasserdampf) Staub Abwärme Lärm

Luft Rohkohle Rohwasser Strom

Abwasser Gips Asche sonstige Rückstände

❸ Wirkungsgrad von steinkohlebefeuerten Kraftwerken (jeweiliger Stand der Technik)

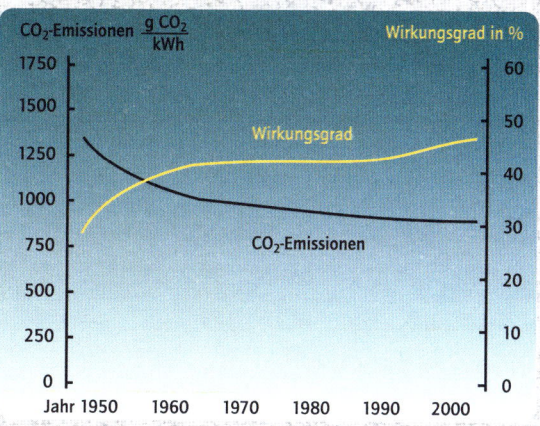

Jede Feuerungsanlage erzeugt Wärme. Als Energielieferanten dienen in erster Linie Kohle, Erdöl und Erdgas, aber auch Biomasse wie Holz oder Stroh. Für gasförmige und flüssige Brennstoffe gibt es viele verschiedene Brennertypen. Sie alle sollen Brennstoff und Verbrennungsluft gut durchmischen. Flüssige Brennstoffe werden deshalb z. B. zerstäubt und dadurch homogen verteilt, um sie optimal zu nutzen. So entstehen auch weniger Schadstoffe. Die gängigen Feuerungsanlagen für feste Brennstoffe eignen sich prinzipiell für Kohle wie Biomasse gleichermaßen. Bei Kohlekraftwerken sind heute vor allem zwei Arten verbreitet: die Rostfeuerung für stückige Kohle und die Staubfeuerung für gemahlenen Kohlenstaub. Zunehmend gewinnt aber auch die Wirbelschichtfeuerung an Bedeutung, bei der die Brennkammer mit feinkörniger Kohle beschickt wird. Alle Verfahren nutzen die bei der Verbrennung entstehenden heißen Rauchgase um in Verdampfern Dampf zu erzeugen, der z. B. Turbinen zur Stromerzeugung antreibt. Die Verdampfer sind meist im oberen Teil des Brennraumes angeordnet.

Staubfeuerung

Mit einem Anteil von über 90 % dominiert in den deutschen Kraftwerken die Staubfeuerung. Hierbei wird die Kohle zunächst fein gemahlen und dann mit der vorgewärmten Verbrennungsluft in den Feuerungsraum geblasen. Die Verbrennung ist mit dieser Methode gut regelbar, und die Leistung liegt höher als in anderen Verfahren. Zwei Varianten sind gebräuchlich: Trocken- und Schmelzfeuerungen. Bei Braunkohle wird ausschließlich die Trockenfeuerung verwendet, bei der die Feuerraumtemperatur unter der Schmelztemperatur der Asche liegt. Asche und Schlacke fallen als Staub an. Bei Steinkohle dagegen werden meist Schmelzfeuerungen (Feuerraumtemperatur 100–200 °C über der Ascheschmelztemperatur) eingesetzt, wobei Asche und Schlacke in geschmolzenem Zustand abgezogen und im Wasserbad granuliert werden.

Rostfeuerung ❶

Für stückige Brennstoffe (z. B. Kohle und Biomasse, aber auch Müll) sind Rostfeuerungen geeignet. Mit dieser Technik lassen sich selbst sehr schlechte Brennstoffqualitäten bewältigen, denn Luftzufuhr und Verweilzeit des Brennstoffs können weitgehend auf dessen Güte eingestellt werden. Der Brennstoff wird lose auf ein Feuerrost geschüttet, zwischen dessen Stäben von unten hindurch Luft strömt (Abb. 1). Der Brennstoff wird zunächst getrocknet und dann in hohem Maße verbrannt. Meist kommen Wanderroste zum Einsatz, die sich mit rund 1 mm/s durch den Brennraum bewegen. Dadurch kann kontinuierlich Brennstoff zu- und Asche abgeführt werden.

Wirbelschicht ❷ ❸

Bei der Wirbelschichtfeuerung (Abb. 2) wird feinkörnige Kohle oder geschnittenes Stroh in einer schwebenden Schicht verfeuert. Das Verfahren kann auch dürftige Brennstoffqualitäten verarbeiten. Bei der stationären Wirbelschicht (Abb. 3) reißt die von unten in den Brennraum einströmende Luft die Brennstoffteilchen mit sich und lässt sie im Brennraum schweben. Der Brennstoffanteil im Brennraum beträgt nur etwa 3 %. Er verbrennt sehr gleichmäßig und fast vollständig. Die Wirbelschicht besteht vor allem aus rot glühender Asche. Da die Temperaturen niedrig sind (850 °C, konventionell befeuerte Kohlekraftwerke 1200 °C–1600 °C), entstehen kaum Stickoxide. Zugleich bindet direkt in die Wirbelschicht eingegebener Kalk entstehendes Schwefeldioxid schon während der Verbrennung zu Gips. Dem Vorteil niedriger Emissionen steht der hohe Energiebedarf zum Lufteinblasen gegenüber. Zudem fallen relativ viel Aschen mit besonderer Zusammensetzung an. Bei der zirkulierenden (instationären) Wirbelschicht wird die Luft mit größerer Geschwindigkeit eingeblasen (bis 8 m/s statt, sonst 3 m/s). Dadurch wirbeln die Stoffe in der Brennkammer 40 m hoch. Unvollständig verbrannte Schwebeteilchen werden wieder in die Wirbelschicht zurückgeführt, was den Ausbrand verbessert. Die aufgeladene Wirbelschicht (Wirbelschichtverbrennung unter Druck) verbessert die Reaktionsabläufe im Feuerraum, wobei die Emissionen mit zunehmendem Druck abnehmen.

Verbesserung des Wirkungsgrads

Da es bislang keine praktikable Technik gibt, das Treibhausgas Kohlendioxid (CO_2) aufzufangen, ist optimale Brennstoffnutzung derzeit der einzige Weg, die Emission von CO_2 zu begrenzen. Mit einer Reihe von Ansätzen will man die Wirkungsgrade steigern, z. B. lässt sich die Verbrennung über die Dampfparameter (höherer Druck und Temperatur) verbessern. Bei einer andern Variante wird Kohle unter Druck vergast. Das gereinigte Synthesegas und der ebenfalls entstandene Hochdruckdampf dienen dann zum Beaufschlagen kombinierter Gas- und Dampfturbinen. Auch die Verbrennung in einer Druckstaubfeuerung kann den Wirkungsgrad heben.

❶ Rostfeuerung

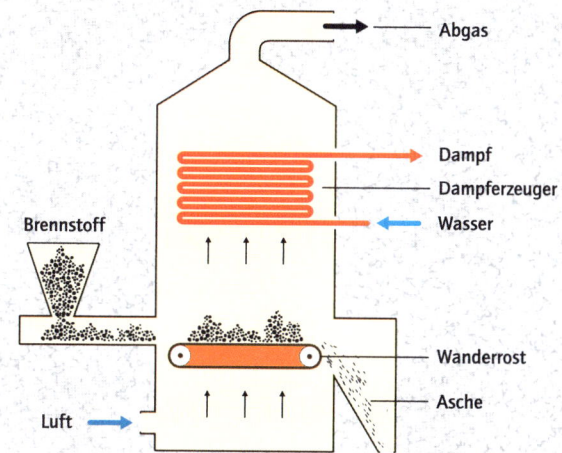

- Abgas
- Dampf
- Dampferzeuger
- Wasser
- Brennstoff
- Wanderrost
- Asche
- Luft

❷ Wirbelschichtkessel

Brennkammer (im Bau)
eines Wirbelschichtkessels
mit Düsenboden

❸ Stationäre Wirbelschicht

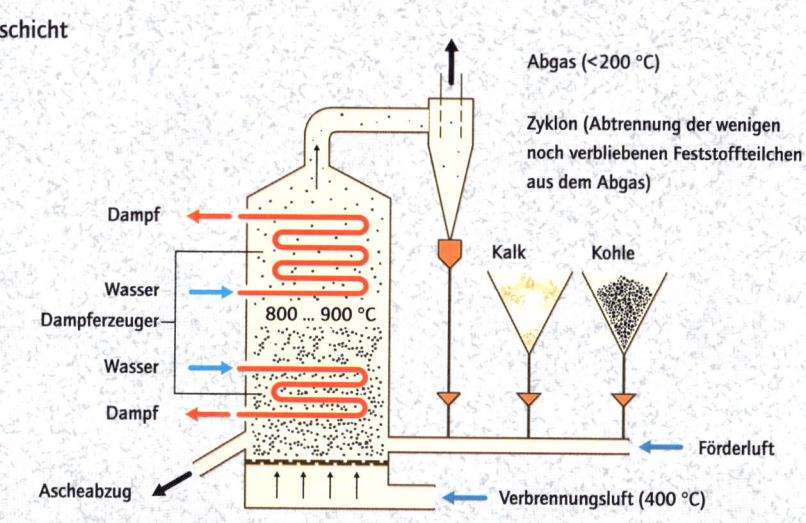

Abgas (<200 °C)

Zyklon (Abtrennung der wenigen
noch verbliebenen Feststoffteilchen
aus dem Abgas)

- Dampf
- Wasser
- Dampferzeuger
- Wasser
- Dampf
- Ascheabzug

800 ... 900 °C

Kalk

Kohle

Förderluft

Verbrennungsluft (400 °C)

Dampfturbinen sind die „Arbeitstiere" der Stromerzeugung. Mit ihrer Hilfe wird etwa 90% des Strombedarfs gedeckt. In Kohle- und Kernkraftwerken setzen sie die in Brenner und Kessel erzeugte thermische Energie in mechanische zum Betrieb der Generatoren um, welche die Drehbewegung fast vollständig in elektrische Energie umwandeln.

Dampfturbinen ❶ ❷

Vom Prinzip her sind Dampfturbinen mit Dampfmaschinen verwandt. Allerdings verfügen sie statt über einen Kolben über ein Schaufelrad, wodurch nicht das Auf und Ab eines Kolbens in eine Kreisbewegung umgesetzt werden muss. Der heiße Dampf strömt die Schaufeln an und lässt sie direkt rotieren. Ein zweiter Vorteil beruht auf den hohen Drücken und Temperaturen, denen man eine Dampfturbine aussetzen kann; sie ermöglichen einen hohen Carnot-Wirkungsgrad. Der Carnot-Wirkungsgrad gibt den theoretisch maximalen Wirkungsgrad einer Wärmekraftmaschine an und hängt theoretisch nur von der Temperaturdifferenz zwischen Eingang und Ausgang der Maschine ab (Abb. 1). Der eigentliche Wirkungsgrad liegt wegen der Verluste darunter.

Eine Dampfturbine setzt sich zusammen aus Laufrädern auf der Turbinenwelle und fest stehenden Leiträdern (Düsen), die aus Schaufeln bestehen. Der Dampf durchströmt die Turbine längs der Läuferachse (Abb. 2). Er strömt erst durch das Leitrad, in dem er umgelenkt und durch die Druckerniedrigung beschleunigt wird, Anschließend kommt er auf das Laufrad, wo seine kinetische Energie in mechanische umgewandelt wird, wodurch sich seine Geschwindigkeit verringert. Moderne Dampfturbinen haben mehrere Druckstufen, in denen sich der Dampf nacheinander entspannt. Aus dem Überhitzer des Feuerraums gelangt der Dampf mit einem Druck von 160–180 bar und einer Temperatur von rund 540 °C zunächst in den Hochdruckteil der Turbine. Dort wird er, je nach Auslegung der Anlage, auf etwa 40 bar abgebaut und danach in den Mitteldruckteil weitergeleitet. Diesen verlässt er dann mit rund 10 bar, um im anschließenden Niederdruckteil bis etwa 0,04 bar entspannt zu werden.

Gasturbinen ❸

Zwar werden Gasturbinen (Abb. 3) meist mit Erdgas betrieben; der Name verweist aber auf das Funktionsprinzip, bei dem die Verbrennungsgase eine wichtige Rolle spielen. Zunächst komprimiert ein Verdichter Luft auf einige bar, die danach in einer Brennkammer erhitzt wird. Das Gemisch aus Luft und Verbrennungsgasen dehnt sich aus und dreht eine Turbine. Da rund zwei Drittel der erzeugten Leistung allein schon zum Antrieb des Verdichters nötigt werden, liegt der Wirkungsgrad bei etwa 33%. Der Wirkungsgrad lässt sich allerdings steigern, indem man die heißen Gase nach Verlassen der Turbine dazu nutzt, die verdichtete Luft vor der Verbrennung in einem Wärmetauscher (Rekuperator) vorzuwärmen.

Gasturbinenprozesse sind i. d. R. offene Kreisläufe, d. h., die Luft wird aus der Umgebung vom Verdichter angesaugt und nach Durchströmen der Turbine wieder an sie abgegeben. Vom technischen Prinzip ist die Gasturbine mit dem Flugzeugstrahltriebwerk verwandt (→ Propeller-Flugzeuge). Sie ist aber einfacher gebaut, braucht jedoch mehr Zeit, um auf volle Leistung zu kommen. In Kraftwerken erzeugen Gasturbinen Strom, früher vornehmlich für die Spitzenlast, heute zunehmend auch für die Grundlast. Das hat vor allem ökonomische Gründe: Solche Anlagen sind in zwei Jahren zu planen und zu bauen, und sie sind um gut die Hälfte billiger als andere thermische Kraftwerke.

Kombiprozesse ❹

Gasturbinen können auch für rationellen Energieeinsatz interessant sein, wenn man sie mit einer Dampfturbine kombiniert. Dann fallen die prinzipiellen Nachteile der Gasturbine nicht so ins Gewicht. Denn obwohl sie mit 1100 °C hohe Gastemperaturen aufweist, sind die Abgastemperaturen von 500 °C ebenfalls sehr hoch, was für den Wirkungsgrad ungünstig ist.

Beim Kombiprozess nutzt man die heißen Abgase dazu, in einem Wärmetauscher Dampf zum Antrieb einer Dampfturbine zu erzeugen. Beide Turbinen treiben Generatoren an, wodurch der Wirkungsgrad der Stromerzeugung auf mehr als 50% gesteigert werden kann. Abb. 4 zeigt das Schema eines solchen Kombikraftwerks. Legt man die Anlage als Heizkraftwerk aus, entnimmt also einen Teil der Wärme für Heizzwecke, dann ist sogar ein Gesamtwirkungsgrad von 85% und mehr zu erreichen.

Im Vergleich zu der getrennten Erzeugung gleicher Mengen an Strom durch Gas- und Dampfturbinen benötigen Kombiprozesse weniger Brennstoff wodurch sie also wesentlich ökonomischer arbeiten. Weil sie deshalb bei gleicher Stromerzeugung auch weniger Schadstoffe freisetzen, sind sie zudem ökologisch günstiger, und dies umso mehr, da derzeit in Kombikraftwerken meist Erdgas verfeuert wird.

❶ Wirkungsgrad verschiedener Kraftwerksprozesse

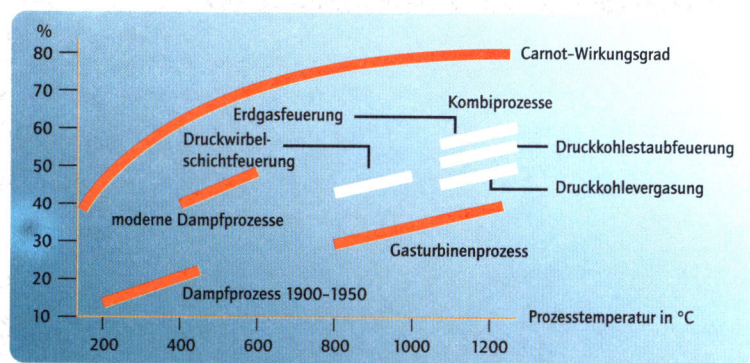

❷ Schematischer Aufbau einer Dampfturbine

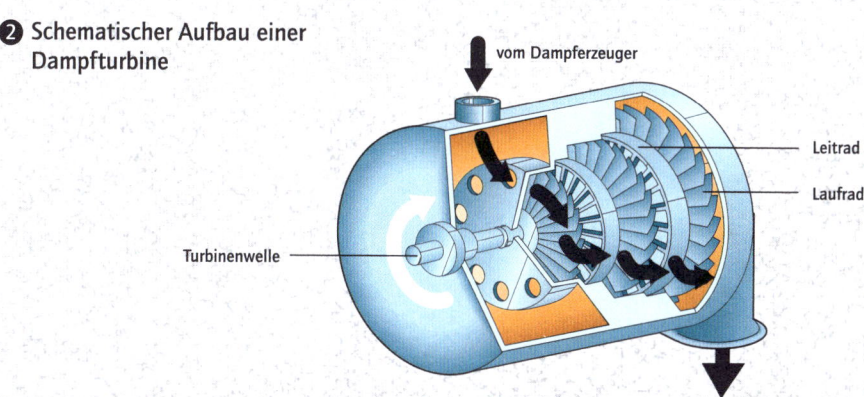

❸ Zusammenbau einer Gasturbine

❹ Prinzip eines Gas- und Dampfturbinen-Prozesses

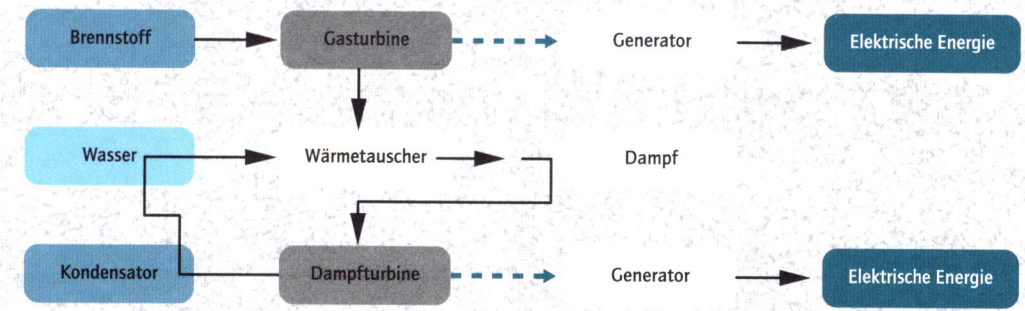

Die Verbrennung fossiler Brennstoffe setzt nicht nur Energie frei, sondern auch Schadstoffe. Neben festen Abfällen wie Asche und Schlacke fallen vor allem Rauchgase an. Ungereinigt belasten sie die Umwelt stark. Rauchgase enthalten hauptsächlich Kohlen- und Schwefeldioxid, Stickoxide, Staub und Ruß. Bei Anlagen zur Müllverbrennung kommen noch Schwermetalldämpfe und unverbrannte Kohlenwasserstoffe hinzu. Für einzelne Schadstoffe wurden verbindliche Grenzwerte festgeschrieben, und fossil befeuerte Verbrennungsanlagen brauchen seither eine Rauchgasreinigung.

Reinigungsmaßnahmen ❶ ❷

Neben der Rauchgasentstaubung handelt es sich dabei um technische Einrichtungen zur Rauchgasentschwefelung und Rauchgasentstickung. Die meisten Verfahren haben gemein, dass dabei erneut Rückstände oder Abwässer entstehen, die ihrerseits zu beseitigen oder, wenn möglich, zu verwerten sind.

Prinzipiell gibt es zwei unterschiedliche Herangehensweisen. Einerseits wird man über Primärmaßnahmen versuchen, schon die Verbrennung selbst möglichst schadstoffarm zu gestalten. So lässt sich beispielsweise Schwefeldioxid durch das Trockenadditivverfahren begrenzen. Dabei wird mit dem Brennstoff zugleich Kalk in den Verbrennungskessel geblasen. Meist sind auf solchen Wegen die Grenzwerte für Schwefeldioxid und Stickoxide aber nicht einzuhalten. Keine Mühe damit hat die Wirbelschichtfeuerung, bei der auf diese Art entschwefelt wird (→ Feuerungsanlagen). Die Sekundärmaßnahmen sind dem Verbrennungsprozess nachgeschaltet, dienen also dazu, das bereits entstandene Rauchgas zu reinigen. Art und Anwendung sind vom Kraftwerkstyp und dem Brennstoff abhängig. Bei Steinkohlekraftwerken reinigt man die Rauchgase in drei Schritten, meist in der Reihenfolge Entstickung – Entstaubung – Entschwefelung (Abb. 1). Dabei strömen die noch heißen Rauchgase zuerst in einen Katalysator, dessen Arbeitsoptimum bei 350 °C liegt. Die Temperaturen sind nach der Entschwefelung so weit abgesunken, dass die gereinigten Abgase erst wieder auf mindestens 72 °C aufgeheizt werden müssen, bevor man sie mit genügend thermischem Auftrieb in den Kamin (Abb. 2) entlassen kann.

Rauchgasentstickung ❸

In Braunkohlekraftwerken lässt sich der vorgeschriebene Grenzwert für Stickoxide mit Primärmaßnahmen erreichen. Bei Steinkohlekraftwerken sind dagegen sekundäre Maßnahmen zur Rauchgasentstickung nötig. Besonders verbreitet ist das SCR-Verfahren, die selektive katalytische Reduktion (Abb. 3). Darunter versteht man die Entfernung von Sauerstoff aus einer sauerstoffhaltigen Verbindung (hier die Stickoxide) mithilfe von Katalysatoren (sie ermöglichen oder beschleunigen chemische Reaktionen, ohne dabei selber verbraucht zu werden). Die verwendeten Katalysatoren bestehen überwiegend aus Titanoxid, dem andere Komponenten wie Eisenoxid, Nickel, Kupfer und Silber in kleinen Mengen beigemischt sind. Die Stickoxide werden mit Ammoniak reduziert, das in den Rauchgasstrom eingedüst wird. Als Reaktionsprodukte entstehen molekularer Stickstoff und Wasser.

Rauchgasentstaubung ❹

Auch zur Minderung der Staubemissionen gibt es verschiedene Verfahren; verbreitet sind neben Elektrofiltern vor allem Fliehkraftabscheider und Gewebefilter (→ Luftreinhaltung).

Die Elektroentstauber („E-Filter") nutzen die elektrostatische Aufladung von Staubteilchen in einem starken elektrischen Feld, die sich an Elektroden niederschlagen. Aufgebaut sind E-Filter (Abb. 4) aus meist plattenförmigen positiv geladenen Niederschlagselektroden (Anode) und senkrechten, oft gezackten Drähten, die als negativ geladene Sprühelektroden (Kathode) dienen. Die Sprühelektroden senden Elektronen aus, die von Gasteilchen aufgenommen werden. Die aufgeladenen Gasmoleküle lagern sich an die Staubteilchen, die somit auch negativ aufgeladen werden. Dadurch wandern sie zur Niederschlagelektrode, an der sie sich abscheiden. E-Filter können deutlich über 99 % des Staubs zurückhalten.

Rauchgasentschwefelung

Zur Rauchgasentschwefelung sind mehrere Verfahren geeignet. Bei großen Kohlekraftwerken ist aber meist das Nasswaschprinzip im Einsatz. Das schwefelhaltige Rauchgas tritt in den Waschturm der Rauchgas-Entschwefelungs-Anlage (REA) und wird mit einer kalkhaltigen Suspension besprüht. Dabei geht das gasförmige Schwefeldioxid zunächst in Lösung und reagiert danach zu Kalziumsulfit. Nach weiterer Oxidation entsteht daraus Gips, der prinzipiell für Bauzwecke verwendbar ist. Durch moderne Nassverfahren lässt sich ein Entschwefelungsgrad von über 95 % erzielen.

Die Rauchgasentschwefelung und -entstickung sind auch in einem Katalysatorraum möglich; man spricht dann von Simultanverfahren. Auch von ihnen gibt es unterschiedliche Ausführungen.

❶ Stufen der Rauchgasreinigung

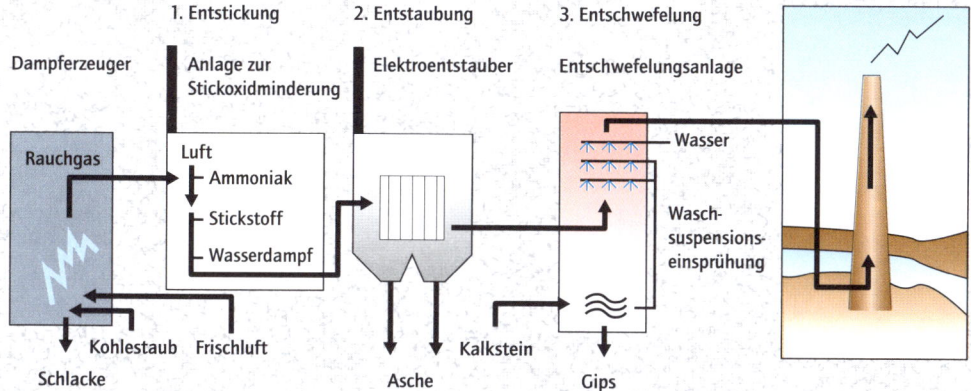

1. Entstickung 2. Entstaubung 3. Entschwefelung

Dampferzeuger | Anlage zur Stickoxidminderung | Elektroentstauber | Entschwefelungsanlage

Rauchgas

Luft
– Ammoniak
– Stickstoff
– Wasserdampf

Wasser

Wasch-suspensions-einsprühung

Kohlestaub Frischluft

Schlacke

Asche

Kalkstein

Gips

❷ Kühlturm zur Rauchgasableitung

❸ Prinzip einer Katalysatoranlage zur Stickstoffminderung (SCR-Verfahren)

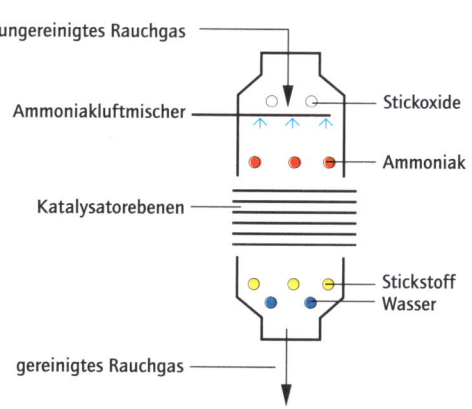

ungereinigtes Rauchgas

Ammoniakluftmischer

Stickoxide

Ammoniak

Katalysatorebenen

Stickstoff
Wasser

gereinigtes Rauchgas

❹ Prinzip der elektronischen Abscheidung in einem Elektrofilter

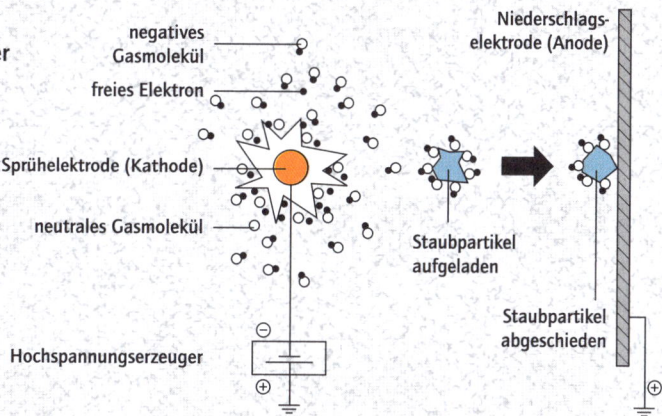

Niederschlags-elektrode (Anode)

negatives Gasmolekül

freies Elektron

Sprühelektrode (Kathode)

neutrales Gasmolekül

Staubpartikel aufgeladen

Staubpartikel abgeschieden

Hochspannungserzeuger

Bei der Nah- und Fernwärme wird die eingesetzte Primärenergie (→ Kohlekraftwerk) sehr viel effizienter genutzt als bei der getrennten Erzeugung von Strom und Wärme. Auch ist der Ausstoß an Schadstoffen und Kohlendioxid wesentlich geringer. Allerdings zeigen sich Vorteile nur bei richtiger Auslegung der Systeme, die jedoch technischen und ökonomischen Grenzen unterliegt.

Fernwärmenetz ❶

Eine Schlüsselrolle ist die Zahl der Anschlüsse. Zentrale Versorgung mit Heizenergie und Warmwasser über ein Verteilnetz ist nur bei genügend hoher Abnehmerdichte sinnvoll, was den Aufbau von Fernwärmenetzen auf Ballungsräume begrenzt. Wirtschaftliche Gründe erfordern zudem einen über das Jahr möglichst konstanten Wärmebedarf. Deshalb sollten zu den Kunden nicht nur Haushalte gehören, sondern auch Großabnehmer wie Krankenhäuser, Gewerbe und Industrie. Auch die sinnvolle Ausdehnung von Verteilnetzen ist beschränkt. Zwar ist es mit moderner Wärmedämmung möglich, die Übertragungsverluste im Schnitt unter 10 % zu halten, doch selbst das bedeutet den Verlust beträchtlicher Energiemengen. Vakuumisolierte Rohre können die Verluste zwar weiter drücken, sie sind aber sehr teuer. Deshalb sind Transportentfernungen von mehr als 50 km ökonomisch meist nicht zu vertreten.

Während die Versorgungsnetze früher überwiegend mit bis zu 250 °C heißem Dampf versorgt wurden, fließt heute fast ausschließlich heißes Wasser durch die Rohre. Es steht unter hohem Druck (etwa 20 bar), um Dampfbildung zu vermeiden, und hat gewöhnlich Temperaturen um 140 °C. Das Verteilnetz besteht meist aus zwei Rohrsystemen: Der Vorlauf bringt das heiße Wasser zu den Verbrauchern, der Rücklauf das abgekühlte wieder zur Heizzentrale, wo es erneut erwärmt wird (Abb. 1). Fernwärmeleitungen liegen entweder in der Erde oder aber auf Stützen (z. B. in Berlin), wobei Wärmedehnungsbögen mit eingebaut werden müssen. Außerdem sind Pumpen im Fernwärmenetz notwendig, um Druckverluste wieder ausgleichen zu können. Beim Verbraucher wird über einen zentralen Wärmetauscher das Heizungs- oder Brauchwasser erwärmt.

Erzeugung von Heizwasser ❶ ❷

Zur Erwärmung des Heizwassers für das Fernwärmesystem nutzt man einen Wärmetauscher, oftmals einen Heizkondensator. In konventionellen Kraftwerken wird Dampf erzeugt, in einer Turbine entspannt und anschließend in einem Kondensator abgekühlt und wieder verflüssigt. Dabei gibt der Dampf Wärme an das Kühlwasser ab und erwärmt es auf 20–30 °C, also nicht hoch genug für Heizwasser. Um eine höhere Temperatur zu erhalten, darf der Dampf in der Turbine nicht vollständig entspannt werden. So kann der Wärmeaustausch zwischen Dampf und Wasser bei höherer Temperatur und Druck stattfinden und Heizwasser liefern. Kraftwerke, die nach diesem Prinzip arbeiten und primär Heizwärme erzeugen, nennt man Gegendruck-Heizkraftwerke. Eine andere Möglichkeit besteht darin, einen Teil des Dampfes vor dem Niederdruckteil der Turbine zu entnehmen und ihn dem Heizkondensator zuzuführen (Entnahmebetrieb). Werden gleichzeitig in einem Kraftwerk Strom und Wärme produziert, so spricht man von Kraft-Wärme-Kopplung (Abb. 1). Die Entnahme von Dampf zur Erwärmung von Heizwasser verringert allerdings den Wirkungsgrad der Elektrizitätserzeugung. Dennoch ist Kraft-Wärme-Kopplung vorteilhaft, da die eingesetzte Primärenergie insgesamt besser genutzt wird (Abb. 2). Dieses Verfahren kann nicht nur in Kohlekraftwerken, sondern auch in Kernkraftwerken zur Heizwärmegewinnung eingesetzt werden.

In der Praxis unterscheidet man von der Fernwärme die Nahwärme. Sie wird in Blockheizkraftwerken erzeugt, die nur einen kleinen Kreis von Abnehmern versorgen. Auch sie funktionieren nach dem Prinzip der Kraft-Wärme-Kopplung; hier sind es aber Verbrennungsmotoren oder Gasturbinen, die die Generatoren zur Stromerzeugung antreiben. Die dabei entstehende Abwärme wird über Wärmetauscher in den Heizkreislauf gespeist. Die Leistung solcher Blockheizkraftwerke ist mit einigen Hundert Kilowatt bis zu wenigen Megawatt viel kleiner als die der Heizwerke oder Heizkraftwerke.

Auswirkungen auf die Umwelt

Die Umweltbilanz der Fernwärmesysteme hängt von der Wahl des Brennstoffes ab. So werden manche Blockheizkraftwerke mit Deponiegas betrieben, das beim Verrotten von Müll in Deponien entsteht. Dadurch kann dies klimabelastende Gas noch sinnvoll zur Energieversorgung genutzt werden. Ähnliches gilt, wenn Müll als Brennstoff in Müllheizkraftwerken eingesetzt wird. In den letzten Jahren wurden verstärkt Biomassekraftwerke (→) für Holz, Stroh oder organische Abfälle als Komponenten in Fernwärmenetzen eingesetzt. Auch kann man teilweise die bei industriellen Prozessen anfallende Abwärme zur Erzeugung von Fernwärme nutzen.

❶ Fernwärmenetz mit Heizwassererzeugung durch Kraft–Wärme–Kopplung im Entnahmebetrieb

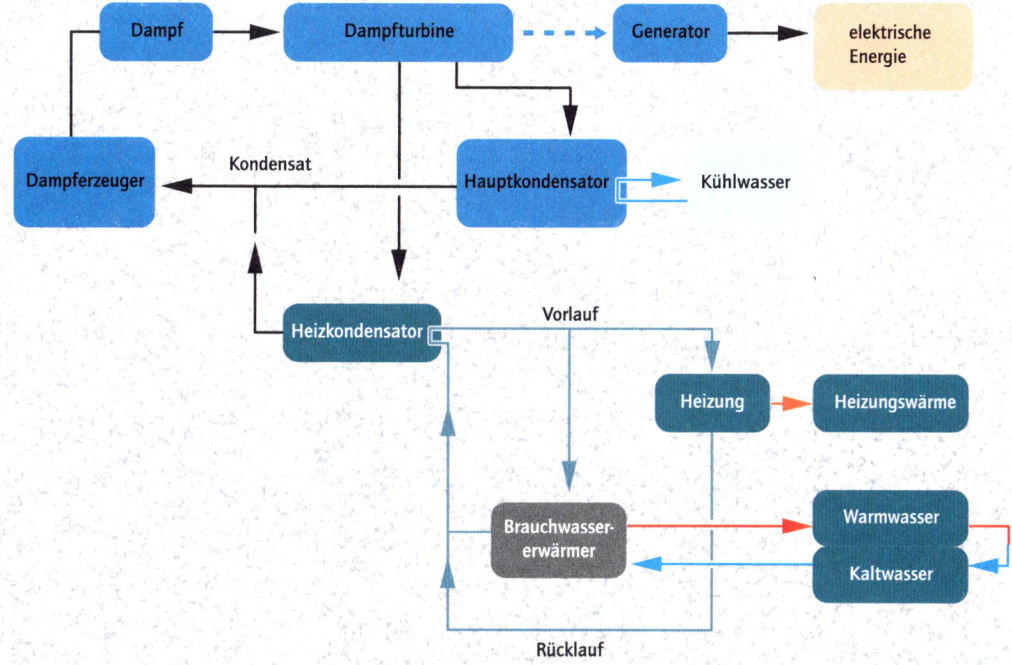

❷ Brennstoffausnutzung verschiedener Kraftwerktypen

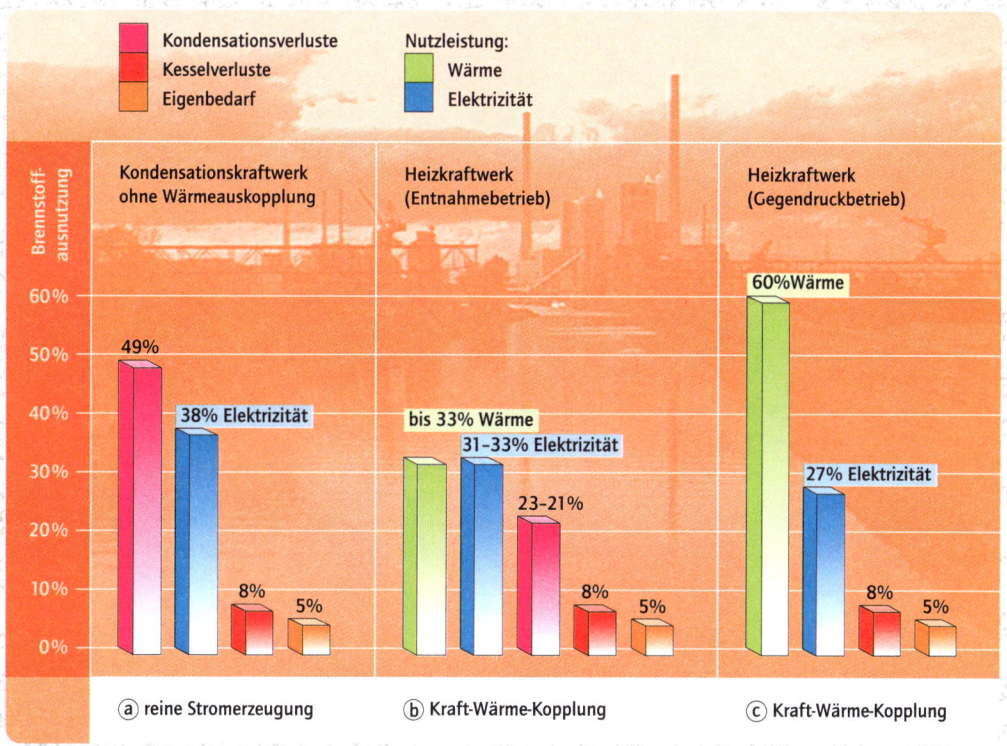

Energie tritt in vielen Formen auf, aber nicht jede eignet sich gleich gut für technische Verwendungen. Meist ist es nötig, Energie von einer Form in eine andere umzuwandeln, bevor sie nutzbar ist.

Energieformen

Kohle enthält chemische Energie, die jedoch in der molekularen Struktur gebunden und in dieser Form unbrauchbar ist. Beim Verbrennen der Kohle wird die chemische Energie umgewandelt in Wärmeenergie und ist damit nutzbar: Die Wärmeenergie kann man zum Heizen oder Erhitzen verwenden. Mit durch Erhitzen von Wasser entstandenem Dampf lassen sich Turbinen und über diese Generatoren antreiben. Dabei geht die Wärmeenergie erst in mechanische und diese dann in elektrische Energie über. Neben chemischer und Wärmeenergie tritt Energie in der Natur zudem als mechanische Energie auf, wenn z.B. Wind oder Wasser Rotoren oder Turbinen dreht, als elektrische Energie beim Austausch elektrischer Ladungen oder in Form elektromagnetischer Energie, z.B. als sichtbares Licht. Aber nicht alle Formen sind für die Energieversorgung gleich wichtig.

In der Energieanwendung haben sich eine Reihe von Begriffen eingebürgert, die für technische Zwecke griffiger sind als die physikalisch korrekte Bezeichnung der Energieformen. Als Primärenergie werden alle Energiequellen und -rohstoffe vor einer Umwandlung, also in ihrer natürlichen Erscheinungsform, zusammengefasst: Wasserkraft und Sonnenstrahlung, Wind und Erdwärme, Kohle, Öl, usw. Sekundärenergie bezeichnet Energieformen und -rohstoffe, die durch Umwandlung von Primärenergien entstehen, z.B. Benzin, Strom oder Fernwärme. Der Verbraucher bezieht sie als Endenergie, etwa Strom aus dem Netz oder Benzin von der Tankstelle, und macht sie als Nutzenergie für seine Zwecke dienstbar. Bei all diesen Umwandlungen kommt es zu Verlusten. So stellt z.B. die Nutzenergie nur einen Teil der Endenergie dar.

Wirkungsgrad ❶

Unter realen Bedingungen geht mit jeder Energieumwandlung ein Verlust einher: Die eingesetzte Energie (z.B. Kohle) wird nicht vollständig in die erwünschte Form umgesetzt (z.B. Heizung oder Strom). Ein Teil bleibt immer ungenutzt, z.B. als Abwärme oder sonstige Verluste (Abb. 1).

Der Wirkungsgrad eines energiewandelnden Systems gibt an, wie effizient die Energieumwandlung erfolgt. Dazu setzt man die abgegebene Energiemenge ins Verhältnis zu der aufgenommenen. Für ein Kohlekraftwerk ist der Gesamtwirkungsgrad also das Verhältnis aus der elektrischen Energie, die vom Generator abgegeben wird, zur chemischen Energie, die aus der Kohle aufgenommen wird. Analog kann man für jede Komponente des komplexen Gesamtsystems Kraftwerk (z.B. Kessel, Turbine oder Generator) einen eigenen Wirkungsgrad definieren. Der Wirkungsgrad ist wegen der unvermeidlichen Verluste stets kleiner als 100%. Der Wirkungsgrad eines modernen, reinen Kohlekraftwerkes liegt heute bei gut 40%.

Transport ❷

Energie, sei es Primärenergie vor oder Sekundärenergie nach der Umwandlung in einer technisch günstigeren Form, muss vor der Nutzung zum Verbraucher transportiert werden: z.B. elektrischer Strom in Hochspannungsleitungen; Kohle per Schiff oder Bahn ins Kraftwerk; Öl und Gas über Pipelines von den Förderfeldern in Aufbereitungsstationen oder Holz, Brikett und Heizöl mit Lastkraftwagen zum Endverbraucher. Dabei treten Verluste auf, wie z.B. Reibungsverluste beim Stromtransport. Auch die Logistik selbst benötigt Energie. Die Verluste spielen nicht nur für den Preis eine Rolle, sondern dienen auch als Grundlage für die Beurteilung der Umweltbelastung durch unterschiedliche Energieoptionen.

Eine besondere Bedeutung hat der Transport elektrischer Energie von den Kraftwerken zu den Verbrauchern. Dafür sorgt ein dichtes Netz von Stromleitungen (Abb. 2). Die Netze der einzelnen Anbieter sind miteinander verknüpft und bilden so ein äußerst flexibles Instrument zum Verteilen von Energie. Die internationale Verflechtung ermöglicht weiträumigen Stromaustausch über Grenzen, etwa bei Ausfall oder ungenügender Kapazität während Verbrauchsspitzen. Die Übertragungsverluste sind umso geringer, je höher die elektrische Spannung ist. Daher verwendet man zur Übertragung hoher Leistungen über große Entfernungen Höchstspannungsnetze von 380 kV oder 220 kV. Von diesen laufen Hochspannungsnetze mit 110 kV zu den Verbrauchszentren. Das Mittelspannungsnetz mit 10 kV oder 20 kV besorgt die weitere Verteilung zu den örtlichen Transformatorstationen. Von dort schließlich liefert das Niederspannungsnetz mit 230 V und 400 V Strom in Haushalte und Gewerbe. Zwischen den einzelnen Netzen liegen Umspannwerke, die den Übergang vom einen zum andern Spannungsbereich herstellen. Die Übertragungstechnik arbeitet meist mit Drehstrom, d.h. Dreiphasen-Wechselstrom.

❶ Verluste bei der Energieumwandlung

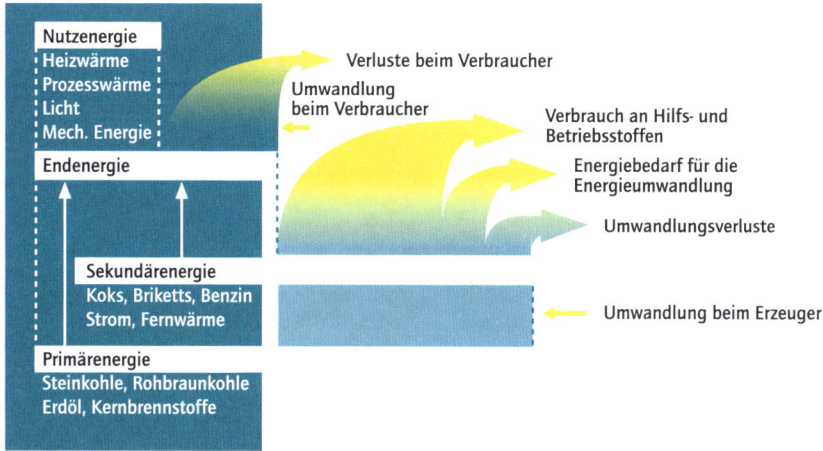

❷ Höchstspannungsnetz zum Transport von elektrischer Energie (Deutsches Verbundnetz, Stand: 1997)

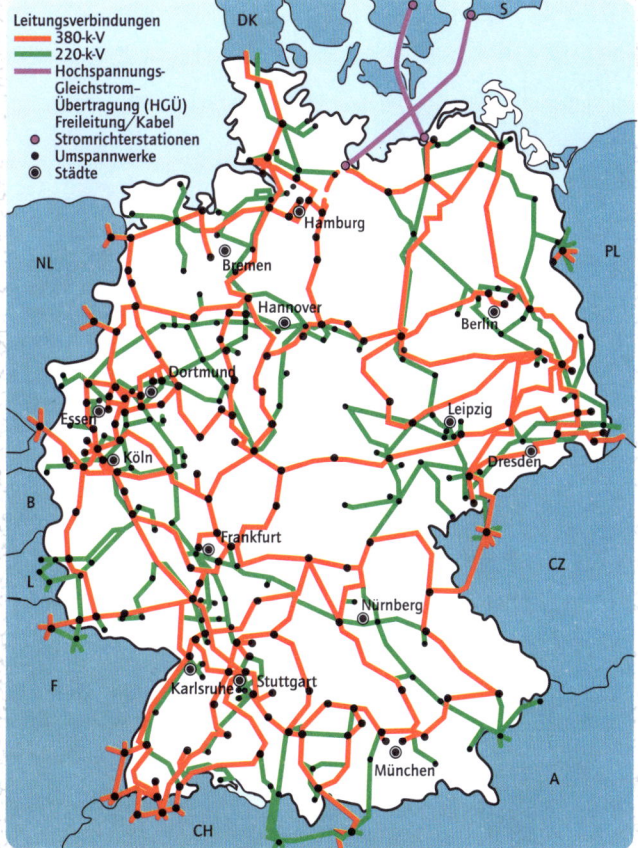

Die Funktion von Akkumulatoren und Batterien beruht auf der direkten Umwandlung von chemischer in elektrische Energie. Der Vorgang ist bei Batterien (Primärzellen) nicht umkehrbar, während Akkumulatoren (Sekundärzellen) wieder aufgeladen werden können.

Es war Alessandro Volta, der im Jahre 1800 das erste galvanische Element entwickelte und die Spannungsreihe der Elemente aufstellte. In ihr sind die Metalle nach zunehmendem elektrischen Potenzial gegenüber einem Bezugselement (üblich Wasserstoff) geordnet. Die Potenzialdifferenz zwischen beiden entspricht der elektrischen Spannung zwischen ihnen. Metalle mit einem kleinen Potenzial werden als unedel, solche mit einem großen als edel bezeichnet. Unedle Metalle geben leicht Elektronen ab, edle nehmen leicht Elektronen auf.

Batterien ❶

Alle galvanischen Zellen funktionieren nach dem gleichen Prinzip: Zwei Elektroden mit unterschiedlichem elektrischem Potenzial (z.B. Zink und Kupfer) tauchen in einen Elektrolyten (Ionen leitende Flüssigkeit, meist Salz- oder Säurelösung, z.B. Kupfersulfatlösung) ein, der im Innern der Zelle eine leitende Verbindung zwischen den Elektroden herstellt. Die Materialien sind so gewählt, dass sich zwischen den beiden Leitern eine Potenzialdifferenz aufbaut. Verbindet man sie über einen äußeren Leiter, so bewegen sich Elektronen von der einen zur anderen Elektrode, d.h., es fließt ein Strom. Beispiel Abb. 1: Von der unedleren Zinkelektrode gehen Zinkionen in Lösung, an der Kupferelektrode werden Kupferionen aus der Lösung mittels freier Elektronen zu Kupfer reduziert. Ein Strom fließt so lange, bis alle gespeicherte chemische in elektrische Energie umgewandelt ist, d.h., bis alle Kupferionen aus der Lösung verbraucht sind.

Die beiden Elektroden bilden den positiven und den negativen Pol der Zelle, zwischen denen eine Spannung messbar ist. Typische Werte liegen zwischen 1,2 V und 4 V. Die Spannung hängt nicht von der Größe der Elektroden, sondern nur von den verwendeten Materialien ab. Zwar ist eine große Zahl an Kombinationen verschiedener Elektroden denkbar, aber nur wenige Systeme sind von praktischer Bedeutung.

Die Bezeichnung Batterie steht ursprünglich für einen Verbund mehrerer Primärelemente. Da die Zellspannung begrenzt ist, muss man eine passende Anzahl Zellen elektrisch in Reihe schalten, um zu höheren Spannungen zu gelangen und Verbraucher mit unterschiedlichen Betriebsspannungen geeignet zu versorgen. Im Sprachgebrauch hat sich der Begriff Batterie aber auch für die Zellen selbst eingebürgert.

Sehr verbreitet sind die zylinderförmigen Rundzellen vom Typ der Zink-Kohle-Batterien. Diese „Veteranen", erfunden im letzten Jahrhundert, verwenden Kohle- und Zink-Elektroden und Kalilauge als Elektrolyt. Etwas leistungsfähiger sind Alkali-Mangan-Batterien. Sie werden z.B. in Kofferradios und Taschenlampen verwendet. Quecksilberoxidzellen kommen in Uhren, Taschenlampen und Taschenrechnern zum Einsatz. Nur wenige Systeme kamen zu diesen etablierten hinzu, vor allem die Lithium-Zellen. Sie werden z.B. in Herzschrittmachern und Kameras verwendet.

Akkumulatoren ❷ ❸

Im Gegensatz zu Batterien sind Akkumulatoren wieder aufladbar, weil das Lade- und Entladeverhalten umkehrbar ist. Im Idealfall sind die grundlegenden elektrochemischen Vorgänge an den Elektroden während des Lade- und Entladebetriebs gleichermaßen reversibel. In der Realität bleibt die Anzahl möglicher Lade-Entlade-Zyklen (je nach Typ) auf einige Tausend beschränkt, da die chemischen Prozesse während des Beladens beim Entladen nicht vollständig zurückzunehmen sind.

Am bekanntesten ist der Bleiakkumulator, in Autos als Starterbatterien millionenfach verbreitet (Abb. 2). Als Elektrolyt dient verdünnte Schwefelsäure. Im geladenen Zustand besteht die Kathode (Minus) aus reinem Blei (Pb), die Anode (Plus) aus Bleioxid (PbO_2). Beim Entladen diffundieren Bleiionen in den Elektrolyten und reagieren dort zu Bleisulfat ($PbSO_4$); die frei werdenden Elektronen fließen über den Verbraucher zur Anode (Abb. 3a). Beim Wiederaufladen kehrt sich die Reaktion um, aus Bleisulfat und Wasser entstehen wieder Blei, Bleioxid und Schwefelsäure (Abb. 3b). Die Zellenspannung beträgt rund 2 V, weshalb man mehrere Zellen zu einer Batterie zusammenfasst, um höhere Spannungen zu erreichen.

Eine wichte Kenngröße von Batterien und Akkumulatoren ist die Energiedichte. Sie gibt an, welche Energiemenge je Liter Batteriegröße gespeichert werden kann. Die Energiemenge ist bestimmt durch das Produkt der entnommenen Kapazität und der mittleren Entladespannung.

Neben Bleiakkumulatoren sind der Nickel-Cadmium- und der Nickel-Hydrid-Akku gebräuchlich. Andere Kombinationen sind im Test, um höhere Energiedichten zu realisieren. Doch oft sind sie konstruktiv aufwendig und kompliziert im Einsatz.

❶ Funktionsprinzip einer Zink–Kupfer-Batterie

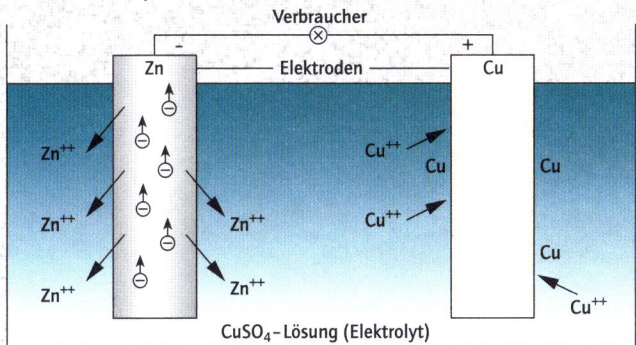

Verbraucher

– Elektroden +

Zn   Cu

Zn^{++} Zn^{++} Zn^{++} Zn^{++} Zn^{++}

Cu^{++} Cu   Cu Cu^{++} Cu Cu^{++}

$CuSO_4$-Lösung (Elektrolyt)

❷ Bleiakkumulator (Starterbatterie)

(a) Verschlussstopfen
(b) Endpol
(c) Blockdeckel
(d) Säurestandmarke
(e) Direktzellenverbinder
(f) Blockkasten
(g) Bodenleisten
(h) Zelltrennwand
(i) Plusplatte
(j) Kunststoffseparator
(k) Minusplatte
(l) Polbrücke

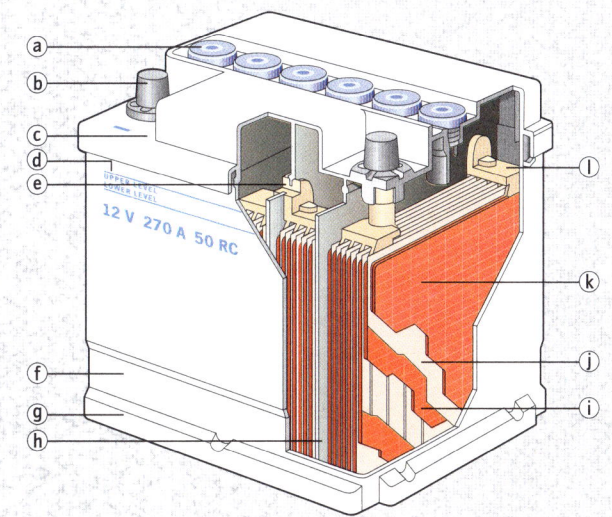

12 V 270 A 50 RC

❸ Chemische Reaktionen beim Bleiakkumulator

(a) Ablauf der Entladereaktion

$Pb + H_2SO_4 \rightarrow PbSO_4 + 2\,e^- + 2H^+$

$2\,H^+ + 2\,e^- + PbO_2 + H_2SO_4 \rightarrow PbSO_4 + 2\,H_2O$

(b) Ablauf der Ladereaktion

$PbSO_4 + 2\,e^- + 2H^+ \rightarrow Pb + H_2SO_4$

$PbSO_4 + 2\,H_2O \rightarrow 2\,H^+ + 2\,e^- + PbO_2 + H_2SO_4$

$$PbO_2 + Pb + 2H_2SO_4 \underset{Auf}{\overset{Ent}{\rightleftharpoons}} 2PbSO_4 + 2H_2O$$

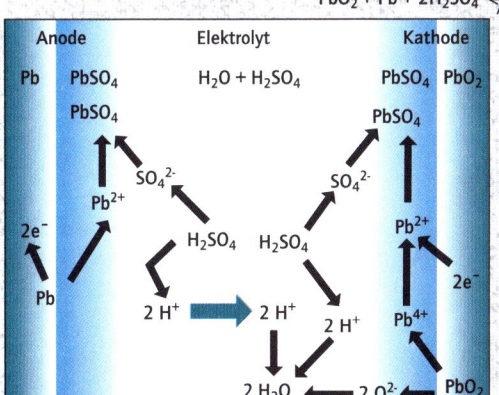

Anode — Elektrolyt — Kathode

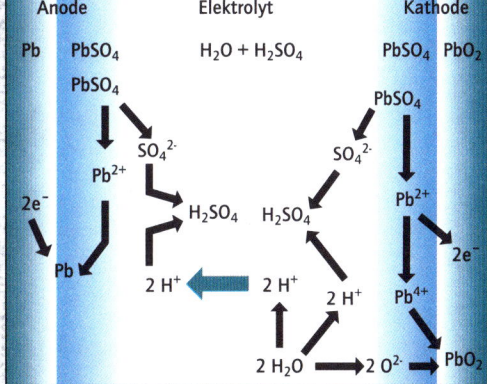

Anode — Elektrolyt — Kathode

Pb = Blei, H_2SO_4 = Schwefelsäure, H = Wasserstoff, O = Sauerstoff, S = Schwefel, e^- = freies Elektron

Auch Kernkraftwerke sind thermische Kraftwerke, die sich aber von anderen Wärmekraftwerken durch den Brennstoff unterscheiden: Statt der sonst verwendeten fossilen Brennstoffe wie Kohle oder Erdöl ist es hier Uran oder ein anderer Kernbrennstoff. Bei der Kernspaltung wird die Kernbindungsenergie im Reaktor freigesetzt. Mit dieser Wärme kann man Dampf erzeugen, der dann Turbinen und Generatoren zur Stromerzeugung antreibt. Ein Kernkraftwerk (Abb. 1) gliedert sich in einen Anlagenteil mit konventioneller Technik sowie den Nuklearteil mit dem Reaktor (Abb. 2; → Kernreaktoren). Das Reaktorgebäude enthält auch die Strahlenschutz- und Sicherheitseinrichtungen wie den Reaktordruckbehälter, die Rückhalteanlagen zur Verminderung der Aktivität abgebrannter Brennstäbe und den gas- und druckfesten Sicherheitsbehälter (Containment).

Kernenergie

Die Bausteine der Atomkerne, die Nukleonen, sind durch die innere Bindungsenergie der Kerne aneinander gebunden, und zwar je nach Atomsorte unterschiedlich stark. Dabei liegt die maximale Bindungsenergie pro Nukleon etwa bei der Massenzahl 60. Daraus folgen zwei mögliche Wege der Kernumwandlung: Kernenergie kann freigesetzt werden entweder durch Spaltung schwerer Kerne wie Uran (Kernspaltung) oder durch Verschmelzen von leichten Kernen wie Wasserstoff (Kernfusion). Die Fusion von Deuterium und Tritium zu 1 kg Helium setzt rund 120 Mio kWh frei, die Spaltung von 1 kg Uran (U-235) ca. 23 Mio kWh. Zum Vergleich: Die Verbrennung von 1 kg Steinkohle liefert eine Energie von etwa 10 kWh.

Kernfusion und Kernspaltung ❸ ❹

Theoretisch sind mehrere Fusionsreaktionen denkbar. Aus heutiger Sicht scheint die Reaktion von Deuterium (schwerer Wasserstoff, D) und Tritium (überschwerer Wasserstoff, T), wenn überhaupt, technisch am einfachsten realisierbar. Das Grundproblem der Fusion besteht darin, Atomkerne so nahe zusammenzubringen, dass sie verschmelzen (Abb. 3). Dem wirkt die elektrische Kraft der Kernladung entgegen, da beide Kerne positiv sind und sie sich dadurch abstoßen. Die Abstoßung lässt sich überwinden, wenn die Teilchen sehr schnell sind, was bei einer sehr hohen Temperatur der Fall ist (Teilchentemperatur etwa 100 Mio °C). Solch heiße Plasmen kann man nur durch elektrische und magnetische Felder einschließen. Wegen der dabei auftretenden technischen Schwierigkeiten gibt es bis-

lang kein Verfahren, die Fusionsreaktion kontrolliert zur Energiegewinnung zu nutzen.

Bei der Kernspaltung entstehen aus einem schweren Kern in der Regel zwei etwa gleich große Folgekerne, ausgelöst meist durch den „Einfang" eines Neutrons. Neben den Spaltprodukten werden dabei zwei bis drei Neutronen und Energie (ca. 210 MeV) frei. Die freigesetzten Neutronen können weitere Kerne zur Spaltung anregen, also eine Kettenreaktion aufrechterhalten (Abb. 4). Genau das geschieht kontrolliert in Kernreaktoren (→).

Mögliche Kernbrennstoffe sind die radioaktiven Schwermetalle Uran (U) und Thorium (Th). Allerdings besteht Natururan nur zu rund 0,7 % aus dem spaltbaren Isotop U-235, der Rest aus dem praktisch nicht spaltbaren U-238. Für eine kontrollierte Kettenreaktion muss im Mittel eines der bis zu drei bei einer Kernspaltung freigesetzten Neutronen eine weitere Kernspaltung auslösen (kritische Kernreaktion). Dafür reicht der natürliche Gehalt an U-235 nicht aus. Deshalb muss man den Spaltstoff auf etwa 3 % anreichern.

Bau und Funktion von Kernkraftwerken

In den meistverbreiteten Kernkraftwerken mit Leichtwasserreaktoren (→ Kernreaktoren) dient vor allem Uran als Brennstoff. Kühlmittel ist gewöhnliches, leichtes Wasser (H_2O). Der Brennstoff befindet sich in langen, dünnen Brennstäben, die zu Brennelementen zusammengefasst sind. Dazwischen sind Steuerelemente aus Neutronen absorbierendem Material (Bor, Cadmium o. Ä.) angebracht. Brenn- und Steuerelemente bilden den Reaktorkern, der von einem mit Wasser gefüllten stählernen Druckbehälter umschlossen ist. Eine Betonkammer mit rund zwei Meter dicken Wänden umgibt das Reaktordruckgefäß, um mögliche radioaktive Strahlung abzuschirmen. Das Wasser hat als Moderator und Kühlmittel eine zweifache Funktion. Als Moderator bremst es die Geschwindigkeit der schnellen Neutronen aus der Kernspaltung ab, wodurch diese andere Kerne zur Spaltung anregen und eine Kettenreaktion in Gang setzen können (→ Kernreaktoren). Als Kühlmittel nimmt es die Energie der Spaltprodukte (meist Krypton- und Bariumkerne) als Wärme auf. Der damit erzeugte Wasserdampf dreht Turbine und Generator.

Als erstes kommerzielles Kernkraftwerk ging 1956 „Calder Hall" in England ans Netz. Heute (1998) gibt es weltweit 437 Kernkraftwerke mit einer installierten elektrischen Gesamtleistung von ca. 363 Mio. MW. Sie dienen vor allem der Stromerzeugung in Grundlast.

❶ Kernkraftwerk

❷ Reaktorgebäude eines Druckwasserreaktors

ⓐ Reaktordruckbehälter mit Rohrstutzen für Verbindungsleitungen zum Dampferzeuger

ⓑ Dampferzeuger

ⓒ Hauptkühlmittelpumpe

ⓓ Lager für neue Brennelemente

ⓔ Lagerbecken für abgebrannte Brennelemente

ⓕ Lademaschine

ⓖ Biologischer Schild gegen Strahlung

ⓗ Sicherheitsbehälter

ⓘ Reaktorgebäude

ⓙ Materialschleuse

ⓚ Frischdampfleitung zur Turbine

❸ Prinzip der Kernfusion

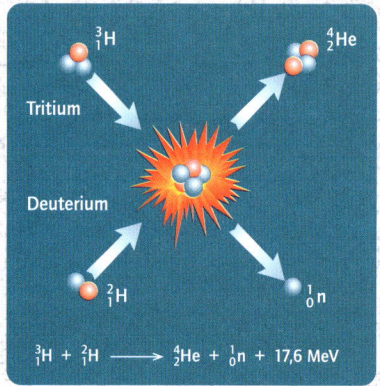

$$^3_1\text{H} + ^2_1\text{H} \longrightarrow ^4_2\text{He} + ^1_0\text{n} + 17{,}6 \text{ MeV}$$

H = Wasserstoff, He = Helium, n = Neutron

❹ Prinzip der Kernspaltung und der Kettenreaktion in Uran-235

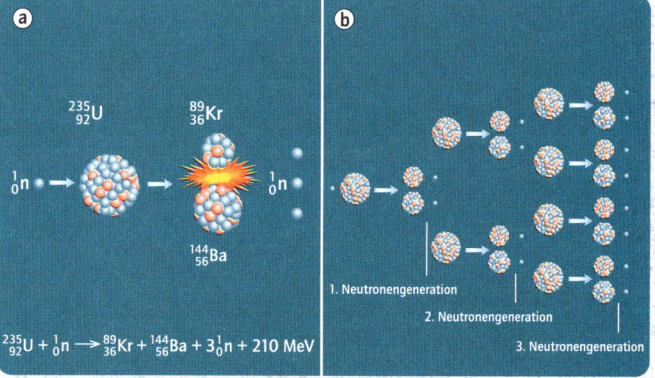

1. Neutronengeneration
2. Neutronengeneration
3. Neutronengeneration

$$^{235}_{92}\text{U} + ^1_0\text{n} \longrightarrow ^{89}_{36}\text{Kr} + ^{144}_{56}\text{Ba} + 3\,^1_0\text{n} + 210 \text{ MeV}$$

Kr = Krypton, Ba = Barium, U = Uran, n = Neutron

Im Jahre 1938 entdeckten Otto Hahn und Fritz Straßmann, dass Urankerne von langsamen Neutronen gespalten werden können. Lise Meitner erklärte den Vorgang 1939 theoretisch. Sie stellte fest, dass bei der Spaltung („Fission") weitere Neutronen entstehen, dass es also zu einer Kettenreaktion kommen kann, und berechnete die frei werdende Energie. Die technische Umsetzung gelang Enrico Fermi, der im Dezember 1942 mit seiner Arbeitsgruppe bei Chicago den ersten Kernreaktor in Betrieb nahm.

Spaltstoffe und Brutstoffe

Alle schweren und mittelschweren Atomkerne sind durch Kollision mit langsamen (abgebremsten) Neutronen spaltbar. Doch verhalten sich dabei nicht alle gleich. Einen entscheidenden Unterschied zeigen die Uran-Isotope 233 und 235 (U-233, U-235) ebenso wie die Plutonium-Isotope 239 und 241 (Pu-239, Pu-241). Während nämlich andere Kerne nur ein Neutron freisetzen oder auch gar keines, emittieren diese gleich zwei oder drei so genannte schnelle Neutronen. Nur so kann überhaupt eine Kettenreaktion in Gang kommen. Deshalb sind allein diese Kerne als Brennstoffe für Kernreaktoren geeignet. Man nennt sie Spaltstoffe, im Unterschied zu Brutstoffen wie Thorium-232 (Th-232) und Uran-238 (U-238), die sich durch Einfang schneller (unabgebremster) Neutronen in Spaltstoffe umwandeln können. Technisch lässt sich das in Brutreaktoren nutzen.

Kernbrennstoffe zerfallen bei der Spaltung in (meist zwei) leichtere Folgekerne. Gleichzeitig setzt das Spaltmaterial Neutronen (Spaltneutronen) frei: entweder sofort als prompte Neutronen oder nach wenigen Sekunden als verzögerte Neutronen. Die verzögerten Neutronen spielen für die Reaktorregelung eine wichtige Rolle. Die Masse der Spaltprodukte ist immer etwas kleiner als die Masse des Ausgangskerns. Dieser Massedefekt entspricht der Energie, die bei der Spaltung entsteht.

Thermische und schnelle Reaktoren

Das Prinzip der Wärmeerzeugung durch Kernenergie nutzt man in Kernkraftwerken aus, deren zentrale Komponente der Reaktor ist. In ihm ist es möglich, eine Kettenreaktion in Gang zu setzen und kontrolliert aufrechtzuerhalten. Ein Reaktor besteht aus der Spaltzone, die den Kernbrennstoff enthält, aus einer Abschirmung und Regeleinrichtungen. Bestimmte Typen haben auch einen Moderator zum Abbremsen von schnellen Neutronen. Hierfür wird z.B. leichtes oder schweres Wasser verwendet,

aber auch Graphit. Während der Moderierung geben die energiereichen Neutronen ihre Bewegungsenergie von etwa 1 MeV aus der Kernspaltung durch Stöße bis auf einen Wert von rund 0,025 eV ab. Die abgebremsten Neutronen können dann viel länger mit den U-235-Kernen in Wechselwirkung treten und die Wahrscheinlichkeit ihres Einfangs und somit einer Spaltung steigt. Grundsätzlich unterscheidet man demzufolge zwischen thermischen und schnellen Reaktoren.

Bei den ersten wird die Kettenreaktion durch die abgebremsten, d.h. thermischen Neutronen aufrechterhalten. Der Name rührt daher, weil sie im thermischen Gleichgewicht mit ihrer Umgebung stehen; bei Raumtemperatur haben sie eine Energie von etwa 0,025 eV (entsprechend einer Geschwindigkeit von 2200 m/s). Bei schnellen Reaktoren hingegen sind es schnelle Neutronen, die die Kettenreaktion tragen. Diese Reaktoren haben keinen Moderator. Das unterscheidet sie von den thermischen, die im Betrieb nach Anzahl und Leistung weit überwiegen.

Leichtwasserreaktoren ❶ ❷

Alle Reaktoren, die mit leichtem Wasser (H_2O) statt mit schwerem (D_2O) moderiert und gekühlt sind, nennt man Leichtwasserreaktoren. Sie sind die meistverbreiteten Typen im praktischen Einsatz. Der Reaktorkern aus Brenn- und Steuerelementen wird hier von einem Stahldruckbehälter umfasst, der mit Wasser gefüllt ist. Dieses nimmt die Wärme auf, die während der Spaltung entsteht. Handelt es sich um einen Siedewasserreaktor (Abb. 1a), so verdampft das Wasser unmittelbar im Druckbehälter (Abb. 2). Bei einer Auslegung als Druckwasserreaktor (Abb. 1b) findet dieser Vorgang erst im Dampferzeuger eines zweiten Kreislaufs statt. Der entstehende Dampf dient dazu, eine Turbine anzutreiben.

Brutreaktoren ❸

So genannte Brutreaktoren können mehr Spaltstoff erzeugen, als sie verbrauchen. Hierzu gehört der Schnelle Brutreaktor („Schneller Brüter"), bei dem schnelle Neutronen die Kettenreaktion tragen (Abb. 3). Durch Neutroneneinfang wandelt sich der Brutstoff U-238 in den Spaltstoff Pu-239 um. Da dieser Typ schnelle Neutronen zum Aufrechterhalten des Brutprozesses benötigt, scheidet Wasser als Kühlmittel aus, weil es die Neutronen zu stark abbremst. Stattdessen verwendet man Natrium, das oberhalb von 97 °C flüssig wird. Schnelle Brüter können das Uran um einen Faktor 60 besser ausnutzen als konventionelle Leichtwasserreaktoren.

❶ Leichtwasserreaktoren

ⓐ Siedewasserreaktor

ⓑ Druckwasserreaktor

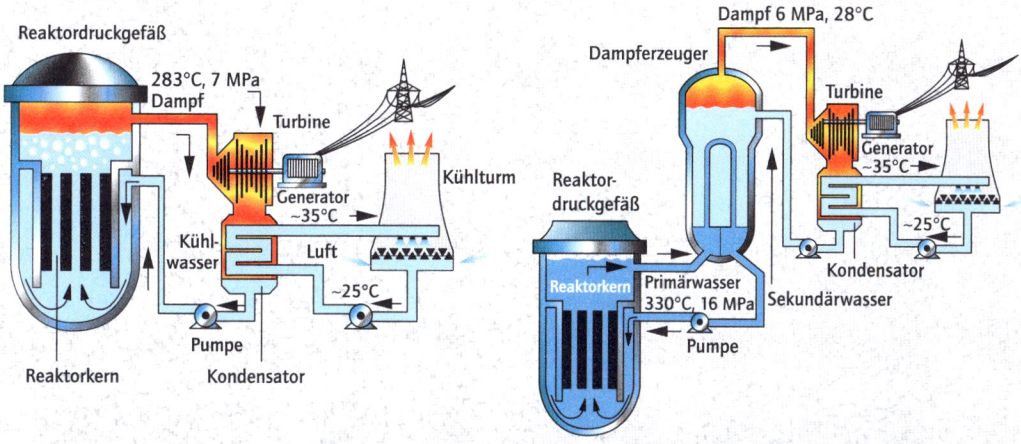

❷ Blick in einen geöffneten Reaktordruckbehälter

Am Boden sind die Brennelemente sichtbar.

❸ Schneller Brutreaktor

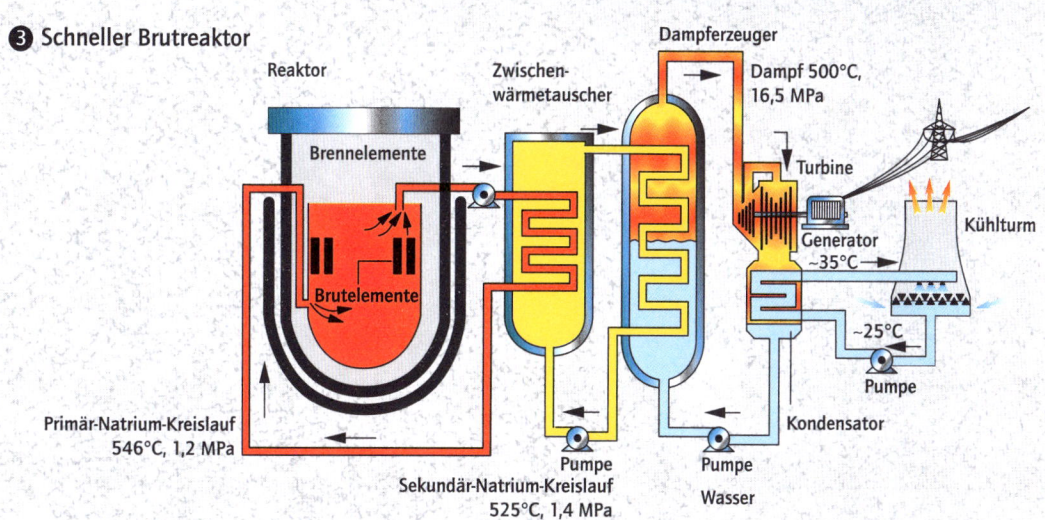

Uran ist das am häufigsten verwendete Mineral für Kernbrennstoffe. Aber selbst in ergiebigen Mineralien ist der Urananteil so gering, dass er in mehrstufigen Verfahren erhöht werden muss, bis ein Gehalt zwischen 70% und 90% erreicht ist. Als Spaltmaterial für Leichtwasserreaktoren ($\rightarrow$ Kernreaktoren) ist jedoch auch dieses Konzentrat nicht geeignet, denn nur 0,7% des Urananteils bestehen aus dem für die Spaltung benötigten Isotop U-235, der Rest ist das (nicht spaltbare) U-238. Zur Verwertung muss man das U-235 auf mindestens 3% anreichern. Dieser Prozess umfasst mehrstufige physikalische und chemische Verfahren.

Brennelemente ❶

Über mehrere Zwischenprodukte wie Uranhexafluorid (UF_6) erhält man Urandioxid (UO_2), das durch Pressen und Sintern bei 1700 °C zu Brennstofftabletten verarbeitet wird. Reines Uran wäre wegen seines niedrigen Schmelzpunktes von 1132 °C untauglich für den Einsatz in Kernkraftwerken; Urandioxid hingegen schmilzt erst bei 2800 °C. Je nach Reaktortyp werden auch andere Kernbrennstoffe in unterschiedlichen Formen verwendet.

Am meisten verbreitet sind die standardisierten Brennelemente aus mehreren dünnen Brennstäben von einigen Meter Länge, gefüllt mit 50 bis 300 Brennstofftabletten und ummantelt von einer gasdichten Hülle aus Metall. Ein Brennelement für Druckwasserreaktoren etwa enthält ca. 530 kg Uran, solche für Siedewasserreaktoren 190 kg. In einem Kraftwerk können bis zu 1000 Brennelemente eingesetzt sein (Abb. 1).

Nach etwa drei Jahren kann ein Brennelement nicht mehr seine Normalleistung abgeben. Deshalb wird bei der jährlichen Revision das älteste Drittel der Brennelemente gewechselt. Die ausgetauschten Elemente müssen zwischengelagert werden, bevor man sie in ein Endlager oder zur Wiederaufbereitung bringen kann.

Wiederaufbereitung ❷

Die Kernreaktion vermindert nicht nur den Gehalt an Spaltstoff U-235 in den Brennstäben, es bildet sich auch eine Reihe radioaktiver Isotope. Die meisten davon zerfallen in kurzen Zeiträumen zu stabilen Isotopen, weshalb die Brennelemente nach dem Wechsel erst in einem speziellen Lagerbecken im Reaktorgebäude zwischengelagert werden. Ein Teil der Isotope hat allerdings lange bis sehr lange Halbwertszeiten, so z. B. das Plutonium.

Vom Brennstoff U-235 ist in den verbrauchten Brennstäben noch etwa ein Viertel vorhanden. Zu-

dem ist das entstandene Plutonium für die Herstellung neuer Brennelemente geeignet. Deshalb erscheint die Wiederaufarbeitung abgebrannter Brennelemente attraktiv. Immerhin lassen sich rund 97% der Inhaltsstoffe danach wieder verwenden, nämlich die Uran-Isotope, das Plutonium und ein geringer Anteil der Transurane. Die restlichen Spaltprodukte aber sind hochradioaktiver Abfall, der sicher entsorgt werden muss. Ein Schema der Entsorgungswege zeigt Abb. 2.

Die chemische Wiederaufarbeitung wurde erstmals 1944 in den USA praktiziert. Allerdings war damals die Gewinnung von Plutonium für Kernwaffen der entscheidende Antrieb. In der Nachkriegszeit modifizierte man die Verfahren für eine echte Wiederaufarbeitung. Großtechnisch erprobt ist das Purex-Verfahren (Plutonium-Uran-Reduktion und -Extraktion). Grundaufgabe der Wiederaufbereitung ist, das noch vorhandene Uran und das neu entstandene Plutonium von den anderen während der Reaktion erzeugten Spaltprodukten zu trennen. Beim Purex-Verfahren löst man dazu den abgebrannten Brennstoff in Salpetersäure auf. Für die eigentliche Extraktion (Herauslösen bestimmter Substanzen aus flüssigen oder festen Stoffgemischen durch Lösungsmittel) benutzt man das Lösungsmittel Tributylphosphat, mit dem sich dann auch noch das Uran und Plutonium chemisch trennen lassen. Die verbleibende Lösung mit den Spaltprodukten muss für die Endlagerung konditioniert (herstellen von Abfallgebinden) werden. Das zurückgewonnene Plutonium und Uran werden wieder verwertet.

Verglasung

Hochradioaktive Abfälle werden mit Borosilikatglas verfestigt. Standardverfahren in Frankreich ist es, durch Erhitzen der Lösung ein Granulat zu erzeugen, das danach mit der Glasfritte zu Glas verschmolzen wird. Bei einem anderen Verfahren gibt man die hochaktive Lösung direkt in die Glasschmelze, wobei die Flüssigkeit verdampft und die radioaktiven Feststoffe in der Glasschmelze eingebunden bleiben. In beiden Fällen wird die Schmelze dann in Stahlbehälter von 150 l Inhalt gefüllt.

Diese 400 kg schweren Kokillen erzeugen wegen des fortlaufenden radioaktiven Zerfalls immer noch Wärme. Nach oberirdischer Abklingzeit sollen sie in unterirdischen Endlagern verstaut werden. Dorthin könnte man nach geeigneter Konditionierung die Brennstäbe auch direkt geben. Wiederaufarbeitung oder direkte Endlagerung, die Diskussion ist noch nicht abgeschlossen und wird international unterschiedlich bewertet.

❶ Brennelement eines Druckwasserreaktors

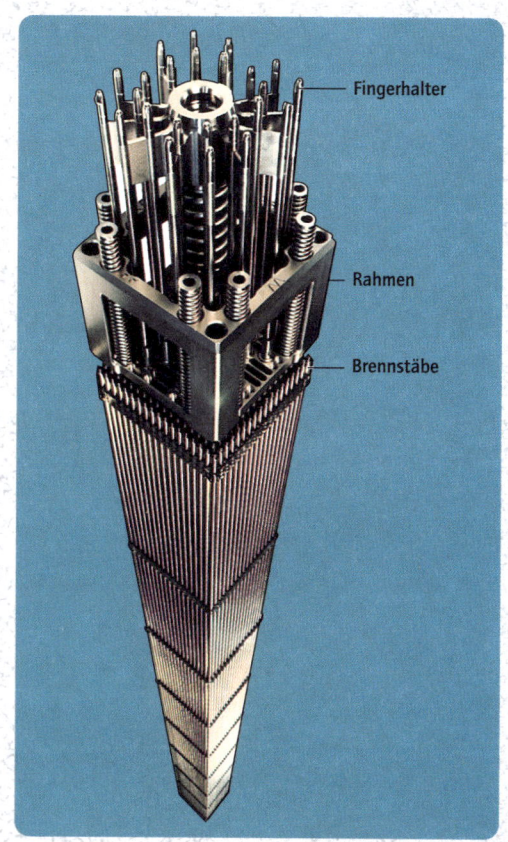

Fingerhalter

Rahmen

Brennstäbe

❷ Wege der Entsorgung

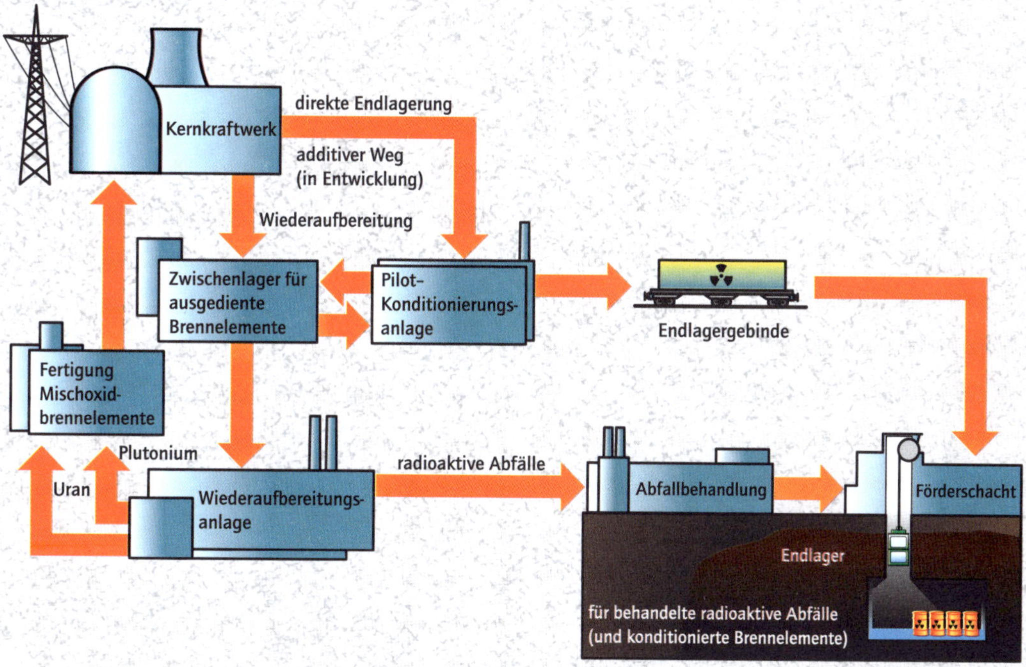

Kernkraftwerk

direkte Endlagerung

additiver Weg
(in Entwicklung)

Wiederaufbereitung

Zwischenlager für
ausgediente
Brennelemente

Pilot-
Konditionierungs-
anlage

Endlagergebinde

Fertigung
Mischoxid-
brennelemente

Plutonium

Uran

Wiederaufbereitungs-
anlage

radioaktive Abfälle

Abfallbehandlung

Förderschacht

Endlager

für behandelte radioaktive Abfälle
(und konditionierte Brennelemente)

Brennelemente und Wiederaufbereitung 255

Pro Jahr fallen beim Betrieb eines Druckwasserreaktors von 1 GW elektrischer Leistung mit den abgebrannten Brennelementen rund 40 t radioaktive Stoffe an. Die unterschiedlich strahlenden Substanzen haben z.T. nur eine kurze Lebensdauer. Deshalb werden die Brennelemente nach der Entfernung aus dem Reaktorkern nicht sofort zur Wiederaufarbeitung oder in ein Zwischenlager transportiert, sondern zuvor in Abklingbecken (wassergefüllte Becken direkt neben dem Reaktordruckbehälter) gelagert (Abb. 1).

Brennelementwechsel

Das Auswechseln der Brennelemente ist Teil der jährlichen Revision. Jeweils das älteste Drittel der Elemente ist davon betroffen, während man gleichzeitig die übrigen versetzt, um einen gleichmäßigen Abbrand zu erzielen.

Wegen der starken Strahlung wird der Reaktordruckbehälter mit Wasser geflutet. Die abgebrannten Elemente bleiben während des Wechsels ständig untergetaucht. Über eine Schleuse gelangen sie in das benachbarte Abklingbecken, wo sie ein Jahr und länger aufbewahrt werden. Das Wasser schirmt nicht nur Strahlung ab, sondern nimmt auch die dadurch erzeugte Wärme auf. Während der Abklingzeit verringert sich die ursprüngliche Aktivität beträchtlich.

Radioaktive Abfälle und ihre Konditionierung ❷

Nach der Abklingzeit werden die Brennelemente zur Wiederaufarbeitung oder in Zwischenlager gebracht, die als zentrale Sammelstationen für Brennelemente aus verschiedenen Kernkraftwerken dienen. Auch direkte Endlagerung der abgebrannten Kernbrennelemente ist möglich. In diesem Fall müssen sie zuvor konditioniert, also in geeigneter Weise dafür vorbehandelt werden (Abb. 2).

Neben den Brennelementen fällt noch weiterer radioaktiver Müll an. Die große Masse sind schwach- und mittelaktive Stoffe, die während des Betriebs entstehen und nur geringe Wärme abgeben. Dazu gehören etwa Filterschlämme und Rückstände aus dem Kühlmittel, aber auch kontaminierte Arbeitskleidung und aktivierte Austauschteile. Diese Abfälle nehmen rund 95 % des Gesamtvolumens ein, tragen aber lediglich 1% der Aktivität.

Brennelemente und hochaktiver Müll machen nur 5 % des Volumens, aber 99 % der Radioaktivität aus. Entsprechend ist auch die Konditionierung für beide Arten unterschiedlich. Schwach- und mittelaktive Abfälle werden zunächst durch Eindampfen,

Pressen und dergleichen im Volumen reduziert, um die Menge der nötigen Behälter klein zu halten, in die sie danach kommen, die dann in Beton oder Zement eingebunden werden. Diese Arbeiten können im Kraftwerk selbst vorgenommen werden, noch vor dem Transport.

Zwischenlager

Ausgediente Brennelemente müssen zunächst zwischengelagert werden, bis man sie weiterverarbeiten oder direkt endlagern kann. Das ist in den Kernkraftwerken selbst oder in Zwischenlagern möglich. Dabei werden sie in speziellen Behältern gelagert, z. B. vom Typ Castor. Während der Zwischenlagerung zerfallen die kurzlebigen Radionuklide, womit die Abgabe von Wärme einhergeht. Die Kühlung der Behälter in den Lagerhallen besorgt die Luft durch Konvektion. Danach werden die Brennelemente zur Wiederaufarbeitungsanlage gebracht oder einer direkten Endlagerung zugeführt.

Transportbehälter ❸

Der Transport über öffentliche Wege bedarf einer Genehmigung. Auch die Art der Verpackung ist geregelt. Die Transportbehälter müssen einer Reihe von Belastungsproben standhalten:

- Freier Fall aus 9 m Höhe auf einen Betonsockel von 1000 t, der mit einer 35 t schweren Stahlplatte abgedeckt ist.
- Freier Fall aus 1,2 m Höhe auf einen Dorn.
- Feuertest bei 800 °C während einer Zeitdauer von 30 min.
- Untertauchen in Wasser bei einer Tiefe über 90 cm für 8 h lang.

In weitergehenden Testreihen ließ man die Behälter aus 600 m Höhe auf harten Wüstenboden fallen. Auch der Zusammenstoß mit einer Lokomotive bei einer relativen Geschwindigkeit von 130 km/h wurde untersucht.

Die Brennelemente werden für den Transport und für die Zwischenlagerung in so genannte Castor-Behälter (engl. cask for storage and transportation of radioactive material; Abb. 3) verpackt. Die Behälter sind aus Gusseisen mit Kugelgraphit gefertigt und haben rund 45 cm dicke Wände zur Abschirmung der Gammastrahlung. Zusätzliche Kunststoffstäbe dienen der Neutronenabschirmung. Im Innern stehen die Brennelemente in einem Gestell aus Borstahl, das ebenfalls Neutronen absorbieren soll. Die rund 5 m bis 6 m langen Typen haben außen Kühlrippen zur besseren Wärmeableitung. Ein mehrfach ausgelegtes Deckelsystem sorgt für den Verschluss.

❶ Stationen der Entsorgung

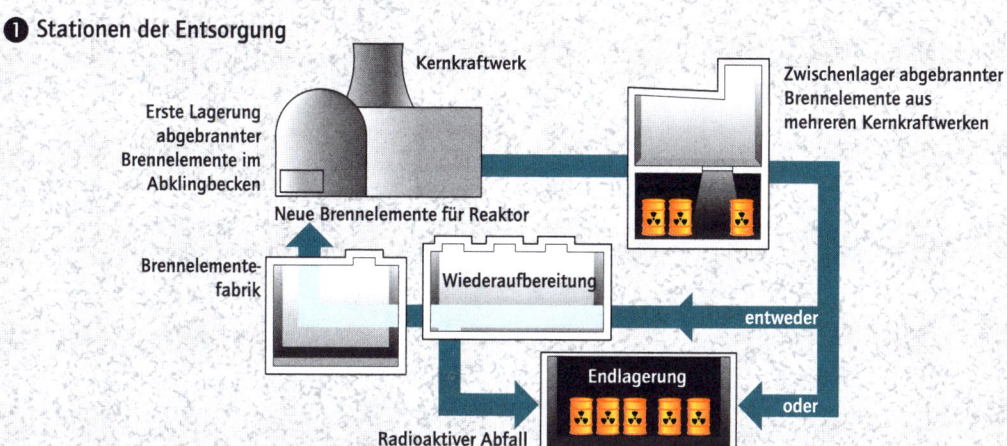

Kernkraftwerk

Erste Lagerung abgebrannter Brennelemente im Abklingbecken

Zwischenlager abgebrannter Brennelemente aus mehreren Kernkraftwerken

Neue Brennelemente für Reaktor

Brennelemente- fabrik

Wiederaufbereitung

entweder

Endlagerung

oder

Radioaktiver Abfall

❷ Kontrollierte Entsorgung radioaktiver Stoffe aus einem Kernkraftwerk

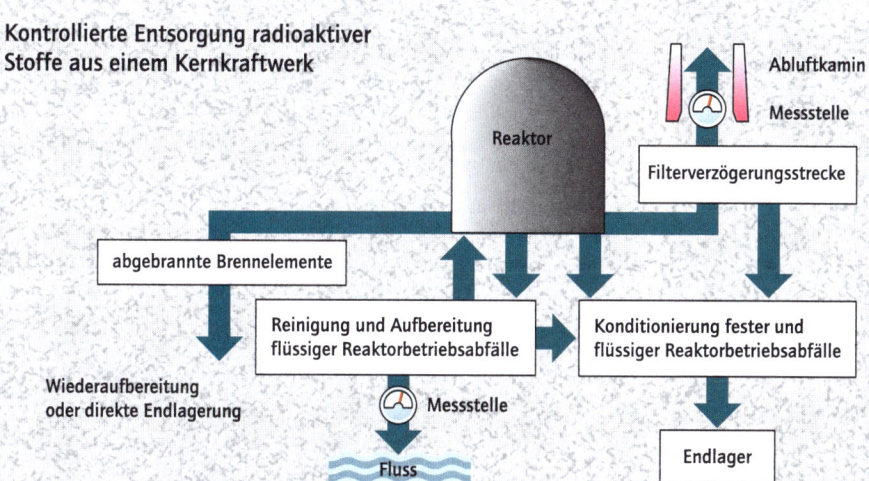

Reaktor

Abluftkamin

Messstelle

Filterverzögerungsstrecke

abgebrannte Brennelemente

Reinigung und Aufbereitung flüssiger Reaktorbetriebsabfälle

Konditionierung fester und flüssiger Reaktorbetriebsabfälle

Wiederaufbereitung oder direkte Endlagerung

Messstelle

Fluss

Endlager

❸ Transport- und Lagerbehälter vom Typ Castor

Deckelseit

Auch Wasserkraft ist eine erneuerbare Energie, hinter der sich die Sonne als eigentliches Kraftzentrum verbirgt. Die Sonne wirkt als „Motor", der den Wasserkreislauf auf der Erde treibt. Sie lässt das Wasser verdunsten und sorgt für seinen Aufstieg von den Meeren in die Atmosphäre. Als Niederschlag fällt das Wasser auf die Erde zurück und strömt dort zurück in die Ozeane, wobei es oft große Höhenunterschiede durchläuft.

Das Wasserkraftpotenzial der Erde ist sehr groß, selbst das technisch erschließbare könnte den heutigen Strombedarf leicht decken. Allerdings zeigen einige Großprojekte der Vergangenheit, dass die Planer sehr weit reichende ökologische Zusammenhänge prüfen müssen. Umweltaspekte könnten das technisch verfügbare Potenzial also deutlich reduzieren.

Ohne das Zutun des Menschen verliert sich die Energie des fließenden Wassers über Reibung in Wärmeentwicklung. Mittels Turbinen aber kann man die potenzielle (Lageenergie) und kinetische Energie (Bewegungsenergie) des Wassers in mechanische Rotationsenergie umsetzen und damit einen Generator drehen, der schließlich elektrischen Strom liefert. Eine Schlüsselgröße ist die Höhe des nutzbaren Gefälles, sowohl für die Art der Nutzung als auch für den Wirkungsgrad der Umwandlung in elektrische Energie.

Typen von Turbinen ❶

Als zweite Schlüsselgröße bestimmt die Durchflussmenge die Konstruktion und Leistung von Wasserkraftwerken. Grundsätzlich unterscheidet man zwei Typen für den Hoch- und Niederdruckbereich. Während eine Variante an Flüssen mit kleinen Fallhöhen, aber großen Wassermengen arbeitet (Laufwasserkraftwerk), nutzt der andere Typ in Gebirgsregionen die kleineren Durchflussmengen mit großen Fallhöhen von gelegentlich mehr als 1000 m. Der zweite Typ kann ohne große Wehre aus dem natürlichen Gerinne direkt gespeist oder aus Stauseen versorgt werden (Speicherkraftwerke).

Im Wesentlichen decken die vier Turbinenkonstruktionen Durchström-, Kaplan-, Francis- und Pelton-Turbine die verschiedenen Einsatzarten ab (Abb. 1). Man unterscheidet dabei Gleichdruck- und Überdruckturbinen. Bei Gleichdruckturbinen wird die potenzielle Energie des Wassers in einer oder mehreren Düsen vollständig in Geschwindigkeit umgewandelt; am Laufrad ändert sich der Druck nicht. Bei Überdruckturbinen nimmt der Wasserdruck stetig vom Eintritt gegen den Austritt hin ab. Das Leitrad wird mit drehbaren Schaufeln ausge-

führt und dient als Regel- und Absperrorgan. Die Turbinenwelle ist mit der Generatorwelle meist fest gekuppelt.

Laufwasserkraftwerke ❶ ❷

Laufwasserkraftwerke erzeugen Strom im Grundlastbereich. Ihre Lage an Flüssen bestimmt die konstruktiven Charakteristika. Die Fallhöhe liegt unter etwa 15 m, dafür laufen große Wassermengen über die Turbinen, aber meist mit großen jahreszeitlichen Schwankungen. In solchen Anlagen sind vor allem Kaplan- sowie Durchströmturbinen (Abb. 1) gebräuchlich. Das Wasser wird durch ein Wehr aufgestaut und strömt stetig durch die Turbine (Abb. 2). Diese Kraftwerke dienen neben der Energieerzeugung häufig auch dem Hochwasserschutz und, in Kombination mit Schleusen, der Schifffahrt.

Speicherkraftwerke ❶ ❸ ❹

Speicherkraftwerke sind neben dem Einsatz im Grundlastbereich vor allem für die Stromerzeugung im Spitzenlastbereich geeignet. Das nötige Wasser steht in Speicherseen bereit. Sind sie als Talsperren konzipiert, dienen sie häufig zusätzlich der Trinkwasserversorgung oder Bewässerung. Das eigentliche Kraftwerk, das in der Regel mit Kaplan- oder Francis-Turbinen (Abb. 1) ausgestattet ist, befindet sich meist am Fuß der Staumauer. Üblich sind außerdem Bergspeicher, die ebenfalls künstlich aufgestaut oder aber natürlichen Ursprungs sind. Bei Bergspeichern wird das Wasser über Druckrohre oft weit hinab ins Tal zum Maschinenhaus geleitet. Unter günstigen Verhältnissen kann man für solche Hochdruck-Wasserkraftwerke auf große Stauwerke mit all ihren ökologischen Implikationen verzichten. Bei Fallhöhen von oft tausend Metern und mehr werden meist Pelton-Turbinen für die Energieumwandlung eingesetzt.

Eine Sonderform sind die Pumpspeicherkraftwerke mit hoch gelegenen Speicherbecken, in die während verbrauchsarmer Zeiten mit Überschussstrom Wasser gepumpt wird. Bei Bedarfsspitzen kann man damit Strom erzeugen (Abb. 3 und 4). Je nach Fallhöhe kommen Pelton- oder Francis-Turbinen zum Einsatz. Francis-Turbinen dienen im Füllbetrieb auch als Pumpen.

Streng genommen liefern Pumpspeicherkraftwerke keine erneuerbare Energie, da man hier bereits erzeugte elektrische Energie als Lageenergie des Wassers speichert. Anders sieht es aus, wenn Strom aus regenerativen Quellen die Pumpen treibt, also ein Wasserspeicher im Verbund mit Windkraft- oder Photovoltaikanlagen arbeitet.

❶ Turbinentypen für Wasserkraftanlagen

Durchströmturbine
(Gleichdruckturbine)

Kaplan-Turbine
(Überdruckturbine)

Francis-Turbine
(Überdruckturbine)

Pelton-Turbine
(Gleichdruckturbine)

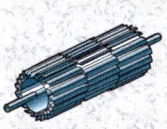
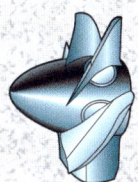

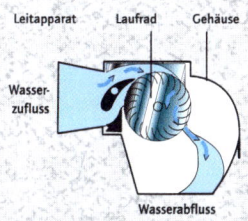
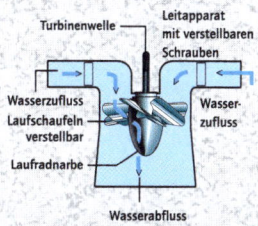
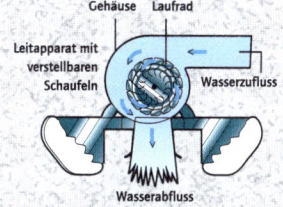
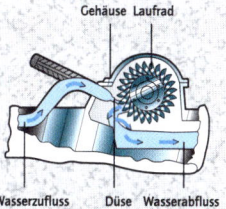

❷ Funktionschema eines Laufwasserkraftwerks

(a) Oberwasser
(b) Wehr
(c) Kraftwerk
(d) Generator
(e) Turbine
(f) Unterwasser
(g) Strom

Große Wassermengen durchströmen die Turbine, die mit einem Generator gekoppelt ist.

❸ Schematischer Aufbau eines Pumpspeicherkraftwerks

(a) Speichersee
(b) Oberbecken
(c) Staumauer
(d) Pumpenturbine
(e) Generator
(f) Turbine
(g) Welle
(h) Unterbecken
(i) Krafthaus
(j) Abfluss
(k) Kupplung
(l) Wellenlager
(m) Druckrohr-
    leitungen

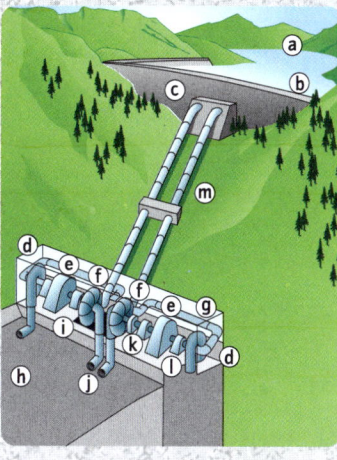

❹ Pumpspeicherkraftwerk Geesthacht

Wasser aus der Elbe wird in das 80 m höher gelegene Speicherbecken gepumpt.

Im Wechsel von Ebbe und Flut steckt Energie. Die Kraft des Tidenhubs nutzte man an der Kanalküste in England und Frankreich schon im 11. Jahrhundert. Auch zu späteren Zeiten gab es immer wieder neue Entwürfe für Gezeitenmühlen. So bauten etwa die Holländer im 17. Jahrhundert Flutmühlen, wobei sie Wasserräder verwendeten.

Voraussetzungen

Die Gezeitenenergie wird nutzbar, wenn man geeignete Meeresbuchten mit einem Damm abschließt. Ein Minimum an Tidenhub (Wasserstandsunterschied der Gezeiten) ist allerdings nötig, was die Nutzbarkeit der Gezeiten drastisch einschränkt. In Deutschland wäre allenfalls der Jadebusen denkbar, der mit einer Gezeitenhöhe von knapp 4 m allerdings kein wirklich geeigneter Standort ist. Fordert man einen mittleren Hub von 5 m, gibt es weltweit rund 100 geeignete Buchten, von denen nur die Hälfte einen wirtschaftlichen Betrieb zulässt. Und auch dort, wo der Gezeitenhub 10 m und mehr erreicht, liegen die Bedingungen die meiste Zeit des Jahres außerhalb des Optimums. Ebbe und Flut laufen alle 12 Stunden und 24 Minuten ab, wodurch ein ausreichend hoher Tidenhub also nicht immer zur gleichen Tageszeit zur Verfügung steht. Während hoher Springtiden, wie sie bei Neu- oder Vollmond auftreten, können die Anlagen zudem ein Vielfaches der Energie als bei schwachen Nipptiden erzeugen, die entstehen, wenn die Sonne einen Teil der Gezeitenkräfte des Mondes wieder aufhebt. Aus diesen Gründen wird die Leistung von Gezeitenkraftwerken wenig gleichmäßig abgegeben. Leistungs- und Bedarfsspitzen fallen nicht immer zusammen. Mit Speicherbecken kann man die Spitzen zwar in Maßen glätten, dennoch sind Gezeitenkraftwerke nur dort wirtschaftlich, wo große Stromverbraucher in der Nähe ansässig sind.

Bauarten ❶ ❷ ❸ ❹

Allen Gezeitenkraftwerken gemeinsam ist der Grundaufbau (Abb. 1): Eine geeignete Meeresbucht wird durch einen Damm mit einigen Durchlässen abgeschlossen. Bei Flut strömt Wasser ein und treibt die in den Durchlässen installierten Turbinen an. Bei Ebbe verrichtet das abfließende Wasser diese Arbeit (Abb. 2). Technisch möglich wird diese Form der Stromgewinnung durch Rohrturbinen (Kaplan-Turbinen; → Wasserkraftwerke), für die schon ein geringes Wassergefälle ausreichend ist. Allerdings muss ein Mindesthöhenunterschied zwischen den beiden Wasserspiegeln (Wasserspiegel im Becken – Meeresspiegel) vorliegen, damit die Turbinen arbeiten (Abb. 3). Dank ihrer Verstellpropeller können sie die Bewegung des Wassers in beiden Richtungen nutzen. An die Rohrturbine ist ein Generator angeschlossen, der zur Stromerzeugung dient.

Gezeitenkraftwerke ohne Speicherbecken nutzen den gesamten Tidenhub beim Gezeitenwechsel. Sie haben so zwar eine hohe Leistungsausbeute, unterliegen aber dem wechselnden Energieangebot der Gezeiten. Um einen kontinuierlichen Kraftwerksbetrieb zu erhalten, werden Gezeitenkraftwerke mit Speicherbecken gebaut; der nutzbare Tidenhub ist dann allerdings geringer.

Das erste Gezeitenkraftwerk der Welt wurde 1966/67 an der französischen Atlantikküste errichtet, in der Mündungsbucht des Flusses Rance bei St. Malo (Abb. 4). Hier beträgt der Gezeitenhub 12 m und mehr. Ein 750 m langer Betondamm schließt die Bucht ab; er ist durchbrochen von 24 Durchlässen, in denen die Rohrturbinen installiert sind. Jede dieser Rohrturbinen hat eine Leistung von 10 MW, die gesamte Anlage also 240 MW. Das Kraftwerk erzeugt im Jahr rund 600 Millionen kWh Strom. Die Baukosten betrugen etwa das Zweieinhalbfache eines vergleichbaren Flusskraftwerkes.

Günstige Verhältnisse für den Bau von Gezeitenkraftwerken herrschen auch an einigen Standorten in Großbritannien, z.B. an der Mündung des Severn in den Bristol-Kanal. Die Flut steigt hier auf 10 m an, ein Kraftwerk mit 700 MW Leistung ist geplant. In Russland nahm Ende der 1960er-Jahre in Kislogubsk bei Murmansk eine Versuchsanlage mit 1 MW den Betrieb auf. Außerhalb Europas hat vor allem die Fundybay im Osten Kanadas einen sehr großen Tidenhub von mehr als 20 m. Ein Kraftwerk mit 20 MW läuft bereits seit 1984 bei Annapolis Royal, und weitere sind für diesen Küstenabschnitt vorgesehen. Auch in Argentinien und Indien, Südkorea und Australien gibt es lohnende Standorte, teils auch konkrete Projekte.

Umwelteinfluss

Auch bei Gezeitenkraftwerken ist die Frage nach Umwelteffekten nicht überflüssig. Selbst wenn die Küstengewässer nur sehr begrenzt verändert werden, müssen diese Eingriffe vor dem Bau geprüft werden. So misst das vom Damm abgetrennte Becken der Anlage bei St. Malo immerhin 22 km², und im Becken kann es ebenso zu Verlandung kommen wie vor dem Damm. Außerdem sind Einflüsse auf die lokalen Meeresströmungen nicht auszuschließen. Beides aber würde wieder auf die Pflanzen- und Tierwelt dort rückwirken.

❶ Grundprinzip von Gezeitenkraftwerken

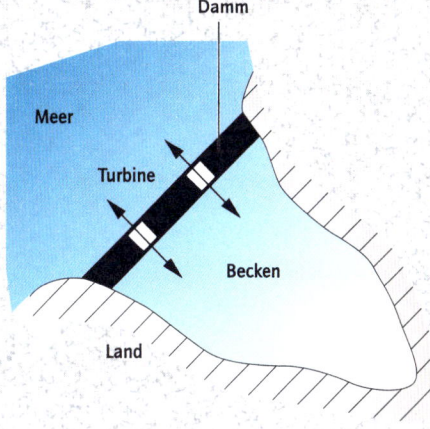

❷ Funktionsweise eines Gezeitenkraftwerkes

Auffüllen des Beckens bei Flut und Ausströmen des Wassers bei Ebbe, in beiden Fällen wird die Turbine angetrieben.

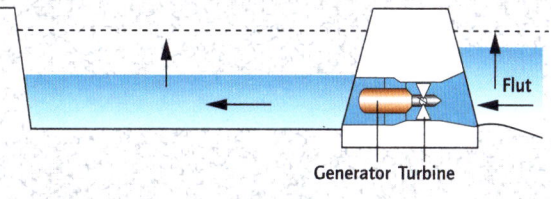

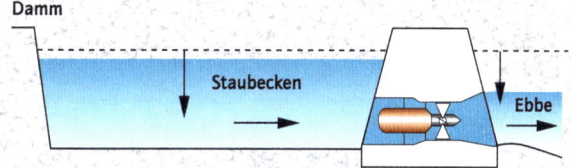

❸ Zeitlicher Verlauf des Mindesthöhenunterschiedes ΔH_{min} der Wasserspiegel

In der Zeit von t_2 bis t_3 und t_4 bis t_5 ist kein Betrieb der Turbinen und somit keine Stromerzeugung möglich.

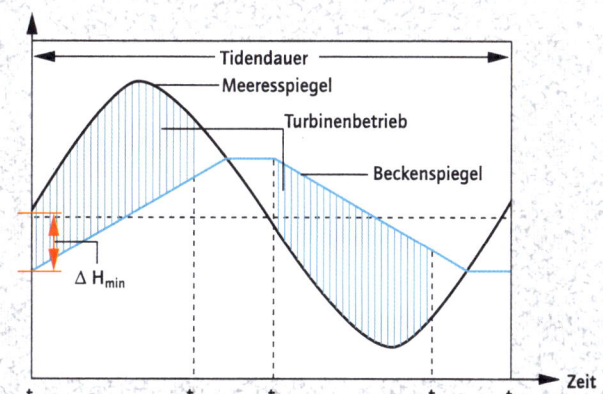

❹ Gezeitenkraftwerk an der Rancemündung bei St. Malo

Im Grunde ist Windkraft eine Form von Sonnenenergie: Die Sonneneinstrahlung erwärmt die Luftmassen unterschiedlich stark. Es bilden sich dadurch Gebiete ungleichen Drucks, zwischen denen Luftmassen strömen. Diese Luftströmungen (Wind) enthalten Bewegungsenergie, die man über Windkraftanlagen aufnehmen und in elektrische Energie umwandeln kann.

Rein rechnerisch übersteigt das geschätzte Potential an Windenergie weltweit den aktuellen Energieverbrauch um das Vielfache. Dieses theoretische Potenzial lässt sich allerdings in der Praxis nicht ausschöpfen, selbst wenn alle technischen Möglichkeiten ausgenützt würden. Eine prinzipielle physikalische Grenze bildet der aerodynamische Wirkungsgrad des Rotors. Die Leistung hängt neben der Luftdichte auch von der Fläche, die der Wind durchströmt, sowie von der Windgeschwindigkeit ab.

Einflussgrößen ❶

Die Windgeschwindigkeit ist eine Schlüsselgröße, weil sie mit der dritten Potenz zur Leistung beiträgt. Das heißt: Verdoppelt sich die Windgeschwindigkeit, so führt das zur achtfachen Windleistung. Wegen der im Durchschnitt höheren Windgeschwindigkeit an Küsten baut man Windkraftanlagen vorzugsweise dort. Einfluss auf die Leistung hat auch die durchströmte Fläche. Sie wird von der Anlage durch die Länge der Rotorblätter bestimmt: Verdoppelt man die Rotorblattlänge, so liefert das wegen der geometrischen Beziehungen des Kreises die vierfache Fläche und so die vierfache Windleistung. Aus diesem Grund baut man Windkraftanlagen mit immer längeren Rotorblättern. Gleichzeitig geht man zu größeren Nabenhöhen über, weil die Windgeschwindigkeit in den höheren Luftschichten deutlich zunimmt.

Neben Windgeschwindigkeit und Fläche wird die Leistung noch durch den Leistungsbeiwert c_p bestimmt. Der theoretisch maximal erreichbare Leistungsbeiwert ist der Betz-Faktor (c_p = 0,583). Der Leistungsbeiwert ist von der Schnelllaufzahl λ abhängig (Abb. 1), die sich aus dem Verhältnis der Umlaufgeschwindigkeit an den Flügelspitzen zur Windgeschwindigkeit ergibt. Die Schnelllaufzahl und somit der Leistungsbeiwert sowie die Fläche sind von der Bauart der Windenergieanlage abhängig. Üblich sind Windkraftanlagen mit horizontaler Rotorachse und zwei oder drei Rotorblättern, aber auch Prototypen mit nur einem Rotorblatt befinden sich im Einsatz. Daneben gibt es auch Anlagen mit vertikaler Rotorachse.

Windkraftanlagen mit horizontaler Rotorachse ❷ ❸

Bei den meisten Windkraftanlagen (Abb. 2 und 3) liegt die Rotordrehachse waagerecht. Generator, Getriebe und Nabe sind in einer Gondel untergebracht, die drehbar auf dem Turm sitzt, damit die Rotorblätter optimal in den Wind gestellt werden können. Die Blätter bestehen meist aus faserverstärkten Kunststoffen. Sie sind über die Rotornabe mit der Rotorwelle verbunden. Je nach Anordnung der Rotorblätter unterscheidet man Lee- und Luvläufer.

Bei Leeläufern befinden sich die Rotorblätter auf der windabgewandten Seite des Turms. Solche Anlagen benötigen keine Vorrichtungen zur aktiven Windrichtungsnachführung. Nachteilig ist aber, dass sich die Rotorblätter durch den „Turmschatten" drehen, wobei die Windanströmung kurzzeitig unterbrochen wird. Bei den üblicherweise verwendeten Luvläufern befinden sich die Rotorblätter auf der windzugewandten Seite des Turmes. Dadurch werden periodische Belastungen der Blätter und Leistungsschwankungen, die beim Durchlauf des Turmschaltens entstehen, vermieden. Allerdings benötigen Luvläufer eine aktive Windnachführungsvorrichtung, die die Rotorwelle entsprechend der Windrichtung ausrichtet, um einen Leistungsverlust durch eventuelle Schräganströmung zu vermeiden. Damit die Rotordrehzahl auf einen konstanten Wert geregelt werden kann (Pitch-Regelung), wird der Blattanstellwinkel in Abhängigkeit von der Windgeschwindigkeit verändert. Durch konstruktionsbedingten Strömungsabriss an den Blättern (Stall-Regelung) lässt sich die Drehzahl bei kleinen Rotoren begrenzen.

Bei zu hohen Windgeschwindigkeiten (etwa ab 25 m/s, Windstärke 10) muss zum Schutz vor mechanischer Überlastung der Rotor gebremst oder stillgesetzt und die Blätter auf Leerlauf oder Stillstand geschaltet und ggf. aus dem Wind gedreht werden.

Windkraftanlagen mit vertikaler Rotorachse ❹

Anderen Konstruktionsprinzipien folgen die Rotoren mit senkrechter Drehachse, so der Darrieus- und der Savonius-Rotor. Darrieus-Rotoren (Abb. 4) bestehen meist aus zwei oder drei gekrümmten Rotorblättern, die oben und unten an der Drehachse befestigt sind. Sie sind von der Windrichtung unabhängig, wodurch die Nachführung entfällt. Nachteilig ist, dass sie erst bei Windgeschwindigkeiten von annähernd 6 m/s (Windstärke 4) selbsttätig anlaufen können. Sie werden daher meist mit leicht anlaufenden Savonius-Rotoren kombiniert.

❶ Leistungsbeiwert in Abhängigkeit von der Schnelllaufzahl und der Bauart

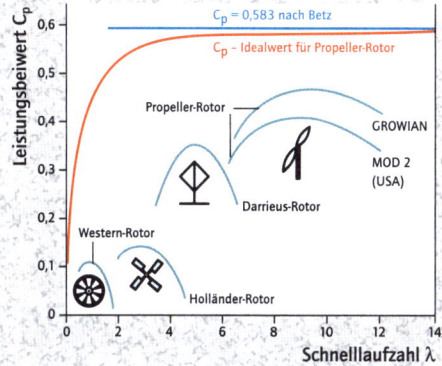

❷ Aufbau einer Horizontalachsen-Windkraftanlage

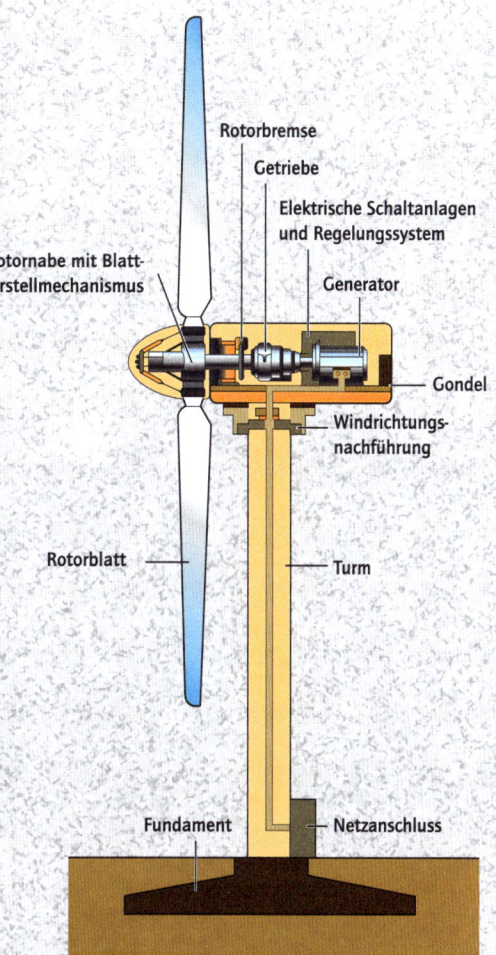

Rotorbremse
Getriebe
Elektrische Schaltanlagen und Regelungssystem
Generator
Rotornabe mit Blatt-verstellmechanismus
Gondel
Windrichtungs-nachführung
Rotorblatt
Turm
Fundament
Netzanschluss

❸ Dreiblättrige Windkraftanlagen im Einsatz

❹ Dreiblättriger Darrieus-Rotor mit Savonius-Rotoren

ⓐ Schematischer Aufbau

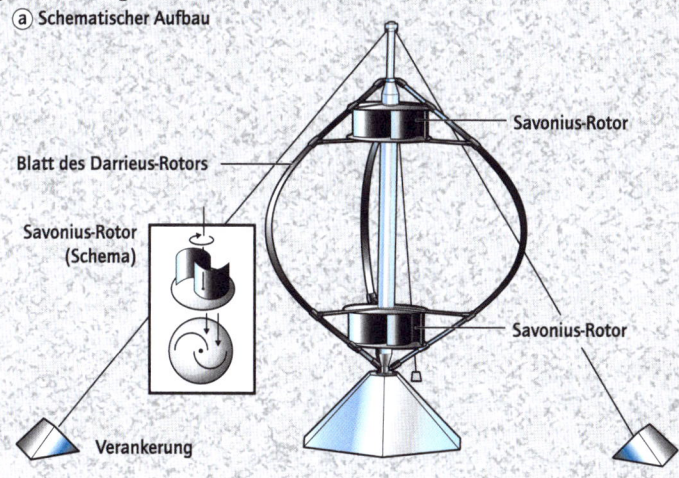

Savonius-Rotor
Blatt des Darrieus-Rotors
Savonius-Rotor (Schema)
Savonius-Rotor
Verankerung

ⓑ Einsatz

Anders als Photovoltaik (→), die elektrische Energie aus Licht gewinnt, wandelt Solarthermik das einfallende Sonnenlicht direkt in Wärme um. Eine der bekanntesten und auch in unseren Breiten wirtschaftlich zu betreibende Methode ist die Erzeugung von Warmwasser mit Sonnenkollektoren. Die Option Raumheizung spielt allerdings eine weniger wichtige Rolle, da gerade zu Zeiten des größten Heizbedarfs (im Winter) die verfügbare Sonnenstrahlung am geringsten ist. Für zwei Anwendungsfälle ist solarthermisches Heizen aber in unserem Klima sinnvoll. Bei Niedrigenergiehäusern ist dank guter Dämmung, Lüftung und passiver Nutzung von Sonnenenergie der Bedarf an zusätzlicher Energie so weit abgesenkt, dass solares Heizen einen bedeutsamen Anteil liefern kann (→ Solararchitektur). Und bei Niedertemperaturheizungen kommen die geringen Vorlauftemperaturen thermischen Solaranlagen entgegen, da sie niedrige Betriebstemperaturen im Kollektor erlauben.

Aufbau und Platzierung von Solaranlagen ❶

Häufig bieten sich die Dächer der zu versorgenden Gebäude als Träger für die Kollektoren an. Durch die Kollektoren zirkuliert Wasser, das dabei von der aufgenommenen Sonnenenergie erhitzt wird. Es lässt sich danach entweder direkt nutzen, z. B. für Schwimmbecken, oder indirekt über Wärmetauscher die Wärme vom Heizkreislauf auf das Brauchwasser übertragen. Im zweiten Fall sind dem Kollektorwasser Zusätze (z. B. Frostschutzmittel) beimischbar. Bei der indirekten Brauchwasserwärmung ist die thermische Solaranlage mit einem Speicher (Kessel) ausgerüstet, der möglichst geringe Wärmeverluste aufweisen sollte. Der Kessel sollte außerdem konventionell beheizbar sein, damit auch zu Zeiten geringen Sonnenscheins ausreichend Warmwasser (Brauchwasser) erzeugt werden kann. Die Regelung des Systems besorgen Sensoren im Kollektor. Erst wenn eine genügend hohe Wassertemperatur im Kollektor erreicht ist, wird das Kollektorwasser durch den Wärmetauscher gepumpt (Abb. 1), wobei es seine Wärme an den Wärmespeicher abgibt.

Sonnenkollektoren ❷

Solarkollektoren können einfallende kurzwellige Sonnenstrahlung (direktes und diffuses Licht) aufnehmen und in Wärme umwandeln. Die gewonnene Wärme kann als Nutzwärme entnommen oder als längerwellige Wärmestrahlung emittiert werden. Die Prozesse stehen im thermischen Gleichgewicht. Daraus ergeben sich einige Konsequenzen für den praktischen Bau. Eine möglichst hohe Temperatur des Absorbers erhält man durch das Abdecken mit einer Glasplatte, um die Abstrahlung des Kollektors zu reduzieren (Abb. 2). Die Glasplatte muss für Licht durchlässig sein, nicht jedoch für Wärmestrahlung. Außerdem soll der Kollektor möglichst viel Licht absorbieren. Für sichtbares Licht ist das am besten durch schwarze Absorber erfüllt. Die Röhren mit der Wärmeträgerflüssigkeit (meist Wasser) befinden sich auf der vom Licht abgewandten Seite des Absorbers.

Bauarten von Solarkollektoren

Der einfachste Typ sind Kollektormatten aus schwarzem Kunststoff. In ihnen zirkuliert Wasser und wird dabei erwärmt. Sie sind zwar billig, aber auch nicht besonders leistungsfähig. Man kann damit nur niedrige Temperaturen erzielen. Für das Erwärmen von Badewasser in Freibädern ist die Methode allerdings ausreichend. Höhere Temperaturen brauchen mehr technischen Aufwand. So kann eine schwarze Metallplatte als Absorber dienen, in die Röhren eingebettet sind oder an der Röhren anliegen, durch die der Wärmeträger fließt. Die Platte nimmt direkte und diffuse Sonnenstrahlung auf und überträgt die Wärme an den Wärmeträger, der sie zum Nutzort leitet.

Am weitesten verbreitet sind Flachkollektoren, mit denen sich Temperaturen von 40 °C bis rund 100 °C gewinnen lassen (Abb. 3). Sie dienen im Wesentlichen der Versorgung von Gebäuden mit Warmwasser. Sie bestehen aus einem flachen Kasten, der zur Sonnenseite mit einer Glasplatte abgedeckt und ansonsten mit Dämmstoffen abgedichtet ist. Im Kasten befinden sich der Absorber und die Röhren mit dem zirkulierenden Wasser. Zum Heizen reichen die üblichen Flachkollektoren nicht aus. Mit Vakuum-Flachkollektoren ist das allerdings möglich. Hier wird der Raum zwischen Absorber und Wand evakuiert, was die Wärmeverluste durch Luftbewegung zwischen Absorber und Verglasung vermeidet. Die Temperaturobergrenze für solche Systeme liegt bei ca. 150 °C.

Höhere Leistungen lassen sich mit Röhrenkollektoren erzielen (Abb. 4). Hier umgibt eine luftleere Röhre den Absorber und die Kanäle für den Wärmeträger. Das Hochvakuum reduziert die Wärmeverluste und erlaubt Temperaturen bis 250 °C. Will man die Temperaturen noch steigern, muss man das einfallende Licht mit Spiegeln bündeln. Solche konzentrierenden Kollektoren liefern z. B. Prozesswärme im Bereich von 100 °C bis 300 °C für industrielle Anwendungen.

① **Aufbau einer thermischen Solaranlage zur Brauchwassererwärmung**

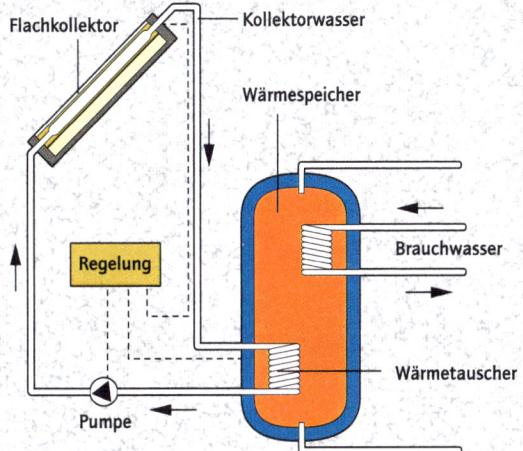

Flachkollektor
Kollektorwasser
Wärmespeicher
Regelung
Brauchwasser
Wärmetauscher
Pumpe

② **Prinzip eines Sonnenlichtkollektors**

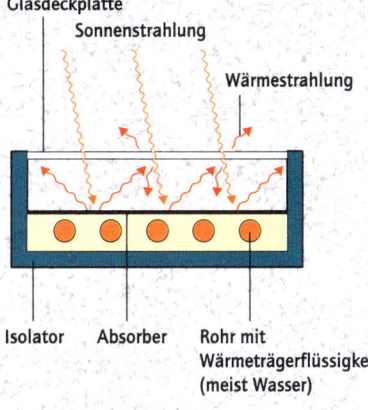

Glasdeckplatte
Sonnenstrahlung
Wärmestrahlung

Isolator   Absorber   Rohr mit
Wärmeträgerflüssigkeit
(meist Wasser)

③ **Flachkollektor**

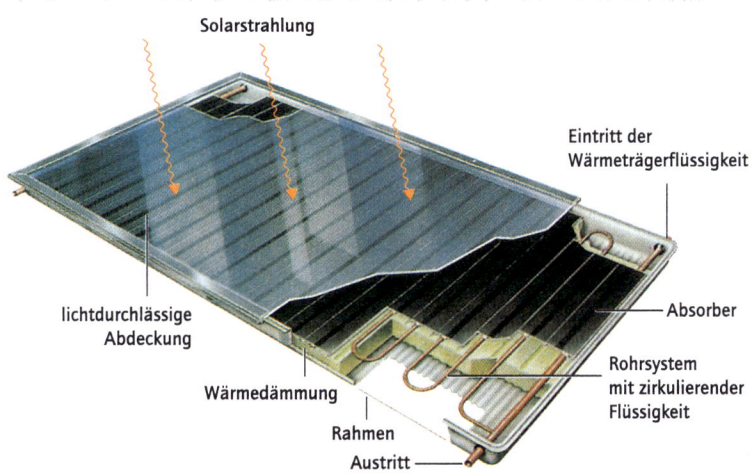

Solarstrahlung

Eintritt der
Wärmeträgerflüssigkeit

lichtdurchlässige
Abdeckung

Absorber

Wärmedämmung

Rohrsystem
mit zirkulierender
Flüssigkeit

Rahmen

Austritt

④ **Aufbau eines Röhrenkollektors**

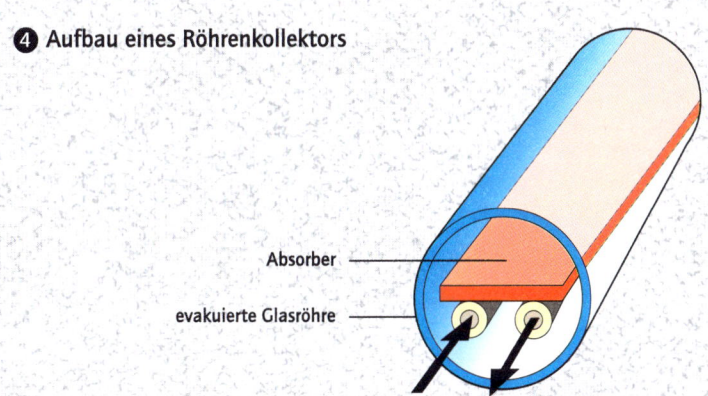

Absorber

evakuierte Glasröhre

Vor- und Rücklauf des Wärmeträgermediums

Solarthermische Kraftwerke erzeugen Strom, wie die photovoltaischen auch (→ Photovoltaik). Doch während die Solarzellen elektrische Energie direkt aus der Sonnenstrahlung erzeugen, gehen Solarthermie-Kraftwerke den Weg über Wärme und Dampf. Sie konzentrieren die Sonnenstrahlen und erzeugen mit der gewonnenen Wärme Dampf, der dann eine Turbine mit Generator antreibt und auf diese Weise Strom erzeugt.

Mit den Niedertemperatur-Solaranlagen (→ thermische Solaranlagen) haben sie den ersten Arbeitsschritt gemeinsam, nämlich die eingefangene Sonnenenergie in Wärme umzuwandeln. Doch während im Bereich der niedrigen Temperaturen einfache Kollektoren zum Erwärmen von Brauchwasser genügen, sind im Hochtemperaturbereich viel aufwendigere Systeme zur Absorption und Umwandlung der Solarenergie nötig. Zur Konzentration der Lichtstrahlen braucht man spezielle Konstruktionen, die nur direkt eingestrahltes Licht nutzen können. Für einen optimalen Betrieb sorgen daher teure Nachführungen. Einfache Flachkollektoren hingegen können auch diffuses Licht ausnützen. Dafür lassen sich mit den aufwendigeren Anlagen höhere Temperaturen erzielen und zusätzliche Anwendungen erschließen. Über die Bereitstellung elektrischen Stroms hinaus ist es beispielsweise möglich, sehr hohe Prozesswärme für die Grundstoffindustrie zu liefern.

Solarfarm-Kraftwerke ❶ ❷

Solarfarmen „ernten" Sonnenenergie auf großen Flächen mit Rinnenkollektoren (Abb. 1 und 2). Diese bestehen aus lang gestreckten Spiegelsegmenten in parabolischer Form, die das eingefangene Sonnenlicht in ihrem Brennpunkt konzentrieren, der von Röhren durchzogen ist. Die Neigung der Kollektoren lässt sich nach dem Stand der Sonne ausrichten. Ein Wärmeträger, z. B. ein spezielles Öl, durchfließt die Röhren und wird auf rund 400 °C erhitzt. In einem Wärmetauscher gibt das Öl seine Wärmeenergie ab und Dampf zum Antrieb einer Turbine wird erzeugt. Ein Speicher für das Wärmeträgermedium kann kurze Zeiten ohne Sonnenschein überbrücken. Statt Öl in den Kollektoren zu erhitzen, ist es alternativ möglich und billiger, Wasser zu verdampfen. In den 1980er-Jahren wurden neun Rinnenkollektor-Kraftwerke in der Mojave-Wüste (USA) mit insgesamt 354 MW gebaut.

Solarturm-Kraftwerke ❸ ❹

Auch Turmkraftwerke (Abb. 3 und 4) brauchen viel Fläche und gehen zusätzlich noch in die Höhe. Eine große Zahl von schwenkbaren, fast ebenen Spiegeln (Heliostaten) wird computergesteuert der Sonne nachgeführt. Alle Spiegel reflektieren die Sonnenstrahlung auf einen einzigen Brennpunkt. Dort nimmt der Absorber, der in der Spitze eines Turmes von etwa 50 m bis 150 m Höhe sitzt, die gebündelte Sonnenstrahlung auf. Solartürme haben eine solche Höhe, damit alle Spiegel dorthin reflektieren können, ohne sich gegenseitig zu behindern.

Im Absorber, durch den wiederum das Wärmeträgermedium fließt, lassen sich Temperaturen von mehr als 1 000 °C erzeugen. Der über Wärmetauscher erzeugte Dampf steht unter hohem Druck und treibt eine Turbine an. Die Technik ist komplizierter als bei den Farmkraftwerken mit Rinnenkollektoren, was sich im Preis zeigt. Das derzeit (1998) größte Solarturm-Kraftwerk „Solar Two" in der kalifornischen Mojave-Wüste hat eine elektrische Leistung von 10 MW. Dort sind 1926 Heliostaten kreisförmig um den 104 m hohen Turm in der Mitte angeordnet.

Aufwind-Solarkraftwerke ❺

Auch bei diesen Kraftwerken (Abb. 5) ist die Sonne primärer Energielieferant. Wie in einem Treibhaus fallen ihre Strahlen durch ein transparentes Dach und heizen den darunterliegenden Boden auf, der dann Wärme abgibt. Dadurch erwärmt sich die Luft unterhalb der Abdeckung und steigt nach oben. Die Kaminwirkung eines möglichst hohen Turmes in der Mitte des Daches erzeugt einen kräftigen Aufwind, der eine Windturbine, die sich in dem Turm befindet, antreibt. Die Machbarkeit wurde mit einer Anlage in Spanien, sie hatte eine Turmhöhe von 200 m und eine Leistung von 50 kW, gezeigt. Für große Anlagen zur Stromerzeugung sind Turmhöhen von 1 000 m in der Diskussion. Als Standorte kommen Wüsten in sonnenreichen Weltregionen infrage.

Sonnenteiche

Salzseen in heißen Gegenden erlauben ebenfalls die Umwandlung solarer Wärme in Strom. Fließt Süßwasser, das eine geringere Dichte als Salzwasser hat, an der Oberfläche einem Salzsee zu, so steigt der Salzgehalt in den ersten Metern mit zunehmender Tiefe stark an. Sonnenlicht wird bevorzugt in diesen tieferen Schichten absorbiert. Das erwärmte Salzwasser kann aber wegen seiner hohen Dichte nicht an die Oberfläche steigen. Das Temperaturgefälle zwischen den Wasserschichten lässt sich mit Wärmepumpen (→) zur Stromerzeugung nutzen.

❶ Rinnenkollektoren dienen zur Erwärmung von Öl

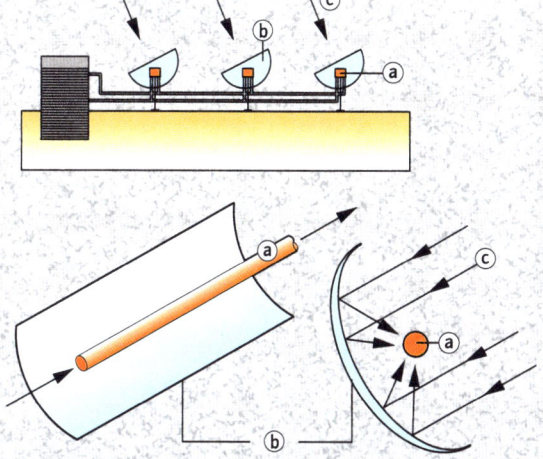

ⓐ Ölleitung, ⓑ Parabolspiegel, ⓒ Sonneneinstrahlung

❷ Rinnenkollektor eines Solarfarm-Kraftwerkes

❸ Prinzip eines Solarturm-Kraftwerkes

Turm mit Absorber

Sonnenlicht

Heliostaten

❹ Solarturm-Kraftwerk »Solar-One«
(Carlifornien; Leistung 10 MW)

❺ Aufwind-Solarkraftwerk

Kamin

Licht

Turbine

lichtdurchlässiges Dach

Luftstrom

Generator

Die Photovoltaik ist eine Technik zur direkten Umsetzung von Lichtenergie in elektrische Energie. Obwohl das Prinzip schon seit 1839 bekannt ist, begann die Nutzung von Strom aus Sonnenlicht mithilfe von Solarzellen erst im Raumfahrtzeitalter.

Allerdings standen von Anfang an sehr hohe Preise einer nur geringen Leistung gegenüber, was bis heute ein wesentliches Hemmnis für die breite Einführung dieser Technik ist. Dennoch ist die Idee bestechend: Die Sonne ist eine schier unerschöpfliche Energiequelle, die Zellen benötigen keinen Brennstoff, arbeiten ohne Emissionen und sind in dieser Hinsicht im Betrieb umweltfreundlich. Freilich sinkt bei schwachem Sonnenschein die Leistungsabgabe und man braucht bei einem großem Energiebedarf viel Fläche. Zudem wird die Klimabilanz deutlich schlechter, wenn man nicht nur den Betrieb, sondern auch den Aufwand für die Herstellung bewertet.

Grundprinzip von Solarzellen ❶ ❷

Die Photovoltaik nutzt den inneren Photoeffekt: Eingestrahltes Licht löst Elektronen aus ihrem Bindungszustand heraus. Bei Halbleiterkristallen verlassen die Elektronen den Festkörper nicht, werden aber im Kristall frei beweglich, wodurch sich die elektrische Leitfähigkeit erhöht. Unter Halbleitern versteht man Stoffe, deren elektrische Leitfähigkeit bei Zimmertemperatur zwischen der von Metallen und der von Isolatoren liegt, die jedoch mit zunehmender Temperatur ansteigt. Je nachdem, ob sie zur Leitung Elektronen abgeben oder aufnehmen, unterscheidet man n-leitende und p-leitende Halbleiter. Dieses Verhalten kann man durch den Einbau bestimmter Fremdatome wie Bor oder Phosphor in den Halbleiter erzeugen (→ Halbleiterbauelemente).

Bislang werden die meisten Solarzellen aus hochreinem Silizium gefertigt (Abb. 1). Sie setzen sich aus einer n-leitenden und einer p-leitenden Schicht zusammen. An der Grenzfläche beider Schichten baut sich ein elektrisches Feld auf. Fällt Licht auf die Zelle, so setzt es unterschiedliche Ladungsträger frei. Das elektrische Feld trennt die Ladungsträger, was eine Spannung über die Anschlusskontakte der Zelle erzeugt. Schaltet man ein Gerät zwischen diese Kontakte, so kann Strom fließen (Abb. 2). Die Anschlusskontakte bestehen aus einer ganzflächigen Metallschicht auf der Unterseite und aus fingerartig gestalteten Metallkontakten auf der Oberseite, damit noch Sonnenlicht auf die Halbleiterschicht einfallen kann. Um Verluste durch Reflexion zu verringern, wird auf der Oberseite eine bläuliche Antireflexschicht aufgetragen.

Arten von Solarzellen

Den besten Wirkungsgrad erreichen monokristalline Zellen. Allerdings ist die Herstellung von Silizium-Einkristallen aufwendig und teuer. Etwas billiger lassen sich polykristalline Zellen (aus vielen Kristallen) fertigen, die aber weniger effizient sind. Als technisch machbar gilt es, rund 30 % der einfallenden Sonnenenergie in Strom umzuwandeln. Mit speziellen Tandemzellen (Doppelzellen) konnten im Laborversuch Werte deutlich darüber erzielt werden. Für den praktischen Einsatz genügen billig herstellbare Zellen mit einem über längere Zeit konstanten Wirkungsgrad von 15 %.

Große Hoffnungen ruhen auf der Dünnfilmtechnik. Dazu wird amorphes Silizium (die Moleküle sind nicht als Kristallgitter regelmäßig angeordnet) auf ein Trägermaterial wenige Millionstel Meter (μm) dick aufgebracht. Diese Zellen sind erheblich billiger, Wirkungsgrad und Langzeitstabilität sind aber noch unbefriedigend. Deshalb wird an anderen Materialsystemen gearbeitet, beispielsweise aus Gallium-Arsenid (GaAs) oder Kupfer-Indium-Diselenid (CIS).

Einzelne Solarzellen liefern, je nach Halbleitermaterial, eine Spannung von circa 0,5 V bis gut 1 V. Für technische Anwendungen ist das meist zu wenig. Deshalb schaltet man mehrere Zellen in Reihe, wobei sich die Spannungen aufsummieren. Solche Module haben meist 0,5 m^2 Grundfläche und leisten bei einer Gleichspannung von 6-30 V zwischen 5-150 W. Durch Zusammenschalten mehrerer Module lassen sich hohe Leistungen erzielen.

Einsatz ❸

Bislang beschränkt sich der wirtschaftliche Betrieb noch auf spezielle Anwendungen wie Parkscheinautomaten oder Taschenrechner. Doch auch an entlegenen Standorten weitab von einem Stromnetz kann Solarstrom mit einem Preis von z. Z. etwa 1,50 DM pro Kilowattstunde schon heute mit Strom aus einem Dieselaggregat konkurrieren. Eine Photovoltaikanlage (Abb. 3) läuft im Idealfall drei Jahrzehnte und mehr fast wartungsfrei. Um die Stromversorgung auch nachts sicherzustellen, brauchen Photovoltaiksysteme als zweite wichtige Komponente einen Energiespeicher. Die Batterien müssen jedoch hohen Anforderungen genügen, und bislang gibt es keine wirtschaftlich vertretbare Möglichkeit der Energiespeicherung, um die jahreszeitliche Schwankung auszugleichen.

❶ Siliziumscheibe
für die Solartechnik

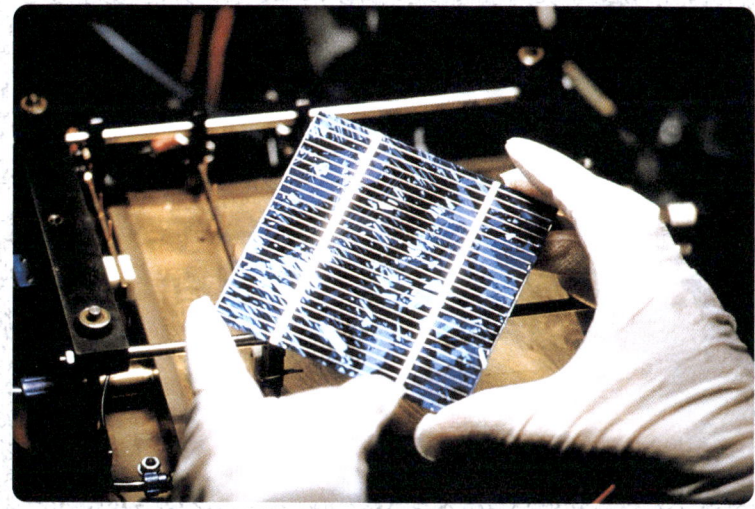

❷ Aufbau und Grundprinzip einer Solarzelle aus monokristallinem Silizium

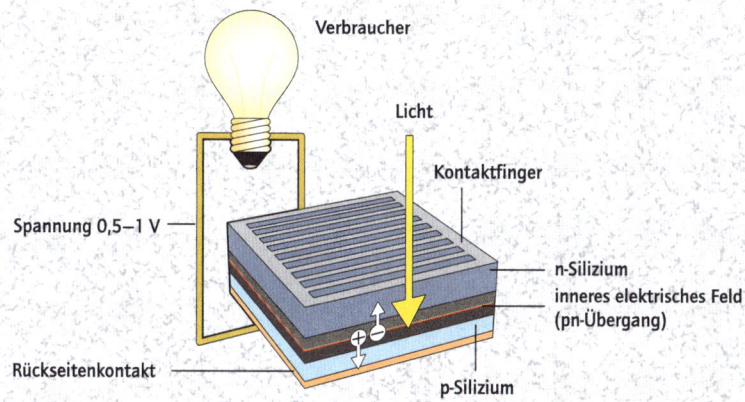

Verbraucher

Licht

Kontaktfinger

Spannung 0,5–1 V

n-Silizium
inneres elektrisches Feld
(pn-Übergang)

Rückseitenkontakt

p-Silizium

❸ Photovoltaikanlage
»Neureuter See« (Leistung 360 kW)

Wasserstoff hat als Energieträger viele Vorteile. Deshalb gilt er als möglicher Nachfolger der fossilen Energieträger in einer künftigen Energiewirtschaft. Seine Vorzüge: Er ist praktisch unerschöpflich, und bei seiner Umwandlung in Strom oder Wärme entsteht fast nur Wasserdampf. Zudem sind die Komponenten der Wasserstoffwirtschaft im Prinzip verfügbar. Allerdings steht dem gegenüber, dass man für die Gewinnung von Wasserstoff Energie aufwenden muss. Er ist also nur so umweltfreundlich wie der Prozess für seine Herstellung. Deshalb favorisiert man hierfür erneuerbare Energien und betrachtet Wasserstoff als Speichermedium für Wind- und Wasserkraft, für Biomasse und Solarenergie. Man könnte ihn beispielsweise in sonnenreichen Ländern gewinnen und dann als Gas per Pipeline oder in flüssiger Form mit Tankschiffen zu den Verbrauchern bringen. Der Aufwand für Erzeugung und Transport verschlechtert die Bilanz. Ökonomisch ist Wasserstoff heute nur mit Wasserkraft regenerativ herzustellen.

Speichert man Wasserstoff als Gas und erzeugt damit in Brennstoffzellen Strom, so müssen für 1 kWh elektrischer Energie insgesamt 2 kWh Energie aufgewendet werden. Zudem ist Wasserstoff als Gas, bezogen auf die Volumeneinheit, ein schlechter Energieträger. Seine Energiedichte, bezogen auf die Gewichtseinheit, ist für flüssigen Wasserstoff wesentlich höher. Die Verflüssigung ist aber sehr energieaufwendig.

Erzeugung von Wasserstoff ❶ ❷

Wasserstoff kann durch Elektrolyse direkt aus Wasser gewonnen werden. Dazu legt man eine Gleichspannung an zwei Elektroden in einer wässrigen, alkalischen Lösung (Abb. 1). Ein Diaphragma zwischen den Elektroden trennt die Reaktionsräume, damit sich die Reaktionsgase (Wasserstoff und Sauerstoff) nicht vermischen. Allerdings ist das Diaphragma für Hydroxidionen (OH^-) einseitig durchlässig. Mit weniger elektrischer Energie kommt die Hochtemperatur-Dampf-Elektrolyse aus, bei der Dampf statt Wasser verwendet wird. Elektrolyt ist eine Keramik, die Sauerstoffionen leitet. Der Wasserdampf wird auf der Kathodenseite zugeführt. An der Kathode entsteht durch Elektronenaufnahme Wasserstoff, während die Sauerstoffionen durch die Keramik hindurch zur Anode wandern und dort zu Sauerstoff reduziert werden. Bei dem Verfahren der Membranelektrolyse dient eine Ionenaustauschermembran mit protonenleitenden Eigenschaften als Festelektrolyt. Das Wasser wird bei diesem Verfahren auf der Anodenseite zugeführt.

Auch andere Substanzen, die Wasserstoff enthalten, sind als Ausgangsstoffe geeignet, z.B. Methan, Kohle, Erdöl oder Erdgas. In thermisch-katalytischen Prozessen gewinnt man Wasserstoff aus Kohlenwasserstoffen, ebenso in Pyrolyseverfahren unter Einsatz von Plasmabrennern. Freilich sind diese Ausgangsstoffe nicht unerschöpflich, und die Verfahren selbst werden oft fossil befeuert.

Regenerativ hingegen ist die photobiologische Erzeugung von Wasserstoff. Es gibt zwei aussichtsreiche Verfahren: Photolytisch lässt sich Wasserstoff durch Ausnutzen der Photosynthese gewinnen; denn Pflanzen, Algen und manche Bakterien zerlegen Wasser mit Sonnenlicht in Wasserstoff und Sauerstoff (Abb. 2). Das zweite Verfahren beruht darauf, dass viele Mikroorganismen Biomasse abbauen und dabei auch Wasserstoff produzieren.

Speicherung und Transport

Als Gas lässt sich Wasserstoff mit geringerem Aufwand speichern als in flüssigem Zustand. Die Methoden sind im Prinzip vom Erdgas her vertraut. In der Praxis wird Wasserstoff meist in Druckgasflaschen und in Drucktanks aufbewahrt. Auch die Speicherung in unterirdischen Kavernen ist möglich. Wegen der höheren Energiedichte ist es vorteilhafter, Wasserstoff als Flüssigkeit zu speichern. Da man das Gas aber auf −253 °C abkühlen muss, um es zu verflüssigen, ist diese Variante sehr energieintensiv. Eine weitere Option ist die Speicherung und der Transport in gebundener Form. Eine Möglichkeit ist die Adsorption, d.h. eine physikalische Bindung gasförmigen Wasserstoffs an eine Oberfläche, etwa an Aktivkohle. Eine andere ist die Absorption in Metallhydriden, bei der atomarer Wasserstoff chemisch in Metallen gebunden wird.

Einsatz von Wasserstoff ❸

Der Energieträger Wasserstoff ist für alle energetischen Zwecke nutzbar: Wärme lässt sich damit ebenso erzeugen wie Strom, und er ist als Treibstoff von Automobilen wie von Flugzeugen einsetzbar (Abb. 3). Zur Wärmeerzeugung sind katalytische Brenner interessant, weil sie die Emissionen weiter mindern. Das Brenngas reagiert an der Oberfläche eines porösen, katalytisch aktiven Metallsinterkörpers mit Luftsauerstoff. Neben Wasserdampf können Stickoxide entstehen, die aber wegen der niedrigen Verbrennungstemperaturen in geringerer Konzentration als bei Flammenbrennern auftreten. Für die Stromerzeugung und als Antriebe sind Brennstoffzellen aussichtsreich (→ Brennstoffzellenantrieb).

❶ Alkalische Elektrolysezelle

Reaktion an der Kathode:

$$2 H_2O + 2e^- \longrightarrow H_2 + 2 OH^-$$

Reaktion an der Anode:

$$2 OH^- \longrightarrow \tfrac{1}{2}O_2 + H_2O + 2e^-$$

Gesamtreaktion:

$$H_2O \longrightarrow \tfrac{1}{2}O_2 + H_2$$

H: Wasserstoff
O: Sauerstoff
OH⁻: Hydroxidion

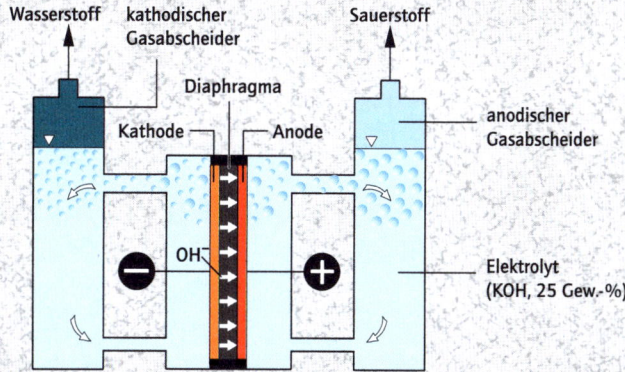

❷ Photobiologische Wasserstoffproduktion mithilfe von Purpurbakterien und Mikroalgen

Reaktionen:

Algen:	CO_2 + Wasser + Licht $\longrightarrow$	Org. Verbindungen + O_2
Bakterien:	Org. Verbindungen + Licht $\longrightarrow$	$H_2 + CO_2$
Summe:	Wasser + Licht $\longrightarrow$	$H_2 + O_2$

CO_2 = Kohlendioxid, O_2 = Sauerstoff, H_2 = Wasserstofff

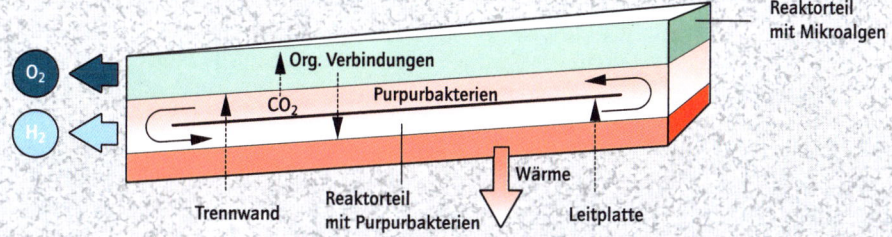

❸ Erzeugung und Anwendungsmöglichkeiten von Wasserstoff als Energieträger

Die Erzeugung des Wasserstoffes sollte mithilfe regenerativer Energie, wie hier angedeutet mit z.B. Sonne erfolgen.

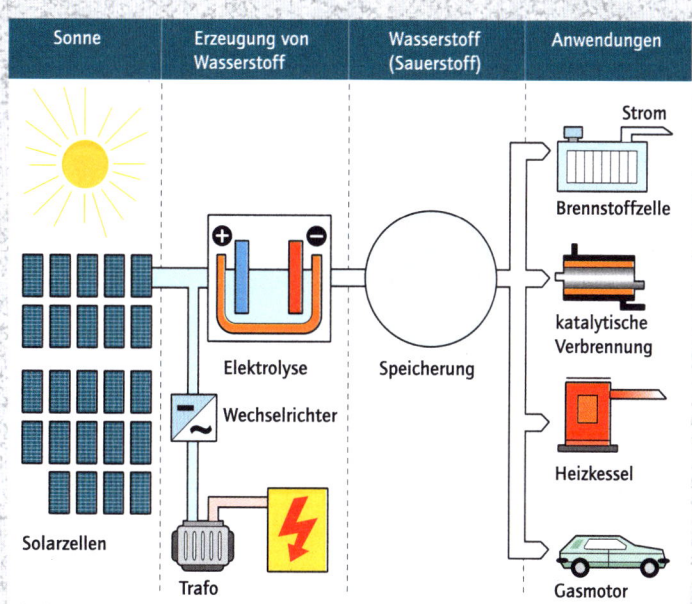

Wasserstofftechnologie 271

Die Erde ist ein großer Wärmespeicher, dessen thermische Energie den Wärmeinhalt aller fossilen Lagerstätten um Größenordnungen übersteigt. Messungen bis zu einer Tiefe von etwa 10 000 m zeigen: In der äußeren Erdkruste steigt die Temperatur alle 1 000 m um rund 30 °C an. Werte für größere Tiefen ergeben sich aus Modellrechnungen. Im Erdkern dürfte die Temperatur bei einigen Tausend Grad liegen. Diese Hitze speist jedoch die Wärme in der Erdkruste nur zum kleineren Teil, der größte Teil (rund 70 %) stammt aus dem radioaktiven Zerfall von Uran und Thorium, das im Gestein der Erdkruste enthalten ist.

Die Erdwärme gilt als erneuerbare Energie. Unter diesen ist sie die einzige, die nicht von der Sonne abhängt. Die Gesamtwärmemenge liegt zwar nur im Promillebereich dessen, was die Erde aus der eingestrahlten Sonnenenergie absorbiert. Dennoch sind die erzielbaren Leistungen interessant für eine energetische Nutzung.

Natürliche Erdwärmenutzung

In den vulkanisch und geologisch aktiven Zonen der Erde herrschen günstige Bedingungen für rege Wärmeströme. Das zeigt z. B. die Aktivität von Geysiren. Ihre Ursache ist Grundwasser, das durch Klüfte und Spalten tief in die Erdkruste eindringt und in einigen Tausend Meter Tiefe durch heiße Magmen aufgeheizt wird. Danach steigt es unter Druck nach oben und tritt an Rissen und Öffnungen in der Erdoberfläche als Heißwasser- und Heißdampfquelle zutage. Der Heißdampf kann bei Drücken von 8 bis 10 bar eine Temperatur von 250 °C erreichen. Bei Heißwasser liegen die Drücke zwischen 1 und 10 bar, die Temperatur reicht von 80 bis 150 °C. Diese Erdwärmereservoirs werden weltweit an geeigneten Standorten genutzt, um daraus elektrischen Strom oder Heiz- und Prozesswärme zu gewinnen.

Künstliche Entnahme von Erdwärme

Wo Heißwasser und Heißdampf nicht von alleine austreten, gibt es mehrere technische Verfahren zur Nutzung. Zu den Verfahren, die die Erdwärme aus dem Erdinneren nutzen, zählen die hydrothermale Geothermie, geothermische Kraftwerke und das Hot-Dry-Rock-Verfahren. Die oberflächennahe Erdwärme lässt sich über Wärmepumpen (→) und Erdwärmesonden nutzen. Dazu bringt man u-förmig gebogene Rohre in Bohrungen (einige Hundert Meter) ein, durch die Wasser geleitet wird. Das Kaltwasser nimmt beim Durchströmen Erdwärme auf.

Hydrothermale Geothermie

Schon in wenigen Hundert Meter Tiefe kommen an günstigen Stellen heiße Tiefenwasser vor, die bis gut 2 000 m hinabreichen können. Geologisch handelt es sich dabei meist um Ablagerungsbecken urzeitlicher Meere. Auch in weniger vulkanischen Regionen gibt es also Formationen, die eine Nutzung der Erdwärme nahe legen. Hierzu werden zwei Bohrungen in die wasserführende Schicht (Aquifer) abgeteuft, eine Förder- und eine Injektionsbohrung, die etwa 2 000 m auseinander liegen. Eine Tauchpumpe hebt das heiße Wasser nach oben und mittels eines Wärmetauschers wird die thermische Energie auf einen Heizwasserkreislauf übertragen (Abb. 1). Je nach Wassertemperatur kann bei Bedarf eine Wärmepumpe hinzugefügt werden. Das abgekühlte Wasser wird über die Injektionsbohrung wieder zurück in den Untergrund geleitet.

Geothermische Kraftwerke

In geothermischen Kraftwerken erzeugen Dampfturbine und Generator Strom. Beim Trockendampfprinzip wird überhitzter Dampf direkt aus dem Erdreservoir auf die Turbinenschaufeln geleitet. Beim Flashverfahren wird überhitztes Wasser aus Heißwasserquellen einem unter geringem Druck stehenden so genannten Flashkessel zugeführt, wobei Dampf entsteht, der anschließend die Turbine treibt. Beide Verfahren haben den Nachteil, dass mögliche Verunreinigungen zu Korrosion führen können. Um dies zu vermeiden, wird beim Binärverfahren ein niedrig siedendes Arbeitsmedium in einem zweiten Kreislauf über einen Wärmetauscher durch das Heißwasser der geothermischen Lagerstätte erhitzt und so der Dampf für die Turbine erzeugt.

Hot-Dry-Rock-Verfahren ❷

Viel schwieriger gestaltet sich das Hot-Dry-Rock-Verfahren, bei dem heißes, trockenes Gestein mit einer Temperatur von etwa 200 °C in einigen Kilometer Tiefe als natürlicher Wärmetauscher fungiert (Abb. 2). Um eine große Oberfläche für den Wärmeaustausch zu erhalten, wird in das Gestein unter hohem Druck (etwa 200 bar) stehendes Wasser gepresst, das jenes zerklüftet. In der Betriebsphase wird weiterhin Wasser unter Druck eingepresst. Durch die Erdwärme verdampft das Wasser. Der Dampf steigt durch eine zweite Bohrung wieder nach oben und kann dort zum Antrieb einer Turbine genutzt werden. Es ist jedoch noch nicht endgültig geklärt, wie lange diese Klüfte offen gehalten werden können und wie ergiebig sie sind.

❶ Funktionsprinzip einer hydrogeothermischen Heizzentrale

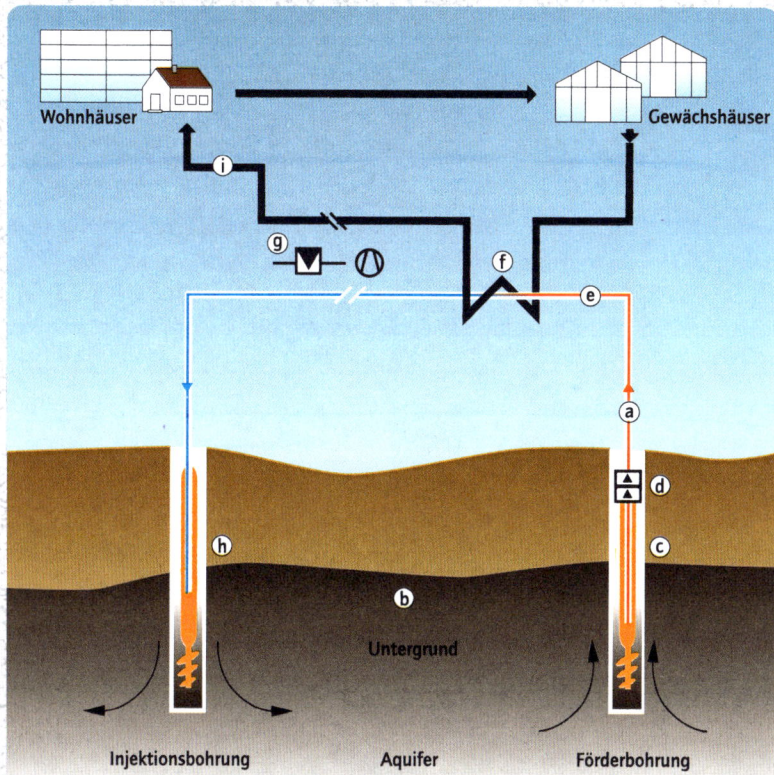

ⓐ Heißwasser
ⓑ Wasserführende Schicht (Aquifer)
ⓒ Förderbohrung
ⓓ Tauchpumpe
ⓔ Thermalwasserleitung
ⓕ Wärmetauscher
ⓖ Wärmepumpe
ⓗ Injektionsbohrung
ⓘ Heizwasserkreislauf

Wohnhäuser

Gewächshäuser

Untergrund

Injektionsbohrung   Aquifer   Förderbohrung

❷ Prinzip des Hot-Dry-Rock-Verfahrens

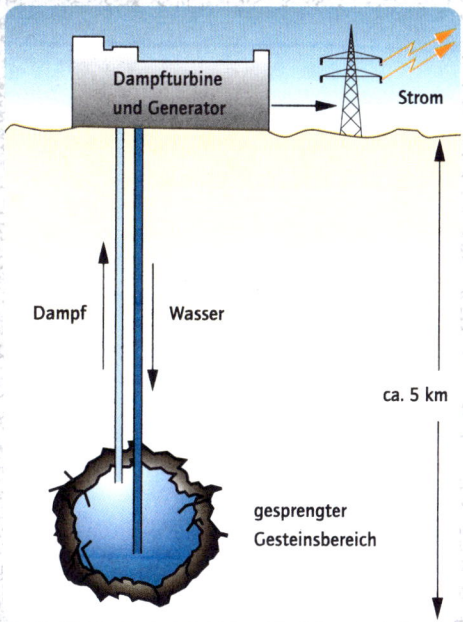

Dampfturbine und Generator

Strom

Dampf   Wasser

ca. 5 km

gesprengter Gesteinsbereich

Geothermische Energieanlagen 273

Der Begriff Biomasse wird nicht immer einheitlich gebraucht. Man versteht darunter eine Reihe unterschiedlicher Substanzen biogenen Ursprungs, häufig eingeschränkt auf die Pflanzenwelt. Damit ist Biomasse ein nachwachsender Rohstoff, dessen Energiegehalt sich vielfältig nutzen lässt. Genau besehen handelt es sich dabei um gespeicherte Sonnenenergie, die während des Wachstums der Pflanzen in Zellmaterial umgesetzt wurde.

In der Praxis bezeichnet der Begriff Biomasse jedoch häufig auch organische Abfälle, die z. B. bei der Verarbeitung pflanzlichen Materials anfallen, etwa Stroh und Holzreste in Land- und Forstwirtschaft. Die Lebensmittelindustrie ist eine weitere wichtige Quelle, auch Hausmüll sowie tierische und menschliche Exkremente enthalten Biomasse.

Die Verfahrenstechnik bietet verschiedene Möglichkeiten, Biomasse energetisch zu nutzen. Die einfachste und älteste Methode ist es, sie zu trocknen und zu verbrennen. Man kann sie aber auch zuvor vergasen oder vergären.

Vergasung ❶ ❷ ❸

Unter Vergasung versteht man die Umwandlung eines festen oder flüssigen Stoffes in brennbare Gase. Bei der Vergasung von Biomasse (Abb. 1) entsteht aus der zerkleinerten Masse unter Luftzufuhr ein Gasgemisch, das 47 % Stickstoff, ferner 18 % Wasserstoff, 2 % Methan, 23 % Kohlenmonoxid und 10 % Kohlendioxid enthält (Abb. 2). Die Biomasse darf bei diesem Prozess feuchter sein als beim Verbrennen.

Die meisten Vergaser arbeiten nach dem Gleichstrom- oder dem Gegenstromprinzip (Abb. 3). Beim einen strömt das entstehende Schwelgas in Richtung des Brennstoffs, beim andern entgegengesetzt. Beide Anlagentypen werden von oben mit Biomasse beschickt, die nacheinander eine Trocknungs-, eine Schwel- und eine Verkohlungszone durchläuft. Die dabei gebildete Holzkohle verbrennt mit der eingeblasenen Luft in der Oxidationszone teils zu Kohlendioxid. Je nach Verfahren werden dabei Temperaturen von über 1 000 °C erreicht. Freier Kohlenstoff reagiert in der Reduktionszone mit Luftsauerstoff zum brennbaren Kohlenmonoxid.

Während im Gleichstromverfahren allenfalls 65 % der Biomasse vergast werden können, erreicht die Gasausbeute im Gegenstromverfahren 75 %. Allerdings entstehen bei diesem Prozess auch mehr Schadstoffe, denn hier durchlaufen die Schwelgase keine heiße Zone mehr, in der Schadstoffe abgebaut werden. Diese müssen ausgewaschen und das Abwasser gesondert behandelt werden. Das entfällt

beim Gleichstromverfahren. Hier durchlaufen die Schwelgase die Oxidationszone, und dabei entstehen aus Schadstoffen wie Phenolen und Teer ebenfalls brennbare Gase. Es ist möglich, die Vorteile beider Verfahren zu kombinieren. So sind Umwandlungsraten von 85 % erzielbar.

Vergärung ❹ ❺

Im Gegensatz zur Vergasung entsteht bei der Vergärung von Biomasse unter Luftabschluss Biogas. Im Gärbehälter wandeln Bakterien die organischen Bestandteile des Substrats in Biogas um. Der Prozess verläuft umso schneller, je wärmer das Substrat ist. Gewöhnlich stellt man die Temperatur auf 30–35 °C ein, was eine Faulzeit von 25 bis 30 Tagen nach sich zieht. Ein Rührwerk durchmischt die Substanz und sorgt so für überall gleiche Temperatur. Zudem verhindert der Rührvorgang das Aufschwimmen leichterer Inhaltsstoffe und damit Schichtbildung im Substrat (Abb. 4). Das entstehende Biogas enthält rund 60 % Methan und ca. 40 % Kohlendioxid; in Spuren sind außerdem Wasserstoff und Schwefelwasserstoff vertreten (Abb. 5). Nach einer Reinigung kann man das Gas in Leitungen einspeisen und verbrauchen, z. B. in Gasherden, für die Heizung oder zur Warmwasserbereitung. Beschickt man damit einen Gasmotor, lässt sich über einen Generator auch Strom erzeugen. Das ausgefaulte Substrat ergibt Dünger. Energetisch entspricht 1 m^3 Biogas ca. 0,6 l Heizöl.

Für die Vergärung kommt vor allem Gülle infrage, wie sie bei der Tierhaltung anfällt. Je Großvieheinheit, z. B. ein Rind von 500 kg Lebendgewicht, ist pro Tag eine Gasausbeute von maximal 1,5 m^3 erzielbar. Biogasanlagen sind daher besonders im landwirtschaftlichen Umfeld interessant. Sie können Einzelhöfe oder über ein gemeinsames Netz, in das Gas aus mehreren Gärbehältern zugeführt wird, mehrere Höfe versorgen. Auch Zentralanlagen sind möglich, bei denen die Gülle zum Gärbehälter eines großen Verbrauchers herangefahren wird. Die Wirtschaftlichkeit fordert einen möglichst gleichen Gasbedarf im Jahresverlauf.

Eine Variante des Biogases ist Deponiegas, das durch Vergären von Müll entsteht. Es bildet sich unter Luftabschluss in Deponien und lässt sich in Gasbrunnen auffangen. Im ersten Jahrzehnt des Deponiebetriebs bringt eine Tonne Hausmüll im Schnitt 10 m^3 Gas hervor. Man kann es direkt auf der Deponie verstromen oder zur Strom- und Wärmeerzeugung an Gasmotoren großer Verbraucher leiten. Auch direktes Einspeisen in eine Erdgasleitung ist möglich.

❶ Funktionsschema einer Vergasungsanlage

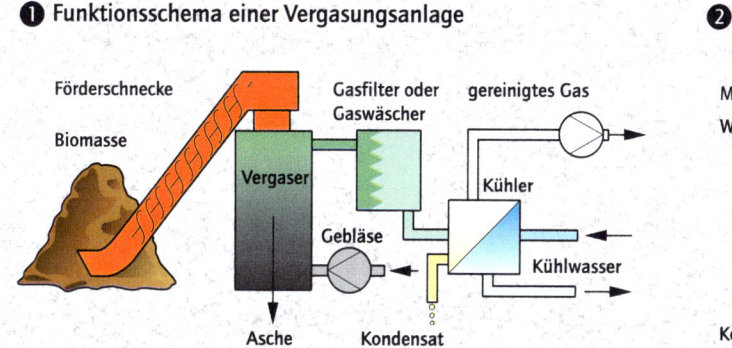

Förderschnecke
Biomasse
Vergaser
Gasfilter oder Gaswäscher
gereinigtes Gas
Kühler
Gebläse
Kühlwasser
Asche
Kondensat

❷ Gaszusammensetzung bei der Vergasung

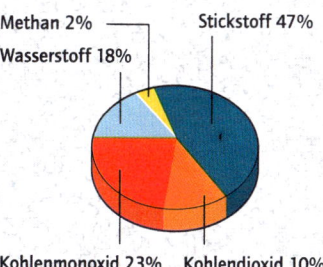

Methan 2%
Wasserstoff 18%
Stickstoff 47%
Kohlenmonoxid 23%
Kohlendioxid 10%

❸ Aufbau von verschiedenen Vergasern

ⓐ Gleichstromvergaser   ⓑ Gegenstromvergaser

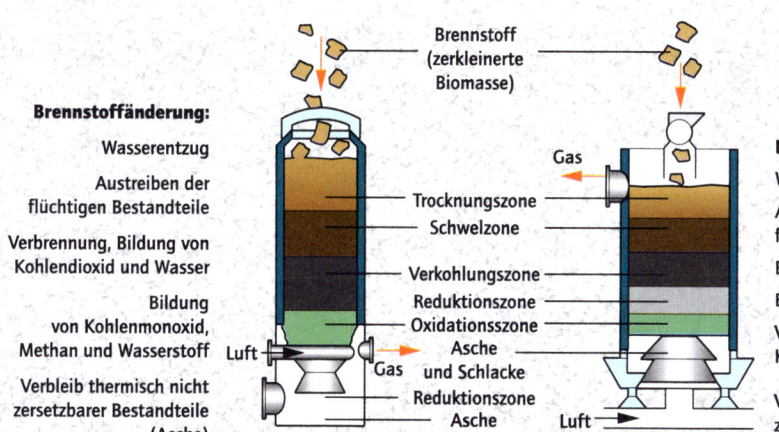

Brennstoff (zerkleinerte Biomasse)

Gas

Brennstoffänderung:

Wasserentzug

Austreiben der flüchtigen Bestandteile

Verbrennung, Bildung von Kohlendioxid und Wasser

Bildung von Kohlenmonoxid, Methan und Wasserstoff

Verbleib thermisch nicht zersetzbarer Bestandteile (Asche)

Luft

Trocknungszone
Schwelzone
Verkohlungszone
Reduktionszone
Oxidationszone
Asche und Schlacke
Reduktionszone
Asche

Gas

Brennstoffänderung:

Wasserentzug

Austreiben der flüchtigen Bestandteile

Bildung von Kohle

Bildung von Kohlendioxid, Methan,

Verbrennung, Bildung von Kohlendioxid und Wasser

Verbleib thermisch nicht zersetzbarer Bestandteile (Asche)

Luft

❹ Funktionsschema einer Vergärungsanlage

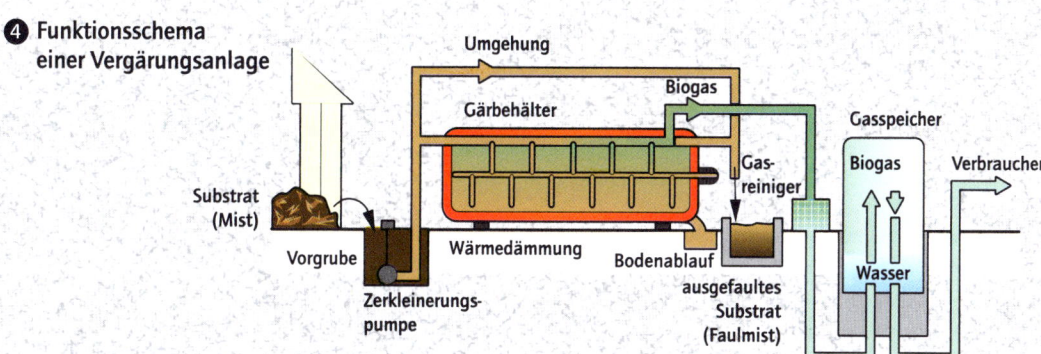

Umgehung
Biogas
Gärbehälter
Gasspeicher
Biogas
Verbraucher
Gasreiniger
Substrat (Mist)
Vorgrube
Zerkleinerungspumpe
Wärmedämmung
Bodenablauf
ausgefaultes Substrat (Faulmist)
Wasser

❺ Gaszusammensetzung bei der Vergärung

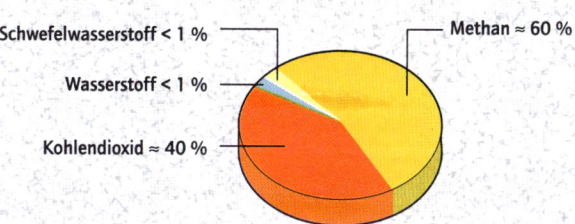

Schwefelwasserstoff < 1 %
Wasserstoff < 1 %
Kohlendioxid ≈ 40 %
Methan ≈ 60 %

Die thermische Nutzung (Verbrennung) von Biomasse ist die älteste Form bewusster Energieerzeugung durch den Menschen. Seit einigen Jahren genießt sie erneut hohe Aufmerksamkeit, denn Biomasse ist ein nachwachsender Rohstoff, und ihre Verbrennung ist klimaneutral. Zwar setzt auch das Verfeuern von z.B. Holz Kohlendioxid (CO_2) frei, doch wird es während des Heranwachsens von neuem Holz wieder in die Biomasse eingebaut. Die Zyklusdauer dieses geschlossenen CO_2-Kreislaufs beträgt bei Gräsern ein Jahr, bei schnell wachsenden Hölzern sind es 25 bis 30 Jahre.

Brennstoff Biomasse

Zum Verbrennen von Biomasse in Kraftwerken sind z.B. Holz- und Strohabfälle aus Land- und Forstwirtschaft geeignet, die andernfalls verrotten oder ohne direkten energetischen Nutzen verbrannt würden. Andere Pflanzenreste sind interessant, wenn sie in genügender Menge bei der Verarbeitung von Agrarprodukten anfallen. So dient in Zuckerrohranbaugebieten die Bagasse als Brennstoff. Auch eigens zur Verbrennung angebaute Pflanzen kommen infrage, wie z.B. Chinaschilf oder Elefantengras, ebenso Pappeln und Weiden.

In Deutschland würden allein die Reststoffe hinreichen, zwischen 3 und 5 % des Primärenergiebedarfs zu decken. Bislang ist es noch nicht einmal 1 %. Motivation ist aber meist nicht der energetische Nutzen, viel öfter handelt es sich um die Entsorgung störender Abfälle (z.B. in der Holzindustrie). Den höchsten Anteil in Europa hält Österreich, wo rund 12 % des Primärenergieverbrauchs aus Biomasse stammen, vor allem aus Holz.

Trotz der Vorteile hat die Nutzung von Biomasse Grenzen. Erstens ist für den Anbau von Pflanzen eigens zur thermischen Nutzung ein hoher Einsatz an Dünger oder Treibstoff nötig und zweitens ist der Heizwert von Biomasse dem der Steinkohle weit unterlegen. Zudem sind wegen der geringen Dichte viel höhere Volumenströme zu bewältigen. Das schließt weite Transportwege aus. Setzt man den Nutzen ins Verhältnis zu den Treibstoffkosten, so ist ein Radius von 30 km um den Standort noch akzeptabel, wo der Brennstoff gesammelt und zum Kraftwerk gebracht wird.

Feuerungstechniken

Biomasse eignet sich im Prinzip für solche Feuerungssysteme, die für feste Brennstoffe ausgelegt sind (→ Feuerungsanlagen). Da die Bereitstellung des nötigen Brennstoffs aber recht aufwendig ist, ist eine thermische Leistung von 50-100 MW das Maximum für Anlagen, die allein mit Biomasse beaufschlagt werden.

Anlagen dieser Leistungsklasse liefern (meist in Kraft-Wärme-Kopplung) Wärme, Prozessdampf und Strom. Im Bereich von 1-10 MW überwiegen die Rostfeuerungen, bei Anlagen oberhalb von 10 MW ist auch die Wirbelschichtfeuerung interessant. Liegt der Brennstoff schon in sehr feiner Form vor (z.B. Abfälle aus der Holz verarbeitenden Industrie), so lassen sich ebenso Staubfeuerungen einsetzen. Auch eine Kombination verschiedener Techniken kann für bestimmte Biomassen sinnvoll sein.

Im unteren und mittleren Bereich sind Schachtfeuerungen (20-250 kW) und Unterschubfeuerungen (von 20 kW bis 2 MW) gebräuchlich. Während die erste vornehmlich von Hand mit Holzstücken, Holzschnitzeln und Spänen geschürt wird, verfeuert die zweite fast vollautomatisch Hackschnitzel, Späne und bedingt auch Holzstaub. Hier beschickt eine Förderschnecke die Brennraummulde kontinuierlich mit Biomasse aus dem Silo, die bei Zugabe von Primärluft entgast wird. Anschließend steigen die Pyrolysegase durch die Glutschicht auf, entzünden sich dabei und brennen im Feuerraum vollständig aus. Die gut dosierbare Brennstoff- und Luftzufuhr erlaubt es, den Ausstoß von Schadstoffen gering zu halten.

Biomasse in konventionellen Kraftwerken ❶ ❷ ❸

Wegen der schwierigen Brennstofflogistik liegt die typische Anlagengröße reiner Biomasse-Kraftwerke zwischen 1 und 10 MW. Solche im Vergleich zu konventionell befeuerten Kraftwerken recht kleinen Anlagen passen gut in dezentrale Versorgungskonzepte, etwa für Dörfer. Allerdings hat man dabei mit einer Reihe von Nachteilen zu kämpfen. Stroh als Brennstoff sorgt beispielsweise für Lagerprobleme, da die ganze Menge im Herbst anfällt. Daher ist der Einsatz von Biomasse als zusätzlicher Brennstoff in bestehenden Kohlekraftwerken oft günstiger (Abb. 1 und 2). Der Grundbedarf wird durch Kohle gedeckt, je nach Bedarf kann man zusätzlich mit Biomasse verbrennen. Das ist grundsätzlich machbar, zu den optimalen Betriebsparametern laufen noch Forschungen. Eigene Lager- und Aufbereitungsanlagen für Holz (Abb. 3) oder Stroh braucht man aber auch hier.

Man kann Biomasse auch zur Kraft-Wärme-Kopplung in Blockheizkraftwerken nutzen. Dafür werden Holzschnitzel in einem atmosphärischen Wirbelschichtreaktor vergast. Mit diesem Gas lässt sich dann ein Gasmotor betreiben, der Strom und Wärme erzeugt.

❶ Biomasse-Kraftwerk

Neben Kohle werden auch
Presslinge aus Biomasse
im Kraftwerk verfeuert.

❷ Presslinge aus Stroh oder Pflanzen

Sie dienen als zusätzlicher Brennstoff.

❸ Holzlager und Aufbereitungsanlage

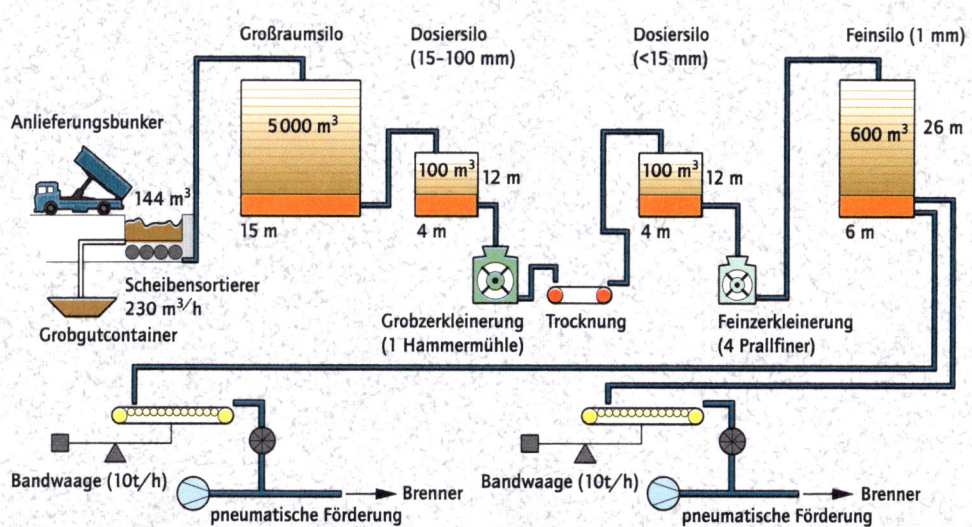

Anlieferungsbunker

Großraumsilo

Dosiersilo
(15–100 mm)

Dosiersilo
(<15 mm)

Feinsilo (1 mm)

5000 m³

100 m³ · 12 m

100 m³ · 12 m

600 m³ · 26 m

144 m³

15 m

4 m

4 m

6 m

Scheibensortierer
230 m³/h

Grobgutcontainer

Grobzerkleinerung
(1 Hammermühle)

Trocknung

Feinzerkleinerung
(4 Prallfiner)

Bandwaage (10t/h)

pneumatische Förderung

Brenner

Bandwaage (10t/h)

pneumatische Förderung

Brenner

In Boden, Wasser und Luft ist Wärme gespeichert. Da die Temperaturen aber meist vergleichsweise gering sind, ist sie nicht zum Heizen nutzbar. Erst mit einer Wärmepumpe lässt sich diese aufnehmen und damit ein Wärmeträgermedium auf die gewünschte höhere Temperatur erwärmen. Dazu ist Energie nötig. Die Hauptbestandteile einer Wärmepumpe sind der Verdampfer und der Kondensator sowie der Kompressor (Verdichter) und das Expansionsventil. Bei richtiger Auslegung des Systems übersteigt die gewonnene Nutzenergie die hineingesteckte Antriebsenergie mehrfach. Den genauen Faktor gibt die Arbeitszahl an, die vom Temperaturunterschied zwischen Verdampfer und Kondensator abhängt. Sie sollte über die gesamte Heizperiode wenigstens den Wert 3 betragen.

Das Prinzip der Wärmepumpe lässt sich auch umkehren. Beispielsweise können erdgekoppelte Wärmepumpen das Erdreich ebenso als Wärmesenke verwenden und auf diese Weise Gebäude kühlen. In den USA dienen solche Systeme schon seit fünf Jahrzehnten zur Gebäudeklimatisierung.

Funktionsweise ❶ ❷ ❸

Wärmekraftmaschinen und Wärmepumpen sind zwar ähnlich aufgebaut, unterscheiden sich aber in einem wichtigen Punkt: Während die einen Wärme hoher Temperatur in Arbeit umwandeln, sollen die anderen Wärme niedriger Temperatur unter Einsatz von Arbeit in solche von höherer Temperatur überführen. Dabei unterscheidet man zwei Bauarten von Wärmepumpen: Kompressions- und Absorptionswärmepumpen. Das Arbeitsmedium von Wärmepumpen sind leicht siedende Flüssigkeiten.

Im Heizbetrieb funktionieren Kompressionswärmepumpen wie folgt (Abb. 1): Der Verdampfer nimmt Wärme niedriger Temperatur auf, etwa aus dem Boden oder Grundwasser. Schon 10 °C genügen, das Kältemittel verdampfen zu lassen. Der Kompressor verdichtet und erhitzt den Dampf. Ein Kondensor dient als Wärmetauscher mit dem Heizkreislauf. Hier verflüssigt sich der Dampf und die freigesetzte Kondensationswärme geht auf den Heizkreislauf über. Die Temperatur liegt hierbei über der im Verdampfer. Danach entspannt ein Ventil den Druck, die Arbeitsflüssigkeit kühlt ab und fließt in den Verdampfer zurück. In der Nutzung des Kompressorprinzips ist die Wärmepumpe mit dem Kühlschrank verwandt. Wird unter Nutzung dieses Prinzips ein Temperaturniveau nicht aufgeheizt, sondern abgekühlt, so spricht man von Kältemaschinen.

Absorptionswärmepumpen (Abb 2) haben anstelle eines mechanischen einen thermischen Verdichter. In ihm zirkuliert zwischen Absorber und Austreiber ein Lösungmittel, von einer Lösungsmittelpumpe umgepumpt. Der Arbeitsmitteldampf wird dadurch verdichtet, dass er im Absorber bei niedrigem Druck von dem Lösungsmittel absorbiert und im Austreiber (Kocher) bei hohem Druck unter Wärmezufuhr aus der reichen Lösung wieder ausgetrieben wird. Ansonsten arbeiten Absorptions- und Kompressionswärmepumpen gleich.

Die Wahl der Wärmequelle (Abb. 3) ist von entscheidender Bedeutung, denn die Energieausbeute ist umso besser, je weniger sich die Temperaturen im Verdampfer und Kondensor unterscheiden, da dann weniger Energie zugeführt werden muss. Daher arbeitet eine Wärmepumpe im Sommer effektiver als im Winter. Für hohe Wirkungsgrade ist es zudem günstig, die Vorlauftemperatur im Heizkreis möglichst niedrig zu halten. Wird in unseren Breiten Außenluft als Wärmequelle verwendet, braucht man eine zusätzliche Heizung. Die Außenluft ist zwar problemlos verfügbar, doch ihre großen Temperaturschwankungen im Tages- und Jahreslauf sind sehr ungünstig. Meist wird der Luft in großflächigen Wärmetauschern durch Abkühlen Wärme entzogen und dabei das Treibmittel der Wärmepumpe verdampft. Eine sehr viel günstigere Wärmequelle ist das Erdreich als Speicher von Sonnenenergie. Temperaturschwankungen sind hier schon in einigen Meter Tiefe kaum noch bemerkbar. Die Erdwärme sollte zumindest in der frostfreien Zone entnommen werden. Auch Grundwasser ist eine gute Wärmequelle. In 10 m Tiefe liegt die Temperatur konstant bei etwa 10 °C. Über einen Förderbrunnen kommt es in den Kondensor, gibt dort Wärme ab und fließt durch einen Schluckbrunnen ins Grundwasser zurück. Auch Oberflächenwasser ist als Wärmequelle nutzbar.

Wärmepumpensysteme mit Erdwärmesonden

Dünne Kunststoffrohre in Form eines sehr lang gezogenen U in Bohrungen von rund 100 m Tiefe dienen als Quellen, wenn durchfließendes Wasser Erdwärme aufnimmt und an eine Wärmepumpe bringt. Das System ist winters zum Heizen und sommers zum Kühlen nutzbar. Zudem lässt es sich als Wärme- und Kältespeicher einsetzen, indem etwa im Sommer überschüssige Gebäudewärme in die Tiefe geleitet wird, um das Erdreich für den Heizbetrieb aufzuwärmen. Analog kann man im Winter Kälte für die Kühlung während der heißen Jahreszeit speichern.

❶ Schematischer Aufbau einer Heizung über eine Kompressionswärmepumpe

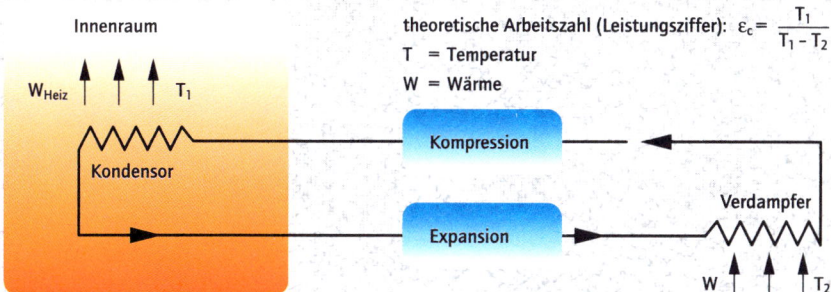

Innenraum

theoretische Arbeitszahl (Leistungsziffer): $\varepsilon_c = \dfrac{T_1}{T_1 - T_2}$

T = Temperatur
W = Wärme

W_{Heiz} T_1

Kondensor

Kompression

Expansion

Verdampfer

W T_2

❷ Schema einer Absorptionswärmepumpe

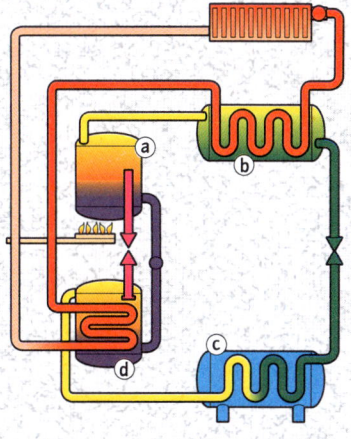

ⓐ Austreiber   ⓒ Verdampfer
ⓑ Kondensator   ⓓ Absorber

■ an Kältemittel reiche Lösung
■ an Kältemittel arme Lösung
■ Kältemittel dampfförmig
■ Kältemittel flüssig
■ Heizungswasser
■ Luft/Wasser

❸ Verschiedene Wärmequellen

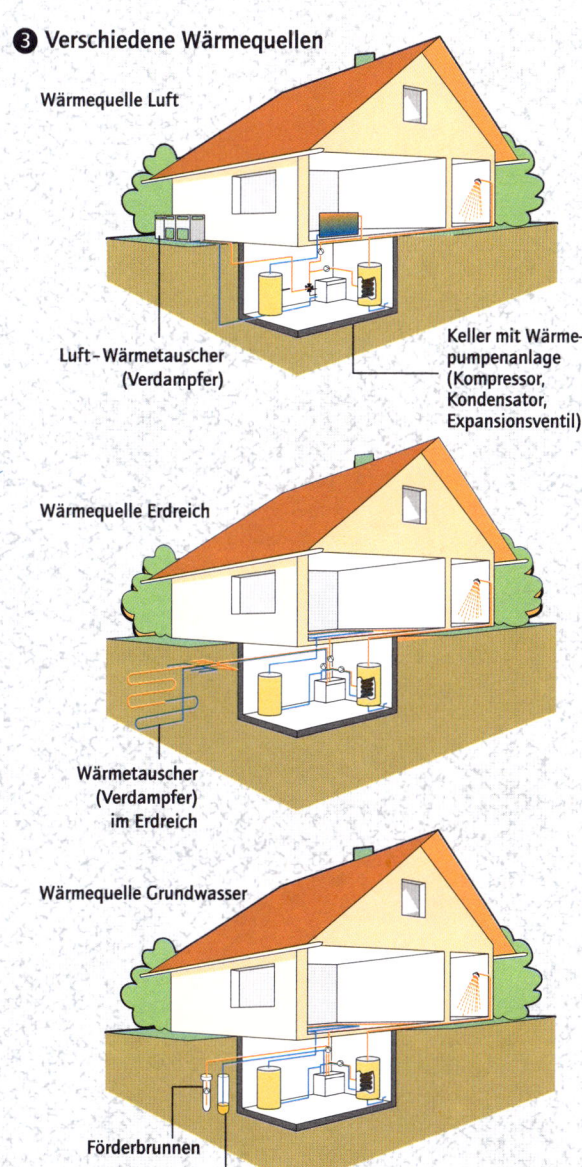

Wärmequelle Luft

Luft-Wärmetauscher
(Verdampfer)

Keller mit Wärme-
pumpenanlage
(Kompressor,
Kondensator,
Expansionsventil)

Wärmequelle Erdreich

Wärmetauscher
(Verdampfer)
im Erdreich

Wärmequelle Grundwasser

Förderbrunnen

Schluckbrunnen

Solararchitektur zielt auf eine umfassende Nutzung der Sonne. Daraus ergeben sich zwei fundamentale Forderungen: Einerseits soll das Haus Sonnenenergie einfangen und speichern, um den Wärmebedarf möglichst ohne Zusatzheizung bereitzustellen; andererseits gilt es, starke Sonneneinstrahlung von den Räumen abzuhalten, damit sie sich nicht überhitzen. Dazu lässt sich Solarenergie auf aktive oder passive Weise einsetzen. Elemente aktiver Nutzung sind z. B. Solarkollektoren für Heizzwecke oder Warmwasserbereitung (→ thermische Solaranlagen), passive Nutzung setzt bei Planung und Ausstattung des Gebäudes an.

Passive Solarenergienutzung ❶ ❷

Die passive Nutzung der Sonnenenergie beginnt mit konsequenter Südorientierung der Gebäude. Während sich die Wohnräume nach Süden öffnen, um vor allem winters viel Sonnenstrahlung aufzunehmen, bleibt die Nordseite möglichst ohne Öffnungen. Die Energie der Sonnenstrahlung kann dabei direkt oder indirekt genutzt werden. Man spricht dann vom direkten bzw. indirekten Gewinn.

Beim direkten Gewinn dringt die Sonnenstrahlung durch die Fenster in das Rauminnere. Die kurzwellige Strahlung wird von Mauern und Fußböden absorbiert, gespeichert und später als langwellige Wärmestrahlung an den Raum abgegeben. Vordächer und Blenden, Läden und Abschattungen sorgen dafür, dass die Räume sommers nicht zu stark aufgeheizt werden (Abb. 1). Im Winter sollten die Fenster nachts mit Rollläden verschlossen werden, um Abstrahlverluste zu minimieren. Eine Schlüsselrolle kommt der Dimensionierung der Fenster zu. Zwar können vor allem Südfenster auch an kalten Tagen für Wärmegewinn sorgen. Der Energiespareffekt wird allerdings durch die Verluste relativiert. Die Qualität der Verglasung ist ebenso ein wesentlicher Faktor. Im Vergleich zu Isolierverglasung spart Wärmeschutzverglasung rund 50 % an Heizenergie (Abb. 2). Kleine Fensterflächen für Südseiten können günstiger sein, zudem bei ihnen an Wintertagen bei der dann schräger einfallenden Sonne die Gefahr der Überhitzung kleiner ist. Das gilt analog für Ost- und Westfenster. Gegen große Verglasungen spricht außerdem der höhere Verbrauch an Heizenergie. Gegenüber gut isolierten Wänden strahlt ein Nordfenster pro Quadratmeter das Vierfache, ein Ost- oder Westfenster das Doppelte an Wärmeenergie ab. Auch ein Wintergarten spart nur bei richtiger Auslegung Energie. Dazu gehört, dass er nicht selbst beheizt wird.

Beim indirekten Gewinn wird hinter der Südverglasung eine Wand aus Stein, Beton, Ziegeln oder Lehm angeordnet. Diese meist geschwärzten Speicherwände (Trombe-Wände) erwärmen sich tagsüber durch die einfallende Strahlung und geben nachts Wärme an den Raum ab. Eine zusätzliche Raumerwärmung ist erzielbar, wenn die Wand oben und unten einen Luftdurchtritt enthält. Durch den unteren Kaltlufteintritt strömt kühle Raumluft zwischen das Fenster und die Trombe-Wand, erwärmt sich dort, steigt auf und strömt durch den oberen Warmluftaustritt zurück in den Raum. Im Sommer sollten Ein- und Austritt geschlossen sein.

Zu den speziellen Einzelmaßnahmen zählt man das Thermosiphonsystem. Die tagsüber in einem Luftkollektor erwärmte Raumluft wird durch Schwerkraftzirkulation und eventuell durch einen Ventilator besonderen Wärmespeichern im Boden zugeführt. Nachts wird dann die gespeicherte Wärme wieder abgegeben.

Transparente Wärmedämmung ❸

Nur eine gute Dämmung der Außenwände kann Wärmeverluste durch Transmission vermindern. Allerdings lässt sich mit gängigen Dämmsystemen die auftreffende Strahlungsenergie nicht gezielt für Heizzwecke nutzen. Dies schafft erst eine transparente Wärmedämmung (Abb. 3).

Trifft Sonnenstrahlung auf eine opak (lichtundurchlässig) gedämmte Wand, so wird sie zwar absorbiert, und die Außenfläche erwärmt sich, doch wegen der geringen Wärmeleitfähigkeit der Dämmschicht kommt kaum etwas nach innen. Dagegen lassen hochtransparente Dämmstoffe Solarstrahlung großenteils passieren. An der dunklen Wand dahinter, die als Absorber wirkt, wird diese Energie in Wärme umgewandelt und in das Mauerwerk geleitet. Von dort gelangt sie mit Verzögerung, abhängig von Wandstärke und Baumaterilien, in die Räume dahinter und erwärmt diese. Die Wand wirkt also wie eine Niedertemperaturheizfläche.

In der Praxis haben sich Kapillar- und Wabenstrukturen aus Kunststoff oder Glas als transparente Wärmedämmschicht (TWD-Material) bewährt, die senkrecht zur Absorberfläche liegen. Auch mit transparenten Schäumen (Aerogelen) hat man gute Ergebnisse erzielt. Im Prinzip fällt aber jedes Material mit hoher Lichtdurchlässigkeit und wärmedämmenden Eigenschaften darunter. Der indirekte Gewinn mittels Glasfenster und Trombe-Wand kann also auch hierzu gezählt werden.

❶ Passive Solarenergienutzung (direkter Gewinn)

ⓐ Sommertag

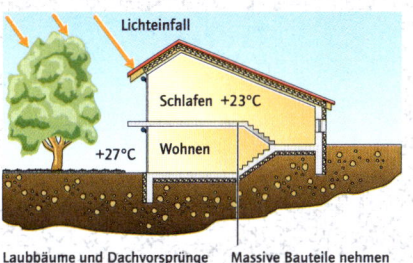

ⓒ Wintertag

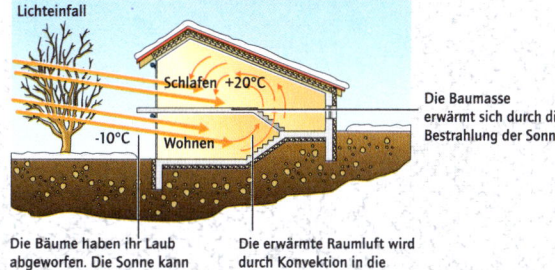

Laubbäume und Dachvorsprünge verschatten die Fensterflächen. Die Sonne kann nicht direkt in die Räume einstrahlen.

Massive Bauteile nehmen überschüssige Wärme auf. In den Räumen bleibt es angenehm kühl.

Die Bäume haben ihr Laub abgeworfen. Die Sonne kann bis tief in das Gebäude scheinen.

Die erwärmte Raumluft wird durch Konvektion in die angrenzenden Räume geleitet.

Die Baumasse erwärmt sich durch die Bestrahlung der Sonne.

ⓑ Sommernacht

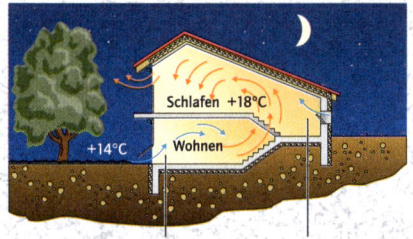

ⓓ Winternacht

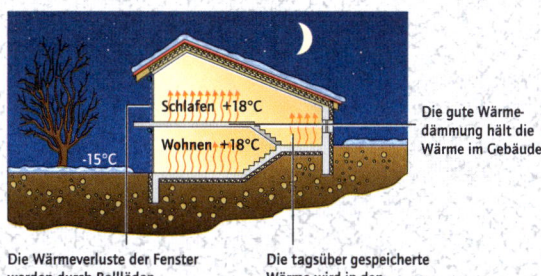

Die kühle Nachtluft durchstreicht bei geöffneten Fenstern das Gebäude und nimmt dabei Wärme aus der Baumasse auf. Das Gebäude wird gekühlt.

Die Wärmeverluste der Fenster werden durch Rollläden oder Klappläden verringert.

Die tagsüber gespeicherte Wärme wird in den Abend- und Nachtstunden an die Räume abgegeben.

Die gute Wärmedämmung hält die Wärme im Gebäude.

❷ Energiebilanz verschiedener Südfenster

Isolierverglasung ohne nächtlichen Wärmeschutz

225 kWh ◻ 156 kWh

Wärmeverbrauch
69 kWh/Jahr je qm Fensterfläche

Isolierverglasung mit nächtlichem Wärmeschutz

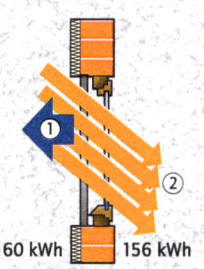

160 kWh ◻ 156 kWh

Wärmeverbrauch
4 kWh/Jahr je qm Fensterfläche

Wärmeschutzverglasung ohne nächtlichen Wärmeschutz

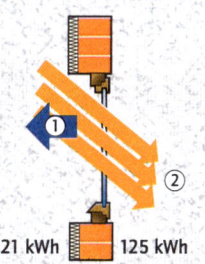

121 kWh ◻ 125 kWh

Wärmeüberschuss
4 kWh/Jahr je qm Fensterfläche

Wärmeschutzverglasung mit nächtlichem Wärmeschutz

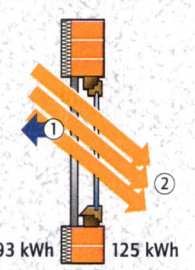

93 kWh ◻ 125 kWh

Wärmeüberschuss
32 kWh/Jahr je qm Fensterfläche

① Wärmeverluste des Fensters   ② Wärmegewinne aus Sonneneinstrahlung

❸ Vergleich der Funktionsprinzipien von transparenter und opaker Wärmedämmung

ⓐ opak

ⓑ transparent

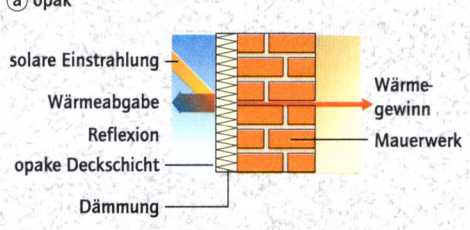

solare Einstrahlung
Wärmeabgabe
Reflexion
opake Deckschicht
Dämmung

Wärmegewinn
Mauerwerk

solare Einstrahlung
Wärmeabgabe
Verlust durch Streuung und Reflexion
transparente Deckschicht
transparentes Wärmedämmmaterial (TWD-Material)
Luftspalt (optional)

Wärmegewinn
Mauerwerk
Absorptionsschicht

Im Abgas industrieller Prozesse vorhandener Staub ist ein Gemisch von Teilchen unterschiedlicher Größe. Die Korngröße hängt ab vom Prozess, der die Teilchen freisetzt. Beispielsweise sind Stäube aus der Aufarbeitung mineralischer Rohstoffe weit weniger fein als jene aus metallurgischen Verfahren. Insgesamt reichen die Korngrößen in Abgasen etwa von 0,1–100 µm. Staubabscheider, d.h. Stofftrennapparate, nutzen verschiedene physikalische Effekte, um Staubpartikel und Gase zu trennen, wobei oftmals die Massenträgheit oder elektrische Kräfte ausgenutzt werden. Nach ihrem Funktionsprinzip werden Abscheider in vier Grundtypen eingeteilt: Massenkraftabscheider, nass arbeitende, elektrische und filternde Abscheider (→ Rauchgasreinigung, → Luftreinhaltung durch Filter). Diese eignen sich jeweils nur zur Abscheidung bestimmter Korngrößen (Abb. 1).

Massenkraftabscheider ❷

In Zyklonen werden die Staubteilchen durch Fliehkraft abgetrennt. Anders als aufwendig gebaute Zentrifugen sind diese Fliehkraftabscheider sehr einfache Konstruktionen. Allerdings haben sie nur eine geringe Trennschärfe.

Im Radialzyklon strömt das staubbeladene Gas tangential in den Zylinder und folgt dann einer spiralförmigen Bahn (Abb. 2). Axialzyklone haben dagegen einen axialen Einlauf, und Leitschaufeln versetzen das Gas in eine Drehbewegung. Innerhalb der Drehströmung werden die Teilchen nach außen geschleudert und an der Zyklonwand abgeschieden, massereiche (schwere) Teilchen schneller als solche mit geringerer Masse. Die bestimmende Größe für die Abscheidung ist der Teilchendurchmesser: Die Dichte der Staubteilchen ist ziemlich konstant (rund $2-5\,g/cm^3$), die Masse eines Teilchens hängt von der dritten Potenz des Durchmessers ab. Daher können Zyklone grob nach der Größe trennen. Der Grenzkorndurchmesser, d.h. die Korngröße mit einer Abscheidewahrscheinlichkeit von 50 %, liegt bei etwa 5 µm. Demnach ist die Einhaltung von Grenzwerten allein mit Zyklonen oft nicht gesichert, zumal bei industriellen Prozessen mit feinen Stäuben. Höhere Gasgeschwindigkeiten können die Abscheiderate nicht verbessern, denn damit steigt auch der Anteil von bereits abgeschiedenem Staub, der wieder mitgerissen wird. Außerdem nehmen Energieverbrauch und Verschleiß zu.

Nassarbeitende Abscheider ❸

Auch bei Wäschern beruht das Abscheideprinzip auf der Massenträgheit. Trägheitskräfte lagern die Staubpartikel an Wassertropfen an. Da deren Durchmesser mindestens eine Größenordnung über dem der Staubteilchen liegt, sind sie leichter abzuscheiden als diese selbst. Je nach Bauart des Wäschers werden die benötigten Tropfen durch Düsen, Rotoren oder die Gasströmung erzeugt. In der Kontaktzone des Wäschers sind die Geschwindigkeiten so eingestellt, dass für die Wassertropfen günstige Bedingungen zum Einfangen der Partikel bestehen. Danach folgt ein Tropfenabscheider.

Die einfachste Bauart ist der einfache Waschturm, bei dem die Waschflüssigkeit mittels Düsen im Gegenstrom zum Gasstrom in den Waschturm eingesprüht wird (Abb. 3). Eine besonders hohe Abscheideleistung (Grenzkorn bis unter 2,0 µm) erreicht man mit Venturiwäschern. In ein Rohr mit düsenförmiger Verengung wird das Rohgas eingeleitet und dann in der „Kehle" auf 50–100 m/s beschleunigt. Die Waschflüssigkeit wird quer zur Gasströmungsrichtung an der Verengung eingedüst und durch die Scherkräfte des beschleunigten Gases in feinste Tröpfchen zerrissen, die dann die Staubteilchen binden.

Bei feinerem Staub steigt der Energieverbrauch des Wäschers, da man bei abnehmender Korngröße die relative Geschwindigkeit zwischen Abgas und Tropfen erhöhen sowie den Durchmesser der Tropfen verkleinern muss. Anders als bei den Zyklonen gibt es aber keine Probleme wegen Mitreißens schon abgeschiedenen Staubs, da dieser in Wasser eingebunden ist. Wäscher können außerdem gasförmige Schadstoffe oder Gase und Stäube gleichzeitig abscheiden. Hier genau liegt auch ein Einsatzschwerpunkt. Neben der Abscheideaufgabe ist für die Wahl eines Wäschers als Abscheider zu beachten, ob das Waschmedium im Betrieb verwendbar ist oder doch wenigstens kein zusätzliches Abwasserproblem schafft.

Elektrische Abscheider

Diese Art der Abscheider nutzt die Kraftwirkung auf geladene Teilchen im elektrischen Feld (Aufbau und Funktionsweise → Rauchgasreinigung). Kleine Elektrofilter haben eine Abscheidefläche von rund 100 m², die größten in Kohlekraftwerken weit über 10 000 m². Dabei werden bis zu 50 einzelne Elektroden zu Feldern zusammengefasst und von einem Hochspannungsaggregat versorgt. Die einzelnen Elektroden können 15 m hoch und die Felder 5 m lang sein. Mit zunehmendem Abscheidegrad benötigt man auch eine größere Abscheidefläche. Am besten arbeiten Elektrofilter bei gleichmäßiger Abgasgeschwindigkeit.

❶ Abscheidemethoden in Abhängigkeit von der Teilchengröße

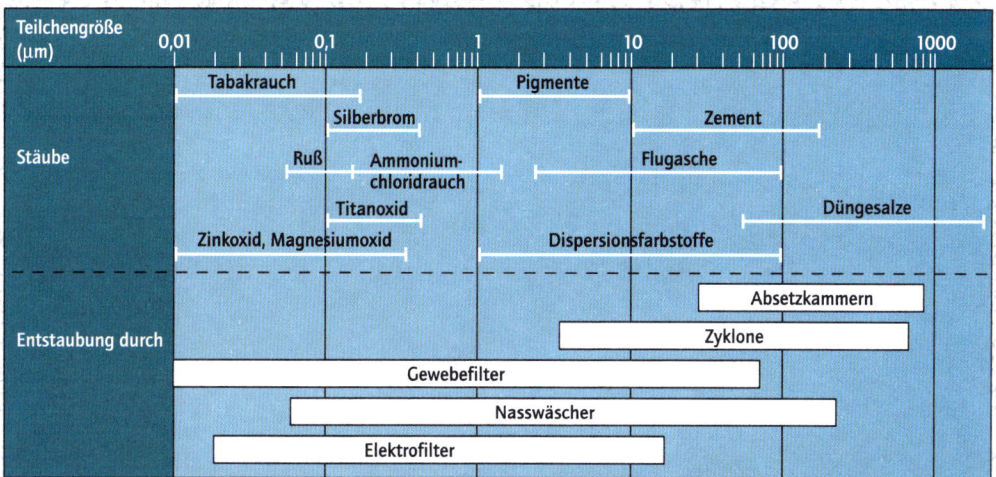

Teilchengröße (µm)	0,01	0,1	1	10	100	1000

Stäube:
- Tabakrauch
- Silberbrom
- Pigmente
- Zement
- Ruß
- Ammoniumchloridrauch
- Flugasche
- Titanoxid
- Düngesalze
- Zinkoxid, Magnesiumoxid
- Dispersionsfarbstoffe

Entstaubung durch:
- Absetzkammern
- Zyklone
- Gewebefilter
- Nasswäscher
- Elektrofilter

❷ Zyklon
ⓐ Prinzip

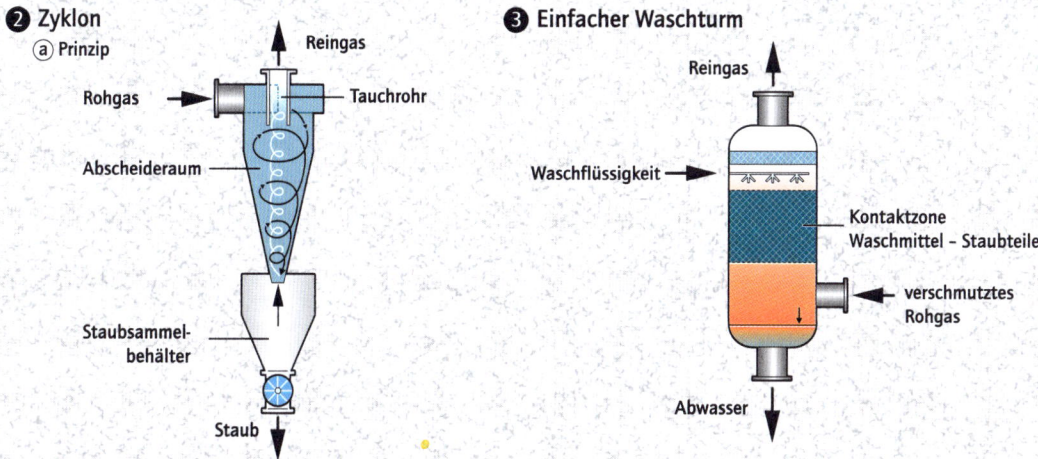

Reingas
Rohgas
Tauchrohr
Abscheideraum
Staubsammelbehälter
Staub

❸ Einfacher Waschturm

Reingas
Waschflüssigkeit
Kontaktzone Waschmittel – Staubteile
verschmutztes Rohgas
Abwasser

ⓑ Aufbau

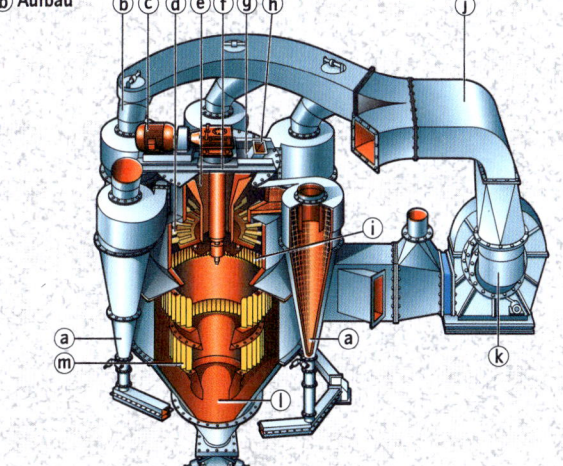

ⓑ ⓒ ⓓ ⓔ ⓕ ⓖ ⓗ ⓙ ⓘ ⓐ ⓐ ⓚ ⓜ ⓛ

ⓐ Zyklon
ⓑ Luftsammlergehäuse
ⓒ Motor
ⓓ Zentrifuge
ⓔ Ansaugkanal
ⓕ Träger
ⓖ Einlassstutzen
ⓗ Zuleitung
ⓘ Trennkammer
ⓙ Wiederzulüfter
ⓚ Ventilator
ⓛ Rückstandssammelkasten
ⓜ Lüftungslamellen

Es gibt eine Reihe technischer Vorrichtungen, um Feststoffe aus Gasen abzuscheiden, die nach verschiedenen physikalischen Prinzipien arbeiten. Die Wahl hängt von der Trennaufgabe ab. Kriterien sind die Art der zu trennenden Stoffe, der gewünschte Abscheidegrad, ferner der Teilchengrößenbereich und der Volumenstrom (→ Luftreinhaltung durch Abscheider).

Die Filtration eignet sich im industriellen Einsatz für einen großen Bereich zum Abscheiden fester Teilchen. Besonders wichtige Filter sind Gewebeabscheider aus Textilien wie Geweben, Filzen oder Vliesstoffen. Während der Anlaufphase scheiden Trägheits- und Diffusionskräfte Staub an den Filterfasern ab. Doch rasch ist Siebung der beherrschende Abscheidemechanismus. Ihre höchste Wirkung erreichen Gewebeabscheider dann, wenn die Poren des Filtermaterials zu hohem Grad vom Staub verschlossen sind.

Speicherfilter und Abreinigungsfilter ❶

Nach dem wirksamen Prinzip lassen sich Faserfilter in Speicherfilter und Abreinigungsfilter unterscheiden. Speicherfilter nutzen die Tiefenfiltration, d.h. die Teilchen werden im Innern des Filters festgehalten. Dieses Prinzip lässt sich bei geringem Staubgehalt anwenden (z.B. in der Klimatechnik). Abreinigungsfilter dagegen verbleiben nur kurz in einer Phase der Tiefenfiltration und wirken dann als Kuchenfilter. Hier bildet der abgeschiedene Stoff über dem Filtermedium eine immer dickere Schicht, den Filterkuchen, der für die Abtrennung der Partikel sorgt. Sie werden im industriellen Bereich eingesetzt, wenn hohe Staubbeladungen zu bewältigen sind.

In Speicherfiltern setzt man Fasermatten aus Glas- oder Kunststofffasern als Filtermedien ein. Für Feinstaub liegt der Faserdurchmesser bei 0,001 mm (ein menschliches Haar ist etwa 60-mal so dick) und die Dicke der Fasermatte bei 1 mm. Für andere Stäube verwendet man 30 mm dicke Matten aus Fasern von 0,1 mm Stärke. Die Anströmgeschwindigkeiten liegen zwischen 0,1 m/s und 3 m/s. Sind die Filter mit Staub gesättigt, werden sie meist ersetzt, teils auch mit Flüssigkeit oder Luft gereinigt.

Die Abreinigungsfilter bestehen meist aus Vlies oder Filz. Die Faserdurchmesser liegen zwischen 0,005 mm und 0,03 mm, die Dicke der Filtermittel beträgt 1,5 mm bis 3 mm. Die Fasern bestehen meist aus Kunststoff, aber auch Glas, Mineralien oder Metalle werden eingesetzt. Solche Nadelfilze sind dann hitzefest (z.T. bis 1000 °C, wichtig z.B. für die Rauchgasreinigung) und teilweise auch

chemisch beständig. In besonderen Fällen setzt man auch Membranen ein. Sie sind in der Lage, sogar noch Mikroorganismen aus dem Gasstrom abzuscheiden. Die Anströmgeschwindigkeiten liegen bei Abreinigungsfiltern zwischen 0,005 m/s und 0,1 m/s. Das Prinzip der Kuchenfiltration bringt es mit sich, dass mit anwachsender Dicke der Staubschicht der Druckverlust zunimmt. Um ihn zu begrenzen, muss man daher die Staubschicht immer wieder entfernen (abreinigen). Je nach Abscheidegrad ist manchmal schon nach wenigen Minuten ein Abreinigen der Filter notwendig.

Schlauchfilter ❷ ❸ ❹

Eine der wichtigsten Bauarten von Abreinigungsfiltern sind Schlauchfilter. Bei Schlauchfiltern sind Filterschläuche über Stützkörben angeordnet, die von außen nach innen durchströmt werden (Abb. 2 und 3). Der Staub lagert sich auf dem zylindrischen Filtermittel ab. Ab einem vorgegebenen Druckverlust kommt es zur Abreinigung mittels eines Systems von Druckluftdüsen. Durch einen Druckstoß wird die Staubschicht entfernt (Druckstoßabreinigung oder Puls-Jet). Der Staubgasstrom braucht dazu nicht unterbrochen zu werden. Die verwendeten Filterschläuche können Längen bis etwa 3 m haben, die Filterflächen liegen dann bei ca. 100 m². Für sehr große Gasvolumenströme werden aber auch Schlauchfilter mit mehr als 10 000 m² Filterfläche verwendet. Als Abreinigungsverfahren kommt hier jedoch hauptsächlich die Niederdruckrückspülung zum Einsatz (Abb.4), wobei Reinluft den Filter durchströmt. Der Abgasstrom muss dazu unterbrochen werden.

Dimensionierung von Filtern

Wie man einen Filter für eine konkrete Entstaubungsaufgabe zu dimensionieren hat, ist numerisch sehr schwer zu erfassen und wird oftmals von Experimenten und Erfahrung abgeleitet. Die Brechnung der Abscheideleistung von Faserfiltern ist vor allem deshalb nicht leicht, weil sich die Abscheidemechanismen selbst mit zunehmender Staubbeladung ständig verändern. So wird schon der Transport der Teilchen an die Oberfläche der Fasern von einer Reihe verschiedener Kräfte beeinflusst, namentlich durch Wiederstand, Trägheit und Schwerkraft. Doch auch elektrostatische Kräfte machen ihren Einfluss geltend. Sind die Teilchen hinreichend klein, kommt überdies molekulare Diffusion mit ins Spiel. Nach dem Transport der Teilchen ist schließlich auch noch deren Anhaftung von zahlreichen Parametern abhängig.

❶ Reinigungsmechanismen von Faserfilter

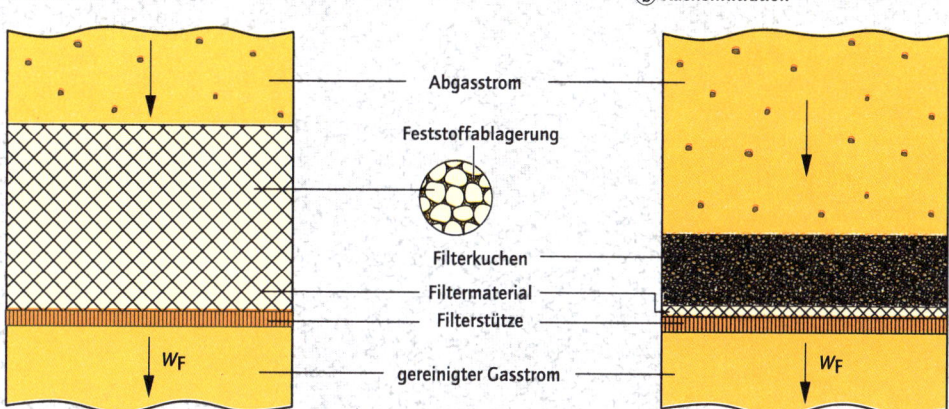

ⓐ Tiefenfiltration   ⓑ Kuchenfiltration

Abgasstrom

Feststoffablagerung

Filterkuchen
Filtermaterial
Filterstütze

w_F

gereinigter Gasstrom

w_F

❷ Schlauchfilter

ⓐ Aufbau des Staubkuchens auf dem Filtermedium   ⓑ Effektive Abreinigung

❸ Filterschlauch

❹ Abreinigung mit Niederdruckspülluft

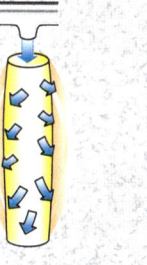

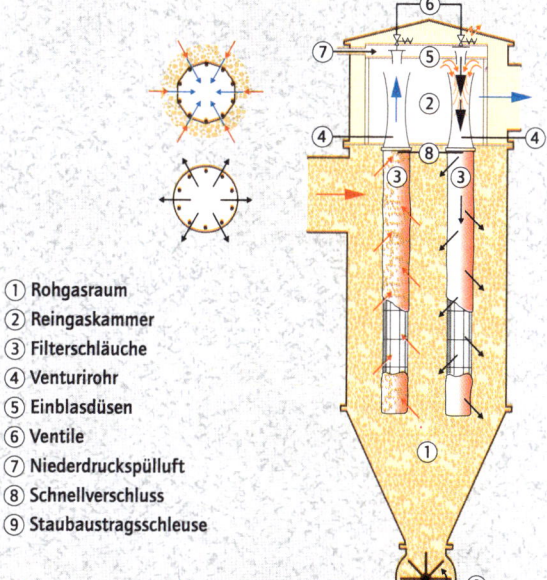

① Rohgasraum
② Reingaskammer
③ Filterschläuche
④ Venturirohr
⑤ Einblasdüsen
⑥ Ventile
⑦ Niederdruckspülluft
⑧ Schnellverschluss
⑨ Staubaustragsschleuse

Verfahren zur thermischen Behandlung von Abfall sind Verbrennung und Pyrolyse. Je nach Art des Abfalls, z. B. Haus- oder Sondermüll, kommen unterschiedliche Techniken zum Einsatz. Ziel dieses Entsorgungswegs ist es, die großen Abfallmengen zu reduzieren und die darin enthaltenen Schadstoffe den Kreisläufen zu entziehen. Die entstehende Wärme lässt sich zugleich zur Stromerzeugung nutzen oder in Fernwärmenetze einspeisen. Deshalb sind viele Müllverbrennungsanlagen als Kraftwerke oder Heizkraftwerke ausgelegt (Abb. 1 und 2).

Am Ende einer thermischen Abfallbehandlung sollen alle Reststoffe oxidiert und mineralisiert sein. Dazu müssen die giftigen und problematischen Inhaltsstoffe, z. B. Fluor, Chlor, Schwefel und Schwermetalle sowie deren Verbindungen, freigesetzt und anschließend aus den Abgasen abgeschieden werden. Zudem entstehen während und nach dem Verbrennungsprozess neue Schadstoffe wie Stickoxide oder Dioxine, die ebenfalls eliminiert werden müssen. Schließlich sollen die im Prozess anfallenden Reststoffe so beschaffen sein oder aufbereitet werden, dass sie verwertbar sind.

Feuerungssysteme für die Verbrennung

Technisch kommen verschiedene Feuerungsarten in Betracht (→ Feuerungsanlagen). Besonders für Hausmüll sind Rostfeuerungsanlagen verbreitet. Sie sind sehr robust, eignen sich allerdings für feinkörnige und flüssige Abfälle nicht so gut. Die Wirbelschichtfeuerung dagegen hat mit feinkörnigen Reststoffen wie Klärschlamm keine Probleme. Ferner können die Abgase durch Zugabe von Kalk direkt gereinigt werden. Sie ist allerdings weniger robust. Gerade darin zeichnet sich der Drehrohrofen besonders aus, weshalb er für alle anfallenden Abfälle geeignet ist und selbst schlechteste Qualitäten akzeptiert. Er besteht aus einem leicht geneigten und sich drehenden feuerfest ausgekleideten Rohr, dessen Durchmesser bis über 4 m betragen kann. Beim Durchwandern des Rohres wird der Brennstoff ständig umgewendet. Drehrohröfen dienen häufig zur Verbrennung von Sondermüll. Für spezielle Aufgaben, z. B. Verbrennen flüssiger Reststoffe in der chemischen Industrie, verwendet man Muffelöfen, die indirekt beheizt werden. In fossil oder elektrisch betriebenen Schmelzöfen werden kontaminierte Reststoffe wie Galvanikschlämme verbrannt.

Im Prinzip könnten Abfälle, außer in eigens dafür ausgelegten Müllverbrennungsanlagen, auch in Kraftwerken, Industriefeuerungen oder Zementöfen verbrannt werden, wenn sie für die Reinigung der Rauchgase entsprechend ausgerüstet sind. Speziell in Drehrohröfen der Zementindustrie werden von Altreifen bis Altölen viele verschiedene Reststoffe verbrannt, hochtoxische Chemikalien eingeschlossen. Hohe Verweilzeiten von wenigstens 3 s bei Verbrennungstemperaturen über 1200 °C und die stark basischen Verhältnisse erlauben die Behandlung schadstoffbelasteter Abfälle. Die verbleibenden Substanzen wie Schwermetalle oder Chlor werden in den Zementklinker eingebunden.

Im Gegensatz zur Verbrennung laufen Verfahren wie die Verschwelung und Vergasung unter Ausschluss von Sauerstoff ab.

Pyrolyse und Schwel-Brenn-Verfahren ❸

Kernstück der Pyrolyse ist eine rotierende, beheizte Schweltrommel. Der zerkleinerte Müll wird unter Luftabschluss auf 400 °C – 700 °C erhitzt. Dabei zersetzt er sich in Schwelgas und Feststoffe. Das Schwelgas ist nach seiner Zusammensetzung ein Biogas, (allerdings mit Schadstoffen belastet) mit dem z. B. ein Blockheizkraftwerk betrieben werden kann. Die gasförmigen Schadstoffe müssen dann über die Rauchgasreinigung abgeschieden werden. Jene Feststoffe, die sich nicht verwerten oder aufbereiten lassen, kommen auf die Deponie.

Das Schwel-Brenn-Verfahren kombiniert die Verschwelung mit einer nachgeschalteten Hochtemperaturverbrennung (Abb. 3). In der Konversionstrommel entsteht aus dem Müll ein energiereiches Gas, das unmittelbar in Wärme und Strom umgewandelt werden kann, und ein Reststoff. Der grobe Anteil enthält vor allem Metalle sowie Glas, Steine und Keramik, welche ebenfalls direkt verwertbar sind. Die verbleibende Feinfraktion enthält den gesamten festen Kohlenstoff, sie wird bei Temperaturen von rund 1300 °C verbrannt. Dabei werden alle organischen Schadstoffe zerstört. Die mineralischen Bestandteile laufen als flüssige Schlacke aus, die beispielsweise im Straßenbau verwendbar ist. Beim Abkühlen der Rauchgase auf rund 230 °C wird Wärme frei, mit der sich Dampf erzeugen und eine Dampfturbine antreiben lässt. Die Rauchgase können wie bei der Müllverbrennung gereinigt werden, indem man Elektrofilter, Nasswäscher, katalytische Entstickung und Flugstromreaktor kombiniert. Die entstehenden Schlämme und Rückstände sind als Sondermüll zu deponieren.

Pyrolyse und vor allem Schwel-Brenn-Verfahren sind flexibler als die herkömmliche Müllverbrennung, wenn die Abfälle von stark wechselnder Zusammensetzung sind und viel Wasser enthalten. Zudem fällt weniger Staub an.

❶ Aufbau einer Müllverbrennungsanlage mit Stromerzeugung

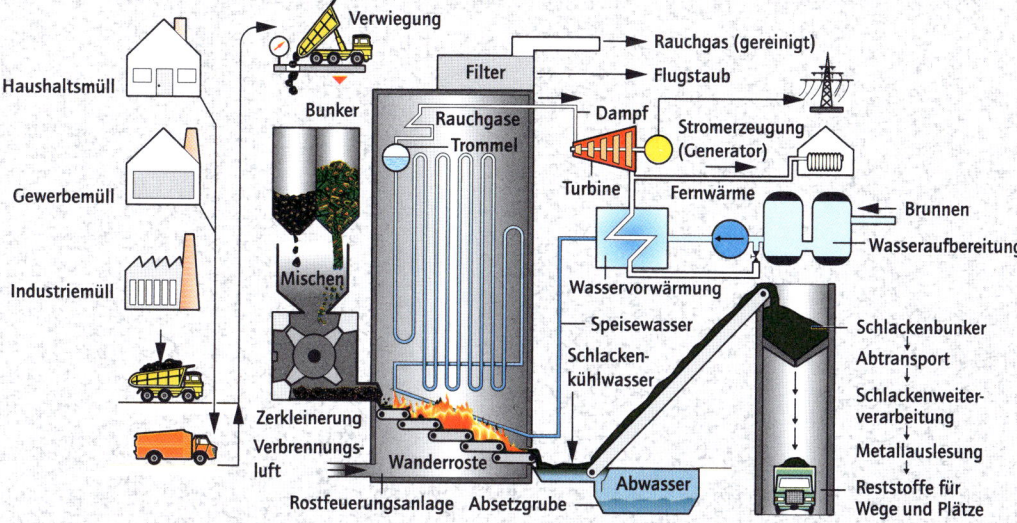

Haushaltsmüll

Gewerbemüll

Industriemüll

Verwiegung

Bunker

Mischen

Zerkleinerung

Verbrennungsluft

Rostfeuerungsanlage

Wanderroste

Absetzgrube

Rauchgase

Trommel

Filter

Dampf

Turbine

Rauchgas (gereinigt)

Flugstaub

Stromerzeugung (Generator)

Fernwärme

Brunnen

Wasseraufbereitung

Wasservorwärmung

Speisewasser

Schlackenkühlwasser

Abwasser

Schlackenbunker

Abtransport

Schlackenweiterverarbeitung

Metallauslesung

Reststoffe für Wege und Plätze

❷ Müllverbrennungsanlage

❸ Verfahrensschaubild der Schwel-Brenn-Anlage

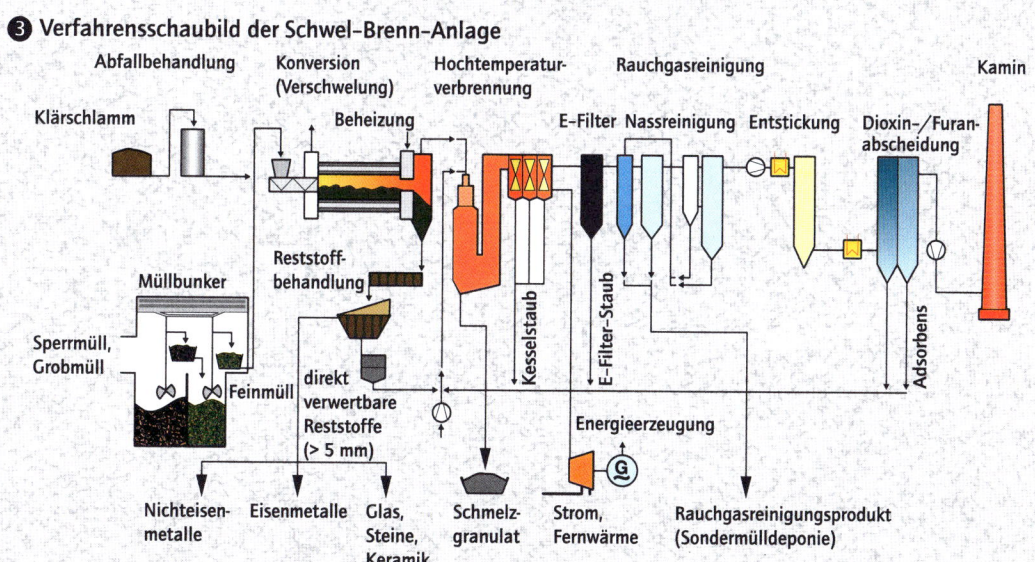

Abfallbehandlung

Konversion (Verschwelung)

Hochtemperaturverbrennung

Rauchgasreinigung

Kamin

Klärschlamm

Beheizung

E-Filter

Nassreinigung

Entstickung

Dioxin-/Furanabscheidung

Müllbunker

Reststoffbehandlung

Sperrmüll, Grobmüll

Feinmüll

direkt verwertbare Reststoffe (> 5 mm)

Kesselstaub

E-Filter-Staub

Adsorbens

Energieerzeugung

Nichteisenmetalle

Eisenmetalle

Glas, Steine, Keramik

Schmelzgranulat

Strom, Fernwärme

Rauchgasreinigungsprodukt (Sondermülldeponie)

Beim werkstofflichen Recycling bleibt die chemische Struktur der Werkstoffe vollständig erhalten; man spricht daher auch vom materiellen Recycling. Es geht also stets darum, die anfallenden Kunststoffabfälle geeignet in den Produktionskreislauf einzubinden und Kunststofferzeugnisse daraus herzustellen, wofür erst Granulate hergestellt werden (Abb. 1).

Werkstoffliches Recycling lässt sich problemlos mit Produktionsabfällen praktizieren, da sie sortenrein anfallen. Meist genügt hier Zerkleinern und erneutes Aufschmelzen. Ganz anders sieht es dagegen mit dem eigentlichen Kunststoffmüll aus, der in der Regel aus einem Gemisch verschiedener Sorten besteht und verschmutzt ist. Zusätzlich können sich die Materialeigenschaften durch unbekannte chemische und physikalische Einflüsse während des Gebrauchs verändert haben. Eine werkstoffliche Verwertung führt deshalb nicht unbedingt zu qualitativ ähnlichen Erzeugnissen wie die Ausgangsprodukte. Über mehrere Gebrauchszyklen kann diese Form des Recyclings schnell zum „Downcycling" werden, d.h. einer steten Verschlechterung der Sekundärrohstoffe. Daraus noch herstellbare Produkte wie Parkbänke oder Kunststoffleisten kann der Markt nicht unbegrenzt aufnehmen.

Sortier- und Trenntechniken ❷

Der Schlüssel für eine optimale werkstoffliche Verwertung liegt im Zustand des Materials. Daher empfiehlt es sich, wann immer möglich, organisierte Systeme zur Rücknahme einzurichten. Nach technischem Aufwand für die Verwertung unterscheidet man drei Gruppen von Altkunststoffen:

• Sortenreine Produktionsabfälle sind handelstypspezifisch, d.h., sie sind definiert bis hin zur speziellen Sorte eines Herstellers. Waschen, Sortieren und Trocknen sind in der Regel nicht nötig.

• Sortenähnliche Gewerbeabfälle aus Industrie und Gewerbe entsprechen bestimmten Produktgruppen wie z.B. Polyethylen (PE), Polypropylen (PP) oder Polyvinylchlorid (PVC). Da diese Abfälle oft verschmutzt sind, kann man hier meist nur auf das Trennen verzichten.

• Bei den heterogenen und stark verdreckten Abfällen aus dem Konsumbereich wie dem Hausmüll sind viele Verfahrensschritte wie Trennen (Abb. 2) und Waschen nötig, um daraus sortenähnliche Granulate zu erhalten. Beim Verzicht darauf können die vermischten Altkunststoffe nur zu einfachen Formteilen umgeschmolzen werden.

Es gibt zwei Klassen von Verfahren zum Trennen

und Sortieren der Abfälle. Die Makrotrennung unterscheidet die Produkte, sortiert also z.B. Flaschen, Becher und andere Formen nach der Gestalt, sei es über Bildverarbeitung oder manuell. Auch optische Methoden kommen zum Einsatz, ebenso wie Drehteller und Bänder, die Schwer- und Zentrifugalkräfte für diesen Zweck nutzen. Die zweite Klasse hingegen sortiert erst die aufgemahlenen Produkte. Diese Mikrotrennung ist deutlich effektiver als die Makrotrennung, aber auch apparativ aufwendiger. Eine ganze Reihe von physikalischen Trennmethoden kommen zum Einsatz oder sind im Versuchsstadium. So kann man nach der Dichte klassieren, sei es mit Hydrozyklonen, d.h. Zyklonen (→ Luftreinhaltung durch Abscheider) für Flüssigkeiten, oder in Schwimm-Sink-Behältern. Auch die Geometrie (Größe) kann als Trennparameter dienen, z.B. bei Windsichtern, bei denen ein vertikal nach oben geleiteter Luftstrom alle Teilchen mit sich fortführt, deren Fallgeschwindigkeit kleiner als die Aufwärtsgeschwindigkeit der Sichtluft ist.

Verfahrensablauf ❸

Beim materiellen Recycling (Abb. 3) verschmutzter und vermischter Kunststoffabfälle wird der Abfall von Vorzerkleinerern und Schneidmühlen zerstückelt. Mit Sieben lässt sich die gewünschte Größe einstellen, z.B. Stücke von 10 mm. Diese kommen dann zum Waschen in ein Trommelsieb und durchlaufen eine Waschstrecke. Anschließend werden die Stücke nochmals zerkleinert. In der ersten Trennstufe wird weiterer Schmutz durch Scherkräfte beseitigt. Im Schwimm-Sink-Scheider werden die Polyolefine (Gemische von Kohlenwasserstoffen) von der absinkenden Schwerfraktion getrennt. Diese enthält vor allem Polystyrol (PS), PVC und weitere Verunreinigungen. Die Polyolefinfraktion wird danach getrocknet und granuliert, die Schwerfraktion im Hydrozyklon in eine PS- und eine PVC-Fraktion separiert. Nahezu sortenreine Fraktionen sind das Resultat.

Recycling von Duromeren

Verwertung durch Umschmelzen scheidet für Duromere (→ Kunststoffe) aus, da es vernetzte und nicht thermoplastisch verformbare Kunststoffe sind. Im Prinzip lassen sich Bauteile aus glasfaserverstärkten Duromeren aufmahlen und der Neuproduktion anteilig zuschlagen. Polyurethane können fein gemahlen als Rezyklat anteilig in der Herstellung wieder verwendet oder als Partikel mit einem Bindemittel zu Folien und Platten verarbeitet werden.

❶ Endprodukt der Altkunststoffverwertung

Telefongehäuse aus Kunststoffgranulat

❷ Prinzip einer Sortieranlage für Abfälle aus dem »gelben Sack«

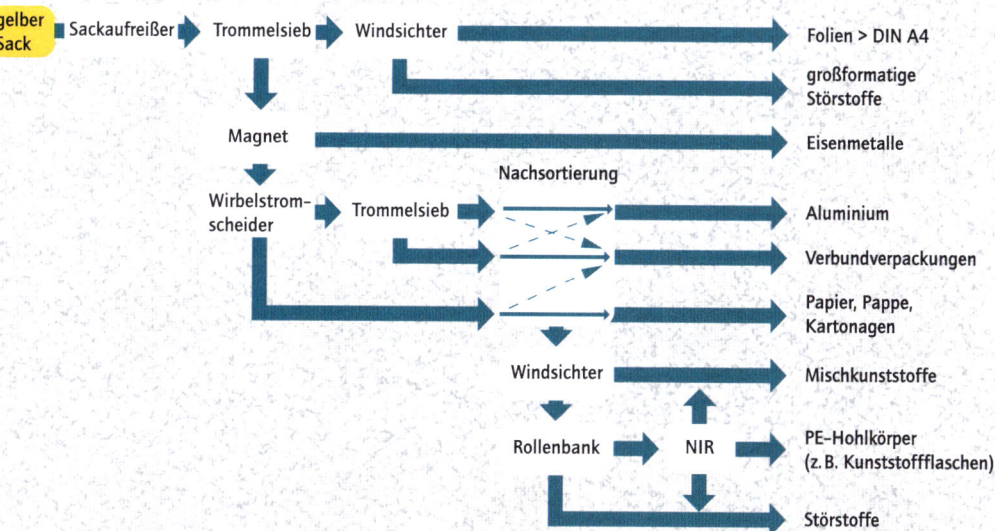

❸ Schema einer werkstofflichen Altkunststoffaufbereitung

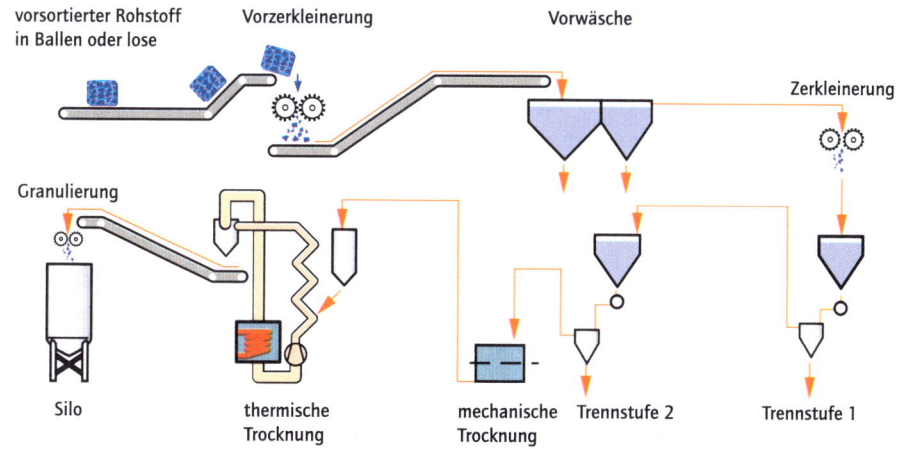

Während das werkstoffliche Recycling von Kunst-stoffen ein physikalisches Verfahren ist, handelt es sich beim rohstofflichen um ein chemisches Verfah-ren. Im Gegensatz zur thermischen Verwertung (Verbrennen mit energetischer Nutzung) ist es aber dennoch eine stoffliche Verwertung. Es verwandelt hochmolekulare Kunststoffabfälle in niedermoleku-lare Stoffe, die erneut in die Synthesewege der Che-mie eingeführt werden können. Dies ist besonders interessant für sehr inhomogene und stark ver-schmutzte Kunststoffabfälle.

Unter den zahlreichen Verfahren ragen zwei Klassen heraus:

• Petrochemische Verfahren spalten Polymere sta-tistisch zu niedermolekularen Produkten (einer Mi-schung aus verschiedenen und unterschiedlich lan-gen Kettenmolekülen) die als Gase oder Flüssigkei-ten anfallen. Aus ihnen lassen sich dann entweder Monomere herstellen, oder sie dienen als Sekun-därrohstoffe in der Petrochemie.

• Solvolytische Verfahren dienen dagegen zur ge-zielten Rückspaltung in niedermolekulare Stoffe. Sie können aufgearbeitet und erneut polymerisiert werden, fließen also wieder in die Herstellung von Kunststoffen ein.

Aus der Petrochemie bekannte Verfahren wer-den vor allem bei Polyolefinen verwendet, der Menge nach die wichtigste Gruppe. Die Wahl der Aufbereitung hängt davon ab, wie der Altkunststoff danach als Sekundärrohstoff genutzt werden soll. Bei den meisten Verfahren sorgt dabei die Zufuhr von Wärme für das Aufbrechen der Bindungen in den Polymerbindungen.

Petrochemische Verfahren ❶ ❷

In der Pyrolyse wird organisches Material weitge-hend unter Luftabschluss zersetzt. Es gibt eine ganze Reihe solcher Verfahren zum Verschwelen oder Verkoken, unterschieden vor allem nach dem Temperaturbereich und den Produkten, die als Aus-gangsstoffe dienen bzw. am Ende entstehen. Das gängigste Verfahren ist die Pyrolyse in einem Dreh-rohrofen bei Temperaturen von 400–700 °C (→ ther-mische Abfallbehandlung). Die Pyrolyse eignet sich für Thermoplaste, Duromere und Elastomere. Die Kunststoffabfälle dürfen vermischt und ver-schmutzt sein (Abb. 1). Der Rohstoff wird bei der Umsetzung in vier Produktfraktionen (Gase, Öle, Teere und Koks) zerlegt.

Bei der Hydrierung werden Kohlenstoffbindun-gen bei hohen Temperaturen und Drücken in einer Wasserstoffatmosphäre gespalten. Die entstehen-den Spaltprodukte sind reaktiv und werden bei An-lagerung von Wasserstoff durch Hydrierreaktionen abgesättigt. Die entstehenden stabilen Moleküle sind wie Benzin oder Mittelöle einsetzbar.

Ein Verfahren, das auf der klassischen Kohlever-flüssigung aufbaut, arbeitet vereinfacht wie folgt (Abb. 2): Das Gemisch aus Kunststoffabfall, Vaku-umrückstandsöl aus der Erdölverarbeitung und Ad-ditiven wird auf 300 bar verdichtet und ca. 490 °C aufgeheizt. Dann werden erhitzter Wasserstoff und Kreislaufgas sowie Neutralisationsmittel für die entstehende Salzsäure vor der Hydrierung zuge-mischt. Die erste Hydrierstufe enthält drei in Reihe angeordnete Sumpfphasenreaktoren. Das Produkt des Letzten kommt in einen Heißabscheider, der es in die gasförmigen, flüssigen und festen Bestand-teile auftrennt. Vakuumdestillation fraktioniert flüssige Phase und Feststoffe in das Vakuumgasöl und den festen Hydrierrückstand. Die gasförmige Fraktion des Heißabscheiders und das in den Kreis-lauf zurückgeführte Vakuumgasöl werden durch katalytische Gasphasenhydrierung in Flüssigpro-dukte verwandelt, die anschließend vom Restgas getrennt und stabilisiert werden. Die entstandenen synthetischen Öle (Syncrude) können in Raffine-rien weiterverarbeitet werden.

Solvolytische Verfahren

Technische Kunststoffe wie Polyester, Polyamide oder Polyurethane lassen sich durch Einwirkung von Chemikalien hoch selektiv zu niedermolekula-ren Stoffen (meist Monomere) spalten. Je nach den benutzten Spaltchemikalien unterscheidet man ver-schiedene Typen: Hydrolyse (Wasser), Alkoholyse (Methanolyse einwertiger Alkohole, Glykolyse mehrwertiger Alkohole) und Acidolyse (Säure).

Hochofenprozess ❸

Einen dritten stofflichen Verwertungsweg bietet der Hochofen (Abb. 3). Dem Eisenerz wird durch Re-duktion bei Reaktion mit einem Gas, das reduzie-rende Verbindungen wie Wasserstoff enthält, Sauer-stoff entzogen. Meist erzeugt man das Reduktions-gas aus Koks oder Öl, aber auch Kunststoffabfälle lassen sich dabei einsetzen. Sie werden dem Hoch-ofen von unten zugeführt. Bei Temperaturen von mehr als 2000 °C entsteht ein Synthesegas. Im Auf-steigen reduzieren dessen Bestandteile Wasserstoff und Kohlenmonoxid das Eisenerz. Die noch ver-bleibenden brennbaren Anteile werden nach Ver-lassen des Hochofens thermisch genutzt. Anders als bei der reinen Verbrennung nutzt die Reduktion rund die Hälfte des Energieinhalts als chemische Energie.

❶ Petrochemische Altkunststoffumwandlung

ⓐ Grundstoff: gemischte, ungewaschene, kompaktierte Altkunststoffe

ⓑ Pilotanlage

❷ Verfahrensfließbild einer Hydrierung

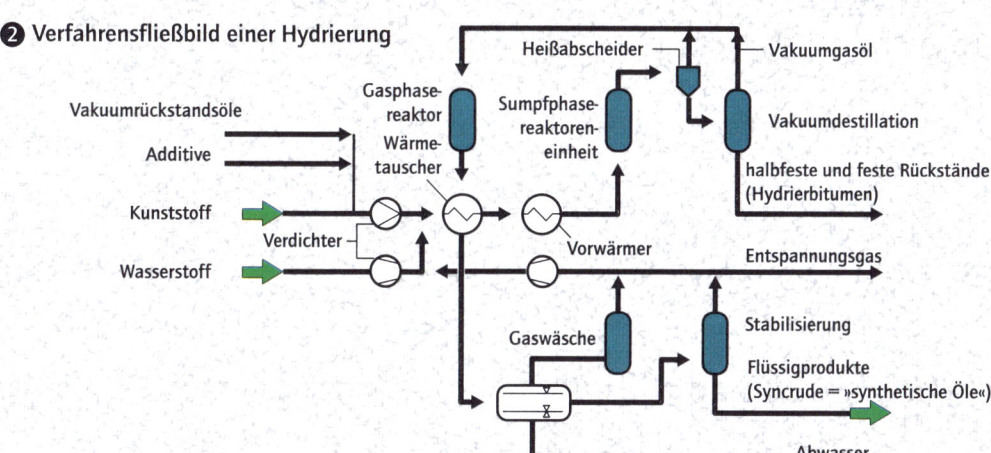

❸ Chemie des Hochofenprozesses bei Einsatz von Kunststoffen als Zusatzreduktionsmittel

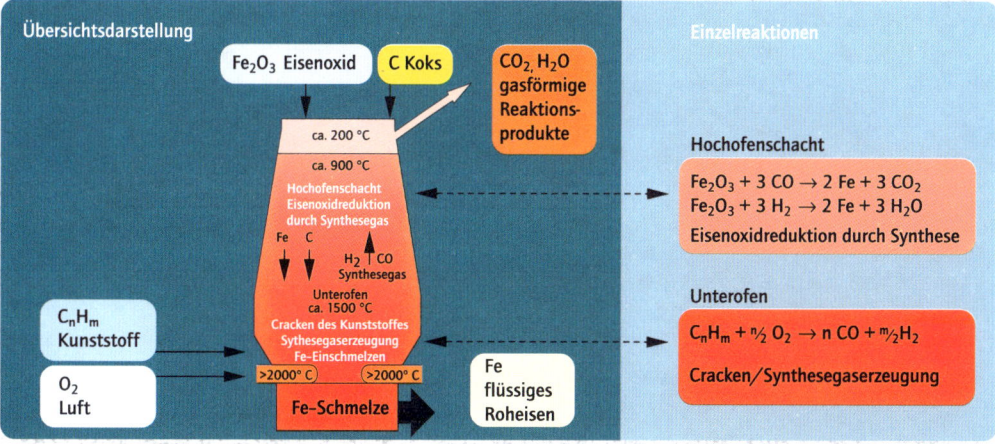

Übersichtsdarstellung

Fe$_2$O$_3$ Eisenoxid   C Koks   CO$_2$, H$_2$O gasförmige Reaktionsprodukte

ca. 200 °C
ca. 900 °C
Hochofenschacht
Eisenoxidreduktion durch Synthesegas
Fe C
H$_2$ ↑ CO Synthesegas
Unterofen ca. 1500 °C
Cracken des Kunststoffes
Sythesegaserzeugung
Fe-Einschmelzen
>2000° C   >2000° C
Fe-Schmelze

C$_n$H$_m$ Kunststoff

O$_2$ Luft

Fe flüssiges Roheisen

Einzelreaktionen

Hochofenschacht

Fe$_2$O$_3$ + 3 CO → 2 Fe + 3 CO$_2$
Fe$_2$O$_3$ + 3 H$_2$ → 2 Fe + 3 H$_2$O

Eisenoxidreduktion durch Synthese

Unterofen

C$_n$H$_m$ + $\frac{n}{2}$ O$_2$ → n CO + $\frac{m}{2}$ H$_2$

Cracken/Synthesegaserzeugung

Abwässer müssen gereinigt werden, bevor man sie in offene Gewässer einleiten kann. Auf welche Weise das geschieht und wie die Kläranlagen auszulegen sind, das hängt von der Art der Abwässer ab. Hausabwässer sind vor allem mit organischen Verschmutzungen und gelösten Stoffen belastet. Abwässer aus Industrie und Gewerbe sind dagegen gewöhnlich zwar stark, aber einseitig verschmutzt, z.B., je nach Art des Betriebes, mit mineralischen Stoffen oder organischen Substanzen. Säuren und Laugen treten ebenso auf wie hohe Temperaturen und Färbungen. Kommunales Abwasser ist eine undefinierte Mischung aus Haus- und Industrieabwasser. Durch die unterschiedliche Zusammensetzung kann eine Klärung eventuell schwieriger sein als bei einem hochgiftigen Industrieabwasser, dessen Beschaffenheit man genau kennt.

Kläranlagen ❶ ❷ ❸

Abwasser transportiert Schmutz von ganz unterschiedlicher Beschaffenheit. Man muss also verschiedene Techniken kombinieren, um ihn möglichst umfassend zu entfernen. Dazu durchläuft der Abwasserstrom mehrere Stufen, in denen die verschiedenen Inhaltsstoffe entfernt werden (Abb. 1). Eine Kläranlage unterteilt sich meist in folgende Reinigungsstufen: mechanische, biologische und eventuell chemische.

Die grobe mechanische Reinigung entfernt die Sperr- und Sinkstoffe. Häufig befinden sich hinter dem Abwasserzulauf Schneckenhebewerke (1), die das Abwasser auf ein höheres Niveau fördern. Von dort läuft es in die Rechenstation, wo Grob- und Feinrechen (3, 4) Sperrstoffe wie Büchsen, Fruchtschalen oder Papier zurückhalten. Schwere Sinkstoffe wie z.B. Sand nimmt der anschließende Sandfang (7) auf. Diesem Becken ist seitlich ein zweites angelagert, wo Fette und Öle abgeschieden werden. Absetzbare Feststoffpartikel wie Speisereste setzen sich dann im Vorklärbecken (26) ab, ebenfalls unter dem Einfluss der Schwerkraft. Dort verweilen die Abwässer etwa anderthalb bis zwei Stunden. Den anfallenden Schlamm (9) fördern Pumpen (11) von dort zur Schlammbehandlung.

Die anschließende biologische Reinigung holt gelöste, organische und nicht absetzbare Schwebstoffe heraus. Mit geeigneten Bakterienstämmen lässt sich das mechanisch gereinigte Abwasser weiter klären. Man unterscheidet dabei zwischen aeroben und anaeroben Reinigungsverfahren, d.h. Verfahren mit oder ohne Sauerstoffzufuhr. Bei der anaeroben Reinigung ist die Abbaugeschwindigkeit wesentlich geringer, allerdings muss kein zu-

sätzlicher Sauerstoff zugeführt werden. In beiden Fällen werden hochmolekulare Stoffe in niedermolekulare wie Wasser und Kohlendioxid umgewandelt. Dabei lassen sich gelöste Stoffe wie Zucker oder Harn abbauen. Auch Krankheitserreger werden in biologischen Reinigungsanlagen weitgehend entfernt, vollständig abgetötet aber nur bei Zusatz von Entkeimungsmitteln. Beim Belebtschlammverfahren (36) wird das Abwasser mit Bakterienschlamm versetzt, der durch Gebläse belüftet wird und im Nachklärbecken (33; Abb. 2) sedimentiert. Eine Alternative zum Belebtschlammbecken sind hohe geschlossene Tanks (Abb. 3), in denen über spezielle Injektoren feinste Luftbläschen erzeugt und dem mit aeroben Bakterien versetztem Abwasser zugeführt werden. Vorteile sind der geringere Platzbedarf, die geringere Geruchsbelästigung und die bessere Umsetzung.

Bei der Schlammbehandlung wird der in den Absetzbecken (Vor- (26) und Nachklärbecken (33)) anfallende Schlamm voreingedickt (13) und im Faulturm (16) bei etwa 35 °C durch anaerobe Bakterien ausgefault. Das dabei anfallende Faulgas (etwa 65 % Methan und 35 % Kohlendioxid) lässt sich z.B. zum Beheizen der Faulräume verwenden. Man kann es aber auch in eine Gasversorgung einspeisen oder über einen Gasmotor Strom damit erzeugen. Der verbleibende Faulschlamm wird unter Luftabschluss bei ca. 200 °C und 20 bar konditioniert und dann nochmals eingedickt (21), bevor er gepresst (19) wird. Derzeit werden 60 % des Klärschlamms auf Mülldeponien gelagert, 25 % als Dünger in der Landwirtschaft eingesetzt und der Rest verbrannt.

Industrielle Abwässer

Die Reinigung industrieller Abwässer kann je nach Art und Grad der Verunreinigung zusätzliche Reinigungsstufen erforderlich machen. Hier kommen chemische Fällungs- und Flockungsmittel zum Einsatz sowie Neutralisationsmittel, um allzu saure und zu stark basische Abwässer zu neutralisieren. Industrieabwässer, die giftige Substanzen enthalten, müssen vor dem Einleiten in eine biologische Kläranlage entgiftet werden, da sie sonst die Bakterien ausschalten würden. Hierfür kommen chemische Umsetzungen infrage sowie die Entgiftung mittels Ionenaustauschern.

Neben die klassischen Reinigungsverfahren ist bei Produktionsabwässern in den letzten Jahren verstärkt die Wiederaufbereitung getreten. Dafür sind Umkehrosmose und Ionenaustauscher ebenso einsetzbar wie Mikro- und Ultrafiltration.

❶ Aufbau einer Kläranlage

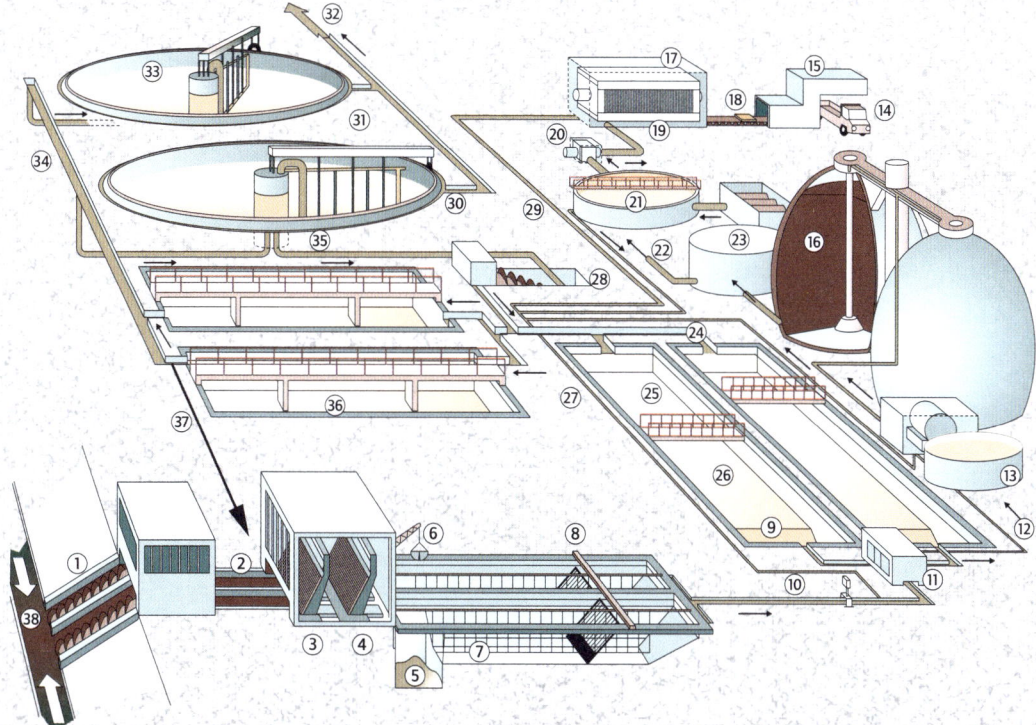

① Förderschnecke	⑭ Trockengutverladung	㉗ Überschussschlamm
② Einlaufhebewerk	⑮ Zerkleinerer	㉘ Rücklaufschlammhebewerk
③ Grobrechen	⑯ Faulbehälter	㉙ Filtrat- u. Restwasserrücklauf
④ Feinrechen	⑰ Schlammentwässerung	㉚ Ablaufrinne
⑤ Sandgrube	⑱ Filterkuchen	㉛ Rundräumer
⑥ Sand	⑲ Filterpresse	㉜ Ablauf
⑦ Sandfang mit Belüftung	⑳ Hochdruckpumpe	㉝ Nachklärbecken
⑧ Sandräumer	㉑ Nacheindicker	㉞ Verteiler
⑨ Schlammsammelraum	㉒ Heizgas	㉟ Rücklaufschlammleitung
⑩ Ablauf zur Vorklärung	㉓ Gasbehälter (Methan)	㊱ Belebungsbecken
⑪ Schlammpumpwerk	㉔ Ablauf	㊲ Belebtschlammrücklauf
⑫ Schlamm	㉕ Räumer	㊳ Rohabwasser
⑬ Voreindicker	㉖ Vorklärbecken	

❷ Klärbecken

❸ Bioreaktoren zur Abwasserreinigung

Kunststoffe sind aus organischen Verbindungen (Basiselement Kohlenstoff) bestehende Werkstoffe. Als Ausgangsstoffe dienen Erdöl, Erdgas oder Kohle. Durch verschiedene Verfahren werden aus einfachen Molekülen langkettige Moleküle (**Makromoleküle**) mit verschiedenartigen Strukturen aufgebaut. Je nach Stuktur unterscheidet man die drei Kunststoffarten: Duroplaste, Thermoplaste und Elastomere.

Zu den wichtigsten Eigenschaften zählen: geringe Dichte (0,9–2,0 kg/dm³), geringe Wärmeleitfähigkeit, sehr gute chemische Beständigkeit und, dass sie elektrische Isoliereigenschaften aufweisen.

Kunststoffarten ❶

Duroplaste bestehen aus langfädigen, engmaschig vernetzten Kunststoffmolekülen (Abb. 1 a). Als Ausgangsstoffe dienen meist Epoxid-, Polyurethan- oder Polyesterharze, die bei der Herstellung flüssig oder pulverförmig vorliegen. Unter der Wirkung eines Härters und/oder durch Wärme und Druck verbinden sich die Makromoleküle an vielen Stellen. Beim Aushärten entsteht ein engmaschiges Netz (**Duro = Hart**). Duroplaste lassen sich durch Erwärmen nicht mehr erweichen, sondern zersetzen sich ab einer bestimmten Temperatur. Es entstehen reine oder im Verbund mit anderen Stoffen (Glas-, Kohlefaser) sehr feste und langlebige Produkte. Es werden z.B. Boote, Gehäuse und Karosserieteile aus glasfaserverstärktem Kunststoff (GFK) hergestellt. Besonders feste Verbindungen, die die Festigkeit von Stählen erreichen, werden aus carbonverstärktem Kunststoff hergestellt (z.B. Kolbenpleuel für Rennwagen; → Verbundwerkstoffe).

Thermoplaste sind Kunststoffe, die ebenfalls aus sehr langen Molekülketten bestehen, aber gegenseitig keine Verbindungen und Vernetzungen eingehen (Abb. 1 b). Bei normalen Temperaturen sind die Moleküle sehr eng verschlungen, der Kunststoff ist fest. Über einer bestimmten Temperatur (z.B. bei Polyethylen [PE] über 115 °C) werden die Kunststoffe erst teigig-verformbar und schließlich flüssig. Thermoplaste (**Thermo = Wärme**) lassen sich warm verformen, extrudieren, schweißen, pressen und gießen, wodurch sie kostengünstig zu verarbeiten sind. Weil zudem viele Thermoplaste Eigenschaften für viele verschiedene Verwendungszwecke bieten, stellen sie die meistverwendete Kunststoffart dar.

Elastomere bestehen aus Makromolekülen, die verknäult und an wenigen Stellen miteinander vernetzt sind (Abb. 1 c). Aus diesem Grund sind diese Werkstoffe (z.B. Styrol- und Acryl-Butadien-Gummi, Silikongummi) außergewöhnlich elastisch. Man

kann den Werkstoff um ein Vielfaches seiner Ausgangslänge auseinanderziehen und er zieht sich immer wieder auf das Ausgangsmaß zurück. Dieses Gummiverhalten ändert sich auch nicht bei Erwärmung. Vielen Kunststoffteilen werden Gummianteile zugemischt, um sie weniger zerbrechlich (schlagzäher) zu machen (z.B. Telefongehäuse aus Polystyrol [PS] mit Butadienanteilen).

Verarbeitungsverfahren ❷ ❸

Thermoplaste werden in rein physikalischen Verfahren verarbeitet (Abb. 2). Das Formteil (Produkt) wird allein durch Umformen und Erstarren von zuvor aufgeschmolzenem Kunststoffgranulat oder -pulver hergestellt. Das Granulat oder Pulver wird in einem Extruder, der mit einer regelbarer Heizung versehen ist, aufgeschmolzen. Durch Dreh- und/oder Vorwärtsbewegungen der Extruderschnecke wird der aufgeschmolzene Kunststoff gleichmäßig (kontinuierlich) oder stoßweise (diskontinuierlich) dem weiterverarbeitenden Werkzeug zugeführt. Die wichtigsten weiterverarbeitenden Verfahren sind: Extrusion, Spritzgießen, Hohlkörperblasen, Folienblasen und Pressen. Bei der **Extrusion** wird die Kunststoffschmelze gleichmäßig durch ein Werkzeug mit formgebender Öffnung gedrückt. Auf diese Art werden z.B. Rohre, Profile oder Stäbe hergestellt (Abb. 3). Beim **Spritzgießen** wird die Kunststoffschmelze unter hohem Druck portionsweise durch eine Düse in ein geschlossenes Werkzeug gespritzt, das zur Formgebung dient. Beim **Hohlkörperblasen** oder **Blasenformen** wird ein zuvor extrudiertes Schlauchstück im plastischen Zustand innerhalb des formgebenden Werkzeuges mithilfe von Druckluft aufgeblasen und gegen die Innenwände gedrückt. Es enstehen so Hohlkörper wie Flaschen oder Kanister. Zur Herstellung von Schlauchfolien, die zu Beuteln oder Folien weiterverarbeitet werden können, dient das **Folienblasen**. Dabei wird die Kunststoffschmelze kontinuierlich durch eine im Werkzeug befindliche Ringdüse gedrückt. Aus dem Werkzeug strömende Druckluft bläst den dünnwandigen Schlauch auf. Beim **Pressen** wird die Kunststoffschmelze portionsweise in ein Presswerkzeug gespritzt, wo sie unter hohem Druck geformt wird. Pressen dient zur Herstellung großflächiger, oftmals mit Matten oder Vliese verstärkter Teile. Neben diesen Verfahren sind noch das **Kandalieren** (Herstellung von Folien aus plastischem Kunststoff durch Walzen) und das **Schäumen** (Einbringen von Luftteilchen in den Kunststoff) von großer Bedeutung.

❶ Molekülstruktur verschiedener Kunststoffarten

Struktur: engmaschig vernetzt · Struktur: unvernetzt · Struktur: weitmaschig vernetzt

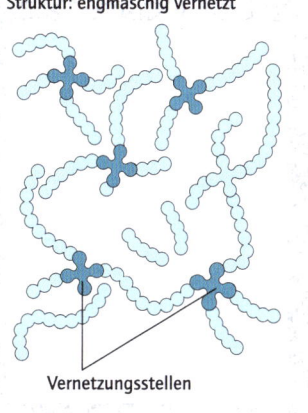

Vernetzungsstellen · fadenförmige Makromoleküle · Vernetzungsstellen

ⓐ Duroplaste · ⓑ Thermoplaste · ⓒ Elastomere

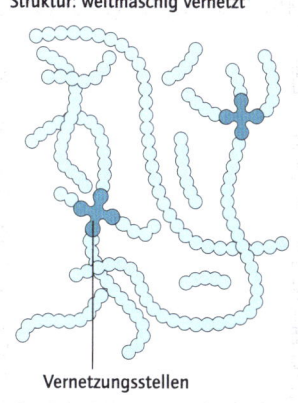

❷ Grundschema verschiedener Kunststoffverarbeitungsverfahren

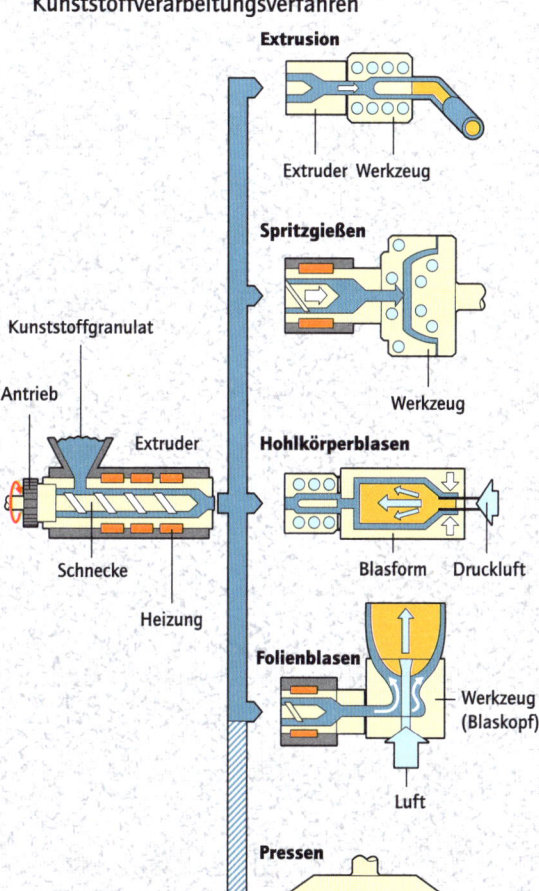

Extrusion

Extruder · Werkzeug

Spritzgießen

Werkzeug

Kunststoffgranulat

Antrieb

Extruder

Hohlkörperblasen

Schnecke · Blasform · Druckluft

Heizung

Folienblasen

Werkzeug (Blaskopf)

Luft

Pressen

❸ Extrusion von Kunststoffstäben

Da sich viele konventionelle Kunststoffe durch Deponierung oder Verbrennung nur problematisch entsorgen lassen und sie nur beschränkt recycelbar sind, gewinnen so genannte Biokunststoffe zunehmend an Bedeutung. Dahinter verbirgt sich zweierlei: Einerseits fallen biologisch abbaubare oder kompostierbare Kunststoffe unter diesen Oberbegriff; andererseits sind damit polymere Werkstoffe gemeint, die nicht aus Erdölprodukten, sondern auf der Basis nachwachsender Rohstoffe hergestellt werden.

Biologisch abbaubare Kunststoffe ❶ ❷ ❸

Beim biologischen Abbau werden die Molekülketten dieser Kunststoffe durch Bakterien, Pilze, Hefen oder Algen gespalten und vollständig zu Kohlendioxid, Wasser und Methan (CO_2, H_2O und CH_4) umgesetzt. Diese Vorgänge sollen nicht länger als etwa ein Jahr dauern. Für Produkte, die zudem als kompostierbar gelten, darf die Zeit des Abbaus nicht die Dauer des Kompostiervorganges überschreiten. Im weiteren Sinne zählt man auch den photochemischen Abbau durch Licht (UV-Strahlung) zum biologischen Abbau. Entscheidend für den Einsatz ist, dass der Abbau nicht schon während des normalen Gebrauchs abläuft, es sei denn, dies ist ausdrücklich gewünscht (Abb. 1).

Bekannteste Ausgangselemente biologisch abbaubarer Kunststoffe sind aliphatische Polyester, Stärkemassen und regenerierte Cellulose. Sie werden mit konventionellen Verfahren, z.B. durch Extrusion, Blasformen oder Spritzgießen, verarbeitet (→ Kunststoffe). Typisches Produktionsverfahren ist die Extrusion von Thermoplasten; zur Herstellung von Folien wird zudem das Gießverfahren eingesetzt. In ihren mechanischen Eigenschaften lassen sich die biologisch abbaubaren mit den herkömmlichen Kunststoffen vergleichen (Abb. 2). Allerdings sind sie relativ stark für Wasserdampf durchlässig, teilweise sogar wasserlöslich. Zudem ist ihre thermische Stabilität nicht überall ausreichend. Moderne Oberflächenveredelungsverfahren, z.B. das Bedampfen mit Aluminium oder Siliziumoxid, verbessern die Durchlässigkeitseigenschaften. Wichtigste Anwendung, neben dem Hygiene- oder Agrarbereich, sind Verpackungen.

Eine besondere Form der biologisch abbaubaren Kunststoffe sind Polyester auf Milchsäurebasis: Solche Polymere zeigen im Vergleich zu anderen abbaubaren Polymeren eine nur geringe Wasseraufnahme und lassen sich hydrolytisch abbauen. Zudem zeigen sie die mechanischen Eigenschaften typischer Thermoplaste und lassen sich daher mittels herkömmlicher Verfahren verarbeiten. Solche Polymere werden vorwiegend in der Medizin eingesetzt: als Nahtmaterial zum Wundverschluss oder als Material zur Fixierung von Knochen nach Frakturen (z.B. Schrauben, Platten, Stifte).

Produkte aus nachwachsenden Rohstoffen

Unter den Begriff „nachwachsende Rohstoffe" fällt eine Vielzahl land- und forstwirtschaftlicher Rohstoffe, die nicht oder nicht nur für den Nahrungsbereich erzeugt und verwendet werden, wie Cellulose oder Polysaccharide ($C_6H_{10}O_5$)$_n$, z.B. Stärke, Zucker, Öle oder Fette. Aus Stärke gefertigte essbare Verpackungen sind in vielen Bereichen eine Alternative zur Einwegverpackung oder zum Kunststoffeinweggeschirr: Esspapier statt Kunststoffeinlagen für Süßwaren und Gebäck; beschichtete Getränkebecher aus Stärke statt Polystyrolbecher; gebackene Schalen aus Stärke statt Kunststoff- oder Pappschalen für Fastfood.

Bei der Produktion von Geschirr aus Stärke können ähnliche Verfahren eingesetzt werden, wie sie sich bei der Produktion von herkömmlichen Kunststoffprodukten etabliert haben. Ihre mechanischen und physikalischen Eigenschaften lassen sich im wesentlichen mit denen konventioneller Kunststoffe vergleichen. Sie lassen sich auf unterschiedliche Weise entsorgen: Verbrennung, Kompostierung (Abb. 3), Biovergasung und in Zukunft ggf. Weiterverwendung als Tierfutter.

Celluloseacetat ist seit über 40 Jahren als thermoplastischer Kunststoff bekannt. Ausgangsmaterial für Celluloseacetat ist Baumwolllinters, ein Abfallprodukt, das nach dem Entfernen der Baumwollfasern von der Baumwollfruchtkapsel übrigbleibt. Die Celluloseform des so gewonnenen Baumwolllinters führt zu glasklarem Kunststoff. In Nordamerika und in Kanada angepflanzte Kiefernarten liefern eine ähnlich reine Cellulose. Man kann Celluloseacetat damit als einen der ersten Kunststoffe aus nachwachsenden Rohstoffen bezeichnen. Der größte Verbraucher von Celluloseacetat ist die Brillenindustrie: Die meisten Kunststoffbrillengestelle werden aus diesem Material gefertigt. Da Celluloseacetat sehr hautfreundlich ist, wird es ferner auch für die Produktion von Kämmen oder Haarschmuck eingesetzt. Weitere positive Eigenschaften wie hoher Glanz und angenehmer Griff prägen das breite Einsatzspektrum von Celluloseacetat: Sowohl Schraubendrehergriffe als auch Parfumflaconkappen und Verpackungsfolien für Blumen oder Bücher werden aus diesem nachwachsenden Rohstoff hergestellt.

❶ Biologisch abbaubare Pflanzentöpfe

Die Pflanzen können mit Topf eingepflanzt werden.
Nach wenigen Wochen ist der Topf »verschwunden«.

❷ Vergleich der Eigenschaften von biologisch abbaubaren und konventionellen Kunststoffen

Eigenschaften		Copolyester *	Stärke/Copolyester * Stärke – Polyester	PE-LD Lupolen 2410 F **
Reissfestigkeit	–längs (N/mm²)	28,5	16,5	26,0
	–quer (N/mm²)	28,5	10,0	20,0
Reissdehnung	–längs (%)	535	790	250
	–quer (%)	815	650	600
Sauerstoffdurchlässigkeit	(cm³/m²·d·bar)	1530	77	4200
Wasserdurchlässigkeit	(g/m²·d)	330	240	2,2

* biologisch abbaubare Kunststoffe, ** konventionelle Kunststoffe

❸ Abbau einer cellulosehaltigen Folie durch Bakterien, Folienreste nach 3, 7 und 10 Tagen

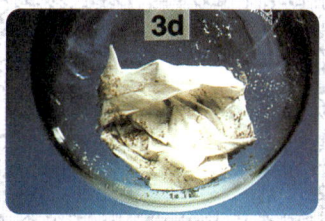

Zu den Keramiken gehören alle nichtmetallischen und anorganischen Werkstoffe. Die Fertigung erfolgt durch Mischen feinkörniger Rohstoffe, Formen zu Gegenständen bei Raumtemperatur und anschließendes Brennen (fachsprachlich Sintern genannt; Abb. 1). Neu entwickelte so genannte Hochleistungskeramiken werden heute zunehmend in der Technik eingesetzt (Abb. 2), wo sie sowohl andere Werkstoffe substituieren als auch völlig neue Einsatzgebiete ermöglichen.

Eigenschaften keramischer Werkstoffe

Zu den wesentlichen Eigenschaften von Keramiken gehört die Druckfestigkeit, der hohe Schmelzpunkt sowie ihre chemische Beständigkeit. Nachteilig ist ihre hohe Sprödheit. Weitere Eigenschaften, z. B. die thermische Leitfähigkeit, werden in besonderem Maße durch die Gefügestruktur bestimmt, die wiederum von der Art der Herstellung abhängt. Von den metallischen Werkstoffen grenzen sich die keramischen durch den Temperaturkoeffizienten des elektrischen Widerstandes ab: Metalle leiten bei höheren Temperaturen immer schlechter, bei Keramiken ist es umgekehrt.

Arten keramischer Werkstoffe

Nach ihrer chemischen Zusammensetzung unterscheidet man drei Gruppen von keramischen Werkstoffen: Oxidkeramik, Silikatkeramik und Nichtoxidkeramik.

Oxidkeramiken bestehen aus Oxiden oder Oxidverbindungen. Typische Vertreter sind die Oxide von Aluminium (Al_2O_3), Zirkonium (ZrO_2), Magnesium (MgO) oder Beryllium (BeO) sowie Titandioxid (TiO_2). Werkstoffe dieser Gruppe sind sehr hart, druckfest, chemisch resistent und elektrisch isolierend.

Silikatkeramiken werden meist aus den drei Rohstoffen Quarz, Ton (Koalin) und Feldspat (SiO_2, Al_2O_3 und K_2O) hergestellt, die einen mehrphasigen Werkstoff, einen Verbund, bilden. Der Grundstoffanteil bestimmt, ob Steingut oder technisches Porzellan entsteht. In den Oxidgemischen müssen dabei möglichst reine Oxide eingesetzt werden. Typische Eigenschaften dieser spröden Werkstoffe sind ihre Beständigkeit gegen Temperaturwechsel und chemisch aggressive Substanzen.

Hartstoffe wie Karbide, Nitride, Boride oder Silizide sind die Nichtoxidkeramiken. Aufgrund der besonderen Bindung ihrer Moleküle zeichnen sie sich durch hohe Schmelztemperaturen, hohen Elastizitätsmodul, hohe Festigkeit und hohe Härte aus. Die meisten dieser Werkstoffe sind chemisch resistent und zeigen hohe thermische und elektrische Leitfähigkeit.

Einsatz technischer Keramik

Aluminiumoxid gilt hinsichtlich seiner technischen Bedeutung heute als die wichtigste Oxidkeramik. Durch Variation des Aluminiumgehaltes lassen sich sowohl die Druckfestigkeit als auch der spezifische elektrische Widerstand und die maximale Einsatztemperatur variieren. Dementsprechend kann man Aluminiumoxide je nach Zusammensetzung für chemisch und mechanisch beanspruchte Teile ebenso einsetzen wie als Isolierstoff oder als medizinisches Implantat. Daher werden Aluminiumoxide heute z. B. sowohl bei der Herstellung von Zündkerzen und Lambdasonden, bei der Beschichtung von Katalysatoren als auch bei der Produktion von Hüftgelenkskugelköpfen oder als Knochenersatz verwendet (Abb. 3). In der Zerspanungstechnik setzt man Aluminiumoxid mit metallischen Zusätzen (→ Verbundwerkstoffe) als Schneidkeramik ein. Diese so genannten Cermets haben den Vorteil, dass sich die Teilchen der keramischen Phasen bis zum Erreichen des Schmelzpunktes weder vergrößern noch auflösen, wie es z. B. bei hartmetallischen Schneiden der Fall ist.

Bereits in den 1980er-Jahren wurden oxidkeramische Supraleiter (in ihnen fließt Strom verlustfrei) entdeckt, deren kritische Temperatur gegenwärtig bis auf 125 K (= -148 °C) erhöht werden konnte.

Siliciumkarbid (SiC) hat sich wegen seiner Härte vor allem als Schleifmittel etabliert. Da es zudem sehr gut wärmeleitend und oxidationsbeständig ist, lässt sich mit seinem Einsatz z. B. im Turbinenbau der thermodynamische Wirkungsgrad durch eine Erhöhung der Turbineneintrittstemperatur erreichen. Aus Siliciumnitrid (Si_3N_4) werden sowohl Ventile und Ventilsitze für Otto- und Dieselmotoren als auch Dichtleisten von Kreiskolbenmotoren (→ Wankelmotor) gefertigt, da sie wegen der hohen Härte nicht durch Reibung verschleißen. Daneben gilt Siliciumnitrid als zukünftiger Werkstoff für die Herstellung bewegter Teile im Bereich der Energietechnik, da es bis 1400 °C einsetzbar ist.

In der Mikroelektronik hat Aluminiumnitrid (AlN) als Keramik große Bedeutung erlangt, da es hohes elektrisches Isolationsvermögen und geringen Wärmeausdehnungskoeffizienten vereint. Damit könnte es das bisher eingesetzte Berylliumoxid (BeO) ersetzen, das wegen seiner Toxizität bei der Herstellung und Entsorgung nicht unbedenklich ist.

❶ Herstellung von Keramikteilen

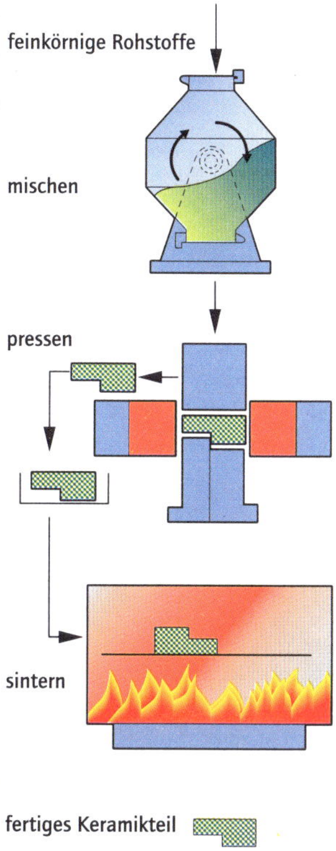

feinkörnige Rohstoffe

mischen

pressen

sintern

fertiges Keramikteil

❷ Einsatzgebiete und Eigenschaften von Hochleistungskeramiken

Keramiken	Einsatzgebiete	Eigenschaften
Mechanokeramik	Schneid-, Schleif- und Gleitmittel, Motoren-, Turbinen-, Maschinen- und Raketenbauteile	Festigkeit, Verschleiß, Gleitung
Reaktorkeramik	Werkstoffe für Teilchenbeschleuniger und Fusionsreaktoren, Brennelemente, Moderatorstäbe, Hüllmaterial	Strahlen-, Korrosions-, Temperatur- beständigkeit
Elektro- und Magnetokeramik	Substrate und Mehrfachschichten von integrierten Schaltkreisen, Sensoren, Varistoren, Kondensatoren, piezoelektronische Filter, Schwingungerzeuger, Magnete	Isolation, Halbleitung, Magnetismus, elektrische Leitung
Chemo- und Biokeramik	Bohrzubehör für Geothermal- explorationen, Bauteile für Kohleverflüssigungs- und Vergasungsreaktoren, chemischer Apparatebau, Filterbauteile, Katalysatorträger, künstlicher Zahnersatz, künstliche Gelenke, Knochen und Gehörknöchelchen	Verträglichkeit, Adsorption, Katalyse, Korrosion
Optokeramik	Kabel, Leuchtröhren, Leuchtdioden	Lichtbündelung, Licht- leitung, Fluoreszenz
Thermokeramik	Elektroden, Wärmetauscher, Hochtemperaturöfen, Tiegel, Brenndüsen, Isolationsbauteile	Wärmeleitung, Wärmedämmung

❸ Verschiedene Hochleistungskeramikteile

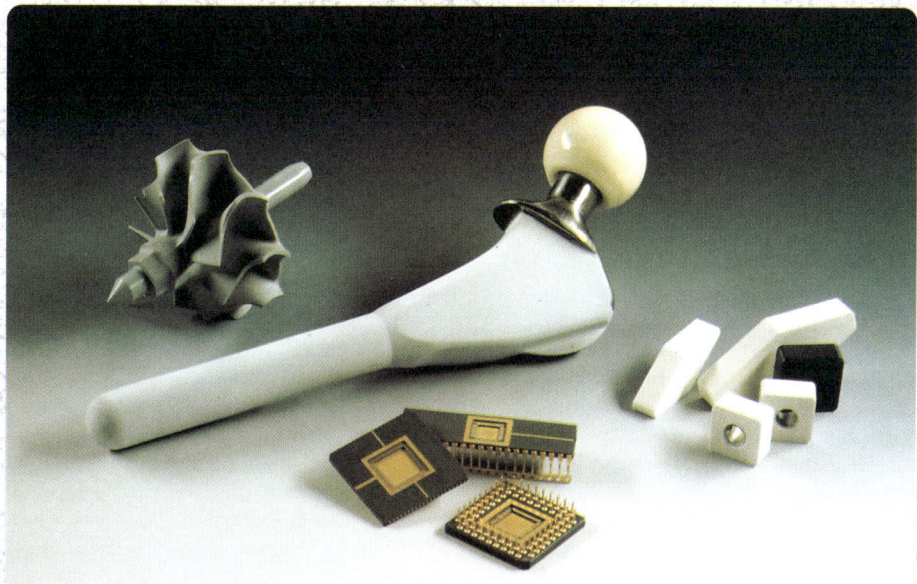

Verwendung für den Knochenersatz sowie die Computer- und Motortechnik

Hochleistungskeramiken 299

Als Verbundwerkstoffe bezeichnet man Werkstoffe aus mindestens zwei Komponenten, die nebeneinander vorliegen, also nicht ineinander gelöst sind. Der Stoff, der den Zusammenhalt des Verbundes sicherstellt, heißt Matrix, der die Festigkeit erhöhende Stoff wird Verstärkungsmaterial genannt. Verbundwerkstoffe lassen sich durch Sintern, Einbettung von Fasern z.B. in Kunststoffe oder Tränken von porösen Körpern herstellen. Bestimmend für ihre Herstellung und Eigenschaften sind die Oberflächenreaktionen der Grenzflächen, d.h. chemische Reaktionen, Adhäsion und Diffusion innerhalb der Oberflächenzone.

Verbundwerkstoffe werden dort eingesetzt, wo das Eigenschaftsprofil konventioneller Werkstoffe den Anforderungen nicht mehr gerecht werden kann. Durch die geeignete Kombination von Einzelstoffen lassen sich Verbundwerkstoffe herstellen, die die positiven Eigenschaften der Einzelstoffe vereinigen und die negativen Eigenschaften möglichst überdecken. So lassen sich Werkstoffe für bestimmte Anforderungen „maßschneidern", z.B. Werkstoffe, die sehr zugfest und dennoch leicht sind, eine hohe Warmfestigkeit oder besondere Oberflächeneigenschaften aufweisen. Nach der Form der im Verbund vorliegenden Stoffe unterscheidet man Faserverbundwerkstoffe, Teilchenverbundstoffe und Schichtverbundwerkstoffe (Abb. 1).

Faserverbundwerkstoffe ❷ ❸

Bei Faserverbundwerkstoffen lassen sich alle Werkstoffgruppen, also Metall, Keramik und Kunststoff, miteinander kombinieren; es muss jedoch berücksichtigt werden, dass Fasern nur in ihrer Längsrichtung verstärkend wirken. Durch die Dichte und Orientierung der Fasern kann man die Werkstoffe und Bauteile ihrem Einsatzbereich anpassen: Teile aus kohlefaserverstärkten Polymeren werden beispielsweise im Airbus (Abb. 2), aber auch für Sportgeräte eingesetzt (Abb. 3). Zunehmende Bedeutung gewinnen Verbundwerkstoffe mit metallischer Matrix, die MMC (engl. metal matrix composites). Als Matrix verwendet man meist, um das Gewicht zu reduzieren, Aluminium- oder Magnesiumlegierungen, die Fasern bestehen aus Keramik. Solche Bauteile sind hochfest und steif, dabei aber sehr leicht. Sie werden in der Luft- und Raumfahrtindustrie, in der Automobiltechnik (z.B. Pleuelstangen oder Bremsscheiben [in der Erprobung]) sowie im Maschinenbau eingesetzt, wo schnellbewegte Komponenten wie Wellen oder Roboterarme verwendet werden. Weitere Anwendungsmöglichkeiten von Leichtmetall-Verbundwerkstoffen mit Aluminium-matrix gibt es für Sportartikel, z.B. Fahrradrahmen für Mountainbikes oder Tennis- und Golfschläger. Neben der metallischen Matrix hat auch die keramische, die glasige bzw. die glaskeramische Matrix an Bedeutung gewonnen. Beispiel eines Verbundwerkstoffs mit keramischer Matrix ist Stahlbeton.

Teilchenverbundwerkstoffe

Hartmetalle und Cermets sind typische Vertreter der Teilchenverbundwerkstoffe: Bei Hartmetallen handelt es sich um ein Phasengemisch aus einem kleinen Anteil metallischer Phasen (z.B. Kobalt, Nickel, Eisen) und einem größeren Anteil, bis zu 94% Volumenanteil, keramischer Phasen, meist Karbide der Übergangsmetalle (z.B. Wolfram- oder Titankarbid). Sie weisen einen hohen Schmelzpunkt und eine hohe Härte auf. Eingesetzt werden Werkzeuge aus Hartmetall vor allem dann, wenn eine hohe Verschleißfestigkeit und eine Erwärmung erwartet wird, so z.B. in der Zerspanungstechnik bei hohen Schnittgeschwindigkeiten (Arbeitstemperatur bis ca. 700 °C), oder in der Umformtechnik als Werkzeug für die plastische Verformung. Cermets bestehen zu einem größeren Anteil (etwa 80% Volumenanteil) aus einer Oxidkeramik (→ Hochleistungskeramiken) und zu einem kleineren Teil aus einer metallischen Phase. Sie werden innerhalb der Fertigungstechnik wie Hartmetalle eingesetzt, dienen aber auch als Reaktorwerkstoffe, da man in die keramische Phase der Cermets kernphysikalisch wirksame Atomarten einbauen kann.

Schichtverbundwerkstoffe

Durch die Beschichtung von Oberflächen werden Schichtverbundwerkstoffe hergestellt. In der Regel wird dabei auf die Oberfläche eines Werkstoffes eine fest haftende Schicht eines zweiten Werkstoffes aufgebracht. Das Aufbringen dieser Schicht ist aus dem gasförmigen (z.B. Aufdampfen), flüssigen (z.B. Eintauchen, elektrolytisches Auftragen) oder festen Zustand (z.B. Sprengplattieren) möglich (→ Oberflächenbeschichtung). Die Eigenschaften des Inneren des beschichteten Werkstoffs bleiben dabei unberührt. Durch die Beschichtung erreicht man z.B. eine chemische Beständigkeit in aggressiver Atmosphäre, eine elektrische Isolation, einer höheren Abriebfestigkeit oder eine Veränderung der Reflexionsfähigkeit oder der Farbgebung. Eine besondere Form der Schichtverbundwerkstoffe sind Laminate, flächige Verbunde aus mehreren Schichten mit einem Bindemittel. Das Pressen eines Laminats ist meist mit einer Formgebung verbunden.

❶ Einteilung von Verbundwerkstoffen

ⓐ Faserverbundwerkstoff

ⓑ Teilchenverbundwerkstoff

ⓒ Schichtverbundwerkstoff (Oberflächenbeschichtung)

❷ Carbonfaser-verstärkter Kunststoff (CFK)

CFK-Teile werden im Flugzeugbau eingesetzt.
Erst bei einer Temperatur von 180 °C und einem
Druck von 10 bar wird das Epoxidharz flüssig
und fließt zwischen die CFK-Fäden.
Aus den weichen Gewebeplatten werden so
hochfeste Profile oder Platten hergestellt.

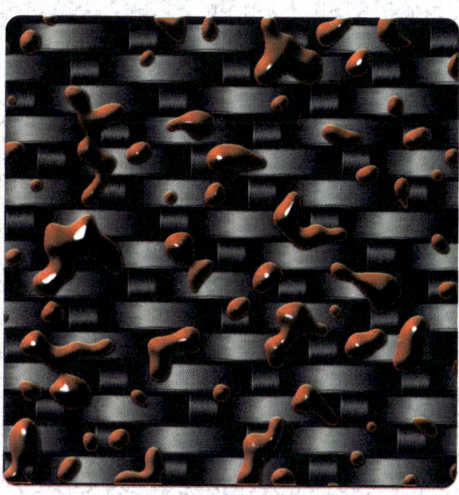

❸ Fahrrad mit Rahmen aus einem Faserverbundwerkstoff

Matrix: Polyamid 12
Verstärkungsmaterial: Kohlenstofffaser
Besonderheiten: Der Rahmen hat ein Gewicht
von nur etwa 1000 g und er weist ein sehr gutes
Dämpfungsverhalten auf, was den Fahrkomfort
erheblich steigert.

Die Oberflächen vieler Materialien müssen gegen Umwelteinflüsse durch Beschichten geschützt werden. Dazu steht eine Vielzahl von Oberflächenbeschichtungsverfahren zur Verfügung.

Bewährte Technologien

Zu den bewährtesten Oberflächenbeschichtungsverfahren gehören das Emaillieren und das Verzinken. Email ist ein glasartiger Überzug (u. a. aus Siliziumoxid), der z. B. durch Eintauchen, Spritzen oder Aufpudern auf die Oberfläche aufgetragen und anschließend bei 800–900 °C eingebrannt wird. Email ist beständig gegen Säuren und Laugen, elektrisch isolierend und schlag-, stoß- und biegeunempfindlich. Verzinken schützt z. B. die Karosserie eines Kraftfahrzeuges vor Korrosion. Durch Tauchen in flüssiges Zink (Feuerverzinken) entsteht auf den zuvor gereinigten und vorbehandelten Stahlteilen ein Zinküberzug von ca. 0,1 mm. Das Zinkbad hat eine Temperatur von 450–460 °C, die Tauchdauer beträgt einige Minuten. Zur Erhöhung der Korrosionsbeständigkeit werden die Zinküberzüge oft noch chromatisiert, geölt oder mit Kunststoffen beschichtet.

Thermisches Spritzen ❶

Beim thermischen Spritzen werden Metallschmelzen auf einen kalten Haftgrund aufgespritzt. Dabei werden Metallpulver (z. B. sehr harte Wolframcarbide, Titannitride, Chromboride oder Zirkoniumoxide) oder Spritzdrähte aus Leicht- und Schwermetallen (Zink, Aluminium, Bronze oder Stähle) eingesetzt. Die Teilchen haften hierbei nicht durch Verschmelzen mit dem Grundwerkstoff, sondern durch mechanisches Verzahnen und Verklammern. Die Untergründe müssen zuvor durch Schrupp-Schleifen, Drehen oder chemische Verfahren (Beizen) gut aufgeraut werden.

Beim Lichtbogenspritzen (Abb. 1a) wird in einer Lichtbogenspritzpistole zwischen zwei Spritzdrähten ein Lichtbogen gezündet, in dem die beiden Drähte bei ca. 4000 °C aufgeschmolzen werden. Mittels Druckluft wird die Schmelze zerstäubt und auf das zu beschichtende Werkstück gebracht. Verwendet man Drähte aus unterschiedlichen Metallen, so lassen sich Legierungen auf die Werkstückoberfläche aufbringen. Beim Plasmaspritzen können Pulver mit sehr hohen Schmelztemperaturen (bis 20 000 °C) verarbeitet werden (Abb. 1b). Das Pulver wird mithilfe eines Trägergases in die Plasmaflamme eingeblasen, dort aufgeschmolzen und verspritzt. Plasma bedeutet hierbei, dass das verwendete Gas in einem Lichtbogen so hoch er-

hitzt wird, bis die Elektronen und Atomkerne der Gasteilchen frei sind (ionisierter Zustand). Dadurch wird ein sehr hoher thermischer Energiezustand erreicht. So können auch nichtmetallische Werkstoffe (z. B. Quarze auf Silizium-Basis) gespritzt werden.

Beschichten mit Hartstoffen

Um die Verschleißanfälligkeit eines Werkzeugs zu senken, d. h. die Standzeit zu erhöhen, werden z. B. Bohrer, Drehwerkzeuge, Fräser und Schraubbits mit Hartmetallen beschichtet. Die Werkzeuge erhalten z. B. einen goldfarbenen Überzug aus Titannitrid, wodurch sie bis zu 10-mal länger standhalten (Abb. 2). Das Titannitrid wird dazu unter Zugabe von Gasen (z. B. Stickstoff) verdampft und in einen Ofen geleitet. Dort befinden sich die Werkstücke bei einer Temperatur von 700–1100 °C. An der Oberfläche des Werkstücks wandern die Hartmetallteilchen in das Gefüge (Diffusion) und verbinden sich mit den Werkstoffteilchen. Dieses Verfahren ist unter der Kurzbezeichnung CVD (engl. chemical vapor deposition) bekannt.

Galvanisieren – elektrolytisches Abscheiden

Beim Galvanisieren nutzt man elektrisch leitende Flüssigkeiten (Elektrolyte), in die die Werkstücke eingetaucht und in denen sie mit einem Metallüberzug beschichtet werden. Als Elektrolyte werden wässrige, saure oder alkalische Lösungen verwendet. Die Anoden bestehen meist aus dem sich abzuscheidenen Metall. Zum Verkupfern von z. B. Messing wird eine Kupfersulfatlösung ($CuSO_4$) verwendet (Abb. 3). Man taucht das Werkstück in den Elektrolyt ein und legt es an den Minuspol (Kathode) einer Gleichspannung an. Zusätzlich taucht man eine sich auflösende Kupferanode (Pluspol) in das Bad. Unter dem Einfluss der Gleichspannung trennen sich die aufgespaltenen Salzmoleküle je nach ihrer Ladung. Die positiven Kupferionen wandern zum negativen Pol, dem Werkstück, und lagern sich dort ab. Auf dem Werkstück entsteht durch Reduktion (Elektronenaufnahme) der positiven Kupferionen die Beschichtung. Gleichzeitig gibt die Anode Kupferionen an die Lösung ab, wodurch sie sich langsam auflöst. Die negativen Sulfationen geben ihre Ladung an der Anode ab.

Es können so nicht nur metallische (leitende) Werkstücke beschichtet werden, sondern auch Kunststoffe. Dazu werden sie chemisch metallisiert, d. h. leitend gemacht. Der Einsatzbereich ist weit: Es können Haushaltsgegenstände, Sanitärartikel oder Kraftfahrzeugteile beschichtet werden.

❶ Thermisches Spritzen

ⓐ mit Lichtbogen

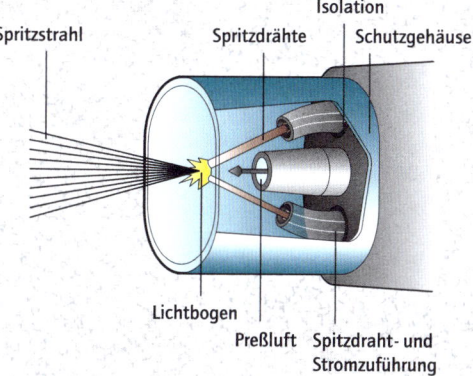

Spritzstrahl · Isolation · Spritzdrähte · Schutzgehäuse · Lichtbogen · Preßluft · Spitzdraht- und Stromzuführung

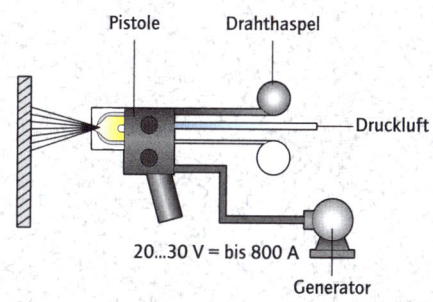

Pistole · Drahthaspel · Druckluft · 20...30 V = bis 800 A · Generator

ⓑ mit Plasma und Pulver

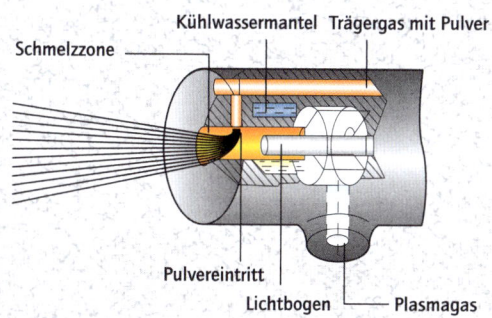

Schmelzzone · Kühlwassermantel · Trägergas mit Pulver · Pulvereintritt · Lichtbogen · Plasmagas

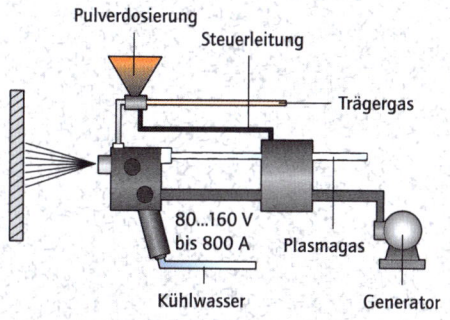

Pulverdosierung · Steuerleitung · Trägergas · 80...160 V bis 800 A · Plasmagas · Kühlwasser · Generator

❷ ⓐ Werkzeugbeschichtung mit TiN (Titannitrid)

ⓑ Beschichten mit Hartstoffen

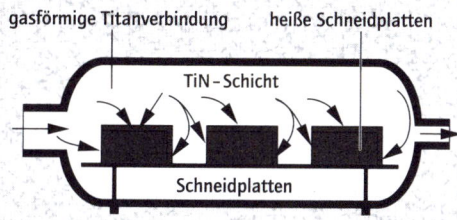

gasförmige Titanverbindung · heiße Schneidplatten · TiN – Schicht · Schneidplatten

❸ Galvanisieren: Verkupfern

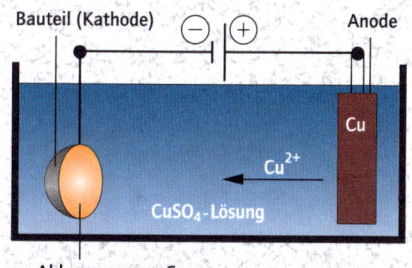

Bauteil (Kathode) · Anode · Cu · Cu^{2+} · $CuSO_4$-Lösung · Ablagerung von Cu

CNC – Computer Numerical Controlled ❶

Mit computergesteuerten Werkzeugmaschinen (CNC-Werkzeugmaschinen, engl. computerized numerical control) lassen sich komplizierte Dreh- oder Frästeile (Abb. 1) schnell und mit hoher Wiederholungsgenauigkeit herstellen. Auch in anderen Bereichen werden CNC-Steuerungen eingesetzt.

Maschinentechnische Voraussetzungen ❷

CNC-Maschinen besitzen einen Computer für die Steuerung und Programmierung der geometrischen Informationen (Kontur des Werkstücks), der technologischen Informationen (z. B. Drehzahl, Vorschub) und der Werkzeuginformationen (z. B. Geometrie, Position).

CNC-Drehmaschinen (Abb. 2) lassen sich in zwei Achsen frei programmieren: eine Achse für die Längenmaße (Koordinatenachse Z) und eine Achse für die Durchmessermaße (Koordinatenachse X). Dafür sind zwei Schlitten mit Kugelumlaufspindeln an den drehzahlgesteuerten Vorschubmotoren gekoppelt. Über ein optoelektronisches Messgerät kann die Position der Schlitten für die Steuerung genau erkannt werden. Die Hauptspindel wird ebenfalls über einen drehzahlgesteuerten Antriebsmotor angetrieben, sodass für jeden Drehdurchmesser die optimale Schnittgeschwindigkeit am Drehmeißel vom CNC-Rechner eingeregelt werden kann.

Programmtechnik ❸

Die Kontur des Werkstücks wird in Koordinatentechnik programmiert. Jeder Punkt (P) der Werkstückkontur des Drehteils (Abb. 3) wird im Koordinatensystem durch zwei Zahlen genau festgelegt: die X-Koordinate (Durchmesser) und die Z-Koordinate (Länge). Mit den G-Befehlen (G = go) wird die Art, wie das Werkzeug bewegt wird, festgesetzt:

- G0 – Werkzeugposition im Eilgang verändern
- G1 – Geradenverbindung
- G2 – Kreisverbindung im Uhrzeigersinn
- G3 – Kreisverbindung gegen den Uhrzeigersinn

Jede Programmzeile beginnt mit einer Nummerierung. Für das in Abb. 3 dargestellte Drehteil ergibt sich für die Herstellung der Fertigkontur aus dem vorbearbeiteten Werkstück (durch Doppelpunkt-Strich-Linie gekennzeichnet) folgendes Programm:

- N1 G0 X0 Z4 S280 F0.15 T2 M4

Alle wichtigen Informationen werden mit Buchstaben gekennzeichnet, ihre Spezifikation mit nachgestellten Ziffern (Satznummer 1, G0: Eilgang auf den Startpunkt, S: Schnittgeschwindigkeit 280 m/min, F: Vorschub 0,15 mm pro Umdrehung, TZ: Werkzeugaufruf auf Revolverposition 2, M4: Hauptspin-

del Linkslauf):

- N2 G1 X0 Z0 (Punkt P1 mit Vorschub anfahren)
- N3 G3 X20 Z10 I0 K10 (Kreisprogrammierung auf P2, I und K: Mittelpunktskoordinaten)
- N4 G1 X20 Z45 (Gerade bis Kegelansatz P3)
- N5 G1 X50 Z80 (Kegel bis Punkt P4)
- N6 G2 X60 Z85 I5 K0 (Kreisprogrammierung bis P5)
- N7 G1 X65 Z85 (Aus dem Werkstück herausfahren P6)
- N8 Go X150 Z150 (Eilgang zum Werkzeugwechselpunkt
- N9 M30 (Programmende)

SPS – Speicherprogrammierbare Steuerung

Mithilfe von speicherprogrammierbarer Steuerung (SPS) können Produktionsmaschinen, Montagebänder, automatisch arbeitende Sortiereinrichtungen usw. schnell und ohne großen Verkabelungsaufwand programmiert werden. Im Gegensatz zu einer verbindungsprogrammierten Steuerung, bei der der Steuerablauf durch die Bauteile und die Leistungsverbindungen hergestellt wird, werden bei SPS die Leitungen der Schalter, Messsensoren usw. an die Eingänge einer Zentralsteuereinheit, der SPS, und die Ventilmagnete, Motoren usw. an die Ausgänge angeschlossen.

Die Zentralbaugruppe einer SPS besteht aus einem Mikroprozessor, dem Programmspeicher, Zeitgebern und Merkern (RAM). Das Programm besteht aus einer Folge von Steueranweisungen. Jeder Anweisung wird eine Adresse im Programmspeicher zugewiesen. Die Programmanweisung besteht aus einem Befehlsteil (Operationsteil) und einem Zuordnungsteil (Operandenteil). Im Befehlsteil stehen logische Verknüpfungen (UND, ODER, NICHT und andere organisatorische Anweisungen, z. B. Zuweisung „="), im Zuordnungsteil wird angegeben, mit welchen Eingängen, Ausgängen, Zählern oder Merkern die Operation durchgeführt werden soll. Mehrere SPS-Zentraleinheiten können über BUS-Systeme (spezielle Leitungssysteme) miteinander verknüpft werden, sodass sie auf alle angeschlossenen Ein- und Ausgänge zugreifen können.

So ist die vollautomatische Steuerung einer Brauerei möglich. Alle Prozesse, ob sie nun zeitabhängig (z. B. Rührdauer) oder stoffabhängig (z. B. nächster Verfahrensschritt beim Erreichen eines bestimmten Alkoholgehaltes) sind, werden von einer SPS gesteuert. Der Vorteil besteht in der flexiblen Programmierbarkeit und der einfachen Erweiterbarkeit der Anlage.

❶ CNC-Fräsmaschine

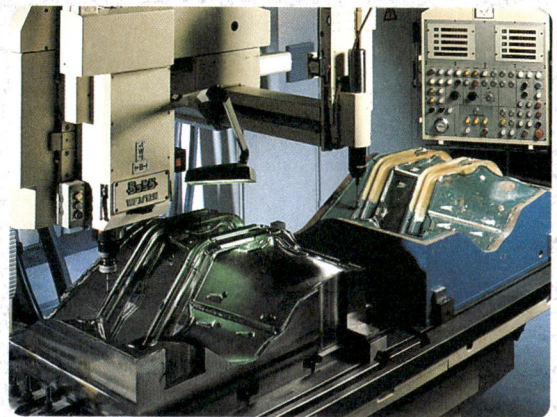

❷ CNC-Drehmaschine

ⓐ Bildschirm (Darstellung der Drehsimulation)
ⓑ CNC-Steuerung mit Eingabetastatur
　und Kontrollanzeigen
ⓒ Hauptspindel
ⓓ Drehzahlgesteuerter Elektromotor
ⓔ Vorschubmotor (Z-Achse)
　und Messsystem
ⓕ Kugelrollspindel zum Antrieb
　des Schlittens (Z-Achse)
ⓖ Längsschlitten (Z-Achse)
ⓗ Werkstückgegenhalter (Reitstock)
ⓘ Werkzeugmaschinenständer (Schrägbett)
ⓙ Schlitten (X-Achse) mit
　Antriebs- und Messeinheiten
ⓚ 12 fach-Werkzeugrevolver
ⓛ Werkstückspannfutter

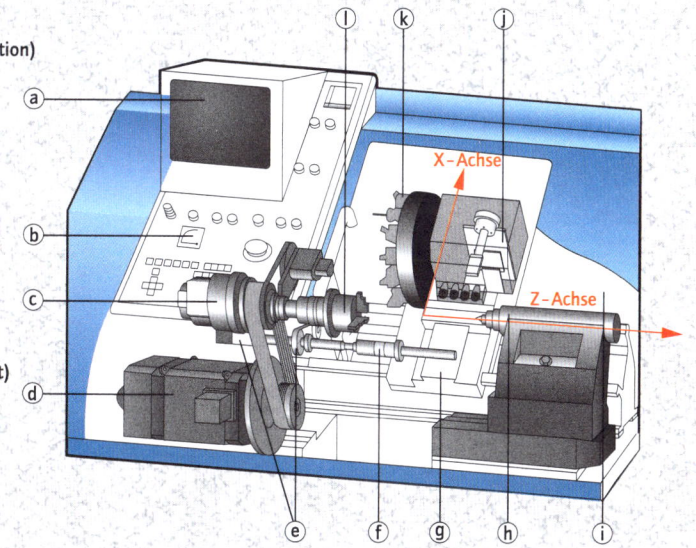

❸ Zeichnung eines Drehwerkstücks mit Angabe der Bearbeitungsmaße und -punkte
als Vorlage für die CNC-Programmierung

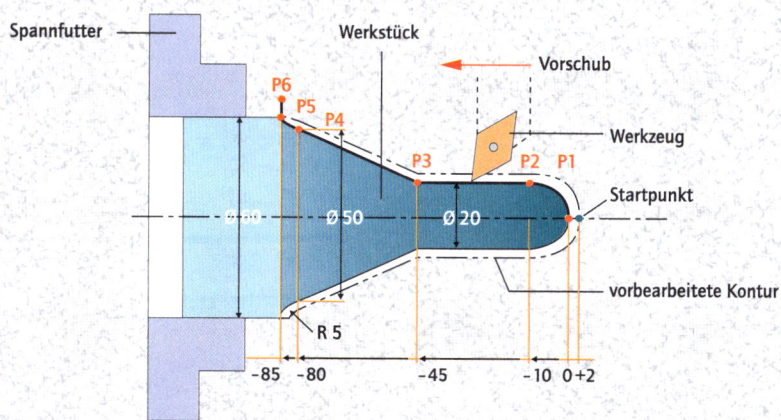

CIM (engl. **c**omputer **i**ntegrated **m**anufacturing, rechnerintegrierte Fertigung) bedeutet Fertigung im Rechnerverbund und hat für eine moderne, flexible Produktion große Vorteile.

Alle Entscheidungen und Aufgaben im Werdegang eines Produktes können mit CIM von der Auftragsannahme bis zur Auslieferung bestmöglich unterstützt und beschleunigt werden. Gleichzeitig entsteht mit CIM eine lückenlose Informationskette vom Meldebestand im Lager, dem Fortschritt in der Produktion eines Auftrags bis hin zum Auslastungsgrad einer Maschine.

Einsatz computerunterstützter Systeme ❶

Die Warenproduktion erfolgt gewöhnlich in drei Schritten:
1. Schritt: Entwickeln und Konstruieren
2. Schritt: Produktion planen und steuern (PPS)
3. Schritt: Fertigen und kontrollieren

Meistens sind diese drei Schritte den Abteilungen Konstruktion, Arbeitsvorbereitung und Fertigung zugeordnet. In jeder Abteilung gibt es in normalen Betrieben eigene Regeln und Methoden, um einen Auftrag abzuwickeln. Für diese Zwecke werden Computerprogramme eingesetzt, die dafür speziell entwickelt worden sind.

In der Konstruktionsabteilung werden beispielsweise 2-D- und 3-D-CAD-Programme eingesetzt. CAD (engl. **c**omputer **a**ided **d**esign, computerunterstütztes Konstruieren) ermöglicht das Zeichnen und Gestalten von Bauteilen, -gruppen und -elementen in zweidimensionaler (2-D) und dreidimensionaler (3-D) Ansicht. Die Zeichnungen entstehen also nicht mehr auf einem Zeichenbrett mit Tusche und Lineal, sondern am Bildschirm. Änderungen von Zeichnungen oder Umkonstruktionen sind mit CAD sehr viel einfacher und Kosten sparender durchführbar. Über eine Bauteilbibliothek mit Normteilen (Schrauben, Lager, Stifte usw.) wird das Zeichnen schneller. Mit einem CAE-Programm (engl. **c**omputer **a**ided **e**ngineering, computerunterstütztes Berechnen) können Bauteile oder -elemente, z.B. Schraubenfestigkeiten und Schweißnahtdicken, ausgelegt werden.

In der Arbeitsvorbereitung kommen andere Programme zur Anwendung. Mit CAM (engl. **c**omputer **a**ided **m**anufacturing) werden Zeichnungsdaten für die Fertigung an einer CNC-Maschine (→ CNC) umgesetzt. Die geometrischen Informationen eines Teils der CAD-Zeichnung (z.B. die Kontur des Werkstücks ohne Bemaßung) dienen dann als Grundlage für die automatische CNC-Programmerstellung. Mit PPS-Programmen (**P**roduktions**p**lanung und

Steuerung) werden u.a. Stücklisten für die einzelnen Aufträge verwaltet, Kosten- und Zeitberechnungen durchgeführt, die Maschinenbelegung mit den Aufträgen geplant und überwacht und die Läger verwaltet (Materialwirtschaft).

In der Fertigung kommen CNC-Programme zum Einsatz. Mithilfe von DNC (engl. **d**irect **n**umerical **c**ontrolled, direkte numerische Steuerung) wird der Datenaustausch von und zur einzelnen Fertigungsmaschine einfacher, denn jede Maschine ist mit einem zentralen Fertigungsrechner verbunden und erhält über ihn die Programme aus der Arbeitsvorbereitung.

Gleichzeitig erfasst die DNC-Software die Maschinen- und Betriebsdaten (Belegungsgrad, Leistung, Größe usw.). Mithilfe von CAQ (engl. **c**omputer **a**ided **q**uality, computerunterstützte Qualitätssicherung) können Messprotokolle und Prüfpläne verwaltet und überwacht werden.

Viele Informationen bei der Abwicklung eines Auftrages interessieren allerdings alle drei Abteilungen gemeinsam. Es ist aber sehr unwirtschaftlich und beinahe unmöglich, alle Informationen allen Abteilungen gleichzeitig zugänglich zu machen, wenn die Computersysteme nicht auf eine zentrale Datenbank zugreifen können.

Zentrale Datenbank

Eine zentrale Datenbank ist das „Herz" von CIM und ermöglicht z.B. der Konstruktionsabteilung, die Länge der Werkstücke so zu gestalten, dass diese auch gefertigt werden können, da die für die Fertigung wichtigen Daten wie Größe und Leistungen der Fertigungsmaschinen in der Datenbank abgelegt sind. Sie ermöglicht der Arbeitsvorbereitung, auf Zeichnungsdaten (CAD) der Konstruktion zurückzugreifen, um mit den Zeichnungsdaten CNC-Programme für die Fertigung durch CAM-Software erstellen zu können, und der Fertigung, Zeichnungen, CNC-Programme, Prüfdaten usw. direkt von der Konstruktion oder der Arbeitsvorbereitung abrufen zu können.

Voraussetzungen

Die betriebsinternen Abläufe müssen „kompatibel" (zusammenpassend) sein, um sie miteinander verknüpfen (integrieren) zu können. Der Einsatz von CIM ist deshalb gerade für alte, „gewachsene" Betriebe schwierig, da die organisatorischen Probleme nur langfristig gelöst werden können. CIM kommt deshalb meist nach Produktionsumstellungen oder bei neuen Produktionsstätten zum Einsatz.

❶ CIM – Computer Integrated Manufacturing

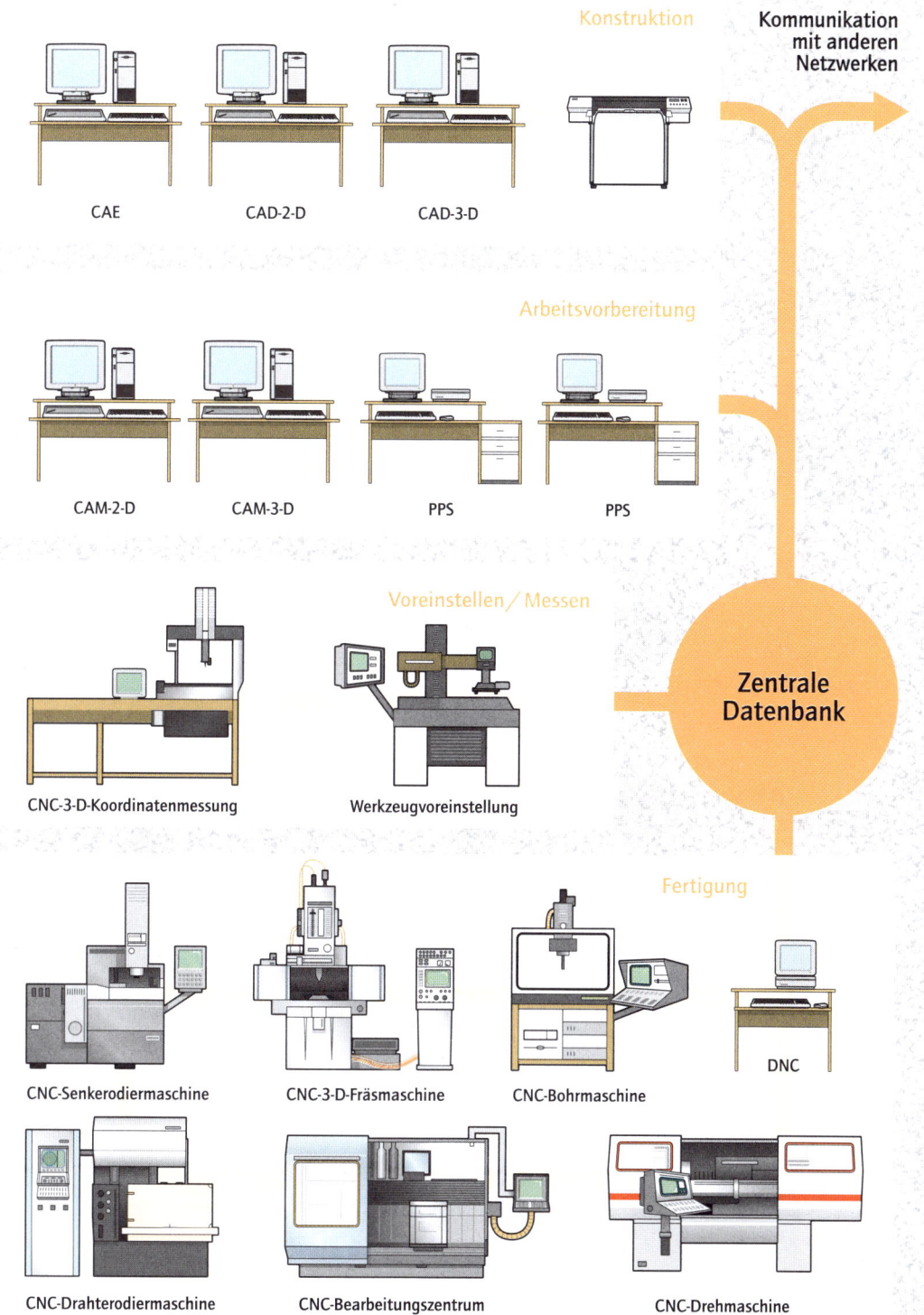

Konstruktion

Kommunikation
mit anderen
Netzwerken

CAE CAD-2-D CAD-3-D

Arbeitsvorbereitung

CAM-2-D CAM-3-D PPS PPS

Voreinstellen / Messen

Zentrale
Datenbank

CNC-3-D-Koordinatenmessung Werkzeugvoreinstellung

Fertigung

CNC-Senkerodiermaschine CNC-3-D-Fräsmaschine CNC-Bohrmaschine DNC

CNC-Drahterodiermaschine CNC-Bearbeitungszentrum CNC-Drehmaschine

Betritt man heute die Fertigungshalle eines modernen Unternehmens (z.B. in der Automobilindustrie), so sind nur wenige Mitarbeiter zu sehen. Fahrerlose Wagen bringen Zuliefermaterial von einer Maschine zu nächsten. Handhabungsgeräte, die die Teile sicher und zuverlässig stapeln, beladen die Maschinen. Computergestützte numerisch gesteuerte Werkzeugmaschinen (→ CNC) drehen, fräsen und bohren Werkstücke, die anschließend von Robotern geschweißt oder montiert werden. Die arbeitsintensiven manuellen Tätigkeiten des Einlegens, Spannens, Sortierens, Transportierens, Montierens usw. werden heute zu weiten Teilen von Robotern und Handhabungsgeräten durchgeführt.

Handhabungsgeräte ❶

Zu den Handhabungsgeräten zählen Manipulatoren und Einleggeräte. Manipulatoren dienen zum Bewegen schwerer Bauteile (z.B. in Gießereien) oder gefährlicher Lasten (z.B. in Kernkraftwerken). Sie werden manuell ferngesteuert und besitzen im Gegensatz zu Robotern keine Programmsteuerung. Einlegegeräte werden in der Großserienfertigung eingesetzt. Sie sind z.B. für das Beladen von Werkstücken an Werkzeug- oder Blechverarbeitungsmaschinen vorgesehen. Die Bewegungen geschehen meist von Punkt zu Punkt. Eine koordinierte, gleichzeitige Bewegung mehrerer Achsen ist i.d.R. nicht vorgesehen. Bei der Beladung einer Drehmaschine (Abb.1) kann das Einlegegerät über einen langen Träger (Portal) die Strecke von der Maschine zum Magazin zurücklegen, fertige Werkstücke transportieren, sortiert ablegen, mit dem Greifer ein neues Rohteil aufnehmen und über das Portal von oben in die Maschine zum Spannen einlegen. Je nach Stückzahl werden die Einlegegeräte entweder fest oder frei programmiert (flexible Fertigung). Frei programmierbare, z.T. sensorgesteuerte Handhabungseinrichtungen mit einer Beweglichkeit in möglichst vielen Dimensionen nennt man Roboter.

Aufbau von Industrierobotern ❷ ❸

Industrieroboter sind mit Greifern und Werkzeugen ausgerüstete, programmierbare Handhabungseinrichtungen. Will man mit ihnen einen Körper im Raum beliebig drehen und verschieben, sind sechs Bewegungsrichtungen erforderlich (Abb. 2): Die drei Dimensionen des Raumes (Länge, Breite und Höhe) müssen durch die Hauptachsen 1–3 erreicht werden und um jede dieser Achsen muss eine Drehung (Nebenachsen 4–6) möglich sein. Je mehr

Achsen (Gelenke) ein Roboter hat, desto beweglicher ist er, d. h. umso mehr Freiheitsgrade besitzt er. Dabei zählen die Bewegungsmöglichkeiten des Greifers nicht mit.

Auch Roboter mit sechs Freiheitsgraden (f = 6; z. B. Schweißroboter Abb.3) sind in ihrem Arbeitsraum begrenzt und können nicht immer alle Stellen eines zu bearbeitenden Werkstückes erreichen. Mithilfe von Positionierungseinrichtungen muss das Werkstück in seiner Lage verändert werden können. Diese Vorrichtungen sind z.T. selbst frei programmierbar, sodass das Werkstück z.B. während des Bearbeitens gedreht oder gehoben werden kann. Ein wichtiges Kriterium für die Güte einer Roboterfertigung ist die Wiederhol- und Positioniergenauigkeit. Sie liegt bei Industrierobotern zwischen 0,2 und 4 mm.

Als Antriebssysteme für Industrieroboter werden Elektromotoren, Hydraulikmotoren bzw. -zylinder oder pneumatische Systeme eingesetzt.

Programmierung von Robotern

Die Programmierung eines Roboters kann auf drei verschiedene Arten erfolgen:

Bei der textuellen Programmierung wird der Programmablauf durch Anweisungsbefehle für jede Achse in einer „Roboter-Programmiersprache" geschrieben, was bei vielen Freiheitsgraden sehr aufwendig ist. Im Teach-in-Verfahren wird der Roboter von Hand an die Raumpunkte angefahren. Die Stellung der Achsen wird gespeichert und anschließend vom Roboter nachgefahren. Bei besonders schwierigen Bahnen (z.B. beim Lackieren) wird auch die Play-back-Programmierung eingesetzt. Hierbei wird die Roboterhand (oder eine entsprechende Messsensorik) manuell geführt. Etwa alle 20 Millisekunden wird die jeweilige Position der Bahnbewegung gespeichert.

Fertigen mit Robotern ❸

Ein wichtiges Einsatzgebiet für Industrieroboter ist das Schweißen. Mit ihrer Hilfe können auch komplizierte Werkstücke (z.B. Heizkesselwärmetauscher; Abb. 3) gefertigt werden. Während der Schweißer sein Arbeitsergebnis ständig vor Augen hat und kontrolliert, ist der Roboter „blind". Selbst das Fehlen des Werkstücks würde er ohne Sensorik nicht bemerken. Deshalb werden Roboter mit berührenden (taktilen), optischen oder elektrischen Sensoren ausgestattet. Mit ihnen „fühlt" der Roboter z.B. die Lage und Form des Werkstücks und kann den Abstand dazu selbstständig korrigieren. Ein weiteres großes Einsatzgebiet von Industrierobotern ist die Montage.

❶ Handhabungsgerät beim Beladen einer Drehmaschine

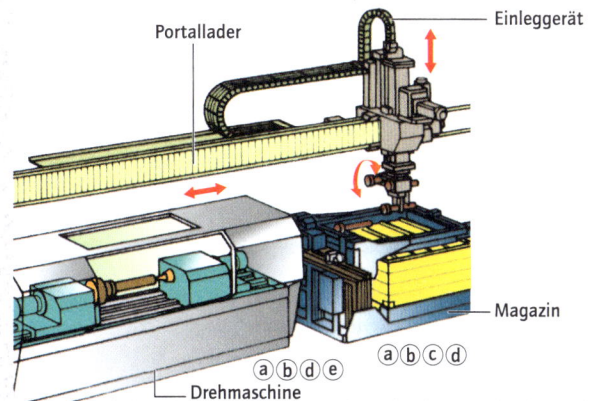

Portallader

Einleggerät

Magazin

Drehmaschine

ⓐⓑⓓⓔ   ⓐⓑⓒⓓ

Arbeitsschritte:
ⓐ Greifen
ⓑ Zuteilen: Beladen, Entladen, Einlegen
ⓒ Ordnen, Sortieren
ⓓ Positionieren
ⓔ Spannen

❷ 6-achsiger Industrieroboter mit Greifern

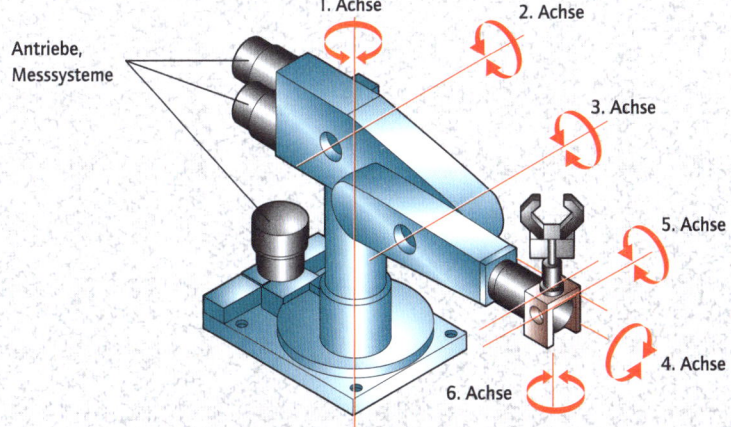

Antriebe,
Messsysteme

1. Achse
2. Achse
3. Achse
5. Achse
4. Achse
6. Achse

❸ Industrieroboter beim Schweißen von Heizungs-kesselwärmetauschern

Während man die Verfahren zur Herstellung von **Mikrostrukturen** oft unter dem Begriff Mikrotechnik zusammenfasst, versteht man unter **Mikrosystemtechnik** eher die Disziplin, die sich um die Konzepte des technisch optimalen Zusammenwirkens einzelner Mikrokomponenten zu einem kompletten System kümmert. Jedoch verwischen sich die Grenzen zwischen diesen Begriffen zusehends.

Mikroelektronik

Durch die Miniaturisierung elektronischer Bauelemente (Mikroelektronik) und ihre optimierte funktionale Zusammenfassung (Integration) zu Schaltkreisen hoher Komplexität mittels ausgeklügelter Parallelfertigungsmethoden, bei denen viele Bauelemente auf demselben Träger gleichzeitig einem Herstellungsschritt unterworfen werden, können strukturierte Siliziumplättchen (**Chips**; Abb. 1) in großen Stückzahlen hergestellt werden. Vor allem lithographische und Dünnschichttechniken werden dabei benutzt.

Das Siliziumrohsubstrat (**Wafer**) wird mit einer weniger als einen Mikrometer (1 µm = 0,001 mm) dünnen Fotolackschicht bedeckt und diese durch eine „Maske" mit UV-Licht bestrahlt. Die **Maske** besteht aus einem UV-durchlässigen Träger (z. B. Quarzglas) und UV-undurchlässigen Strukturen (z. B. Chrom). Je nachdem, ob ein Positiv- oder Negativlack benutzt wird, werden die durch die Strahlung veränderten oder unveränderten Bereiche des Lackes chemisch entfernt. Sie können anschließend einem Ätz-, Aufdampf- oder Ionenimplantationsschritt ausgesetzt werden. So kann man die Materialeigenschaften der freigelegten Bereiche gezielt verändern: Leiterbahnen oder Isolationsschichten können erzeugt oder p- bzw. n-Dotierungen (→ Halbleiterbauelemente) eingebracht werden. Für komplexere Schaltungen können sich diese Vorgänge mehrfach wiederholen.

Die Maske selbst muss einmal „direkt" geschrieben werden. Dazu dient ein Elektronenstrahlschreiber, der einen fein gebündelten Strahl von Elektronen erzeugt, mit dem eine sensitive Lackschicht beschrieben wird. Die mit dieser Maske danach durchgeführte UV-Lithographie wird in ihrem Auflösungsvermögen durch die UV-Wellenlänge beschränkt und kann standardmäßig derzeit Strukturbreiten bis herab zu 0,35 µm erzeugen.

Weitere Verfahren der Mikrotechnik ❷ ❸

Neben den Verfahren der Lithographie-, Beschichtungs- und Ätztechniken nutzt die Mikrotechnik auch konventionelle, aber weiterentwickelte feinwerktechnische Bearbeitungsverfahren und geht zudem ganz neue Wege.

Siliziumoberflächen können dort, wo sie nicht durch eine vorherstrukturierte Schicht, etwa aus Fotoresist oder einem anderen Material, geschützt sind, durch Nass- oder Trockenätzprozesse abgetragen werden. Die Form der geätzten Bereiche kann sehr unterschiedlich sein. So richten sich einige Ätzprozesse nach der Ausrichtung der Kristallstruktur relativ zur Oberfläche. Andere Prozesse ätzen das Siliziummaterial nicht nur „in die Tiefe", sondern auch „seitwärts". Dadurch können neben senkrechten Strukturwänden auch geneigte erzeugt werden oder die geschützten Bereiche können gezielt unterätzt werden. Dies ermöglicht beispielsweise die Realisierung von dünnen „Brückenstrukturen", die statisch bewegt werden können, oder von frei schwebenden „Sprungbrettern" (Biegebalken).

Auch Laserstrahlung (→ Laser) lässt sich zur Mikrostrukturierung nutzen. UV-Pulse hoher Energie, produziert von **Excimerlasern**, können z. B. dazu benutzt werden, Materie zu verdampfen. Dazu wählt man meist ein **Direktschreibverfahren**, das auf einer Bewegung des Werkstücks relativ zum Laserstrahl beruht. So können je nach Anzahl der deponierten Pulse flachere oder tiefere Abtragsmuster nebeneinander mit Mikrometerpräzision produziert werden (Abb. 2). Mit Laserstrahlen anderer Wellenlänge können winzige Schweißpunkte und -nähte erzeugt werden, mit denen Mikrosysteme aufgebaut oder abgedichtet werden können (Abb. 3). Bei Verwendung spezieller Gase in der Bearbeitungskammer kann mit fokussierten Laserstrahlen sogar Materialabscheidung und damit der Aufbau filigraner Mikrostrukturen betrieben werden.

Ebenfalls auf Materialabtrag beruht das **Mikrofunkenerodieren**. Hier wird zwischen eine Bearbeitungselektrode und dem Werkstück, die sich beide in einer elektrisch isolierenden Flüssigkeit befinden, eine Spannung angelegt. Nähert man die Elektrode dem Werkstück, so kommt es zu Funkenüberschlägen. Diese führen zu einem Materialabtrag am Werkstück. Die entstandene Vergrößerung des Abstandes wird durch den Vorschub der Elektrode ausgeglichen. Diese so genannte Senkerosion lässt sich vergleichen mit dem Eindrücken eines heißen Stempels in einen Eisblock. Die **Drahterosion**, bei der man einen dünnen Metalldraht (oft nur 30 µm dünn) als Elektrode wählt, gleicht eher dem Vorgang des Laubsägens. Auf diese Weise sind z. B. Stahlrohlinge sehr präzise mikrostrukturierbar.

❶ Wafer

Test eines
Mikrochip–Wafers
aus Silizium

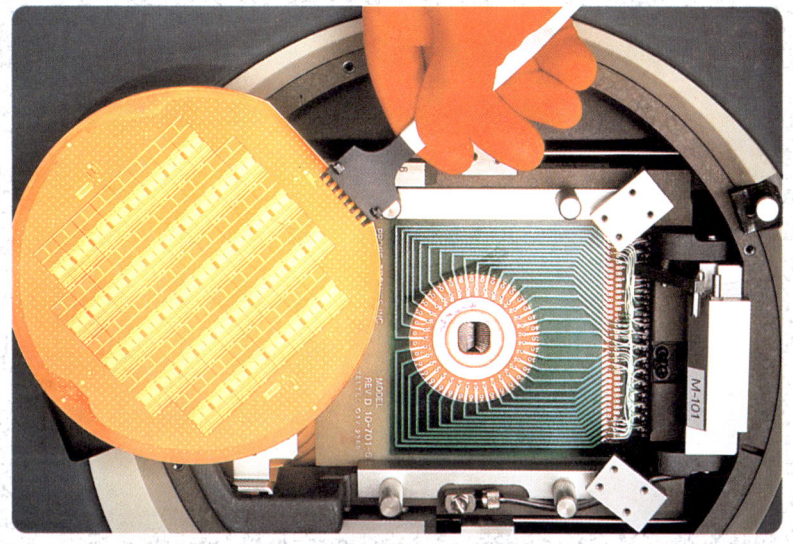

❷ Ein menschliches Haar, in das durch Materialabtrag (Ablation) mittels eines Excimerlasers ein Schriftzug eingraviert wurde

Die Aufnahme entstand in einem
Rasterelektronenmikroskop.

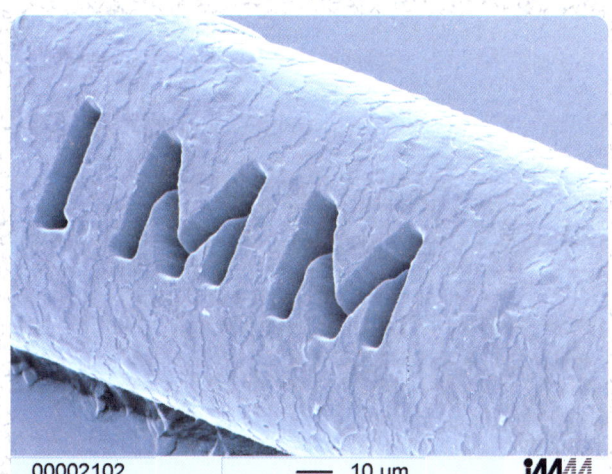

00002102   —— 10 µm

❸ Mikropumpe neben einer Büroklammer

Der Grundkörper besteht aus einem transparenten (oben)
und einem schwarz eingefärbten Teil (unten), die mittels
eines fein fokussierten Neodym-Granat-Lasers verschweißt
werden.

In der Mikrotechnik geht es darum, neben elektronischen, auch mechanische, fluidische (flüssige) und optische Funktionselemente zu miniaturisieren, zu integrieren und in großen Stückzahlen zu fertigen. Diese Strukturen sind in aller Regel aber nicht wie Schaltkreise planar (eben) aufgebaut, sondern dreidimensional. Außerdem muss eine wesentlich größere Vielfalt von Materialien strukturiert werden, angefangen bei Metall über Keramik bis hin zu Glas und Kunststoff. Das wirft auch Probleme bei der Integration unterschiedlicher Bauelemente zu einer Funktionsgruppe oder einem System auf. Meist zieht man in der Mikrotechnik eine hybride (zusammengesetzte) Integration vor, wodurch den entsprechenden Aufbau- und Verbindungstechniken eine wichtige Rolle zukommt.

LIGA-Technik ❶

Will man Mikrostrukturen in großen Stückzahlen produzieren, so bietet sich das in Deutschland entwickelte LIGA-Verfahren an, das aus den Hauptschritten Lithographie (LI), Galvanoformung (G) und Abformung (A) besteht (Abb. 1). Für eine dreidimensionale Struktur wird beim Lithographieschritt eine bis zu 1 mm dicke Fotolackschicht (Resist) ausgeformt. Um eine solche Schichtdicke durchstrahlen und chemisch verändern zu können, benutzt man vorzugsweise Synchrotronstrahlung (Röntgenlicht mit typischerweise 1 nm Wellenlänge) geringer Divergenz (Streuung) und hoher Intensität. Nach dem Entwickeln dient die elektrisch leitfähige Trägerplatte in einem Galvanikbad als Kathode. Dies führt dazu, dass die Zwischenräume des Fotolackreliefs sich mit Metall füllen und eine metallene Komplementärstruktur entsteht. Diese wird von den Lackresten befreit und kann nun in einem Prägewerkzeug oder einer Spritzgussmaschine als Urform (Master) zum massenhaften Übertragen der Präzisionsstrukturen in Kunststoffprodukte benutzt werden. Das Verfahren ist auf Massenprodukte aus Metallen, Legierungen und keramischen Werkstoffen erweiterbar.

Anwendungen ❷ ❸

Die Anwendung mikrotechnischer Strukturen bringt in allen Bereichen der Technik Vorteile: Chirurgen wünschen sich immer kleinere und präzisere Instrumente, um mit möglichst geringen Eingriffen (→ minimalinvasive Chirurgie) optimale Therapieergebnisse erzielen zu können. Miniaturisierte Mechaniken (Abb. 2) und winzige Motoren (Abb. 3) in der Spitze von Endoskopkathetern befinden sich in der Entwicklung. Im Automobilbau finden heute neben vielerlei mikroelektronischen Sensoren, Steuer- und Regeleinheiten auch kleinste Beschleunigungssensoren Verwendung: Ihr Kernstück besteht z. B. aus einer winzigen, beweglich aufgehängten Masse. Wird die Masse durch einen Zusammenprall des Autos mit einem zweiten Gegenstand massiv ausgelenkt, so führt dies z. B. zur Auslösung des Airbags (→). In der Telekommunikation und der Datenverarbeitung ist die Glasfaser auf dem besten Weg, das Transportmedium der Zukunft für Informationen jedweder Art zu werden (→ Lichtwellenleiter). Beim Koppeln von Glasfasern miteinander oder an entsprechende optoelektronische Sende- und Empfangsbausteine ist aufgrund des geringen Faserquerschnitts höchste Präzision gefragt, um Lichtverluste möglichst gering zu halten. Mikrotechnische Positionierelemente, z. B. in Steckverbindern, schaffen hier Abhilfe. Um optische Signale zu führen, zu verzweigen und auch zu manipulieren, können mit Methoden der Dünnschichttechnik auf Siliziumbasis oder mit der LIGA-Technik optische Chips mit Lichtleiterbahnen realisiert werden (Integrierte Optik).

Mikrofluidtechnik

In Zukunft sollen mithilfe fluidischer (Flüssigkeiten führender und lenkender) Systeme chemische Reaktionen auf kleinstem Raum kontrolliert durchgeführt werden. Mikrostrukturierte Kanälchen führen Flüssigkeiten zusammen, die von miniaturisierten Pumpen (→ Mikrotechnik I) gefördert werden. Durch geeignete Auslegung der Mischkammern wird erreicht, dass sogar nichtmischbare Flüssigkeiten, die nur an ihrer Grenzfläche zueinander reaktionsbereit sind, sehr große Grenzflächen miteinander bilden. Die winzigen Kanäle und Kammern besitzen ein hohes Verhältnis von Oberfläche zum eingeschlossenen Volumen, wodurch eine gute Temperaturkontrolle möglich wird, die bei schwierigen biochemischen Reaktionen oft Grundvoraussetzung für eine gute Ausbeute ist. Die Integration von Glasfasern in ein solches System ermöglicht die Kontrolle von Durchfluss und Produktreinheit und zusammen mit miniaturisierten Mischerelementen, Reaktionskammern und Pumpen auf einem Baustein spricht man auch vom „lab on a chip" („Labor auf einem Chip"). Will man das chemische Produkt in größeren Mengen produzieren, so schaltet man eine Vielzahl von Mikroreaktoren parallel. Hier bedient man sich desselben Prinzips wie die Natur, wo die Zelle als Mikroreaktor arbeitet. Solche Parallelschaltungen sind störunanfällig gegen Ausfälle einzelner Mikroreaktoren.

❶ Fertigungsschritte der LIGA-Technik

① Bestrahlung

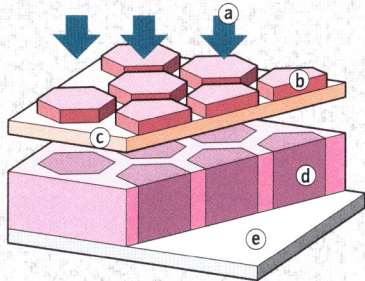

ⓐ Synchrotronstrahlung
ⓑ Absorberstruktur
ⓒ Maskenmembran
ⓓ Fotolackschicht (Resist)
ⓔ elektrisch leitfähige Grundplatte
ⓕ Resiststruktur
ⓖ Metall
ⓗ Formhohlraum
ⓘ Kunststoff (Formmasse)
ⓙ Kunststoffstruktur

② Entwicklung

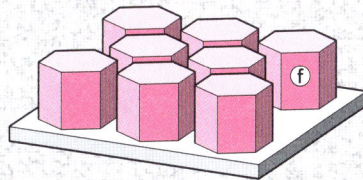

❷ Mehrstufiges Miniatur-Planetengetriebe, dessen Einzelteile mittels der LIGA-Technik aus Kunststoff gefertigt wurden.

③ Galvanoformung

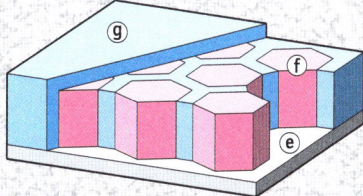

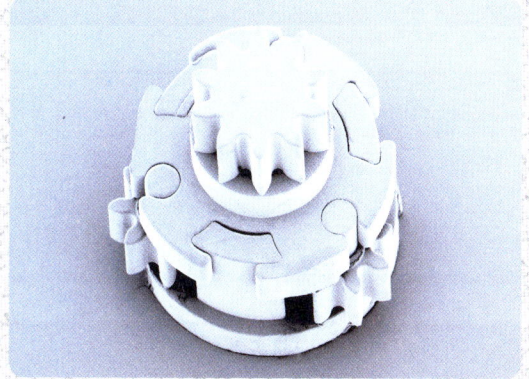

④ Formeinsatz

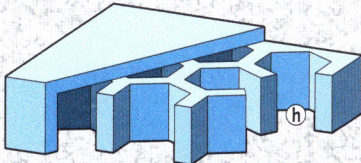

❸ Miniaturmotor mit 1,9 mm Durchmesser (links) mit angeflanschtem Miniatur-Planetengetriebe (weißes Gehäuse, rechts). Darunter die Einzelteile des Getriebes; zum Vergleich eine Nähnadel.

⑤ Formfüllung

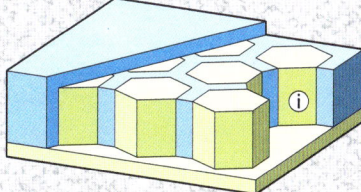

⑥ Entformung

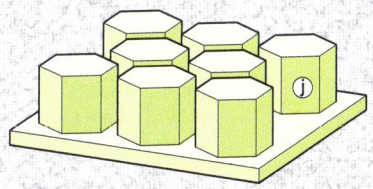

Einsparung von Raum, Energie, Material und Kosten sind die Triebfedern aller Bemühungen, technische Funktionsgruppen zu verkleinern. Will man die Mikrotechnik (→), die Bauelemente mit Dimensionen zwischen einem Tausendstel Millimeter (einem Mikrometer, μ) und einem Zehntel Millimeter mit Mikrometerpräzision hervorbringt, noch weiter treiben, dann betritt man den Bereich der Nanometerdimensionen.

Ein Nanometer (nm) ist der millionste Teil eines Millimeters. Das entspricht etwa dem Verhältnis der Länge eines Lastzuges zum Erddurchmesser. Die Wellenlänge von Röntgenstrahlen bewegt sich im Bereich von Nanometern, während sichtbares Licht Wellenlängen von einigen Hundert Nanometern aufweist. Auch die Abmessungen von Molekülen lassen sich gut in Nanometern beschreiben, z.B. ist der Durchmesser eines DNA-Doppelstranges etwa 3 nm breit.

Physikalische Grenzen

Den Methoden der Mikrostrukturierung, wie etwa der Lithographie, sind allerdings physikalische Grenzen gesetzt (→ Mikrotechnik). So misst die kleinste Strukturbreite in einem Pentiumprozessor immer noch 0,35 μm. Das lithographische Auflösungsvermögen ist durch die verwendete Wellenlänge bestimmt. Excimerlaser, die UV-Pulse von 193 nm Wellenlänge abgeben, können noch eine Verbesserung bringen, ebenso der Einsatz von Röntgenstrahlen anstelle von UV-Licht. Für Röntgenstrahlen genügend guter Parallelität und Intensität braucht man aber aufwendige Elektronenbeschleuniger (Synchrotrons).

Zur Herstellung extrem dünner Schichten aus einer definierten Anzahl von Atomlagen existieren Verfahren wie die Molekularstrahlepitaxie, bei der Atome gesteuert Schicht für Schicht auf ein Substrat (Träger) abgelagert werden, dessen kristalline Struktur dabei die „Landeplätze" der aufgebrachten Atome vorbestimmt und für eine Anordnung in „Reih und Glied" sorgt. Bettet man die Teilchen in eine Matrix, so wird diese beeinflusst (z.B. bei Keramiknanoteilchen in einer Polymermatrix). Solche als Nanokomposite bezeichneten Verbundwerkstoffe haben im Vergleich zur nicht kompositierten Matrix eine wesentlich höhere Härte und sind z.B. bei einer transparenten Matrix weiterhin transparent.

Strukturen mit Abmessungen im Nanometerbereich erlauben es in vielen Fällen, quantenphysikalische Effekte zu nutzen, die sich in der „Makrowelt" gar nicht zeigen. So können durch wenige Atomlagen dicke Halbleiterschichten Elektronen in ganz spezifischer Weise eingefangen werden, was zur Verbesserung von optoelektronischen Bauelementen geführt hat.

Rastertunnelmikroskop ❶ ❷ ❸

Auch das Rastertunnelmikroskop beruht auf einem Quanteneffekt: Eine extrem spitze Nadel wird ganz nahe an eine Materialoberfläche herangebracht (Abb. 1). Ist der Abstand zum äußersten Atom der Spitze nur noch wenige Nanometer groß, können Elektronen die eigentlich nicht leitende Lücke „durchtunneln", und es fließt ein Strom (Abb. 2). Durch Aufzeichnen der Stromstärke beim Abrastern einer Oberfläche ergibt sich also ihre Höhenstruktur, oft mit atomarer Auflösung (Abb. 3). Derartige Rastersondentechniken sind bei der Strukturaufklärung von Oberflächen in der Forschung, aber auch bei der industriellen Qualitätskontrolle nicht mehr wegzudenken. Man kann mit diesen Sondenspitzen auch mit der untersuchten Oberfläche „Kontakt aufnehmen" und Strukturen eingravieren oder gar einzelne Atome auf der Oberfläche hin- und herschieben.

Molekulare Technik

Die Verfahren der Lithographie, die Benutzung von gebündelten Strahlen oder von Sondennadeln sind aber nicht fein genug, um sehr komplexe Strukturen mit Nanometerpräzision aufzubauen. Einen ganz anderen Weg geht hier die Natur: Sie hat die lebenden Zellen mit Molekülen ausgestattet, welche andere, geeignete Moleküle erkennen können und diese zur Reaktion mit wieder anderen Molekülen bringen. Nach diesem Schlüssel-Schloss-Prinzip arbeiten vor allem Enzyme. Ziel der Nanotechnologie ist es deshalb, so genannte Nanoroboter herzustellen, die nach diesem Prinzip das gewünschte Produkt aus den molekularen Grundbausteinen aufbauen können. Diese Nanoroboter hat man sich als komplizierte Molekülanordnungen vorzustellen. Die Vision ist, mit ihrer Hilfe z.B. Nahrungsmittel ohne Umweg über die Landwirtschaft direkt zusammenzubauen, die in der Blutbahn eines Kranken eingedrungenen Viren zu bekämpfen oder in den Boden eingesickerte Schadstoffe unschädlich zu machen. Natürlich müssen solche „Assembler" (Zusammenbauer) vor allem eine grundsätzliche Eigenschaft mitbringen: Sie müssen sich selbst reproduzieren (wiederherstellen), damit ein ausreichender Stoffumsatz und damit z.B. eine effiziente Produktion stattfinden kann.

❶ Sondenspitze eines optischen Tunnelmikroskops (scanning nearfield optical microscope, SNOM), aufgenommen im Rasterelektronenmikroskop

Der lichtdurchlässige Kern ist von einer undurchsichtigen Aluminiumschicht umgeben. Er tritt nur an der obersten Spitze zutage und bildet eine Öffnung von nur ca. 100 nm, also wesentlich kleiner als die verwendete Lichtwellenlänge.

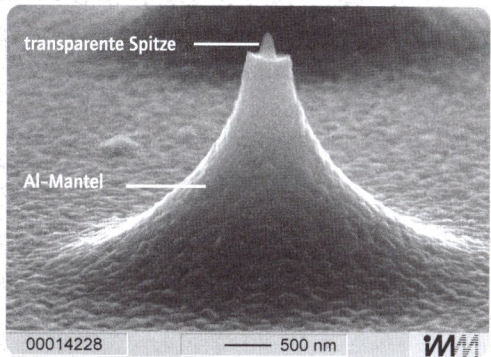

transparente Spitze

Al-Mantel

00014228 ——— 500 nm

❷ Prinzip eines Rastertunnelmikroskops

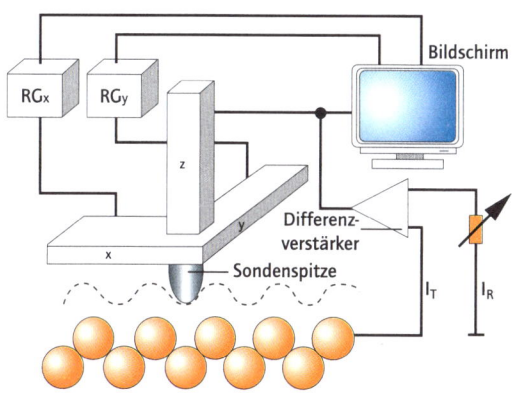

RGx RGy

Bildschirm

z

y

x

Differenz-
verstärker

Sondenspitze

I_T I_R

Atome der Probenoberfläche

Die Höhe der Sondenspitze über der Probe wird durch die Differenz zwischen der Tunnelstromstärke und einer einstellbaren Richtstromstärke geregelt; aus den Signalen der Rampengeneratoren werden die für die Darstellung nötigen Daten (x- und y-Koordinaten, z-Signal für Helligkeit) gewonnen.

I_T = Tunnelstrom
I_R = Richtstrom
RG_x, RG_y = Rampengeneratoren

❸ Abbildung einer Graphitoberfläche, gescannt mit einem Rastertunnelmikroskop

Das Bild ist anhand des Verlaufbalkens (rechts) farbcodiert (vgl.Bild 2), d.h. helle Bereiche entsprechen Erhebungen, dunkle dagegen Vertiefungen.
Die Anordnung der Kohlenstoffatome gehorcht einem regulären Sechseckmuster.

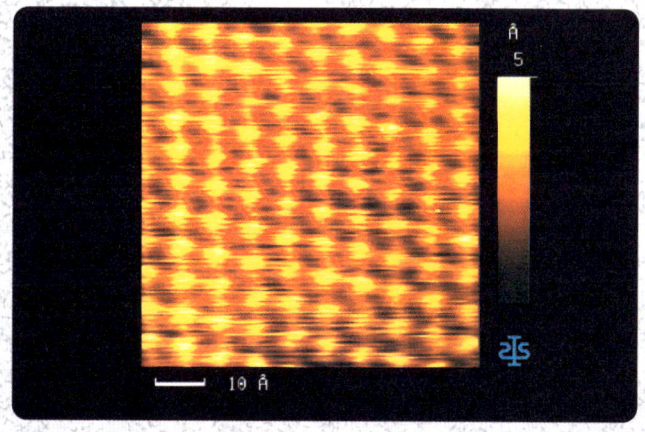

Å
5

10 Å

Anders als natürliche und konventionelle Lichtquellen (z. B. Sonne, Glühlampe) ist Laserlicht sehr intensiv, einfarbig und scharf gebündelt. Jede einzelne dieser Eigenschaften zeichnet den Laser aus und erschließt ihm dadurch neue Anwendungsmöglichkeiten in der Medizin, Wissenschaft, Unterhaltungselektronik, Holographie, Nachrichtentechnik oder Materialbearbeitung.

Die theoretischen Grundlagen zum Laserprinzip wurden bereits 1917 von Albert Einstein in der Quantentheorie des Lichts aufgestellt, aber erst Jahrzehnte später in ihrer praktischen Bedeutung erkannt. Theodore Harold Maiman konnte 1960 den ersten Laser, einen Rubinlaser, der tiefrotes Licht ausstrahlt, technisch realisieren. Heute existiert eine große Vielzahl verschiedenster Lasertypen, sodass nicht nur für den sichtbaren Wellenlängenbereich des elektromagnetischen Spektrums geeignete Lasersysteme zur Verfügung stehen (Abb.1). Genau wie das von allen anderen Lichtquellen ausgesandte Licht, so ist auch Laserlicht eine elektromagnetische Strahlung, die sich in Wellenform ausbreitet. Zu den besonderen Eigenschaften des Lasers gehören: Monochromasie und Kohärenz.

Monochromasie ❷

Herkömmliches weißes Licht zeigt, durch ein Prisma geschickt, ein Spektrum aus vielen Farben. Jede einzelne dieser Farben zeigt für sich ein relativ breites Band im Frequenzbereich. Bei der Laserstrahlung besitzen alle Wellenzüge nahezu die gleiche Frequenz bzw. nur eine einzige Wellenlänge (Abb. 2). Laserlicht ist somit spektral schmalbandig bzw. einfarbig (monochromatisch). Es gibt Laser, die prinzipiell nur eine einzige feste Frequenz ausstrahlen, und solche, bei denen sogar einzelne Wellenlängen mit extrem geringer Linienbreite innerhalb eines bestimmten Spektralbereichs ausgewählt werden können (z. B. Farbstofflaser). Mittels in den Laser integrierter Prismen oder Gitter werden diese Wellenlängen herausgesucht (Wellenlängendurchstimmbarkeit). Besondere Techniken ermöglichen es, den Spektralbereich zu ergänzen oder auszudehnen. So kann die ausgestrahlte Laserfrequenz vervielfacht werden, wenn das Licht durch geeignete Kristalle geschickt wird. Die Intensität des Laserlichtes wird dabei aber deutlich verringert.

Kohärenz ❸

Alle Wellenzüge der Laserstrahlung haben die gleiche Amplitude. Sie entstehen zur gleichen Zeit und bewegen sich im „Gleichschritt" in dieselbe Richtung fort, d.h., sie sind zeitlich und räumlich kohärent (Abb. 3). Da sich die vielen parallelen Wellenzüge deckungsgleich, d. h. in Phase, überlappen, erhält man so bei Überlagerung (Interferenz) der Wellenzüge eine große Laserstrahlungsintensität. Diese phasengleiche Interferenz der Wellenzüge bedingt eine maximale Addition der Wellenberge (Amplituden).

Hohe Intensität und Fokussierbarkeit ❸ ❹

Aufgrund der räumlichen Kohärenz bewegen sich die Wellenzüge auch auf große Entfernungen nahezu parallel und erzeugen einen scharf gebündelten, intensiven Lichtstrahl (Abb. 3 und 4). Seine räumliche Ausdehnung zeigt im Gegensatz zu der einer konventionellen Lampe (Taschenlampe) auch in der Ferne nur eine sehr geringe Strahlaufweitung (Strahldivergenz). Daher kann der Laserstrahl über längere Strecken in Lichtleitern geführt werden. Dies erlaubt eine flexible Strahlführung und exakte Positionierung des Strahls.

Aufgrund der geringen Strahldivergenz ist es möglich, den Laserstrahl mit Linsen auf einen Punkt zu bündeln (fokussieren), dessen Durchmesser bis in die Größenordnung der Laserwellenlänge verkleinert werden kann. Eine Eigenschaft, die besonders in der präzisen industriellen Materialbearbeitung (Bohren, Schneiden; → Laser in der Fertigung) und in der Medizin (z.B. Laserskalpell; → Laser in der Medizin) genutzt wird. Hierbei kommt den Anwendern neben der geringen Strahldivergenz die bereits relativ große Ausgangsintensität zugute, die durch Bündelung weiter gesteigert wird.

Die Intensität der Strahlung wird außerdem durch die Betriebsart des Lasers bestimmt. Es gibt Lasersysteme, die kontinuierlich Strahlung aussenden und solche, die Licht in kurzen Pulsen ausstrahlen. Im normalen Pulsbetrieb liegen die Pulsdauern bei 10^{-3} s bis 10^{-9} s. Beim Kohlendioxidlaser (CO_2-Laser) sind beide Betriebsarten möglich. Im kontinuierlichen Betrieb (Dauerstrichbetrieb) werden mit diesem Laser Leistungen von einigen 10 kW und im Pulsbetrieb von 100 W bis 10^{12} W erreicht. Derart hohe Spitzenleistungen können allerdings nur mit zusätzlichen speziellen technischen Verfahren wie der so genannten Güteschaltung und Modenkopplung realisiert werden, bei denen die Ausgangsleistung durch Herabsetzen der Strahlungsdauer vergrößert wird. Auf diese Weise können heute extrem kurze, intensive Lichtpulse im Bereich von 10^{-12} s bis 10^{-15} s erzeugt werden.

❶ Übersicht wichtiger Lasertypen im elektromagnetischen Spektrum

Wellenlänge der Festfrequenzlaser und Wellenlängenbereiche durchstimmbarer Laser im logarithmischen Maßstab
(vom Röntgen- und Ultraviolettbereich, über den sichtbaren Bereich, bis zum Infrarot- und Millimeterbereich)

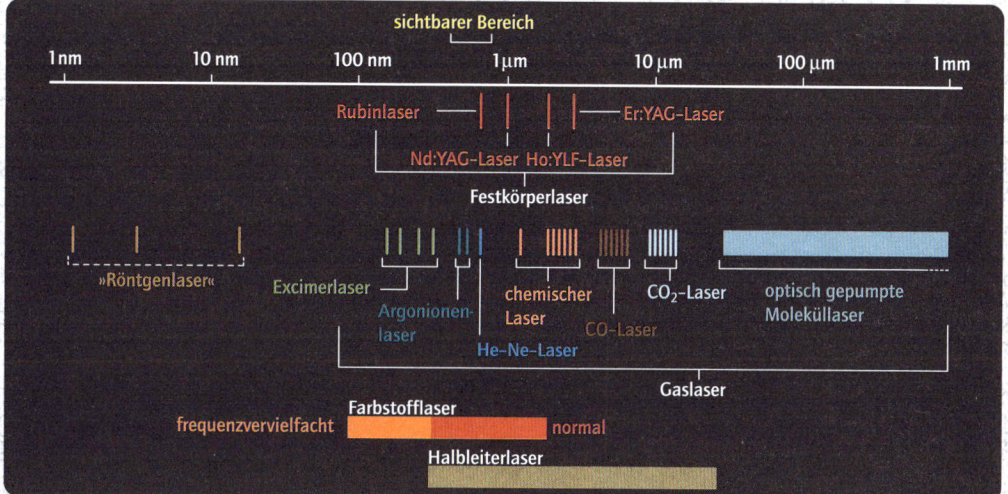

❷ Vergleich der spektralen Bandbreite des Lasers ⓐ mit der einer herkömmlichen Lichtquelle ⓑ

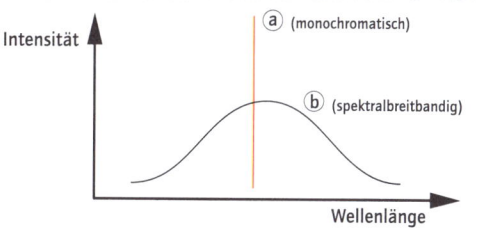

❸ Vergleich von inkohärent strahlenden Lichtquellen (Glühlampe und Taschenlampe) mit einer kohärenten (Laser)

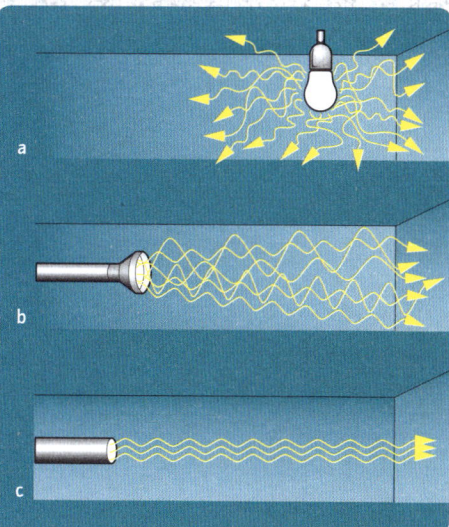

❹ Fokussierter Laserstrahl in der Materialbearbeitung

Laser unterscheiden sich durch ihre Größe sowie insbesondere durch die Frequenz ihrer ausgesandten Strahlung. Die Ausstrahlung (Emission) von Laserlicht kommt durch die Wechselwirkung der Atome bzw. Moleküle des jeweiligen laseraktiven Materials (aktives Medium) mit Photonen zustande. Eine Einteilung der Laser erfolgt in der Regel nach ihren aktiven Medien in: Gas-, Flüssigkeits-, Festkörper-, Halbleiter- (Dioden) und Plasmaröntgenlaser.

Das Laserprinzip ❶ ❷

Das der Laserlichterzeugung zugrunde liegende Prinzip findet sich abgekürzt in den Anfangsbuchstaben des Wortes LASER wieder: light amplifikation by stimulated emission of radiation. D. h., eine Lichtverstärkung wird durch eine erzwungene Aussendung von Strahlung (stimulierte bzw. induzierte Emission) hervorgerufen. Dieser Prozess wird durch die atomare Struktur der aktiven Medien, insbesondere der Energiezustände (Energieniveaus) bzw. der Elektronenverteilung innerhalb der Atome, bestimmt (Abb.1):

- **Absorption**: Um ein Elektron in ein höheres Energieniveau im Atom zu heben, muss es Energie aufnehmen (absorbieren). Bei der Anregung des Elektrons und damit des Atoms (z. B. durch Licht) muss die Frequenz des Photons (kleinstes Energieteilchen der elektromagnetischen Strahlung) genau der Energiedifferenz zwischen Δ E zwei Energieniveaus entsprechen.
- **Spontane Emission**: In dem angeregten Zustand verweilt das Elektron etwa 10^{-8} s und springt dann spontan wieder auf das untere Niveau, den Grundzustand des Atoms, zurück. Das ursprünglich absorbierte Photon wird in beliebiger Raumrichtung spontan emittiert. In einer konventionellen Lichtquelle werden viele Atome bzw. Moleküle gleichzeitig angeregt, aber der Übergang in den Grundzustand findet statistisch statt, sodass zu verschiedenen Zeiten und in alle Raumrichtungen Wellenzüge emittiert werden. Diese Strahlung ist inkohärent.
- **Stimulierte Emission**: Wird ein zweites Photon mit derselben Frequenz wie das erste eingestrahlt, so werden sowohl das absorbierte als auch das zweite aufgenommene Photon gleichzeitig vom Atom wieder ausgestrahlt. Eine Emission wird erzwungen, d. h. stimuliert bzw. induziert, bevor das absorbierte erste Photon spontan emittiert ist. Beim Prozess der stimu-

lierten Emission sind sowohl die Ausstrahlungsrichtungen als auch die Phasen und Wellenlängen der beiden Photonen gleich. Das emittierte Licht ist kohärent und intensiv. Die beiden emittierten Photonen können nun ihrerseits wieder zwei angeregte Elektronen synchron zur stimulierten Emission veranlassen. Dieser Prozess führt zu einer lawinenartigen Verstärkung der Photonenanzahl. Der Laser arbeitet also als Lichtverstärker.

Der dritte Prozess allein wäre der ideale Fall, jedoch konkurrieren mit der stimulierten Ausstrahlung die spontane Emissions- und die Absorptionsprozesse. Die induzierte Emission kann aber dann begünstigt werden, wenn sich mehr Atome im angeregten als im Grundzustand befinden. Diese Verteilung ist Voraussetzung für die Erzeugung kohärenter Strahlung. Sie wird Inversion genannt, da es sich entgegen der möglichen Besetzung der Energieniveaus bei normalen Temperaturen um eine zahlenmäßige Besetzungsumkehr handelt. Die Inversionsbedingung kann durch ein Drei- oder Vierniveaulasersystem (Abb. 2) realisiert werden. Beim Dreiniveaulasersystem (z. B. Rubinlaser) werden die Elektronen durch Licht in das Niveau E_3 „gepumpt", wechseln strahlungslos in das obere Laserniveau E_2, in dem sich nun viel mehr Elektronen als im Grundzustand E_1 befinden. Es hat eine Inversion stattgefunden, da die Elektronen im oberen Laserniveau eine relativ lange Zeit verweilen, bis sie stimuliert Laserstrahlung aussenden. Fast allen Lasertypen liegen jedoch Vierniveausysteme zugrunde, da diese eine geringere Pumpleistung zur Inversionserzeugung erfordern.

Aufbau eines Lasers ❸ ❹

Der typische Aufbau eines jeden Lasers besteht aus drei Grundbausteinen (Abb. 3 und 4):

- **Laseraktives Medium**: Hier wird die Laserstrahlung durch stimulierte Emission erzeugt.
- **Pumpquelle** (Energiezufuhr): Diese führt die zur Erzeugung der Inversion nötige Energie zu, je nach Lasertyp z. B. durch Lichtquellen (Blitzlampen oder ein zweiter Laser), durch eine Gasentladung, durch chemische oder elektrische Anregung.
- **Resonator**: Dieser besteht aus einer Spiegelanordnung und dient zur Rückkopplung der Laserstrahlung. Zwischen zwei oder mehreren hochreflektierenden Spiegeln wird die Laserstrahlung aufgebaut und verstärkt, die dann durch einen teildurchlässigen Spiegel ausgekoppelt wird.

❶ Die wichtigsten Prozesse
bei der Anregung von Atomen

ⓐ Absorption

ⓑ spontane Emission

ⓒ stimulierte Emission

● = 1 Elektron   ∿⟶ = 1 Photon

❷ Energiezustände in Lasersystemen

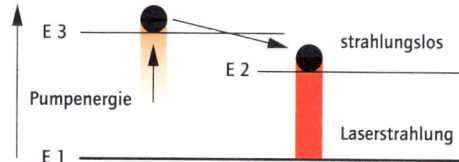

E 3
E 2 — strahlungslos
Pumpenergie
E 1 — Laserstrahlung

ⓐ Dreiniveaulasersystem

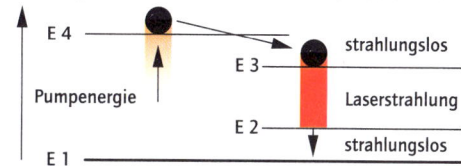

E 4
E 3 — strahlungslos
Pumpenergie
E 2 — Laserstrahlung
E 1 — strahlungslos

ⓑ Vierniveaulasersystem

❸ ⓐ Grundaufbau eines Lasers

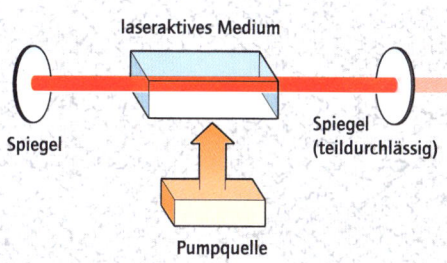

laseraktives Medium

Spiegel

Spiegel (teildurchlässig)

Pumpquelle

ⓑ Aufbau des Rubinlasers

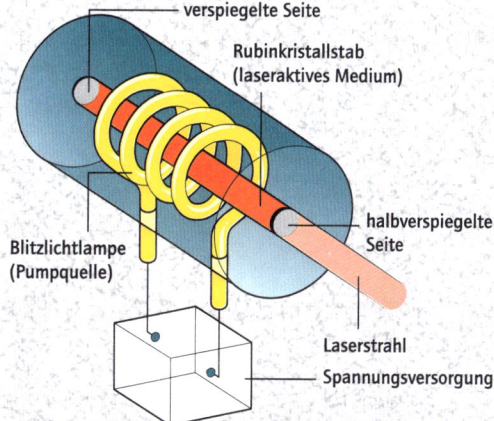

verspiegelte Seite

Rubinkristallstab (laseraktives Medium)

Blitzlichtlampe (Pumpquelle)

halbverspiegelte Seite

Laserstrahl

Spannungsversorgung

❹ Resonator eines Farbstofflasers

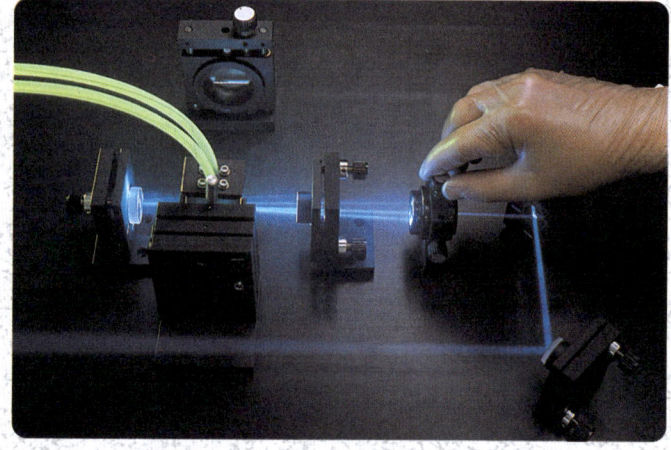

Gebündelte, intensive Strahlung wie die eines Lasers (→ Laser) eignet sich gut als Werkzeug, um beliebige Materialien zu bohren, schneiden, schweissen oder anderweitig zu bearbeiten. In den letzten Jahren hat sich die Laseranwendung in der Fertigungstechnik zu einer Technologie entwickelt, die ihren festen Platz in verschiedenen Technikbereichen wie z.B. in der Feinmechanik, Optik, Elektronik und Halbleitertechnik besitzt.

Prinzip der Materialbearbeitung ❶

Die Wirkung des Lasers in der Fertigungstechnik beruht hauptsächlich darauf, dass die eingebrachte Strahlungsenergie durch die Materialoberfläche aufgenommen und örtlich begrenzt in Wärme umgewandelt wird. Innerhalb von Milli- oder Mikrosekunden können Temperaturen von mehreren Tausend Grad entstehen. Je nach Stärke und Dauer der Einstrahlung schmilzt oder verdampft das Material (Abb. 1). Unterhalb der Schmelztemperatur kann man mithilfe von Lasern Oberflächen härten. Nach dem Schmelzen lassen sich Materialien schweißen, legieren und beschriften. Die Verdampfung des Materials kann dazu genutzt werden, Löcher zu bohren, Drähte zu schneiden oder, wenn das Material bewegt wird, Schlitze zu fräsen. Verdampftes Material kann auch aufgetragen werden, um dünne Überzüge und Beläge zu erzeugen.

Vorteile der Laserfertigung

Entgegen herkömmlichen Verfahren bietet die Laserfertigung neben der oft höheren Produktqualität weitere entscheidende Vorteile:

- Durch berührungslose und fast kräftefreie Strahleinwirkung entfällt der sonst übliche Werkzeugverschleiß. Selbst harte und spröde Werkstoffe können leicht bearbeitet werden, wobei das Werkstück nicht einmal eingespannt werden muss.
- Der Laserstrahl kann beliebig geformte Profile schnell und sauber, meist ohne Nachbearbeitung, herstellen.
- Es gibt Bearbeitungsverfahren, die nur mit dem Laser möglich sind. Dazu gehört u. a. das Schweißen von Elektroden in Vakuumröhren durch das Glas hindurch.
- Laserstrahlung ist über Spiegel und Quarzfasern leicht zu führen. Das ermöglicht, vor allem im Zusammenhang mit Robotersystemen, flexible Arbeitsverfahren.

Beim Bearbeitungsvorgang können allerdings auch gasförmige Schadstoffe entstehen, die abgesaugt werden müssen.

Laser für die Fertigung ❷ ❸

Um die vielfältigen Anforderungen zu erfüllen, arbeitet man überwiegend mit drei Lasertypen: dem Kohlendioxidlaser (Gaslaser), dem Neodymlaser (Festkörperlaser) und dem Excimerlaser (Gaslaser).

Der Kohlendioxidlaser (CO_2-Laser; Abb. 2) stellt die bisher wichtigste Strahlquelle für die Fertigung dar. Er arbeitet im Infrarotbereich und wird sowohl kontinuierlich als auch gepulst betrieben. Er besitzt einen guten Wirkungsgrad von bis zu 20 %. Sein Strahl lässt sich unter $1/_{10}$ Millimeter bündeln, was bei hohen Ausgangsleistungen zu enormen Leistungsdichten führt. Bei Stahlblechen lassen sich damit Schnitt- und Schweißgeschwindigkeiten von einigen Metern pro Minute erreichen. So wird der CO_2-Laser vor allem zur Bearbeitung mittlerer und größerer Werkstücke eingesetzt, wobei sich ein Großteil der Anwendungen auch heute noch auf Schneid- und Schweißarbeiten (Abb. 3) sowie Materialhärtungen in der Automobilindustrie und ihren Zulieferern konzentriert. Industrielle CO_2-Laser sind relativ großvolumige Geräte. Kosten und apparativer Aufwand setzen den Anwendungen daher gewisse Grenzen.

Der Neodymlaser arbeitet ebenfalls im Infrarotbereich, allerdings bei geringerer Wellenlänge und Strahlleistung. Er wird vorwiegend im Pulsbetrieb gefahren. Da sich seine Strahlung aufgrund der geringen Wellenlänge noch schärfer bündeln lässt, kommt dieser Laser hauptsächlich in der Feinwerktechnik, der Optik und der Elektronik zum Einsatz. Man kann mit ihm fast alle metallischen und nichtmetallischen Werkstoffe schneiden, mikrobohren oder schweißen. Auch zur Markierung oder Beschriftung von z. B. Gläsern oder Schmuck durch Aufschmelzen oder Verdampfen von Material werden Neodymlaser verwendet. Außerdem lässt sich die Strahlung gut durch Quarzfasern leiten, sodass sie direkt an Industrieroboter gekoppelt werden kann.

Der Excimerlaser sendet seine energiereiche, kurzwellige UV-Strahlung in kurzen Pulsen von nur wenigen Nanosekunden Länge aus. Sie lässt sich bis unter einen Mikrometer bündeln und wird überwiegend dazu benutzt, Mikrostrukturen zu trennen oder feinste Löcher, z. B. für Siebe und Düsen, zu bohren. In der Mikroelektronik wird die gepulste Strahlung ausgenutzt, um Mikrostrukturen in der Halbleitertechnik aufzubauen. Zukunftsweisend ist die Möglichkeit, durch Photoablation (Materialabtragung ohne Umgebungserwärmung) ganze Schaltkreise aus Mikrochips herauszuarbeiten.

❶ Materialabtrag durch Laser

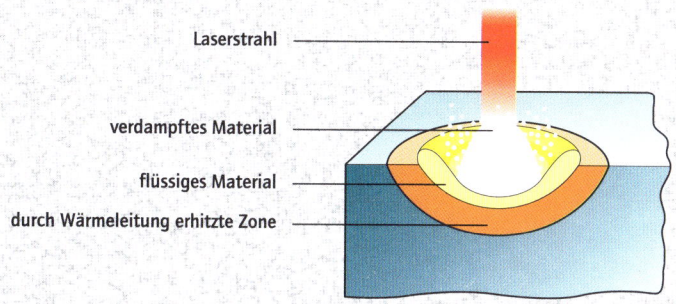

Laserstrahl

verdampftes Material

flüssiges Material

durch Wärmeleitung erhitzte Zone

Je nach Stärke der Einstrahlung kommt es zum Schmelzen oder Verdampfen des Materials

❷ Kohlendioxidlaser

ⓐ Grundaufbau
Die Energiezufuhr erfolgt durch eine Gasentladung zwischen zwei Elektronen (Anode, Kathode)

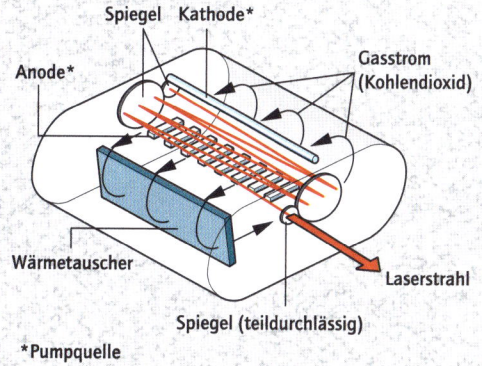

Spiegel   Kathode*

Anode*

Gasstrom (Kohlendioxid)

Wärmetauscher

Laserstrahl

Spiegel (teildurchlässig)

*Pumpquelle

ⓑ Aufbauschema zur Materialbearbeitung

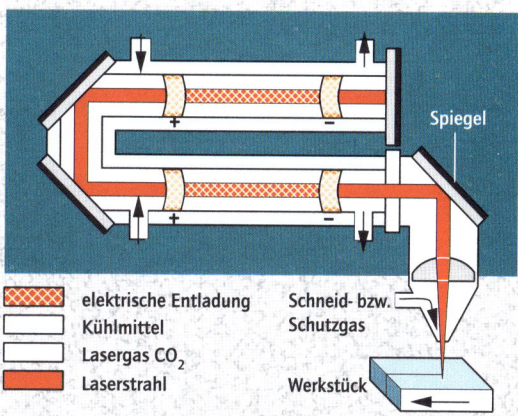

Spiegel

elektrische Entladung
Kühlmittel
Lasergas CO_2
Laserstrahl

Schneid- bzw. Schutzgas

Werkstück

❸ Schneiden mit einem Laser

Weitere grafische Darstellungen, Karten und Zeichnungen Bibliographisches Institut & F. A. Brockhaus, Mannheim